“十三五”国家重点出版物出版规划项目
火炸药理论与技术丛书

火炸药物理化学性能

李国平　王晓青　罗运军　编著

国防工業出版社
·北京·

内 容 简 介

本书系统地介绍了火炸药的主要物理化学性能，包括能量性能、力学性能、热分解性能、燃烧与爆轰性能、贮存性能、安全性能和其他性能如环境适应性、低特征信号、毒性等。在深入浅出地介绍各单项性能的定义、内涵、影响因素等基础上，结合国内外最新的文献，介绍了有效提高各项性能的新方法和新技术。

本书可用作含能材料等专业本科生和相关专业研究生教材，亦可供从事火炸药生产科研的工程技术人员参考。

图书在版编目(CIP)数据

火炸药物理化学性能 / 李国平，王晓青，罗运军编著. —北京：国防工业出版社，2020.8
(火炸药理论与技术丛书)
ISBN 978-7-118-12169-8

Ⅰ.①火… Ⅱ.①李… ②王… ③罗… Ⅲ.①火药-物理化学性质-研究 ②炸药-物理化学性质-研究
Ⅳ.①TQ56

中国版本图书馆 CIP 数据核字(2020)第 181024 号

※

国防工业出版社 出版发行
(北京市海淀区紫竹院南路 23 号 邮政编码 100048)
北京龙世杰印刷有限公司印刷
新华书店经售

*

开本 710×1000 1/16 印张 26¾ 字数 520 千字
2020 年 8 月第 1 版第 1 次印刷 印数 1—2 000 册 定价 138.00 元

(本书如有印装错误，我社负责调换)
国防书店：(010)88540777 书店传真：(010)88540776
发行业务：(010)88540717 发行传真：(010)88540762

火炸药理论与技术丛书
学术指导委员会

总序

国防与安全为国家生存之基。国防现代化是国家发展与强大的保障。火炸药始于中国，它催生了世界热兵器时代的到来。火炸药作为武器发射、推进、毁伤等的动力和能源，是各类武器装备共同需求的技术和产品，在现在和可预见的未来，仍然不可替代。火炸药科学技术已成为我国国防建设的基础学科和武器装备发展的关键技术之一。同时，火炸药又是军民通用产品(工业炸药及民用爆破器材等)，直接服务于国民经济建设和发展。

经过几十年的不懈努力，我国已形成火炸药研发、工业生产、人才培养等方面较完备的体系。当前，世界新军事变革的发展及我国国防和军队建设的全面推进，都对我国火炸药行业提出了更高的要求。近年来，国家对火炸药行业予以高度关注和大力支持，许多科研成果成功应用，产生了许多新技术和新知识，大大促进了火炸药行业的创新与发展。

国防工业出版社组织国内火炸药领域有关专家编写“火炸药理论与技术丛书”，就是在总结和梳理科研成果形成的新知识、新方法，对原有的知识体系进行更新和加强，这很有必要也很及时。

本丛书按照火炸药能源材料的本质属性与共性特点，从能量状态、能量释放过程与控制方法、制备加工工艺、性能表征与评价、安全技术、环境治理等方面，对知识体系进行了新的构建，使其更具有知识新颖性、技术先进性、体系完整性和发展可持续性。丛书的出版对火炸药领域新一代人才培养很有意义，对火炸药领域的专业技术人员具有重要的参考价值。

张维民，原国防科学技术工业委员会副主任。

前言

火炸药是通过单质材料或混合物发生分子内或分子间氧化还原反应，以燃烧或爆轰的形式释放能量并进行做功的一类特殊化学能源材料的总称，是完成武器装备系统推进、身管发射、终点毁伤以及民用工程爆破等的物质基础。火炸药主要的物理化学性能，包括能量性能、力学性能、热分解性能、燃烧与爆轰性能、贮存性能、安全性能和其他性能如环境适应性、低特征信号、毒性等，是火炸药产品设计和武器装备选用的主要依据，决定和影响着武器装备的性能和作战效能。火炸药的物理化学性能取决于其配方组成、结构设计、成型质量以及激发方式等，因素复杂且相互影响、相互制约。

本书在系统介绍火炸药各项物理化学性能的定义、内涵、影响因素等基础上，结合作者多年研究经验总结国内外最新的文献报道，阐述了有效提高各项性能的新方法和新技术。

全书共分为8章：第1章绪论，简述了火炸药的定义、分类、应用以及武器装备对火炸药性能的要求；第2章至第8章依次论述了火炸药的能量性能、力学性能、热分解性能、燃烧与爆轰性能、贮存性能、安全性能和其他性能的定义、内涵、内在机理、影响因素、变化规律以及提高各项性能的新方法和新技术。

本书的第2、3、6、8章由李国平编著，第1、4、5章由王晓青编著，第7章由罗运军编著。研究生孙世雄、樊小哲、赵俨梅、邵坚、苌家家、岑卓芪、董皓雪、张博文、武威、桑超、焦钰珂等参与了文献收集和部分统稿工作。

本书由肖忠良、赵凤起等专家审阅，在此，谨向他们表示诚挚的感谢。

本书由基础理论与最新研究进展相结合而成，可供含能材料、发射药、炸药、固体推进剂、材料科学与工程专业的高校师生和科技工作者参考，也可以作为含能材料及相关专业的研究生和本科生教材使用。

鉴于作者水平有限，书中不当之处在所难免，敬请读者批评指正。

目录

01 第1章 绪论

1.1 概述

火炸药是一类特殊的化学能源材料，它通过燃烧或爆轰的化学反应将其化学能转化为热能和工质做功，是实现火箭、导弹运载的动力能源，是各类武器火力系统完成弹丸发射、战斗部毁伤的能源，也是各种驱动、爆炸装置的动力能源。

火药是中国古代四大发明之一，它对人类社会文明的进步与发展产生了巨大的推动作用。火药的研究始于我国古代的炼丹术，自公元3世纪起，炼丹术士们在炼制长生不老的丹药过程中逐渐发明了火药，直到公元808年形成了有记载的黑火药配方，是由硫磺、硝石和木炭按比例混合而成的，具有燃烧爆炸的性能。由于硝石和硫磺是医药中的上行药和中行药，所以称这种物质为火药。至公元10世纪，应用黑火药制造出了火药火箭、突火枪、震天雷等火器，后来又出现了铜铁火炮等管形火器。黑火药在军事上的应用，宣告了热兵器时代的开始，这是兵器史上一个重要的里程碑，具有划时代的意义。公元13世纪，我国的黑火药经印度传至阿拉伯国家，并传至欧洲。公元16世纪，黑火药开始在工程爆破、河道疏通、矿山开采等民用爆破工程中广泛应用。而黑火药从10世纪到19世纪，作为唯一的火药在武器中应用了几百年。早期火药在使用中既利用它的燃烧性质又利用它的爆炸性质，因而火药一词的含义泛指火炸药，20世纪以后，火炸药逐步分为火药和炸药。以燃烧的方式释放能量的，称为火药(propellant)；以爆轰的方式释放能量的，称为炸药(explosive)。

随着19世纪以后工业革命和科学技术的发展，火炸药的技术创新步入了新的纪元。19世纪中叶，硝化纤维素和硝化甘油的合成，为各类火药和代那迈特炸药提供了主要原材料。此后，相继合成出梯恩梯、特屈儿、太安、黑索今和奥克托今。至20世纪40年代，已经形成了现在使用的硝基化合物、硝胺和硝酸酯三大系列单质炸药，为现代火炸药的发展奠定了基础。军用混合炸药 A、B、C 三大系列都在这一时期形成，并一直沿用至今。

同时，随着武器装备的发展，用于枪炮发射弹丸装药的发射药，以及用于火箭、导弹发动机装药的固体推进剂也快速发展起来。这一时期出现了单基、双基及三基发射药，发射药的性能得到了很大提高。应用双基推进剂的火箭炮在第二次世界大战中发挥了重要作用，在第二次世界大战末期也研制成功了复合推进剂。20 世纪 50 年代以后，火炸药进入了大发展时期，火炸药的品种不断增加，综合性能也显著提高。随着高分子科学技术的发展，高分子材料的不断涌现，复合推进剂得到了迅速发展，聚氨酯复合推进剂、端羧基及端羟基聚丁二烯复合推进剂相继出现。进入 80 年代后，具有更高能量的交联改性双基推进剂和硝酸酯增塑的聚醚推进剂，在战略、战术导弹和火箭发动机中获得广泛应用，而叠氮推进剂作为低特征信号推进剂也逐步发展起来。同时，高能炸药六硝基六氮杂异戊兹烷用于火炸药中，提高了战斗部的威力，以及火箭和导弹的射程。

火炸药的发展推动了武器的进步和发展，进入 21 世纪，现代武器装备对火炸药的能量水平、安全性以及可靠性也提出了更高的要求。研制高能量密度材料，发展高能、低敏感炸药，高能、低烧蚀、低易损发射药以及高能、钝感、低特征信号推进剂，是提高武器的射程、威力以及安全性，实现远程精确打击、高效毁伤的重要能源保障。

火炸药作为能源材料，不仅是各类武器装备火力系统不可缺少的重要组成部分，而且也在航天、建筑、矿业、石油、运输等领域发挥着重要作用。火炸药科学技术的发展，始终是推动社会进步和发展的重要动力。

1.2 火炸药的分类

火炸药按照组成可以分为单组分和混合组分两大类。单组分即指单质炸药，混合组分是由两种及以上物质组成的能发生燃烧、爆炸的混合物，包括战斗部的混合炸药、枪炮发射用的发射药以及火箭导弹推进用的固体推进剂，这些都是由多种组分混合而成的含能材料。火炸药按照功能可以分为炸药和火药，炸药包括单质炸药和混合炸药，火药包括发射药和固体推进剂。火炸药还可以按照制备工艺分为浇铸类火炸药和压伸类火炸药。下面主要按照功能对火炸药进行分类介绍。

1.2.1 炸药

炸药是指在适当外部激发能量作用下，能发生爆炸并对周围介质做功的化合物(单质炸药)或混合物(混合炸药)。一般用于战斗部的装药，通过爆炸进行做功的含能材料统称为炸药。

1. 单质炸药

单质炸药的分子结构中含有爆炸性基团，由硝基基团以及碳、氮、氧的连接形成的三种重要的爆炸性基团—C—NO_2、—N—NO_2及—O—NO_2，分别构成了三类最主要的单质炸药：硝基化合物炸药、硝胺炸药及硝酸酯炸药。

硝基化合物炸药主要是芳香族多硝基化合物，可分为碳环及杂环两大类。脂肪族多硝基化合物中可用作炸药的主要为硝仿系化合物。最常用的硝基化合物炸药是单碳环芳香族多硝基化合物，其典型代表是梯恩梯。硝酸酯炸药主要有太安、硝化甘油以及硝化纤维素等。硝胺炸药可分为氮杂环硝胺、脂肪族硝胺及芳香族硝胺三类，典型的代表是氮杂环硝胺中的黑索今和奥克托今。硝胺炸药的感度和安全性介于硝基化合物炸药与硝酸酯炸药之间，具有能量高、综合性能好的优点。目前，各国竞相研究的高能量密度化合物，大多属于硝胺炸药，特别是多环笼形硝胺化合物，如六硝基六氮杂异伍兹烷。

除了上述三类单质炸药以外，无机酸盐如硝酸铵、高氯酸铵，有机碱硝酸盐以及含氟炸药等，也在混合炸药及火药中广泛使用。

2. 混合炸药

混合炸药是由两种及以上物质组成的能发生爆炸的混合物，也称爆炸混合物。绝大多数实际应用的炸药都是混合炸药。混合炸药由单质炸药和添加剂，或者由氧化剂、可燃剂和添加剂按照适当的比例混制而成。研制混合炸药不仅可以增加炸药品种，扩大炸药的应用范围，更重要的是通过配方设计可以实现炸药各项性能的平衡，研制出具有最佳综合性能、能适应各种使用要求和成型工艺的炸药。混合炸药可分为军用混合炸药和民用混合炸药两大类。

军用混合炸药是指用于军事目的的混合炸药，主要用于装填各种武器弹药和军事爆破器材，少量用于核弹药。按组分特点可以分为铵梯炸药、熔铸炸药、高聚物黏结炸药(PBX)、含金属粉炸药、燃料－空气炸药、低易损性炸药以及分子间炸药等。军用混合炸药的特点是能量水平高，安定性和相容性好，感度适中，而且具有良好的力学性能。

民用混合炸药是指用于工农业目的的混合炸药，也称为工业炸药，广泛用于矿山开采、土建工程、地质勘探、油田钻探、爆炸加工等众多领域，是国民经济建设中不可缺少的能源。按组分特点可分为胶质炸药、铵梯炸药、铵油炸药、浆状炸药、水胶炸药、乳化炸药等。民用混合炸药根据不同的使用要求应具有不同的爆炸性能，足够的安全性、实用性和经济性。

1.2.2 火药

火药是在适当外部激发能量作用下，能迅速而有规律地燃烧，生成大量高温燃气的物质。枪、炮等身管武器是利用火药燃烧产生的高温高压燃气在武器身管中的膨胀做功，推动弹丸从身管中高速射出，达到发射弹丸的目的，所以火药用于枪炮发射弹丸装药时被称为发射药。火箭、导弹武器则是利用火箭发动机中的火药燃烧产生的高温高压燃气，从发动机尾部的喷管高速喷出膨胀做功，从而产生反作用推力，使火箭、导弹获得一定的飞行速度，将战斗部发射到目标，故火药用于火箭、导弹发动机装药时被称为固体推进剂。

1. 发射药

发射药按其物态，可以分为固体发射药和液体发射药，一般所指的发射药只限于固体发射药，本书所讨论的发射药均指固体发射药。发射药按其相态，可以分为均质发射药和异质发射药。

1)均质发射药

均质发射药是以硝化纤维素为主体，硝化纤维素和增塑剂(溶剂)作用形成单相的均匀体系，经过塑化、密实和成型等物理及机械加工过程而形成一种近似的固体溶液。均质发射药包括单基发射药、双基发射药和混合硝酸酯发射药。单基发射药中的含能成分仅有硝化纤维素；双基发射药中，不仅有硝化纤维素，还含有其他含能增塑剂，通常使用的含能增塑剂为硝化甘油；混合硝酸酯发射药则是用其他的硝酸酯取代或部分取代硝化甘油，组成混合硝酸酯溶剂来增塑硝化纤维素，以改善双基发射药的性能。例如：为了降低双基发射药对武器的烧蚀性，用硝化二乙二醇或硝基叔丁三醇三硝酸酯来取代或部分取代硝化甘油；为了改善双基发射药的力学性能，用硝化三乙二醇或硝化二乙二醇和硝化甘油以一定比例组成混合硝酸酯溶剂。

2)异质发射药

异质发射药是在可燃物或均质发射药的基础上加入一定量的固体氧化剂混

合而成的发射药。黑火药、三基发射药以及高分子黏合剂发射药都属于异质发射药。目前广泛使用的三基发射药，是为了改善发射药的某种特性，在双基发射药的基础上加入一定量的固体炸药而制成的发射药。例如：为了降低发射药对炮膛的烧蚀性，减少焰和烟，加入硝基胍制备的三基发射药，通常称为硝基胍发射药；为了提高发射药的能量，在双基发射药的基础上加入了黑索今而制备的三基发射药，通常称为硝胺发射药。近年发展起来的不敏感发射药采用高分子黏合剂取代含能黏合剂硝化纤维素，用耐热炸药取代常用的硝化甘油，从而降低发射药发生意外反应的敏感度，以及一旦发生反应后产生爆炸作用的剧烈程度。

2. 固体推进剂

固体推进剂有多种分类方法，按结构特征可以分为双基推进剂、复合推进剂以及改性双基推进剂；按能量级别可以分为高能、中能和低能推进剂；按使用性能特征可以分为有烟、少烟、无烟推进剂。以下按结构特征对固体推进剂进行分类介绍。

1)双基推进剂

双基推进剂是以硝化纤维素和硝酸酯为主要成分，添加一定量功能助剂组成的一种均质推进剂。其成型加工工艺成熟，可以采用压延、挤出、模压等工艺塑化成型。双基推进剂具有良好的常温安定性和机械强度，抗老化性能好，并具有排气少烟、无烟等优点，但其能量水平较低，高、低温力学性能差，稳定燃烧的临界压力偏高。适合于自由装填的发动机装药，并且在要求燃气洁净的燃气发生剂中得到广泛应用。

2)复合推进剂

复合推进剂是以高分子黏合剂为基体，添加固体氧化剂制成的一种推进剂，为了提高燃烧温度以获得更高的能量水平，还可以加入如铝粉类的轻金属燃料。复合推进剂属于一种存在相界面的非均相复合材料，按黏合剂的性质可分为热塑性复合推进剂和热固性复合推进剂，复合推进剂的类别如图1-2-1所示。通常复合推进剂根据黏合剂的化学结构命名，例如聚硫橡胶(PSR)推进剂、聚氯乙烯(PVC)推进剂、聚氨酯(PU)推进剂、端羟基聚丁二烯(HTPB)推进剂、硝酸酯增塑聚醚(NEPE)推进剂，以及近年发展起来的聚叠氮缩水甘油醚(GAP)推进剂和3,3-二叠氮甲基氧丁烷与四氢呋喃共聚醚(PBT)推进剂等。

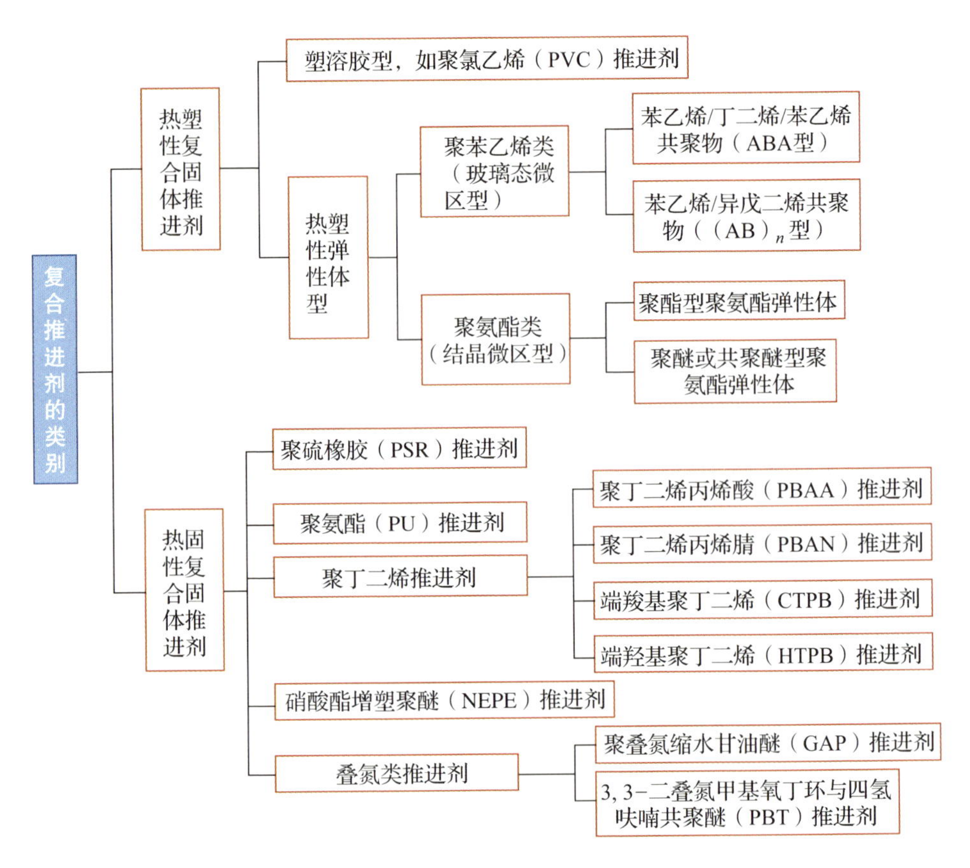

图 1-2-1　复合推进剂的类别

3)改性双基推进剂

改性双基推进剂是以双基黏合剂硝化纤维素和硝化甘油为基体，通过加入提高能量的固体填料或引入交联剂使黏合剂大分子硝化纤维素形成一定的空间网络，从而获得能量、力学性能显著提高的一类推进剂。

复合改性双基推进剂(CMDB)通常由双基黏合剂体系、氧化剂高氯酸铵及金属燃料铝粉组成，具有能量高、密度大的优点，但缺点是力学性能较差、使用温度范围较窄、危险等级高。在此基础上，用奥克托今或黑索今部分或全部取代高氯酸铵为氧化剂，不含铝粉，添加高分子预聚物，研制出的 CMDB 具有力学性能好、燃气无烟或少烟、无腐蚀性、燃温低且性能可调范围大等优点。交联改性双基推进剂(XLDB)则是用交联剂与硝化纤维素中剩余的羟基基团进行交联反应，从而改善了推进剂的力学性能。

改性双基推进剂使用大量硝酸酯增塑获得高能量，而复合推进剂通过黏合剂交联固化形成高弹性三维网络赋予推进剂优良的力学性能，结合两者的优点，突破了传统改性双基和复合推进剂的界限，发展起来一类新型的推进剂，即硝酸酯增塑聚醚推进剂（NEPE 推进剂）。通过采用能够被硝酸酯增塑的脂肪族聚醚或聚酯为黏合剂，交联固化成型，使推进剂的能量水平和力学性能都跃上了一个新的台阶，NEPE 推进剂是目前获得实际应用能量最高的推进剂。

1.3 火炸药的应用

火炸药作为一类特殊的化学能源材料，不仅是陆、海、空、火箭军武器的能源，而且也是某些驱动装置和爆炸装置的能源。火炸药在军事和民用领域都发挥着不可替代的重要作用。

1.3.1 火炸药在军事领域的应用

火炸药作为武器的动力和毁伤能源，是各类武器装备的核心部件，与武器装备的发展密切相关。火炸药也是一种高能量密度材料，其燃烧或爆轰的化学反应能在隔绝大气的条件下迅速释放出能量和工质（气体）做功，反应过程具有可控性，而且火炸药在常温下大多是固体，适合运输、储存。火炸药的这些特征使武器不仅结构简单、轻便，具有机动性，而且具有打击、摧毁和威慑的能力。

炸药在军事上的用途是作为各类武器的战斗部装药通过爆炸进行毁伤，例如装备在炸弹、地雷、水雷、炮弹、火箭弹等武器上，用来摧毁对方的武器装备、破坏工事设施以及杀伤有生力量。随着战斗部炸药的装药量增大，弹药威力也增大。例如，“卡秋莎”火箭弹头装药量为 10kg，第二代产品“暴风雪”的装药量达到 60kg，而其第三代产品“死亡”的装药量则达 100kg。近来报道的俄罗斯研制的“真空炸弹”（温压弹）装药达 7800kg，其爆炸的 TNT 当量达到 44t。

发射药是枪、炮等身管武器的发射能源，各种口径的枪、炮武器主要使用单基、双基、三基发射药。在轻武器中采用单基挤压粒状药或双基球形药，而在高性能火炮，尤其是远射程的大口径榴弹炮、高膛压坦克炮中，通常采用双基或三基发射药。火箭、导弹所使用的发射能源绝大多数是固体推进剂。由于固体火箭发动机具有结构简单、可靠性高、机动性好、储存期长、使用安全等优点，目前各国的军用火箭和导弹武器，从小的战术火箭到大的战略导弹，几乎全部采用固体火箭发动机，以固体推进剂作为发射能源。

火炸药在武器弹药中的应用，有时单独使用即可满足要求，如炸弹、地雷一般只使用炸药，穿甲弹只使用发射药等。但大多数弹药都是组合使用炸药、发射药和推进剂，通常是用发射药或推进剂将炸药发射至目标，炸药再爆炸做功。例如：炮弹的发射装药使用发射药，其弹丸装药使用炸药；火箭弹的推进装药使用推进剂，其战斗部的装药使用炸药。枪炮装药发射及火箭弹发射如图 1-3-1 所示。多种火炸药的组合应用，可以制成性能特殊的组合型弹药，这也是目前弹药发展的一种趋势。例如，应用于炮射导弹的火箭增程弹药，同时采用炸药、发射药和推进剂的组合型装药，既有发射装药的压力推进，又有火箭发动机的反作用力推进，从而获得更远的射程。

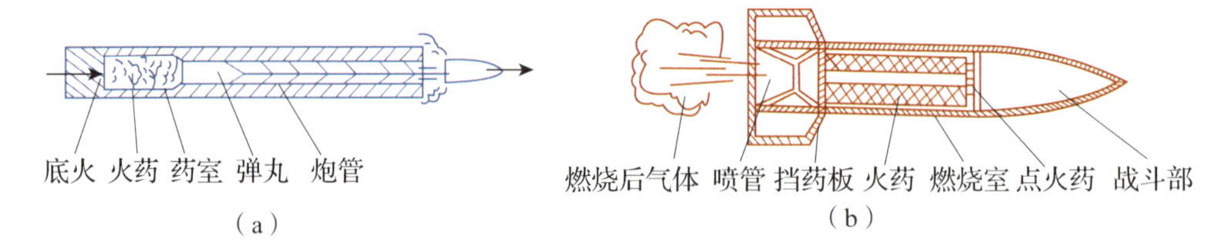

图 1-3-1 枪炮装药发射和火箭弹发射示意图

(a)枪、炮装药发射示意图；(b)火箭弹发射示意图。

因此，火炸药是各类武器装备的重要组成部分。现代武器装备的发展对火炸药提出了更高的要求，促进了火炸药科学技术的不断进步和创新，而新型的火炸药又推动了武器装备的发展。火炸药已成为现代武器装备实现远程精确打击、高效毁伤的重要能源保障。

1.3.2 火炸药在民用领域的应用

火炸药是工业建设中不可缺少的能源，广泛应用于矿业、冶金、水利、交通、建筑、航空航天等多个民用领域。火炸药在民用领域的应用，主要集中在以下四个方面。

1. 利用火炸药能源进行机械加工和工程施工

火炸药是民用爆破的主要能源，在道路修建、矿石开采、石油、水电等工程建设领域都需要各种规模的爆破。随着社会经济的发展，我国工业炸药的产量逐年增加，年产量已超过 400 万吨。根据火炸药爆炸、燃烧反应速度的差别，可以分别将火炸药应用于不同的爆破工程。与炸药做功不同，火药产生的高压气体可以直接做功，能把推动力作用于载荷的深处和内部，作用的范围大，适合对大批量物质进行分割和松动，可应用于拆毁建筑和切割石料。

利用炸药可以进行多种多样的加工、切割。以炸药为切割能源，可以制成种类繁多的切割索，使用切割索可以切割、拆毁大型的工业装置，交通工具，废弃的军事装备如坦克、舰艇等。例如：切割厚度为3～10cm的钢板；安全切割装药达5t的大型航弹；拆除大型的工业建筑；拆除水下的石油井架，将深度达90m的石油井架切为几部分；拆毁过时的重型坦克、装甲车等。

无壳压力发生器是利用火药产生高压气体作用在采掘石油时钻孔的边界区，使油层碎裂，排除石蜡和其他堵塞物，使油气畅流或再生从而提高产量。图1-3-2为无壳压力发生器采掘石油的示意图。

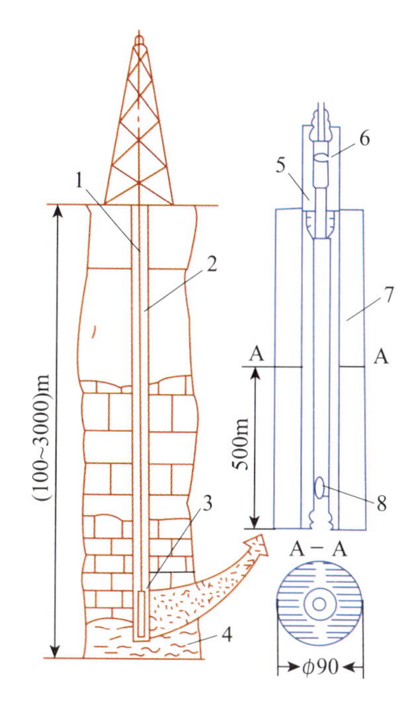

图1-3-2　无壳压力发生器采掘石油示意图

1—电测电缆；2—钻孔液体；3—无壳气体发生器；4—石油层；5—点燃具；6—点火药包；7—火药柱；8—点火药柱；A-A—发生器截面图。

利用火药燃烧时释放出的磁场以一定方式转化为电信号，制成的磁流体发生器如图1-3-3所示。当从等离子发生器中的药柱燃烧产生的燃烧产物进入主通道，并切割磁力系统产生磁场时，可以利用地层结构不同所发出的不同磁场来探测石油、天然气、矿藏资源以及进行中期地震预报等。

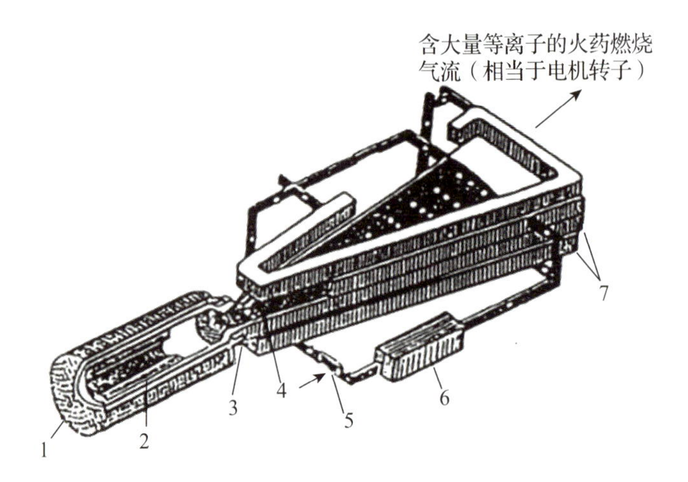

图 1-3-3 磁流体发生器示意图

1—等离子发生器；2—药柱；3—主通道；4—等离子流；
5—交换器；6—负载；7—磁控系统。

2. 利用火炸药的化学能做推进功

利用火药的燃烧将化学能转化为推进的动能，可以制造运载装置，在运输、航空航天等领域发挥着重要作用。

以发射药为能源的推进器依靠压力推进做功，可以作为驱动器，用来打开或关闭宇航装置的舱盖、打开安全通道，将重要的部件或人员推送到安全位置等；还可以作为抛射器，用于远距离运送物资，进行山地架线、海上抛缆、森林和高层建筑灭火及救生等。

以推进剂为能源的火箭发动机依靠反作用力推进做功，可以用作运载飞行器，如航空航天中各种动力火箭、气象探空火箭等。人工影响天气用到的防雹增雨火箭，就是利用火箭携带成核催化剂碘化银，准确发射到云中关键部位，达到增雨防雹的目的。特种小型火箭可用作大型舰艇、高速行驶车辆的快速刹车装置，安装在舰艇、车辆前部的刹车火箭在工作时喷射出强大制动气流使舰艇、车辆快速制动，避免相互撞击，保证安全。设置在汽车发动机附近的火箭还可以起到启动发动机的作用，克服高寒地区冬天启动汽车发动机困难的弊病。微型火箭可用于调控宇宙飞行器的航向。

3. 作为气源应用于气体发生器

火药在燃烧时产生大量的气体，因而可作为气源应用于气体发生器，在激光、电池、航空航天、核反应、运输、救生和机械加工等系统得到应用。用火药制造的气体发生器，由于反应时放热，在出气口处不发生冻结现象，而且充气时间短，适用于紧急条件下和人员不易接近的场所。

自动灭火装置是火药应用于消防的实例。当火灾出现时，火源传感器被感应，点火系统工作即可将固体推进剂点燃，产生的高压气体将储罐中的灭火剂压出喷向火源而快速灭火。这种装置具有自动、快速、可反复使用的特点，可用于危险场合的灭火。

汽车安全气囊的核心部件气体发生器，大多是通过固体推进剂燃烧产生的气体撑开气囊。汽车安全气囊的作用过程如图 1－3－4 所示，汽车在外界碰撞信号的作用下，产生一脉冲点火源，使气体发生剂在瞬间点火燃烧，产生气固两相燃烧产物，该气固产物流经一层复合过滤冷却层，将固相产物留在过滤层或燃烧室，而被冷却的气体产物充入气囊，使气囊在瞬间膨胀，在人体和方向盘或车体的其他部位中间产生气垫，防止驾乘人员产生硬碰撞，从而保护人体的安全。

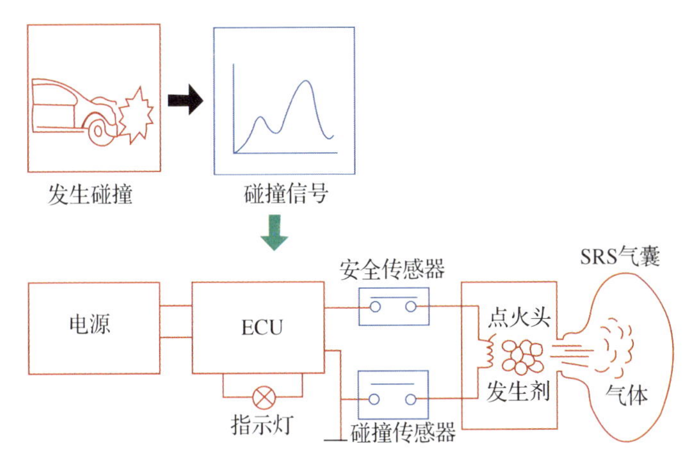

图 1－3－4　汽车安全气囊的作用过程

4. 利用火炸药热能和声、光、烟效应

火炸药的化学反应不仅反应速度快，而且还放热，带有声、光、烟、机械波效应。因此，火炸药可在特殊场所作为热源使用，还可作为发声剂、发光剂、发烟剂等广泛应用于运动和影视领域。

1.4 火炸药的主要组分及其作用

火炸药在一定能量的激发下，能迅速发生燃烧或爆炸反应，释放出大量的热能，并生成大量的气体作为工质去做功。火炸药的燃烧和爆炸反应，不需要外界供氧，是在分子内或组分间即可进行的化学反应，而且基本都是氧化还原反应。因此，火炸药的基本组成中都含有氧化剂与还原剂(可燃剂)等组分，而为了能够制造成型，满足燃烧性能、力学性能、安全性能、贮存性能以及其他特殊性能的要求，还需要加入黏合剂、增塑剂以及其他的功能助剂。

1.4.1 氧化剂

氧化剂是指在化学反应中获得电子，化合价降低的物质。氧化剂是火炸药的基本组分之一，其作用是在火炸药的燃烧或爆炸反应中提供所需的氧。火炸药中的氧化剂应具有足够高的有效含氧量，以及尽可能高的生成焓和密度。

单质炸药的自身结构中就含有氧化性基团和可燃性元素。其中：氧化性基团包括—NO_2、—N═O、—O—Cl、═N—X 等；可燃性元素包括碳、氢、硼等。因此，从功能上来说，单质炸药既是氧化剂又是还原剂。混合炸药中的氧化剂可以分为三类：含氧氧化剂、含氟氧化剂和高氮氧化剂。目前混合炸药中使用的氧化剂基本都是含氧氧化剂，主要包括：硝酸盐类，如硝酸铵、硝酸钾；氯酸盐类，如氯酸钾、氯酸钠；高氯酸盐类，如高氯酸铵、高氯酸钾；硝基化合物类，如四硝基甲烷、六硝基乙烷；还有单质氧类，如液氧、空气等。

均质发射药和双基推进剂中的主要组分是硝化纤维素，它是由纤维素经硝化反应得到的纤维素硝酸酯，其大分子链中同时含有氧化性基团和可燃性基团。异质发射药中为改善烧蚀性能、提高能量而加入的硝基胍、黑索今(RDX)、奥克托今(HMX)等炸药组分均属于氧化剂。

复合推进剂的氧化剂含量在60%～85%，不仅可以保证推进剂的充分燃烧而获得高的比冲，还可以通过其粒度大小的级配调节推进剂的燃烧速度。可用作推进剂氧化剂的物质主要有三类：高氯酸盐、硝酸盐和高能炸药(含能有机结晶化合物)。高氯酸铵是目前在复合推进剂中应用最广的一种氧化剂，具有燃烧时不产生固体残渣、吸湿性小、相容性好以及制成的推进剂能量较高的优点。但高氯酸铵的燃烧产物中会生成 HCl 气体，在火箭发动机的排气羽烟中形成大量可见的白色烟雾，容易暴露导弹的飞行轨迹。在高能复合推进剂中，将高能炸药如黑索今和奥克托今用作推进剂的氧化剂，部分取代或全部取代高氯酸铵，不仅可以提高推进剂的能量，而且可以使推进剂具有无烟、少烟、低燃速等特性。可用于推进剂组分的高能氧化剂如表 1-4-1 所列，其中，六硝基六氮杂异戊兹烷(CL-20)和二硝酰胺铵(ADN)是近年研究较多的高能氧化剂。CL-20 是笼形的高能量密度硝胺化合物，比 HMX 具有更高的生成焓和密度，是一种重要的高能炸药，也是高能推进剂的主要组分，对发展高能低特征信号推进剂有特殊意义。

表 1-4-1 高能氧化剂的性质

化合物	分子式	相对分子质量	密度/(g/cm^3)	氧平衡系数(O_b)×100	熔点/℃(或分解温度)	ΔH_m^θ/(kJ/mol)
硝基胍	$CH_4N_4O_2$	104.1	1.72	-30.7	245℃分解	-89.54
硝仿肼	$CH_5N_5O_6$	183.1	1.86	13.1	123℃分解	-71.13
黑索今	$C_3H_6N_6O_6$	222.13	1.82	-22.0	204.1	61.5
奥克托今	$C_4H_8N_8O_8$	296.17	1.90	-21.6	285～287	84
六硝基六氮杂异戊兹烷(ε晶型)	$C_6H_6N_{12}O_{12}$	438.18	2.04	-11.0	190℃以下分解很慢	415.5
硝酸铵	NH_4NO_3	80.0	1.73	20.0	169.6	-366
高氯酸铵	NH_4ClO_4	117.48	1.95	34.0	150℃分解	-291
二硝酰胺铵	$NH_4N(NO_2)_2$	124.05	1.82	25.8	91.5	-140.3

1.4.2 可燃剂

可燃剂相对于氧化剂来说是还原剂，在化学反应变化中，是失去电子或电子从其移离、化合价升高的物质。可燃剂也是火炸药的基本组分之一，其作用是在火炸药的燃烧或爆炸反应中释放出热量，产生大量的气体。

混合炸药对可燃剂的选择范围相对氧化剂来说更为广泛。混合炸药中的可燃剂可分为敏化剂型和非敏化剂型。非敏化剂型的可燃剂包括煤粉、淀粉、木材等固体物质，以及燃料油、苯、醇、酮等液体物质。敏化剂型可燃剂又分为炸药类和非炸药类两大类。炸药类的可燃剂最常用的是梯恩梯、黑索今、硝酸酯、B 炸药等；非炸药类的可燃剂最常用的是铝粉及其合金等。以单组分炸药为主体的混合炸药，其可燃剂则是单组分炸药中的可燃元素。

固体推进剂和发射药中黏合剂所含的碳、氢元素也是可燃剂组分。为了进一步提高推进剂的能量，通常加入燃烧时单位质量放热量大的金属或其氢化物作为可燃剂。加入燃料的作用是提高推进剂的燃烧热，进而提高比冲，增大推进剂的密度，以及增强燃烧稳定性。表 1-4-2 列出了可以用于推进剂的金属及其氢化物。由于铝粉具有燃烧效率高、无毒无污染以及价格便宜等优点，因而，在推进剂中广泛采用铝粉作为金属燃料，以提高推进剂的能量。而铍及其燃烧产物为剧毒物，硼的燃烧效率低，所以都没有得到实际应用。金属氢化物在燃烧时放热量比相应的金属更高，而且能生成低分子量的气体，是提高推进剂能量的有效途径之一。目前研究的金属氢化物包括氢化铝、氢化镁和氢化铍，但它们还存在化学活性高、热稳定性较低、对湿度敏感且贮存期短的问题。

表 1-4-2 金属及其氢化物的理化性质

轻金属	分子式	相对原子质量	熔点/℃	密度/(g/cm^3)	燃烧热/(kJ/mol)
铝	Al	26.98	659	2.7	829.69
镁	Mg	10.81	2027	2.3	639.22
铍	Be	24.31	650	1.74	601.64
金属氢化物	**分子式**	**相对分子质量**	**分解温度/℃**	**密度/(g/cm^3)**	**生成焓/(kJ/mol)**
氢化铝	AlH_3	30.01	110	1.3～1.5	11.43
氢化镁	MgH_2	26.32	280～300	1.42～1.48	79.96
氢化铍	BeH_2	11.03	190～200	0.59～0.90	19.26

1.4.3 黏合剂

黏合剂在火炸药中的作用是将火炸药的各个组分黏结成性能均匀的整体，能将火炸药制成一定的药型以便于装药，并赋予装药一定的物理、力学性能。目前，火炸药中常用的黏合剂为各种高分子聚合物。

以高聚物为黏合剂的混合炸药称为高聚物黏结炸药(PBX)，也称塑料黏结炸药，具有较高的能量密度，较低的机械感度，良好的安定性、力学性能和成型性能，并能按使用要求制成具有特种功能的炸药。高聚物黏结炸药主要包括造型粉、塑性炸药、浇铸高聚物黏结炸药等。造型粉是以黏合剂和钝感剂均匀包覆炸药颗粒形成的光滑、坚实的球状物，其中所用的黏合剂主要为各类高聚物，如聚丙烯酸酯、聚乙烯醇、聚醚、聚酰胺、聚氨酯和橡胶等。造型粉的流散性较高，具有更好的成型性能，并且具有较低的机械感度、静电感度和火焰感度；塑性炸药是由单组分炸药与黏合剂和增塑剂组成的，使用最广泛的黏合剂是聚异丁烯。塑性炸药具塑性和柔顺性，易捏合成所需形状，能装填复杂弹形的弹体；浇铸高聚物黏结炸药是以热固性高聚物黏结的混合炸药，也称为高强度炸药或热固性炸药。黏合剂为不饱和聚酯、聚氨酯、环氧树脂等热固性树脂。浇铸高聚物黏结炸药的机械强度远高于一般熔铸混合炸药，而且具有优异的高、低温性能，适用于浇铸大型药柱。

发射药中的黏合剂多为硝化纤维素，其性能决定着发射药的能量及力学性能。硝化纤维素由于硝化程度的不同，其含氮量也不同。单基发射药所用的硝化纤维素为 1 号(含氮量在 13.10%以上)和 2 号(含氮量为 11.90%～12.40%)

硝化纤维素的混合物，称为混合硝化棉(含氮量为12.60%～13.25%)。双基发射药中，由于高氮量的硝化纤维素不能与硝酸酯增塑剂相溶，一般采用低氮量的3号(含氮量为11.8%～12.2%)硝化纤维素。发射药的用途不同，硝化纤维素的含量比例也不同，这主要由机械强度和能量要求来决定。不敏感发射药通常采用高分子黏合剂取代硝化纤维素，其黏合剂包括热固性黏合剂(例如聚氨酯、端羟基聚丁二烯等化学交联黏合剂)、热塑性黏合剂(例如醋酸纤维素、乙基纤维素等纤维素衍生物)以及热塑性弹性体黏合剂。

黏合剂在固体推进剂中，不仅赋予推进剂良好的力学性能和能量特性，而且其性能也决定了推进剂的加工特性和方法。理想的黏合剂应具备下列基本条件：与推进剂其他组分相容性良好；具有较好的物理化学安定性；具有较低的玻璃化温度，较高的生成焓；热塑性黏合剂应可容纳高的增塑剂体积分数，而热固性黏合剂则应可容纳尽量高的固体含量，而且其固化反应官能团的反应能力适中，固化反应中的副反应少，不释放任何气体；同时，黏合剂在使用中应该安全、毒性小。

双基推进剂以硝化纤维素为黏合剂，而复合推进剂则随着高分子材料的不断发展，其黏合剂也不断地更新换代。复合推进剂中使用的黏合剂主要分为两类：热固性黏合剂大多是由相对分子质量数千的液态预聚物与固化剂及交联剂形成的弹性网络，如聚氨酯、聚丁二烯、聚醚、叠氮聚醚等；热塑性黏合剂则是相对分子质量高达数万的线性高分子或由硬段与软段组成的热塑性弹性体经塑化而形成，如聚氯乙烯、聚氨酯热塑性弹性体等。NEPE推进剂中选用的是可以为硝酸酯增塑的惰性黏合剂，如聚乙二醇、环氧乙烷-四氢呋喃共聚醚。以GAP(聚叠氮缩水甘油醚)、PBAMO(聚3,3-双叠氮甲基氧丁环)为代表的含能聚合物作为黏合剂不仅有利于提高推进剂的密度和能量，而且其感度较低，具有较好的使用安全性，增加了推进剂配方设计的灵活性，为发展高能、低感度推进剂提供了新的技术途径，已成为固体推进剂发展的重要方向。目前，固体推进剂中常用黏合剂的理化性能如表1-4-3所列。

表1-4-3　常用黏合剂的理化性能

聚合物代号	化学名称	生成焓/(kJ/mol)	密度/(g/cm^3)	T_g/℃
CTPB	端羧基聚丁二烯	-1100	0.91	-77.1
HTPB	端羟基聚丁二烯	-62	0.92	<-65
PEG	聚乙二醇	-1000	1.21	-41

（续）

聚合物代号	化学名称	生成焓/(kJ/mol)	密度/(g/cm^3)	T_g/℃
GAP	聚叠氮缩水甘油醚	117.0	1.30	-50
PBAMO	聚3,3-双(叠氮甲基)氧丁环	413	1.30	-39
PBT	BAMO-四氢呋喃共聚醚	189	1.18	-56
PAMMO	聚3-叠氮甲基-3甲基氧丁环	180	1.06	-35
PGN	聚缩水甘油硝酸酯	-2845	1.39	-35
PLN	聚硝基甲基氧丁环	-334.7	1.26	-25

1.4.4 增塑剂

增塑剂是用以降低高分子黏合剂的玻璃化温度，增加其柔性并使之易于加工成型的助剂。增塑剂在火炸药中的主要作用包括：降低体系黏度，改善火炸药的加工流动性；降低玻璃化转变温度，改善火炸药的力学性能；提供能量或改善氧平衡以及提高安全性能。在选择增塑剂时，首先要考虑它与黏合剂要有良好的互溶性，而且不影响黏合剂的固化反应。其次，增塑剂要具有沸点高、挥发性小，以及化学稳定性好的性质。增塑剂主要分为含能增塑剂和惰性增塑剂两大类，使用含能增塑剂，还有利于提高火炸药的能量。

混合炸药中使用的含能增塑剂，通常为低熔点的炸药，主要包括：硝酸酯类，如硝化甘油(NG)、吉纳(DINA)、L-醇二硝酸酯(GDN)、三羟甲基乙烷三硝酸酯等；芳香族硝基化合物类，如梯恩梯、特屈儿、二硝基苯等；活性缩醛类，如重(2-氟-2,2-二硝基乙醇)缩甲醛等。混合炸药中使用的惰性增塑剂，主要包括：酯类增塑剂，如邻苯二甲酸二辛酯、卵磷酯、己二酸二辛酯等；油类增塑剂，如凡士林、润滑油、环烷烃以及一些高沸点的油类。惰性增塑剂不仅有较好的增塑效果，还有一定的钝感作用。

发射药和双基推进剂中使用的硝酸酯类含能增塑剂，也是其主要能量组分之一。硝酸酯类增塑剂与硝化纤维素有良好的相容性，能形成力学性能较好、结构均一的溶塑体。发射药中最常用的含能增塑剂是硝化甘油，硝化甘油对低氮量的硝化纤维素增塑效果较好，而混合硝酸酯对高氮量的硝化纤维素有更好的增塑能力。硝化甘油的含量越高，发射药的能量、爆温、感度以及烧蚀都随之增大。用硝化二乙二醇或硝化三乙二醇以及它们的混合物替代或部分替代硝化甘油，可以降低发射药的爆温，延长炮管的使用寿命。

复合推进剂通常使用的惰性增塑剂包括邻苯二甲酸二丁酯、邻苯二甲酸二辛酯、甘油三醋酸酯以及癸二酸二辛酯等；含能增塑剂包括硝化甘油、硝化二乙二醇、硝化三乙二醇、1,2,4-丁三醇三硝酸酯以及 N-硝基二乙醇胺二硝酸酯等。在复合推进剂中，需要根据不同的黏合剂类型，选择适合的增塑剂。例如，HTPB 推进剂使用邻苯二甲酸二辛酯为增塑剂，NEPE 推进剂则使用硝化甘油和 1,2,4-丁三醇三硝酸酯的混合物为增塑剂。

在火炸药中普遍使用的小分子增塑剂，如硝酸酯和邻苯二甲酸酯类增塑剂，在贮存过程中，易于从黏合剂基体中析出，导致力学性能下降、安全性能变差。以低分子量的预聚物作为增塑剂，是解决增塑剂析出问题的有效途径。与小分子增塑剂相比，预聚物具有更高的分子量，不挥发，能长期保存在被增塑的黏合剂基体中。而且，预聚物与黏合剂具有相似的单元结构，因而具有良好的相容性。例如，在混合炸药中，可以用低分子量的聚酯、聚氨酯为增塑剂；在推进剂中，含能预聚物端叠氮基聚叠氮缩水甘油醚(GAPA)对 GAP 推进剂具有更好的增塑效果。目前，含能预聚物增塑剂已成为火炸药用增塑剂研究的热点。

1.4.5 其他功能助剂

火炸药的组成不仅包括以上叙述的主要组分，还包括为满足各种性能要求而加入的功能助剂。例如：混合炸药中的助剂包括钝感剂、敏化剂、乳化剂、发泡剂、交联剂等；发射药中的助剂包括安定剂、弹道改良剂、工艺助剂等；固体推进剂中的助剂则包括燃烧性能调节剂、键合剂、安定剂及防老剂等。以下对火炸药中使用的一些主要助剂进行简要介绍。

1. 钝感剂

钝感剂是用来降低炸药的感度，主要是机械感度，使炸药能满足安全性能要求的助剂。混合炸药中常用的钝感剂有：①蜡类钝感剂，如地蜡、石蜡、蜂蜡、卤蜡等，这类钝感剂的综合性能较好，但对于黑索今、太安等感度较高的炸药，加入 5%～10% 的钝感剂才能将感度降至安全范围，能量损失较大。②高聚物钝感剂，这类钝感剂不仅可有效地降低炸药的机械感度，而且可改善炸药的机械性能、成型性能。例如，用聚丙烯腈包覆黑索今，在降低其摩擦感度的同时，改善了炸药的可压性和耐热性。③活性钝感剂，主要是低感度、低熔点的炸药，如梯恩梯、二硝基甲苯、二硝基乙苯等，这类钝感剂是针对惰性钝感剂降低炸药能量的缺点而发展起来的，在混合炸药中，梯恩梯对黑索今和太安就有钝感作用。其他的钝感剂还有硬脂酸及其盐、胶体石墨等。有机氟化物作为钝感剂的同时，还可提高炸药的爆热。

2. 安定剂和防老剂

发射药及双基推进剂在贮存期间，硝化纤维素及硝酸酯增塑剂会发生缓慢的热分解反应，其热分解产物氮氧化物对硝化纤维素及硝酸酯又有自动催化加速分解的作用。安定剂的作用是吸收硝化纤维素和硝化甘油等硝酸酯热分解释放出的氮氧化物，抑制其自动催化分解反应，从而提高发射药的化学安定性，延长贮存寿命。发射药常用的安定剂是二苯胺，而双基推进剂由于含有硝化甘油、硝化二乙二醇等小分子硝酸酯，对碱性物质更敏感，二苯胺也因碱性大而易对硝酸酯产生皂化作用，因而常用脲素的衍生物作为安定剂，也称中定剂，主要为二乙基二苯脲(1号中定剂)、二甲基二苯脲(2号中定剂)或甲基乙基二苯脲(3号中定剂)。

复合推进剂以高分子聚合物为黏合剂，在受热及贮存期间存在老化降解问题。防老剂可用于吸收高分子链降解产生的初级自由基，抑制高分子黏合剂的老化降解。常用的防老剂为N,N′-二苯基对苯二胺(防老剂H)，以及2,2′-亚甲基-双-(4-甲基-6-叔丁基苯酚)(俗称2246)。

3. 燃烧性能调节剂

燃烧性能调节剂是通过物理或化学作用来调节固体推进剂燃速与压力指数的助剂。燃速催化剂是以化学方法改变推进剂燃速的化合物，包括增速催化剂和降速催化剂，其作用机理主要是通过改变推进剂的燃烧波结构以改变其燃烧速度。同时，还可减少燃速受压力影响的程度，在一定压力范围内获得燃速不随压力变化的“平台”推进剂。常用的燃速催化剂包括：无机金属化合物，如PbO、CuO、MgO、Fe_2O_3、Fe_3O_4、TiO_2、Co_2O_3、$PbCO_3$、亚铬酸铜(氧化铜和氧化铬的混合物)等；有机金属化合物，如水杨酸铅、苯二甲酸铅、己二酸铜等；二茂铁及其衍生物，如正丁基二茂铁、叔丁基二茂铁和高沸点的二茂铁衍生物卡托辛。

此外，还可添加影响热传导速率的金属丝或碳纤维，通过物理方法改变燃速。加入银、铜等金属丝的推进剂可以在沿金属丝轴向的方向上大幅度提高燃速，从而可以获得大推力的发动机工作状态。

4. 键合剂

键合剂是固体推进剂中有效改善力学性能的一种功能助剂，也称为偶联剂。键合剂的主要作用是增强高分子黏合剂基体与固体填料(主要是氧化剂)之间的相互作用，使填料与黏合剂基体在形变过程中共同承担载荷而不过早产生相界面分离，防止“脱湿”现象，从而显著提高推进剂的力学性能。

为了增强黏合剂基体与固体填料的界面连接，键合剂通常含有两种功能基团，一种基团能与填料表面产生物理或化学作用，另一种基团能与黏合剂进行化学反应，进入交联网络。使用键合剂的种类与固体填料的性质直接相关。在含有高氯酸铵的聚氨酯或丁羟推进剂中，有效的键合剂为脂肪族醇胺类化合物，例如三乙醇胺三氟化硼、氮丙啶类化合物（如氮丙啶膦化氧（MAPO））等；在含有黑索今、奥克托今等的硝胺炸药推进剂中，所使用的键合剂则是与硝胺有较强作用的含酰胺基，以及含—CN基的物质，如由丙烯腈、丙烯酰胺和丙烯酸羟乙酯合成的中性大分子键合剂（NPBA），含—CN基的超支化聚醚键合剂等。

1.5 火炸药的性能

火炸药的发展与武器装备的发展密切相关并相互促进，黑火药的发明使人类从大刀长矛的冷兵器时代进入枪炮对阵的热兵器时代，而发射药、固体推进剂以及高能量密度材料的不断涌现，推动了武器弹药向轻型化、高射程、高威力的方向发展。因此，火炸药作为武器系统的核心部件，其性能与武器的各项性能有着不可分割的关系，一方面火炸药的性能直接影响并决定着武器装备的性能，另一方面火炸药必须满足武器对火炸药的基本性能要求，才能得到实际应用。

1.5.1 能量性能

火炸药的能量性能直接决定着武器系统的射程和威力，要达到远程打击、高效毁伤的目的，提高武器的机动性，火炸药的高能量密度和能量利用率的提高始终是追求的目标。

不同的武器对火炸药的能量性能有不同的要求。对于战斗部炸药装药，其能量性能通常是指炸药的密度、爆热、爆速等；枪炮发射药的能量性能是指发射药的爆热、比容及火药力等；对于火箭推进剂，其能量性能则是指推进剂的比冲、密度和比冲效率。在满足综合使用性能的情况下，尽可能提高能量水平，是提高武器射程、增强武器威力的有效途径。火炸药的能量越高，武器的射程和威力就越大。然而，能量高也导致燃烧温度增高，燃烧产物对武器的烧蚀性增大，从而降低了武器的使用寿命和精度。所以在选用火药时，要根据武器的使用要求，选择能量适合的火药。例如，对于大口径火炮，要提高射程，不宜采用高燃温的发射药，而是要选用高能低烧蚀的发射药，或者提高装药量来满足射程要求；对于远程火箭，由于推进剂比冲对火箭飞行的最大速度影响很大，所以推进剂的比冲愈高，对提高火箭的射程愈有利；对于近程火箭，则选择比冲适中而其他性能优越的推进剂。

1.5.2 燃烧性能

火药(本章指发射药和推进剂)是通过燃烧释放出大量的热能，同时生成大量的气体作为工质去做功的。火药的燃烧性能是指火药燃烧速度的规律性和燃烧过程的稳定性。火药在枪炮膛中和火箭发动机中燃烧时应具有一定的规律性，且燃烧过程可控，否则就不能满足武器弹道性能要求和射击精度要求。

火药的燃烧性能以燃速及其对压力和初温变化及气流速度的敏感性表示，因此表征火药燃烧性能的参数主要包括燃速、燃速压力指数、燃速温度系数以及侵蚀燃烧比。对于枪炮发射药，要保证武器的射程和精度，要求发射药的燃烧规律服从几何燃烧定律，燃速对压力和温度变化的敏感性小。对于推进剂，其燃烧性能对火箭发动机的结构设计和火箭的内弹道性能都有直接的影响，燃速决定了发动机的工作时间和飞行速度，其临界压力、燃速压力指数、燃速温度系数等都会影响到发动机的结构质量和工作性能的稳定性，进而影响到火箭的最大飞行速度和射程。因此，要满足一定的使用要求，就必须对推进剂的燃烧性能进行调节和控制。

通常，武器装备对火药燃烧性能的要求包括：①火药具有尽可能宽的燃速范围，以满足不同装药的使用要求。例如：导弹控制系统的燃气发生器要求使用燃速小于5mm/s的低燃速缓燃药，防空导弹续航发动机要求使用燃速为5～25mm/s的中等燃速火药，某些导弹起飞发动机和战术火箭要求使用燃速为25～100mm/s的高燃速火药，而高初速火炮及高速动能穿甲弹则要求使用燃速大于1m/s的超高燃速火药。②火药在很宽的压力和温度范围内能按照预定的规律稳定燃烧，火药的燃速压力指数和温度系数越小越好，从而保证弹道性能和射击精度。③火药燃烧完全、燃烧效率高，不产生不正常燃烧，更不能产生燃烧转爆轰现象。

1.5.3 爆轰性能

炸药通过爆轰的化学反应将其化学能转化为热能和工质做功。炸药的爆轰是以爆轰波形式沿炸药高速自行传播的现象，速度一般为每秒数百米到数千米，在爆炸点附近的压力急剧上升，爆轰产物冲击周围介质，会出现猛烈的机械破坏作用，而炸药在各个领域的广泛应用，正是利用了爆轰的这种特性。炸药装药的爆轰性能，通常是指产生高能爆轰波的能力，也是加速成型装药药型罩和弹丸破片速度的能力，从而使射流和破片达到高速度。炸药爆炸时对周围物体产生的各种机械作用，统称为爆炸作用，以做功能力和猛度表示。

不同的武器类型对炸药的爆轰性能要求是不同的。例如，水下弹药要求炸药具有尽可能大的做功能力，需要装填高爆热、大爆容的炸药；反坦克破甲弹装药应具有尽可能高的爆速或爆压；反坦克碎甲弹用炸药，不仅要求高爆速和高爆压，还要求具有较低的撞击感度；对空武器弹药，要求有较高的威力；而杀伤弹，则要求装药具有较大的动能输出，以提高杀伤效果。

1.5.4 力学性能

火炸药的力学性能是指在制造、贮存、运输和使用过程中，火炸药受到各种载荷作用时所产生的形变和破坏的性质。火炸药在工作环境中需要承受短时间的高工作压力：发射药在身管武器中承受几百至几千兆帕的工作压力，固体推进剂在火箭或导弹发动机中承受几兆帕至几百兆帕的工作压力；高过载条件：运输及发射过程根据不同类型的武器装备要承受$5\sim10^4g$的过载；环境温度的变化：在贮存、运输和使用过程中要承受环境温度（$-60\sim70$℃）变化引起的热胀、冷缩效应。这些都要求火炸药必须具有相适应的力学性能，以保证燃烧、爆炸过程能够按照设计要求有规律地释放能量。

在火箭发动机中，推进剂的装填方式不同，对其力学性能的要求也不同。自由装填式发动机装药，主要受到点火冲击力、起飞惯性力以及燃烧压力等作用，要求推进剂有足够的强度和模量，在使用温度范围内，以保证在发动机点火和飞行加速过载时不变形不破裂；壳体黏接式发动机装药，需要承受固化升温的温度载荷、贮存时自身的重力载荷、使用时的点火冲击和起飞时加速度载荷，以及燃烧时的压力载荷等作用。由于推进剂装药和壳体黏结在一起，部分载荷由壳体分担，对推进剂的强度和模量要求不是很高。但是，由于壳体的约束，各种载荷所引起的应变均较大且相互叠加，故要求推进剂具有较大的应变能力，在使用温度范围内有较大的延伸率，要求玻璃化温度尽可能低，以保证低温下有足够的延伸率。

1.5.5 安全性能

火炸药的安全性能是指其受到撞击、摩擦、热、静电火花、冲击波、子弹射击等外界能量作用时发生燃烧或爆炸的难易程度。通常采用感度来评价火炸药的安全性能，如撞击感度、摩擦感度、热感度、静电火花感度、爆轰感度以及枪击感度等。火炸药对各种外界能量的作用应具有足够低的感度，以保证火炸药在生产、贮存、运输和使用过程中的安全，同时应确保火药在点火时能可靠地点燃、炸药能可靠而准确地起爆。

火炸药的安全性能与其所包含组分的物理化学性质以及使用的条件有关，而且不同的火炸药对外界能量作用的敏感性也不同。一般来说，火炸药的能量越高，其感度也就越高。而随着武器装备的发展，特别是战术武器和机载、舰载常规武器的发展，要求火炸药不仅具有高能量，还要具有钝感性。不敏感弹药可提高武器系统的安全性能和生存能力，已成为火炸药发展的重要方向。

1.5.6 贮存性能

火炸药的贮存性能是指火炸药在贮存条件下保持其物理化学性质不发生超过允许范围变化的能力，也称安定性能。火炸药应具有良好的物理化学安定性，以保证弹道性能的稳定性，以及贮存期间不发生意外的燃烧或爆炸事故。在贮存期间，火炸药的物理性质变化主要包括吸湿、溶剂挥发、组分迁移、组分析出以及高分子黏合剂的老化等现象，而化学性质的变化主要包括含能材料的热分解、水解以及组分间的化学反应等过程。

由于现代战争对弹药消耗量增大，为应对突发战争，要求在和平时期必须储备一定的弹药量，而弹药贮存性能好坏、贮存期长短还直接关系到经济效益。因此，对火炸药的贮存性能，要求贮存期越长越好。通常要求，炸药的贮存寿命在 12～15 年，发射药的贮存寿命在 20～25 年以上，推进剂则在 10 年以上。

1.5.7 其他性能

随着武器装备的发展，对火炸药的性能要求也在不断改进、提高和完善。在追求火炸药高能量特性的同时，也越来越关注火炸药的烟、焰、特征信号以及环境适应性等性能。

火炮在发射时产生大量的烟或焰都会在战斗中暴露火炮位置，遭受敌方炮火的攻击。大量的烟雾还妨碍射手直接瞄准，强烈的火焰使射手眩目，甚至烧伤射手，影响战斗。因此，消除弹药发射时的烟和焰，对武器的隐蔽性非常重要。烟的生成与发射药组分性质直接相关，而焰的产生主要与发射药的燃气温度、压力及燃气组成有关。因此，可从发射药配方设计上减少烟、焰的来源。此外，加入消焰剂，可防止燃气在膛内条件下发生链式反应，但这会增加烟雾的产生；提高配方含氧量可减小燃气中可燃物浓度，有利于消焰，但是提高了出膛口时的燃气温度，为二次火焰的点火创造了条件。在配方设计时需要综合平衡考虑。

导弹发射时明显的烟雾、羽焰和强烈的紫外、红外辐射都能使发射平台及导弹的隐身能力受到破坏，因此，“低特征信号”成为战术导弹固体火箭发动机的重要发展目标。火箭发动机达到低特征信号要求的技术关键是采用低特征信号推进剂，这种推进剂是在微烟、少烟推进剂基础上的扩展和提高，达到既无烟又无焰的新型推进剂品种，已成为固体推进剂研究和发展的方向之一。低特征信号推进剂技术是实现导弹武器系统“可靠制导、精确打击”的关键技术，也是海、陆、空三军发射平台和武器系统“有效隐身、确保生存”必不可少的核心技术。

各种先进武器装备的不断出现，还要求火炸药在高过载、高压或变温等工作环境下，具有相适应的力学、燃烧、爆炸等性能，确保稳定、有规律地释放能量。同时，在火炸药的生产、使用过程中，还要求具有环境友好性。例如，对火炸药的毒性进行重视和研究，尽可能选择低毒性的火炸药；在火炸药的生产中，采用绿色工艺，减少三废污染，保持生态平衡；对废弃火炸药进行有效的处理和再利用，从而减少火炸药对人类健康和环境的不利影响。

参考文献

[1] 周起槐，任务正. 火药物理化学性能[M]. 北京:国防工业出版社，1983.
[2] 王泽山，欧育湘，任务正. 火炸药科学技术[M]. 北京:北京理工大学出版社，2002.
[3] 刘继华. 火药物理化学性能[M]. 北京:北京理工大学出版社，1997.
[4] 肖忠良. 火炸药导论[M]. 北京:国防工业出版社，2019.
[5] 中国大百科全书总编辑部. 中国大百科全书:化工卷及军事卷[M]. 北京:中国大百科全书出版社，1987.
[6] 国防科学技术委员会科学技术部. 中国军事百科全书:炸药弹药分册[M]. 北京:军事科学出版社，1987.
[7] 谭惠民. 固体推进剂化学与技术[M]. 北京:北京理工大学出版社，2015.
[8] 欧育湘. 炸药学[M]. 北京:北京理工大学出版社，2014.
[9] 王伯羲，冯增国，杨荣杰. 火药燃烧理论[M]. 北京:北京理工大学出版社，1997.
[10] 王泽山，何卫东，徐复铭. 火炮发射装药设计原理与技术[M]. 北京:北京理工大学出版社，2014.
[11] 侯林法. 复合固体推进剂[M]. 北京:中国宇航出版社，1994.
[12] 松全才，杨崇惠，金韶华. 炸药理论[M]. 北京:兵器工业出版社，1997.
[13] 金韶华. 炸药理论[M]. 西安:西北工业大学出版社，2010.
[14] 吕春绪. 工业炸药理论[M]. 北京:兵器工业出版社，2003.

02 第2章 火炸药的能量性能

2.1 概述

火炸药是指通过燃烧爆炸化学反应而释放出能量的含能物质，它通过燃烧或爆炸产生热能以及气体、固体或液体介质，通过介质传热和做功，以达到发射、推进、毁伤等军事和其他工程技术的目的，所以，火炸药本质上是一种化学能源，是一切武器装备的能源动力。

随着科学技术的不断发展，现代火炸药的类型主要分为高能量密度化合物(HEDC，如六硝基六氮杂异伍兹烷(CL-20)、二硝酰胺铵(ADN)、1,3,3-三硝基氮杂环丁烷(TNAZ))、混合炸药(如高能黏结炸药)、推进剂(如高能低特征信号推进剂、高能钝感推进剂、高能高燃速推进剂等固体推进剂和液体推进剂)、发射药(如高能硝铵发射药、低易损发射药、双基球形发射药等)和起爆药等。不同类型的火炸药应用于不同的领域，其组成也相差较大，导致其能量释放方式也各不相同。

高能量密度化合物又称单质炸药，因此其与混合炸药统称为炸药。炸药爆炸后，快速发生化学反应，瞬间释放巨大能量，以高温高压的爆轰产物为载体，通过爆轰产物的膨胀转化为毁伤元能量，由毁伤元对目标进行毁伤。所以，炸药的能量转换方式可以从准静态膨胀的角度考虑，炸药爆炸释放出的能量以爆轰产物为载体，所携带的能量包括高温所对应的内能、高压所对应的位能以及高速所对应的动能三部分，在其膨胀过程中，组成比例不断变化，同时以热辐射或热传导、产物驱动做功等方式部分地传递给与其接触的环境和介质，由此导致的环境和介质的高强度、剧烈突变的力学效应，是炸药应用于武器并成为毁伤能源的物理基础。炸药爆轰在微秒级时间内释放巨大能量，爆轰产物驱动周围介质产生破坏作用。大量的研究表明，炸药的能量与利用是一个相当复杂的问题。炸药的爆炸产物所做的有效爆炸功，不仅与炸药本身的爆轰参数有关，而且与炸药爆炸时的具体条件、周围介质的性质等有关，也取决于它们之间相互耦合的具体情况。故从广义上讲是炸药爆轰产物能量转换为毁伤元能量毁伤目标的过程；从狭义上讲是针对不同的目标介质，炸药的能量释放速率、输出结构等差异决定了炸药应用于战斗部后威力特征不同。

火箭发动机通常用作航天飞行器和导弹的动力装置，而推进剂则是火箭发动机的能源。图 2-1-1 为固体火箭发动机的结构示意图。固体火箭发动机由燃烧室和收敛-扩张喷管组成，其能量转换过程是：在火箭发动机燃烧室内，通过燃烧将固体推进剂蕴藏的化学潜能转为燃烧产物的热能，产生高温高压气体；该高温高压气体作为发动机的工质，在喷管中绝热膨胀，将工质的热能转变为喷气动能，从喷管出口高速排出，使火箭或导弹获得反向推力，推动导弹（火箭）的飞行，或进行航天器的姿态控制、速度修正、变轨飞行等。火箭发动机的工作过程由化学潜能到动能这两个能量的转换系统组成。通常假设在燃烧室中推进剂的燃烧过程是等压绝热过程，即热力学等焓过程，故单位质量推进剂的总焓等于燃烧室单位质量平衡燃烧产物的总焓。假设在喷管中燃烧产物的流动过程是绝热可逆过程，即等熵过程，故燃烧室中单位质量燃烧产物的总熵等于喷管出口处的总熵。因此火箭发动机能量转换的全过程可以概括为：推进剂在等压、绝热条件下燃烧，其初始总焓等量地转换为燃烧室中平衡燃烧产物的总焓，燃烧室燃烧产物的总焓转换为喷管出口处产物的动能、热能之和。

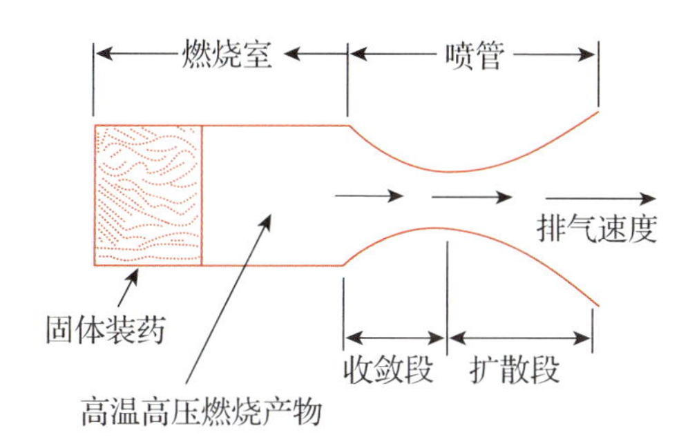

图 2-1-1　火箭发动机的结构示意图

发射药是枪炮装药的基本元件。枪炮弹丸的发射是通过一系列化学反应以及物理反应完成的。首先发射药组分经过燃烧，将化学能转变为热能，然后再将热能转换成弹丸的动能，推动弹丸高速向前运动。发射药的潜能决定了其对外做功的能力，爆热高和体积大的发射药具有高的做功能力。

尽管这三种不同类型的火炸药具有不同的能量释放方式，但是其本质是在外界能量的激发下，火炸药组分发生化学反应，元素进行重排使能级改变，从而产生能量（主要是热能）。火炸药的化学反应有三种：热分解、燃烧与爆轰。

热分解为缓慢化学反应，燃烧与爆轰为快速化学反应，其过程可以用化学反应动力学与反应流体动力学予以描述。在反应流体动力学体系下的压力、温度变化，与化学反应的机理、速率直接相关，这是爆炸力学中著名的C—J方程的结果。一种更直接的描述为：如果化学反应在某一局部以冲击波的形式稳定地进行并传播，反应阵面内的压力不发生突跃变化，就是燃烧；如果化学反应在某一局部以冲击波的形式稳定地进行并传播，反应阵面内的压力发生突跃变化，就是爆轰。所以，以爆轰形式释放能量者为炸药，以燃烧形式释放能量者为推进剂和发射药。正是由于它们的能量释放的本质是相同的，因此表征这三种火炸药能量水平的很多参数都是一致的，但是这三种火炸药的能量释放方式又有差异，导致表征其能量水平的参数也各具特色，本章将这些参数按照共性参数和特色参数两种方式分别进行阐述。

2.2 基本参数

2.2.1 表征火炸药能量水平的共性参数

1. 假定化学式

火炸药是一种多组分的混合物，为了热力学计算的便利，假定1kg火炸药是一种“纯”化学物质，因而就出现了假定化学式的概念。火炸药的假定化学式定义为1kg火炸药中所含各化学元素原子物质的量。目前，绝大多数炸药由C、H、O、N四种元素组成，当然有的还含有Cl、F、S以及金属元素如Al、Mg等；固体推进剂主要由黏合剂、氧化剂、燃料等组成，因此其也主要是由C、H、O、N、Cl、Al等元素组成；发射药尤其是现今使用的发射药，很少含C、H、O、N以外的元素（极少附加组分除外）。故火炸药的假定化学式的通式为

$$C_{n_C^o}H_{n_H^o}O_{n_O^o}N_{n_N^o}Cl_{n_{Cl}^o}Al_{n_{Al}^o}\cdots \qquad (2-2-1)$$

式中：

$n_C^o A_r(C) + n_H^o A_r(H) + n_O^o A_r(O) + n_N^o A_r(N) + n_{Cl}^o A_r(Cl) + n_{Al}^o A_r(Al) + \cdots = 1000g$；

其中 n_X^o 为某元素的物质的量；$A_r(X)$为某元素的平均分子质量。

根据炸药、固体推进剂和发射药的组成元素的特点，一般 $C_{n_C^o}H_{n_H^o}O_{n_O^o}N_{n_N^o}$、$C_{n_C^o}H_{n_H^o}O_{n_O^o}N_{n_N^o}Cl_{n_{Cl}^o}$ 和 $C_{n_C^o}H_{n_H^o}O_{n_O^o}N_{n_N^o}Cl_{n_{Cl}^o}Al_{n_{Al}^o}$ 这三个假定化学式代表了现今使用的大部分火炸药。

2. 氧系数和氧平衡

火炸药的热分解、燃烧和爆炸反应的实质是火炸药的分子破裂，分子中的可燃元素与氧化元素发生氧化还原反应，生成新的稳定产物，并放出大量的热量。尽管反应十分复杂，但是产物主要为 CO_2、H_2O、CO、N_2、O_2、H_2、NO、NO_2、CH_4、C_2N_2、NH_3、C 等。产物的种类和数量的影响因素之一就是火炸药中氧化剂和可燃剂的含量。火炸药的氧系数和氧平衡是用以评估火炸药中含氧量多少的参数。含氧量的多少，直接决定火炸药能量的大小以及燃烧的效率。

1)氧系数

氧系数是火炸药中所含的氧化元素物质的量与火炸药中所含可燃元素完全氧化所需氧化元素物质的量之比，即

$$\varnothing = \frac{\sum n_{\mathrm{O},i}}{\sum n_{\mathrm{f},i}} \tag{2-2-2}$$

式中：$\varnothing$ 为氧系数；$\sum n_{\mathrm{O},i}$ 为火炸药中所含氧化元素物质的量(mol)；$\sum n_{\mathrm{f},i}$ 为火炸药中所含可燃元素完全氧化所需氧化元素物质的量(mol)。

计算氧系数时不需要考虑氮元素，因为氮在燃烧时会生成氮气，既不消耗氧，也不起氧化作用。单质炸药可以直接用分子式进行计算，而其他火炸药通过假定化学式进行计算。例如：黑索今(RDX)的分子式为 $C_3H_6O_6N_6$，则其氧系数为 $\varnothing = 6/(3\times2+0.5\times6)=0.67$；硝化甘油的一般化学式为 $C_3H_5O_9N_3$，则其氧系数为 $\varnothing = 9/(3\times2+0.5\times5)=1.06$。

当 $\varnothing=1$ 时，火炸药中氧化元素物质的量与可燃元素完全氧化所需氧化元素物质的量相等，符合等物质的量规则，此时进行燃烧化学反应所放出的热量最大；当 $\varnothing>1$ 时，属于富氧化合物；当 $\varnothing<1$ 时，属于缺氧化合物。在火炸药设计中，为提高火炸药的做功能力，除考虑燃烧时放热量大以外，还要考虑气态生成物质的多少，即比容的大小，希望比容愈大愈好。所以，在火炸药尤其高能火炸药配方设计时，对氧系数的取值有时还需要考虑：一是碳元素生成 CO；二是氢元素生成 H_2；三是金属燃烧剂主要生成高价氧化物充分放出热量，如 Al 生成 Al_2O_3。按这些原则设计的配方，取 $\varnothing$ 值在 1.1 以上，既保证碳原子完全生成气态产物比容较大，又能有较大的放热量，从而使火炸药的做功能力较大。

2)氧平衡

对于以氧为氧化元素的大多数火炸药以及它们的组分，常以氧平衡来评估

是缺氧还是富氧，同样与其能量的释放有密切关系。氧平衡是指：火炸药或组分中所含氧的质量与所含可燃元素完全氧化所需氧的质量之差值。完全氧化是指火炸药中的可燃元素生成稳定的氧化物，例如碳和氢全部氧化生成二氧化碳和水，Al 氧化生成 Al_2O_3 等。计算时常以百分数表示。

$$OB=\frac{(\sum n_{O,i}-\sum n_{f,i})\times 16}{M}\times 100\% \qquad (2-2-3)$$

式中：OB 为火炸药的氧平衡；$\sum n_{O,i}$ 为火炸药或组分中所含氧元素原子物质的量之和(mol)；$\sum n_{f,i}$ 为火炸药或组分中所含可燃元素完全氧化所需氧化元素原子物质的量之和(mol)；M 为火炸药或组分的摩尔质量(g/mol)；16 为氧原子的摩尔质量(g/mol)。

当 OB<0 时，该物质为负氧平衡，代表火炸药中的氧不足以将可燃元素全部氧化；当 OB=0 时，该物质为零氧平衡，代表火炸药中的氧正好能将可燃元素全部氧化；当 OB>0 时，该物质为正氧平衡，代表火炸药中的氧能将可燃元素全部氧化，且有剩余。

以 Al 燃烧剂为例，Al 粉完全氧化的化学反应式为

$$2Al+1.5O_2 \longrightarrow Al_2O_3$$

所以根据化学方程式可知，完全氧化 2mol 铝原子，需要消耗 3mol 的氧原子，对应的质量分别是 54g 和 48g，故 Al 粉的 $OB=(-48/54)\times 100\%=-88.9\%$。

对于单质炸药，可以直接根据一般分子式进行计算，例如硝化甘油的一般分子式为 $C_3H_5O_9N_3$，其 $OB=\frac{[9-(3\times 2+5\times 0.5)]\times 16}{227.09}\times 100\%=3.52\%$。

对于混合炸药、推进剂和发射药等其他火炸药，可将各组分的氧平衡数值乘以该组分的质量百分数，然后进行加和即为它的氧平衡。因此计算火炸药的氧平衡，若熟知常用组分的氧平衡值，就会使火炸药的配方设计变得十分简单。表 2-2-1 列出了某些单质炸药和相关物质的氧平衡值。

表 2-2-1　某些单质炸药和相关物质的氧平衡值

物质名称	分子式	相对分子量	氧平衡/%
硝酸铵	NH_4NO_3	80	0.2
硝酸钠	$NaNO_3$	85	0.471
硝酸钾	KNO_3	101	0.396
硝酸钙	$Ca(NO_3)_2$	164	0.488

（续）

物质名称	分子式	相对分子量	氧平衡/%
高氯酸铵	NH_4ClO_4	117.5	0.34
高氯酸钠	$NaClO_4$	122.5	0.523
高氯酸钾	$KClO_4$	138.5	0.462
黑索今(RDX)	$C_3H_6O_6N_6$	222	-0.216
奥克托今(HMX)	$C_4H_8O_8N_8$	296	-0.216
二硝基甲苯(DNT)	$C_7H_6O_4N_2$	182	-1.142
梯恩梯(TNT)	$C_7H_5O_6N_3$	227	-0.74
特屈尔(Te)	$C_7H_5O_8N_5$	287	-0.474
太安(PETN)	$C_5H_8O_{12}N_4$	316	-0.101
硝化棉(N=12.2%)(NC)	$C_{22.5}H_{28.8}O_{36.1}N_{8.7}$	998.2	-0.369
硝基胍(NQ)	$CH_4O_2N_4$	104.1	-0.308
硝化乙二醇(NGC)	$C_2H_4O_6N_2$	152	0
硝化甘油(NG)	$C_{13}H_5O_9N_3$	227	0.035
六硝基六氮杂异伍兹烷(CL-20)	$C_6H_6N_{12}O_{12}$	438	-0.11
三硝基萘	$C_{10}H_6O_4N_2$	218	-1.393
铝粉	Al	27	-0.889

3. 生成热

为了计算火炸药的热力学性能，需要首先了解火炸药及其组分的生成热。生成热是火炸药的一个十分重要的性能，可用它来评估火炸药爆炸性能和燃烧性能。由元素生成化合物时，反应吸收或放出的能量称为生成热，单位为kJ/mol。任何化学反应都有生成热，可为正值和负值，分别表现为吸热反应或者放热反应。对于炸药而言，生成反应通常是放热的。在放热反应中，释放出的能量有多种形式，但实际上通常是热能。一般情况下，恒温恒压条件下的反应热又称为焓变，符号为 ΔH，单位为 kJ/mol。而炸药的生成热是炸药的热焓与生成它的元素的热焓(习惯上取为 0)之差，这就是说，火炸药的热焓等于其生成热，而炸药爆炸时放出的净能量是爆炸产物生成热的总和减去原始炸药的生成热。

在化学反应中，产物生成热与原料生成热之差称为反应热。对氧化反应，反应热也可称为燃烧热，火炸药爆燃时放出的热则称为爆燃热；火炸药爆轰时放出的热称为爆轰热或爆热(kJ/mol 或 kJ/kg)。对于常用于起爆器材的起爆药，其生成热常为负值或很小的正值，这说明起爆药具有很大的内能。

在标准条件(100kPa 和 273.15K)下，由稳定相态的单质生成 1mol 化合物时的反应焓称为标准摩尔生成焓，以符号 $\Delta_f H_m^\theta$ 表示，单位为 J/mol。对于化合物的标准摩尔焓变，则等于其标准生成焓，即

$$\Delta H_m^\theta = \Delta_f H_m^\theta \tag{2-2-4}$$

若物质的量不是以 1mol 为基准而是以 1g 或 1kg 为基准，则称为比生成焓，以 $\Delta_f H^\theta$ 表示，单位为 J/g 或 kJ/kg。火药的假定化学式是以 1kg 为基准的，所以由此获得的生成焓可称为比生成焓。

火炸药是一种多组分组成的混合物，如果省略去火炸药在加工混合时的焓变(很小，可以忽略)，则火炸药的生成焓应等于各组分的生成焓之和。即

$$(\Delta_f H_m^\theta)_P = \sum_{i=1}^{n} w_i (\Delta_f h^\theta)_i \tag{2-2-5}$$

同样，火炸药的焓等于火炸药的生成焓，即

$$(H_m^\theta)_P = (\Delta_f H_m^\theta)_P \tag{2-2-6}$$

由热力学可知，内能与焓的关系为

$$H = U + PV \tag{2-2-7}$$

火炸药是凝聚态物质，与气体相比体积 V 可以忽略不计，则有

$$(U_m^\theta)_P = (H_m^\theta)_P \tag{2-2-8}$$

所以，已知火炸药各组分的生成热，就可以求出火炸药的生成焓和内能，表 2-2-2 列出了火炸药常用物质的生成热。

表 2-2-2 火炸药常用物质的生成热(热焓)

名称	化学式	ΔH_f/(kJ/kg)	ΔH_f/(kJ/mol)
TNT	$C_6H_2(NO_2)_3CH_3$	-115	-26
NG	$C_3H_5(ONO_2)_3$	-1674	-380
PA	$C_6H_2(NO_2)_3OH$	-978	-224
TNB	$C_6H_3(NO_2)_3$	-135	-28
EGDN	$(CH_2)_2(ONO_2)_2$	-1704	-259

（续）

名称	化学式	ΔH_f/(kJ/kg)	ΔH_f/(kJ/mol)
DEGDN	$(CH_2)_4(ONO_2)_2O$	−2120	−415.7
TEGDN	$(C_6H_2)_6(ONO_2)_2O_2$	−2506	601.7
PETN	$C(CH_2)_4(ONO_2)_4$	−1703	−538
RDX	$(CH_2)_2(NNO_2)_3$	+279	+62
HMX	$(CH_2)_4(NNO_2)_4$	+253	+75
HNIW(CL-20)	$(CH_2)_6(NNO_2)_6$	+1006	+460
TATB	$C_6(NH_2)_3(NO_2)_3$	−597	−154
AN	NH_4NO_3	−4428	−355
AP	NH_4ClO_4	−2412	−283
ADN	$NH_4N(NO_2)_2$	−1087	−148
HNF	$N_2H_5C(NO_2)_3$	−393	−72
HTPB	C_4H_6	—	−1.05
GAP	$C_3H_5ON_3$	—	+154.6
PAMMO	$C_5H_9ON_3$	—	+43.0
PBAMO	$C_5H_8ON_6$	—	+406.8

4. 爆热

1）定义

当火炸药被引发而迅速燃烧或爆轰时，主要由于氧化反应而放出热量，在绝热条件下放出的这种热能称为爆热，以 Q 表示。通常以 1mol 或 1kg 火炸药在绝热条件下燃烧或爆炸所释放的热量表示，单位为 kJ/mol 或 kJ/kg。爆热是火炸药一个很重要的特征参数，反映出火炸药的做功能力。

爆热与燃烧热不同。燃烧热表示物质中的可燃元素完全氧化时放出的热量，用该物质在纯氧中完全燃烧时放出的热量表示。测量燃烧热时需补加氧。爆热则不用补加氧。又因为火炸药的爆炸变化极为迅速，可以看作是在定容下进行的，故火炸药的爆热一般指定容爆热。推进剂在炮管中燃烧、发射药在枪腔中燃烧及炸药在爆炸装置中爆炸时，其 Q 值为定容 Q，用 Q_V 表示；但推进剂在发动机中的燃烧室燃烧时，产物可自由膨胀至大气中，这时燃烧即在定压下进行，相应的 Q 称为定压 Q，以 Q_p 表示。火炸药常用的单质炸药和氧化剂的计算 Q 值如表 2-2-3 所列。

表 2-2-3 火炸药常用的单质炸药和氧化剂的计算 Q 值(水为气态)

名称	分子式	$Q/(J/g)$
TNT	$C_6H_2(NO_2)_3CH_3$	3720
NG	$C_3H_5(ONO_2)_3$	6214
PA	$C_6H_2(NO_2)_3OH$	3350
TNB	$C_6H_3(NO_2)_3$	3876
EGDN	$(CH_2)_2(ONO_2)_2$	6730
DEGDN	$(CH_2)_4(ONO_2)_2O$	4141
TEGDN	$(C_6H_2)_6(ONO_2)_2O_2$	3317
PETN	$C(CH_2)_4(ONO_2)_4$	5940
RDX	$(CH_2)_2(NNO_2)_3$	5297
HMX	$(CH_2)_4(NNO_2)_4$	5249
HNIW(CL-20)	$(CH_2)_6(NNO_2)_6$	6084
TATB	$C_6(NH_2)_3(NO_2)_3$	3062
AN	NH_4NO_3	1441
AP	NH_4ClO_4	1972
ADN	$NH_4N(NO_2)_2$	2668

2)爆热的计算方法

计算爆热的理论依据是盖斯定律，如图 2-2-1 所示。状态 1 为组成炸药元素的稳定单质状态，即初态；状态 2 为炸药，即中间态；状态 3 为爆炸产物，即终态。

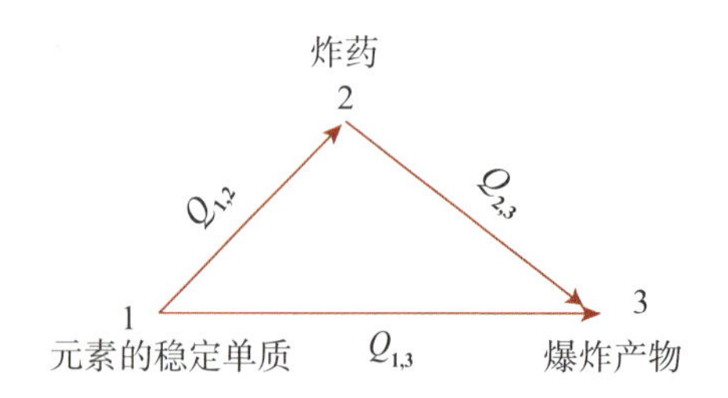

图 2-2-1 计算炸药爆热的盖斯定律表示图

从状态 1 到 3 可有两条途径：①由元素的稳定单质直接生成爆炸产物，同时放出热量 $Q_{1,3}$（即爆炸产物的生成热之和）；②从元素的稳定单质先生成炸药，同时放出或吸收热量 $Q_{1,2}$（炸药的生成热），然后再由炸药发生爆炸反应，放出热量 $Q_{2,3}$（爆热），生成爆炸产物。

根据盖斯定律，系统沿第一条途径转变时，反应热的代数和应该等于它沿第二条途径转变时的反应热的代数和，即

$$Q_{1,3} = Q_{1,2} + Q_{2,3} \tag{2-2-9}$$

则炸药的爆热 $Q_{2,3}$ 为

$$Q_{2,3} = Q_{1,3} - Q_{1,2} \tag{2-2-10}$$

炸药的爆热等于其爆炸产物的生成热之和 $Q_{1,3}$ 减去炸药的生成热 $Q_{1,2}$。

因此，只要知道炸药的爆炸反应方程式和炸药及爆炸产物的生成热数据，利用式（2-2-10）就可计算出炸药的爆热。炸药和爆炸产物的生成热数据可由文献查得，也可以通过燃烧热试验或有关的计算方法求得。

必须指出，由热化学数据表中查得的炸药或产物的生成热数据往往都是定压生成热数据，将它们代入式（2-2-10）中算得的结果是定压爆热。按照式（2-2-11）就可以把定压数据换算成定容数据，得到炸药爆热值，即

$$Q_V = Q_p + RT(n_2 - n_1) \tag{2-2-11}$$

式中：n_1 和 n_2 分别为反应物和产物中气态组分物质的量之和。凡是凝聚态组分，其物质的量皆计为 0。

换而言之，爆热就是爆炸产物生成热与炸药本身的生成热之差。化学炸药的生成热可由炸药分子内各原子间键能计算得到，而气态产物（如 H_2O、CO_2、CO 等）的生成热可由文献查得。

有时候炸药的爆热也可由：$Q = H_C - H_{C(产物)}$ 求得，其中 H_C 为炸药燃烧热，可用标准量热计算，$H_{C(产物)}$ 为炸药爆轰产物的燃烧热，可由文献查得，其差别可以从以下能量变化阶梯看出：

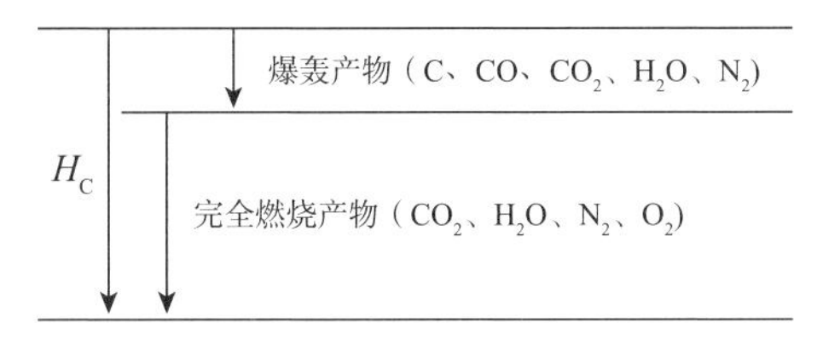

火炸药一般是由多种组分组成，因此其爆热的计算可以按照以下几种方式：

（1）质量加权法。假定火炸药中每一种组分对爆热的贡献与它在该炸药中的含量成正比，则火炸药爆热计算公式为

$$Q_V = \sum W_i Q_{Vi} \tag{2-2-12}$$

式中：W_i 为火炸药中第 i 种组分的质量分数；Q_{Vi} 为火炸药中第 i 种组分的爆热(kJ/kg)。

(2)Авакян A 法。此法较质量加权法更为精确，计算步骤如下：

①算出 1kg 火炸药的假拟分子式——$C_a H_b O_c N_d$。

②按式(2-2-13)计算火炸药的定容生成热

$$Q_{Vfe} = \sum N_i Q_{Vfei} \tag{2-2-13}$$

式中：N_i，Q_{Vfei}分别为 1kg 火炸药中第 i 种组分的物质的量和定容生成热(kJ/mol)。

一些在真空条件下容易被灼热的金属丝点燃的火炸药，例如硝化棉、推进剂等，其爆热可用普通的氧弹式量热计测定，而一般的猛炸药，爆热的测定必须在特制的爆热弹中进行。

2.2.2 炸药特有的能量性能参数

1. 爆速

炸药的爆轰是炸药发生快速化学反应的过程，并产生冲击波(也称为爆轰波)。在爆轰波前沿，产生高温和高压梯度，所以化学反应是瞬间引发的。爆轰波通过炸药柱传播，且多为化学反应。除了爆轰早期，爆轰波以恒速沿着炸药柱传播，因此爆速(VOD)的定义就是爆轰波沿炸药柱传播的速度。爆速会随着装药密度的增加而增大。但当炸药的装药密度达到最大值，且装药直径远大于临界直径时爆速是炸药的特征参数，不受外界因素的影响。

一般有机炸药的爆速也是其分解产生能的函数，其爆炸性能与化学组成存在一定的关系。尤其对理想 CHNO 炸药，Bernard、Rothstein 和 Peterson 等人曾提出了一个在理论最大密度(TMD)下的 VOD 与系数 F 之间的线性关系。

$$F = 0.55D + 0.26 \tag{2-2-14}$$

式中：D 为爆速；F 为由式(2-2-15)得到的系数，即

$$F = \frac{100}{M_w}\left(n(\mathrm{O}) + n(\mathrm{N}) - \frac{n(\mathrm{H})}{2n(\mathrm{O})} + \frac{A}{3} - \frac{n(\mathrm{B})}{1.75} - \frac{n(\mathrm{C})}{2.5} - \frac{n(\mathrm{D})}{4} + \frac{n(\mathrm{E})}{5}\right) - G \tag{2-2-15}$$

式中：G 为系数，对于液体炸药为 0.4，固体炸药为 0；A 为系数，对芳香族炸药为 1.0，其他炸药为 0；M_w 为炸药相对分子质量；$n(\mathrm{O})$为氧原子数；

n(N)为氮原子数；n(H)为氢原子数；n(B)为将 C 氧化为 CO_2，H_2 氧化为 H_2O 后剩余的氧原子数；n(C)为以双键与 C 相连(如 C ═O)的氧原子数；n(D)为以单键与 C 相连(如 C—O—R，R = H 或其他基团)的氧原子数；n(E)为硝酸酯基团数。

从上式表明，F 仅由炸药分子式、化学结构以及物理状态就可得到，而无需考虑任何的物理、化学和热化学性能。经过大量的研究表明，计算值与试验值之间的误差为 0.46%～4.0%。

2. 爆压

与爆速一样，炸药的爆轰压也是重要的爆轰参数之一，它是炸药的重要性能指标。冲击波前沿的动力压峰值称为炸药的爆压。故有时假定炸药爆炸反应为绝热、等容过程，则炸药爆炸产物的压力称为爆压。在应用时，爆压的大小决定着与其直接接触的介质的破坏情况。

爆压是炸药反应为同体积爆炸产物时的状态函数，因而爆炸气体压力在容器中，当生成气体的密度不大时可近似于理想气体，可用理想气体状态方程计算爆压，但凝聚炸药或密度极高的炸药，生成气体的密度较大时则不能应用，需按不同炸药的爆炸气体的不同性质选择状态方程，一般用阿贝尔(Abel)状态方程或其他对应形式的状态方程。

研究表明，对于某些炸药，试验爆压或 C－J 面压力与爆速之间的定量关系可以是

$$P_{CJ} = 93.3D - 456 \tag{2-2-16}$$

式中的 D 是由式(2－2－14)计算的。式(2－2－16)提供了一个快速估算 TMD 下的 P_{CJ} 的方法。

Cook 也提出了一个计算 P_{CJ} 的经验式：

$$P_{CJ} = \frac{1}{4}\rho D^2 \tag{2-2-17}$$

式中：ρ 为炸药的装药密度(g/cm^3)；D 为爆速(m/s)。

3. 爆温

炸药爆炸时所释放出的热量将爆炸产物加热到的最高温度称为爆温，用 T_B 表示。爆温是炸药的重要物性参数之一，对它的研究不仅具有理论意义，而且具有实际意义。在某些场合，例如作为弹药，特别是水雷、鱼雷的主装药往往希望炸药爆温高，以力求获得较大的威力，而枪炮用的发射药，爆温就不能过

高，否则枪炮身管烧蚀严重，尤其煤矿用炸药，爆温必须控制在较低范围内，以防止瓦斯或煤尘爆炸。

由于炸药爆炸过程迅速，爆温高而且随时间变化极快，加上爆炸的破坏性，对爆温的测定很困难。目前主要从理论上估算炸药的爆温。为了简化，假定：

(1)爆炸过程定容、绝热，其反应热全部用来加热爆炸产物；

(2)爆炸产物处于化学平衡和热力学平衡态，其热容只是温度的函数，与爆炸时产物所处的压力状态(或密度)无关。

此假定虽然会对于高密度炸药爆温的计算带来一定的误差，但仍具有一定的适用性。下面就重点介绍用爆炸产物的平均热容量计算爆温的方法。至于用爆炸产物的内能值计算爆温，这是热化学通用的方法，不再赘述。根据上述假定，令

$$Q_V = \overline{c_V}(T_B - T_0) = \overline{c_V}t \tag{2-2-18}$$

式中：T_B为炸药的爆温(K)；T_0为炸药的初温，取298K；t为爆炸产物从T_0到T_B的温度间隔，即净增温度；$\overline{c_V}$为炸药全部爆炸产物在温度间隔t内的平均热容量，即

$$\overline{c_V} = \sum n_i \overline{c_{Vi}} \tag{2-2-19}$$

式中：n_i为第i种爆炸产物的物质的量；$\overline{c_{Vi}}$为第i种爆炸产物的平均分子比热容(J/mol·K)。

$$T_B = t + T_0 \tag{2-2-20}$$

爆炸产物的平均分子热容与温度的关系一般为

$$\overline{c_{Vi}} = a_i + b_i t + c_i t^2 + d_i t^3 + \cdots \tag{2-2-21}$$

式中：a_i、b_i、c_i、d_i是与产物组分有关的常数。对于一般工程计算，仅取前两项，即认为平均分子热容与温度间隔t为直线关系。

$$\overline{c_{Vi}} = a_i + b_i t \tag{2-2-22}$$

$$\overline{c_V} = A + Bt \tag{2-2-23}$$

$$A = \sum n_i a_i, B = \sum n_i b_i \tag{2-2-24}$$

将式(2-2-23)代入式(2-2-18)得

$$Q_V = At + Bt^2 \tag{2-2-25}$$

即

$$Bt^2 + At - Q_V = 0 \tag{2-2-26}$$

于是
$$t = \frac{-A + \sqrt{A^2 + 4BQ_V}}{2B} \tag{2-2-27}$$

$$T_B = \frac{-A + \sqrt{A^2 + 4BQ_V}}{2B} + 298 \tag{2-2-28}$$

由此可见，只要知道炸药的爆炸变化方程式或爆炸产物的组分，每种产物的平均分子热容和炸药的爆热，就可以根据式(2-2-20)、式(2-2-23)和式(2-2-28)求出该炸药的爆温。

鉴于理论计算爆温较为复杂，Keshavarz 提出了爆温计算的经验式。他认为爆温只受爆热的影响，对于芳香族炸药来讲，爆温的经验式为

$$T_B/1000 = -75.8 + 950.8A + 12.3B + 1114.9C + 1321.5D + 1.2\Delta H_f \tag{2-2-29}$$

对于非芳香族炸药，爆温的经验式为

$$T_B/1000 = 149.0 - 1513.9A - 196.5B - 2066.1C - 2346.2D + 1.2\Delta H_f \tag{2-2-30}$$

式中：A，B，C，D 为常数，可由表 2-2-4 查得；ΔH_f为炸药的生成热。

表 2-2-4 式(2-2-29)和式(2-2-30)中的常数

炸药	A	B	C	D	ΔH_f/(kcal/g)
DATB	0.0276	0.00686	0.01602	0.02746	0.05481
HNS	0.03111	0.01333	0.01333	0.02667	0.06600
TATB	0.02326	0.02326	0.02326	0.02326	0.07519
TETRYL	0.02439	0.01742	0.01742	0.02787	0.03233
TNT	0.03084	0.02203	0.01322	0.02643	-0.01894
HMX	0.01351	0.02703	0.02703	0.02703	0.15203
NG	0.01322	0.02203	0.01322	0.03965	-0.56828
PETN	0.01582	0.02532	0.01266	0.03797	-0.55063
RDX	0.01351	0.02703	0.02703	0.02703	0.17027

鉴于上述经验式没有考虑到炸药分子结构的影响，Keshavarz 又提出另一经验式，即

$$T_B = 5136 - 90.1a - 56.4b + 115.9c + 184.4d - 466.0R_{O/C} - 700.8R_{H/O} - 282.9x \tag{2-2-31}$$

式中：a，b，c，d 为炸药分子中碳、氢、氧、氮的原子数；$R_{O/C}$ 为炸药分子中氧、碳原子数的比；$R_{H/O}$ 为炸药分子中氢、氧原子数的比；x 为氢原子的数目。

4. 爆容

爆容是单位质量炸药爆炸时生成的气态产物在标准状态（273.15K，101.325kPa）下的体积，以 V_0 表示，单位为 L/kg。

爆炸产物中的水为液态时，其余爆炸产物的体积称为干爆容；水为气态时，全部爆炸产物的体积称为全爆容。爆容是衡量爆炸作用的一个重要标志，因为高温高压的气体产物是对外做功的工质。爆容越大，越易于将爆热转化为功，做功效率越高。爆容可根据爆炸反应方程式并结合阿伏加德罗定律（式（2-2-32））计算，也可由试验测定。表 2-2-5 列出了常用炸药的爆容实测值。

$$V_0 = \frac{22.4\sum n}{M} \times 1000 \tag{2-2-32}$$

式中：$\sum n$ 为爆炸产物中气态组分的总物质的量（mol）；M 为爆炸反应方程中炸药的质量（g）；22.4 为标准状况下，气体的摩尔体积。

表 2-2-5 常用炸药的爆容实测值

炸药	$\rho/(g/cm^3)$	$V_0/(cm^3/kg)$	CO/CO_2
TNT	1.50	750	3.2
	0.80	870	7.0
RDX	1.50	890	1.68
	0.95	950	1.75
50TNT/50RDX	1.68	800	2.4
	0.90	990	6.7
PA	1.50	750	2.1
	1.00	780	4.0
TE	1.55	740	3.3
	1.00	840	8.3
PETN	1.65	790	0.5～0.6
	1.85	790	
NG	1.60	690	
阿马托	1.30	890	
	0.90	880	
雷汞	3.77	300（汞为气态）	

5. 威力

一种炸药的威力就是它能做的有用功的度量，又称为炸药的潜能，是炸药定容爆炸时放出的总热量。炸药的爆容 V 和爆热 Q 可独立计算，而炸药威力的计算公式见下式：

$$炸药威力 = QV \tag{2-2-33}$$

威力指数是指炸药的威力与标准炸药（通常为苦味酸（PA））的威力比（式（2-2-34）），更能直观地表征炸药的威力。

$$威力指数 = \frac{QV}{Q_{(PA)} V_{(PA)}} \times 100\% \tag{2-2-34}$$

根据式（2-2-34）计算的常用炸药威力指数如表 2-2-6 所列。

表 2-2-6　炸药的威力指数（标准炸药为苦味酸）

名称	分子式	威力指数/%
TNT	$C_6H_2(NO_2)_3CH_3$	118
NG	$C_3H_5(ONO_2)_3$	170
PA	$C_6H_2(NO_2)_3OH$	100
EGDN	$(CH_2)_2(ONO_2)_2$	182
PETN	$C(CH_2)_4(ONO_2)_4$	167
RDX	$(CH_2)_2(NNO_2)_3$	169
HMX	$(CH_2)_4(NNO_2)_4$	169
TATB	$C_6(NH_2)_3(NO_2)_3$	101

6. 猛度

炸药与其他做工源相比，最大的特征是它具有极其巨大的功率。炸药爆炸时对外做功，作用时间短，压力突跃十分强烈，使与其直接接触或附近的物体在短时间内受到一个非常高的压力和冲量的作用，导致粉碎和破坏。炸药爆炸时粉碎和破坏与其接触物体的能力称为炸药的猛度。

爆炸的猛度作用只表现在离爆炸点极近距离的范围内，因为只有在极近距离的范围内，爆轰产物才能保持有足够的压力和足够大的能量密度，破坏与它相遇的物体。对于一般猛炸药，当爆轰产物膨胀半径为原装药半径的 1.5 倍时，压力已经降到 200MPa 左右，这时对于金属等高强度物体的作用已经很微小了。炸药猛度的理论表示或试验测定都是以直接接触的爆炸为根据的。

炸药的猛度是指炸药装药对与其直接接触目标的局部破坏效应，而炸药的做功能力一般指它对周围介质总的破坏能力。对于单质炸药，一般做功能力大而猛度不一定高。主要是由于爆炸过程中能量的分配及影响因素不同，猛度主要取决于爆速和密度，且猛度与爆压(P_{CL})呈线性关系，而 P_{CL} 与炸药的密度及爆速有关，如式(2-2-35)所示。做功能力则主要与爆热和比容有关。单质炸药爆轰时间很短，绝大部分能量在很窄的反应区内释放，直接用于提高爆速和爆压；而含铝等金属粉的混合炸药，相当一部分能量是在反应区外的二区反应中放出的，它不能使爆轰波的爆速提高，但会膨胀做功。对于军用炸药的性能要求，则要根据武器的用途具体分析，如用于杀爆弹装药或工程爆破的要以大做功能力为主，不必强求高爆速；用于以高速弹片为主的杀伤武器时需以高密度、高爆速，即高猛度和中等做功能力的炸药较好；用于空穴装药效应的破甲弹时则要求高猛度兼有大做功能力的炸药。

$$\text{猛度} \propto (\rho D^2) \tag{2-2-35}$$

7. 气泡能

炸药在无限水介质中瞬时爆轰，在定容条件下转变为高温高压的爆轰产物，除了压缩水介质形成水中冲击波能外，爆轰产生的另一部分能量留在爆轰产物内部并以气泡的形式向外膨胀，推动周围的水径向流动，这部分能量称为气泡能(也称气泡脉动能)。气泡能表示气泡克服静水压力膨胀到第一次最大时做的功。

目前，多数研究只考虑到炸药在水下后产生的冲击波能对舰船的毁伤能力，而忽略了气泡能。虽然气泡能与冲击波能相比较小，但气泡能所产生的载荷作用的持续时间远大于冲击波能作用的持续时间。因此在计算炸药水下爆炸载荷时，应将冲击波能和气泡能一起计算在内。

8. TNT 当量

TNT 的学名是 2,4,6-三硝基甲苯，是一种带苯环的有机化合物，熔点为 81℃，爆速为 6700m/s，化学稳定性很高，撞击和摩擦感度很低。20 世纪，TNT 是最普通的常规军用炸药。用 TNT 炸药释放的能量当量可作为能量单位，1kg TNT 可产生 4.184MJ 的能量，1tTNT 会产生 4.184kMJ 的能量，用释放相同能量的 TNT 炸药的质量表示火炸药释放能量的一种习惯计量，称为 TNT 当量。

9. 水下爆炸能

通过测量水中冲击波压力-时间曲线可计算得到水下爆炸的冲击波能和气泡

能，在距离爆心为 R 的测点处，比冲击波能 e_s(MJ/kg)的计算公式为

$$e_s = \frac{4\pi R^2}{W\rho_0 C_0}\int_0^{\tau} p^2(t)\mathrm{d}t \tag{2-2-36}$$

式中：R 为爆炸中心至测点的距离(m)；W 为装药质量(kg)；ρ_0 为水的密度，为 1000kg/m^3；C_0 为水中的音速，取 1500m/s；$p(t)$为测点处 t 时刻的冲击波压力(Pa)；τ 为积分上限，一般取 6.7θ。

小水池由于边界效应的影响，水下爆炸的能量输出会存在一定偏差，其中气泡能受边界效应的影响更大，因此，需对气泡能的计算公式进行修正。修正后比气泡能 e_b(MJ/kg)为

$$e_b = \frac{1}{8WC^3K_1^3}[\sqrt{1+4CT_b}-1]^3 \tag{2-2-37}$$

$$K_1 = 1.135\frac{\rho_0^{1/2}}{p_h^{5/6}} \tag{2-2-38}$$

$$T_b = t_b\left(\frac{p_i+p_h}{p_0+p_h}\right)^{5/6} \tag{2-2-39}$$

式中：W 为装药质量(kg)；t_b 为修正前的气泡周期(s)；T_b 为修正后的气泡周期(s)；C 为与实际水池中装药位置有关的常数，Bjarnholt 等通过试验确定 C 值为 − 0.4464/s；p_i 为测试时水面实测大气压(Pa)；p_0 为水面标准大气压(Pa)；p_h 为装药深度处的静水压力(Pa)；ρ_0 为水的密度(kg/cm^3)。

测点处水下爆炸总能量 e_t 由比冲击波能 e_s 和比气泡能 e_b 组成，为两种能量之和，即

$$e_t = e_b + e_s \tag{2-2-40}$$

2.2.3 推进剂特有的能量性能参数

1. 比冲

比冲是火箭推进剂和火箭发动机中用得最多的能量性能参数。总冲量只能反映发动机的工作能力，具有一定局限性，所以采用单位质量推进剂所产生的冲量来衡量推进剂能量的高低和发动机内部工作过程的完善程度，这就是比冲，其定义是在火箭发动机中单位质量推进剂所产生的冲量，其数学表达式为

$$I_{\mathrm{SP}} = \frac{I}{m} \tag{2-2-41}$$

式中：I 为火箭发动机的总冲(N/s)；m 为固体推进剂的总质量(kg)。

比冲还可表述为推力 F 与推进剂燃烧产物质量流量 q_m 之比，即

$$I_{SP}=\frac{F}{q_m} \tag{2-2-42}$$

比冲有时也称比推力，但严格意义上说，两者所表示的状态和物理含义是有区别的。由比冲的定义看出，比冲是发动机中每千克推进剂装药所产生的冲量的平均值，而比推力则是每秒钟消耗 1kg 推进剂所产生的推力。由于在发动机工作期间每秒钟消耗的推进剂和产生的推力是变量，因此，比推力是一瞬变量。如果发动机的推力是常数，则比冲和比推力在数值上相等，在某些场合可以相互通用。当发动机排气压力膨胀到等于外界压力，即 $P_r=P_a$ 时，这时的燃气经过喷管的膨胀称为完全膨胀，这时发动机喷管出口的排气速度 v_r 与比冲的关系为

$$I_{SP}=\frac{F}{q_m}=\frac{q_m v_r}{q_m}=v_r \tag{2-2-43}$$

由式(2-2-43)看出，当燃气达到完全膨胀时，I_{SP} 和 v_r 在数值上是相等的。

假定推进剂在火箭发动机中的燃烧为绝热过程，推进剂的初始焓全部转变为燃烧产物的焓，同时，按照燃料产物在喷管流动过程中熵不变的假设，则燃气流动中动能的增加来源于其焓的减低，H_C 越高，H_e 越低，I_{SP} 越大，所以为了提高推进剂的比冲，应该选择提高燃温和降低平均分子质量的组分：

$$I_{SP}=[2(H_C-H_e)]^{1/2} \tag{2-2-44}$$

2. 密度

对于体积一定的火箭发动机，推进剂的密度越大，则装填推进剂量越多，发动机总冲量也越大，具有更远的射程。因此可把密度作为衡量推进剂能量性能的指标之一，而且希望密度越大越好。

3. 密度比冲

密度比冲(I_ρ)是指固体推进剂比冲(I_{SP})与密度(ρ)的乘积，又称为体积比冲，是衡量单位体积推进剂提供能量大小的量。

$$I_\rho=I_{SP}\rho \tag{2-2-45}$$

显然，推进剂的密度比冲越大，单位体积推进剂所提供的比冲越高。

4. 特征速度

特征速度是表征推进剂能量性能的又一重要参数，其定义为喷管喉部面积

A_1 和燃烧室压力 P_r 的乘积与喷管的质量流量 q_m 之比，其数学表达式为

$$C^* = \frac{P_r A_1}{q_m} \tag{2-2-46}$$

式中：C^* 为特征速度（m/s）；A_1 为喷管喉部面积（m^2）；P_r 为燃烧室压力（Pa）；q_m 为燃气质量流量（kg/s）。

由式（2-2-46）可以看出，在喷喉面积与燃烧室压力一定时，较高 C^* 值的推进剂需要较小的质量流率就可以产生相同的推力，故 C^* 成为表征推进剂能量性能的一个较好的参数。

2.2.4 发射药特有的能量性能参数

1. 比容

比容是单位质量发射药燃烧时生成的气态产物在标准状态（273.15K，101.325kPa）下占有的体积，以 V_1 表示，单位为 l/kg。

发射药燃烧气体产物是发射弹丸和推动火箭运动的工质。在相同温度下，单位质量发射药生成的气体量愈多，发射药的做功能力就愈大，因而比容是衡量发射药做功能力大小的主要参数之一。从武器对能量的要求来考虑，希望发射药的比容愈大愈好。

发射药比容可以从理论上进行计算，也可以通过试验测定。

如果知道了发射药燃烧产物的平衡组成，就可以根据阿伏加德罗定律求出发射药的比容。

$$V_1 = \left(\sum n_i^g\right) \times 22.4 \tag{2-2-47}$$

式中：V_1 为发射药的比容（L/kg）；n_i^g 为 1kg 发射药燃烧产物中第 i 种气态产物的质量摩尔浓度（mol/kg）。

对于 C、H、O、N 系统的发射药，大多数为负氧平衡，故水煤气平衡反应为控制反应，在定容条件下燃烧，不考虑产物发生解离时，则比容可写为

$$V_1 = 22.4 \times \left(n_c^0 + \frac{n_H^0}{2} + \frac{n_N^0}{2}\right) \tag{2-2-48}$$

从式（2-2-48）看出，在不考虑解离时，比容仅取决于发射药组成的特定参数。要计算比容，必须先计算燃烧产物的组成，这是非常烦琐的。在发射药比容计算中，不考虑解离时，常采用一种简单的称为比容系数法的方法来计算，十分方便。比容系数法就是利用发射药的比容具有加和性的原理来计算的，即发射药的比容为发射药各组分的比容之和。

$$V_1 = \sum w_i V_i \tag{2-2-49}$$

式中：V_i为发射药中i组分的比容系数（L/kg）；w_i为发射药中i组分的质量分数。

所谓比容系数，即发射药中某组分的质量分数改变1%所引起的比容变化值。V_i值可从理论上计算出来，即

$$V_i = \frac{\sum n_{\mathrm{B}_i} \times 22.4 \times 10}{M_{\mathrm{r}i}} \tag{2-2-50}$$

式中：$M_{\mathrm{r}i}$为发射药中B组分的相对分子质量；$\sum n_{\mathrm{B}_i}$为1kg B组分燃烧时生成气态产物物质的量之和（mol/kg）。

对于由C、H、O、N组成的组分，分子式为$\mathrm{C}_{n_{\mathrm{C}_i}}\mathrm{H}_{n_{\mathrm{H}_i}}\mathrm{O}_{n_{\mathrm{O}_i}}\mathrm{N}_{n_{\mathrm{N}_i}}$，相对分子质量为$M_{\mathrm{r}_i}$，则比容系数$V_i$可由下式求得：

$$V_i = \frac{\left(n_{\mathrm{C}_i} + \frac{n_{\mathrm{H}_i}}{2} + \frac{n_{\mathrm{N}_i}}{2}\right) \times 22.4 \times 10}{M_{\mathrm{r}i}} \tag{2-2-51}$$

常用1kg发射药燃烧生成的气态产物物质的量来表示发射药的成气性。有时也以气态产物的平均相对分子质量来表示成气性。二者的关系为

$$\overline{M}^g = \sum n_i^g M_i^g / \sum n_i^g \tag{2-2-52}$$

式中：$\overline{M}^g$为发射药燃烧产物中气态产物的平均相对分子质量；n_i^g为发射药燃烧产物中i气态产物的质量摩尔浓度（mol/kg）；M_i^g为i气态产物的相对分子质量。

由式（2-2-41）和式（2-2-52）可以看出，发射药的比容V_1愈大或气态产物的平均相对分子质量$\overline{M}^g$愈小，说明1kg发射药燃烧生成的气态产物物质的量愈多，该发射药的做功能力就愈大。因此，由生成V_1大或$\overline{M}^g$小的元素组成发射药，可提高发射药的做功能力。例如，对于CHON系统的发射药生成的燃烧产物中，如果不考虑解离，则H_2的相对分子质量最小，而CO_2的相对分子质量最大，如果全为H_2的话，则V_1为11117L/kg；如果完全是CO_2，则V_1为509L/kg。可见增加发射药中氢元素的含量可以提高比容。在发射药配方设计中，选取合理的氧系数，使燃烧产物中在保证不产生游离碳的情况下，尽量减少CO_2的生成量，这也有利于比容的提高。

发射药比容的实测原理是利用排液法测出在常温和常压下的气体体积，通过气体方程算出标准状况下的气体体积即为发射药的干比容（不包括水），再测定燃烧生成的水，并换算成水为气态时的体积，其和即为发射药的比容。

2. 做功能力

在身管武器发射过程中，发射药燃烧将化学能转化为燃气的内能，高温高压的燃气膨胀做功，将内能转化为以弹丸动能为标志的机械能，获得弹丸初速是发射药做功的根本目的。弹丸获得的初速度的计算公式为式(2-2-53)，是由内弹道理论推导出的。

$$v_g = \sqrt{\left(\frac{2w}{\varphi m}\right) \times \gamma_g' \times \frac{f_V}{k-1}} \tag{2-2-53}$$

式中：v_g 和 m 分别为弹丸初速和质量；w、f_V 和 k 分别为发射药装药量、火药力和燃气的比热比；φ 为次要功系数；γ_g'为内弹道效应。

通常发射药在火炮膛内燃烧完，燃气绝热膨胀做功的内弹道效率表达式为

$$\gamma_g' = 1 - \frac{T_g}{T_V} = 1 - \left(\frac{V_0}{V_0 + V_g}\right)^{k-1} = 1 - \left(\frac{l_0}{l_0 + l_g}\right)^{k-1} = 1 - L_r^{k-1} \tag{2-2-54}$$

式中：T_g、T_V 分别为发射药的爆温和弹丸出炮口时的燃气温度；V_0、V_g 为药室容积和炮膛工作容积；l_0、l_g 为药室容积缩径比和弹丸全行程长；$L_r = l_0/(l_0 + l_g)$是反映火炮身管结构特征的参数，物理意义为膛内发射药气体膨胀比的倒数，即 L_r 值愈小，气体膨胀比愈大。

式(2-2-53)和式(2-2-54)表明，弹丸初速除了与发射药的火药力或潜能($f_V/(k-1)$)有关以外，还与发射药燃气的膨胀做功过程有关，燃气的比热容对膨胀做功过程有直接影响，并且其影响程度与武器的结构参数有关。因此，尽管弹丸初速是评价发射药能量的根本标准，但是由于弹丸初速不仅与武器结构有关，而且还与装药参数有关，不能作为发射药的能量评价参数。为此，引入了“做功能力”参数 E_b，定义为

$$E_b = \gamma_g' \cdot \frac{f_V}{k-1} \tag{2-2-55}$$

根据弹丸初速公式(2-2-53)，做功能力参数 E_b 与弹丸初速的平方成正比，即 $E_b \propto v_g^2$。在一定的装药条件(装药量和弹丸质量)下，E_b 越大，弹丸初速越高。

采用 E_b 评价发射药的能量时，可避免火药力和潜能与弹丸初速之间关系的离散性。一般情况下：在 L_r 较小的武器上应用时，做功能力与潜能较为一致，应选择潜能大的配方；在 L_r 较大的武器上应用时，做功能力与火药力较为一致，应选择火药力较大的配方。

3. 火药力和余容

火药力是指 1kg 发射药气体的气体常数 nR 与其定容爆温的乘积，也叫定

容火药力，其计算公式为

$$f_V = nRT_V = \frac{p_0}{273}V_1 T_V \tag{2-2-56}$$

式中：f_V 为火药力；p_0 为 1 个标准大气压，取 100kPa；V_1 为火药的比容；T_V 为定容爆温。

由气体的基本定律知，1/273 为温度升高 1K 时气体的膨胀系数，而 $V_1/273$ 为温度升高 1K 时 1kg 发射药燃烧所生成的气体 V_1 膨胀的体积(即体积膨胀系数)。所以$(p_0/273)V_1$ 则表示在 100kPa 下，温度升高 1K 时，1kg 发射药燃烧生成的气体膨胀所做的功。因此，火药力 f_V 可以理解为：1kg 发射药燃烧后生成的气体产物在 100kPa 下，当温度由 0K 升高到了定容爆温时膨胀所做的功。所以，f_V 虽然称为火药力，但实质上是功，即表示发射药燃烧后气体产物受热膨胀而做功的能力。

火药力 f_V 是表示发射药能量大小的参数之一，也是火炮内弹道学中的主要特征量。由式(2-2-56)看出，火药力 f_V 的大小由火药的爆温 T_V 和比容 V_1 的乘积确定，即根据发射药燃烧时化学潜能转变为热量的大小和产生工质的多少共同来综合评定做功能力，符合实际情况，比单独用爆温或比容来表示发射药的能量性能要全面得多。

余容 α 的物理意义是：1kg 发射药生成的气体分子本身不可压缩的体积。余容值越大，说明工质越多，做功能力就越大。

$$\alpha = \frac{\sum n_i b_i}{1000} \tag{2-2-57}$$

式中：b_i 为以 m^3/mol 表示的第 i 种气体分子体积的范德华常数；n_i 为燃烧产物的各组分摩尔数。

各种气体的 b_i 值见表 2-2-7 所列。

表 2-2-7 各种气体的 b_i 值

气体	CO_2	CO	H_2	N_2	H_2O	NH_3	O_2	NO
$b_i \times 10^6$	63.0	33.0	14.0	34.0	10.0	15.2	30.5	21.2

2.3 火炸药配方与能量性能的关系

火炸药的能量性能与它们的装药形式和结构有很重要的关系，但是火炸药配方是影响其能量性能的基础，为此，本章节主要结合火炸药的种类及其相应的组分，分别阐述氧化剂、燃料、黏合剂(黏合剂)、增塑剂等对其能量性能的影响。

2.3.1 氧化剂对火炸药能量水平的影响

氧化剂是火炸药的主要组分，例如在复合推进剂中氧化剂的质量百分数超过 70%，在发射药和混合炸药中其质量百分数甚至超过 95%。氧化剂应具备以下特性：与其他组分相容性好、含氧量高、生成热高、密度高、热稳定性高和吸湿性低；应为非金属，以便能生成大量的气体；加工安全，贮存安全，具有长的贮存寿命。

1. 高氯酸铵(AP)

AP 是目前火炸药尤其是固体推进剂最常用的氧化剂，其特点是有效氧含量高(氧平衡高)，能够满足与金属燃料和黏合剂反应对氧的需求，而且 AP 的氢含量高，能提升火炸药能量转化率。因此有时尽管 AP 的生成焓低于 RDX，但是当用部分 AP 取代 RDX 时，反而不会降低火炸药的能量水平。表 2-3-1 列出了用 AP 取代炸药中 RDX 的配方，表 2-3-2 列出了相应配方炸药的能量性能。

表 2-3-1 AP 取代炸药中 RDX 的配方

样品	组分质量分数/%				
	DNTF	RDX	Al	AP	钝感剂
D01	26	43	27	0	4
D02	26	0	27	43	4

表 2-3-2 炸药的冲击波数据

测距/m	超压/MPa		冲量/(kPa·s)		冲量增量/%
	D01	D02	D01	D02	
4.0	7.35	7.33	0.81	1.00	10.4
5.0	5.61	5.76	0.69	0.91	13.4
6.0	4.03	4.20	0.32	0.44	16.2
7.0	3.43	3.54	0.16	0.23	17.4
8.0	3.03	3.11	0.11	0.17	20.7
9.0	2.97	3.04	0.06	0.10	22.3

从表 2-3-2 可知，用 AP 取代 RDX 后，炸药的爆炸超压峰值和冲量均比 RDX 配方高，主要是 AP 在炸药爆轰反应区参加了爆轰反应，一部分能量输出提高了炸药的冲击波压力；另外 AP 在爆轰反应中的反应速率低于主炸药的反应速率，因此，在主炸药反应完后，AP 能继续反应释放能量，从而改变了炸药爆炸冲击波的输出形式。

但是 AP 的生成焓低，产气量较小，尤其燃烧产物中含有 HCl，对环境污染较大，并且不利于降低火炸药的特征信号。因此新型氧化剂的研究和应用是提高火炸药能量的主要方法之一。

2. 硝酸铵(AN)

AN 于 1659 年由德国人 J. R. 格劳贝尔采用硫酸铵与硝酸钾进行复分解反应制得。随着合成氨技术的发展，AN 的生产原料来源丰富，于 20 世纪中期得到了迅速发展。因为 AN 是一种廉价、来源广泛的氧化剂，具有化学安定性好、燃烧产物不含固体和氯化氢、火焰温度低、对环境友好，爆炸威力大的特点，因此其适用范围也越来越广，从普通的岩石爆破到水下爆破，从民用炸药到军用武器待用炸药以及作为氧化剂应用于发射药和推进剂中，均能发挥 AN 的优势。

AN 的化学式为 NH_4NO_3，相对分子质量为 80.1，氮含量 34.98%，氧含量 59.99%，氧平衡为 +19.98%，熔点为 169.6℃，生成焓 4405kJ/kg，爆热 1447kJ/kg，爆速 1250～4650m/s。

AN 作为一种性能优良且低廉的氧化剂，被大量应用于工业炸药中，包括各类工业炸药、胶状炸药和乳化炸药，在不同的阶段具有代表性的有铵梯炸药、铵油炸药、乳化炸药、粉状乳化炸药、膨化硝胺炸药等。

铵梯炸药是由 AN、TNT、木粉等成分组成的。20 世纪 50 年代初，中国开始生产铵梯炸药，并作为一种主要的矿用炸药使用。90 年代中期以后，用量比重逐渐下降。铵油炸药是以 AN 为主要成分，与柴油和木粉(或不加木粉)制成，简称 ANFO，其密度一般为 0.8～1.00g/cm^3，爆速为 2500～3000m/s。乳化炸药是 20 世纪 70 年代发展起来的新型工业炸药，它是借助乳化剂的作用使氧化剂盐类水溶液均匀分散在油相连续介质中，形成一种油包水型的乳胶状炸药，其密度一般为 1.05～1.25g/cm^3，爆速为 3500～5000m/s。

无氯推进剂可实现低危害性和低可侦性，AN 就是固体推进剂中 AP 的一个合适的氧化剂替代物。在双基和复合推进剂中，AN 或者硝酸铵和硝基胍的混合物作为气体发生剂得到应用。AN 复合固体推进剂有比较理想的尾气排放性能，如高氮含量、低水含量、中等的固体颗粒和相对无毒害的尾气。另外 AN 对于热和摩擦的感度不高，并且在较宽的温度范围内有很好的力学性能。

研究表明，在发射药中加入 AN 可以提高发射药的氧平衡，使发射药燃烧更充分，有效减弱炮口焰，降低 CO 的浓度。图 2-3-1 是 AN 对单基发射药的能量性能的影响。

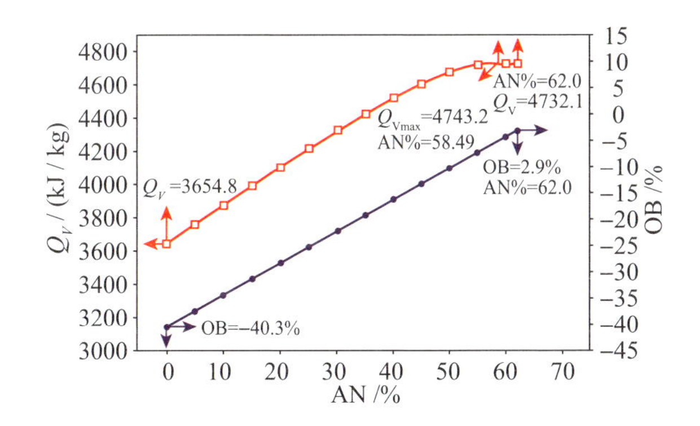

图 2-3-1　AN 对发射药氧平衡和爆热的影响

图 2-3-1 表明，随着 AN 含量增加，发射药氧平衡(OB)增加，发射药燃烧更充分，爆热增加，存在最大值。可以通过爆热公式解释。

$$Q_{p(g)} = (\Delta_f H_m^\theta)_P - \sum n_i (\Delta_f H_m^\theta)_i \qquad (2-3-1)$$

$$Q_V = Q_{p(g)} + 41.536 \times n_{H_2O} + 2478 n^g \qquad (2-3-2)$$

爆热公式(2-3-1)中，第 1 项$(\Delta_f H_m^\theta)_P$ 为发射药的生成焓，第 2 项 $\sum n_i (\Delta_f H_m^\theta)_i$ 为 1kg 发射药燃烧产物标准生成焓之和。爆热公式(2-3-2)中，第 2 项 $41.536 \times n_{H_2O}$为 1kg 发射药燃烧产生水的汽化热；第 3 项 $2478n^g$ 为 1kg 发射药在标准条件下燃烧做的功。由于燃烧气态产物物质的量在 40.0～42.4mol，发射药燃烧做功的改变量对结果影响较小，所以式(2 3 2)中第 3 项不考虑。由于 AN 的标准生成焓(-4606.58kJ/kg)小于硝化棉的标准生成焓(含氮量为 13.1%时，为-2468.56kJ/kg)，因此随着发射药中 AN 含量增加，生成焓降低，发射药内能降低，爆热较低。但另一方面，发射药中 AN 含量增加，发射药氧平衡提高，可燃气体 CO、H_2燃烧产生 CO_2 和 H_2O，而 CO_2 和 H_2O 的生成焓(-277.74kJ/mol、-148.00kJ/mol)小于 CO、H_2 的生成焓(-39.19kJ/mol、-66.93kJ/mol)，燃烧产物标准生成焓减少，爆热增加；同时 AN 含量增加，产物中水含量增加，水的汽化热增加，爆热增加。以上两方面对爆热的影响相反。当二者达到平衡时，爆热最大。当 AN 含量为 58.49%时，爆热达到最大值 4743.2kJ/kg，此时，发射药的氧平衡为 -5.02%，即 AN 发射药爆热最大值在小于零氧平衡处实现。故将 AN 加入某发射药中，其对发射药的火药力、余容和爆热的实测结果如表 2-3-3 所列，表明 AN 发射药试样的火药力均大于制式单基药(No.1)。

表 2-3-3　能量性能测试结果

样品编号	AN/%	f/(kJ/kg)	α/(dm^3/kg)	Q_V/(kJ/kg)
1	0	1058.2	1.095	3883.0
2	30	1102.2	0.998	4426.8
3	40	1110.9	0.993	4629.5
4	50	1087.5	0.990	4799.3

尽管 AN 有许多优点，但是 AN 仍然有许多问题影响了其更广泛的使用，比如吸湿性，在常温下(32℃)的相变会引起体积和密度的变化，较低的燃烧速率和较低能量值。

3. 黑索今(RDX)

黑索今(Hexogen)，代号 RDX，其分子式为 $C_3H_6N_6O_6$，按其分子结构又称为 1,3,5-三硝基六氢-1,3,5-三嗪或环三亚甲基三硝铵。RDX 是一种无色多晶材料，其理论最大密度为 1.816g/cm^3，最大爆速约为 8800m/s，最大爆轰压力约为 35GPa。自 1899 年德国人 Georg F. Henning 在其专利中提到硝化乌洛托品(六甲基四胺)合成 RDX 以来，有关 RDX 在民用或军用，高能炸药或推进剂中应用的研究就一直持续到今天。表 2-3-4为 RDX 加入乳化炸药后，对炸药爆炸性能的影响。

表 2-3-4　混合炸药距爆炸中心 1.0 m 和 1.2 m 处水下爆炸的爆炸性能参数

ω(RDX)/%	p_m/MPa		I/(kPa·s)		e_s/(MJ/kg)		e_b/(MJ/kg)		μ		e/(MJ/kg)	
	1.0m	1.2m	1.0m	1.2m	1.0m	1.2m	1.0m	1.2m	1.0m	1.2m	1.0m	1.2m
0	8.40	6.54	0.4472	0.3486	0.3577	0.3228	1.6130	1.6167	1.28	1.28	2.0709	2.0299
5	8.72	6.78	0.4578	0.3543	0.3896	0.3424	1.7130	1.7106	1.30	1.30	2.2195	2.1557
10	9.02	7.22	0.4640	0.3622	0.4156	0.3714	1.8659	1.8798	1.33	1.33	2.4186	2.3738
15	9.47	8.02	0.4718	0.3754	0.4628	0.4072	1.9067	1.8279	1.35	1.35	2.5315	2.3776
20	9.85	8.21	0.4871	0.3971	0.4968	0.4391	1.9269	1.8719	1.38	1.38	2.6115	2.4779

从表 2-3-4 可知，混合炸药的超压峰值、冲击波冲量、比冲击波能、比气泡能和总能量都随着 RDX 含量的增加而增加。主要原因是 RDX 粉末单位质量的反应热和能量更高，这使得混合炸药的能量输出更高，各项参数的增加比例与 RDX 含量增加的趋势基本一致。

与常规的硝酸酯炸药相比，硝胺类炸药具有更高的能量密度和热安定性。虽然其氧平衡较低，燃烧时提供的有效氧含量较少，但其生成焓为正且比容较大，故能较好地提高发射药体系的能量水平。图 2-3-2～图 2-3-4 为 RDX 含量对 RDX/NC/GAP-ETPE(其中 NC/GAP-ETPE 的质量比为 1∶1)发射药的能量参数的影响。

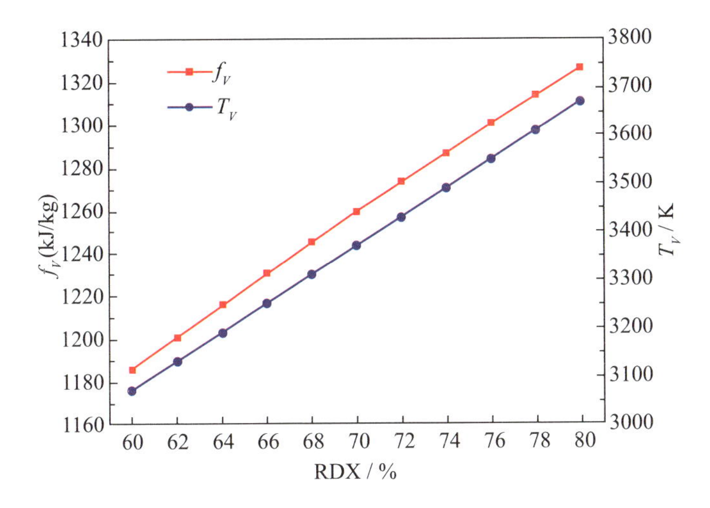

图 2-3-2　火药力 f_V、爆温 T_V 与 RDX 含量的关系

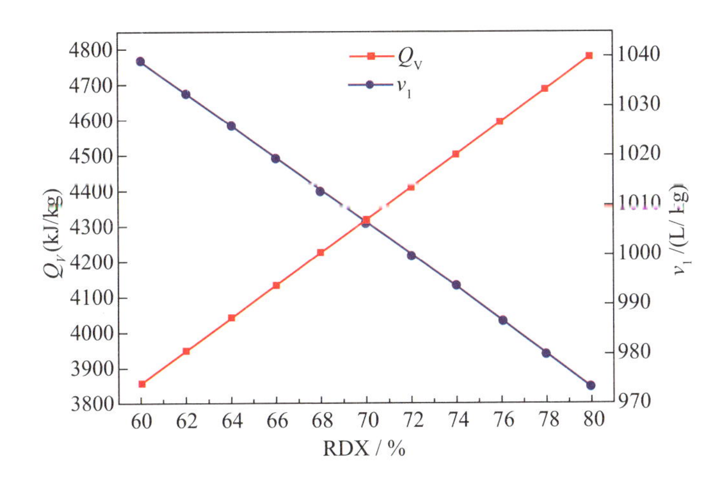

图 2-3-3　爆热 Q_V、比容与 RDX 含量的关系图

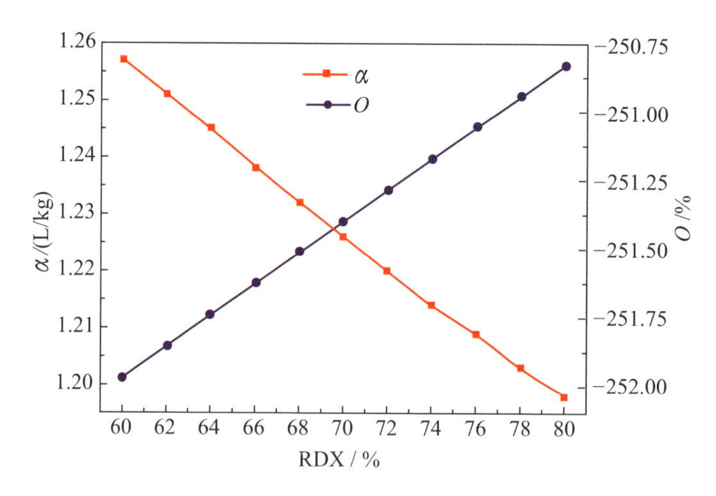

图 2-3-4　余容 α、氧平衡 O 与 RDX 含量的关系图

由图 2-3-2～图 2-3-4 可知，当黏合剂体系中 GAP-ETPE/NC 为 1∶1，黑索今含量在 60%～70%范围内变化时，RDX 基高能发射药的火药力可达到 1186～1260kJ/kg，爆温为 3075～3372K。随着黑索今含量的增加，RDX 基高能发射药火药力、爆温、爆热和氧平衡呈线性升高，而比容和余容呈线性降低。这是因为三种组分中黑索今含有的能量值最高，并且具有较高的氧平衡，所以随着其含量的增加发射药体系的能量水平提高。但 RDX 含量过高也会使高能发射药的爆温升高，而使比容降低，从而加重对身管武器的烧蚀作用。

在某种改性太根发射药中，RDX 的加入能明显提高其火药力和爆温，能量参数如表 2-3-5 所列。

表 2-3-5　不同 RDX 含量的改性太根发射药的能量性能

TEGN∶NG=1∶3(wt%)	NC(wt%)	RDX(wt%)	f_V/(kJ/kg)	T_V/K
40	59	0	1142	3474
40	54	5	1160	3523
20	54	25	1176	3505

RDX 作为一种正在使用的低成本高能量炸药，广泛应用于发射药、推进剂和混合炸药中，是当前和未来一段时期内固体推进剂及炸药装药的主要品种。但由于感度较高，其应用受到一定限制，因此需要对 RDX 进行降感处理。常用的降感途径有：RDX 的高品质化(主要是改变 RDX 的晶型)和 RDX 的钝感包覆。

4. 奥克托今(HMX)

奥克托今(HMX)，是现今军事上使用的综合性能最好的炸药，具有八元环的硝胺结构，其分子式为 $C_4H_8N_8O_8$，相对分子质量为 296.16，氧平衡为 −21.61%，爆热 5673kJ/kg，爆速 9110m/s($\rho = 1.89g/cm^3$)。HMX 是目前使用的能量较高、综合性能最好的单质猛炸药。因此，奥克托今被广泛用于高能钝感炸药的主体药，得到的高能钝感炸药可应用于弹头的装药和导弹的装药，也可用在推进剂和发射药中。

美国锡奥科尔公司的顶级发动机进行的试验表明，以 16.2%的 HMX 代替 AP，推进剂比冲将增加 16N•s/kg，有效比冲可增加 22N•s/kg，且对喷管和绝热层的烧蚀比含 AP 的推进剂要轻。日本 H−1 远地点发动机采用 HMX/AP/HTPB 推进剂，多项试验表明，该发动机具有良好的性能和可靠性。美、法共同研制的先进航天发动机采用含 12% HMX 固含量 90%的 HTPB 推进剂，其高空比冲为 2971N•s/kg。且 HMX/AP/Al/HTPB 推进剂的理论比冲会随 HMX 含量变化而改变，如图 2−3−5 所示。

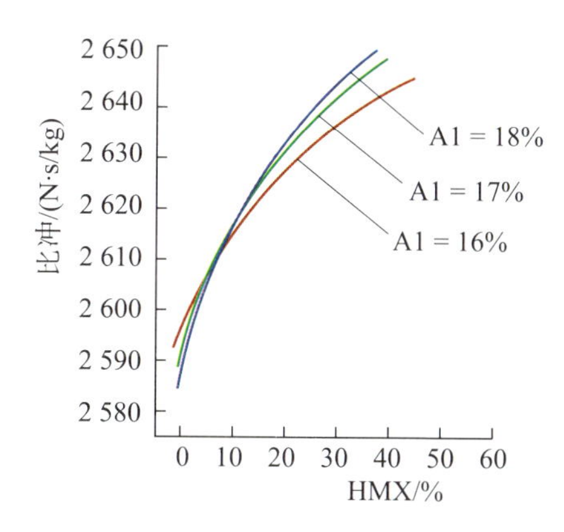

图 2−3−5 固含量为 90%HMX/AP/Al/HTPB 推进剂的理论比冲

从图 2−3−5 可以看出，HMX 取代部分 AP 可增加比冲，降低燃气平均分子量，腐蚀性的 HCl 气体含量明显降低，火焰温度也有所下降。

用 HMX 取代部分 NC 可以提高双基推进剂的比冲，而且能保持燃烧时无烟的特点。图 2−3−6 表明在双基推进剂中加入 HMX 时，HMX 含量对比冲的影响。在工艺和其他性能允许的情况下，实测比冲可达 2256N•s/kg，而且随 HMX 含量的增加，密度增加。

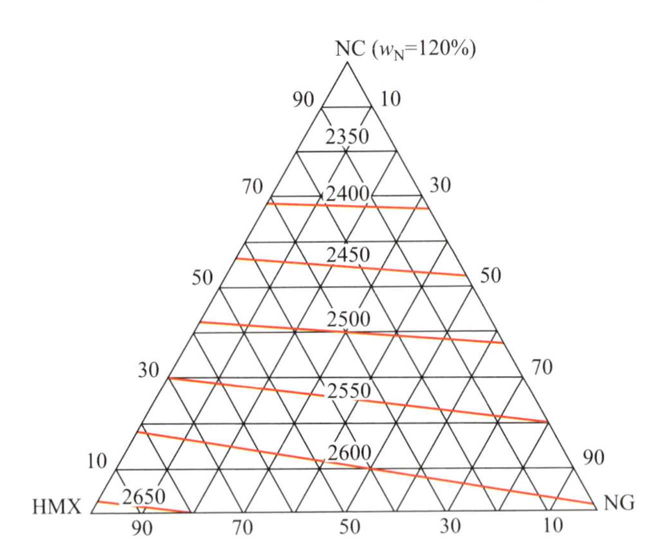

图 2-3-6 DB-HMX 推进剂的组成-比冲图

(p_c/p_e=70/1，NG 中含 10%的 TA)

5. 六硝基六氮杂异伍兹烷(CL-20)

六硝基六氮杂异伍兹烷(CL-20)是具有笼型多环硝胺结构的一种高能量密度化合物，分子式为 $C_6H_6N_{12}O_{12}$，相对分子质量为 438.28，室温下为白色结晶体。CL-20在室温下能稳定存在 α、β、γ 和 ε4 种晶形，4 种晶形的密度大小依次为 ε>β>α>γ，热力学稳定性依次为 ε>γ>α>β。以CL-20作含能组分的高能炸药或火药均采用 ε—CL-20。ε—CL-20的密度为 2.04～2.05g/cm^3，氧平衡为 -10.95%，标准生成焓约为 900kJ/kg，能量输出比 HMX 高 10%～15%。CL-20 与 AP 相比，CL-20 的分子结构中不含氯，不会存在由燃烧产物中的 HCl 所导致的二次烟问题，燃烧产物对环境的污染较小，故用CL-20 取代 AP 不仅能提高推进剂的能量，还会降低其特征信号。现代发射药和炸药正向着高能、低易损的方向发展，而CL-20 作为低敏感、高能固体填料，可用于制造高能、低敏感发射药和炸药。

将CL-20 添加到目前已成熟使用且综合性能优良的改性双基推进剂中，有利于该类型推进剂的充分燃烧和能量释放。印度在含有 Al 的交联改性双基推进剂中使用 CL-20，理论计算得出了 CL-20 基推进剂的标准理论比冲为 2597N·s/kg。美国在具有优异高压燃烧稳定性的改性双基推进剂中使用CL-20，标准理论比冲为 2600N·s/kg，大大提高推进剂的能量。法国在 RDX 交联改性双基推进剂中用CL-20 替代 RDX 得到交联改性双基推进剂，标准比冲为

2458N·s/kg，结果表明，CL-20基交联改性双基推进剂的能量水平高于目前任何一种同类推进剂，其推进剂体积比冲较 RDX 基推进剂增加 11%以上。国内的数据表明与含 RDX 的复合改性双基推进剂的能量水平相比，含CL-20 的复合改性双基推进剂具有更高的密度、爆热、比容和理论比冲，其性能如表 2-3-6和表 2-3-7 所列。

表 2-3-6　CL-20 /CMDB 能量参数的理论计算结果

型号	I_{SP}/s	C^*/(m/s)	ρ/(g/cm³)
CL-20 /CMDB	256.32	1525.1	1.928
RDX/CMDB	253.55	1512.1	1.888

表 2-3-7　CL-20 /CMDB 实测的爆热、比容和密度

型号	Q/(J/g)	v_1/(L/kg)	ρ/(g/cm³)
CL-20 /CMDB	256.32	1525.1	1.760
RDX/CMDB	253.55	1512.1	1.716

以CL-20 和 ADN 替代 AP 的推进剂的燃烧气体产物中只含 CO_2、H_2O、N_2、CO 等特征信号低且对环境友好的气体，其理论计算的比冲为 2597N·s/kg，比冲明显高于常规低特征信号推进剂。国内研制的CL-20 高能、低特征信号推进剂的实测比冲为 2382.7N·s/kg，预期大尺寸发动机的比冲可达 2450N·s/kg，同时满足高能与低特征信号的要求。

法国研制了具有能量高、特征信号低、毒性低等特点的 GAP/CL-20 类 NEPE 推进剂，比冲 2524N·s/kg，密度 1.73g/cm³，燃速 13.4mm/s。以 BAMO/THF 推进剂配方为基础，加入CL-20 并降低 Al、AP 的含量，在低铝的基础配方中，CL-20 替代 HMX，理论比冲提高约 41.45N·s/kg，不含 Al 时，比冲高达 110.34N·s/kg，这对提高战略导弹射程和速度非常有利；在配方调整过程中，相较于 HMX 体系推进剂，CL-20 体系在能量上显示出较强的缓冲能力，表明该配方体系具有较大的调整空间。

CL-20 在发射药中的应用包括 GAP 为黏合剂的 GAP 基发射药、3,3-二叠氮甲基氧丁环与 3-叠氮甲基-3-甲基氧丁环均聚物的嵌段共聚物（BAMO-AMMO）为黏合剂的 BAMO-AMMO 基发射药、双(2,2-二硝基丙醇)缩乙醛/双(2,2-二硝基丙醇)缩甲醛（BDNPA/BDNPF，简称 BDNPA/F）为黏合剂的 BDNPA/F 基发射药等。Cordant 技术公司研制的以 BAMO-AMMO 共聚物作含能黏合剂、CL-20 和 RDX 作高能填充剂的发射药具有高能、低敏感性，RDX/BAMO-AMMO 和CL-20 /BAMO-AMMO 的配方的火药力为1182J/g

和 1291J/g。德国研究人员设计了一种含有CL-20 /BDNPA/F 和安定剂的发射药，并与相应的 RDX/BDNPA/F 基发射药进行对比：前者火药力为1253J/g，燃烧温度为 3698K，放热量为 4830J/g；后者火药力为 1220J/g，燃烧温度为3390K，放热量为 4550J/g。Diverkar 等研究了CL-20 在三基发射药中的应用，并在发射药中加入了含能增塑剂 Bu-NENA 和 BDNPF/A，密闭爆发器试验表明，CL-20 的加入可以改善发射药的能量性能，当CL-20的质量分数为 5%、10%、15%时，发射药火药力分别为 1046J/g、1071J/g 和 1095J/g，而普通发射药的火药力为 1028J/g。

目前已研制成功的CL-20 基 PBX 炸药有 LX-19、PAX-11、PAX-12、PAX-29、DLE-C038 和 PBXW-16 等，用来包覆CL-20 的钝感炸药有 TATB 等，而且还在不断探索性能更优的配方。LX-19 是美国劳伦斯利物莫尔国家试验室参照 HMX 基 PBX(即 LX-14)研制的一种CL-20 基塑料黏结炸药，以CL-20 代替 HMX，当 LX-19 由 95.8%的 ε-CL-20 和 4.2%的聚氨基甲酸乙酯(Estane 5703-P)黏合剂组成时，其密度为 1.920g/cm^3，爆压为 41.5GPa，爆速为 9.104km/s。

CL-20 凭借自身优良的性能受到了世界各国研究者的广泛关注。目前，CL-20 在某些推进剂、发射药和炸药配方中已经取得了较好的应用效果，还需要优化CL-20 的颗粒规整度或对CL-20 颗粒进行表面改性、包覆等处理，以此改善含CL-20 火炸药的安全性能、力学性能及老化性能等。

6. 二硝酰胺铵(ADN)

ADN 是一种稳定的白色晶体物质，由铵根阳离子和二硝酰胺阴离子构成，化学式为 $NH_4N(NO_2)_2$，分子中不含氯，密度 1.82～1.84g/cm^3，熔点91.5～92.5℃，生成热 -150.6kJ/mol。因此，ADN 是一种对环境友好的高能氧化剂，为燃烧提供大量的氧元素，可作为 AP 的替代物。在火炸药配方中，ADN 代替 AP 后能够提高能量，具有潜在的应用。

一种以 ADN 为氧化剂的固体推进剂能明显改善铝粉的燃烧效率，提高能量水平。表 2-3-8 所示的几种含 ADN 推进剂的配方和性能表明，ADN 无论是全部还是部分代替 AP 甚至降低金属燃烧剂的情况下都不会降低推进剂的性能。ADN 可除掉或降低推进剂排气羽流中的 HCl 含量。含二硝酰胺盐类化合物的配方比通常的推进剂的推力高 5%～10%。因此 ADN 也是低特征信号推进剂候选氧化剂之一。

表2-3-8 几种含ADN推进剂的配方和性能

组成及性能		配方1	配方2	配方3	配方4	配方5
Al/%		13.00	5.00	18.00	13.00	13.00
AP/%		0	0	0	14.75	0
AN/%		0	0	0	0	20.00
ADN/%		59.00	67.00	54.00	44.25	39.00
黏合剂+固化剂/%		28.00	28.00	28.00	28.00	28.00
性能	密度/(g/cm^3)	1.738	1.694	1.766	1.758	1.722
	比冲增加值/s	8.24	4.17	9.15	5.70	3.06
	密度比冲增加值/[$(g/cm^3)^{0.75}\cdot s$]	0.14	-0.58	0.50	0.19	-0.35
	火焰温度/℃	3263	2997	3410	3272	3100
	羽焰中的HCl/%	0	0	0	4.49	0

德国研制出一种高能固体推进剂新配方，主要组分是ADN、GAP和铝粉，其中ADN：GAP：Al的质量比为62%：18%：20%时，推进剂的比冲为2685N•s/kg。

瑞典研制了反坦克导弹用GAP/ADN固体推进剂，其配方组成为70%ADN和30%GAP，同时计算了不同ADN固体含量配方的比冲，结果表明，ADN推进剂具有比传统少烟推进剂比冲提高35～40s的潜力。

瑞典防务研究局开展了球形化ADN/GAP低特征信号推进剂性能研究，配方(质量分数)为：68%ADN和32%GAP。结果显示，该推进剂具有较高的燃速和较低的压强指数，在7MPa和10MPa下的理论比冲分别为2437N•s/kg和2499N•s/kg。在10MPa下的燃速为27mm/s，压强指数为0.49。

ADN还可用作高性能枪炮发射药的氧化剂，在火焰温度不超过3500K的情况下，火药力可提高到1310J/g，这种较高的火药力可使火炮初速提高2%～5%，同时发射药的质量可减少10%。

ADN既是一种高能氧化剂也是一种猛炸药，熔点为92～94℃，因此极适用于熔融浇铸炸药的制备。用ADN代替TNT作为基体后的混合炸药，其爆轰性能比TNT基混合炸药高很多。

尽管ADN在火炸药中得到了良好的应用，但是在未来仍需要进一步加大ADN的合成工艺研究，降低成本，提高产品性能，以获得高品质的晶体形态，探索提高ADN性能的方法，解决吸湿性问题对ADN应用的制约；进一步加大

ADN 火炸药的研究，提高综合性能，并大幅度降低危险。

7. 3,4-二硝基呋咱基氧化呋咱(DNTF)

DNTF($C_6N_6O_8$)作为一种高能量密度化合物，晶体密度为 1.937g/cm^3，最大理论爆速为9250m/s，爆热为5799kJ/kg，具有能量密度高、爆速高、稳定性好、感度适中等性能。综合考虑，整体性能优于 RDX 和 HMX，与CL-20 接近，在火炸药尤其提高火炸药的能量性能方面具有较好的应用前景。此外，DNTF 分子中因不含卤族元素可以降低火炸药的特征信号而备受关注。

DNTF 在熔点(110℃)下长时间加热而不分解，仅有微量挥发，尤其在室温至熔点的温度范围内它不发生相变，且凝固过程体积变化较小，药柱具有较高的密度，能使常规铸装药柱相对密度达 91%(理论密度)以上，这使得 DNTF 有望替代 TNT 作为熔铸炸药载体，使熔铸炸药的爆炸能量和爆炸威力大幅度提高。

DNTF/AP/Al 炸药配方体系具有突出的高能量特性，理论计算其能量最高可以达到 3 倍 TNT 当量。对质量比为 DNTF/AP/Al(35 /35 /30) 的炸药进行了水下爆炸能量测定和爆热测试，与 TNT 和 RDX/TNT/Al(64/19/17)进行了对比，DNTF 炸药的比冲击波能是 TNT 的 1.38 倍，与 RDX/TNT/Al(64/19/17)相当；比气泡能分别为 TNT 和 RDX/TNT/Al(64/19/17)的 4.56 倍和 2.91 倍；总能量为 TNT 和 RDX/TNT/Al(64/19/17)的 3.56 倍和 2.26 倍。这主要是因为 DNTF/AP/Al 炸药与其他炸药水中爆炸能量的差异主要体现在气泡特性上，其比气泡能与气泡周期都很高，而冲击波特性差异不显著。这也导致 DNTF/AP/Al 炸药的水下能量输出结构也与一般水下炸药不同，气泡能所占的比例很高，同时其能量利用率也很高(98%)，因此 DNTF/AP/Al 炸药具有广阔的应用前景。

由于 DNTF 仅由 C 、N、O 元素组成，无卤素，因此，它在无烟和微烟改性双基推进剂中展示了诱人的应用前景。表 2-3-9 为 DNTF 逐渐取代 RDX 的改性双基推进剂的能量性能。

表 2-3-9 含 DNTF 的改性双基推进剂的能量性能

推进剂的配方/%					I_{SP}/(N·s/kg)	C^*/(m/s)	T/K	$\overline{M_w}$
NC	NG	RDX	DINA	DNTF				
37	30	28	5	0	2485.88	1565.5	3156.0	26.263
37	30	21	5	7	2492.57	1568.2	3201.0	26.679
37	30	14	5	14	2499.08	1570.3	3245.0	27.109

（续）

推进剂的配方/%					I_{SP}/ (N·s/kg)	C^* /(m/s)	T/K	$\overline{M_w}$
NC	NG	RDX	DINA	DNTF				
37	30	7	5	21	2505.27	1572.2	3288.0	27.552
37	30	0	5	28	2511.19	1573.4	3331.0	28.010
37	30	0	3	30	2514.83	1574.6	3347.0	28.161
37	30	0	0	33	2520.15	1576.1	3372.0	28.391
37	30	28	0	5	2495.89	1570.3	3201.0	26.599

从表 2-3-9 可以看出，随 DNTF 对 RDX 的逐渐取代，推进剂的理论比冲、特征速度、火焰温度和产物平均相对分子质量均增加。同时，DNTF 不仅能充当氧化剂还能作为增塑剂，增塑 NC，因此可用 DNTF 取代助增塑剂 DINA，当用 5%DNTF 取代 DINA 后，推进剂的理论比冲增加了 10.01N·s/kg，显然 DNTF 取代 DINA 提高能量是比较显著的。

呋咱环本身就是一个爆炸性基团，即使是最简单地取代呋咱，其分子量也会增加，如果使用一个氧化呋咱基替换一个硝基，密度能提高 0.06～0.08g/cm^3，DNTF 作为呋咱化合物的代表，其高能量密度成为了多层高能发射药研究的重点。表 2-3-10 中 RGD7A 的发射药的配方是：(NC+NG) 55.2%，RDX 26.63%，NQ 15.73%，其他 2.8%，用 DNTF 作为高能氧化剂，能提高发射药的能量水平。

表 2-3-10　含CL-20 、DNTF 的发射药的能量性能

DNTF 质量分数/%	RGD7A 质量分数/%	火药力 /(J/g)	爆热 /(J/g)	余容 /(cm^3/g)	密度 /(g/cm^3)	密度火药力 /(J/cm^3)
0	100	1202.33	4730	1.074	1.652	1986.25
9.1	90.9	1223.15	4897	1.007	1.664	2035.32
13.0	87.0	1241.39	4842	1.012	1.682	2088.02
16.7	83.3	1266.26	5041	1.031	1.696	2147.58

DNTF 替代 RDX、HMX 等硝胺使用，可有效提升炸药、推进剂以及发射药的能量特性，但仍需优化制备工艺使得制备成本降低、产率提高，以满足工程化应用需求。

8. 硝仿肼(HNF)

HNF 是由酸性的三硝基甲烷(硝仿)直接和碱性的肼之间形成的盐类，其分子

式为 $N_2H_5C(NO_2)_3$，氧平衡为 13.11%，密度为 1.86g/cm³，生成焓为 -393kJ/kg，燃烧热 5824kJ/kg。HNF 的密度高、能量高、不吸湿且低特征性好，抗干扰能力强，这都是可以替代 AP 的突出优点。因此，HNF 是一种高能、无氯氧化剂，可以用来开发高比冲、无烟的火箭推进剂的氧化剂，见表 2-3-11。

表 2-3-11 HNF 与其他氧化剂、高能炸药作为单元推进剂的能量性能

性能	ADN	HNF	AP	CL-20	RDX
I_{sp}/s	204.39	253.78	158.16	272.04	271.63
C^*/(m/s)	1282	1545	990	1639	1645
T_c/K	2100	3088	1434	3591	3284
燃气平均摩尔质量	24.81	27.12	28.92	29.15	24.68

表 2-3-12 为含铝粉的 HNF 基固体推进剂的能量计算结果。结果表明 HNF 基固体推进剂的比冲比 AP 基推进剂的高 7%以上，主要是 HNF 可提高 Al 的燃烧效率。以 HNF 为基的推进剂的能量不仅高于 AP 为基的推进剂，而且燃烧室及喷管中的温度比常规推进剂低，其优势较为明显。

表 2-3-12 含铝粉的 HNF 基固体推进剂(固含量为 80%)的能量计算结果

氧化剂/%	铝粉/%	黏合剂/%	真空比冲/(m/s)	比冲增幅/%
76(AP)	13	11(HTPB)	3202(326.7s)	0
61(HNF)	19	20(HTPB)	3211(327.7s)	0.3
59(HNF)	21	20(GAP)	3436(350.6s)	7.3
60(HNF)	20	20(PNM)	3434(350.4s)	7.2

Dendage 还从理论上计算了以 HNF 为氧化剂的含铝复合推进剂及复合改性双基推进剂，分别与 AP、ADN 作氧化剂的推进剂比较见表 2-3-13 和表2-3-14。

表 2-3-13 不同氧化剂的复合推进剂

(推进剂配方：氧化剂 66%，Al 19%，HTPB 7.5%，DOA 5%，TDI 1.5%)

氧化剂	T_f/℃	$\overline{M}_w$	C^*/(m/s)	I_{sp}/(N·s/kg)
AP	3499	30.11	1572	2617
ADN	3435	26.62	1637	2711
HNF	3399	26.49	1646	2727

表 2-3-14　不同氧化剂的 CMDB 推进剂

（推进剂配方：NC 27%，NG 30.19%，DEP 6.3%，2-NDPA 0.7%，氧化剂 18%，Al 17%）

氧化剂	T_f/℃	$\overline{M_w}$	C^*/(m/s)	I_{SP}/(N·s/kg)
AP	3646	31.29	1573	2608
ADN	3634	30.17	1592	2636
HNF	2661	30.08	1601	2648

上述数据表明，高的氧含量、较高的密度和生成焓、较低的燃气平均摩尔质量和燃气中不含污染环境的 HCl，是 HNF 和 ADN 作为高能固体推进剂用氧化剂的突出优点，也是其作为低特征信号推进剂用新型氧化剂的主要原因。

HNF 基推进剂研究取得了较大进展，但依然存在一些问题需要解决：如何进一步改善 HNF 的安全性能以及如何将 HNF 球形化制备出更高固含量的可浇铸的推进剂。

2.3.2　黏合剂对火炸药能量水平的影响

黏合剂作为火炸药的重要组成之一，在火炸药中占 2%～20%，其主要作用是黏结火炸药中的各组分，使之易于成型，可使成型药柱获得一定的力学性能。另外，还可起钝感剂、增塑剂、含能助剂或固体填料载体的作用。黏合剂的加入对火炸药的成型、安全、能量和力学性能有重要影响。一般固体推进剂中，该物质称为黏合剂，而在炸药和发射药中称为黏合剂，其本质和作用基本相同，为了便于统一，本书中均称为黏合剂。

根据火炸药的发展，黏合剂大致可以分成以下 3 类：

1. 纤维素硝酸酯黏合剂

NC 是双基系推进剂的黏合剂基体，为含能高分子材料，对能量的贡献比 HTPB 等惰性黏合剂要大得多，但由于受其自身分子的刚性结构特点所限，导致双基系推进剂存在高温变软、低温易脆变等问题，限制了双基推进剂适用范围的拓展。也正因为 NC 固有的刚性很难满足高固体填充量下发射药和炸药的力学强度要求，所以其在发射药和炸药的应用也受到限制。为此，NC 需要通过改性来改善其力学性能。

2. 能参与化学交联的高分子预聚物黏合剂

高分子预聚物黏合剂必须是一种低挥发性的液态高分子预聚物，可以承受药浆混合及浇铸时的高真空作用；必须与火炸药的其他成分有良好的相容性；

有较低的黏度，对固体填充物有较高的容纳体积分数。其化学结构具有与交联剂(或固化剂)能反应的官能团，使得黏合剂与交联剂反应形成网络结构，可容纳较高的固体含量、具有很高的力学性能。常用的有聚乙二醇(PEG)、端羟基聚丁二烯(HTPB)、聚环氧乙烷-四氢呋喃共聚醚(PET)、聚己二酸乙二醇等。但这些均属于惰性黏合剂，其加入火炸药中或多或少会降低能量。随着高能、不敏感、低易损性和环境友好等火炸药的开发成为优先发展的前沿技术，促使了含能黏合剂的发展。含能黏合剂不仅具有惰性黏合剂的特点，而且具有较高能量，例如聚叠氮缩水甘油醚(GAP)、3,3′-双叠氮甲基环氧丁烷(BAMO)与3-叠氮甲基-3′-甲基环氧丁烷(AMMO)的均聚物及共聚物、聚缩水甘油醚硝酸酯(PGN)和聚3-硝酸甲酯基-3-甲基氧丁环(PNIMMO)等。表2-3-15列出了常见的含能黏合剂与惰性黏合剂之间的性能差异。图2-3-7中给出了各种黏合剂在炸药中的比例与能量间的关系。由图2-3-7可以看出，在保持相同HMX释放能量的水平下，与惰性黏合剂HTPB使用量相比，可使用双倍的PNIMMO、三倍使用量的PGN或四倍的一种含能聚磷氮烯聚合物(PPZ3)作为黏合剂。同样，使用相同用量的含能黏合剂，可使PBX的能量更高，因此，使用含能黏合剂可使PBX的安全性能和能量获得最佳的匹配。表2-3-16列出不同黏合剂对推进剂的能量水平的影响，结果表明使用含能黏合剂能提高推进剂的能量。

表2-3-15　黏合剂的基本性能参数

基本参数	HTPB	GAP	PAMMO	PBAMO	PGN
生成热/(kJ/mol)	-1.05	154.6	43	406.8	-285.6
密度/(g/cm^3)	0.09	1.30	1.06	1.30	1.46
玻璃化转变温度/℃	-83	-45	-55	-39	-35
氧平衡/%	-325.4	-121.1	-169.9	-123.7	-60.5

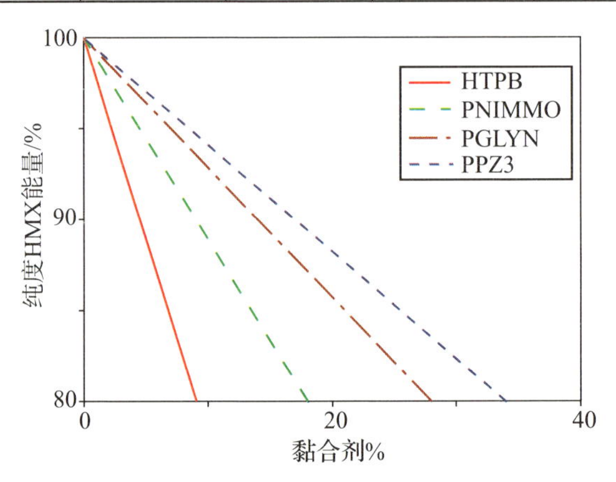

图2-3-7　各种黏合剂在炸药中的比例与能量间的关系

表 2-3-16 推进剂的组成及性能

编号	黏合剂	含能增塑剂	氧化剂	含能添加剂	金属燃料	理论比冲/(N·s/kg)
1	HTPB		AP		Al	2579
2	HTPB		ADN		Al	2687
3	PEG	NG		HMX	Al	2687
4	PEG	NG	AP	HMX	Al	2648
5	PEG	BTTN	ADN		Al	2716
6	PEG	BTTN	ADN		AlH_3	2854
7	GAP		HNF		Al	3322
8	GAP			CL-20	Al	2677
9	NC	NG	AP	HMX/TAZ	Be	2922
10	BN-7*	BTTN		HMX	Al	2716
11	BN-7	BTTN	ADN		AlH_3	2883
12	BN-7	BTTN	ADN		Be	2844
13	BN-7	BTTN	ADN		BeH_2	>3040
14	BN-7	BTTN		HNFX	BeH_2	>3040
15	NF 黏合剂				BeH_2	>3040
16	OF 黏合剂				BeH_2	>3040

注：BN-7 是按 PBAMO 与 PAMMO 质量比为 70∶30 组成的黏合剂

1)GAP

GAP 是一种典型的含能黏合剂，分子中含有—N_3基团，具有能量高、感度低、燃气清洁、热稳定性好及与其他含能组分相容性好等优点，是研制高能、钝感和低特征火炸药的理想黏合剂。

Niehaus 研究了 GAP 和 GAP/NC 共聚物为黏合剂的高能低易损性(LOVA)发射药的配方和性能。表 2-3-17 列出了分别以 GAP、NC 和 GAP/NC 为黏合剂的发射药，以及传统的双基发射药 JA2 的配方组分，其中，配方 TGAPNC3 和 GAPNC54 是以 GAP/NC 接枝共聚物为黏合剂。表 2-3-18 列出了表 2-3-17 中不同发射药的燃温、爆热等能量性能参数。与传统双基发射药 JA2 以及典型的硝胺发射药 NC31 相比，TGAPNC3 在较低的燃温(3306K)下，具有更高的火药力(1285J/g)。

表 2-3-17 GAP 基发射药的组分

型号	RDX 质量分数/%	NC(N%13.1) 质量分数/%	GAP/N-100 质量分数/%	软段含量 质量分数/%
JA2	0	59.5	NG1：14.9	DEGN：24.8
NC31	45	31.35	0	23.65
NC11	75	13.75	0	11.25
TUGAP41	85	0	9.31	3.75
TUGAP59	75	0	18.75	6.25
TGAPNC3	67.5	7.5	18.75	6.25
GAPNC54	75	4.84	16.13	4.03

表 2-3-18 GAP 基发射药的能量性能

型号	燃气平均物质的量/(mol/kg)	T_c/K	e_s/(J/g)	Q_V/(J/g)
JA2	41	3399	1144	4637
NC31	47	3372	1252	4649
NC11	43	3741	1332	5168
TUGAP41	43	3558	1339	4852
TUGAP59	48	3185	1274	4424
TGAPNC3	47	3306	1286	4525
GAPNC54	47	3348	1296	4581

Sayles 等研制出了不含 NG 的 GAP 基改性双基推进剂，从表 2-3-19 可知，与 NG 基改性双基推进剂相比，GAP 基改性双基推进剂具有更高的比冲和燃速。

表 2-3-19 GAP 基和 NG 基改性双基推进剂的能量性能

性能	NG 基	GAP 基
燃速(140kgf/cm^2)/(mm/s)	167.2	182.9
压力指数(140～210kgf/cm^2)	0.68	0.55
I_{SP}/s	251.6	255.1

注：1kgf = 9.8N

当推进剂的基本配方为铝粉质量分数 5%、HMX 质量分数 20%、GAP 和 AP 的总质量分数 75%时，推进剂的比冲和平衡温度随 GAP 质量分数变化的曲线图如图 2-3-8 所示。从图可知，随着 GAP 质量分数的增加，推进剂的比冲和平衡温度随之先升高后降低。GAP 是含能黏合剂，AP 是强氧化剂，两者都是推进剂的能量来源。在 GAP 含量较低的情况下，虽然 GAP 的含量升高降低了 AP 含量，但此时以 GAP 含量升高导致的能量升高为主。而 GAP 含量较高的情况下，则以 AP 含量降低导致的能量下降为主。因此当 GAP 质量分数为 15%时，推进剂的比冲和平衡温度都处于最高点。故在选择用含能黏合剂时需要考虑黏合剂的用量问题。

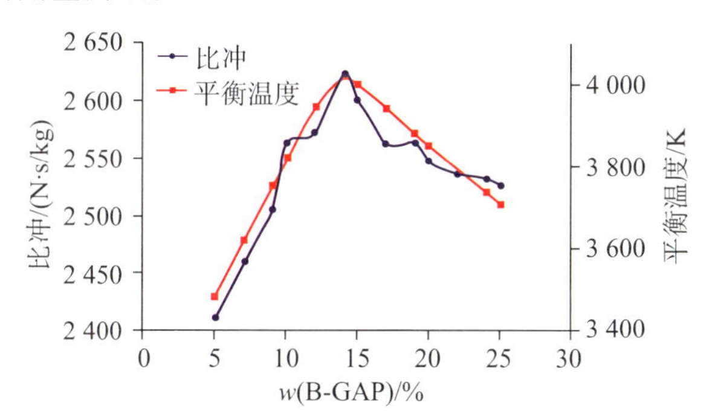

图 2-3-8　GAP 含量对推进剂能量水平的影响

2）PGN

聚缩水甘油醚硝酸酯(PGN)的分子链全部由 C、H、O、N 原子组成，不含卤元素，在火炸药配方中应用时燃气洁净，特征信号低。此外，PGN 还具有能量高、密度大、感度低、热稳定性好和氧平衡高等优点，使 PGN 黏合剂在钝感高能固体推进剂和高性能 PBX 炸药等领域中具有良好的应用前景。

美国报道了一系列以 PGN 为黏合剂、AP 为氧化剂、以铍(Be)或氢化铍(BeH_2)为金属燃料的新型航天发动机高能固体推进剂配方，这些配方在标准条件下的理论比冲超过了 350s，而且完全避免了在推进剂配方中使用硝酸酯类的含能增塑剂组分。表 2-3-20 列出了部分基于 PGN/AP/BeH_2 和 PGN/AP/Be 配方的固体推进剂理论性能。

表 2-3-20　基于 PGN/AP/BeH_2 和 PGN/AP/Be 配方的固体推进剂理论性能

序号	组分质量分数/%						密度/	火焰温度	比冲/s	
	PGN	AP	BeH_2	Be	HMX	DAG	(g/cm^3)	/℃	50∶1	100∶1
1	40	45	15				1.371	3043.3	364.4	375.9
2	40	40	20				1.284	3008.3	380.2	392.5
3	40	35	25				1.207	2699.4	383.9	399.0
4	30	45	25				1.235	2786.7	386.2	401.3
5	20	55	25				1.262	3185.0	393.9	408.5

（续）

序号	组分质量分数/%						密度/(g/cm³)	火焰温度/℃	比冲/s	
	PGN	AP	BeH_2	Be	HMX	DAG			50∶1	100∶1
6	15	60	25				1.276	3290.6	395.5	410.7
7	55	30		15			1.628	3296.1	347.0	360.1
8	50	35		15			1.652	3457.2	349.8	363.4
9	40	45		15			1.702	3626.1	347.3	361.4
10	40	30		15	15		1.680	3485.6	350.8	364.4
11	40	35		15	10		1.697	3553.9	350.5	364.4
12	40	35		15		10	1.669	3354.4	348.5	361.6
TP-H-3340									322.2	
TP-H-1202									325.7	

注：比冲是指推进剂配方在不同的真空喷管膨胀比50∶1和100∶1条件下的标准理论比冲(燃烧室压强0.896MPa)；DAG为二氨基乙二肟；推进剂TP-H-3340配方中各组分的质量分数为：HTPB/IPDI黏合剂11%，AP氧化剂71%，Al粉18%；推进剂TP-H-1202配方中各组分的质量分数为：HTPB/IPDI黏合剂18%，AP氧化剂50%，Al粉20%，HMX(奥克托今)12%

在航天工业中，通过采用在液体主发动机周围并联固体起飞助推器，为不断提高航天运载能力提供了一个经济、可靠和有效的技术途径，也使固体推进剂的优势得到了充分发挥，已达到了相当大的规模。然而，当前的主力运载工具如美国德尔它(Delta)、大力神(Titan)、航天飞机(Shuttle)和欧洲的阿里安(Alian)等所使用的大型固体助推器中的推进剂都采用AP作为氧化剂，推进剂燃烧后会生成大量的HCl气体。HCl具有腐蚀性，对火箭和其周围的传感器具有破坏作用并且对人体有害。另外考虑到大量HCl气体对于地球臭氧层的破坏问题，特别希望能够在这些大型固体助推器中使用不产生大量HCl尾气的推进剂配方。美国专利报道了一系列采用PGN为黏合剂、AN为氧化剂的高能、“洁净”航天固体推进剂，部分性能见表2-3-21。

表2-3-21 PGN固体推进剂与某些大型固体助推器用推进剂性能比较

黏合剂	w(黏合剂)/%	氧化剂	w(氧化剂)/%	w(Al)/%	O/F比	比冲/s	密度/(g/cm³)	密度比冲/(s·g/cm³)
PBAN	14	AP	70	16	1.264	262.0	1.744	456.9
HTPB	12	AP/$NaNO_3$(1∶1)	68	20	1.188	265.3	1.799	477.3

（续）

黏合剂	w(黏合剂)/%	氧化剂	w(氧化剂)/%	w(Al)/%	O/F 比	比冲/s	密度/(g/cm³)	密度比冲/(s·g/cm³)
HTPB	12	AN	68	20	1.206	246.0	1.882	463.0
GAP	30	AN	50	20	1.037	259.7	1.661	431.4
PGN	30	AN	50	22	1.340	260.7	1.744	454.7
PGN	30	AN/HMX(3∶1)	48	22	1.177	264.0	1.771	467.5
PGN	30	AN/CL-20 (3∶1)	48	22	1.178	263.9	1.771	467.4
PGN	30	AN/RDX(3∶1)	48	22	1.177	264.0	1.771	467.5

注：PBAN 为聚丁二烯-丙烯酸共聚物黏合剂；O/F 比指推进剂配方中的氧元素与燃料之间的氟元素的比值；复合氧化剂中 2 种物质的比值为质量比

为了进一步研究 PGN 与 GAP 之间的区别，表 2-3-22 列出了一系列基于 PGN 和 GAP 含能黏合剂的高能、“洁净”航天固体发动机固体推进剂配方的理论性能。从表 2-3-22 可知：与 GAP 推进剂相比，PGN 推进剂在更低的高能固体质量分数下得到了更高的比冲，推进剂密度也比相应的 GAP 推进剂更高。因此，在不含增塑剂的“洁净”航天发动机高能固体推进剂的应用中，PGN 推进剂具有比 GAP 推进剂更加优越的性能。

表 2-3-22 PGN 和 GAP 航天发动机固体推进剂的理论性能

序号	黏合剂	质量分数/%		比冲/s	密度/(g/cm³)	密度比冲/(s·g/cm³)
		AN	B			
1	PGN	58	2	228.4	1.586	362.24
2	PGN	63	2	230.6	1.605	370.11
3	PGN	68	2	232.9	1.622	377.76
4	PGN	73	2	234.5	1.639	384.35
5	PGN	78	2	236.3	1.658	391.78
6	PGN	81	2	237.0	1.666	394.82
7	PGN	83	2	236.1	1.677	395.94
8	GAP	58	2	216.6	1.533	332.05
9	GAP	63	2	221.0	1.558	344.32
10	GAP	68	2	225.7	1.581	356.83
11	GAP	73	2	229.7	1.605	368.67
12	GAP	78	2	233.6	1.633	381.47
13	GAP	83	2	236.3	1.661	392.49

表 2-3-23 列出了采用不同氧化剂种类的 PGN 推进剂理论性能及其与复合推进剂的比较。由表可知 PGN/ADN 推进剂配方具有比 PGN/AP 配方更高的比冲，这是由于 PGN/ADN 配方极高的理论比冲弥补了由于使用 ADN 氧化剂所导致的推进剂密度下降。含能黏合剂 PGN 的使用可以使推进剂在较低的高能固体质量分数下获得最优性能，与其他的无氯推进剂配方相比具有很大优势，因为较低的氧化剂质量分数可以降低推进剂危险性，较低的 Al 粉质量分数可以降低燃烧尾气中的固体颗粒含量。虽然碳氢黏合剂如 HTPB 和 PBAN 等仍是目前应用最广的黏合剂，然而碳氢黏合剂却与 ADN 氧化剂存在相容性问题，难以推广应用。在 ADN 推进剂中使用 PGN 含能黏合剂可以得到燃速高、感度低、性能优越的固体推进剂配方。

表 2-3-23　PGN 推进剂与商业级的 1.3 级复合推进剂性能比较

黏合剂类型	*w*(氧化剂)/%	*w*(Al 燃料)/%	*w*(高能固体)/%	密度/(g/cm³)	比冲/s	火焰温度/℃	$X(Al_2O_3)$/%	7MPa 下燃速/(mm/s)
HTPB①	68.9(AP)	19	88	1.804	287.23	3290		8.89
PBAN②	70(AP)	16	86	1.774	285.29	3154		7.62
PGN	59(ADN)	13	72	1.737	293.53	3262	0.76	6.35
PGN	59(AP)	13	72	1.817	282.97	3291	0.3~0.4	
PGN	59(AN)	13	72	1.695	276.05	2733	0.2~0.3	

注：比冲指燃烧室压力 7MPa 下的真空比冲，喷管膨胀比 10：1。①美国 Castor^{R}120 推进剂配方，包含 Fe_2O_3 催化剂；②美国航天飞机推进剂配方，不含 Fe_2O_3 催化剂

压装炸药配方通常可以获得比浇铸炸药更高的高能固体质量分数(大于 91%)和装药密度。压装炸药工艺采用大分子沉淀技术来对固体炸药颗粒进行“沉淀—包覆”处理，要求所使用的大分子黏合剂在工艺温度条件下为固态，分子量为 20000 左右，故将 2 官能度的线性 PGN 与 HDI 溶解在二氯甲烷溶剂中，采用 DBTDL 作为固化催化剂进行扩链反应，将 PGN 黏合剂的分子量提高到 13000~36000，可将之用作高能压装炸药配方的含能黏合剂组分。理论计算(表 2-3-24)表明，使用 PGN 含能黏合剂可以获得明显的性能优势，这直接得益于 PGN 黏合剂优越的氧平衡、合理的生成热和更高的材料密度。

表 2-3-24　基于计算机模型计算的炸药理论性能比较

编号	组分质量组成	密度/(g/cm³)	爆轰压力/GPa	爆轰速度/(m/s)
1	90%HMX+10%PGN	1.843	37.19	8841
2	90%HMX+10%EVA	1.771	34.45	8694

（续）

编号	组分质量组成	密度/(g/cm³)	爆轰压力/GPa	爆轰速度/(m/s)
3	90%CL-20 +10%PGN	1.960	39.72	8833
4	90%CL-20 +10%EVA	1.879	36.88	8676
5	95%HMX+5%PGN	1.871	38.40	8942
6	95%HMX+5%EVA	1.833	36.98	8863
7	95%CL-20 +5%PGN	1.999	41.34	8940
8	95%CL-20 +5%EVA	1.956	39.82	8854

注：EVA 为乙烯乙酸乙烯酯共聚物树脂

3. 热塑性弹性体

热塑性弹性体（TPE）是一种同时具有热塑性塑料和橡胶弹性体双重组分和双重性能的高分子材料。常温下呈现高弹性，在高温下（塑化温度以上）可模塑成型，类似热塑性塑料。

20 世纪 80 年代以来，科研工作者开始将热塑性弹性体作为一种高分子黏合剂（或黏合剂）加入火炸药的配方中，并从配方组成、力学性能、能量性能、工艺性能、燃烧性能等方面探索研究具有高能量、高力学性能、低易损性等特性的新型火炸药。目前研究最多的热塑性弹性体多数属于聚氨酯弹性体，它是一类在分子链中含有较多氨基甲酸酯基团（—NHCOO—）的弹性体聚合物材料。通常以低聚物多元醇、二异氰酸酯、扩链剂/交联剂及少量助剂为原料制得。热塑性弹性体作为高分子黏合剂加入火炸药中，从能量的角度来说，主要可分为含能热塑性弹性体（ETPE）和不含能型热塑性弹性体（TPE）两大类。ETPE 指含有—N_3、—ONO_2、—NO_2、—NF_2、—NNO_2等能量基团的热塑性弹性体。其中叠氮类和硝酸酯类 ETPE 得到人们的广泛关注。叠氮类 ETPE 具有放热量大、分解时不需要耗氧、与硝胺类炸药有良好的相容性等优点；硝酸酯类 ETPE 具有氧含量高、燃气较为洁净、与硝酸酯增塑剂有良好的相容性等优点。

发射药一般采用压伸方式成型，需要在发射药压伸成型前对黏合剂进行预固化或者部分固化处理来满足发射药压伸成型工艺条件。但黏合剂预固化程度的不同对发射药的性能有很大影响，若固化程度过大，会增加压伸成型的难度且成型样品容易产生膨胀变形；若固化程度不足，成型发射药样品会发生黏合剂外渗的现象，使样品的成型状态较差且会降低样品的力学性能。因此，相对于其他两类黏合剂，研究热塑性弹性体黏合剂在发射药中的应用非常重要。

GAP 弹性体作为包覆材料对发射药进行包覆，一定程度上可以减少发射药的能量损失。而且，采用异氰酸酯类固化剂对 GAP 进行固化时，部分异氰酸酯可以与单基药表面的 NC 分子上的羟基进行反应，从而有利于改善包覆界面黏结性能，其能量特性见表 2-3-25。由表可知：通过密闭爆发器试验获得的火药力实测值略低于理论计算值。随着包覆量的增加，发射药的火药力和定容爆温均逐渐下降，比容和燃气中的 N_2 产量逐渐增大。并且，爆温的下降幅度显著大于火药力的下降幅度，发射药爆温的下降能够降低燃气对身管表面的烧蚀，而且燃气中 N_2 组分的增加，可以促进铁的氮化物的生成，抑制铁的碳化物生成，亦可减缓燃气对身管的烧蚀，这有利于延长武器使用寿命。GAP 弹性体的加入，降低了发射药的氧平衡，使得燃烧产物中 CO_2 及 H_2O 的产量减少，导致发射药爆热降低，爆温下降，火药力也随之降低。但 GAP 含有大量含能的 $-N_3$ 基，本身生成焓较高，且可以增加发射药比容，因而一定程度上减缓了火药力下降幅度。如以惰性高分子聚对苯二甲酸乙烯酯（PET）、环氧树脂（EPR）完全取代 GAP 弹性体包覆层时，当包覆量为 9.67%时，PET、EPR 包覆发射药的火药力分别下降了 8.70% 和 15.5%，降幅显著高于 GAP 弹性体发射药（5.5%）。

表 2-3-25 GAP 基聚氨酯包覆单基药的能量性能参数

序号	包覆剂含量 / %	f_V/(kJ/kg)		T_V/K	v/(L/kg)	n_{N_2}/(mol/kg)
		理论	实测			
4/7D	—	1046	1028	3081	915	4.61
4/7D-B7	7.05	1005	—	2785	973	5.19
4/7D-B10	9.67	988	966	2678	994	5.41
4/7D-B13	11.88	972	—	2588	1013	5.59

注：f_V 为火药力；T_V 为燃温 v 为比容；n_{N_2} 为气体产物中的 N_2 含量

将 BAMO-AMMO、BAMO-GAP、CE-BAMO、BAMO-NIMMO 以及 BAMO-PGN 基含能热塑性弹性体（ETPE）与 RDX 组成的发射药与传统的 JA2 发射药（混合硝酸酯增塑的发射药）进行对比，计算结果如表 2-3-26 所列。从表中的数据发现，含有 75%RDX 的 BAMO 共聚物基 ETPE 发射药具有更高的火药力和较低的爆温。对 BAMO 基 ETPE 发射药的应用研究表明，BAMO-AMMO 与 TEX/CL-20 组成的高能不敏感 ETPE 发射药配方，燃速在 275.8MPa 下由 10cm/s 可增至 38cm/s，火药力超过了 1350J/g。

表 2-3-26 含 RDX 的 ETPE 发射药能量性能理论计算

型号	固含量/%(质量分数)	ρ(g/cm³)	f/(J/g)	T_V/K
JA2	0	1.570	1151	3423
BAMO-AMMO/RDX	75	1.604	1167	2776
BAMMO-GAP /RDX	75	1.644	1289	3229
CE-BAMO /RDX	75	1.643	1320	3287
BAMO-NIMMO/RDX	75	1.649	1258	3180
BAMO-PGN/RDX	75	1.692	1307	3538

Braithwaite 为美国陆军研制了用于坦克 TGD008 上的含能 TPE 发射药，配方含质量分数 25% BAMO/AMMO、58% RDX 和 17% NQ，其火药力为 1078J/g，火焰温度为 2548K，火药力同 M30 双基发射药的 1081J/g 相当，而火焰温度较 M30 的 3006K 要低很多。重要的是该发射药力学性能要比 M30 优越，275.8MPa 下燃速为 104mm/s，且大多采用挤压机无溶剂法加工制备。

BAMO、AMMO 与等量的二异氰酸酯反应形成了 PBA 弹性体，其生成热为 3.75kJ/kg，固定推进剂(弹性体 15%，Bu-NENA 5%，RDX 20%，AP 38.5%，Al 18%，其他 3.5%)其他组分含量不变，将 PBA 替换成 GAP、HTPB，并进行能量性能计算，结果见表 2-3-27 所列。由表中数据可以看出，与 HTPB 基和 GAP 基推进剂相比，PBA 基推进剂具有更高的理论比冲和爆热，显示出更为优异的能量水平。

表 2-3-27 弹性体种类对推进剂能量性能的影响

推进剂样品	I_{SP}/s	ρ/(g/cm³)	T_c/K	c_V/(m/s)	M_g/(g/mol)	Q/(kJ/kg)
PBA 基推进剂	275.46	1.847	3558.792	1610.889	19.228	5606.881
GAP 基推进剂	271.26	1.844	3421.812	1523.746	18.153	5423.779
HTPB 推进剂	248.54	1.687	2469.67	1441.483	19.410	3660.620

R. S. Hamilton 等研究了以 P(BAMO-AMMO)共聚物为黏合剂的热塑性推进剂，基本配方为(P(BAMO-AMMO) TPE 20%，AP 200μm 45.5%，AP 20μm 19.5%，Al(球形) 15%)，并进行了 18kg 装药发动机试车试验，试验结果见表 2-3-28。采用的 P(BAMO-AMMO)共聚物硬段含量为 15%，具体结构和分子量未公开，采用热熔融法将黏合剂与 AP、铝粉进行混合，该热塑性推进剂的固含量为 80%，成型的药柱可以再次加工，再成型药柱的力学性能损失不大，并且弹性略有增加。

表 2-3-28 P(BAMO-AMMO)基推进剂的配方及性能

力学性能	模量	18.78MPa	黏结强度	1.44MPa
	形变	12%	应力	1.06MPa
	形变(屈服)	13%	应力(屈服)	1.18MPa
	形变(破坏)	27%	硬度(A)	65
比冲	理论 233s；实测 215s			

2.3.3 金属燃料对火炸药能量水平的影响

金属燃烧剂作为含能材料的重要组分，其氧化还原反应所释放的巨大能量能显著改善能量水平。表 2-3-29 是常用金属燃烧剂的物理化学性质。

表 2-3-29 金属燃烧剂的物理化学性质

元素	密度/(g/cm^3)	熔点/K	沸点/K	质量燃烧焓/(kJ/g)	体积燃烧焓/(kJ/cm^3)	燃烧主要产物	氧化物熔点/K	氧化物沸点/K
Li	0.53	460	1640	43.10	22.84	Li_2O	2000	2600
Be	1.80	1557	3243	62.76	112.97	BeO	2830	4060
B	2.35	3253	3940	64.02	150.44	B_2O_3	728	2133
Mg	1.74	923	1385	24.72	43.01	MgO	3080	3533
Al	2.70	933	2750	30.54	82.47	Al_2O_3	2320	3253
Ti	4.54	1720	3530	19.70	89.42	TiO_2	2125	3350
Zr	6.44	1852	4377	12.03	77.48	ZrO_2	2953	4573

金属燃烧剂在炸药中使用，能提高其爆热和做功能力。传统的金属化炸药已经发展了一个多世纪，是在炸药中引入高热值金属粉，金属与爆轰产物(H_2O、CO)的反应所释放的能量比被金属替换的那部分炸药所释放出的能量更高，因此金属化的炸药能够提高能量水平。如今，炸药的金属化研究已不局限于配方内部组分之间反应热力学的范畴，更多的是从动力学的角度，通过金属粉的贫氧化和高活性化，控制反应速率，充分利用周围介质(空气或水)中的氧参与爆炸反应，提高毁伤作用的总能量水平，使单位质量炸药载荷的能量最大化。根据反应时间的不同，所产生的是不同的增强效应。如果爆轰产物及周围介质与金属粉间的后续反应足够快速，则其释放能量所产生的是增强主爆轰冲击波效应；如果爆轰产物及周围介质与金属粉间的后续反应较慢，则其释放能

量所产生的是温压效应和气爆效应。

2007 年俄罗斯采用含高活性金属燃料制备的高能燃料空气炸药，其爆炸威力接近 6 倍 TNT 当量，毁伤效应类似于小型核弹。美国的研究人员认为，可用于含金属燃料的新型非核高能炸药包括亚稳态填隙式复合物(6 倍 TNT 当量)、金属燃料-空气/金属粉尘-空气炸药(15 倍 TNT 当量)、金属氢(数十倍 TNT 当量)等。

在固体推进剂的配方中，应选用热值较高的金属和金属氢化物作为金属燃烧剂，这是获得高燃烧温度的重要措施。在固体推进剂发展中应用较多的金属燃烧剂有铍、镁、铝和硼，它们在燃烧中释放能量的次序为 Be＞B＞Al＞Mg。

铍具有较高的质量燃烧焓与体积燃烧焓，但是由于铍粉本身及燃烧产物氧化铍有剧毒，而且金属铍的生产成本较高，因此铍粉被限制在某些特殊领域使用。

硼具有很高的燃烧焓(64.02kJ/g)和很高的密度(2.35g/cm^3)，是一种理想的金属燃烧剂，而且燃烧产物洁净性好，满足对环境友好的要求。但获得高纯度硼粉比较困难，且硼粉中的杂质会干扰黏合剂预聚物和异氰酸酯的固化反应。此外，硼的相对原子质量较低，按每千克推进剂加入的金属燃烧剂为 20%计，其摩尔数远高于相对含量时的摩尔数，即使用含量 34%的 AP 作为氧化剂时，推进剂仍处于严重缺氧的状态，这无疑限制了其广泛应用。硼粉只能在冲压发动机的富氧燃料推进剂中充分利用空气补氧进行二次燃烧而充分发挥其作用。

金属镁的燃烧焓和密度均较低，并不适用于高能推进剂。然而金属镁由于其熔点和沸点均较低，因此在燃烧过程中一次产物常以气相存在，从而降低了产物凝聚相的含量，大大提高了燃烧效率。研究表明，金属镁在高温下能够使氧分子(O_2)分解为氧原子(O)，氧原子具有极强的活性，对其他元素有很强的氧化作用，从而促进燃料燃烧。因此，金属镁常以添加剂的形式和其他金属燃烧剂一起使用。

铝粉是固体推进剂中应用最广泛的金属燃烧剂，加入铝粉可显著提高推进剂的比冲。图 2-3-9 为[$(CH_2)_x-NH_4ClO_4-Al$]的组成与比冲关系三角图。从图中看出，在加入 Al 以后，最大比冲值可达 2610N·s/kg，比不含 Al 的[$(CH_2)_x-NH_4ClO_4$]推进剂提高了 127.46N·s/kg(5.1%)。

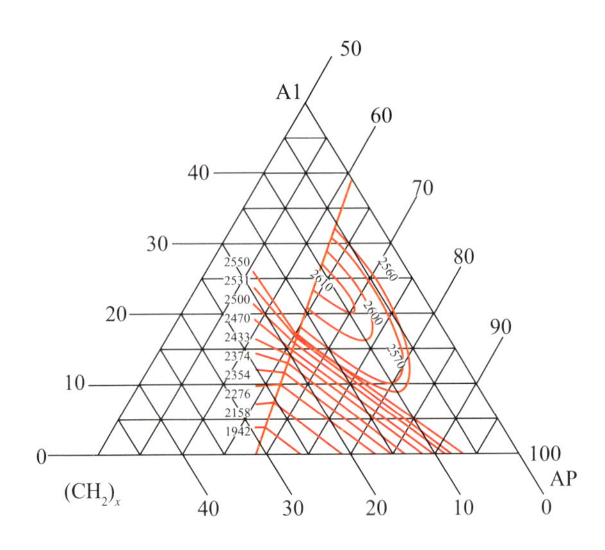

图 2-3-9 [$(CH_2)_x$-NH_4ClO_4-Al]推进剂组成与理论比冲(p_c/p_e=68/1，平衡流动)关系图

铝粉的粒径也会影响火炸药的能量水平。表 2-3-30 是乳化基质成分为硝酸铵 69.5%、硝酸钠 12.2%、水 10%、复合蜡 3.6%、石蜡 2.1%、乳化剂 2.6%(质量分数)，添加 4%的膨胀珍珠岩制成乳化炸药，再分别外加 5%平均粒径为 111.9μm、177.2μm、314.2μm 的铝粉制成的三种含铝乳化炸药(依次编号为 1#、2#、3#)的能量性能。由表 2-3-30 可知，3 组样品水下爆炸能量参数的变化规律一致，2#样的冲击波冲量 I、冲击波能 E_s、气泡能 E_b、总能量 E_t最大，1#样次之，3#样最小，这反映了铝粉粒度对乳化炸药水下爆炸能量的影响存在一个最佳范围，并非单纯的线性关系。这主要是由于两个竞争因素的共同作用导致的。一方面，铝粉粒度的不同导致了其比表面积的不同，理论上，粒度小、比表面积大的铝粉更易参与到爆轰反应中去，可以为传播速度较快的冲击波提供能量，而且铝粉与爆轰产物的二次反应能够减缓水中冲击波的衰减速度，因此含有小粒度铝粉的乳化炸药其水下爆炸冲击波能和冲量较高；另一方面因为铝粉作为一种活泼性金属，粒度很小时其还原性较强极易被氧化，并在表面生成致密的氧化膜，从而导致样品中的活性铝含量降低，真正参与反应的铝粉含量有限。

表 2-3-30 三种含铝乳化炸药的能力性能

样品	P_m/MPa	t_b/ms	I/(kPa·s)	E_s/(MJ/kg)	E_b/(MJ/kg)	E_t/(MJ/kg)
1#	17.08	45.122	0.72	0.7394	1.1138	1.9141
2#	18.86	48.518	0.74	1.0467	1.3909	2.5213
3#	16.30	43.322	0.64	0.6565	0.9849	1.6925

由于传统铝粉在实际应用中存在着一些缺陷，例如团聚、较低的燃烧速率等，铝粉在燃烧过程中很容易形成致密的氧化铝保护膜，从而导致点火延迟和高的点火温度，并阻止颗粒内部单质铝的进一步燃烧，能量被限制。为了解决这些难题，研究人员将焦点转移到了微米以及纳米金属铝粉的研究上，改善金属铝粉的表面活性、缩短其燃烧半径、增大其氧化速率，从而提高金属铝粉的燃烧效率。研究表明，在 HTPE/AP/Al 推进剂中，以 Alex®（美国 Argonid 公司所生产的纳米铝粉）替代商业级铝粉可缩短燃烧延迟，且在压强为 1～90MPa 的条件下可提高燃速 2～5 倍。与传统的金属铝粉相比，纳米金属铝粉具有很多优点，例如推进剂可获得更高的燃烧速率、更大的比冲、更低的点火温度以及更短的点火延迟。

但是，正是由于纳米金属铝粉异常高的反应活性，其在生产、应用以及储存等方面依旧存在着许多问题亟待解决。在某种情况下也可使用铝-镁混合金属燃料。近年来，科研工作者研究发现，铝-镁混合金属粉末具有较高的燃烧焓，并且与传统的铝粉相比，铝-镁混合金属粉末的燃烧速度更快，而且燃烧更加完全。

对于固体推进剂而言，降低燃烧室内燃气的平均分子质量是一种提高推进剂比冲的有效方法。将 H_2 引入固体推进剂的燃烧过程中可显著降低燃气的平均分子质量；此外，H_2 的燃烧能放出大量的能量。因此，将 H_2 储存在推进剂组分中，使其在发动机工作时释放出并参与推进剂的燃烧，可以有效提高固体推进剂的能量水平。目前在火炸药中应用较多的是 AlH_3，它是一种共价型的氢化物，储氢量高达 10.1%，有 6 种晶型，不同晶型的分解放氢温度有所不同。其中，$\alpha-AlH_3$ 是目前研究较深入的晶型，其放氢温度低于 150℃，且与颗粒尺寸有关。目前，AlH_3 已成功用于推进剂中。与传统推进剂相比，含 AlH_3 推进剂的能量性能有大幅提高。如俄罗斯研制的 AlH_3/ADN 体系高能推进剂的实测比冲已突破 2940N·s/kg，是目前比冲最高的推进剂。

MgH_2 是研究人员广泛关注的轻金属氢化物，它的储氢量为 7.7%，热稳定性高于 AlH_3，普通 MgH_2 要在 300℃ 以上才能分解放出 H_2。程扬帆通过理论计算和水下爆炸试验对比了含 Al、MgH_2 的乳化炸药的性能如表 2-3-31 所列。结果表明：与玻璃微球敏化的乳化炸药相比，MgH_2 敏化的乳化炸药水下爆炸的冲击波超压、比冲量、比冲击波能、比气泡能及水下爆炸比总能量显著增加，其中冲击波超压和水下爆炸总能量分别增加了 20.5% 和 31.0%。MgH_2 储氢型乳化炸药的爆轰机理与玻璃微球敏化乳化炸药不同，MgH_2 在乳化炸药中起到了敏化剂和含能材料的双重作用，即 MgH_2 在乳化基质中水解产生均匀分布的氢气泡，起到了敏化作用，同时氢气参与爆炸反应，提高了炸药的爆炸能量和做功能力。

表 2-3-31 3 种乳化炸药水下爆炸能量输出参数

乳化炸药	Δp /MPa	θ/μs	I /(Pa·s)	e_s/(J/g)	e_b/(J/g)	e_t/(J/g)
GM 型	10.35	37.08	588.34	1031.32	893.79	2727.88
GM-Al 型	10.18	44.68	641.23	1073.17	1126.84	3027.85
MgH_2 型	12.47	37.89	684.45	1237.57	1303.78	3573.52

注：GM 型乳化炸药：乳化炸药和玻璃微球的质量配比为 100∶4；GM-Al 乳化炸药：乳化炸药、玻璃微球及 Al 粉的质量比为 100∶4∶4；MgH_2 乳化炸药：乳化炸药和 MgH_2 的质量比为 100∶2

2.3.4 含能增塑剂对火炸药能量水平的影响

增塑剂是火炸药的关键组分之一，可改善聚合物的连接点，使凝胶溶胀，使分子移动，从而改善火炸药的工艺性能和低温力学性能，拓展火炸药的温度适应性。增塑剂的选取不但要求沸点高、蒸气压低、挥发性小，对高分子黏合剂的增塑作用强，还需要良好的相容性以及在火炸药药柱和绝热层、衬层中平衡迁移率小。为了提高火炸药的能量，通常采用含能增塑剂，常用的含能增塑剂主要有硝基类、硝酸酯类、叠氮类、叠氮硝胺类以及硝氧乙基硝胺类等，它们对配方的能量有较大影响。表 2-3-32 列出了部分含能增塑剂的真密度、氧平衡以及标准生成焓。为了比较不同增塑剂的能量性能，计算了 RDX、ETPE、增塑剂的质量比为 80∶15∶5 时各种配方的火药力，结果见图 2-3-10。

表 2-3-32 含能增塑剂的基本性能

含能增塑剂	真密度/(g/cm³)	生成焓/(kJ/kg)	氧平衡/%
A_3	1.39	-1940.5	-57.50
BTTN	1.52	-1553.1	-16.59
TMETN	1.47	-1627.6	-34.50
TEGDN	1.32	-2412.4	-66.67
EGBAA	1.34	-734.04	-84.15
PETKAA	1.39	-471.91	-88.20
DEGBAA	1.00	-1209.1	-99.92
TMNTA	1.45	-576.35	-72.00

（续）

含能增塑剂	真密度/(g/cm³)	生成焓/(kJ/kg)	氧平衡/%
DIANP	1.33	-3417.9	-80.00
DEGDN	1.38	-2077.4	-8.20
BuNENA	1.21	1251.2	-104.0

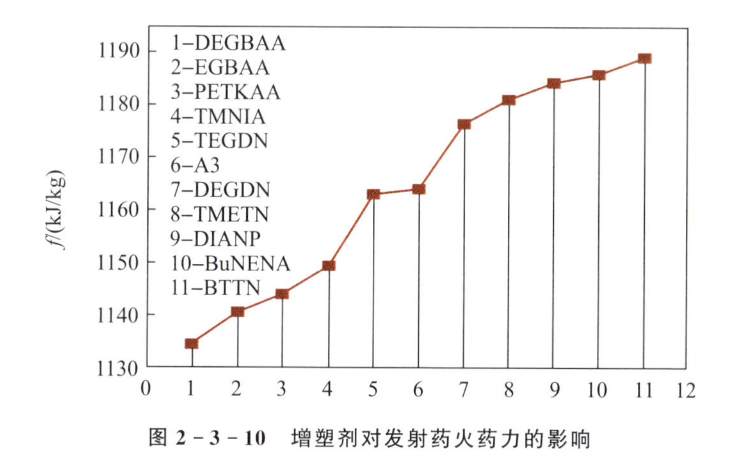

图 2-3-10　增塑剂对发射药火药力的影响

从图 2-3-10 可知，增塑剂 A_3 的能量处于中等水平，其火药力比最低值高 20～30kJ/kg；BTTN、BuNENA 具有最高的能量水平，与 A_3 相比，用 BTTN 作为增塑剂的发射药火药力可提高 20kJ/kg 以上。

基于 BuNENA 在发射药中的良好应用前景，T. K. Chakraborthy 等系统研究了以 BuNENA 含能增塑剂替代单基发射药中的 DNT、DBP 等成分后对发射药理论和实测性能的影响（表 2-3-33）。

从表 2-3-33 可知，BuNENA 增塑剂逐步替代配方中的 DNT 后，发射药配方的火药力和火焰温度同时提高。在配方 4 中，当 DNT 和 DBP 均全部被 BuNENA 替代时，配方的火药力和火焰温度达到了最高点：与配方 1 相比，火药力增加了 100kJ/kg，火焰温度增加了约 316K，而线性燃速系数却没有出现下降。与单基药类似，在双基药配方中，以 BuNENA 逐步替代 DEP，发射药的火药力从 912kJ/kg 逐渐增加到 1141kJ/kg，火焰温度从 2395K 平稳增加到 3198K。

R. S. Damse 等对比研究了以 GAP 低聚物（M_w = 390）、DIANP、EGBAA（乙二醇双叠氮基乙酸酯）和 BuNENA 等含能增塑剂替代硝胺发射药配方中的 DOP 后，发射药各项性能发生的变化。经过一系列的试验测试和综合比较后，Damse 认为 BuNENA 基硝胺发射药的综合性能最优。表 2-3-34 列出了 BuNENA 基硝胺发射药的各项性能试验结果及与其他 3 种发射药的比较。

表 2-3-33 单基发射药的理论和实测热化学性能数据

推进剂配方	组分质量分数/%						发射药理论性能				发射药实测性能		
	NC (w(N))=13.15%)	DPA	K_2SO_4	DBP	DNT	BuNENA	火药力/(J/g)	火焰温度/K	爆压/MPa	燃气平均相对分子质量	火药力/(J/g)	线性燃速系数/(cm/(s·MPa))	压强指数
1	83	1	1	5	10	0	913	2469	228	22.48	900	0.0913	0.7368
2	83	1	1	5	5	5	924	2480	231	22.30	915	0.0855	0.7043
3	83	1	1	5	0	10	936	2490	233	22.12	925	0.0829	0.6781
4	83	1	1	0	0	15	1013	2785	251	22.87	987	0.0988	0.7237
5	83	1	1	0	10	5	991	2772	246	23.25	958	0.1051	0.7406

表 2-3-34 BuNENA 基发射药与其他 3 种发射药的性能比较

性能	试验数据	结论
弹道性能		
火药力/(kJ/kg)	1275	与其他 3 种发射药相当；提供弹丸初速
火焰温度/K	3500	低于其他 3 种发射药；更低的枪管烧蚀
燃速系数/(cm/(s·MPa))	0.14	更小，因此可降低发射药弧厚；更高堆积密度
压强指数	0.80	更低，因此可满足枪管的安全性要求
感度		
撞击感度(H_{50})/cm	40	好于 EGBAA，与 GAP、DIANP 发射药相当
摩擦感度/kg	35	好于 EGBAA，与 GAP、DIANP 发射药相当
热稳定		
阿贝尔试验/min	15	与其他 3 种发射药相当；满足生产条件；储存性更好
B&J 试验/(0.2mL/mg)	1.0	比 DIANP 发射药好，与 GAP、EGBAA 发射药相当
力学性能		
拉伸强度/MPa	15.69	满足生产条件；储存性更好
延伸率/%	2.90	远远优于 GAP 基、DIANP 基和 EGBAA 基发射药
压缩率/%	13.0	满足工艺和评估过程中的安全性要求

在 PBX 炸药中，BuNENA 也是一类非常有效的含能增塑剂。美军开发了基于 BuNENA 含能增塑剂的钝感 PBX 炸药。表 2－3－35 列出了美国专利中给出的基于醋酸丁酸纤维素（CAB）和 HMX 体系的炸药配方及部分性能。从表 2－3－35可知采用了 BuNENA 含能增塑剂的钝感 PBX 炸药的最大理论密度在 1.75～1.78g/cm^{3}之间，可用于炸药的钝感含能配方。该配方的突出特点在于用于包覆固体填料颗粒的黏合剂的 T_g 可达－45℃以下。因此，该系列炸药具有更广的应用范围。

在固体推进剂当中，BuNENA 也被证明是一种对提高能量、降低感度和提高推进剂力学性能等具有明显作用的含能增塑剂。在 PET 基推进剂中引入 BuNENA 作为增塑剂，不仅能降低 PET 基推进剂的固含量，同时还可获得比传统 HTPB 基推进剂更高的理论比冲。在 CMDB 推进剂配方中，当 BuNENA 完全替代 DEP 后，推进剂的理论比冲由 238.2 s 上升到 246.2 s。

其他的含能增塑剂也在火炸药中得到应用。二叠氮基新戊二醇二硝酸酯（PDADN）是一种叠氮硝酸酯化合物，分子内同时含有叠氮基和硝酸酯基两种含能基团，是发射药、固体推进剂和塑料黏合炸药的优良增塑剂。1,5－二叠氮基－3－硝基氮杂戊烷（DIANP）是一种分子内同时含有叠氮基和硝胺基的含能增塑剂，对叠氮聚醚、均聚醚和共聚醚等聚合物以及硝化纤维素有良好的增塑能力，并且与 NG、BTTN、GAPA 等含能增塑剂有良好的混溶能力，是一种具有重要使用价值的含能增塑剂。当 DIANP 应用于发射药和固体推进剂中时，其具有能量高、燃温低、燃速高、燃气相对分子质量较小、产气量较高的优点。DIANP 作为含能增塑剂的高能低烧蚀发射药，其燃温较相同能量水平的发射药低 200～400K，火药力可达 1300J/g。当与 RDX 配合使用时，火药力甚至高达 1400J/g。另外，DIANP 还适用于高能液体推进剂、烟火剂以及气体发生剂中。

2.4 高能火炸药配方设计的基本原则

前面章节提到的提高火炸药能量的各种主要途径是分别进行讨论的。要使一种火炸药真正在实际上满足武器的各项使用要求，必须进行综合考虑、合理处理和统一各种矛盾，才能达到目的。例如，提高配方的氧平衡和添加金属燃料可增加爆温，但降低了比容；添加含氢多的物质可提高比容，但降低了火炸药密度。当然，要在这些矛盾的竞争中，看它对能量性能的影响效果来决定采取什么措施达到目的。在火药中添加 Al 粉可在一定含量范围内提高能量，复合

表 2-3-35 PBX 炸药的配方及性能

PBX 炸药	组分质量分数/%										密度/(g/cm^3)	爆速/(m/s)	爆压/GPa	工艺性能	撞击感度/cm
	HMX	CAB	NC	BDNPA/F	MeNENA	EtNENA	BuNENA	LICA-12	EC	CAB-O-SIL					
RAX-2A	85	6		9				0.5			1.783	8584	32.93	极好	82
配方 1	85	6				9				0.5	1.753	8513	31.82	好	79
配方 2	85	6			4.5	4.5				0.5	1.777	8611	33.03	满意	75
配方 3	85	6				9				0.5	1.770	8583	32.73	满意	74
配方 4	85	5	1			6	3		0.1	0.4	1.778	8560	32.93	满意	74
配方 5	85	6				4.5	4.5			0.5	1.761	8546	1.82	满意	72
配方 6	85	6					9			0.5	1.753	8512	31.82	满意	73

固体推进剂Al含量一般是20%以内，在复合改性双基推进剂中的含量则在22%以内，超过这个范围，随Al含量增加，比冲反而下降。

另外，不同武器对“高能”的要求也是不一样的和相对的。例如，考虑提高大口径火炮发射药的能量时，必须要优先考虑火炮的寿命，即要考虑烧蚀问题，火炸药的爆温就不能太高，组成火炸药的元素仍为CHON系统而不能引入会产生腐蚀性燃气的Cl或会生成固体残渣的Al等。所以，提高大口径发射药的能量主要从提高比容来考虑。含有硝基胍的“冷火药”的三基药就是一种爆温较低、火药力在1108kJ/kg以上的高能发射药。对于应用于大型火箭导弹的推进剂，则不受烧蚀问题的限制，因为这类武器破坏目标的价值比极高，战略意义极大，所以，可以采用价格高昂的喷管材料或技术措施来克服烧蚀问题。

以上说明，在火炸药高能配方设计中必须结合武器使用要求来考虑。为此，必须考虑以下设计原则：

(1)武器对能量性能指标的要求；

(2)武器对烧蚀性和燃烧产物组分的要求及其他特殊要求；

(3)分析现有火炸药满足能量性能指标的差距和达到指标可能的途径；

(4)若指标差距不大，尽量采用现已广泛使用的组分，调整配方比例或以含能组分部分或全部取代惰性组分(如增塑剂等)来达到目的；

(5)若进行新的高能配方设计，根据设计任务的要求，在尽量选用已广泛使用、性能优越的组分的同时，大胆采用最近研究的新材料和新技术，以使能量性能有新的突破；

(6)在提高能量性能的同时，必须考虑其他性能(燃烧性能、安定性能、安全性能、力学性能等)的要求，只有其他性能也能满足基本要求时，新的高能火炸药配方才有实际应用意义。

另外，在保持能量水平的基础上发展的高能无烟化推进剂和高能低易损推进剂，也是当前火炸药研究的新方向。

参考文献

[1] 肖忠良. 火炸药导论[M]. 北京：国防工业出版社，2019.

[2] 郭茂林. RDX基高能发射药的制备及性能研究[D]. 太原：中北大学，2018.

[3] 王新颖. 关于炸药爆炸性能与战斗部威力相关性的思考[J]. 高校科技，2015，17：130－135.

[4] 郝志坚，王琪，杜世云. 炸药理论[M]. 北京：北京理工大学出版社，2015.

[5] 王泽山，何卫东，徐复铭. 火炮发射装药设计原理与技术[M]. 北京：北京理工大学出版社，2014.

[6] MEYER R, KÖHLER J, HOMBURG A. Explosives[M]. Wiley - VCH,2007.
[7] 欧育湘,韩廷解,芮久后,等. 高能材料:火药、炸药和烟火药[M].北京:国防工业出版社,2013.
[8] 黄振亚,力小安. 发射药能量与做功能力之间的关系[J].含能材料,2007,15(3):240 - 243.
[9] 张炜,鲍桐,周星. 火箭推进剂[M].北京:国防工业出版社,2014.
[10] 何金昡,王业腾,曹一林,等. 固体推进剂高能氧化剂的发展方向[J].含能材料,2018,26(4):286 - 289.
[11] 范士锋. 氧化剂对炸药水中爆炸能量输出结构的影响[J].爆破器材,2017,46(2):43 - 46.
[12] 邹政平,赵凤起,张明,等. DNTF应用技术研究进展[J]. 爆破器材,2019,48(4):11 - 15.
[13] 王亲会,张亦安,金大勇. DNTF炸药的能量及可熔铸性能[J].火炸药学报,2004,27(4):14 - 16.
[14] 魏伦,王琼林,刘少武,等. 高能量密度化合物CL-20、DNTF和ADN在高能发射药中的应用[J]. 火炸药学报,2009,32(1):17 - 20.
[15] 贺增弟,刘幼平,何利明,等. 硝酸铵对发射药能量性能的影响[J]. 含能材料,2009,17(2):202 - 205.
[16] 张杰,贺俊. 硝酸铵基推进剂的能量计算与分析[J]. 含能材料,2005,13(6):401 - 404.
[17] 谭柳. 添加剂对硝酸铵安全性能的影响及其规律研究[D]. 南京:南京理工大学,2018.
[18] 杨斐,王建灵,罗一鸣,等. DNTF/AP/Al体系炸药的能量特性分析[J].爆破器材,2014,43(5):11 - 14.
[19] 陈艳,马宏,沈兆武,等. 添加RDX粉末的乳化炸药的爆炸特性[J].含能材料,2019,42(3):242 - 246.
[20] 郭茂林. RDX基高能发射药的制备及性能研究[D].太原:中北大学,2018.
[21] 刘志强. HMX基PBX钝感传爆药的制备及性能研究[D]. 太原:中北大学,2018.
[22] 周学刚. AP/HMX HTPB推进剂的能量特性[J]. 固体火箭技术. 1996,19(2):26 - 29.
[23] 丁涛,杨慧群. CL-20在推进剂和发射药中的应用[J]. 山西化工,2013,33(2):30 - 33.
[24] 周晓杨,石俊涛,庞爱民,等. 含CL-20固体推进剂研究现状[J]. 固体火箭发动机,2017,40(4):443 - 446.
[25] 赵逸. CL-20混合炸药的理论计算研究[D]. 北京:北京理工大学,2016.
[26] 张志忠,姬月萍,王伯周,等. 二硝酰胺铵在火炸药中的应用[J]. 火炸药学报,

2004,27(3):36-41.

[27] 张伟,谢五喜,樊学忠,等.含ADN推进剂的能量特性及综合性能[J].火炸药学报,2015,38(2):81-85.

[28] 宋春霞,闫大庆.欧洲ADN基推进剂的研究新进展[C]//中国航天第三专业信息网、中国航天科工集团公司、中国航天科技集团公司、大连市人民政府.中国航天第三专业信息网第三十八届技术交流会暨第二届空天动力联合会议论文集:固体推进技术.中国航天第三专业信息网、中国航天科工集团公司、中国航天科技集团公司、大连市人民政府:中国航天第三专业信息网,2017:2-8.

[29] 孙笑.硝仿肼的安全合成及其性能研究[D].南京:南京理工大学,2015.

[30] 詹发禄,图门格西格,宋明纲,等.硝仿肼基推进剂的发展[C].中国化学会第五届全国化学推进剂学术会议,2011.

[31] 丁黎,陆殿林.硝仿肼及其推进剂的研究进展[J].火炸药学报,2003,26(3):35-38.

[32] 薛芳.改性高能高强度太根发射药研究[D].南京:南京理工大学,2005.

[33] 马卿.新型含能黏合剂的合成研究[D].绵阳:中国工程物理研究院,2009.

[34] 张君启,张炜,朱慧,等.固体推进剂用含能黏合剂体系研究进展[J].化学推进剂与高分子材料,2006,4(3):6-9.

[35] 陈支厦,郑邯勇,王树峰,等.B-GAP对复合固体推进剂能量性能影响理论研究[J].化学推进剂与高分子材料,2011,9(5):61-64.

[36] 王连心,王伟,崔小军,等.聚缩水甘油醚硝酸酯研究进展[J].化学推进剂与高分子材料,2014,12(6):19-42.

[37] 李宁,肖乐勤,周伟良,等.GAP-ET PE基发射药配方的能量特性分析[J].火炸药学报,2010,33(2):74-81.

[38] 郑启龙,田书春,周伟良,等.GAP基聚氨酯包覆单基发射药能量与燃烧性能[J].含能材料,2016,24(8):787-793.

[39] 龚悦,汪旭光,何杰,等.铝粉粒度对乳化炸药能量输出特性及热安定性的影响[J].化工学报,2017,68(4):1721-1727.

[40] 杨燕京,赵凤起,仪建华,等.储氢材料在高能固体火箭推进剂中的应用[J].火炸药学报,2015,38(2):8-14.

[41] 程扬帆,马宏昊,沈兆武.氢化镁储氢型乳化炸药的爆炸特性研究[J].高压物理学报,2013,27(1):45-50.

[42] 王连心,薛金强,何伟国,等.BuNENA含能增塑剂的性能及应用[J].化学推进剂与高分子材料,2014,12(1):1-22.

03 第3章 火炸药的力学性能

3.1 概述

用于武器装备的火炸药装药有规定的形状和尺寸，使得火炸药的燃烧和爆炸具有规律性，这是由武器的性能要求决定的。火炸药的规律性燃烧、爆炸要求火炸药具有足够的力学强度，以使火炸药在加工、贮存、运输和使用过程中，在承受各种载荷作用时，其结构不被破坏。所以火炸药的力学性能是指火炸药受到各种载荷作用时发生变形和破坏的性质。

根据火炸药的受力情况，可以把表征火炸药力学性能的物理量分为两类：一类是火炸药在受到外力作用时产生的响应量，描述的是火炸药的形变过程，把应力和应变联系起来，如模量、柔量、泊松比等；另一类是作为结构破坏判据的量，描述的是火炸药抵抗外力的极限能力，反映其破坏过程，如屈服强度、断裂强度、临界应力强度因子、临界能量释放率、裂纹扩展阻力等。这两类物理量都是材料本身固有的性能参数。

枪炮用火药必须保证其在运输、贮存以及在炮膛内高压作用下不产生破裂，否则会使火药的燃烧面积发生变化，影响火药的正常燃烧，导致弹道性能变差，甚至出现胀膛或炸膛现象。固体推进剂药柱在生产、长期贮存期间，由于温度的变化会产生内应力，在运输和发射过程中会受到冲击、振动等应力，这要求其具有良好的力学性能，以承受上述应力的作用，否则药柱会产生变形、裂纹甚至破裂，推进剂的燃烧面积发生变化，影响火箭发动机的正常工作，甚至会出现爆燃、爆炸等现象。混合炸药广泛应用于武器战斗部装药中，其在制造、运输及发射等过程中往往要承受复杂应力过程，甚至是强动载。在不同作用下炸药装药的力学响应及损伤发展是炸药发生意外起爆的源头，严重影响着武器弹药的安全性和可靠性。因此，需要系统研究炸药装药在复杂应力条件下的力学响应，这是深入认识起爆机理和研究弹药安全性的基础。

研究火炸药的力学性能，主要是研究火炸药受力后的响应和破坏特性，以及火炸药组分、结构、加工等与力学性能的关系，揭示影响力学性能的各种内因和外因，从理论与实践上探求改善火炸药力学性能的有效途径，以满足武器装备对火炸药力学性能的要求。力学性能也是火炸药装药设计的基础参数之一。

3.1.1 火炸药的破坏性质

火炸药的破坏性质是研究火炸药在保持结构完整性条件下的极限应力-应变和其在受到各种载荷作用时装药在结构上是否发生破坏。只有火炸药的极限应力和应变大于实际受力产生的应力和应变时，装药才是安全可靠的。所以，研究火炸药的破坏性质是研究火炸药力学性能的重要内容。

1. 拉伸破坏特性

拉伸作用是火炸药在实际使用过程中容易受到的载荷之一，因此对于不同类型的火炸药装药，其拉伸破坏特性都是需要考虑的因素。尤其是对于具有复杂药型的固体推进剂，其装药结构对拉伸破坏特性影响较大。

1)浇铸固体推进剂的拉伸特性

在受到等速拉伸作用时，浇铸类固体推进剂的典型应力(σ)-应变(ε)曲线如图 3-1-1 所示。由图 3-1-1 可以看出，当试验达到一定的应变值后，曲线斜率逐渐减小，应力达到最大值 σ_m 时对应的应变为 ε_m，此时试件并不断裂，继续拉伸时应变值继续增大，但应力值略有下降，直至 σ_b 时试件断裂，对应的应变值为 ε_b。这里称 σ_m 为最大应力，ε_m 为最大应力时的应变；σ_b 为断裂应力，ε_b 为断裂应变。固体推进剂实质上是以氧化剂和金属燃料等为填料的一种复合材料，由于填料和黏合剂界面结合力的作用，当受到外力作用时，在一定的应力范围(即小于 σ_m)内，填料起到补强作用，因而 σ_m 要大于黏合剂的 σ_m 值。当

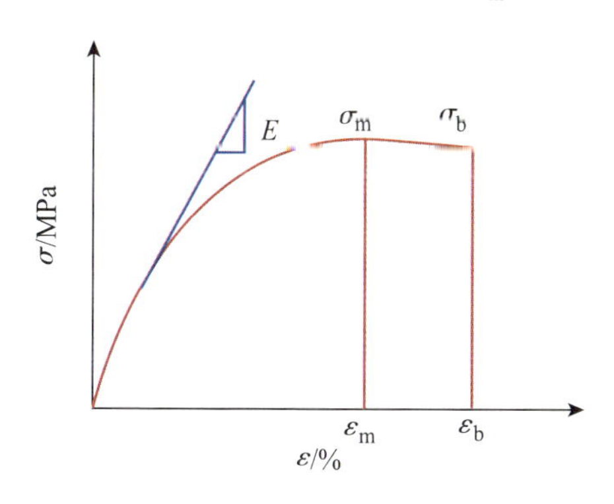

图 3-1-1 浇铸固体推进剂的应力-应变曲线

固体推进剂受到的外力超过 σ_m 值时，黏合剂和填料界面间的结合受到破坏，产生了“脱湿”现象。这时的药柱虽然未被拉断，但微观结构已受到破坏，氧化剂等固体颗粒不再起补强作用，导致应力下降。由于黏合剂还未被拉断，所以应变值继续增大至 ε_b，这使浇铸固体推进剂在高温或低拉伸速率时，ε_b 值要比 ε_m 值大得多。

在应力分析中，表征拉伸破坏性能的参数采用 σ_m 和 ε_m 而不采用 σ_b 和 ε_b。这是因为：

(1)虽然药柱试件在单轴拉伸至 σ_m 和 ε_m 时并未断裂，但试验表明，当药柱受到双向或多向加载时形变超过 ε_m 会立即发生破坏。

(2)药柱形变值在 ε_m 以下时，能长时间不破坏，当外力除去后，形变能自行恢复，结构不会发生“脱湿”现象。当形变大于 ε_m 值时，虽然不会马上断裂，但长时间作用后终将断裂。

(3)药柱形变小于 ε_m 可按线性黏弹形变处理，而当形变大于 ε_m 时为非线性黏弹形变。大型药柱在贮存中要长期受到应变作用，当药柱形变超过 ε_m 时，产生非线性黏弹形变而受到破坏。所以，在药柱应力分析时，只能采用最大应力 σ_m 和最大应变 ε_m 作为药柱的破坏极限。

当确定 σ_m 和 ε_m 作为破坏标准后，就可以作恒定拉伸速率下不同温度的 $\sigma-\varepsilon$曲线。将不同温度下 $\sigma-\varepsilon$ 曲线的 σ_m 和 ε_m 作图，可得到一条关于极限应力和极限应变的破坏包线，如图 3-1-2 所示。破坏包线为药柱受破坏时的应力-应变分界线。当药柱的应力-应变值在包线的左边时，药柱结构不会被破坏；当应力-应变值在包线的右边时，药柱结构必然受到破坏。

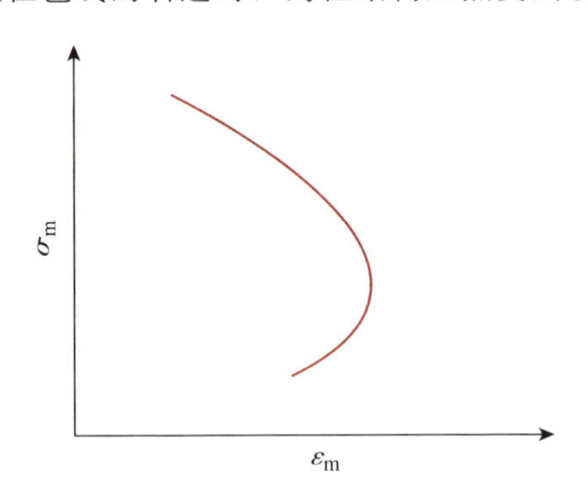

图 3-1-2 浇铸复合固体推进剂的破坏包线

复合固体推进剂受力“脱湿”时，微观结构被破坏，这时其内部产生微裂纹或空洞，体积增加。图 3-1-3 表示复合固体推进剂单轴拉伸时体积变化的情况。当形变很小时体积不发生变化，形变达到某一值后，体积开始增加，说明药柱内部开始发生“脱湿”现象或出现裂纹，即内部开始受到破坏。当形变达到某一值后，体积变化和形变呈线性增加。利用拉伸时复合固体推进剂试样体积的变化可以研究火炸药中的“脱湿”过程和计算复合固体推进剂的泊松比，泊松比 υ 与体积变化的关系为

$$\upsilon = 1/\varepsilon\left[1-\sqrt{\frac{V_P/V_{P_0}}{1+\varepsilon}}\right] \tag{3-1-1}$$

式中：V_P 为火炸药在应变为 ε 时对应的体积；V_{P_0} 为火炸药的初始体积。

目前，多采用最大应变理论来判定药柱结构是否会发生破坏。对于壳体黏结式内孔状装药，则以装药内孔表面(星孔装药在星尖)是否发生裂纹来判定。不发生裂纹的条件为

$$D=\frac{\varepsilon_\theta(a)}{\varepsilon_m(\varepsilon)}<1 \tag{3-1-2}$$

式中：D 为破坏判据；$\varepsilon_\theta(a)$ 为装药内表面由某种载荷作用所产生的拉伸应变(%)；$\varepsilon_m(\varepsilon)$ 为与载荷相同的温度及应变速率条件下装药的应变能力(%)。

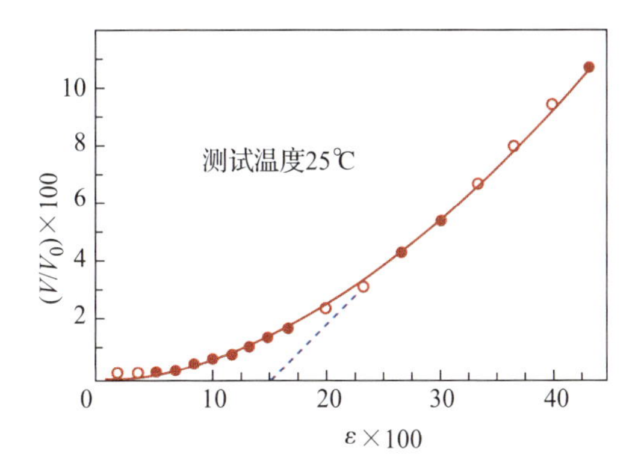

图 3-1-3 复合火药单轴拉伸时体积的变化

式(3-1-2)是在单轴受力状态和药柱是不可压缩的条件下得到的。考虑到多轴应力作用，根据最大形变能理论，式(3-1-2)可修正为

$$D=\frac{1.15\varepsilon_\theta(a)}{\varepsilon_m(\varepsilon)} \tag{3-1-3}$$

若为星形内孔装药，内孔表面的形变应取星尖处的应变值 $\varepsilon_\theta^s(a)$。若求出 $D\geqslant 1$，药柱将发生破坏。

2)压伸类推进剂的拉伸特性

压伸类固体推进剂包括双基和改性双基推进剂，固体填料对其拉伸特性具有明显影响，其常温时拉伸曲线如图 3-1-4 所示。双基推进剂中没有固体填

料时，由于硝化纤维素大分子间不存在交联，推进剂拉伸时过了屈服点后不会产生“脱湿”现象，而是逐渐产生塑性变形，直到断裂。所以，双基推进剂的应力-应变曲线上没有像复合固体推进剂那样出现典型的 σ_m 和 ε_m 值。当改性双基类推进剂体系中含有固体填料时，硝胺填料的存在会使推进剂在变形过程中出现“脱湿”现象，因此在其拉伸曲线上存在 σ_m 和 ε_m 值。但是，与双基固体推进剂相比，填料的增强作用使改性双基固体推进剂具有更高的强度和模量。

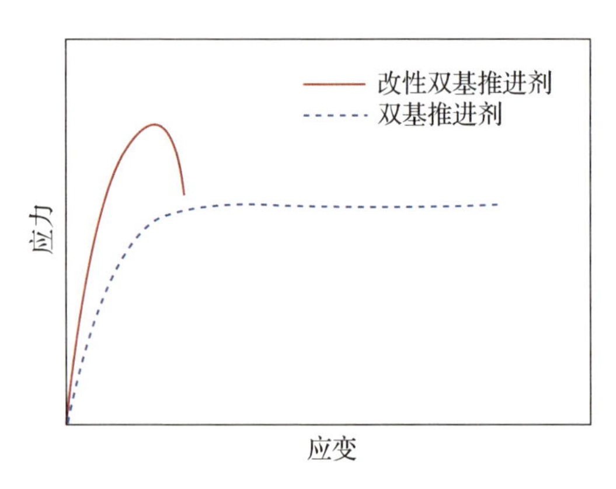

图 3-1-4 双基及改性双基固体推进剂的应力-应变曲线，测试温度 25℃

与复合固体推进剂相比，双基类固体推进剂的强度和模量较高，适用于自由装填型固体火箭发动机，但是其延伸率较低，尤其是对于改性双基推进剂（螺压成型），引入的高能固体填料使其低温延伸率一般小于 15%，对于部分高能配方，其低温延伸率甚至小于 3%，因此拉伸破坏也是改性双基推进剂的重要结构失效模式，引起广泛关注。

3）发射药的拉伸特性

拉伸破坏是枪炮发射药的常见破坏形式，所以抗拉强度指标对于发射药的使用安全性具有重要意义，是发射药配方设计时需要考虑的性能参数。

早期开发的发射药为单基发射药和双基发射药，配方中不含固体填料，主要由 NC 和硝酸酯增塑剂构成，成型工艺普遍为压伸成型工艺，因此其拉伸破坏特性可参考双基推进剂。

为了提高发射药的能量性能，研究人员将高能固体填料、氧化剂等引入配方中进行改性研究，包括硝基胍、黑索今、奥克托今等，这与改性双基固体推进剂的配方类似，因此其拉伸破坏特性可参考改性双基推进剂。

4）炸药的拉伸特性

混合炸药是武器系统战斗部的常用材料，因此与固体推进剂装药类似，炸药装药在生产、加工、贮存、运输和使用过程中会受到冲击、压缩、振动等复杂载荷，用于炮弹、火箭、导弹等不同类型的武器中时，其承受的载荷也明显不同。受到拉伸应力时炸药内部可能产生"脱湿"，导致装药结构损伤，因此拉伸试验也是研究炸药装药的破坏性质时常采用的试验方法。浇铸炸药的黏合剂一般为高分子材料，如HTPB，其拉伸破坏特性与复合固体推进剂类似。压装炸药的拉伸破坏特性与双基类固体推进剂具有相似之处。

此外，对于炸药装药通常还进行巴西试验（劈裂试验），以测试药柱的力学性能。炸药装药在巴西试验中的破坏模式主要有3种，它们分别是晶体断裂、界面破坏和黏合剂中形成空洞，装药变形过程中炸药晶体产生孪晶对晶体起裂和界面破坏有很重要的影响。体积分数很高的混合炸药一般会包含脆性晶体，晶体在拉伸应力下会产生格里菲斯断裂（晶体本身的缺陷在拉伸应力作用下生长），因此装药的破坏与大量的晶体断裂密切相关。

2. 压缩破坏特性

各种类型的火炸药在使用过程中一般均会受到压缩载荷，尤其是在采用自由装填装药形式的中小口径火箭弹、火箭增程弹以及各类燃气发生器中，这类发动机一般采用双基类固体推进剂，在点火、发射、意外撞击或低温环境时，均可能会给药柱施加不同加载速率的压缩载荷，使药柱呈压缩应力状态，所以这类推进剂在整个工作周期中受到的载荷以压缩为主。发射药在点火过程中药粒之间会发生碰撞挤压，浇铸类火炸药在贮存和使用过程中也会受到压缩载荷。因此，研究火炸药在压缩情况下的力学特性及破坏损伤力学行为尤为重要。

1）压伸类火炸药的压缩特性

压伸类火炸药有发射药、双基推进剂、压装炸药等。典型的双基推进剂在1mm/min等速压缩时的压缩应力-应变曲线如图3-1-5所示。由图可见，双基推进剂的压缩应力-应变曲线分为多个阶段，按照GJB的规定，应力-应变曲线上出现最大载荷点后停止施加载荷。若不出现最大载荷点时，压缩应变值达到70%时或曲线上出现特征点（曲线上最初出现的拐点）时，停止施加载荷。读取最大压缩载荷值（或压缩应变达到70%时的压缩载荷值，或特征点对应的压缩载荷值）作为推进剂的抗压强度。但在近年来的研究中，研究人员认为在装药结构完整性的分析中，工作应力保持在第Ⅰ阶段是合理的，在该阶段材料处于线黏弹性状态。当压缩应力超过装药的屈服应力 σ_s 时，推进剂将产生不可逆形变，因此将屈服强度作为推进剂压缩破坏时的强度判定准则是合理的。

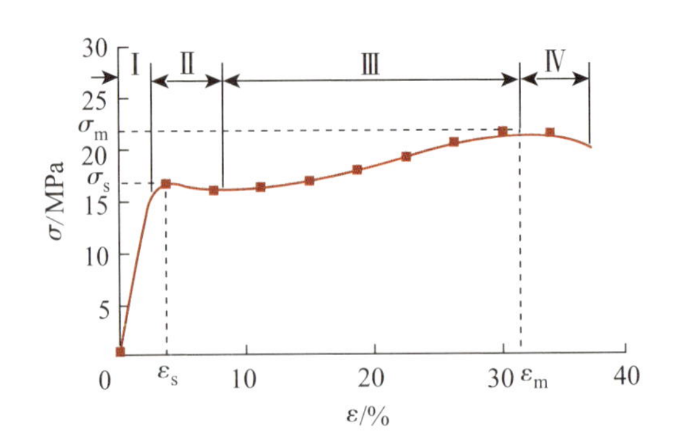

图 3-1-5 双基推进剂的压缩应力-应变曲线

常温下在 1mm/min 压缩速率下，推进剂试件的破坏过程如图 3-1-6 所示。在线弹性阶段试件形貌并未发生明显变化；当试件屈服后试件产生塑性流动，试样两端面与试验机上、下压头间存在摩擦力，约束了横向变形，故试样中间部分出现显著的鼓胀；硝化棉分子链承受高应力，通过热激活而断裂，周围分子链上的应力重新分布，使分子链的断裂集中于局部区域，并累积成为微空洞。当微空洞达到某一临界值时，它们就会迅速扩张并集聚成稳定的银纹结构，尺寸很小的银纹的高密度集聚形成如图 3-1-6(b)所示的斑点分布的白化现象。在与试件轴线约呈 45°角的方向上，试件受到的剪应力最大，银纹在这个方向上大量堆积、扩展形成如图 3-1-6(c)中所示的白化斜纹。当这个方向上的某一局部区域的分子链断裂达到某一临界值时，试件在这个方向上发生宏观断裂，出现裂缝，如图 3-1-6(d)所示。裂纹与试件轴线大约成 45°角，说明双基推进剂的抗剪强度低于抗压强度。

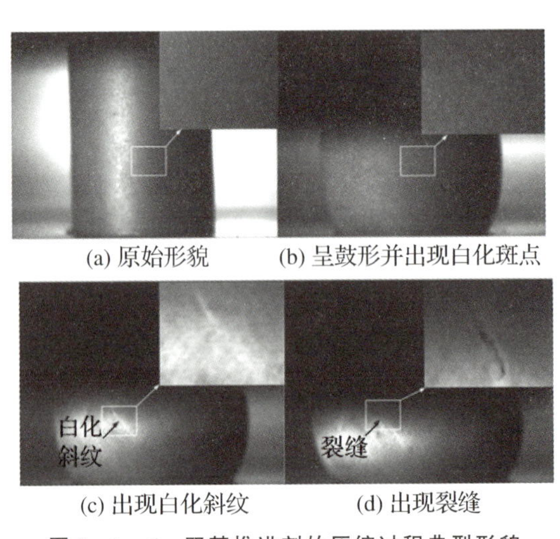

(a) 原始形貌　(b) 呈鼓形并出现白化斑点

(c) 出现白化斜纹　(d) 出现裂缝

图 3-1-6 双基推进剂的压缩过程典型形貌

双基类火药的压缩破坏形式没有明显的应变率相关性，即不同压缩速率下的破坏形式相似，破坏形貌大体相同。温度对该类火药的破坏形式影响较大，在高温时，斑点分布的白化现象和白化斜纹均较明显，破坏表现出韧性断裂；在低温时则无明显的白化现象，材料发生脆性断裂。

2)浇铸类火炸药的压缩特性

浇铸类火炸药有浇铸复合固体推进剂、交联改性双基推进剂、浇铸PBX炸药等。在运输、贮存和使用过程中，除了会遭受拉伸载荷还会受到压缩载荷的影响。因此，研究浇铸类火炸药在压缩载荷下的力学破坏特性也具有一定的意义。

图3-1-7为HTPB推进剂在25℃条件下单轴压缩时的压缩应力-应变曲线。由图3-1-7可知，推进剂的压缩应力随着应变的增大呈现两阶段增加，前期(应变低于50%)应力增加较慢表现出线弹性特征，后期(应变高于50%)应力增加较快具有显著的非线性。非线性现象主要由两方面因素引起：一方面试样在压缩过程中发生大变形；另一方面随着压缩过程的进行，试样内部和表面裂纹不断扩展导致非线性产生。

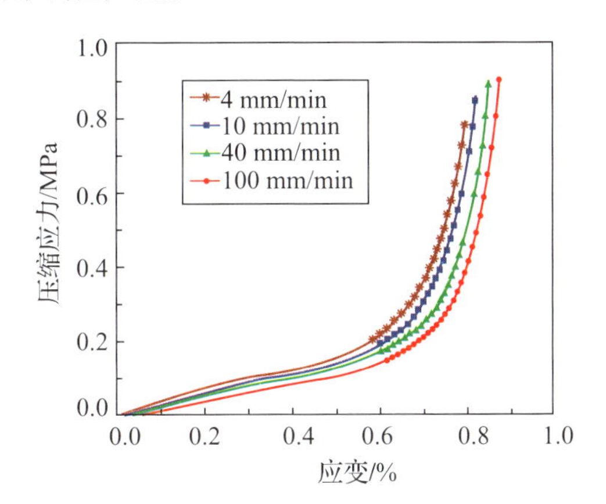

图3-1-7 25℃时HTPB推进剂的压缩应力-应变曲线

由图3-1-7还可知，推进剂单轴压缩应力-应变曲线没有明显的转折特征点，不容易确定压缩力学性能参量，为此，考虑推进剂压缩时的大变形情况，采用式(3-1-4)对应力进行处理，得到准静态压缩条件下推进剂典型真应力-应变曲线，如图3-1-8所示。

$$\sigma = \frac{F}{A}(1-\varepsilon) \tag{3-1-4}$$

式中：σ为真应力(Pa)；F为加载力(N)；A为试件的原始横截面积(m^2)；ε为应变。

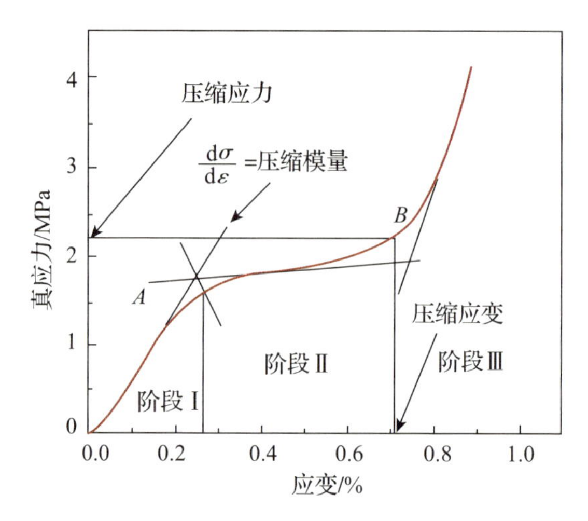

图 3-1-8 25℃时推进剂真应力-应变曲线

由图 3-1-8 可知，通过转折点 A 和 B 可将推进剂压缩真应力-应变曲线划分为 3 个阶段，阶段Ⅰ是推进剂的弹性压缩阶段，这一阶段主要是推进剂内部微裂纹逐渐聚集的过程；阶段Ⅱ是推进剂塑性变形后的应力硬化阶段，此时推进剂已经产生宏观裂纹并且不断扩展；阶段Ⅲ是推进剂变形失稳直至破坏阶段。相对于图 3-1-7 的工程应力-应变曲线而言，图 3-1-8 中转折点 A 和 B 具有更加明显的数学和物理含义。因此，在进行压缩破坏应力分析时，按照图中所示推进剂压缩参量进行分析较为合理。

3. 冲击破坏特性

火炸药在生产、运输和使用的过程中会受到冲击载荷，尤其是自由装填式装药。对于枪炮发射药，一般采用自由装填式的粒状药或小管状药，点火时药粒之间会产生碰撞、冲击，药粒会受到较大的冲击力；对于自由装填式火箭发动机装药，药柱会承受点火冲击。若在冲击作用下装药结构出现损伤，燃烧面积会发生变化导致发射失败。这种类型的装药一般采用双基类压伸火药，其延伸率较低，尤其是低温下表现为脆性，在冲击载荷下容易出现微观缺陷。

4. 剪切破坏特性

火炸药装药在点火启动产生加速度时会受到一个剪切应力，此时装药的破坏主要体现在脱黏，但压力载荷可抵消部分或全部剪切应力，所以可以只用长贮时的剪切应力作为端部脱黏的检验标准。若装药在飞行中还未燃烧，则因加速度产生更大的剪切应力而脱黏的可能性更大，此时应用累积破坏理论来进行破坏分析。关于剪切应力与脱黏的关系在下一节中介绍。

5. 其他破坏形式

1)发射药破碎

随着导弹、反导弹等兵器的发展，先进武器系统要求弹丸具有较高的初速。在提高弹丸的初速方面，通常采用的方法是提高发射药装填密度和采用高能发射药。因此，一般情况下膛内发射药颗粒的堆积密度较高，形成稠密颗粒群，点火时在点火药气体压力下，药床将受到严重的撞击与挤压作用使局部堆积密度剧增，形成一种类似多孔介质的结构，使得相间阻力增加，气相流动受到阻尼。由于药床受到压缩，发射药颗粒紧密接触产生相互作用力，这使药床运动规律变得更加复杂。在这样复杂的两相流动过程中，一部分发射药颗粒受到撞击、挤压发生形变进而产生裂纹甚至破碎。

破碎的主要形式可归纳为两种：一是NC基的发射药韧性较差，尤其是在低温时脆性明显，药粒和弹底、膛壁的机械碰撞过程中火药内部存在缺陷的位置应力集中比较严重，导致发射药破碎；二是正在燃烧的药粒是在高压燃气流中燃完的，空隙、裂纹暴露在燃烧表面，燃气火焰侵入隙缝，造成对流燃烧，应力扩展使裂缝扩展，严重时发生穿透燃烧，导致药粒破碎。这两个原因是互相影响、互相促进的。

对于含有黏合剂和增塑剂的发射药，通常药粒破碎更为严重，一部分甚至呈粉末状态。药粒破碎严重将直接影响其燃烧规律，进而也影响到内弹道循环过程，流场波动性增加，产生大振幅危险压力波。若发射药发生粉末状破碎，将产生燃烧转爆轰现象，更容易发生膛炸事故。因此，发射药破碎是发射失败的重要原因之一。

2)脱黏

火炸药装药与壳体之间的黏结面的破坏，即脱黏，是另一种最常见的破坏现象。脱黏一般主要发生于固体推进剂药柱与包覆层以及包覆层与壳体之间，使燃烧面增大而破坏了预定的推力方案。最常见的脱黏部位是药柱端部周边与壳体(或包覆层)的脱离，出现一定深度的裂缝。由于端部在药柱结构上具有不连续性，理论上该处产生的应力最大，因而在端部最易脱黏。

造成脱黏的原因很多，如火炸药的抗剪切强度低于该处的剪切应力；火炸药-包覆层黏结强度低而被撕裂；包覆层材料的抗剪切强度低于该处的剪切应力；包覆层-壳体黏接强度低而被撕裂等。为进行黏接面的破坏分析，必须测定火药、包覆层的抗剪切强度，以及火炸药-包覆层、包覆层-壳体间的黏结强度。

由于抗拉试验易于进行，同时数据也比较稳定，因此可以用抗拉强度来表征抗剪切强度。

3.1.2 受力情况分析

1. 火炮装药

火炮装药为小尺寸的粒状或管状药，以自由装填方式装入药室。在火药点火以前，没有受到任何能引起破坏的力。它在使用时主要受到的载荷如下。

(1)点火药气体的冲击力。火药点火时，药室的压力由常压迅速增至数十兆帕，由于点火的不同时性，药粒要与药室壁、弹底或其他药粒撞击，当装填密度小或点火同时性差时，这种撞击作用很强。若药粒强度较低，会因药粒撞碎增大燃烧面而使药室压力急升，弹道出现反常，甚至出现胀膛或炸膛。

不同的点火形式产生的冲击力不同，强迫点火的点火形式是在装有点火药的容腔内生成点火压强，点火时火药气体从定向开孔处喷出形成射流，这种具有一定压强的点火药气体，在点火瞬间作用在药柱上，对药柱产生较大的冲击力；这些定向孔常采用铝箔等材料密封，在点火瞬间射流的冲击下，被剪切掉的箔片形成高温颗粒冲击药柱，需防止装药药柱或包覆层被冲坏。

对于自由空间点火形式，点火药盒置于燃烧室自由空间内，点火时也要形成点火压强，这种情况下要根据点火药品种、点火药量、点火位置、点火空间大小等条件确定合适的点火压强，避免点火压强过大引起装药破坏或其他结构破坏。

对于火焰喷射点火形式，需要确定点火器安放的位置和喷射火焰参数，包括合适的喷嘴压强、喷射速度等，避免火焰冲坏药柱表面。特别对斜置点火器，在保证快速点燃装药的前提下，确定的喷射火焰参数应尽量小。

(2)高压燃气的压力。在火药被点燃后，由于药室容积小，火药总燃烧面积大，在千分之几秒内压力增至数百兆帕，高膛压火炮 P_m 可在 600MPa 以上。火药抗压强度差时可能被压碎。

2. 自由装填式火箭发动机装药

战术火箭装药多采用挤压成型的双基药，装药方式采用自由式装填。药柱一般端面限燃，工作时内外表面同时燃烧。现以该类型管状装药为例来进行受力分析。

1)点火药气体的冲击力

发动机点火装置被点燃以后的数毫秒内，压力由大气压力急升至数兆帕，火药会受到冲击力。若进入内外表面的点火气体不一致，就会产生一个内外表面的压力差。同时，发动机由静止状态转入启动并具有较大的惯性。各种作用力将与起飞加速状态下所受到的力相叠加。

2)装药两端燃烧室内压力差所引起的应力

这一应力的大小与燃烧室直径和长度、燃烧室压力大小、喷喉尺寸以及挡药板与药柱接触面大小等有关。应力可由下式计算，即

$$\sigma_1 = \frac{\Delta p S_T}{A_g} \tag{3-1-5}$$

式中：σ_1 为装药两端压力差对火药柱产生的轴向压应力(Pa)；Δp 为装药两端的压力差(Pa)；S_T 为装药的端面积(m^2)；A_g 为挡药板对装药的支撑面积(m^2)。

3)发动机工作时惯性引起的应力

火箭发动机在整个主动段飞行过程中始终在加速中，所以装药的惯性也始终存在。这种惯性作用在挡药板上，与 σ_1 是叠加的。惯性对装药产生的压应力为

$$\sigma_2 = \frac{m_p g_n n}{A_g} \tag{3-1-6}$$

式中：σ_2 为惯性对装药产生的压应力(Pa)；m_p 为装药质量(kg)；g_n 为标准重力加速度(m/s^2)；n 为过载系数；A_g 为挡药板对装药的支撑面积(m^2)。

4)燃烧室压力对装药产生的应力

它与燃烧室压力和装药尺寸有关。设药柱两端限燃，内外表面同时燃烧，内表面的压力为 p_{int}，外表面的压力为 p_{ext}。管状药柱按厚壁圆筒进行受力分析，由弹性力学理论可推导出装药内表面受到的切向应力为最大。其最终计算式为

$$\sigma_t = \frac{p_{int}(b^2 - a^2) - 2p_{ext} b^2}{b^2 - a^2} \tag{3-1-7}$$

式中：σ_t 为燃烧室压力引起的装药内表面上的切向应力(Pa)；p_{int}为药柱内表面受到的压力(Pa)；p_{ext}为药柱外表面受到的压力(Pa)；b 为药柱外半径(m)；a 为药柱内半径(m)。

当内外压力相等且等于燃烧室平衡压力 p_c 时，则

$$\sigma_t = -p_c \tag{3-1-8}$$

5）旋转发动机的惯性离心力

由旋转控制火箭飞行稳定性的发动机装药，还受到惯性离心力的作用，即

$$F_c = m_p \omega^2 r \tag{3-1-9}$$

式中：F_c 为离心力(N)；m_p 为火药柱的质量(kg)；ω 为装药旋转的角速度(1/s)；r 为装药偏转旋转中心的距离(m)。

在了解自由装填式装药的受力以后，就可以对装药的力学性能提出要求，并为改进力学性能指明方向。

3. 壳体黏接式火箭发动机装药

对于大型火箭发动机，为了提高发动机的有效载荷能力，通常采用贴壁浇铸的壳体黏接式发动机装药。其中药柱通过发动机内衬里与发动机壳体紧密黏接，可以看作发动机整体结构中的一个构件。因此，和火箭发动机一样，药柱在加工、贮存、运输和使用过程中要受到温度循环、加工处理、振动、点火冲击、发射加载等载荷的考验。这与自由装填式装药所受到的载荷大不相同，因而对力学性能的要求也不相同。由于在进行药柱结构完整性分析时，关键是药柱内可能发生的最大应力和最大应变，因此，下面在讨论受力分析时只讨论受力时引起的最大应力和最大应变(公式推导从略)。

1)温度载荷

浇铸工艺制备的药柱固化时要产生体积收缩，这是因为高分子黏合剂在固化前为低分子量的预聚体，固化时分子量增大而体积变小。对于配浆浇铸的双基、改性双基和聚氯乙烯推进剂会因溶剂、增塑剂渗入药粒空隙形成固体溶液而使体积收缩。黏合剂含量越高收缩率就越大。如聚丁二烯的体积收缩率为0.002，而浇铸双基推进剂可达0.005。由于药柱与壳体之间的黏接，药柱的收缩受到限制，因而在其内产生应力和应变。此外，药柱固化时需升温，固化后冷却到环境温度时，药柱和壳体均要产生收缩。但一般推进剂的线膨胀系数约为钢壳体的10倍，因而当发动机冷却时，火药的收缩受到限制产生应力和应变。固化收缩和冷却收缩所产生的应力和应变是叠加的，结果在药柱内表面产生一个很大的拉伸应变，而在药柱和壳体的黏接面上产生一个很大的拉伸应力。若推进剂的强度小时，前者可使药柱表面产生裂纹，后者可引起药柱与壳体间的黏接面脱黏。

2)贮存重力和起飞加速度载荷

大尺寸壳体黏接式发动机装药在贮存和发射时，药柱自身的重力和加速度

都将引起药柱下沉变形，过程中药柱端部黏接与否、变形的情况和程度与其装药特性密切相关。图 3-1-9 表示不同端部结构药柱变形的 3 种情况：(a)为两端自由的药柱变形；(b)为头端部黏接的药柱变形；(c)为尾端部黏接的药柱变形。

药柱的贮存变形和加速度载荷变形相叠加而使初始通气面积变小，点火时产生压力急升，所以，这种变形要加以控制。

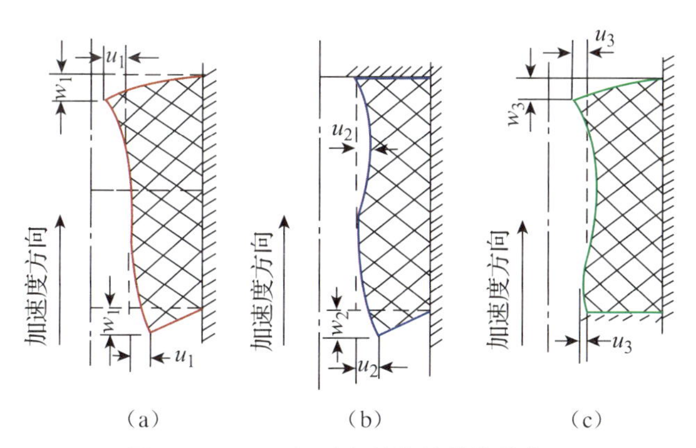

图 3-1-9　不同端部结构的药柱的变形

3)点火时的压力载荷

当发动机点火时，药柱内孔要在千分之几秒内压力突升至约 7MPa。所以，燃烧着的药柱一直要承受这种压力至烧完为止。药柱受到发动机外壳的约束作用，这样燃气压力的作用使火药内产生一个径向压缩应变和内孔的周向(切向)拉伸应变，最大的应力和应变发生在内孔周边和点火的瞬间。

对于两端受约束的药柱(两端黏接)，假设条件为

(1)无端部影响；

(2)药柱与壳体之间无剪切作用；

(3)药柱为不可压缩的，$\mu_p = 1/2$；

(4)药柱处于平面应变状态。

根据厚壁圆筒受力的弹性理论和上述假设，推导出圆筒的应变关系式为

$$\varepsilon_{\theta p}(a) = \lambda^2 (1 - \mu_c^2) \frac{b p_c}{\delta_c E_c} \qquad (3-1-10)$$

式中：$\varepsilon_{\theta p}(a)$为药柱受压力 p_c 作用时内孔表面所发生的切向应变(%)；λ 为药柱外径与内径之比；μ_c 为壳体材料的泊松比；b 为药柱外半径(m)；p_c 为燃烧室压力(Pa)；δ_c 为壳体的厚度(m)；E_c 为壳体材料的弹性模量(Pa)。

对于星孔药柱，应当考虑应力集中的影响，即

$$\varepsilon_{\theta p}^{s}(\mathrm{a})=\lambda^{2}(1-\mu_{c}^{2})\frac{bp_{c}}{\delta_{c}E_{c}}K_{i} \tag{3-1-11}$$

式中：K_i 为星尖应力集中系数。

由式(3-1-10)和式(3-1-11)看出，壳体材料的弹性模量越小，应变值就越大。由此可知，若采用玻璃钢壳体或尼龙-66壳体，要求药柱的应变值要比钢壳体的大。

对于钢壳体，$\mu_c=0.3$ 时，有

$$\varepsilon_{\theta p}^{s}(\mathrm{a})=0.91\lambda^{2}\frac{bp_{c}}{\delta_{c}E_{c}}K_{i} \tag{3-1-12}$$

对于两端自由的药柱(两端不黏接)，同样作上述四条假设，得出的结果如下：

对于圆孔形药柱

$$\varepsilon_{\theta p}^{s}(\mathrm{a})=\frac{4\lambda^{2}(1-\mu_{c}^{2})}{3+\lambda^{2}}\frac{bp_{c}}{\delta_{c}E_{c}} \tag{3-1-13}$$

对于星孔药柱

$$\varepsilon_{\theta p}^{s}(\mathrm{a})=\frac{4\lambda^{2}(1-\mu_{c}^{2})}{3+\lambda^{2}}\frac{bp_{c}}{\delta_{c}E_{c}}K_{i} \tag{3-1-14}$$

对于钢壳体

$$\varepsilon_{\theta p}^{s}(\mathrm{a})=\frac{3.64\lambda^{2}}{3+\lambda^{2}}\frac{bp_{c}}{\delta_{c}E_{c}}K_{i} \tag{3-1-15}$$

4)运输时的动态载荷

发动机在汽车和火车运输时，有频率为5～300 Hz的振动，机载时可能有5～2500 Hz的振动，这均因药柱的自重力而产生循环载荷；飞机起飞加速和降落减速、急刹车等还可能受5～30g的冲击载荷。

对于大型药柱，这种动态载荷不可忽视，它可能使药柱内表面发生裂纹、黏接面脱黏等。若振动的机械能被药柱吸收致温度升高，由于火药是热的不良导体，药柱局部温度有可能达到着火点而自燃。

4. 炸药装药

用于武器战斗部时，炸药与火药在实际应用中很多场景下受力情况一致，如装药结构在装配、运输、贮存等正常勤务条件下要经受振动、冲击、温度变化等一系列复杂环境，包括发动机工作时惯性引起的应力、温度载荷、贮存重力和起飞加速度载荷、运输时的动态载荷等，这些载荷与火药的受力情况类似。

除此之外，炸药装药在穿甲、钻地等攻击目标的正常使用时要承受加载速率较高的动态载荷作用，在事故条件下武器还要经受跌落、撞击、弹丸或碎片以及空气冲击波等冲击载荷作用。

3.1.3 装药结构对火炸药力学性能的要求

不同武器中火炸药的装填方式不同，对火炸药力学性能的要求也不同。对于枪炮发射药，采用自由装填式的粒状药或小管状药，它受到的载荷主要是点火时的冲击力和燃烧时的压力；对于自由装填式火箭发动机装药，它主要受到点火冲击、起飞过载、燃烧压力，对涡轮火箭发动机或自旋火箭发动机还受到旋转的离心力等；对于壳体黏接式火箭发动机装药，要经受加工时固化收缩和温度变化引起的温度载荷，贮存时的重力载荷，点火和起飞时的加速度载荷，燃烧时的压载荷等。可见武器装药的方式和尺寸不同，受到的载荷也不同，因而对力学性能的要求也不同。

对于采用自由装填装药的发动机，药柱的强度问题通常不大。一方面由于这类发动机中药柱所承受的载荷主要是发射时的加速度过载和燃气压强，以及贮存时的重力作用，而这类载荷所产生的应力通常是不大的。另一方面由于自由装填式发动机通常采用有较高抗拉强度的双基推进剂。但是这种药柱的应变特性对其使用产生影响，在高温下，由于其模量降低会产生较大变形，通气面积减小，尤其对于高装填系数的发动机，这会引起过高的压强峰；温度太低时，该类推进剂脆性较大，甚至点火压强的冲击也会使药柱破裂。因此，自由装填式发动机要求推进剂具有较高的弹性模量和较高的抗压强度。同时还要求推进剂在低温下使用不具有很大的脆性。一般情况下，采用双基推进剂装药的自由装填式小型发动机，其药柱强度足够大，但低温延伸率偏小。

壳体黏接式发动机，特别是内孔形状复杂的发动机，通常都有较严重的装药温度载荷问题，这往往是引起发动机破坏的主要原因。贴壁浇铸装药在生产、贮存、运输和使用过程中承受着温度载荷、重力、燃气压强和加速度载荷等。这些载荷所引起的应力主要是剪切应力和拉伸应力，其最大值分别发生在装药/壳体的黏接面上和药柱的内表面上，这些应力经常导致装药内表面产生裂纹和壳体/衬层/推进剂等黏接面发生脱黏。因此，壳体黏接式发动机要求装药要具有比较大的延伸率(特别是低温下的延伸率)、低的玻璃化温度等。

在武器系统中，炸药装药结构往往是薄弱环节，其易于在外界各种因素的影响下产生损伤，起爆前炸药内部是否出现损伤将直接影响到炸药能否释放出最大的起爆能量，以及能否准确地攻击目标，甚至损伤的存在会引起意外起爆，因此一般武器系统要求炸药装药具有一定的力学性能。但目前 PBX 炸药的用途十分广泛，不同用途的装药对其力学性能要求明显不同。按照成型方式不同，炸药装药可以分为压装成型和浇铸成型，压装成型是将炸药造型粉在钢模中加压，保持压力一定时间后退模，得到炸药药柱，这与双基火药的情况类似，武器系统对其力学性能的要求可参考自由装填火箭发动机对装药力学性能的要求。浇铸成型时，黏合剂体系与高能炸药颗粒在模具中固化成型，这与复合推进剂的情况类似，因此武器系统对其力学性能的要求可参考壳体黏接式火箭发动机对装药的力学性能要求。

3.1.4 武器对火炸药力学性能的要求

火炸药的力学强度要求在于保证火炸药在燃烧、爆炸过程中的稳定性，从而保证弹道性能和威力的稳定性。燃烧过程的稳定就是要求燃烧面按预定的规律变化或恒定不变。若由于火药受外力的作用而产生裂纹、破碎、变形，将使燃烧面改变而破坏弹道性能。

由前面受力分析可知，不同的武器其装药受力的情况不同。因而，不同的武器装药对力学性能的要求也不同。

1. 炮用发射药装药

炮用发射药的特点是采用自由式装填，药粒尺寸小，燃烧时间短，点火压力急升速度快，承受燃气的压力高等。根据这些特点，要求发射药抗压强度高、模量大和具有较高的抗冲击性能。简单地说，就是要求药粒硬而不脆。

目前的制式单基发射药和双基发射药均能满足各种火炮的力学性能要求。不过，随着高装填密度火炮的发展，对发射药的力学强度提出了更高的要求。

对于三基发射药，由于含有 40%～45%的低分子结晶化合物硝基胍，它的力学强度受到较大的影响。工艺条件控制不严会使三基发射药的力学性能变坏。

要保证火炮装药在使用中安全可靠，在合理的药型设计、装药设计、点传火设计的前提下，发射药的力学强度则是重要的基本条件。在选用时，必须根据发射药的力学强度数据进行计算、验证及考核。在研制新品种发射药时，则必须考虑力学性能能满足装药设计的要求。

2. 自由装填式火箭发动机装药

由受力分析可知，要保证自由装填式火箭发动机装药在整个燃烧过程中稳定燃烧不破碎，即点火不碎裂、起飞过载时不过分下沉、低温时不脆裂、燃烧后期不因过早破碎堵塞喷管而产生压力急升(二次压力峰)或喷药，这就要求装药要有足够的强度和模量。

目前，自由装填式火箭发动机装药多采用挤压双基火药，它具有较高的强度和模量，装药尺寸一般不大，所以，一般能承受点火的冲击、起飞时的过载和燃烧时的压力作用。但在装药设计不合理时，容易导致药柱出现结构损伤。双基推进剂成型高温挤出后，在药柱内部会产生一定的内应力。若采用突然降温方式冷却，不但不能消除内应力，而且还会加剧内应力的产生使药柱产生裂纹。

3. 壳体黏接式大型发动机装药

对于壳体黏接式大型发动机装药，由于装药与壳体黏接在一起，成为整个发动机结构的一部分。因而，一方面它与壳体黏接，所担有的一部分载荷由壳体所分担，故抗拉强度和模量要求不高；另一方面，由于受到壳体的约束，温度载荷引起的应变、点火冲击和加速度过载引起的应变，以及燃烧室燃气压力引起的应变均较大，而且是叠加的，故要求推进剂药柱应具有较大的应变能力。根据这些特点，具体要求为：

(1)在使用温度范围内要求有较大的延伸率。在最低使用温度(-40℃)下，应变值应大于30%。

(2)为了保证在低温下有足够的延伸率，要求玻璃化温度 T_g 尽可能低。若能小于-50℃，则可以保证在整个使用温度范围内处于高弹态。

(3)由于壳体已承担了部分载荷，火药的抗拉强度 σ_m 可以低一些。所要求的抗拉强度值 $\sigma_m \geqslant 6MPa$ 即可满足要求。τ 值取决于药柱的质量和与壳体黏接面单位面积的剪切应力。一般情况下 σ_m 能满足要求，这就保证了药柱在贮存期间不致因重力而产生过大的下沉变形。

3.2 火炸药的典型力学性能

3.2.1 几个基本概念

1. 玻璃化转变温度

非晶态线型高聚物存在3种力学状态，即玻璃态、高弹态和黏流态。如果对非晶态线型高聚物施加一恒定的力，观察其温度与形变的关系，就会得到一条温度与形变关系的曲线，通常称为温度形变曲线或热机械曲线，如图3-2-1所示。在玻璃态与高弹态之间存在的转变称为玻璃化转变，对应的转变温度称为玻璃化转变温度，简称玻璃化温度，以 T_g 表示。当高聚物处于 T_g 以下时，由于温度较低，分子运动的能量很低，不足以克服主链内旋转的位垒，因此链段不能运动，处于被冻结状态。此时，外力的作用尚不足以推动链段或大分子沿作用力的方向作取向运动，只能使主链的链长和键角有微小的改变，高聚物表现出与玻璃相似的力学性质。当温度升高到 T_g 以上时，分子热运动的能量增加，足以克服主链内旋转的位垒，激发链段的运动。链段可以通过主链中单键的内旋转不断改变构象，也可产生滑移。但整个分子的移动仍被冻结，分子链间仍不能相互滑移，这时高聚物处于高弹态。对于非晶态线型高聚物，链段开始运动时的温度称为玻璃化转变温度。

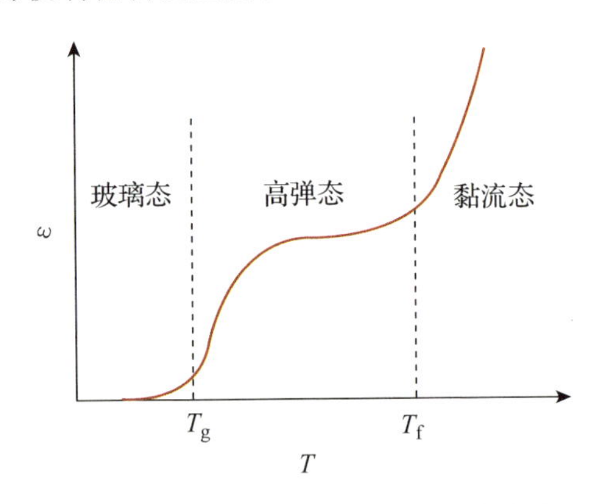

图 3-2-1 高聚物典型的温度形变曲线

非晶态线型高聚物通常作为火炸药的黏合剂使用，是火炸药中的重要组成部分，黏合剂的玻璃化转变温度即火炸药的玻璃化转变温度，它直接影响到材料的使用性能和工艺性能。当黏合剂的玻璃化温度较高时，火炸药的低温力学性能较差，存在“低温变脆”的问题。此外，黏合剂的玻璃化温度较高时，火炸药在加工时固体组分难以分散均匀，同时成型难度增加，加工过程危险性更高。故黏合剂分子的玻璃化转变温度对火炸药的性能具有至关重要的影响。

根据 GJB 772A—1997《炸药试验方法》中方法 407.1 的规定，火药及黏接炸药的玻璃化温度可采用热机械测量法测定。测试原理为：试样在一定的压缩载荷下等速升温，过程中试样由玻璃态转变为高弹态，试样的温度及形变量分别通过热电偶和形变传感器记录，所得温度-形变曲线的转折处即为试样的玻璃化温度。

2. 线膨胀系数

线膨胀系数是指温度每升高 1℃，单位长度材料的伸长量，表示材料膨胀或收缩的程度。火炸药装药中包覆层、黏合剂以及填料之间线膨胀系数需匹配，以保证装药结构在贮存、运输等过程中不会因温度改变而被破坏。

根据 GJB 770B—2005《火药试验方法》中方法 408.1 的规定，火药、炸药及相关材料的线膨胀系数可采用热机械测量法进行测定。测定原理为：将已知长度的试样按设置的程序升温、降温、再升温，记录试样随温度变化的长度形变，绘出温度-形变曲线，计算出某温区的线膨胀系数。典型的温度-形变曲线如图 3-2-2 所示。

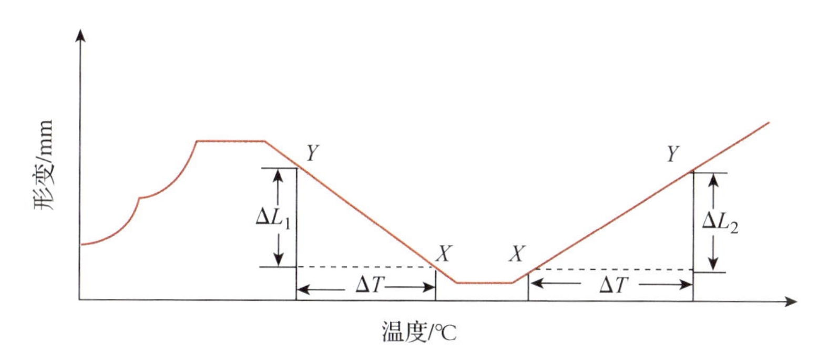

图 3-2-2　温度-形变曲线示意图

样品的线膨胀系数由下式计算，即

$$\alpha=\frac{|\Delta L_1|+|\Delta L_2|}{2L_0\Delta T} \tag{3-2-1}$$

式中：α 为线膨胀系数的数值(1/℃)；ΔL_1 为 $Y\sim X$℃ 降温区试样形变量的值(mm)；ΔL_2 为 $X\sim Y$℃ 升温区试样形变量的值(mm)；L_0 为试样在室温下的原始长度(mm)；ΔT 为试验温差的数值(℃)，$\Delta T=Y-X$。

3. 泊松比

泊松比是指材料在单向受拉或受压时，横向正应变与轴向正应变的绝对值的比值，也叫横向变形系数，是反映材料横向变形的弹性常数。

根据 GJB 770B—2005《火药试验方法》中方法 414.1 的规定，采用引伸计法测定固体推进剂、包覆层、绝热层等相关材料的泊松比。测试时以 1mm/min 的加载速度在试样纵轴方向施加静态单向载荷，当载荷达到试样比例极限(σ_p)的 70% 时停止试验。试样的横向应变和相应的纵向应变量之比即为泊松比，由下式计算，即

$$\upsilon=\frac{\varepsilon_x}{\varepsilon_y}=\frac{\dfrac{\Delta L_x}{L_x}}{\dfrac{\Delta L_y}{L_y}} \tag{3-2-2}$$

式中：υ 为泊松比；ε_x 为横向应变；ε_y 为纵向应变；ΔL_x 为横向变形的数值(mm)；L_x 为横向标距(即试样宽度)的数值(mm)；ΔL_y 为纵向变形的数值

(mm)；L_y 为纵向标距的数值(mm)，$L_y = 50\text{mm}$。

4. 模量、屈服、断裂能

在一定的温度下火炸药受力变形时，由于黏合剂发生塑性变形导致火炸药的应力–应变曲线上出现转折点的现象称为火炸药的屈服。这个转折点即为屈服点。火炸药的黏合剂多为非晶态聚合物，因此以非晶态聚合物为例对其屈服行为进行介绍。

对于非晶态聚合物，当温度在 T_g 以下几十度，以一定速率被单轴拉伸时，其典型的应力–应变曲线如图 3–2–3 所示。

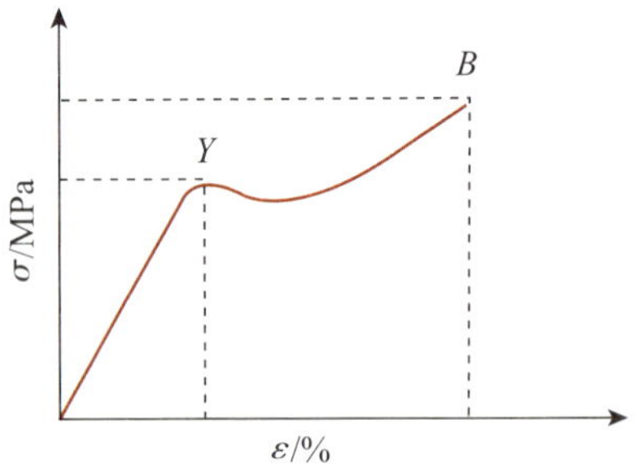

图 3–2–3 非晶态聚合物的应力–应变曲线

Y 点就是所谓的屈服点(yield point)，以此为界曲线可以分为两个部分：Y 点以前是弹性区域，试样呈现胡克弹性行为，除去应力，应变可以恢复，不留下任何永久变形；Y 点以后为塑性区域，试样呈现塑性行为，此时倘若除去应力，应变不能恢复，留下永久形变。

屈服点前，试样被均匀拉伸；到达屈服点时，试样截面突然变得不均匀，出现“细颈”(neck)，该点对应的应力和应变分别称为屈服应力 σ_y(或称屈服强度)和屈服应变 ε_y(或称屈服伸长率)。Y 点以后，开始时应变增加，应力反而有所降低，称作“应变软化”；随后，为聚合物特有的“颈缩阶段”(necking stage)，“细颈”沿样条扩展，载荷增加不多或几乎不增加，试样应变却大幅度增加，可达百分之几百；最后，应力急剧增加，试样才能产生一定的应变，称作“取向硬化”。在这阶段，成颈后的试样又被均匀地拉伸，直至 B 点，材料发生断裂，相应于 B 点的应力称为断裂强度 σ_B，其应变称为断裂伸长率 ε_B。

屈服点以后，材料大形变的分子机理主要是高分子的链段运动，即在大外力作用下，玻璃态聚合物原来被冻结的链段开始运动，高分子链的伸展提供了材料的大形变。此时，由于聚合物处于玻璃态，即使除去外力，形变也不能自发恢复，只有当温度升高到 T_g 以上时，链段运动解冻，分子链重新卷曲起来，形变才可恢复。

火炸药的应力–应变曲线下的面积称作断裂能，该物理量可以反映火炸药的拉伸断裂韧性大小。材料的杨氏模量 E 是指应力–应变曲线起始部分的斜率即

$$E = \tan\alpha = \frac{\Delta\sigma}{\Delta\varepsilon} \qquad (3-2-3)$$

3.2.2 抗拉性能

火炸药的抗拉性能是指在规定的温度、湿度下，火炸药样品抵抗拉伸载荷的能力。表征方法包括单轴拉伸和双轴拉伸试验，由于拉伸载荷是火炸药装药所承受的最常见的载荷之一，因此对火炸药装药的抗拉性能进行表征是认识火炸药力学性能的基础。

1. 火炸药的应力-应变关系式

当火炸药的受力不大，形变量也不大、药型结构未受到破坏时，火炸药通常被认为是线性黏弹材料。线性黏弹材料的力学性能可以用弹性系数 E 和黏性系数 η 为常数的许多元件组成的模型来描述。这种材料的应力和应变有线性可加和性，它可用三种不同但等价的关系式来表示，即微分算子表达式、积分算子表达式和复模量(或复柔量)表达式。这里仅简单介绍微分算子表达式。

对于单轴应力状态，线性黏弹材料的应力-应变关系的广义表达式为

$$P\sigma(t) = Q\varepsilon(t) \tag{3-2-4}$$

或

$$\sigma(t) = \left(\frac{Q}{P}\right)\varepsilon(t) = E(t)\varepsilon(t) \tag{3-2-5}$$

式中：P、Q 为微分算子；$E(t)$为松弛模量。

$$\begin{cases} P = \sum_{i=1}^{n} a_i \dfrac{d^i}{dt^i} = a_0 + a_1 \dfrac{d}{dt} + a_2 \dfrac{d^2}{dt^2} + \cdots + a_n \dfrac{d^n}{dt^n} \\ Q = \sum_{i=1}^{n} b_i \dfrac{d^i}{dt^i} = b_0 + b_1 \dfrac{d}{dt} + b_2 \dfrac{d^2}{dt^2} + \cdots + b_n \dfrac{d^n}{dt^n} \end{cases} \tag{3-2-6}$$

式中：$\dfrac{d^i}{dt^i}$为对时间 i 阶导数的线性算子；a_i、b_i 为材料的常数。

对于弹性材料(即胡克模型)

$P = 1$；$Q = E$

对于麦克斯韦尔模型，有

$$P = \frac{1}{E}\frac{d}{dt} + \frac{1}{\eta};\quad Q = d/dt \tag{3-2-7}$$

对于伍格特模型，有

$$P = 1;\quad Q = E + \eta d/dt \tag{3-2-8}$$

对于三元件模型，有

$$P=\frac{\mathrm{d}}{\mathrm{d}t}+\frac{1}{\tau_1};\quad Q=\frac{E_g\mathrm{d}}{\mathrm{d}t}+E_1/\tau_1 \tag{3-2-9}$$

对于广义的麦克斯韦尔模型，有

$$\frac{Q}{P}=E_e+\sum_{i=1}^{n}\frac{E_i\frac{\mathrm{d}}{\mathrm{d}t}}{\frac{\mathrm{d}}{\mathrm{d}t}+\frac{1}{\tau_i}} \tag{3-2-10}$$

对于广义的伍格特模型，有

$$\frac{p}{Q}=\frac{1}{E_e}+\sum_{i=1}^{n}\frac{\frac{1}{E_i}}{\left(\frac{\mathrm{d}}{\mathrm{d}t}+\frac{1}{\tau_i}\right)\tau_i}=D_e+\sum_{i=1}^{n}\frac{D_i}{\left(\frac{\mathrm{d}}{\mathrm{d}t}+\frac{1}{\tau_i}\right)\tau_i} \tag{3-2-11}$$

对于式(3-2-10)和式(3-2-11)，阶数越高，即元件的数目越多，越能逼真地描述火炸药的力学特性。

上面介绍的为单轴应力状态下的应力-应变关系式。对于三维应力状态，它的应力-应变关系也有类似的形式，但计算更为复杂。

在弹性材料中，杨氏模量 E、泊松比 υ 和剪切模量 G、体积模量 K 之间存在以下的关系，即

$$E=\frac{9KG}{3K+G},\quad \upsilon=\frac{3K-2G}{6K+2G} \tag{3-2-12}$$

对于黏弹材料各量之间也存在类似的关系

$$E(t)=\frac{9K(t)G(t)}{3K(t)+G(t)},\quad \upsilon(t)=\frac{3K(t)-2G(t)}{6K(t)+2G(t)} \tag{3-2-13}$$

对于黏弹材料，体积模量 $K(t)$ 与剪切模量 $G(t)$ 相比是很大的，因而，式(3-2-13)可以简化为

$$E(t)\approx 3G(t),\quad \upsilon(t)\approx\frac{1}{2} \tag{3-2-14}$$

由此可见，用试验方法测定火药力学性质时，在测定 $E(t)$ 后就能估算出其他参数。

2. 单轴拉伸

火炸药的单轴拉伸性能是指在规定的试验温度、湿度和应变速率的条件下，在试件上沿纵轴方向施加拉伸载荷直至试件破坏，以观测试件承受的应力与应变响应函数关系，并得到试样的最大抗拉强度、最大伸长率、断裂强度、断裂

伸长率以及初始模量等数值。

单向拉伸法的试样为哑铃型，按国军标要求选择试验条件，从拉伸曲线图上（图 3-2-4）采集最初出现的最大载荷 F_m（点 M）和断裂时的载荷 F_b（点 B）以及其相对应的伸长量 ΔL_m 和 ΔL_b。

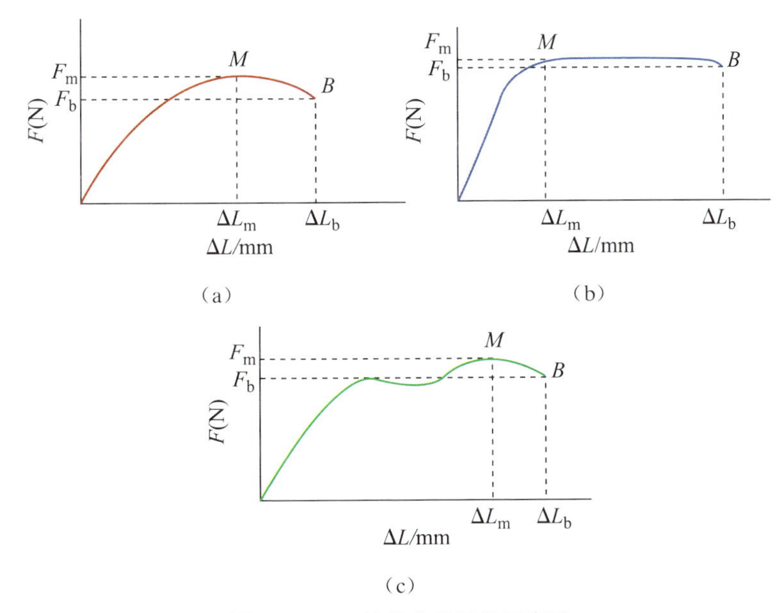

图 3-2-4 拉伸曲线取值示意图

最大抗拉强度由下式计算，即

$$\sigma_m = \frac{F_m}{A} \tag{3-2-15}$$

式中：σ_m 为最大抗拉强度（MPa）；F_m 为试样所承受的最大载荷（N）；A 为试样工程标距段初试横截面积（mm^2）。

断裂强度由下式计算，即

$$\sigma_b = \frac{F_b}{A} \tag{3-2-16}$$

式中：σ_b 为断裂强度（MPa）；F_b 为试样断裂时所承受的载荷（N）；A 为试样工程标距段初试横截面积（mm^2）。

最大伸长率由下式计算，即

$$\varepsilon_m = \frac{\Delta L_m}{L_0} \times 100\% \tag{3-2-17}$$

式中：ε_m 为最大伸长率（%）；ΔL_m 为试样承受最大载荷时工程标距段的伸长

量(mm)；L_0 为试样初始工程标距(mm)。

断裂伸长率由下式计算，即

$$\varepsilon_b = \frac{\Delta L_b}{L_0} \times 100\% \qquad (3-2-18)$$

式中：ε_b 为断裂伸长率(%)；ΔL_b 为试样断裂时工程标距段的伸长量(mm)；L_0 为试样初始工程标距(mm)。

试样的初始模量是应力-应变曲线初始直线段部分的斜率，为了计算方便，直接从拉伸曲线图上截取初始段呈明显线性部分(图 3-2-5)的 ΔL_c、ΔL_d 及其对应的 F_c、F_d。初始模量由下式计算，即

$$E_i = \frac{\Delta F_n \cdot L_0}{A \cdot \Delta L_m} \qquad (3-2-19)$$

式中：E_i 为初始模量(MPa)；ΔF_n 为应变在 7%与 3%时，试样承受载荷的差值(N)，即 $F_d - F_c$；L_0 为试样初始工程标距(mm)；A 为试样工程标距段初始横截面积(mm^2)；ΔL_m 为应变在 7%与 3%时，试样工程标距段的伸长量的差值(mm)，即 $\Delta L_d - \Delta L_c$)。

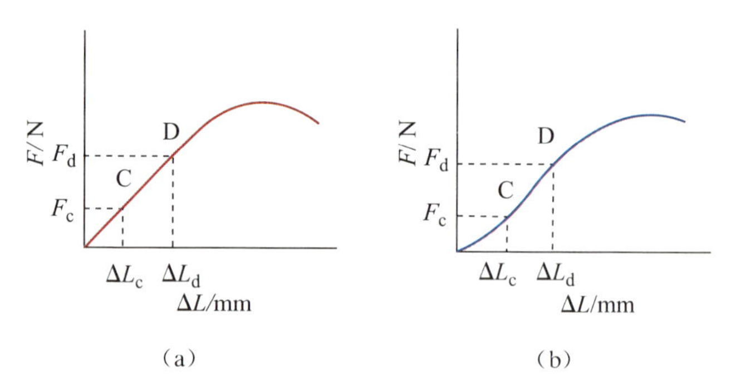

图 3-2-5　拉伸曲线上初始段呈明显线性部分的初始模量确定法示意图

当拉伸曲线没有初始直线段时(图 3-2-6)，则可用初始正割模量代替初始模量。规定以产生应变为 5%时的初始正割模量作为初始模量。初始正割模量由下式计算，即

$$E_{si} = \frac{F_S}{0.05A} \qquad (3-2-20)$$

式中：E_{si} 为初始正割模量(MPa)；F_S 为试样应变为 5%时所对应的载荷(N)；A 为试样工程标距段初始横截面积(mm^2)。

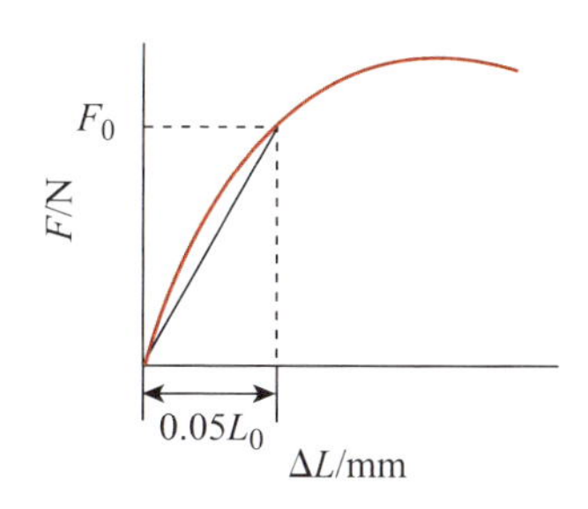

图 3-2-6 拉伸曲线上初始正割模量确定法示意图

根据 GJB 772A—1997《炸药试验方法》中方法 413.1 的规定，混合炸药可采用直拉法测定炸药的抗拉强度，测试时将柱状试样置于材料试验机的拉伸夹具之间，施加准静态轴向拉伸负荷，直至试样破坏，其单位横截面积上所能承受的最大负荷即为抗拉强度。试样抗拉强度按式(3-2-21)计算，即

$$\sigma_{bi}=\frac{F_i}{\frac{\pi}{4}d_i^2} \tag{3-2-21}$$

式中：σ_{bi} 为第 i 个试样的抗拉强度(Pa)；F_i 为第 i 个试样承受的最大负荷(N)；d_i 为第 i 个试样的初始横截面直径(m)。

3. 双轴拉伸

火炸药在加工、贮存和使用过程中的实际受力情况复杂，普通单轴拉伸试验不能研究不同加载路径对装药断裂失效行为的影响规律，双轴拉伸可通过控制两轴的载荷或位移大小，使中心区得到不同的应力应变状态，从而得到不同加载路径下双拉区的任意断裂失效点参数。目前针对火炸药的双轴拉伸试验处于探索阶段，研究对象主要为固体推进剂，试验条件没有统一的标准。

Kelly 等提出了中心区减薄与十字臂开槽相结合的十字形试件，如图 3-2-7(a)所示，但用于固体推进剂的双轴拉伸时有明显限制。贾永刚对其进行了改进，设计了一种新型固体推进剂双向拉伸试件，如图 3-2-7(b)所示，相对于 Kelly 的设计，改进之处有：①将中心区过渡一阶方形减薄改为两阶方形减薄，使得加载臂相对中心测试区有较大的刚度，同时缓解过渡区过大的应力集中。②将整体加载臂(等间距开槽)改为 3 个不等宽的分离臂，臂与臂之间带有间隙，且臂上开槽。同时设计与之相配合的夹头装置，以降低两轴载荷的互相干涉，使得测试中心区应力分布均匀，且大变形出现在中心区。③将十字型臂加强夹紧方式改为销钉连接加载孔技术，解决了双向拉伸的加载问题，并通过有限元优化得到了试件尺寸的 18 个参量。

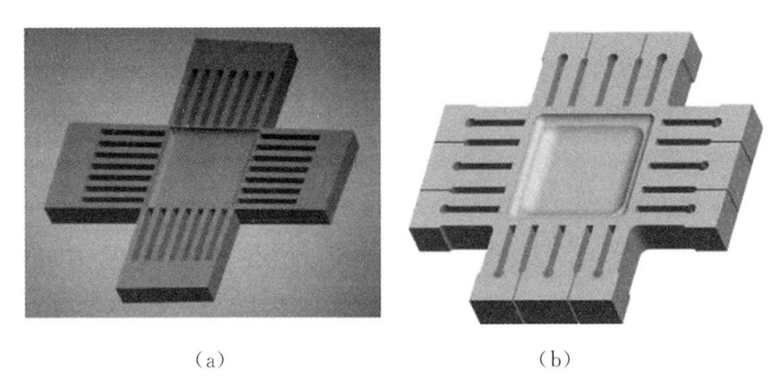

(a)　　(b)

图 3-2-7　双轴拉伸用十字形试件

图 3-2-8 为双向拉伸试验件等效 Von-Mises 应变分布云图，计算结果表明，试件测试区的应力、应变分布均匀，且应力和应变最大值在中心区内，满足设计要求。

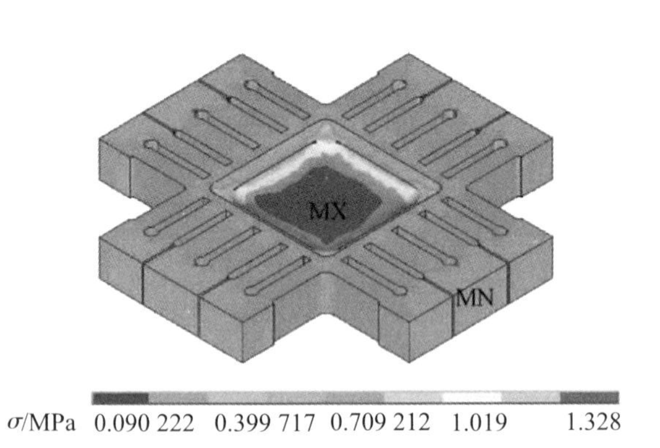

图 3-2-8　双向拉伸试验件等效 Von-Mises 应变分布云图

试验结果给出等轴载荷与双轴比例载荷时的力-时间曲线，图 3-2-9 为双轴拉伸时的力-时间曲线。

为了研究固体推进剂各向异性材料的双向加载效应，表 3-2-1 列出了固体推进剂双向与单向拉伸试验结果对比。由表可知，固体推进剂双向拉伸不同加载路径下的 Mises 等效断裂延伸率不同，随着双向加载比例接近等双拉状态时，固体推进剂的双向弱化效应最显著，其 Mises 等效断裂延伸率比单轴拉伸降低 37.5%。因此，在固体火箭发动机的设计及药柱结构完整性的分析中应充分重视固体推进剂的双向弱化效应。

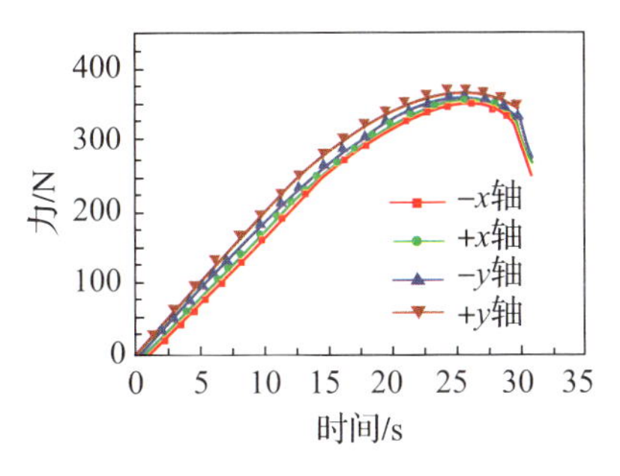

(a) $V_x = 10$mm/min，$V_y = 10$mm/min

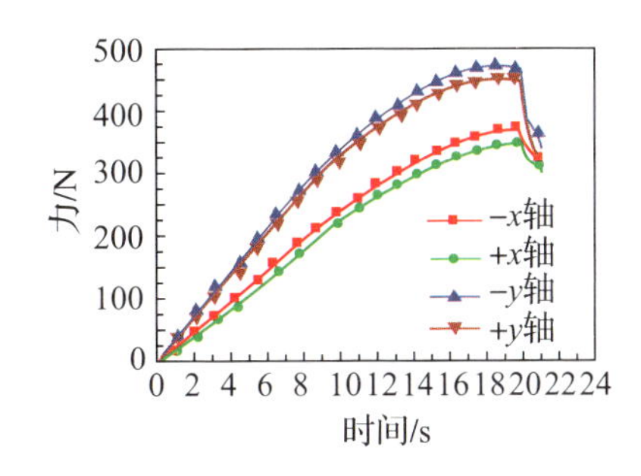

(b) $V_x = 10$mm/min，$V_y = 20$mm/min

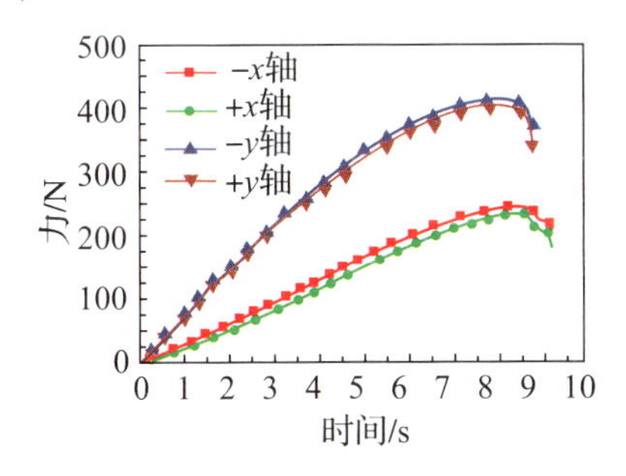

(c) $V_x = 10$mm/min，$V_y = 40$mm/min

图 3-2-9 不同轴载荷双轴拉伸时的力-时间曲线

表 3-2-1 固体推进剂双向与单向拉伸试验结果对比

项目	拉伸速率/(mm/s)	等效断裂延伸率/%	结果对比/%
单轴	10	72	—
双轴	$X=10$　　$Y=10$	45	-37.5
	$X=10$　　$Y=20$	51	-29.2
	$X=10$　　$Y=40$	55	-24.2

4. 脱湿性能

脱湿是指火炸药在受力变形的过程中黏合剂基体与固体填料之间界面脱黏，导致火炸药内部出现微观孔洞的现象。多数情况下火炸药内部含有大量的固体填料，主要包括 RDX、HMX 和 AP 等，这些颗粒与黏合剂基体之间存在大量的相界面，且这些相界面的界面能较低，黏附功较小，使这些界面成为火炸药内部的薄弱环节，当火炸药受力变形时，黏合剂分子与固体填料共同承担载荷，但在变形的过程中大颗粒表面附近易产生应力集中，使颗粒表面产生初始脱黏，随着火炸药变形的增大脱黏区域逐渐扩展至整个颗粒表面，导致固体颗粒脱离黏合剂，形成微观孔洞，即出现脱湿。填料脱湿后不再承担载荷导致周围黏合剂分子载荷增大，诱使微裂纹的萌生、成核、扩展，并发展为裂纹，最终使火炸药结构被破坏。因此脱湿是火炸药结构破坏的重要环节。

为提高火炸药的力学性能，以保证装药在使用过程中保持结构完整性，研究人员开发了键合剂以提高填料与黏合剂之间的界面作用，微量的键合剂对火炸药力学性能具有显著的提高作用，后续将详细介绍。

5. 巴西试验

巴西试验(Brazilian test)，也称间接拉伸试验或劈裂试验，能够比较准确、敏感地反映炸药的力学性能，具有试样制备简单、试验费用低等优点，广泛用于测量炸药的力学性能。

图 3-2-10(a)是平面加载时巴西试验的原理图。在短圆柱体的侧表面沿径向施加两集中载荷，它沿试件的长度均匀分布，则在圆柱体内垂直于加载面的方向上产生拉应力。该力在试件中心一定范围内均匀分布，导致试件劈裂，材料的拉伸强度为

$$\sigma_t = \frac{2P_t}{\pi D\delta} \tag{3-2-22}$$

式中：P_t 为试样劈裂时的作用力，Pa；D 为圆柱形试样直径，m；δ 为圆柱形试样厚度，m。

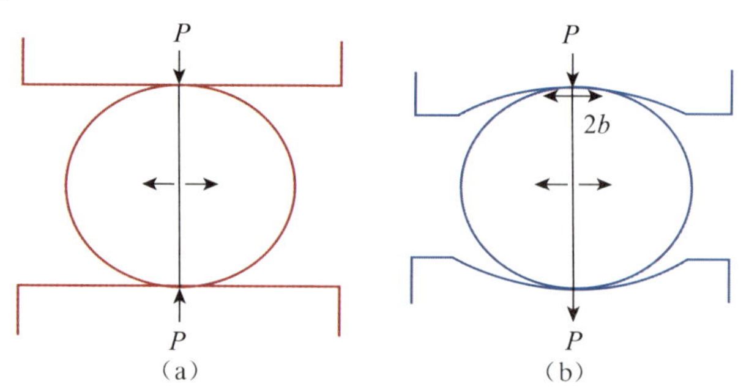

图 3-2-10 巴西试验原理图

试样的应变可以选择一些光学测量技术如激光散斑干涉法、高精度云纹法等进行测试，这些方法可以准确测量炸药材料巴西试验的应变场。

为了避免平面加载时接触点处的接触应力导致接触区域发生坍塌，Awaji H 和 Sata S 将其改进为弧面加载方式。对于有限的接触区，中心点的拉应力可以表示为

$$\sigma_t = \frac{2P_t}{\pi D\delta}\left(1-\left(\frac{b}{R}\right)^2\right) \tag{3-2-23}$$

式中：b 为接触面的半宽；R 为试件的半径。

图 3-2-11 是用巴西试验对以 HMX 为主要成分的 PBX 炸药不同应变率下测量得到的试样中心点的拉伸应力-应变曲线。图 3-2-12 是测量得到的拉伸蠕变曲线。由图可知，PBX 的力学性能与应变率有关，在加载头速率为 0.04mm/min（对应于平均径向应变率约 4×10^{-5}/s）时测量得到的材料断裂时在试样中心的拉应力和拉应变分别为 0.85MPa 和 0.352%，在加载头速率为 1mm/min（对应于平均径向应变率约 10^{-3}/s）时拉应力为 1.16MPa，拉应变为 0.285%。在蠕变曲线上可以观察到加载时的瞬时弹塑性应变以及稳态蠕变（AB）和加速蠕变阶段（BC）。试样破坏时裂纹基本上沿加载方向扩展，表明试样主要是在拉应力作用下破坏。

有关巴西试验和直接拉伸试验结果的相关性已有过研究。Johnson 的研究表明，巴西试验得到的间接拉伸强度和直接拉伸强度线性相关系数为 0.879，相关性较好；而两者的断裂应变的线性相关系数为 0.568，相关性稍差。

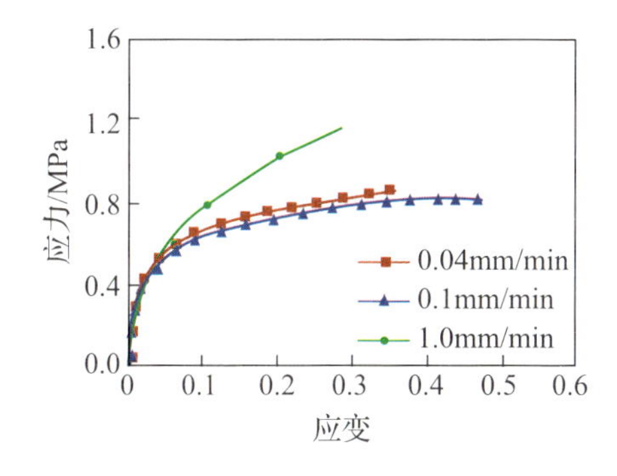

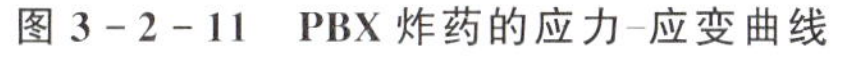
图 3-2-11　PBX 炸药的应力-应变曲线

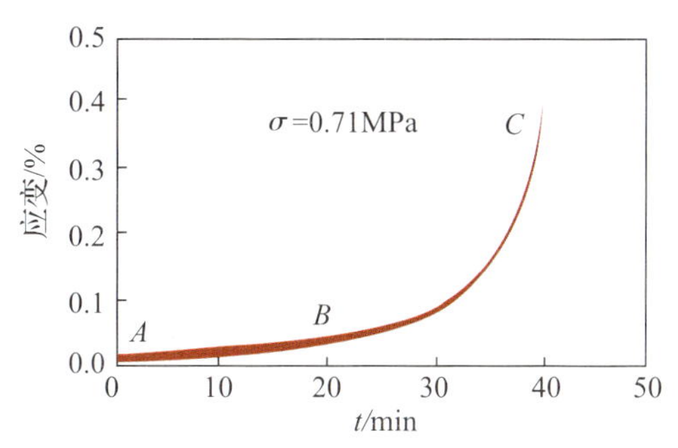

图 3-2-12　PBX 炸药的蠕变曲线

3.2.3　抗压性能

火炸药的抗压性能是指试件在压缩载荷下的形变特征，具体来说，是指在规定的温度、湿度和应变速率的条件下，对试件施加轴向压缩载荷直至试件屈服或破坏得到的压缩应力与应变响应函数关系，以及得到的试样的最大抗压强度、压缩率、压缩弹性模量等数值。

1. 压缩应力-应变关系式

前面已经介绍，当火炸药的受力不大，形变较小、药型结构未受到破坏时，火炸药通常被认为是线性黏弹材料，其应力-应变关系可用微分算子表达式表示。对于压缩载荷，当火炸药脆性较大时，火炸药受力发生一定变形后脆性断裂，过程中试样处于弹性变形阶段，压缩应力-应变关系近似符合胡克定律，如图 3-2-13(a)所示，此时抗压强度即为样品断裂时的应力；当火炸药具有一定的韧性时，压缩过程中样品将产生屈服，压缩应力-应变曲线可分为多个阶段，如图 3-2-13(b)所示，此时样品的抗压强度可根据屈服应力进行计算，σ_{cb}为火炸药的抗压强度，ε_{cb}为火炸药的压缩应变。上述两种情况下抗压强度可由下式计算，即

$$\sigma_c = \frac{P_c}{A} \tag{3-2-24}$$

式中：σ_c 为抗压强度(MPa)；P_c 为最大压缩载荷值(或压缩形变值为 70%点的压缩载荷或特征点压缩载荷)(N)；A 为试样初始横截面积(mm^2)。

压缩率由下式计算，即

$$\varepsilon_c = \frac{\Delta H}{H_0} \times 100\% \tag{3-2-25}$$

式中：ε_c 为压缩率；ΔH 为压缩形变(mm)；H_0 为试样的原始高度(mm)。

当火炸药的韧性较好，材料的压缩应力-应变曲线上没有明显的屈服点时，考虑压缩时的大变形情况，可采用真应力据式(3-2-26)计算样品的抗压强度，即

$$\sigma = \frac{F}{A}(1-\varepsilon) \tag{3-2-26}$$

式中：σ 为真应力，Pa；F 为加载力，N；A 为试件的原始横截面积，m^2；ε 为应变。

压缩弹性模量是指压缩应力-应变曲线上起始直线部分的斜率。

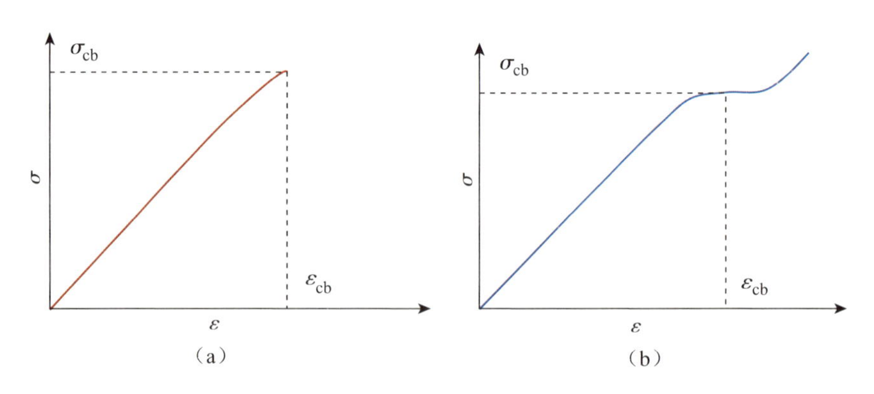

图 3-2-13 压缩应力-应变曲线

2. 自由装填型发动机装药的抗压性能

自由装填型发动机装药一般以NC为基础，对于推进剂来说，一般为双基类固体推进剂，对于发射药来说，包括单基、双基和三基发射药等。此类火药药柱的压缩性能存在相似之处，以双基推进剂为例进行介绍。

典型的双基推进剂在1mm/min等速压缩时的压缩应力-应变曲线如图3-2-14所示。由图可见，双基推进剂的压缩应力-应变曲线分为多个阶段，Ⅰ初始线性阶段（$\varepsilon=0\sim2.5\%$），即在应变量较小的情况下，应力-应变基本上呈线性关系；Ⅱ屈服与应变软化阶段（$\varepsilon=2.5\%\sim8\%$），即随着应变的增加，应力-应变偏离线性关系，而且随着应变量的增加，偏离幅度增大，材料开始屈服，并出现黏塑性的流动现象，应变继续增加，应力出现略微的减小；Ⅲ应变强化阶段（$\varepsilon=8\%\sim32.5\%$），应变继续增加，材料开始强化，应力随应变的增加而增加；Ⅳ破坏阶段（$\varepsilon=32.5\%\sim37.5\%$），当应力（应变）达到极限后，应力随着应变的增加开始减小，直至推进剂发生宏观的断裂破坏而导致应力骤降。

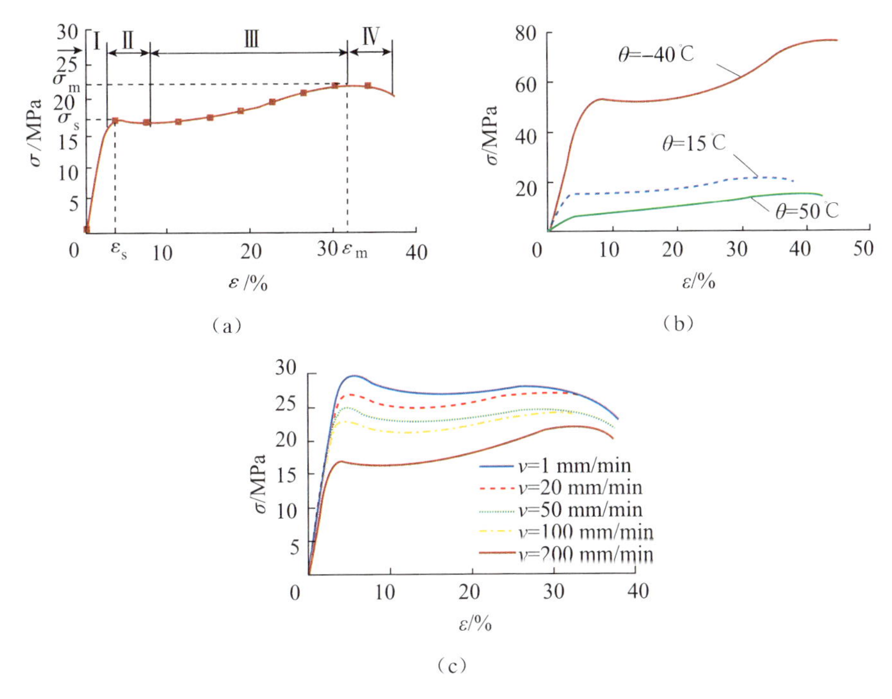

图3-2-14 双基推进剂的压缩应力-应变曲线

由图3-2-14(b)可知，随着温度的增加，双基推进剂的初始弹性模量减小，随之屈服应力和流动应力降低。应变软化与应变硬化均随着温度的升高有较大的变化。在高温(50℃)时应变软化现象不明显，而在低温(-40℃)时屈服后应力下降较明显。同样地，应变强化段的斜率随着温度的升高而降低，这是因为随着温度的升高，双基推进剂的应变软化与应变硬化效应均降低。屈服后的极限强度 σ_m 随着温度的升高而降低。因此，随着温度的增加双基推进剂是越来越"软"的。

在不同的加载速率下，应力-应变曲线均有明显的 4 个阶段(图 3-2-14(c))，即出现线性上升、屈服、应变软化、应变硬化直至到达应力极限而发生宏观破坏的现象。在线性阶段曲线靠拢较紧凑，说明双基推进剂在压缩载荷下的初始弹性模量随压缩速率的增加变化不明显。同一般黏弹性材料一样，双基推进剂的屈服(流动)应力 σ_s、屈服时的应变 ε_s、屈服后的极限强度 σ_m 和相应的应变 ε_m 均随着应变率的增大而发生一定变化，σ_s、ε_s、σ_m 均随着应变率的增加而增加，而 ε_m 的变化趋势相反。

3. 粒状火药的压缩特性

对于粒状火药，可根据 GJB 770B—2005《火药试验方法》中方法 416.1 的规定，采用压裂法测定火药药粒受压产生第一条裂纹时的压缩率，并用平均压缩率来表示粒状火药的机械坚固性，这一点与自由装填型药柱不同。

压力机的载荷由下式计算，即

$$P = 1600 \times 9.8 \times \frac{\pi \overline{D}^2}{4} \tag{3-2-27}$$

式中：P 为压力机的载荷值(N)；1600×9.8 为药粒单位面积承受的力的数值(N/cm^2)；π 为圆周率(3.1416)；$\overline{D}$ 为药粒的平均直径(cm)。

药粒的平均压缩率由下式计算，即

$$\overline{X} = \frac{\overline{H_1} - \overline{H_2}}{\overline{H_1}} \times 100\% \tag{3-2-28}$$

式中：$\overline{X}$ 为药粒的平均压缩率(%)；$\overline{H_1}$ 为 20 个药粒压缩前的平均高度(cm)；$\overline{H_2}$ 为 20 个药粒压缩后的平均高度(cm)。

4. 浇铸类火炸药的压缩特性

在 3.1.1 中已经介绍了浇铸类火炸药的真压缩应力-应变曲线的特征，在此重点介绍温度对浇铸类火炸药压缩特性的影响。图 3-2-15 为 HTPB 推进剂的压缩应力-应变曲线。由图 3-2-15(a)可知，25℃ 条件下推进剂应力随着应变不断增加，前期(应变低于 50%)应力增加较慢表现出线弹性特征，后期(应变高于 50%)应力增加较快具有显著的非线性。由图 3-2-15(b)可知，-40℃条件下推进剂应力的增加相比 25℃ 条件时较快，且应变率越高，推进剂应力的增加越快，说明温度越低，应变率对推进剂力学的影响越明显。这是由于温度降低后，推进剂黏合剂基体变硬导致模量增加，特别是在高应变率(100mm/min)条件下，推进剂的率温等效特性使这种情况更加明显。

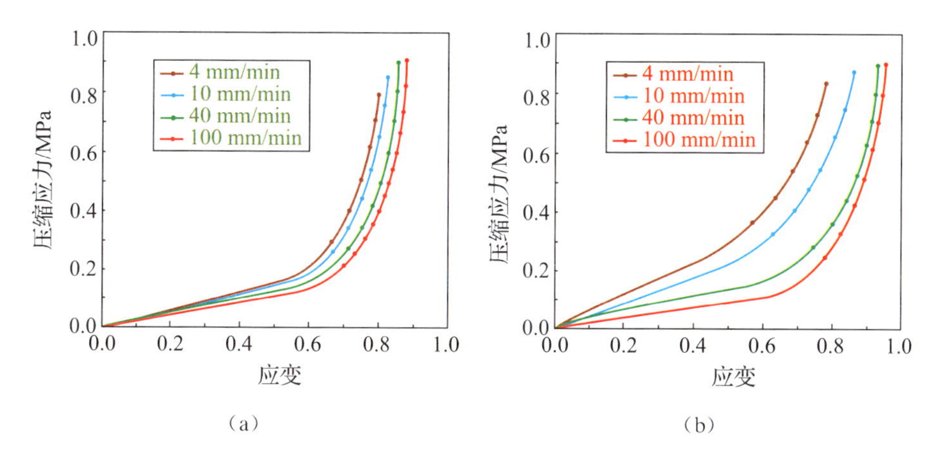

(a)　　(b)

图 3-2-15　25℃和−40℃时推进剂的压缩应力-应变曲线

3.2.4　抗冲性能

火炸药的抗冲性能是指在冲击载荷条件下火炸药抵抗破坏的能力。冲击损伤是火炸药常见的结构损伤方式，尤其是对于发射药，其在点火过程中承受明显的冲击载荷，因此火炸药的抗冲性能是力学性能的重要内容。

1. 落锤冲击

落锤冲击试验的原理是将已知质量的落锤通过机械制动装置固定，在一定高度处释放使落锤做自由落体运动，冲击下方火炸药试样的端面，通过对试样的形变量进行测量从而计算出火炸药的抗冲击性能。

设 W 为线性冲击变形功，m 为落锤质量，h 为落高，h_1 为药粒撞击前高度，h_2 为药粒撞击后高度，则线性冲击变形功为

$$W = \frac{mgh}{(h_1 - h_2)} \tag{3-2-29}$$

冲击变形率 ε 为

$$\varepsilon = \frac{(h_1 - h_2)}{h_1} \times 100\% \tag{3-2-30}$$

在落锤下落的过程中落锤的重力势能转化为撞击能，使样品发生变形。通过对落锤下落高度以及落锤质量的调整，可满足对撞击瞬间不同应变速率与撞击能的模拟，因此落锤冲击试验可以有效模拟发射药在膛内复杂受力环境下撞

击弹底的过程，是表征发射药抗冲击性能的常用方法。

2. 摆锤冲击

摆锤冲击试验的原理是将一定质量的摆锤以一定的角度下落，冲断装置底部火炸药试样后摆锤在另一侧扬起到某一角度，通过这两个角度的差值计算出火炸药试样在高速冲击下试样断裂过程中消耗的能量，以此来表征火炸药的抗冲击性能。

摆锤冲击试验有两种，一种是悬臂梁式，另一种是简支梁式，试验的原理基本一致，不同的是两种方法测试时试样的放置方式，如图 3-2-16 所示。

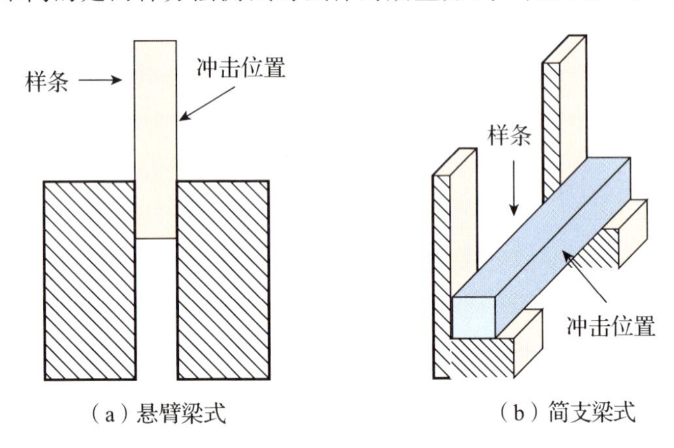

图 3-2-16 摆锤式冲击试验试样放置方式

根据能量守恒定律可知，摆锤损失的势能转化为 3 部分：①试样断裂所消耗的功；②摆锤运动过程中克服阻力消耗的功；③试样断裂后具有的动能。一般情况下后两项可忽略不计，所以冲击试样所消耗的功为

$$A_k = WL(\cos\beta - \cos\alpha) \tag{3-2-31}$$

式中：A_k 为冲击试样所消耗的功(J)；W 为摆锤的重力(N)；L 为摆锤的摆长(m)；β 为摆锤冲断试样后的升角(rad)；α 为摆锤冲击前的扬角(rad)。

试样的抗冲击强度由下式计算，即

$$\alpha_k = \frac{A_k}{a \cdot b} \times 10^3 \tag{3-2-32}$$

式中：α_k 为抗冲击强度的数值(kJ/m^2)；A_k 为试样断裂所消耗的冲击能的数值(J)；a 为试样中部 1/3 试样长度段的宽度的数值(mm)；b 为试样中部 1/3 试样长度段的厚度的数值(mm)。

冲击试验按照样品有无缺口可分为无缺口冲击试样和缺口冲击试样两种，

如图 3－2－17 所示，无缺口冲击试样主要用于测定火炸药抵抗冲击破坏的能力，缺口冲击试样主要用于测定火炸药在冲击载荷作用下抵抗裂纹扩展的能力。

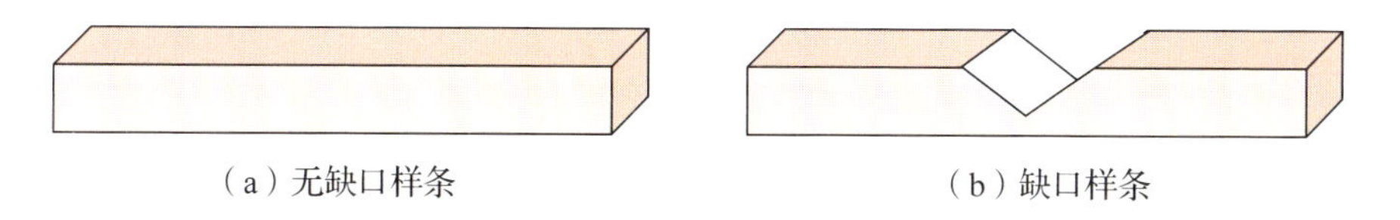

（a）无缺口样条　　　　（b）缺口样条

图 3－2－17　冲击试验试样形状

3.2.5　动态力学性能

火炸药是一种黏弹性材料，当承受外力时一部分能量作为弹性能储存；另一部分能量则在形变过程中以热的形式放出，而且形变滞后于作用力，当作用力为交变应力时，则产生交变应变，但应变比应力滞后一个相位角，应力和应变的关系为

$$\varepsilon(t) = \varepsilon_0 \sin\omega t \tag{3-2-33}$$

$$\sigma(t) = \sigma_0 \sin(\omega t + \delta) \tag{3-2-34}$$

式中：σ_0 为最大应力(MPa)；ε_0 为最大应变；t 为时间(s)；ω 为外力变化的角频率(Hz)；δ 为滞后角(rad)。

将式(3－2－34)改写为

$$\sigma(t) = \sigma_0 \sin\omega t \cos\delta + \sigma_0 \cos\omega t \sin\delta \tag{3-2-35}$$

式(3－2－35)表明，应力可分为 2 部分：一部分为与应变同相位，幅值为 $\sigma_0\cos\delta$ 的弹性形变能；另一部分为与应变相差 90°，幅值为 $\sigma_0\sin\delta$ 的热能损耗(克服内摩擦)。设 E' 为同相位的应力与应变之比，E'' 为相位差 90° 的应力与应变之比，则

$$E' = \frac{\sigma_0 \sin\omega t \cos\delta}{\varepsilon_0 \sin\omega t} = \frac{\sigma_0}{\varepsilon_0}\cos\omega t \tag{3-2-36}$$

$$E'' = \frac{\sigma_0 \cos\omega t \sin\delta}{\varepsilon_0 \sin(\omega t - 90)} = \frac{\sigma_0 \cos\omega t \sin\delta}{\varepsilon_0 \cos\omega t} - \frac{\sigma_0}{\varepsilon_0}\sin\delta \tag{3-2-37}$$

称 E' 为储能模量，E'' 为损耗模量。滞后角的大小用 $\tan\delta$(也称损耗角正切)表示为

$$\frac{E''}{E'} = \frac{\sin\delta}{\cos\delta} = \tan\delta \tag{3-2-38}$$

损耗角正切(即内耗)是每周变所损耗的能量与所储存的能量之比，它表示能量损耗的大小，$\tan\delta$ 的值越大，损耗的能量越多。

综上所述，火炸药的动态力学性能是指在周期性交变应力下火炸药所表现出来的力学行为。通过动态力学性能试验可以分析火炸药的玻璃化温度、低温次级转变等热转变特性，这直接关系到火炸药的力学性能。同时，动态力学测试可以在很宽的温度和频率范围内进行，并可在较短的时间内获得火炸药的模量及损耗因子与频率和温度的关系（频率谱和温度谱），而这些图谱又可以根据WLF方程转换，因此对火炸药进行动态力学性能测试具有重要的意义。

1. 动态热机械分析

动态力学性能的测定有多种方法，如自由振动法、强迫振动法、非共振式强迫振动法以及波传播法等，其中非共振式强迫振动法是研究聚合物动态力学性能最重要的方法之一。一般采用动态黏弹谱仪（动态热机械分析仪，DMA）进行测试。

1）基本原理

测试原理是在一定的程序温度和频率下，对火炸药试样施加正弦应变，采用传感器记录力的变化，通过处理形变和力的数据可以得到不同温度下火炸药试样的储能模量、损耗模量以及损耗角正切曲线。根据曲线的特征量可以进一步计算出火炸药的动态力学性能参数以及热转变特性。目前该方法广泛用于表征火炸药的玻璃化转变温度、黏合剂分子运动特性等。

2）储能模量、损耗模量主曲线的绘制

将不同频率时测得的动态黏弹特性曲线转化为不同温度下动态黏弹特性随频率变化的曲线后，选取某一参考温度 T_0，应用时温等效原理（具体内容在应力松弛性能部分详细介绍），以 T_0时的 $\log E(\Omega)-\log\Omega$ 为基础，将其他曲线依次作水平移动，可以得到储能模量的叠合曲线，即储能模量主曲线。同理可得到损耗模量的主曲线，这些曲线不仅可以供动态载荷情况下使用，而且可以用来绘制静态应力松弛模量主曲线（绘制方法将在应力松弛性能部分详细介绍），供静态载荷分析时使用，因此对火炸药进行动态热机械分析是表征其力学性能的常用方法。

2. 分离式霍普金森压杆试验（SHPB）

火炸药装药在实际使用过程中承受复杂的载荷，常常会遇到强动态载荷，例如子弹撞击靶板、爆炸冲击、固体推进剂高速运动时与刚性靶板的撞击、火炮药粒与弹丸底部的撞击、战斗部撞击目标时炸药装药的高速动态冲击等，这时物体所受的载荷是一种动载荷，它的特点是载荷强度很高，特征时间远小于结构的相应时间。火炸药在这种短历时、高强度、强冲击载荷作用下，将以比常规力学性能试验高5～6个数量级的高应变速率变形。此时常规准静态试验所提供的火炸药的力学性能已不再适用，而必须考虑应变速率的相关性。因此，有关高应变率下火炸药的力学性能研究对于一切涉及强冲击载荷的工程问题都具有十分重要的意义。

分离式霍普金森压杆试验(SHPB)是Kolsky H.提出的用于测量材料在高应变率下的动态力学性能的方法，近年来相关设备已可测试应变率在10^2～10^5/s的材料的动态力学性能。SHPB装置简图如图3-2-18所示。SHPB装置由两段分离的弹性压杆(输入杆/入射杆、输出杆/透射杆)、吸收杆、阻尼器、发射装置及一些电子系统等组成。

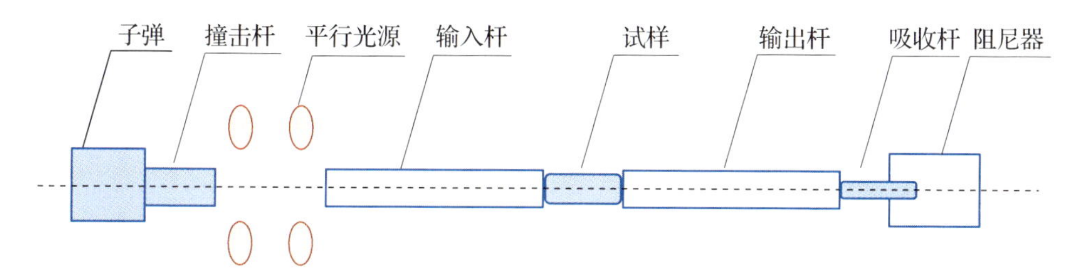

图3-2-18 SHPB装置简图

当发射装置发射的撞击杆以一定的速度撞击入射杆时，入射杆中将产生一弹性入射波，此入射波通过入射杆传入试样时，试样将产生高速塑性变形，同时在入射杆中又传播一反射波。另外在透射杆中也传播一弹性透射波。此透射波由吸收杆捕获并最后由阻尼器吸收，根据测得的入射波、反射波和透射波，利用应力分析即可确定材料的动态应力-应变关系。

测试时为了使试样近似均匀变形，试样长度l_0与入射应力波脉冲宽度λ相比应足够短。这时入射杆中的入射波$\varepsilon_I(t)$、反射波$\varepsilon_R(t)$及透射杆中的透射波$\varepsilon_r(t)$之间有近似下列关系，即

$$\varepsilon_I + \varepsilon_R = \varepsilon_r \tag{3-2-39}$$

由试验测得入射波$\varepsilon_I(t)$、反射波$\varepsilon_R(t)$及透射杆中的透射波$\varepsilon_r(t)$及式(3-2-39)就可以确定试样随时间t变化的动态应力$\sigma(t)$、应变$\varepsilon(t)$和应变速率$\dot{\varepsilon}(t)$

$$\dot{\varepsilon} = \frac{2c_0}{L_0}(\varepsilon_I - \varepsilon_r) = -\frac{2c_0}{L_0}\varepsilon_R \tag{3-2-40}$$

$$\varepsilon = \int_0^t \dot{\varepsilon}\mathrm{d}t = \frac{2c_0}{L_0}\int_0^t(\varepsilon_I - \varepsilon_r)\mathrm{d}t = -\frac{2c_0}{L_0}\int_0^t \varepsilon_R\mathrm{d}t \tag{3-2-41}$$

$$\sigma = E\frac{A}{A_s}\varepsilon_r = E\frac{A}{A_s}(\varepsilon_I + \varepsilon_R) \qquad (3-2-42)$$

式中：E 为压杆杨氏模量（Pa）；c_0 为压杆弹性波速（m/s）；A 为压杆截面积（m^2）；A_s 为试样初始截面积（m^2）；L_0 为试样初始长度（m）。

应力 σ、应变 ε 和应变速率 $\dot{\varepsilon}$ 均以压缩为正，由式（3－2－41）和式（3－2－42）消去时间 t 即可求得试样的动态应力-应变曲线。

3.2.6 火炸药的应力松弛和蠕变

1. 火炸药的应力松弛性能

1）应力松弛的基本概念

火炸药的力学行为具有黏弹性，当加载于火炸药的应变固定时，应力随时间增长而衰减的现象称为应力松弛。将火炸药以恒定的速度拉伸到预定长度（一般在5%～10%以下）后停止，力随时间的衰减过程如图3－2－19所示。

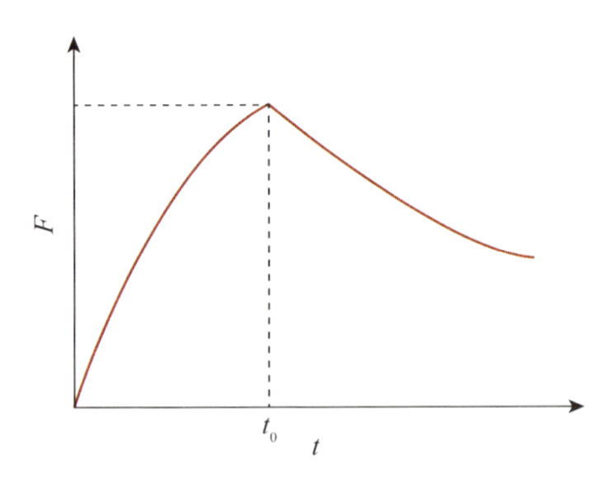

图3－2－19 应力松弛试验的 $F-t$ 关系

在预定伸长下的应变按式（3－2－43）计算，应力由式（3－2－44）计算，即

$$\varepsilon_0 = \frac{\Delta l}{l_0} = \frac{Rt_0}{l_0} \qquad (3-2-43)$$

$$\sigma(t) = \frac{F(t)}{A_0}(1+\varepsilon_0) \qquad (3-2-44)$$

式中：$\sigma(t)$ 为试样内部应力（MPa）；ε_0 为初始应变（%）；l_0 为试样初始长度（mm）；Δl 为试样拉伸后的形变量（mm）；R 为拉伸速率（mm/s）；t_0 为加载时间（s）；A_0 为试样初始横截面积，mm^2。由式（3－2－44）看出，$\sigma(t)$ 是随时间变化的。松弛模量为

$$E(t) = \frac{\sigma(t)}{\varepsilon_0} = \frac{F(t)(1+\varepsilon_0)}{A_0\varepsilon_0} \qquad (3-2-45)$$

在应力松弛试验中，为了计算方便，对时间取对数后根据式(3-2-45)计算出松弛模量，其与时间的关系如图 3-2-20 所示。

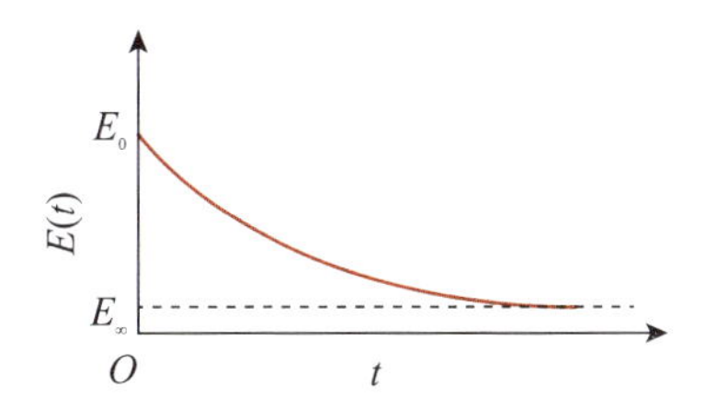

图 3-2-20 应力松弛试验中松弛模量与时间的关系

2)时温等效原理及 WLF 方程

(1)时温等效原理的基本概念。高分子各种形式的运动都需要一定的松弛时间才能表现出来，这个时间与温度有关。温度升高，松弛时间缩短。所以，同一个力学松弛现象，既可以在较高的温度下、较短的时间内观察到，也可以在较低的温度下较长的时间内观察到。因此，升高温度与延长观察时间或降低温度与缩短观察时间对分子运动是等效的，对聚合物的黏弹性行为也是等效的，这就是时温等效原理。这个等效性可以借助于转换因子 a_T 来实现，根据 a_T 可以将在某一温度测定的力学数据换算为另一温度下的力学数据。

(2)时温等效原理的意义。火炸药普遍以聚合物为基体，其力学行为与基体聚合物具有相似性，在力的作用下，其松弛过程随温度而改变，所以对火炸药来说其温度和力的作用时间也具有等效性。在恒定外力下，聚合物的形变与时间的关系如图 3-2-21 所示。由图可见，应力恒定时聚合物的总形变量不变，其与温度无关，温度变化只影响它们的形变速率。在同样的恒定应力下，不同作用时间时形变与温度的关系如图 3-2-22 所示。由图可知，应力恒定时总的形变值是一定值。不同温度和作用时间的组合都可以达到某一个相同的形变值。如图中作用时间 t_1 和温度 T_A、t_2 和 T_B、t_3 和 T_C 的组合都可达到同一形变值，说明力的作用时间和温度是等效的。正是利用这一原理，可以模拟在实际试验中难以做到的极端情况。例如作用时间非常短(10^{-10} s)的载荷，可以用降低温度的方法来模拟；作用时间非常长(如数十年)的载荷，可以用升高温度的方法来模拟。因此，对于火炸药的某些性能研究时温等效原理具有重要的应用价值。

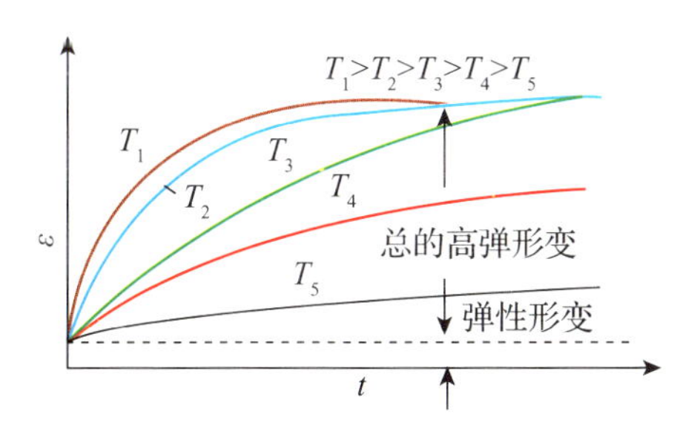

图 3-2-21 在恒定应力作用下不同温度时形变和时间的关系

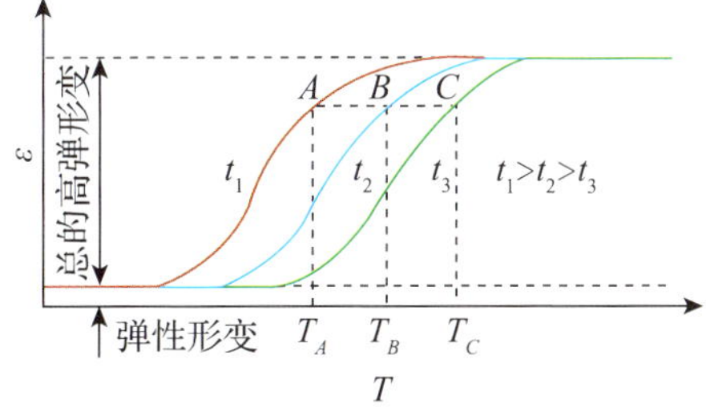

图 3-2-22 恒应力作用下不同作用时间的形变和温度的关系

以大型火炸药装药为例，通常大型药柱对力学性能有严格的要求，因而要尽可能了解在不同温度和不同作用速率条件下药柱力学行为的变化。如果实测不同温度和不同作用速率下药柱力学行为的变化，其工作量将非常大。利用时温等效原理和时间-温度转换因子将不同温度和力的作用速率下所得到的数据转换成一条曲线，把这条曲线叫作主曲线。有了这条主曲线，就可以对装药在较宽范围的温度和力的作用速率下进行结构完整性分析。

(3)主曲线的绘制及 WLF 方程。图 3-2-23 为聚合物在指定温度下松弛模量的叠合曲线(即主曲线)的示意图。图的左边是试验测得的不同温度下的 $E(t)-t$ 曲线，各曲线的时间标尺不超过 1h，它们都只是完整的松弛模量曲线的一小段。图中右边则为左边试验曲线按照时间-温度等效原理绘制的叠合曲线。绘制叠合曲线时应先选定一个参比温度(温度可任选，图中为 T_3)，将其 $E(t)-t$ 曲线固定不动，其余高于或低于参比温度的试验曲线分别向右或向左水平移动，使各曲线彼此叠合连接而成光滑的曲线，这就是叠合曲线。这种完整曲线的时间坐标可跨越 10～15 个数量级，这在实际试验中是不可能做到的。

在绘制叠合曲线时，各温度下的试验曲线水平平移的量(移动因子)是不相同的。如果将这些实际移动量对温度作图，可以得到如图 3-2-24 所示的曲线。试验证明，许多非晶态线型聚合物基本上符合这条曲线。

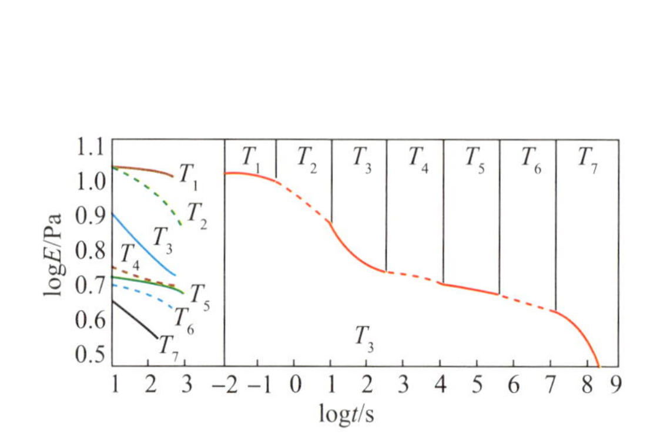

图 3-2-23 松弛模量叠合曲线绘制示意图

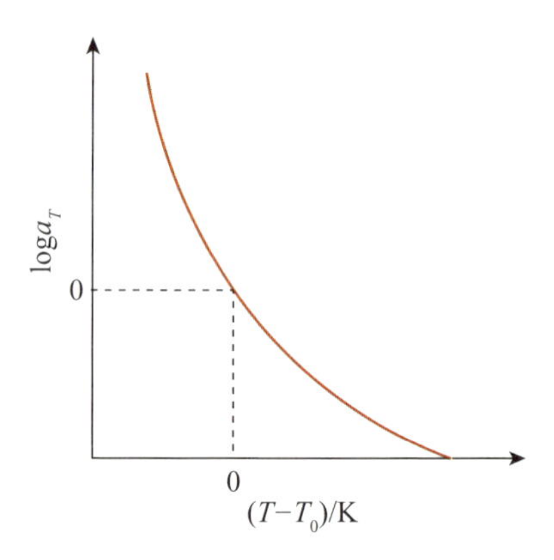

图 3-2-24 $\log a_T-(T-T_0)$ 关系曲线

据此，Williams、Landel 、Ferry 推导出计算转换因子 a_T 的经验方程，称为 WLF 方程，即

$$\log a_T = \frac{-8.86(T-T_s)}{101.6+T-T_s} \qquad (3-2-46)$$

式中：T 为试验温度(K)；T_s 为参比温度(K)。

当经验常数为 8.86 和 101.6，参比温度比聚合物玻璃化温度 T_g 高 50K 时，

在 $T = T_s \pm 50\text{K}$ 的温度范围内式(3-2-46)对所有非晶态高聚物都适用。有了 WLF 方程，就可以由方程式直接计算各温度下曲线的移动量，或根据 WLF 方程先作 $\log a_T - (T - T_0)$ 图，然后从曲线上找到所需要的各温度下的 $\log a_T$ 值，根据这一数据确定诸试验曲线的水平移动量，绘制叠合曲线。WLF 方程同样适用于由高聚物为黏合剂的火炸药，用以计算火炸药在各温度下的移动因子。火炸药点火的高速冲击和药柱长期贮存的重力下沉等力学行为的变化，都可以用改变温度的办法来模拟。

2. 火炸药的蠕变性能

在恒定的温度下，当加载于火炸药的应力固定时，其应变随时间增长而增加的现象称为蠕变。火炸药产生蠕变的原因是，聚合物是火炸药的力学骨架，当火炸药受力时聚合物黏合剂分子沿外力场的方向发展，由于黏合剂分子的链段不断运动，分子与分子之间形成相对位移，因此在宏观上火炸药会出现应变增大的现象。

当非晶态线性聚合物在恒定的应力 σ_0 下而发生形变 ε 时，根据其对时间或温度的依赖关系，其形变可由三部分组成，即

$$\varepsilon(t) = \varepsilon_1 + \varepsilon_2 + \varepsilon_3 \tag{3-2-47}$$

ε_1 称为普弹形变，它遵守胡克定律。这种形变发展极快，按声速进行，故可认为与时间无关。对于固态聚合物而言，一般这种形变很小，约为百分之几。普弹形变与应力的关系如下：

$$J_1 = \frac{1}{G} = \frac{\varepsilon_1}{\sigma_0} \tag{3-2-48}$$

式中：J_1 为柔量，所以

$$\varepsilon_1 = J_1 \sigma_0 \tag{3-2-49}$$

ε_3 是黏性流动形变，即服从牛顿定律的流动形变，所以

$$\sigma_0 = \eta \frac{\varepsilon_3}{t} \tag{3-2-50}$$

$$\varepsilon_3 = \sigma_0 \frac{t}{\eta} \tag{3-2-51}$$

以上两种形变，聚合物和小分子化合物都有，只是在数量级上有差别。高弹形变 ε_2 是聚合物特有的形变，如橡胶，它具有比原尺寸拉伸至 10 倍以上的弹性，这种形变的关系是时间的函数，同时形变也与应力成正比，即

$$\varepsilon_2 = \sigma_0 J_2 \psi(t) \tag{3-2-52}$$

式中：σ_0 为恒定应力；J_2 为柔量；$\psi(t)$ 为弹性松弛函数。$\psi(t)$ 的特征是 $\psi(0)=0$，$\psi(\infty)=1$，即当应力作用至极长时间后形变即趋于平衡，此时的柔量也就可成为平衡柔量。

由此可见，聚合物的形变可表示为

$$\varepsilon(t) = \varepsilon_1 + \varepsilon_2 + \varepsilon_3 = J_1\sigma_0 + \sigma_0 J_2 \psi(t) + \sigma_0 \frac{t}{\eta} = \sigma_0\left[J_1 + J_2\psi(t) + \frac{t}{\eta}\right] \tag{3-2-53}$$

经变形可得

$$\frac{\varepsilon(t)}{\sigma_0} = J_1 + J_2\psi(t) + \frac{t}{\eta} = J(t) \tag{3-2-54}$$

$J(t)$ 就是蠕变柔量，在不同温度下进行蠕变试验可以获得蠕变柔量主曲线，从而获得火炸药装药在长贮存时间下的蠕变行为，同时也可获得火炸药的表观本体黏度、模量和柔量。

对于火炸药这种特殊用途的材料，其生产后往往需要贮存很长时间，在贮存过程中，由于自身重力的作用，其往往要发生蠕变，尤其是对于大型复合固体推进剂装药，由于其自身重力较大，在贮存过程中容易产生轴向和径向变形，如大型药柱水平存放时将产生径向下沉，使水平方向直径增大，垂直方向直径缩短，改变了装药的燃烧层厚度，继而使燃烧规律发生变化。同时，这种蠕变变形往往会使推进剂的通气面积变小，压力峰剧增。因此，开展火炸药的蠕变特性对其贮存及寿命影响研究具有重要意义。

3.2.7 火炸药的断裂性能

根据传统的许用应力法计算构件正常工作所需的强度时，只要工作应力≤许用应力，就可以保证其安全。但是在第二次世界大战期间及其以后，工程上有许多用高强度的塑料材料制成的构件在工作应力远低于屈服极限的情况下发生了低应力脆性断裂的现象（称为低应力脆断），酿成了严重事故。经过调查研究发现，低应力脆断都是由裂纹缺陷的扩展引起的。因此，Griffith 在 1920 年提出的断裂理论重新得到重视，并从 20 世纪 60 年代逐步发展为以研究裂纹扩展规律为内容的断裂力学体系。

火炸药在生产、贮存和运输过程中，其表面和内部都不可避免地产生某些缺陷，因而对于火炸药力学性能参数的测定和应力分析研究除了做无缺陷情况下的考核之外，还应当用断裂力学的理论和方法来考核其断裂韧性指标，以避免装药在由于点火冲击力的作用下裂纹失稳扩展，造成发射药或推进剂药柱破坏，燃烧面积增大而导致弹道反常事故发生，对于炸药装药可能导致爆炸威力降低。

由线弹性断裂力学理论可知，裂纹的扩展不仅与工作应力 δ 的大小有关，且与裂纹的长度有关。由这些因素组成的应力强度因子 K，不仅决定了裂纹尖端附近应力场和位移场的强弱，而且控制着裂纹的扩展。当应力强度因子达到某一临界值时，裂纹便失稳并发生扩展，这时的应力强度就称临界应力强度因子 K_{IC}(断裂韧性)。所以火炸药的断裂性能是指当火炸药内部存在一定长度的裂纹时其发生扩展的临界应力强度。它已日益成为与屈服极限 δ_s、强度极限 δ_b 相并列的强度指标之一。

目前对于火炸药的断裂性能测试没有统一的标准，常用的方法有紧凑拉伸、三点弯曲、单边裂纹拉伸和短圆柱拉伸法等，以紧凑拉伸法为例对火炸药的断裂性能测试进行介绍。测试样品的形状如图 3-2-25 所示，a 为裂纹的长度。

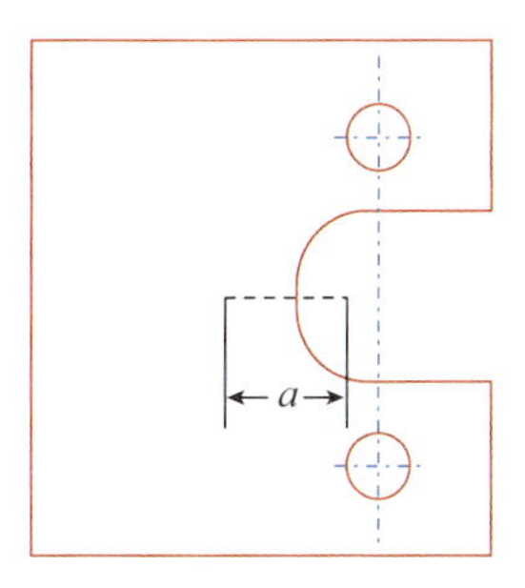

图 3-2-25　紧凑拉伸试验中样品的形状

紧凑拉伸法测定火炸药的断裂性能的原理：在一定的温度、裂纹深度和加载速率条件下，对试样施加载荷可得到载荷 P 和刀口张开位移 V 的关系曲线，读取弹性直线段的 P_e、V_e和裂纹出现开裂时的 P_c、V_c，计算出试样弹性段的无量纲柔度$(BEV/P)_e$和开裂时的无量纲柔度$(BEV/P)_c$。式中 E 为弹性模量，B 为试样的厚度。对不同裂纹深度的样品进行试验可得(BEV/P)与 a/W 的对应值，拟合后可得 $BEV/P-a/W$ 的曲线方程，即

$$\frac{BEV}{P}=A+B\left(\frac{a}{W}\right)+C\left(\frac{a}{W}\right)^2 \tag{3-2-55}$$

据此求出不同裂纹深度时样品的$(a/W)_c$，根据断裂力学公式(3-2-56)可求得样品的断裂韧性 K_c，即

$$K_c=\frac{P_c}{BW^{\frac{1}{2}}}Y\left(\frac{a}{W}\right)_c \tag{3-2-56}$$

式中：K_c为断裂韧性；$Y(a/W)$为形状因子，是(a/W)的函数，紧凑拉伸试验时 $Y(a/W)=29.6(a/W)^{1/2}-185.5(a/W)^{5/2}-1017(a/\omega)^{7/2}+655.7(a/W)^{9/2}+638.9(a/W)^{3/2}$；$P_c$为观察到裂纹开裂时的载荷；$(a/W)_c$为裂纹开裂时的等效裂纹长度与试件宽度之比。

3.3 火炸药力学性能的影响因素及提高途径

研究火炸药力学性能的原则在于满足火炸药在受到各种载荷作用时不发生破坏。对于发射药，其力学性能问题可通过配方调节、硝化纤维氮量分布的均匀性和改进工艺性能等方法进行改善。对于推进剂，双基类和复合固体推进剂存在力学性能不能满足使用要求的情况。对于炸药装药，含有大量固体填料的混合炸药有时难以保证在极限环境下装药的结构完整性，造成装药威力下降等问题。且近年来武器系统的发展对火炸药的力学性能提出了更高的要求。因此，研究火炸药力学性能的影响因素及有效提高途径具有重要意义。

3.3.1 力学性能的影响因素

1. 压伸类火药力学性能的影响因素

压伸类火药主要有发射药和双基类推进剂。一般采用压伸成型工艺，装药方式上主要是自由装填，在前面的受力分析中已经提出了要求这类装药有较高的强度和模量，在使用温度范围内处于玻璃态，即玻璃化温度较高而脆折点较低。目前该类火药最大的力学性能问题是低温延伸率较低，影响该类火药力学性能的主要因素如下。

1）硝化纤维素（NC）的分子量和含氮量

硝化纤维素是双基火药的结构材料，它是一种刚性的线性高聚物，所以它的含量越高，火药的刚性增加，抗拉强度越高，延伸率就越低。硝化纤维索的聚合度（分子量）大，抗拉强度提高，但聚合度过大，影响它在硝化甘油中的溶解塑化完全，反而使抗拉强度降低。硝化纤维素含氮量增加，使硝化纤维素分子的刚性增加而提高它的抗拉强度，但氮量的增加是有限的，因为它直接影响消化纤维素在硝化甘油中的溶解量，造成塑化不均匀进而导致强度降低。表3-3-1为不同含氮量的硝化纤维素塑化质量对抗拉强度的影响。由表中结果看出，含氮量为13.0%的硝化纤维素的双基药抗拉强度低，这是因为它在硝化甘油等的溶剂中的塑化性能力比含氮量为12.6%的皮罗棉差的原因。

表3-3-1 塑化质量对抗拉强度的影响（50℃）

NC/%	N/%	溶剂比	抗拉强度/MPa
50.9	13.0	0.78	4.90
50.9	12.6	0.77	6.43

2)硝化纤维素与硝化甘油(NC/NG)的比例

硝化甘油是硝化纤维素的溶剂，它对硝化纤维素溶解好坏直接影响到火药的力学强度。在不加助溶剂的情况下，硝化甘油含量太少时，因溶解塑化不完全，火药的抗拉强度和延伸率都低；随着硝化甘油含量的增加，溶解塑化能力改善，抗拉强度和延伸率都增加；随着硝化甘油继续增加，抗拉强度出现一个最大值，而延伸率继续增加；此时，硝化甘油含量继续增加，抗拉强度下降，延伸率继续增加。在实际配方中硝化甘油含量很少超过40%，这是因为过高的硝化甘油含量将增加工艺的危险性。

3)助溶剂的影响

加入助溶剂有利于改善硝化纤维素在硝化甘油中的溶解性能，降低火药的玻璃化转变温度，因而，在某些配方中加入适当助溶剂，以改善双基类火药的力学性能。常用的助溶剂有邻苯二甲酸二乙酯(DEP)、邻苯二甲酸二丁酯(DBP)、丙三醇三乙酸酯(TA)等。

4)固体填料的种类和含量

固体填料对双基类火药的力学性能影响很大，按照填料与黏合剂体系的界面性能，填料可分为两种：一种为补强型填料，如常用的Al粉；另一种为非补强型填料，如常用的RDX、HMX等。当固体填料与黏合剂体系间的界面黏附作用较强时，填料可以起到物理交联点的作用，使推进剂的强度增加，延伸率略有降低；当二者之间的黏附作用较差时，此界面成为推进剂体系的薄弱环节，推进剂受力时填料表面容易“脱湿”，造成推进剂内部产生缺陷，延伸率降低。

2. 浇铸类火炸药力学性能影响因素

浇铸类火炸药体系较为复杂，其力学性能的影响因素是一个多变量的复杂函数。基体网络结构形态、固体填料物化性质以及基体/填料界面特性等都是影响力学性能的主要因素。

1)黏合剂基体的影响

浇铸类火炸药中黏合剂作为连续相对其力学性能起到决定性作用。而黏合剂基体是由黏合剂预聚物、交联剂、固化剂、键合剂、增塑剂等组分，在混合、浇铸、固化等工艺过程中，经交联固化反应形成的热固性弹性体。这种热固性弹性体的性能与黏合剂的相对分量及其分布、官能度及其分布、黏合剂主链柔顺性、侧链基团大小、固化剂的种类和含量、扩链剂和交联剂的官能度及含量、三维弹性网络结构、键合剂的种类及官能度含量和分布、增塑剂的种类和含量，推进剂中溶胶和凝胶含量及其组成等因素密切相关。因此，黏合剂基体本身黏弹性能的优劣，对推进剂的力学性能起着决定性作用。

(1)黏合剂分子链结构的影响。高聚物复合材料在外力的作用下，分子链处于不断运动中，从一个平衡态过渡到另一种状态，因此，影响大分子运动的因素都对这个过程产生影响。黏合剂分子链结构单元的组成，链的长短分子间作用力的大小，取代基的极性，分子键内醚键、双键的含量等，都会影响黏合剂分子链柔顺性。黏合剂分子链越柔顺，其玻璃化温度越低，其伸长率也越高。若黏合剂分子链的主链或侧链上含有较大或极性极强的基团，分子链的运动就会受到限制。另外，增链和交联固化反应中形成的新化学键(如—NH—COO—)对网络链柔顺性和分子间作用力也有较大影响，往往使玻璃化温度升高。

(2)黏合剂相对分子质量及分布的影响。高弹态材料的黏弹性是以聚合物链的柔顺性和分子链的足够长度为结构基础的。相对分子质量小的刚性分子的特性为硬而脆。黏合剂的相对分子质量只有达到某一数值后才能显示出力学强度。随着聚合度的增加，分子链更加蜷曲，分子间的范德华力增大，分子间不易滑移，相当于分子间形成了物理交联点，力学强度相应增加。正是黏合剂预聚物的高相对分子质量才赋予复合固体推进剂的黏弹力学性质。

黏合剂相对分子质量通常是多分散的，用分散性指数或分散度(D)表示。D 为黏合剂重均相对分子质量与数均相对分子质量的比值。D 值偏离 1 越大，黏合剂相对分子质量分散性越大。相对分子质量分散性指数 D 较小、平均相对分子质量较高的预聚物，具有较好的力学性能。

(3)黏合剂官能度及其分布的影响。黏合剂的官能度定义为黏合剂相对分子质量与其官能团摩尔质量的比值，它是决定黏合剂基体网络性能最重要的参数之一。在理想情况下，适用于固体推进剂的黏合剂应具有末端官能团(—OH 或—COOH)，一般其官能度在理论上应为 2。但是，由于黏合剂制备过程中，对于链增长和链终止等反应不能很好地加以控制，因此，不是所有的黏合剂链都具有期待的末端官能团。黏合剂通常具有官能团分布，既包括双官能度黏合剂，也有零官能度、单官能度和官能度大于 2 的黏合剂。其中，两官能度的化合物可用于链增长；三官能度组分可用于形成固化交联；单官能度黏合剂在固化过程中起着链终止的作用，形成“悬吊链”，对固体推进剂交联密度和力学性能起着负面作用。

(4)固化交联网络结构参数的影响。固化参数(R)是反应初始时总固化剂基团的物质的量与黏合剂基团的物质的量之比。固体推进剂的网络结构就是通过具有活性官能团的组分间反应形成三维网络结构的大分子，网络结构形成过程是交联反应或固化反应的结果。固化参数是影响固体推进剂力学性能的重要因素之一，也是调节和控制力学性能的重要手段。

描述网络结构最重要的参数是交联密度（N_0）和交联点网络结构链的平均相对分子质量（或有效网络链的平均相对分子质量）$\overline{M}_C$。交联密度是交联程度的定量描述，定义为单位体积热固性弹性体中所包含的有效网络链数（单位：mol/cm^3）。有效网络链是指在交联点间的链段。

在聚醚聚氨酯推进剂中，固化剂与黏合剂反应形成固化交联网络，在配方设计的工程实践中对网络结构起决定性作用，即

$$R = \frac{N_{NCO}}{N_{OH}} \tag{3-3-1}$$

式中：R 为固化参数；N_{NCO}为异氰酸根的物质的量（mol）；N_{OH}为羟基的物质的量（mol）。

$$\rho_T = \frac{N_{TOH}}{N_{POH}} \tag{3-3-2}$$

式中：ρ_T 为配方设计参数；N_{TOH}为三官能团羟基化合物的物质的量（mol）；N_{POH}为二官能团羟基化合物的物质的量（mol）。

R 值是能否固化交联的决定因素，ρ_T 值决定着网络中交联密度。ρ_T 值增加，交联密度增大。

根据橡胶弹性统计理论，交联橡胶在单向拉伸下的弹性应力（σ）与交联密度（N_0）成正比，即

$$\sigma = N_0 RT\left(\lambda - \frac{1}{\lambda^2}\right) \tag{3-3-3}$$

式中：R 为摩尔气体常数，8.314J/（mol·K）；T 为绝对温度（K）；λ 为拉伸比（mm/mm）；N_0 为交联密度（mol/mm^3）。

其中

$$\lambda = \frac{L}{L_0} = 1 + \varepsilon \tag{3-3-4}$$

式中：L 为拉伸后的长度（cm）；L_0 为拉伸前的初始长度（cm）。

（5）固化剂的影响。固化剂是通过交联反应形成交联网络的必要组分，复合固体推进剂常用固化剂的官能度为 2 及 2 以上。为了形成预期的黏合剂交联网络，对固化剂和固化反应有如下要求：

①固化反应的放热量应少，固化时的收缩量要小；

②固化反应的副反应尽量少，以保持设计的化学计量比；

③固化反应受体系中其他组分的干扰程度小；

④固化反应速率可控。

在聚氨酯推进剂中常用的固化剂有TDI、HDI、MDI、IPDI等。这些固化剂对羟基(预聚物活性官能团)的反应活性大小，有如下顺序：

TDI＞MDI＞HDI＞IPDI

其中，常用的IPDI和TDI中都存在两个不同活性的—NCO基团。

(6)增塑剂的影响。复合固体推进剂中，增塑剂不仅起着降低药浆黏度、改善药浆流变性能的作用，而且可以减少模量和降低玻璃化温度，起到调节弹性体力学性能的作用。

黏合剂在增塑剂中的溶解度主要取决于其分子结构。一般规则为：结构相似有利于溶解，也就是说，假若给定的增塑剂和黏合剂溶度参数相近，则此黏合剂在此增塑剂中易于溶解。增塑剂的分子结构中大多数具有极性和非极性两个部分。极性部分常由极性基团构成，非极性部分是具有一定长度的烷基。除分子结构外，黏合剂的物理状态对其溶解性质也同样重要。

增塑剂的作用机理较为复杂，研究得较多，但争论也多，并形成了润滑理论、凝胶理论、自由体积理论等。这些理论对固体推进剂的某些现象给予了较好的解释，但都有其局限性。目前，在复合固体推进剂中普遍认可的理论认为：复合固体推进剂的增塑，是由于推进剂中黏合剂分子链间聚集作用的削弱而造成的；增塑剂分子插入黏合剂分子链之间，削弱了黏合剂分子链间的引力，其结果增大了黏合剂分子链的移动性，从而使黏合剂塑性增加。增塑剂对复合改性双基火药力学性能的影响如图3－3－1所示。由图可知，当硝化纤维素含量一定时，随增塑剂含量的增加，模量和抗拉强度降低、延伸率增加；当增塑剂一定时，随硝化纤维素含量增加，模量和抗拉强度增加，延伸率降低。

2)固体填料的影响

复合固体推进剂中所称的固体填料是指大量固体粒子的集合体，所以考虑固体填料特性的同时还要考虑填料的集合性质。固体填料的特性有粒子的大小、粒子的形状、粒子的晶型、粒子表面的电荷和畸变区等。固体填料的影响方式有粒子比表面积、堆砌密度、填料堆积角度、粒度分布等。在填料种类确定以后，填料的比表面积、粒子形状和尺寸就显得尤为重要。粒子尺寸越小，比表面积越大，对推进剂力学性能的影响越明显。

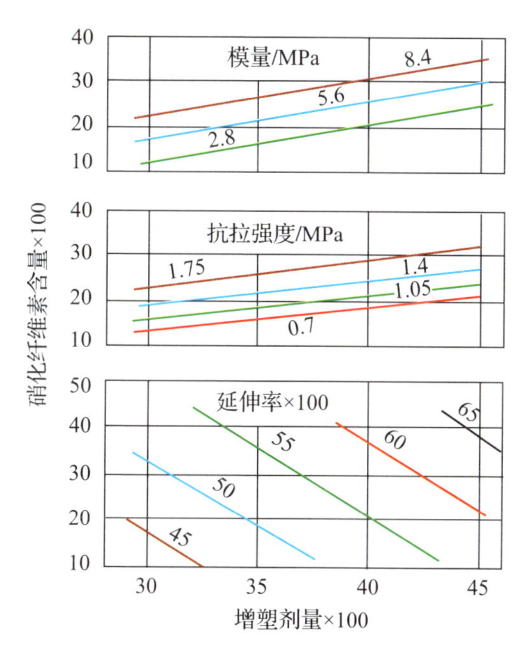

图 3-3-1　增塑剂含量对复合改性双基火药力学性能的影响

复合固体推进剂中固体填料主要包括氧化剂(AP、KP 等)、炸药(HMX、RDX)和铝粉等。固体填料的特性如颗粒粒径的几何尺寸、表面酸碱性，非球形或球形粒子的形状因子、粒度分布及固体含量等对推进剂力学性能均有一定影响。而影响其力学性能的主要因素是固体填料的体积分数、填料粒度大小和分布，以及固体填料与基体之间的相互作用。一般来说，固体填料和大分子之间的作用主要是次价力。两者亲合性好，则结合力大，反之则结合力小。

(1)固体填料体积含量的影响。将复合固体推进剂的抗拉强度和未填充的黏合剂基体的抗拉强度相比较，几乎经常可见推进剂的抗拉强度要比黏合剂基体大好多倍。一般而言，固体体积分数增大时，推进剂的初始模量 E_0 和抗拉强度 σ_m 随之增加，伸长率 ε_m 则随之降低。

对于高填充的复合固体推进剂而言，填料体积分数与弹性模量的关系，可用下式表示，即

$$\frac{E_f}{E_0}=[1+KV_f/(1-S'V_f)]^2 \tag{3-3-5}$$

式中：K，S' 为经验常数；V_f 为填料的体积分数；E_f 为填充体的模量(MPa)；E_0 为未填充黏合剂母体的模量(MPa)。

(2)固体填料粒度的影响。弹性体的强度或其模量正比于单位体积中有效网络链数目，而固体填料颗粒的大小影响总的活性表面和附加交联点的数量。在填料含量相同的条件下，固体填料粒度不同，推进剂的抗拉强度也不同。固体填料的粒度越小，推进剂的抗拉强度越大；固体填料的粒度越大，推进剂的抗拉强度越小。图 3-3-2 为填料粒径大小对聚氨酯材料力学性能的影响。

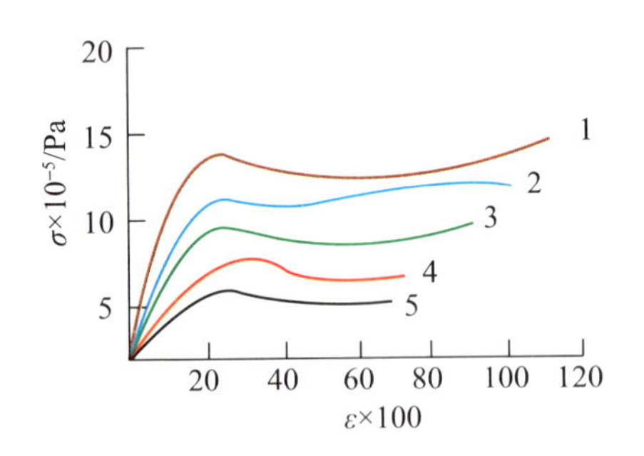

图 3-3-2 填料粒径(含量 40%)对聚氨酯材料力学性能的影响

1—30～40 μm；2—50～60 μm；3—90～105 μm；4—210～300 μm；5—300～400 μm。

(3)"脱湿"的影响。固体填料对黏合剂母体力学性能影响的重要原因是两者之间的相互作用。固体填料与黏合剂的混合过程，是黏合剂在固体颗粒表面的涂布、"润湿"过程。由于物理化学吸附作用，使填料表面处于一种"润湿"状态。但是，这种靠吸附而产生的作用力是较小的。在一定载荷作用下，黏合剂与填料表面之间很容易分散，吸附作用力受到破坏，通常把这种现象称为"脱湿"。随着"脱湿"的发生，分散相和连续相之间的作用力降低，附加交联点破坏，应力在整个体系内的传递大大削弱；于是，填料的增强作用很快下降。在"脱湿"过程中，推进剂的力学性能将产生显著的变化；推进剂的抗拉强度、拉伸模量和伸长率都随之下降，导致不能得到期望的力学性能，如图 3-3-3 所示。具体表现为：

①应力的增加落后于应变的增加，致使模量逐渐减小；

②推进剂应力-应变曲线出现屈服区；

③随着"脱湿"增加和屈服倾向的发展，材料的体积膨胀急剧增大；

④泊松比随着"脱湿"过程逐渐降低。

如果设法增强黏合剂母体与固体填料间的相互作用，在填料周围建立一个高模量的黏合剂层，那么在外力作用下，推进剂的"脱湿"将不易发生，固体填料将在更大程度分担负荷，从而显著地提高推进剂的力学性能。

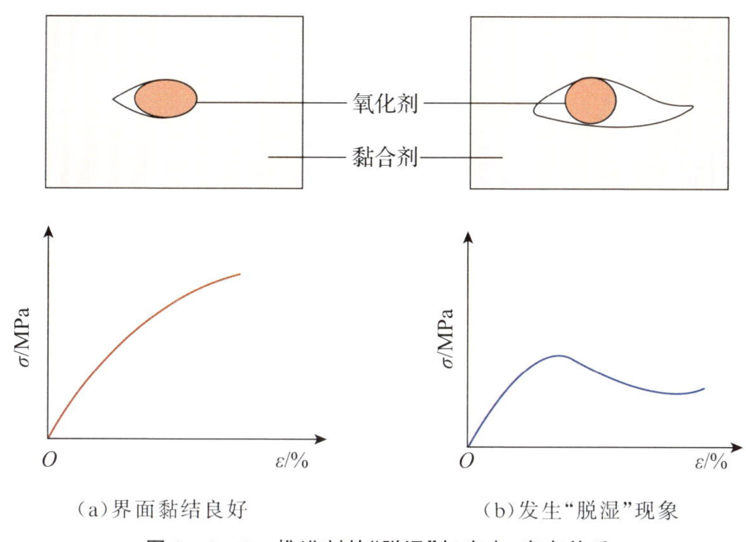

(a)界面黏结良好　　(b)发生“脱湿”现象

图3-3-3　推进剂的“脱湿”与应力-应变关系

3)键合剂的选择与应用

根据有关“脱湿”现象的研究，在复合推进剂中改善力学性能的重要途径之一是在固体填料颗粒表面形成一层高模量的弹性材料，使推进剂在承受载荷时，易于在颗粒表面形成的微裂纹离开填料表面，推向黏合剂基体的内部，从而延缓“脱湿”的产生。此时，填料颗粒仍然可以承担载荷，从而提高推进剂的力学性能。能产生此种功能的添加剂就是键合剂或偶联剂。

复合推进剂用的键合剂应该满足以下条件：

(1)与推进剂的主要填料——氧化剂有强的键合作用或强的物理吸附作用。

(2)必须带有可与固化剂(如多异氰酸酯)反应的官能团(如羟基或氨基)，而且其官能度应大于2。通过这些官能团与固化剂的反应，使键合剂与黏合剂结合，从而形成高模量层。

(3)为使大部分键合剂能均匀分散在固体填料的表面，键合剂本身在黏合剂中不应具有过高的溶解度。

键合剂的有效使用量一般不超过推进剂总质量的0.05%～0.5%。

根据以上原则，对于以高氯酸铵为主要氧化剂的复合推进剂来说，有效的键合剂有醇胺类、氮丙啶类以及酰胺类。

醇胺类键合剂的代表是三氟化硼三乙醇胺，$F_3B:N(CH_2CH_2OH)_3$。由于该分子上氮原子存在未共用的电子对，与高氯酸铵的氢原子生成配位键而形成强的化学和物理吸附，同时，醇胺中的三个羟基与异氰酸酯反应使其成为黏合剂基体的一部分。使用0.03%左右的三氟化硼三乙醇胺即可显著改善HTPB推进剂的力学性能。醇胺或多胺化合物与高氯酸铵在常温下发生的副反应如下：

$$R_3N + NH_4ClO_4 \rightarrow R_3N^+ClO_4^- + NH_3\uparrow$$

氮丙啶类键合剂的代表是三（2－甲基氮丙啶）膦化氧[tri（2－methyl－1－aziridinyl）phosphine oxide，MAPO]。由于分子中极性基团 P═O 与高氯酸铵相互作用并催化氮丙啶环的均聚作用，在 AP 表面形成氮丙啶酯的抗撕裂层，增强了 AP 与黏合剂的黏结，同时，HTPB 中羟基的活性氢与氮丙啶环的作用使 MAPO 成为黏合剂基体的交联剂，构成黏合剂基体的一部分，改善了推进剂的力学性能。试验中发现，三氟化硼三乙醇胺与 MAPO 在 HTPB 体系中具有协同作用，因此组合使用时对推进剂力学性能的改善效果更好。

在以高能硝胺炸药（RDX、HMX 和CL-20 ）为填料的高能推进剂中，由于这些硝胺分子中官能团的极性较小，醇胺类及氮丙啶类键合剂的应用效果不明显，因而发展了一类取代酰胺类键合剂以及专门针对硝酸酯增塑聚醚推进剂的中性大分子键合剂（neutral polymetric bonding agent，NPBA）。取代酰胺类键合剂与硝胺炸药之间的相互作用力主要是氢键类型的次价键力。这类键合剂有：

二甲基海因（dimethyl hydantion，DHE）（图 3－3－4）

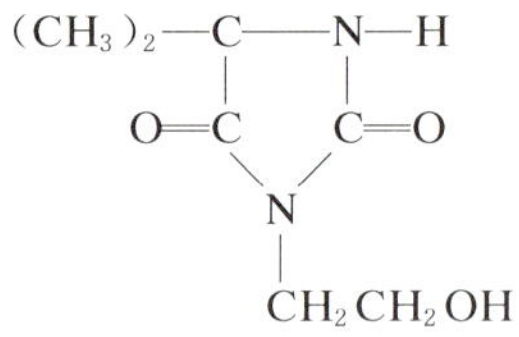

$(CH_3)_2$—C——N—H
O═C　　C═O
N
CH_2CH_2OH

图 3－3－4　二甲基海因的分子结构

三聚异氰酸酯（trihydroxyisocyanate）（图 3－3－5）

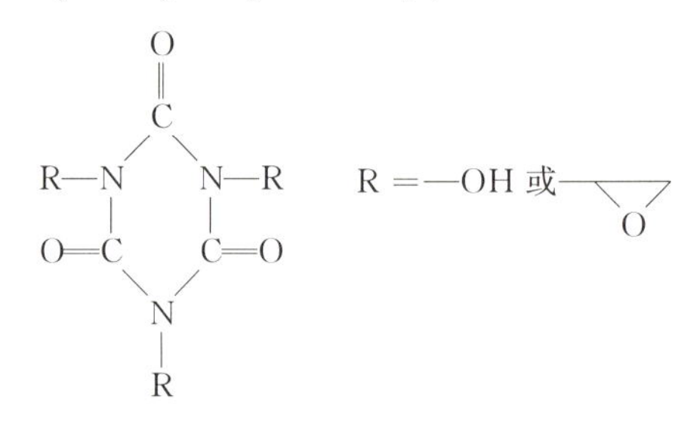

图 3－3－5　三聚异氰酸酯分子结构

这类键合剂在 RDX/AP/HTPB 推进剂中具有较好的键合效果。

对于含有大量硝酸酯增塑剂的 NEPE 推进剂来说，上述四类键合剂在硝酸酯中的溶解性较好，不能富集在填料颗粒表面，因此失去键合效果。所以，Kim 等提出了中性大分子键合剂（NPBA）的设想，其关键是通过控制 NPBA 与硝酸酯之间的溶度参数之差($\Delta\delta$)，利用降温产生相分离，使 NPBA 分子可以富集到硝胺填料的表面。

使用大分子物质作为键合剂有下列优点：

(1)大分子的表面活性远大于小分子。

(2)长的大分子链上可以形成更多的吸附点，这样显著增加了每个分子在界面上的界面能。换言之，一个大分子可以形成更大程度的吸附。

(3)大分子与浆料(相当于溶剂)混合的熵变值明显低于小分子。

(4)调节大分子在浆料中的溶解特性可以有很大的灵活性。

在进行键合剂合成时，可以借助于 Flory－Huggins 高分子溶液理论和 Hildbrand 的溶度参数理论，进行 NPBA 的亲合性和溶解性调节。NPBA 的溶度参数应该接近于固体颗粒，而与浆料有足够的差异。NPBA 与药浆产生相分离的条件为

$$\delta_1-\delta_2=0.5RT_C/V \tag{3-3-6}$$

式中：δ_1 为预混药浆的平均溶度参数；δ_2 为 NPBA 的溶度参数；T_C 为相分离的临界温度(K)；V 为药浆的摩尔体积(mol/cm^3)。

NPBA 是丙烯腈、丙烯酸甲酯及丙烯酸羟乙酯单体的共聚物，通过调节 3 种共聚单体的比例和共聚物的相对分子质量，可以调节 δ 的大小，从而达到混合温度下相分离的目的。达到此要求的相对分子质量一般为 $3\times10^3\sim5\times10^5$，最好为 $5\times10^5\sim10\times10^5$。在 60℃ 左右预混后，降温至 32～38℃，NPBA 即产生相分离而聚集在硝胺等颗粒表面，这类键合剂在 NEPE 推进剂中已获得良好的应用效果。

4)其他因素的影响

(1)工艺因素的影响。复合固体推进剂是在一定的环境温度、湿度条件下，经过混合、浇铸和固化等工艺过程制造而成的。环境温度、湿度、工艺温度和时间、加料顺序等工艺因素对推进剂的力学性能都有不同程度的影响。由于 PU 类推进剂对水的敏感性强，在高温高湿季节，达到最佳力学性能最佳固化参数的控制是比较困难的；对于高填充并加有少量键合剂的固体推进剂，混合机的效率和混合工艺时间将影响组分的分散均匀性，也给力学性能带来影响；因黏合剂和固化剂中存在不同活性的官能团及黏合剂官能度分布的复杂性，混合、固化等工艺温度将对推进剂力学性能有较大的影响。

(2)固化反应动力学和副反应的影响。由于黏合剂固化体系中各组分官能团反应活性存在较大的差异，固化反应速度对最终推进剂网络结构的影响显得更

加突出。在 PU 类推进剂体系中，由于存在氨基甲酸酯键(—NHCOO—)，这一新生的反应基团以及推进剂对水分具有较大的敏感性，使得固化反应动力学更加复杂。

固化反应速率是黏合剂化学性质的函数。由二异氰酸酯与二醇反应生成聚氨酯的速率是非常快的，应用固化催化剂不仅可以调节固化反应速率、降低固化反应温度，还可以抑制副反应发生。

固体推进剂的固化反应极其复杂，因为体系中不仅存在着大量的氧化剂和金属添加剂，同时还存在着增塑剂、工艺助剂和燃速调节剂。因此，在研究不同推进剂体系的黏合剂-固化剂固化反应时，需要考虑上述因素的影响。

(3)水分的影响。一方面，水分可与固体推进剂中异氰酸酯发生反应，释放出二氧化碳，从而影响到固体推进剂的力学性能，使推进剂的抗拉强度、伸长率和模量急剧下降；另一方面，由于水分子可积聚在氧化剂晶体表面，建立一个包围粒子的低模量液层，氧化剂和黏合剂间的黏结被破坏，致使“脱湿”在低应力水平和相应的力学损耗下便开始出现。通常吸收少量水分(0.1%或更低)就会引起这些效应。

(4)黏合剂的物理性质。某些链结构规整性较高的黏合剂，如聚氧化乙烯(PEO)、聚氧化丙烯(PPO)、聚四氢呋喃(PTHF)等聚醚以及某些聚酯如聚壬二酸癸二醇酯、聚丁二酸丁二醇酯等预聚物，在它们形成三维网络结构之后，由于链规整性较高，在贮存温度接近其结晶温度时，将慢慢产生结晶，使网络内产生许多由结晶而形成的物理交联点。此时，推进剂的抗拉强度和模量均会升高，但延伸率将明显降低。

3. 熔铸炸药力学性能影响因素

熔铸炸药是指将高能固相炸药颗粒加入熔态炸药基质中，并进行铸装的混合炸药。20 世纪初，熔铸炸药的液相载体由 TNT 取代了苦味酸，被广泛应用于各类弹药的装药。影响其力学性能的主要因素如下。

1)TNT 的性质

TNT 的分子结构特性决定了其固化后发脆，导致炸药装药的弹性差、韧性差，强度低，容易出现损伤、裂纹、脆裂等。

2)制备工艺

TNT 基熔铸炸药在浇铸过程中存在相转变、热传递、晶核形成和增长、体积收缩等过程和变化，TNT 从液态到凝固，体积大约会收缩 11.6%，这使浇铸产品容易出现缩孔、气孔、底隙、裂纹等质量缺陷，不仅影响爆轰性能，还影响其力学性能。此外，炸药浇铸时熔融物通常有过冷倾向，并且其晶核少，结晶慢，所得铸件一般是定向排列的粗晶结构。粗晶体的柱状增长在整个铸件中会产生断裂面，形成裂缝等。因此，压力、温度、凝固速度等影响其凝固过程的制备工艺条件对其力学性能具有重要影响。

3）TNT 的纯度

早在 20 世纪 20 年代，TNT 炸药的渗油问题就一直困扰着众多科研工作者，人们为此展开了一系列的研究工作，取得了卓有成效的结果。但并没有根除渗油问题，只是将其控制和降低到可以接受的水平。尽管如此，人们对渗油产生的原因取得了共识，认为是由于 TNT 中的杂质二硝基甲苯（DNT）和 TNT 的异构体等形成的比 TNT 熔点低的共熔物首先析出，进而溶解 TNT，导致渗油，并使炸药的力学性能变差。因此，TNT 的纯度对装药的力学性能具有明显影响。

4）填料的性能

与其他火炸药相似，固体填料的种类、含量、形貌等对熔铸炸药的力学性能具有影响。如 RDX 与 TNT 之间的界面结合作用较差，因此配方中大量存在的 RDX 导致熔铸炸药的韧性进一步变差。

4. 压装炸药力学性能影响因素

压装混合炸药与改性双基推进剂在组成上具有很多相似之处，因此，影响其力学性能的因素与改性双基推进剂的情况类似。如填料的形貌、表面性能等，同时，由于压装炸药的黏合剂一般为橡胶，因此黏合剂的分子结构、分子量等也是影响其力学性能的重要因素，具体如下。

1）黏合剂的种类及含量

用于压装炸药的黏合剂有很多，包括碳氢类、碳氟类等，如聚苯乙烯、聚异丁烯、F26 系列、F23 系列氟橡胶等，其种类和分子量不同对装药的力学性能具有显著影响。

2）增塑剂的种类及含量

压装炸药中最常用的增塑剂是有机酯类，如邻苯二甲酸二丁酯（DBP）、磷酸二苯一辛酯（DPO）等。与双基类火药类似，其分子构型与含量对产品的力学性能具有影响。

3）固体填料的种类及含量

压装混合炸药的固体填料种类包括 RDX、HMX、泰安（PETN）、三氨基三硝基苯(TATB)、Al 等，其形貌、含量等特性对复合体系的力学性能具有重要影响，详情可参考压伸成型双基类火药的情况。

4)造型粉的品质

通常压装炸药药柱内部存在缺陷，这是因为压装型混合炸药在成型过程中需要经受高温高压的作用，由于炸药原材料内部存在孔洞、裂纹等初始缺陷，其在成型过程中会产生炸药晶体的破损或断裂等现象，炸药造型粉中炸药聚集体的尺寸以及炸药的包覆情况对成型过程中缺陷的产生具有明显影响，大粒径的聚集体以及不完全包覆容易导致颗粒损伤的产生，对药柱的力学性能有显著影响。

5)成型工艺

压装炸药药柱内部缺陷来源还有一个重要的途径是在压装成型过程中产生的新的损伤，主要为炸药与黏合剂的脱黏等，因此压装工艺对成型药柱内部的损伤具有重要影响，从而影响炸药装药的力学性能。

3.3.2 提高力学性能的途径

1. 提高双基火药力学性能的途径

双基火药力学性能的缺点是高温软、低温脆，高温下虽然双基火药发软，但其强度仍然处于较高水平，可以通过配方调整进行优化，因此其高温力学性能一般可满足使用需求。而低温下，由于 NC 分子刚性大，NC/NG 体系玻璃化转变温度高，双基火药处于玻璃态，导致其延伸率低，尤其是对于高固含量的螺压改性双基推进剂，其低温延伸率仅有 3%左右，这造成该类型装药在实际使用时问题频出，限制了其应用。故针对双基火药力学性能的改性研究主要在其低温力学性能方面，需要指出的是引入高分子预聚物和固化剂后得到的交联改性双基推进剂，其低温延伸率很高，力学性能与复合推进剂类似，装药方式一般为壳体黏结式装药，因此其力学性能问题并不突出，此处仅针对采用自由装填方式的双基火药进行分析，可提高其力学性能的方法如下：

1)采用混合增塑剂

除了 NG 以外，含能硝酸酯 DEGDN，TEGDN 和 TMETN 等都可以塑化 NC，形成塑溶胶，这些增塑剂与 NG 配合使用时可以增大 NC 分子的自由体积，提高分子的运动能力，从而改善双基火药的低温力学性能。此外，惰性酯类如邻苯二甲酸二丁酯(DBP)、邻苯二甲酸二乙酯(DEP)和三醋精(TA)可以作为增塑剂和稳定剂，这些增塑剂配合使用可以改善推进剂的低温力学性能、安全性和稳定性。这是目前改善双基火药的低温力学性能最常用、最有效的方法之一，国内外均已在多种发射药、推进剂配方中采用混合增塑剂。如美国在其“阻尼”火箭弹中引入3%的DEP，在设备启动装置装药中引入8.5%的甘油三醋酸酯，在其“响尾蛇”空空导弹的助推器配方中引入10.6%的DEP，混合酯的引入往往可以改善推进剂的低温力学性能，如引入10.6%的DEP后推进剂在-54℃时延伸率仍可达3%。但是这种方法会明显降低推进剂的能量水平。

2)固体填料改性

双基火药中固体填料的含量可达60%左右，对其形貌进行优化可以提高其力学性能。研究发现，RDX粒径由92μm减小到17μm时，推进剂高温强度提高54%，低温延伸率提高85%，具体数据如表3-3-2所列。此外，优化填料晶体结构使其形成类球形结构，也对力学性能有益。

表3-3-2 RDX粒径对推进剂力学性能的影响

RDX粒径/μm	拉伸强度 σ_m/MPa		延伸率 ε_m/%	
	50℃	-40℃	50℃	-40℃
18.13	1.57	20.2	20.8	2.50
46.64	1.15	19.3	19.6	1.85
70.33	1.09	18.0	17.2	1.62
91.53	1.02	21.3	16.6	1.35

3)弹性体增韧

聚氨酯型热塑性弹性体是同时含软段和硬段的黏弹性共聚物，可以对半刚性纤维素大分子起到分子内增塑的作用，使分子链间距变宽，从而提高混合体系的断裂伸长率。也有研究人员认为弹性体可改善固体填料与黏合剂之间的界面，从而提高改性双基推进剂力学性能的影响。最初的探索研究主要是惰性的聚氨酯，如以聚己二酸乙二醇酯(PEA)为软段，得到的聚氨酯与NC/NG体系具有良好相溶性，其可以改善改性双基推进剂的低温力学性能，但是推进剂的能量水平明显降低。之后研究人员将GAP基含能热塑性弹性体引入改性双基推进剂中，这种弹性体不仅可提高推进剂的低温延伸率和冲击强度，而且对能量水平没有明显影响，这为如何提高改性双基推进剂的力学性能提供了参考。

4)NC改性

针对线性NC分子刚性大、易结晶的特性，研究人员开展了对NC的改性研究，制备了含有支链的纤维素甘油醚硝酸酯(NGEC，分子结构如图3-3-6

所示)，由于支链具有内增塑作用，分子链间距变宽，结晶度降低，链段运动阻力减小，玻璃化转变温度降低，这使推进剂的低温力学性能有所提高，但是高温强度有所降低，同时制备成本提高，因此未能工业化应用。

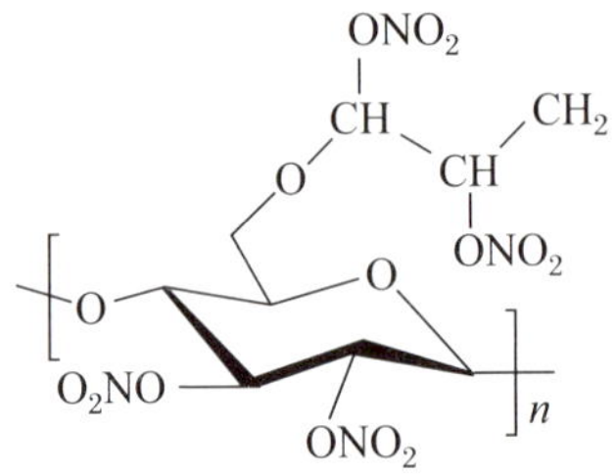

图 3-3-6 NGEC 的分子结构

5)严格控制工艺条件

在挤压双基工艺中，挤压时的出药速度对火药的密度有影响，出药速度过快使密度降低而影响力学性能。挤压成型后的凉药对双基药柱的力学性能也有很大影响，若成型后的药柱骤然急冷下来，就会因表面收缩过快而产生裂纹。成型后的药柱要在温度较高的工房中慢慢冷却，以消除表面产生的应力。总之，严格控制制备过程中各个环节的工艺，有利于提高装药的良品率和性能的重复性。

2. 提高浇铸类火炸药力学性能的途径

在讨论提高浇铸火炸药的力学性能时，要根据使用要求和不同种类火药的特点，有针对性地提出改进方法。这里主要针对浇铸类复合固体推进剂进行讨论，浇铸 PBX 炸药可采用类似的方法提高力学性能。黏合剂相的网络结构是复合固体推进剂的基础，其性能的优劣决定了推进剂能否具有高水平的力学性能。性能良好的黏合剂相(基体)应具有如下特点：

(1)柔顺的黏合剂主链，分子量足够大或充分增塑；

(2)交联网络规整，网络无缺陷或少缺陷(如吊链等)；

(3)最好存在一定程度的微相分离形态结构。

1) 提高黏合剂相对分子质量

黏合剂预聚物分子量的大小及分子量的分布对黏合剂和火药的力学性能影响很大，黏合剂的相对分子质量只有达到某一数值后才能显示出力学强度。随着聚合度的增加，分子链更加蜷曲，分子间的范德华力增大，分子间不易滑移，相当于分子间形成了物理交联点，力学强度相应增加。

可以合成星形结构的黏合剂，也可以通过添加扩链剂提高黏合剂的相对分子质量。对于 PEG、PET 类推进剂则可以通过提高分子量或引入星形聚醚 PAO 达到力学性能基本要求。但对于 PGA、GAP、BAMO 和 PDNPA 等黏合剂，分子量偏低，并且分子链主链上带有式量较大的侧链，所以该类推进剂量最好采用双模或增强物理作用的方法来提高推进剂力学性能。

2)改变黏合剂主链结构

在复合固体推进剂配方组成中，黏合剂占 10%～30%。然而，它是复合固体推进剂结构中的连续相，是力学结构中的骨架，因而它的力学性质是复合火药力学性质的决定因素。从理论上讲，凡是影响预聚物链段运动的结构因素都影响黏合剂和火药的力学性能。这些结构因素有：空间位阻、侧基大小、共聚单体性质、主链段上键的饱和性及分子间力等。选择柔顺性好的高聚物，其玻璃化温度低，制成的火药的低温力学性能好，能满足低温延伸率大的要求。在目前已使用的复合火药的黏合剂中，端羟聚丁二烯的低温力学性能最好，能满足各种大型壳体黏接发动机装药力学性能的要求。聚醚黏合剂也有很好的柔顺性，目前在 NEPE 推进剂中采用的环氧乙烷-四氢呋喃共聚醚是一种含氧量高、柔顺性好的黏合剂，因而它制成的推进剂能量高、低温力学性能好，延伸率大。

通过交联改性黏合剂，完善交联链的网络结构可以显著提高力学性能。如 GAP 黏合剂体系，由于侧链上刚性共轭的不对称叠氮基团限制了高分子主链的柔顺性，使 GAP 与异氰酸酯交联固化后力学性能差，张弛以羟基化碳纳米管(CNT－OH)为交联剂，制备了纳米改性的 GAP 含能黏合剂胶片，由于 CNT－OH 的表面羟基含量比常用扩链剂(如三羟甲基丙烷)高，有助于提高黏合剂交联点密度，使交联结构完整，从而提高黏合剂体系的力学性能，其拉伸强度可达 7.2MPa，延伸率为 375%。

3)应用双模或多模理论(使用长链、短链黏合剂)

NEPE 推进剂是指大剂量含能增塑剂增塑聚醚(如 PEG、PET、GAP 或 BAMO 等)的推进剂体系，这一体系能量高、黏合剂分子链充分伸展，分子链柔性增强，玻璃化温度较低，因此赋予推进剂良好的低温力学性能。但该体系也存在不足：化学交联效率下降，网络规整性降低，缺陷增多；体系分子链间物理相互作用大大削弱，未见明显的微相分离；填料/基体界面存在软层。因而，推进剂力学性能表现为强度低、模量低、力学性能受温度影响显著等特点。

在 IPDI/N－100 固化的 NEPE 推进剂中，引入 TMP 时提高了交联密度，同时通过 IPDI 与 PEG200 的扩链效应可提高网络交联点之间的分子量，这样在黏合剂网络中引入一定比例的长链和短链，形成了双模和多模结构，网络物理交联点增多，网络缺陷减少，从而使推进剂的整体力学性能提高。

4)诱导微相分离

在聚氨酯弹性体高分子中有两类极性不同的链段微区，即非极性或弱极性软段(聚合物主链)和强极性硬段(氨基甲酸乙酯链段)，由于两种链段的极性差异，在适当的条件下将形成一定程度的微相分离：硬段靠分子间作用力，聚集成一定尺寸大小的微区，这些微区在弹性体受力状态下，可以变形、耗能，起到增强弹性体的作用。这是聚氨酯弹性体具有优良力学性能的根本原因。如图3-3-7所示，采用TDI和MDI固化的GAP基含能热塑性弹性体，由于异氰酸基团反应活性的差异及结构的不同，弹性体的力学性能明显不同。TDI的两个异氰酸酯基团反应活性有差别，在反应过程中，这种差别不利于高分子的扩链过程，导致ETPE-TDI的延伸率明显较低，而分子结构对称的MDI合成的ETPE-MDI试样中小分子聚集成的硬段分子间作用力较大，微相分离程度较高，其抗拉强度明显优于ETPE-TDI样品。

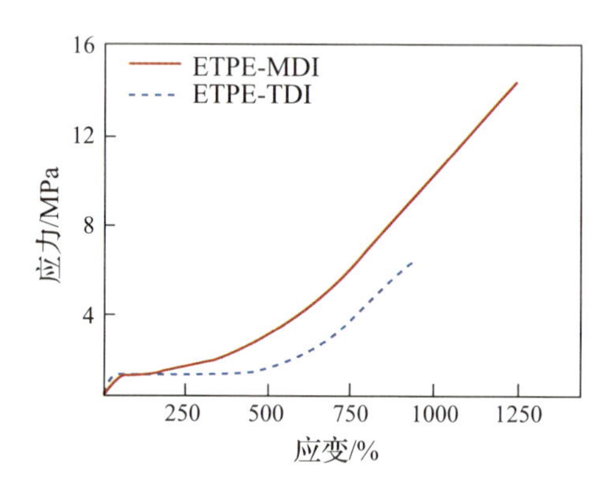

图3-3-7 不同异氰酸酯对ETPEs力学性能的影响

5)充分增塑基体、调节基体模量

选择与高聚物相匹配的增塑剂，可以降低火药的玻璃化温度，改善低温力学性能。例如，在NEPE推进剂中使用NG/BTTN为50/50的混合硝酸酯，它与环氧乙烷-四氢呋喃共聚醚有很好的相溶性，同时这种混合酯的熔点也很低，因而可以改善推进剂的低温力学性能。

6)引入键合剂

在复合推进剂中，AP、HMX和RDX的含量通常很高，且表面呈现惰性，当在试样上施加载荷时容易产生“脱湿”，这将降低推进剂的力学性能。在推进剂中加入适量的键合剂可有效改善推进剂中填料与黏合剂体系的界面性能，减少脱湿现象的发生，通常仅引入0.05%～0.5%的键合剂即可明显提高复合推进剂的力学性能。

3. 提高熔铸炸药力学性能的途径

熔铸炸药具有成本低廉、成型性能好、装药自动化程度高等优点，但是随着现代武器对装药的高能量特性、高毁伤效果、高安全性和长期贮存性能等方面的需求，传统的 TNT 基熔铸炸药弹性韧性差，强度低，易发生损伤脆裂，不能满足新时期武器装备的要求。为改善熔铸炸药脆性大、力学性能差的问题，国内外开展了较多力学改性研究，目前的方法如下。

1)开发新型连续相

基于对更高性能熔铸炸药的需求，开发新型连续相的工作一直在进行。根据炸药铸装和成型工艺的要求，新型单质炸药连续相的熔点一般不超过 110℃，80～90℃为最佳，这样在混药过程中可以方便利用蒸汽熔化炸药；载体炸药在温度高于熔点数十度时，应具有较强的化学稳定性；熔铸介质的蒸汽及粉尘应无毒或毒性尽可能小。经过近年来的研究，有望代替 TNT 作为熔铸炸药载体的有 2,4-二硝基苯甲醚(DNAN)、3,4-二硝基呋咱基氧化呋咱(DNTF)、三硝基氮杂环丁烷(TNAZ)、二硝酰胺铵(AND)、3,4-二硝基吡唑(DNP)、1-甲基-2,4,5-三硝基咪唑(MTNI)等一系列性能优良的新型易熔钝感炸药。

2)改善加工工艺

工艺条件对熔铸炸药的装药质量具有明显影响，研究表明，采取真空和振动装药，并控制固化条件可以减少空隙度，使装药的压缩断裂强度、屈服强度和杨氏模量都显著增加。对于固化工艺来说，采用低比压顺序凝固、恒温冷却顺序凝固、加压凝固等技术可以提高装药密度，改善装药质量。以加压凝固为例，在凝固过程中对熔融体系局部或整体施加 0.03～35MPa 外压力，铸件的气孔、缩孔、裂纹等缺陷可明显减少或消除。同时，加压凝固的工艺还能有效消除装药与壳体间的缝隙和底隙。

引入工艺助剂也可在一定程度上改善加工工艺，如 Wanninger 提出加入 0.01%～0.1%的乙炔黑以阻止混合物自相分离，从而改善装药的均匀性。

3)提高 TNT 的纯度

由于生产工艺的不同，各国生产的 TNT 的固有凝固点和杂质组成均有差异。由于 TNT 中的杂质二硝基甲苯(DNT)和 TNT 的异构体等形成的比 TNT 熔点低的共熔物首先析出，进而溶解 TNT，导致渗油，因此，提高 TNT 的纯度可提高凝固点，减小渗油率。但 TNT 的纯度太高会增加铸件的脆性，此时需要加入适量的增塑剂。

4)引入添加剂

(1)引入纤维。向熔铸炸药中引入纤维是改善力学性能的有效方法。一般引入纤维使熔铸炸药拉伸强度下降，压缩强度升高，压缩率和压缩断裂的能量提高。可用的纤维包括聚酯纤维、玻璃纤维、铝纤维、碳纤维等。其中聚酯纤维(聚对苯二甲酸乙二酯)具有细度大、强度高等特点，其分子结构中的苯环与TNT分子中的苯环结合力强，相容性好，纤维加筋和桥联作用明显，因此可显著提高熔铸炸药的抗压强度。

此外，玻璃纤维具有较好的韧性，碳纤维密度小、强度高、模量大，以玻璃纤维和6mm碳纤维为添加剂，能使熔铸炸药RDX/TNT拉伸延伸率有不同程度的提高，其中6mm碳纤维不仅使压缩强度、压缩率、压缩断裂能量和拉伸延伸率均有所提高，而且使炸药的拉伸强度降幅较小。

(2)引入聚合物体系。向炸药配方中加入少量聚合物分子黏合TNT母体中的低熔点共混物可以有效地降低和控制渗油，从而改善装药的力学性能。这类物质有：相互反应的二组分液体、聚氨酯体系、聚氨酯体系与硝化纤维的混合体系以及纤维素热塑性聚醚体系等。

以聚氨酯体系为例，由2,4-二苯基甲烷二异氰酸酯、聚乙二醇四甲撑己二酸酯和1,4-丁二醇组成的Estane 5072聚氨酯体系可直接加入熔融565中，也可先包覆RDX颗粒，再与熔融的TNT混合，搅拌均匀并倾入弹体使之冷却固化。所得铸件基本不渗油，具有很好的均匀性和热安定性。同时铸件无裂缝和空洞，RDX晶体与TNT晶体黏结很好，并与弹体黏结牢固，铸件的压缩强度明显提高。

4. 提高压装炸药力学性能的途径

1)提高造型粉质量

研究表明，普通HMX和高品质HMX在同等压力下发生的损伤程度相似，因此成型过程中炸药品质对产品结构损伤的特性影响不大，但是炸药颗粒与黏合剂的包覆情况影响颗粒损伤的产生，当黏合剂的包覆度高时，晶体损伤也相对较小，所以提高造型粉的包覆效果有望减少药柱中的缺陷，从而提高炸药的力学性能。

2)改善成型工艺

改善成型工艺可以减少成型过程中炸药晶体与黏合剂脱黏的产生，减少炸药药柱中的裂纹、孔洞等缺陷，从而提高炸药的力学性能。

3)其他方法

与改性双基推进剂类似，对填料进行改性也可以改善装药的力学性能。如降低颗粒的粒径，减小造型粉的炸药聚集体尺寸，可以减少成型过程中产生的缺陷；对填料进行粒度级配可改善装药的受力情况；对填料进行表面改性可改善填料与黏合剂的黏结情况等，这些均可以改善装药的力学性能。

参考文献

[1] 谭惠民. 固体推进剂化学与技术[M]. 北京:北京理工大学出版社,2015.
[2] AUSTRUY H. Solid Rocket Propulsion Technology[M]. Paris:Pergamon Press,1993.
[3] 赵宝昌. 药粒破碎的弹道判别标准和原因分析[J]. 火炸药,1984(4):37-49.
[4] 杨均匀,袁亚雄,张小兵. 发射药破碎对火炮射击安全性影响的研究综述[J]. 弹道学报,1999(4):92-96.
[5] 黄金. 发射药动态力学性能检测技术及评价方法研究[D]. 南京:南京理工大学,2012.
[6] 陈言坤,甄建伟,武慧恩,等. 粒状发射药动态破碎研究进展[J]. 爆破器材,2014,43(1):43-48.
[7] 陈涛,芮筱亭,贠来峰. 发射药破碎程度描述方法[J]. 弹道学报,2008(2):99-102.
[8] 赵毅,黄振亚,刘少武,等. 改善高能硝胺发射药力学性能研究[J]. 火炸药学报,2005(3):1-3.
[9] 武子元,贺增弟. 硝酸铵发射药力学性能的研究[J]. 山西化工,2011,31(6):17-19.
[10] 堵平,王泽山,何卫东. 发射药拉伸试验试样制备方法的改进[J]. 火炸药学报,2008,31(6):54-56.
[11] 郑保辉,王平胜,罗观,等. 短切纤维对RDX/TNT熔铸炸药的力学改性[J]. 含能材料,2013,21(6):786-790.
[12] 郑保辉,罗观,舒远杰,等. 熔铸炸药研究现状与发展趋势[J]. 化工进展,2013,32(6):1341-1346.
[13] 黄亨建,董海山,张明. B炸药的改性研究及其进展[J]. 含能材料,2001(4):183-186.
[14] 贺传兰,温茂萍,王平胜,等. 不同聚合物添加剂对梯黑熔铸炸药力学性能的影响[J]. 四川兵工学报,2013,34(1):129-131.

[15] 张腊莹，衡淑云，刘子如，等. NEPE类推进剂老化的动态力学性能[J]. 推进技术，2006(5):477-480.

[16] 强洪夫，王哲君，王广，等. HTPB推进剂低温动态准双轴拉伸力学性能研究[C]. 西安：中国航天第三专业信息网第三十七届技术交流会暨第一届空天动力联合会议，2016.

[17] 刘学，张庆明. 单层与双层壳体装药结构冲击起爆数值模拟[C]. 太原：第十届全国冲击动力学学术会议，2011.

[18] 李玉斌，罗世凯. DMA法评价TATB填充含氟共聚物的耐热性[J]. 火炸药学报，2005(1):46-48.

[19] 李俊玲. PBX炸药装药的力学性能及损伤破坏研究[D]. 长沙：国防科学技术大学，2012.

[20] 姜夕博，王建灵，金朋刚，等. 冲击加载下两种典型抗高过载炸药的损伤特性[J]. 科学技术与工程，2018,18(3):226-229.

[21] 蔡宣明. PBX炸药动态力学行为及起爆特性研究[D]. 哈尔滨：哈尔滨工业大学，2015.

[22] 赵超，郑健，鞠玉涛，等. 改性双基推进剂高应变率Ⅱ型断裂力学行为[J]. 固体火箭技术，2014(4):500-504.

[23] 张有德，邵自强，周晋红，等. 纤维素甘油醚硝酸酯粘合剂及其推进剂的力学性能[J]. 推进技术，2010(3):345-350.

[24] 张建彬，鞠玉涛，周长省. 双基固体推进剂率相关性研究[J]. 弹道学报，2011(4):80-83.

[25] 张建彬. 双基推进剂屈服准则及黏弹塑性本构模型研究[D]. 南京：南京理工大学，2013.

[26] YANG L, WANG N, XIE K, et al. Influence of strain rate on the compressive yield stress of CMDB propellant at low, intermediate and high strain rates[J]. Polymer Testing, 2016,51:49-57.

[27] TREVINO S F, WIEGAND D A. Mechanically Induced Damage in Composite Plastic-Bonded Explosives: A Small Angle Neutron and X-ray Study[J]. 2008,26(2):79-101.

[28] NIEHAUS M, GREEB O. Optimization of Propellant Binders-Part Two: Macroscopic Investigation of the Mechanical Properties of Polymers[J]. Propellants, Explosives, Pyrotechnics, 2004,29(6):333-338.

[29] KURULKAR G R, SYAL R K, SINGH H. Combustible cartridge case formulation and evaluation[J]. Journal of Energetic Materials, 1996,14(2):

127 - 149.

[30] DAMSE R S, SINGH H. Nitramine-Based High Energy Propellant Compositions for Tank Guns[J]. 2000,50(1):75 - 81.

[31] CHOUDHARI M K, DHAR S S, SHROTRI P G, et al. Effect of High Energy Materials on Sensitivity of Composite Modified Double Base CMDB Propellant System[J]. 1992,42(4):253 - 257.

[32] BHAT V K, SINGH H. Cross-Linked Slurry Cast Composite Modified Double Base Propellants :Mechanical Properties[J]. Defence Science Journal, 1987,37(1):39 - 44.

04 第4章 火炸药的热分解性能

4.1 概述

火炸药的热分解是火炸药热安全性能、贮存性能以及燃烧和爆轰的研究基础。火炸药发生热分解反应，一方面不仅会改变其原有的物理化学性质，无法满足弹道性能等使用要求，而且还会由于分解放热导致危险。如果热分解反应释放出的热量大于其散失的热量，即放热速率超过了散热速率，就会出现火炸药的热引燃或者热爆炸。因此，火炸药的热分解在一定条件下可发展成燃烧，燃烧可进一步转化成爆轰；另一方面，火炸药在燃烧过程中，各组分在燃烧表面通过热分解反应转变为气态产物是其凝聚相受热转变为气相的主要形式。然后，分解的气态产物再进一步发生燃烧反应。因此，通常认为热分解是火炸药燃烧过程的初始阶段，火炸药各组分的热分解特性直接影响火炸药的燃烧性能。

因此，火炸药热分解机理、性质的研究，既是火炸药的安定性、相容性、危险性以及使用或贮存寿命评估的基础，也是燃烧、爆轰基础理论研究的前提，对武器弹药的生产、使用、运输和贮存时的热安全性有着重要的实际意义。

4.1.1 热分解的定义

热分解是指在热的作用下，物质发生化学反应，分解形成相对分子质量小于原来物质的分解产物的现象。热分解是有机物、无机物、高分子等多种物质所共有的现象，其主要差别在于热分解的速率及产物不同。火炸药的热分解速率并不比某些物质如农药、化肥的热分解速率快，实际使用的火炸药的热分解速率非常缓慢，常温下几乎不可察觉，因此可以长期贮存。

一般的化学反应过程中，随着原始物质的浓度下降，反应速度下降。而在火炸药的热分解过程中，虽然原始物质不断减少，但由于火炸药的热分解是放热反应，导致反应温度升高而加速分解反应。火炸药的初始热分解速度和温度

的关系可用 Arrhenius 方程式表示，即

$$k = A\ \exp(-E_a/RT) \qquad (4-1-1)$$

式中：k 为初始热分解速率常数(s^{-1})；A 为指前因子(s^{-1})；E_a 为热分解反应活化能(J/mol)；R 为气体常数(J/(mol・K))；T 为温度(K)。

对式(4-1-1)微分可得

$$\mathrm{d}\ \ln k/\mathrm{d}t = E_a/RT^2 \qquad (4-1-2)$$

由式(4-1-2)可知，$\ln k$ 随温度的变化率与 E_a 值成正比。而火炸药热分解的活化能通常比一般物质反应的活化能大几倍，因此，当温度升高时，火炸药的热分解反应速度增长率比一般物质反应速度增长率大得多。

4.1.2 热分解的通性

火炸药的热分解性质与其组分的热分解性质密切相关。其中，单质炸药是各类火炸药包括混合炸药、发射药和推进剂中不可或缺的组分，对火炸药的热分解具有关键作用。单质炸药通常为含有爆炸性基团的有机化合物，其热分解性质符合以下规律。

热分解按其分解速度可以分为 3 个时期：热分解的延滞期、加速期和降速期。热分解的延滞期是指当火炸药受热后，没有发生明显分解或分解速度很低甚至趋于零的时期，这时的气体产物也较少。热分解的加速期是指在延滞期结束后，分解速度逐渐加快，在某一时刻可达某一极大值的时期。热分解降速期是指当火炸药量较少时，反应速度达到某一极大值之后发生下降，直至分解完毕。而当火炸药量较多时，反应速度则可一直增长到爆炸，此时不存在降速期。

火炸药的热分解反应可分为初始反应和二次反应。初始反应是火炸药热分解的开始阶段，此时分子发生键断裂，热分解速率较低，热分解产物之间还没有发生相互反应，加速趋势很弱。初始反应速度随着火炸药本身的性质如化学结构、晶型、相态等，以及环境温度而改变。在一定温度下，它决定火炸药最大可能的热安定性，而在一般的储存和加工温度条件下，火炸药热分解反应速度很小。热分解的二次反应是指某些热分解的初始反应产物，可以继续和分解形成其他产物或火炸药自身相互反应。热分解的二次反应一般是自动加速反应，包括热积累的自动加速、自动催化加速反应、自由基链加速以及局部化学反应。二次反应的反应速率不仅和火炸药自身的分解产物、放热的性质有关，还受到外界条件的影响，其反应速度比初始反应大得多。因为二次反应与外界条件有关，所以在一定范围和条件下，可以调节热分解

的加速历程，从而提高火炸药的安全性。

4.1.3 热分解的研究方法

火炸药发生热分解时，分子出现化学键的断裂，分解生成两种或两种以上的物质。在热分解的过程中，火炸药释放出气体产物，质量随之减少，同时伴随着热量的变化，而且在密闭空间中，气体压力也随之增加。研究火炸药热分解的试验方法，就是根据这些现象，即热分解过程中的物理或化学参数随着温度、压力或时间的变化来测定的。例如，分解过程热量、重量及温度的变化，产物种类及浓度的变化，以及分解气体压力的变化等。根据这些由热分解导致的性质变化，可以通过多种测试方法，如测失重法、测热法、测量密闭空间中的气体压力法和气体产物组成法等，利用各种仪器分析，如气相色谱、傅里叶红外光谱、核磁共振光谱、飞行质谱、色谱/质谱联用技术以及光电子能谱等研究物质的热分解。

根据热分解过程中环境温度是否变化，研究方法又可分为等温、变温两大类。最初，等温条件下的动力学研究是研究物质热分解的唯一方法。而随着先进仪器的不断涌现，在 20 世纪 60 年代以后非等温动力学的测试方法，如热失重、差热分析以及差示扫描量热法等逐步应用于火炸药热分解的研究，目前已成为研究火炸药热分解的重要方法。

4.2 火炸药典型组分的热分解

4.2.1 单质炸药的热分解

1. 硝化甘油的热分解

硝化甘油即丙三醇三硝酸酯，不仅是发射药，也是双基、改性双基及 NEPE 推进剂中的重要能量组分和增塑剂。硝化甘油的热分解性质对于发射药和推进剂的热分解及燃烧特性都有重要的影响。

硝化甘油常温下为液体，性质稳定。纯硝化甘油室温下可储存很多年而没有明显分解，但杂质的存在，如含少量的水、酸、碱、铁离子等都会对硝化甘油的分解有促进作用。如图 4-2-1 中硝化甘油热分解曲线所示，在一定时间内，纯硝化甘油的分解最慢，而含量为 0.2%的水、硝酸对于硝化甘油热分解均有加速作用。

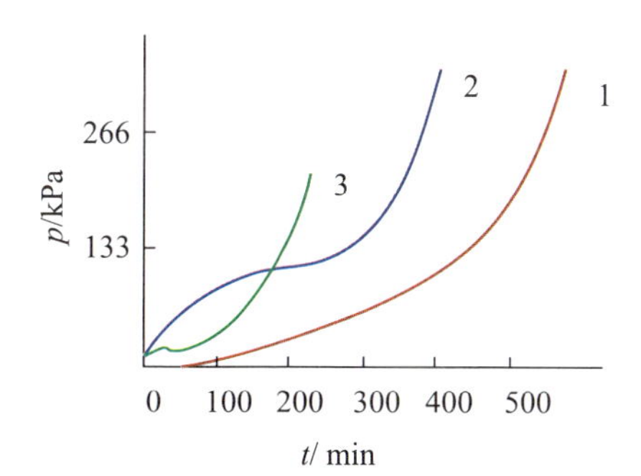

图 4-2-1　水、硝酸对硝化甘油热分解的影响(100℃，高 m/V)

1—NG；2—含 0.2%硝酸的 NG；3—含 0.2%水的 NG。

硝化甘油的热分解规律符合 Arrhenius 方程，其分解活化能 E_a 值高，因而对温度的改变十分敏感，受热时分解加快。当温度超过 50℃ 产生液相分解，温度继续升高，分解速度进一步加快，同时由于分解产物 NO_2 的自催化作用而放热，出现自动升温现象。在 95～125℃ 范围内，温度每升高 5℃ 分解速度增加一倍左右，当温度升高到 145℃ 左右时，分解非常激烈，呈“假沸腾”状，到 215～218℃时则发生爆炸。

硝化甘油的分解，首先从仲碳上的硝酸酯基断裂，放出 NO_2，NO_2 溶解于硝化甘油中与醛基氧化放热或催化硝化甘油继续分解。试验表明，硝化甘油的液相热分解可分为两个阶段，第一阶段为缓慢的单分子分解阶段，分解脱除 NO_2；第二阶段为自动加速分解阶段，第一阶段分解出的 NO_2 起催化作用，反应放热而使分解速度急剧增加。这一阶段的开始与发展取决于挥发性分解产物的积聚，与装填密度和压力相关。如果装填密度小、压力小或者惰性气体排除分解的气体产物，就可能不出现自催化加速阶段。硝化甘油的自动加速出现的时间与温度密切相关，表 4-2-1 列出了不同温度下硝化甘油出现热分解加速反应的时间。当装填密度大时，硝化甘油在 100℃ 时经过 9～10h 就会出现热分解的加速反应，在 60℃ 时则要经过 550h 才出现加速反应，而根据高温数据计算得出 20℃ 时出现热分解加速的时间为 17a。

表 4-2-1　不同温度下硝化甘油出现加速反应的时间

温度/℃	时间	备注
100	9～10h	大装填密度。30℃ 和 20℃ 的时间是根据高温试验数据外推的，下同
80	73～93h	
60	550h	
30	3.2a	
20	17a	
30	4800a	小装填密度
20	56500a	

硝化甘油热分解还受到压力的影响，随着压力的升高，分解放热量增大，分解峰温降低，并在达到一定压力后产生爆燃。当分解气体产物在硝化甘油上部积聚并达到某一临界压力时，分解速度与压力的平方成正比。这是因为随压力增加，自催化的 NO_2 在硝化甘油中的溶解度增大。

硝化甘油的气相热分解按照键能强弱的顺序进行，从最弱的 O—NO_2 键的断裂开始，其次是碳骨架上的 C—C 键断裂，然后则是由生成的 NO_2 及游离基进行一系列的氧化反应，NO_2 被还原为 NO，而碳氢基团被氧化为 CO、CO_2、H_2O 等。其分解机理为

$$\begin{matrix} H_2CONO_2 \\ | \\ HCONO_2 \\ | \\ H_2CONO_2 \end{matrix} \longrightarrow \begin{matrix} H_2CONO_2 \\ | \\ HCO^{\cdot} \\ | \\ H_2CONO_2 \\ + NO_2 \end{matrix} \longrightarrow \begin{matrix} H_2CONO_2 \\ | \\ HC=O \\ + \\ H_2CO + NO_2 \end{matrix} \longrightarrow CH_2O + NO_2 + HC^{\cdot}O$$

$$CH_2O + NO_2 \longrightarrow {}^{\cdot}CHO + HNO_2 \qquad {}^{\cdot}CHO + NO_2 \longrightarrow HCOO^{\cdot} + NO$$

$${}^{\cdot}CHO + NO_2 \longrightarrow CO + HNO_2 \qquad HCOO^{\cdot} + NO_2 \longrightarrow CO_2 + HNO_2$$

$$2HNO_2 \longrightarrow H_2O + NO_2 + NO$$

硝化甘油的液相热分解，与其气相分解相比，由于容易积聚分解产物，如 NO_2、H_2O、酸等，氧化及水解作用强烈，因而具有明显的自催化分解加速作用。除了上述气相分解反应之外，还可能存在 NO_2 和硝化甘油的自催化反应，反应机理为

$$\begin{matrix} H_2CONO_2 \\ | \\ HCONO_2 \\ | \\ H_2CONO_2 \end{matrix} + NO_2 \longrightarrow \begin{matrix} H_2CONO_2 \\ | \\ {}^{\cdot}CONO_2 \\ | \\ H_2CONO_2 \\ + HNO_2 \end{matrix} \longrightarrow \begin{matrix} 2H_2C^{\cdot}ONO_2 \\ + \\ NO_2 + CO \end{matrix} \longrightarrow 2H_2CO + 2NO_2$$

$$\begin{matrix} H_2CONO_2 \\ | \\ {}^{\cdot}CONO_2 \\ | \\ H_2CONO_2 \end{matrix} + NO_2 \longrightarrow \begin{matrix} 2H_2C^{\cdot}ONO_2 \\ + \\ 2NO_2 + CO \end{matrix} \longrightarrow 2H_2CO + 2NO_2$$

2. TNT 的热分解

硝基类炸药主要为芳香族多硝基化合物，其热分解速率是炸药中最低的一类。TNT 即 2,4,6-三硝基甲苯，是目前应用最广的硝基类炸药，其热分解速率只比硝基苯略快，TNT 的 TG 和 DTG 曲线如图 4-2-2 所示。由 TG 测试可知，TNT 在约 137℃ 开始分解，在 240℃ 左右分解完成，残碳率为 1.18%。TNT 在初始阶段分解较慢，随着温度升高，分解速度逐渐加快，在 224.16℃

时达到最大分解速度 26.57%/min。

温度对 TNT 的热分解速度有显著的影响。在不同温度下测定 TNT 的热分解速度曲线如图 4-2-3 所示，在 200℃ 以下时，TNT 的热分解速度很小，而在 220～271℃ 之间，其热分解速度的极大值随着温度的升高而增加，并且出现的时间也越快。此外，一些金属氧化物对 TNT 的热分解也有加速作用，如以 MnO_2、CuO、Cr_2O_3 及 Ag_2O 等组成的混合催化剂，在高温下能明显缩短 TNT 的热爆炸延滞期，300℃ 时则使 TNT 瞬间爆炸，而没有延滞期。

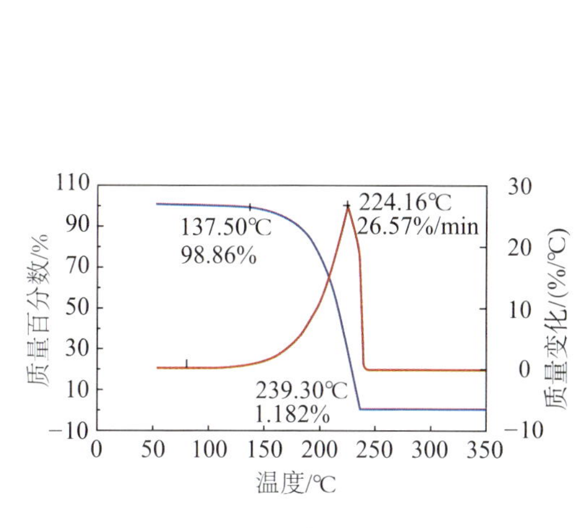

图 4-2-2 TNT 的 TG 和 DTG 曲线
(升温速度 10℃/min)

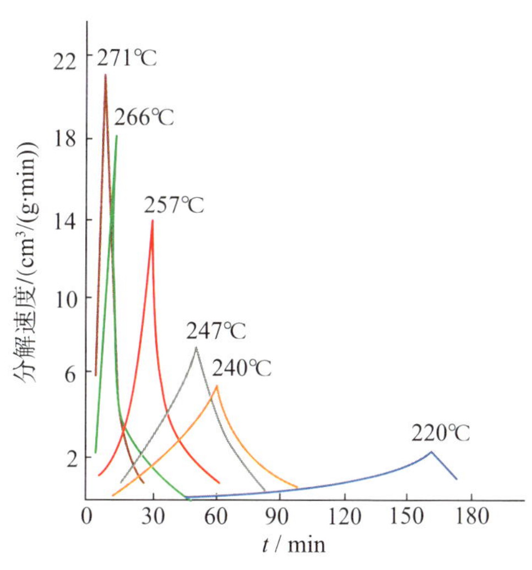

图 4-2-3 温度对 TNT 热分解过程的影响

3. 硝胺炸药的热分解

硝胺炸药中最重要的是属于氮杂环硝胺的黑索今(RDX)、奥克托今(HMX)以及六硝基六氮杂异伍兹烷(HNIW)。这些硝胺炸药由于能量高，燃烧时生成大量气体，用作火箭推进剂时可获得高比冲，用作枪炮发射药时可获得大的抛射功，而且不产生 HCl 等腐蚀性人的燃烧产物，在混合炸药、高能推进剂以及低易损发射药中的应用研究已取得重要的进展。

1)RDX 的热分解

RDX(1,3,5-三硝基-1,3,5-三氮杂环己烷)的熔点为 204～206℃，在 200℃ 以下，其热分解处于固相。但是，在高温时由于 RDX 的蒸气压较高，部分热分解会在气相中进行，这也导致了 RDX 热分解的复杂性。在加热过程中，RDX 的热分解随着温度的升高经过固相分解、液相(熔融态或溶解在惰性溶剂中)分解及气相(蒸气)分解阶段。由 RDX 的 TG－DTG 曲线可知(图 4－2－4)，RDX 的热分解可分为 3 个阶段，其质量损失分别约为 19.8%、36.5% 和 43.7%。

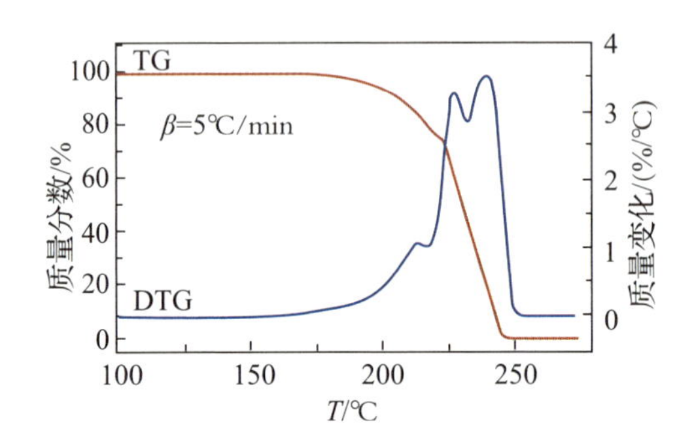

图 4－2－4 RDX 的 TG－DTG 曲线

通过红外、质谱等测试研究表明，在不同相态中 RDX 的热分解机理不同。RDX 在气相受热分解时，先发生 N—N 键的均裂，形成热分解初始产物 NO_2 和相应的自由基，然后开环生成链状的自由基分子，再进一步分解。其分解历程可用下式表示：

$$\text{(RDX)} \longrightarrow NO_2 + \text{(自由基)} \longrightarrow$$

$$O_2N-N(CH_2)-\overset{H_2}{C}-NH-CHO \longrightarrow CH_2O+N_2+O_2N-\dot{N}-\overset{H_2}{C}-NH-CHO$$

$$\longrightarrow N_2O+\cdot CHOH\cdot NH_2\ \cdot CHO$$

上述热分解历程的气体分解产物组成与 Brill T. 等人用傅里叶红外光谱的研究结果一致。然而，Liebman 等通过研究证实可能同时存在 N—N 键的均裂和 C—N 键的断裂，他们提出的热分解过程如下：

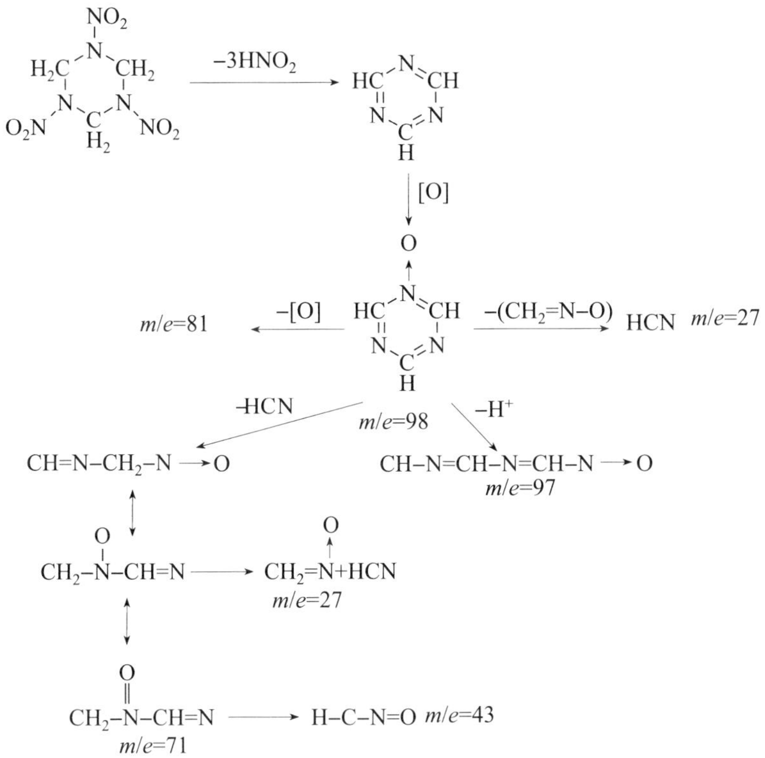

$-3HNO_2$

[O]

$m/e=81$ $\xleftarrow{-[O]}$ $\xrightarrow{-(CH_2=N-O)}$ HCN $m/e=27$

$-$HCN $m/e=98$ $-H^+$

$CH=N-CH_2-N\rightarrow O$ $CH-N=CH-N=CH-N\rightarrow O$ $m/e=97$

$CH_2-N(O)-CH=N \longrightarrow CH_2=N(\rightarrow O)+HCN$ $m/e=27$

$CH_2-N(=O)-CH=N$ $m/e=71$ $\longrightarrow$ $H-C-N=O$ $m/e=43$

RDX 在液相时的分子间距离比气相时更加紧密，因此其热分解机理有所不同。液相 RDX 在 200～300℃ 热分解时，反应有明显的自催化趋势。Robertson 提出了液相 RDX 的热分解历程，反应式为

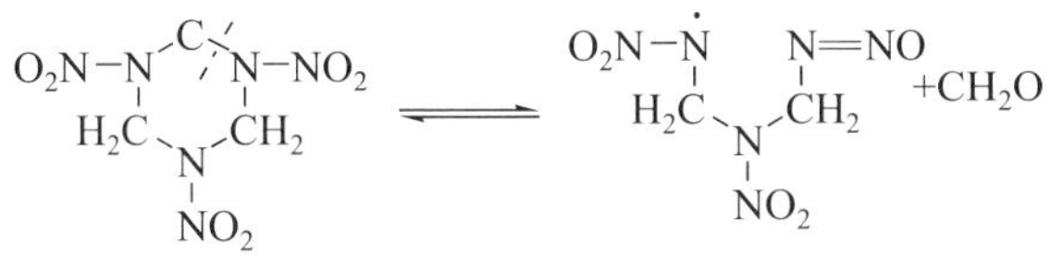

$$\rightleftharpoons \quad +CH_2O$$

在液相时，RDX 的氮杂环 C—N 键先断裂，释放出甲醛和相应的自由基。这与 RDX 在气相时先分解产生气相产物 NO_2 的机理不同，液相分解反应生成的自由基进一步分解，释放出 NO_2 和其他产物。

在固相时，RDX 是分子晶体，分子紧密堆积，分子间的氢键作用强，导致固相 RDX 的热分解初始反应与其气相、液相均不相同。可用下式表示分子间键及固相 RDX 的热分解，即

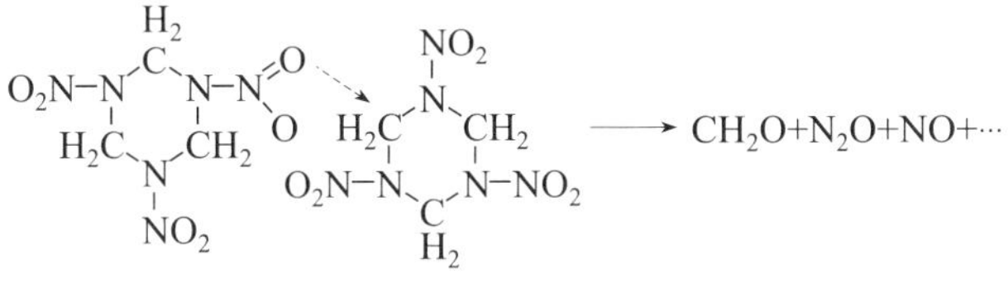

$$\longrightarrow CH_2O+N_2O+NO+\cdots$$

这一热分解历程表明，RDX 在固相时首先在 C—N 键发生断裂，分子被破坏，随后才发生进一步的反应。通过电子显微镜发现，单晶 RDX 热分解最初的核心可能是晶体的缺陷。当分解开始后，由于中间分解产物的体积与原来分子体积不同，可能产生晶体破裂力，使热分解进一步发展。RDX 的固相分解进行到一定程度时，才明显地放出气体分解产物 NO_2。

2)HMX 的热分解

HMX 为 1,3,5,7-四硝基-1,3,5,7-四氮杂环辛烷，即环四亚甲基四硝胺。HMX 的熔点为 272.5℃，具有 α、β、γ、δ 四种晶型，晶型随着温度发生转变，常温下最稳定的是 β 晶型，而在高温下，则转化为 δ 晶型。HMX 的热分解与 RDX 相似，但由于 HMX 的熔点更高，在固相时其分解速度就已相当明显，因此，其固相分解比 RDX 更为复杂。

由图 4-2-5 所示的 HMX 的 TG-DTG 曲线可知，HMX 的固相热分解在 250℃ 以上开始，熔融后热分解加速，在 286℃ 左右达到分解峰温(10℃/min)。由于 HMX 的分解为固相和液相同时进行的非均相过程，在分解过程中相态变化引起反应的加速是 HMX 比 RDX 的分解更剧烈的主要原因。HMX 的 DSC 分析结果显示(图 4-2-6)，HMX 受热后，在 195.1℃ 处呈现一弱吸收峰，为 β 型向 δ 型的晶型转变吸热峰，在约 280℃ 开始快速放热，出现陡峭尖峰，表明 HMX 熔融成液相后分解速度很快。在不同的试验方法和条件下，得到的 HMX 热分解活化能数据差别较大，在 152～265kJ/mol 之间，这也说明了 HMX 热分解反应的复杂性。

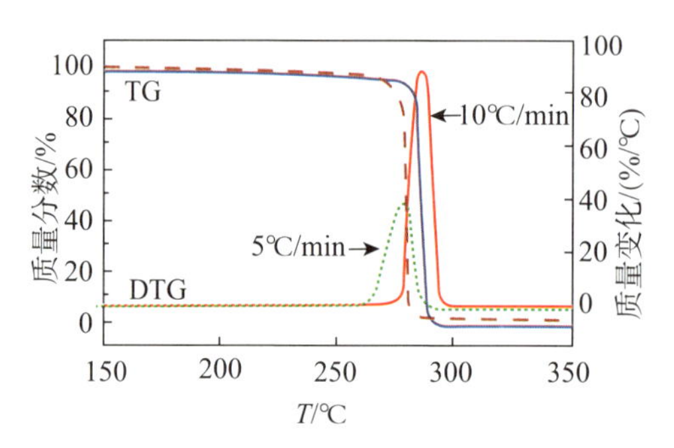

图 4-2-5　HMX 的 TG-DTG 曲线

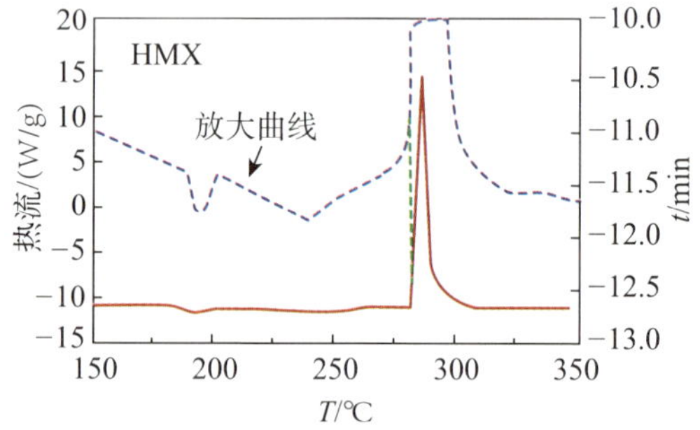

图 4-2-6　HMX 的 DSC 曲线

3)HNIW 的热分解

HNIW 即六硝基六氮杂异伍兹烷，也称为CL-20，是一种高能量密度的笼型多硝铵化合物。HNIW 具有多种晶型，常见的主要有 α、β、γ、ε 和 ζ 晶型。其中，ε-HNIW 的密度最大，热稳定性最好，感度也最低，是实际应用于武器装备中的晶型。

不同晶型的 HNIW 表现出不同的热分解行为，图 4-2-7 中示出了 α、γ 和 ε 晶型的 HNIW 在 194℃ 时的热失重曲线。从图中可以看出，ε-HNIW 的热分解最慢，γ(α)-HNIW 的热分解最快。在不同温度范围内，这三种晶型 HNIW 的热分解动力学参数如表 4-2-2 所示。α、γ 和 ε 晶型的 HNIW 热分解自加速反应阶段的速率常数均远大于初始反应阶段的速率常数，这说明 HNIW 具有很强的自加速趋势。

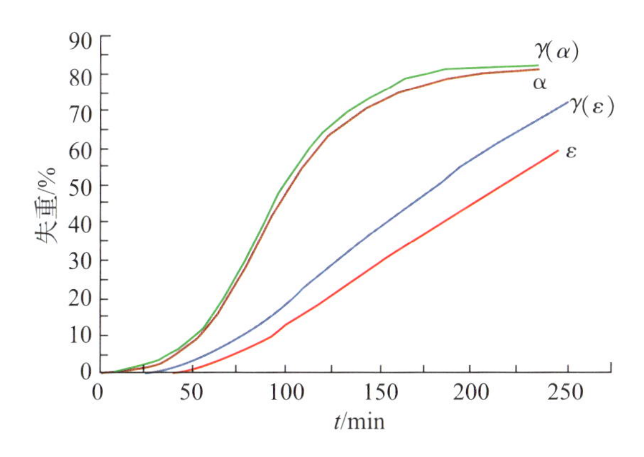

图 4-2-7　不同晶型 HNIW 的热失重曲线(194℃)

注：γ(α)表示由 α-HNIW 在 160℃ 加热 5h 制备的 γ-HNIW；γ(ε)表示由 ε-HNIW 在 160℃ 加热 5h 制备的 γ-HNIW。

表 4-2-2　不同晶型的 HNIW 热分解的初始阶段和自加速阶段的动力学参数

样品	T/℃	E/(kJ/mol)		A/s^{-1}		$k^{180℃}$/s^{-1}	
		初始阶段	自加速阶段	初始阶段	自加速阶段	初始阶段	自加速阶段
α-HNIW	166～194	149±10.9	242±8.0	$10^{11.9\pm1.3}$	$10^{23\pm0.9}$	5.3×10^{-6}	1.9×10^{-4}
γ-HNIW	172～194	196±14.2	207±7.1	$10^{17.7\pm1.6}$	$10^{19.6\pm0.8}$	1.5×10^{-5}	5.8×10^{-5}
ε-HNIW	192～211	222±5.9	190±10.9	$10^{20.3\pm0.7}$	$10^{17.6\pm1.2}$	4.8×10^{-6}	5.5×10^{-5}

ε-HNIW 的 TG-DTG 曲线如图 4-2-8 所示。ε-HNIW 在 230℃ 之前保持了良好的热稳定性，基本没有质量损失。其 DSC 曲线显示在 157.6℃ 的小峰为 ε→γ 的转晶吸热峰。在 230℃ 之后热分解加速，最大分解峰温为 251.1℃。与 RDX 和 HMX 相比，其分解放热量最大，ΔH_d 为 3101J/g。ε-HNIW 在约 300℃ 结束剧烈的热分解，此时有约 15% 的固相残渣，升温到 400℃ 以上时，又继续缓慢分解，在 800℃ 时仍有 4%的残渣。

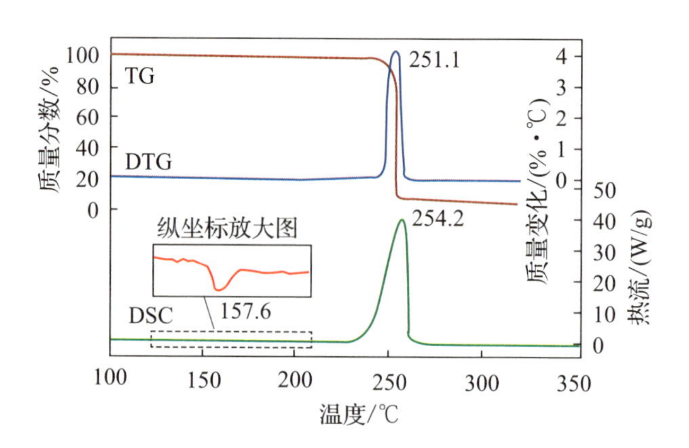

图 4-2-8 ε-HNIW 的 TG-DTG 及 DSC 曲线

HNIW 的热分解不仅和晶型有关，也和其晶体的物理性质有关。通过显微镜观察 HNIW 的热分解行为，HNIW 在程序升温到 155℃ 时没有变化，在 155～160℃ 出现晶体的"移动"。165℃ 时开始缓慢热分解，同时晶体透明度也下降，可能是晶体间水(约 0.1%)的释放造成的，这个"脱水"过程在 165～190℃ 持续进行，225℃ 发生晶体的强烈迸裂。HNIW 在热分解时不形成熔体，其热分解初始阶段较为复杂，过程始于晶体间水的脱离，之后热分解服从局部化学规律。因此，可以通过预处理的方法，改善 HNIW 的热稳定性。

4.2.2 氧化剂的热分解

1. 高氯酸铵的热分解

高氯酸铵(AP)是目前使用最多的一种无机氧化剂，在复合推进剂的组分中，其含量可高达 70%以上，因而 AP 的热分解对固体推进剂的燃烧性能有重要的影响。

高氯酸铵为白色晶体，常温下非常稳定。由 AP 的 TG-DTA 曲线(图 4-2-9)可知，AP 的热分解可分为以下阶段：①晶型转变阶段：当温度升高到 240℃ 时，发生吸热的晶型转变，由室温下的斜方晶型转变成立方晶型。②低温分解阶段：当温度升高到 270～320℃，发生放热的低温分解过程。分解反应是自催化进行的，由感应期、加速期及减速期组成。③高温分解阶段：当温度升高到 350～400℃，发生放热的高温分解过程。分解反应不是自催化进行的，整个分解过程都是减速的，但能够全部分解。

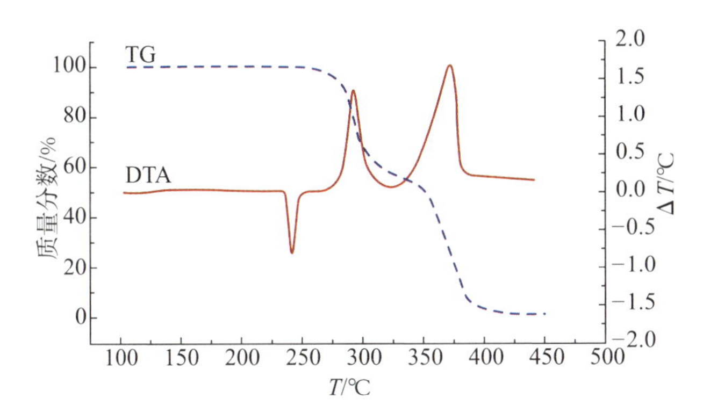

图 4-2-9 高氯酸铵的 TG-DTA 曲线

Jacobs 提出了 AP 热分解的统一机理，认为 AP 的高温分解、低温分解及升华过程的反应控制步骤相同，三个过程都遵循着质子转移机理，其模型如下：

$$
\begin{array}{l}
\qquad\qquad NH_3(a) + R \rightarrow P(\mathrm{I}) \\
\qquad\qquad\qquad \vdots \\
NH_4^+ ClO_4^-(c) \rightarrow NH_3(a) + HClO_4(a) \\
\qquad\qquad \downarrow(\text{解吸}) \quad \downarrow(\text{解吸}) \\
\qquad\qquad NH_3(g) + HClO_4(g) \rightarrow \text{升华}(\mathrm{III}) \\
\qquad\qquad \vdots \qquad\qquad \downarrow \\
\qquad\qquad NH_3(g) + R \rightarrow P(\mathrm{II})
\end{array}
$$

其中：Ⅰ为低温分解过程；Ⅱ为高温分解过程；Ⅲ为升华过程；c 代表晶体；a 代表吸附态；g 代表气态；R 为自由基；P(Ⅰ)为低温最终产物；P(Ⅱ)为高温最终产物。

在低温下，AP 的分解反应是吸附态的 NH_3(a)及 $HClO_4$之间的反应，气相反应不是分解过程中速度的控制步骤，分解速度大于升华速度。由于低温下 NH_3(a)不能全部解吸与 $HClO_4$ 的分解产物发生氧化反应，随着分解过程的进行，吸附态 NH_3(a)将不断覆盖 AP 表面，若 AP 晶体表面全部被吸附态 NH_3(a)所覆盖，则分解过程停止。因此，低温下 AP 仅能分解约 30%，分解残留的固体形成多孔性 AP，这种多孔物质的化学性能没有改变，只有经过升华、重结晶或机械振动后，才能恢复它的低温活性，而利用这种特性可以制造高燃速用的多孔 AP。

在高温下，AP 晶体表面上发生质子转移后，吸附态的 NH_3(a)和 $HClO_4$(a)解吸生成气态的 NH_3(g)和 $HClO_4$(g)。气态的 $HClO_4$(g)在气相中分解的氧化性产物进一步与 NH_3(g)反应，生成高温分解的最终产物。高温下的气相反应是分解过程速度的控制步骤，受压力的影响。此外，在高温下，一部分解吸的气态 NH_3(g)和 $HClO_4$(g)遇冷重新化合凝结成晶体。NH_4ClO_4 分解的质子转移机理的反应历程如图 4-2-10 所示。

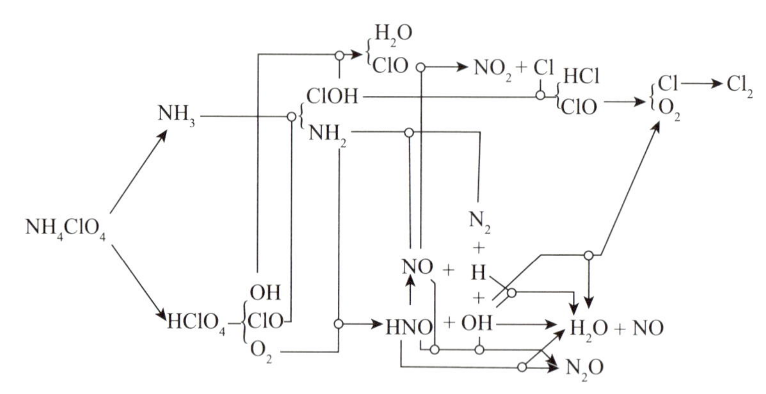

图 4-2-10 高氯酸铵分解的化学反应历程示意图

2. 二硝酰胺铵的热分解

二硝酰胺铵(ADN)是具有能量密度高、安全性能好等优点的一种高能氧化剂。由于分子中不含卤素，克服了高氯酸铵氧化剂的不足，所以可作为不敏感弹药和低特征信号推进剂的氧化剂。

ADN 的 TG-DTA 曲线如图 4-2-11 所示。由 TG 分析可知，ADN 在 92℃左右熔融，进一步加热，完全熔融的 ADN 经历了一个相对稳定的阶段，在 140℃左右开始快速分解，主要分解放热峰的峰温约 190℃，在 230℃左右出现次吸热分解峰。

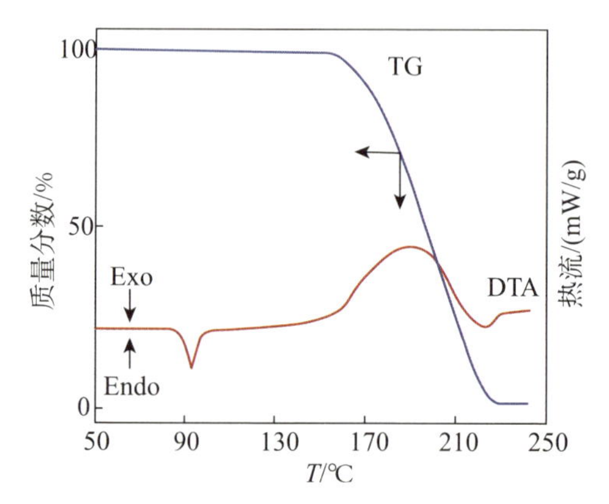

图 4-2-11 ADN 的 TG-DTA 曲线

ADN 晶体和颗粒的 DSC 曲线如图 4-2-12 所示。两种 ADN 样品均显示出两个吸热峰和两个主要的放热峰。第一个吸热峰出现在约 90℃，这是由 ADN

的熔融引起的，ADN 晶体的熔点为 92℃，而 ADN 颗粒的熔点为 90℃。液相的 ADN 继续分解产生两个主要的放热峰，分解峰温分别在约 175℃ 和230～255℃之间，第二个放热峰是由 ADN 分解过程中形成的硝酸铵(AN)进一步分解产生的，即在 250～270℃ 之间出现由于 AN 分解过程中水的形成和蒸发产生的吸热峰。

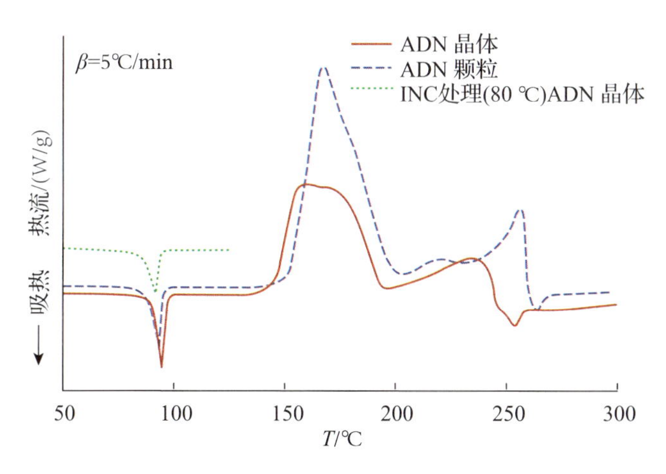

图 4-2-12　ADN 晶体和颗粒的 DSC 曲线

由于液相比固相的热分解速度要快得多，因此通常要求样品应无水。ADN 却出现了“反常分解”现象，含水为 0.4% 的 ADN 分解速度很慢，而干燥的 ADN 的分解速度相比含水的 ADN 增加了上千倍。一般在生产中希望获得干燥的产品，但对于 ADN 来说含有适量水反而会提高安定性。对于 ADN 这种反常分解现象的解释，量子力学的观点认为，液态 ADN 中的两个—NO_2 键是等价且对称的，在热分解时，N—N 键的断键能较高，决定了它的稳定状态。但当 ADN 处于晶态时，由于晶格的约束，非弹性刚度使它的两个—NO_2 键存在应力，结构的对称受到扭曲，变得不等价、不对称，其中有一个较弱，这样在热分解时阴离子就发挥作用了。如果加入极少量的溶剂(如水)，就会进入 ADN 结晶内部，使晶格参数有所变化，改善了晶格中离子的活动性，尽管水的含量很少，即使只有万分之几，也足以使两键恢复到等价状态，从而提高了它的热安定性。试验研究表明，水含量在 0.2%时，ADN 的热安定性最好。

4.2.3　黏合剂的热分解

1. 含能黏合剂的热分解

1)硝化纤维素的热分解

硝化纤维素(NC)分子链由葡萄糖酐单元组成，每个单元最多含有 3 个硝酸酯基，其结构式如下：

NC是由各个结构单元的一硝、二硝、三硝酸酯化而成的混合物。完全硝化的NC含氮量为14.14%，当NC平均各结构单元中有两个硝酸酯基时，含氮量为11.11%。在火炸药中使用的NC，其含氮量通常为12.0%～13.2%，因而有大量非硝化的羟基随机分布在聚合物中。NC的热分解取决于其高分子的性质、硝酸酯化的程度和未硝化的羟基数目。NC中不同碳原子上的硝酸酯基团具有不同的反应活性，可相差14倍。当NC含氮量高于4%时，其热分解出现自加速现象，且硝化程度越高，自加速趋势越大。

NC的热分析曲线如图4-2-13所示。DSC曲线显示在209.3℃有一个明显的放热峰，DTG曲线显示从室温加热到400°C出现一个分解峰温位于212.1℃的放热峰，其质量损失为93.2%。研究表明，NC固相分解的活化能较高，不同方法测试的E_a值大多在180～196kJ/mol之间。而在高温、高升温速率以及气相分解条件下，活化能较低，在142～163kJ/mol之间。由于O—NO_2键的离解能为163kJ/mol，说明NC热分解反应的控制步骤是O—NO_2键的断裂。

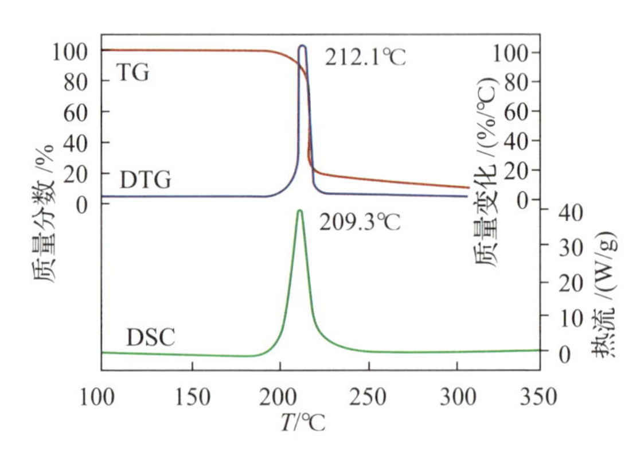

图4-2-13　NC的DSC和TG-DTG曲线

研究表明：NC的热分解始于链结构单元上稳定性较差的C_2与C_3上的硝酸酯基脱落，产生的NO_2进而与C_2和C_3上新形成的醛基反应放出CO_2和NO；然后是C_6上的硝酸酯基脱落，相互反应生成更低级的醛和酮。NC热分解的初始反应如下：

（1）链单元 C_2、C_3 位上 $O—NO_2$ 键断裂，分解出 NO_2：

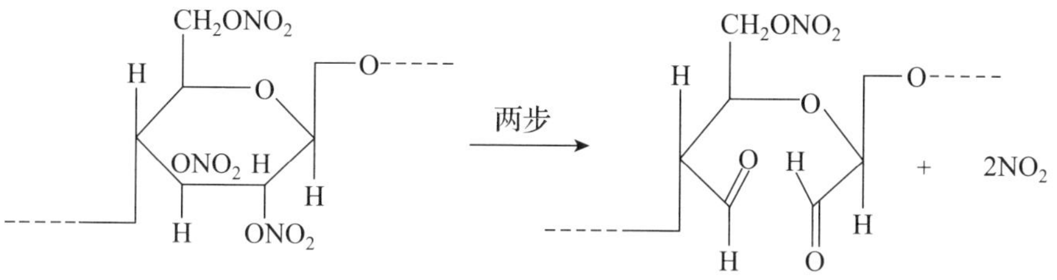

CH_2ONO_2 ... 两步 → ... + $2NO_2$

（2）C_6 位上 $O—NO_2$ 键断裂，分解出 H 和 NO_2。

①

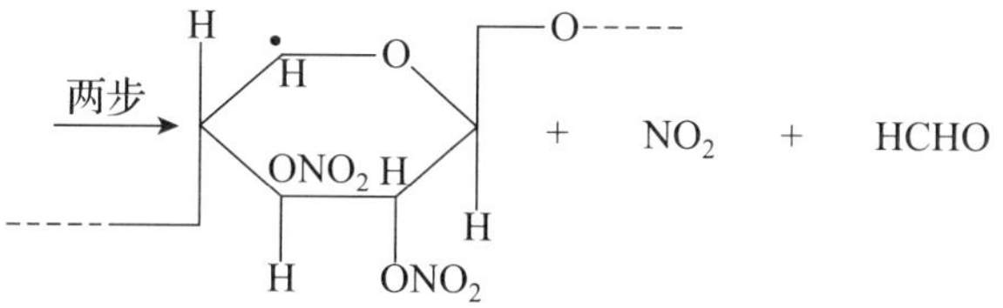

两步 → ... + NO_2 + HCHO

或②

两步 → ... + NO_2 + HCHO

↓ 一步

OR' ... + CH═O—CH═O

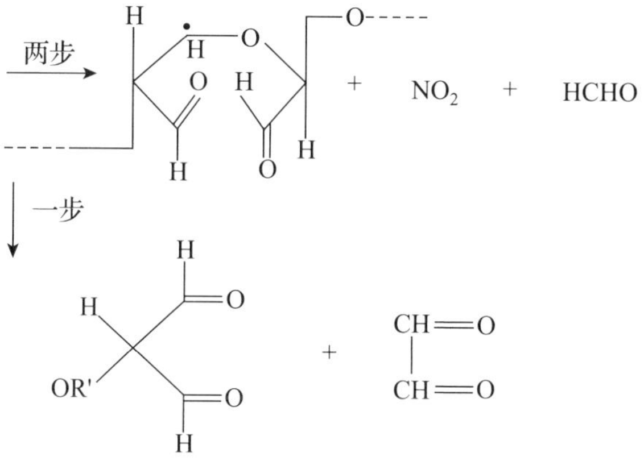

在高升温速率（140℃/s）下，NC 分解的气体产物按组分浓度递减的顺序排列依次是 NO、CO、CH_2O、CO_2、NO_2、HCOOH。NO_2 和 CH_2O 的大量生成主要与 NC 中的 CH_2ONO_2 基团有关，CO 和 NO 主要来自 NO_2 的还原反应，而 HCOOH 则是在大部分硝酸酯基分解之后的残留物反应所生成的产物。

NC 在常温下热分解速度十分缓慢，而含有杂质可以加速或减缓它的分解速度。例如含有硫酸酯、酸、铁屑等可促使 NC 热分解；而含有醇、二苯胺、烷基脲、碱等物质，则可减缓其热分解。NC 的热分解初始反应速率还和含水量有关，如温度低于 70℃ 时，1% 的含水量可使 NC 的水解速率变快，比 NO_2 基团的断裂速率更快。水可使 NC 的热分解速率加大，但是加速趋势不大，如果同时还存在氧或者酸时，会明显加快其热分解。

2)GAP的热分解

聚叠氮缩水甘油醚(GAP)具有生成热高、密度大、氮含量高、机械感度低、特征信号低等优点，作为含能黏合剂在固体推进剂中应用可提高能量，改善推进剂的燃烧性能和力学性能，是研制高能、钝感和低特征信号推进剂的重要黏合剂。

GAP的TG-DTG曲线如图4-2-14所示。由TG分析可知，GAP的热稳定性较好，加热到约200℃才有较明显的失重。GAP的热分解可以分为两个阶段：第一个阶段在200～280°C之间，此时分解速度较快，分解峰温为249.7℃，质量损失为43.5%～46.0%，且失重不受升温速率和聚合度的影响。第二个阶段是温度高于280℃以后，热分解反应进行得较为缓慢。

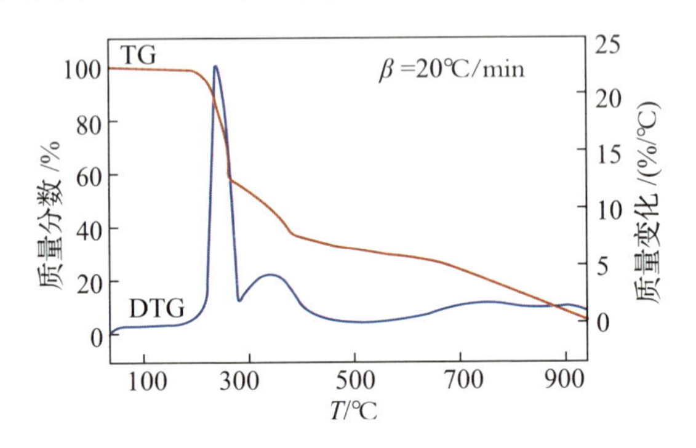

图4-2-14 GAP的TG-DTG热分解曲线

GAP的热分解首先是侧链上叠氮基团的分解并放热，然后是主链碳骨架的分解，这一结论由热裂解原位FTIR技术得到验证。GAP热分解凝聚相红外图谱随温度的变化如图4-2-15所示，GAP的特征基团—N_3基团的IR吸收峰位于2101cm^{-1}，其吸收强度在约170°C时开始降低，220°C时下降速率最大。其他特征基团C—O—C(1120cm^{-1})，CH_2和CH(2984cm^{-1})，C═O(1729cm^{-1})或烯醛C═O(1679cm^{-1})和C═N—H(1650cm^{-1})基团，也相继出现吸收强度降低或升高速率达到最大。特征基团C—O—C的消失过程稍落后于—N_3和C═N—H，且烯醛基团降低的最大速率点和温度延后20～50°C，这说明在—N_3基团裂解的同时，虽然GAP骨架也开始部分解聚成单体，但其分解明显要迟于—N_3基团，而CH_2或CH基团的吸收强度降低的最大速率点出现在230°C，也验证了这一点。随着温度的继续升高，反应进入第二阶段GAP骨架的裂解，部分产物会发生聚合反应，生成具有芳香环特征吸收(1602cm^{-1}、1580cm^{-1}、830cm^{-1}、754cm^{-1})的中间体，温度继续升高，该物质完全分解。

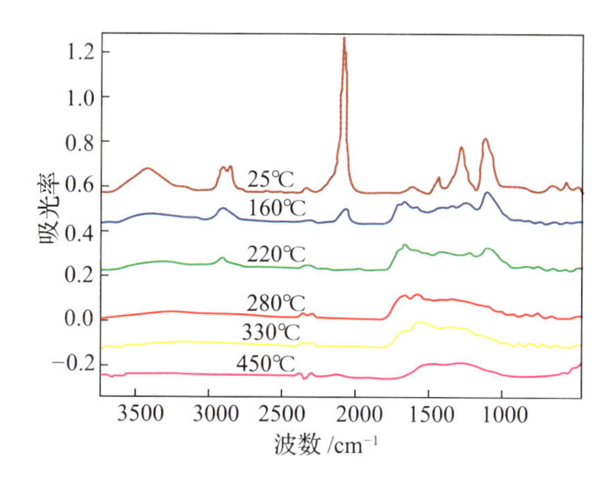

图 4-2-15　GAP 热分解凝聚相红外图谱

由此提出了 GAP 热分解的机理：第一阶段为 GAP 中叠氮基团的热分解阶段，其过程首先是 GAP 侧基的 RN—N_2 键断裂生成氮宾并放出 N_2，生成的氮宾经重排形成亚胺结构，随后亚胺通过 H 转移与自由基再结合生成 NH_3 或通过 C—C 键断裂生成 HCN 等产物，发生的主要反应如下：

$$HO-\left[CH_2\underset{\substack{|\\CH_2N_3}}{CH}-O\right]_n-H \longrightarrow HO-\left[CH_2\underset{\substack{|\\CH_2N}}{CH}-O\right]_n-H + N_2$$

$$\longrightarrow HO-\left[CH_2\underset{\substack{|\\HC=NH}}{CH}-O\right]_n-H$$

$$\longrightarrow N_2O+HCN+NH_3+NO+HCHO+\cdots$$

第二阶段为氨基甲酸酯以及聚醚主链的分解阶段，中间产物再分解或相互作用或生成某些耐高温的物质，这些产物包括 C_2H_4、$H_2C=C=O$、CH_4、CO 及芳香类凝聚相物质等。

3）PBT 的热分解

3,3-双叠氮甲基氧杂环丁烷（BAMO）预聚物的单体单元中含有两个—N_3 基团，含氮质量分数高达 50%，其生成热和绝热火焰温度均比 GAP 高。然而，BAMO 预聚物的立构规整性高，常温下为结晶的固体聚合物，且力学性能欠佳，预聚物不适于用作火炸药的黏合剂。通过共聚改性得到的 BAMO-THF 嵌段共聚物（PBT），由于改善了力学性能而成为目前最具发展前景的含能黏合剂之一。PBT 嵌段共聚物的分子结构式如下：

$$HO\left[CH_2\overset{\displaystyle CH_2N_3}{\underset{\displaystyle CH_2N_3}{C}}CH_2O\right]_n\left[(CH_2)_4O\right]_m H$$

PBT 嵌段共聚物的 TG 热分解曲线如图 4-2-16 所示。由 TG 曲线可以看出，PBT 具有良好的热稳定性，其热分解主要包括两个阶段：第一阶段的分解峰温在约 243℃，第二阶段的分解峰温在约 342℃。第一阶段的质量损失是叠氮化物（—N_3）基团分解的结果。

图 4-2-17 为 PBT 嵌段共聚物的 DSC 曲线。在 DSC 热分析曲线中，约 242℃ 发生的放热峰也归因于叠氮基团的分解，而 BAMO 单体在约 160℃ 下分解。因此，PBT 嵌段共聚物具有比 BAMO 单体更好的热稳定性。

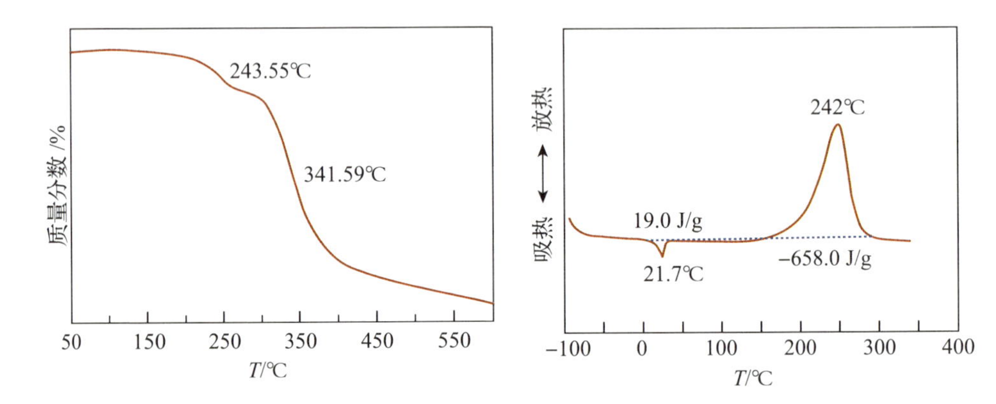

图 4-2-16　PBT 嵌段共聚物的 TG 热分解曲线　　图 4-2-17　PBT 嵌段共聚物的 DSC 曲线

通过 DSC 分析测定的 PBT 嵌段共聚物的热分解焓结果列于表 4-2-3 中。由于放热峰是叠氮基团分解的结果，因此，热分解焓的大小取决于叠氮基团的含量，即共聚物中的 BAMO 单体。由表 4-2-3 可以看出，BAMO 单体含量越高，热分解焓越大，聚合物的能量特性也越高。

表 4-2-3　PBT 嵌段共聚物的热分解焓

产物（本体聚合）			产物（溶液聚合）		
序号	THF/BAMO 比例	$H_{deco.}$ (J/g)	序号	THF/BAMO 比例	$H_{deco.}$ (J/g)
1	0/100	914.5	1	81/19	341.2
2	50/50	658.0	2	84/16	298.4
3	68/32	504.8			
4	90/10	205.9			

2. 惰性黏合剂的热分解

1）HTPB 的热分解

端羟基聚丁二烯（HTPB）黏合剂一般是指每个大分子两端平均有两个以上羟基的丁二烯均聚物，其分子链中可能含有 3 种结构，即顺式 1,4-结构、反式 1,4-结构和 1,2 结构。HTPB 的分子结构式如下：

$$HO-[CH_2-CH=CH-CH_2]_x-[CH_2-CH(CH=CH_2)]_y-[CH_2-CH=CH-CH_2]_z-OH$$

乙烯基

顺式　　乙烯基　　反式

HTPB 黏合剂分子结构上的双键受到强烈的氧化、热等环境因素的作用，可能首先发生化学变化，而且其链结构中的支链、端基也可能发生反应而破坏。HTPB 预聚物的 TG-DTA 曲线如图 4-2-18 所示。

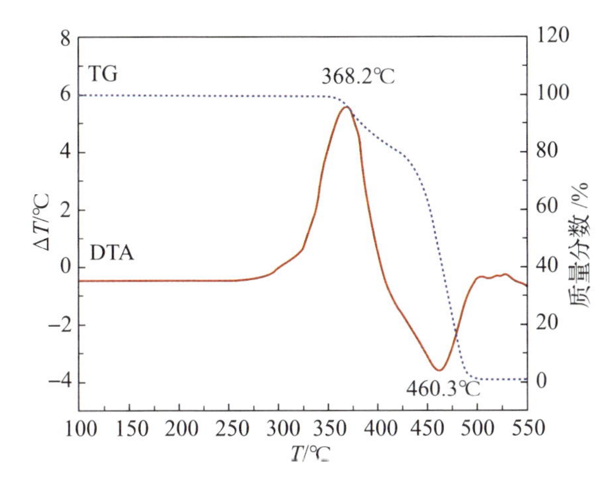

图 4-2-18 HTPB 预聚物的 TG-DTA 曲线

由 HTPB 预聚物的 TG 曲线可以看出，HTPB 预聚物在 350℃左右开始失重，至 500℃左右分解完毕。其热分解过程可分为两个阶段：在 350～410℃温度范围的失重量较小，约 15%；而在 410～500℃温度范围的失重量较大，约 83%，样品分解剩余的残碳量约为 2%。DTA 曲线表明，在约 368℃附近有一个明显的放热峰，这主要由 HTPB 预聚物的解聚反应、环化反应和交联反应所致，并有少量小分子碎片的挥发。此温度范围分子链间的交联、环化反应占主导地位，故这一阶段的表现为放热，主要分解产物为 4 -乙烯基- 1 -环己烯、丁二烯等。在 460℃附近出现一个吸热峰，归因于 HTPB 预聚物的解聚反应，此时分子链的断裂和小分子碎片的挥发都需要能量，因此该过程为吸热效应且伴随着显著失重。这一阶段的主要产物为丁二烯、环戊烯及 1,3 -环己二烯等。

在不同升温速率条件下，HTPB 预聚物的 DSC 曲线如图 4 - 2 - 19 所示。可以看出，随着升温速率的增大，HTPB 预聚物的两个分解反应峰温均升高。表 4 - 2 - 4 列出了 HTPB 固化胶片和 HTPB 预聚物热分解反应表观动力学参数，其中，HTPB 固化胶片的低温分解和高温分解反应的表观活化能、指前因子等动力学参数均高于 HTPB 预聚物的相应动力学参数，但分解峰温和反应速率常数差异较小。

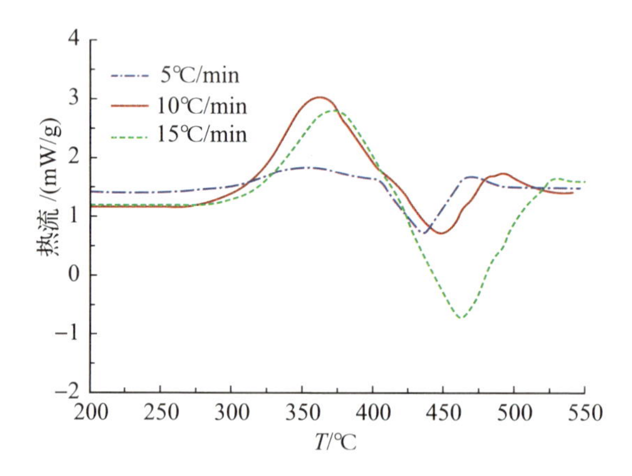

图 4 - 2 - 19 HTPB 预聚物的 DSC 曲线

表 4 - 2 - 4 HTPB 的热分解反应动力学参数

序号	样品	分解温度/℃			动力学参数		
		5℃/min	10℃/min	15℃/min	E_a/(kJ/mol)	A/s^{-1}	k/s^{-1}
1	HTPB - S	355.6	366.1	375.4	178.14	2.95×10^{12}	8.00×10^{-3}
	HTPB - L	354.9	365.4	375.9	166.35	3.02×10^{11}	7.60×10^{-3}
2	HTPB - S	436.9	449.3	462.1	176.81	3.72×10^{10}	6.07×10^{-3}
	HTPB - L	435	448.5	461.2	171.15	1.48×10^{10}	6.16×10^{-3}

注：反应速率常数 k 采用在 10℃/min 升温速率下所有 HTPB 样品分解峰温的平均值计算得到；“HTPB - S”表示 HTPB 固化胶片；“HTPB - L”表示 HTPB 预聚物

2)HTPE 的热分解

HTPE 黏合剂是由聚四氢呋喃和聚乙二醇组成的嵌段共聚物，是具有多嵌段结构的端羟基嵌段共聚醚。以 HTPE 为黏合剂的 HTPE 推进剂是新型钝感固体推进剂，具有良好的钝感性能、能量特性和应用性能。HTPE 黏合剂的热分解特性，对 HTPE 推进剂体系的钝感性能、燃烧性能都会产生显著影响。

HTPE 的 TG－DTG 曲线如图 4－2－20 所示。可以看出，HTPE 黏合剂热分解过程只有一个失重阶段，失重温度范围为 295～400℃，5%失重温度为 328℃，最大分解速率的峰温为 381℃。

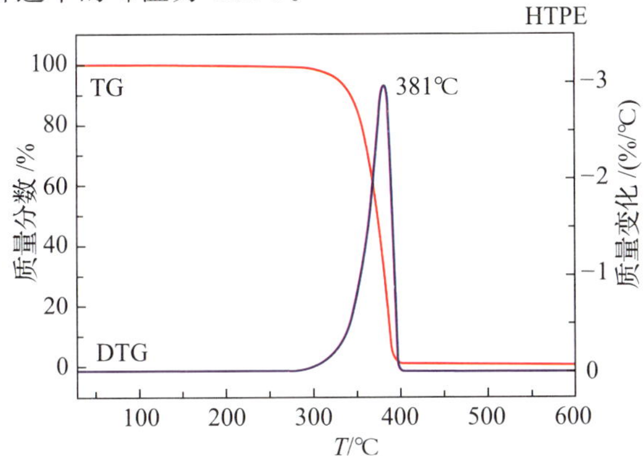

图 4－2－20　HTPE 的 TG－DTG 曲线

图 4－2－21 为 HTPE 黏合剂在不同温度下热分解时，所产生气相产物的红外谱图。可以看出，在热分解初始阶段(328℃)，红外谱图上还未出现明显的特征吸收峰；当温度达到 381℃，热失重速率达到最大，此时气体产物的红外特征吸收峰强度也达到最大值。对比分析 381℃ 和 383℃ 时的红外谱图可以发现，黏合剂分解产物中不含有烯烃类和羟基类化合物，而主要包含烷烃类、含羰基和含醚键的化合物；381℃ 时的红外谱图在 900～980cm^{-1} 范围内出现较弱的吸收峰，而在 383℃ 时该吸收峰基本消失，结合 1050～1200cm^{-1} 范围内一直存在的 C—O—C 吸收峰，表明在 HTPE 开始分解直至达到最大分解速率时，热分解过程可能产生了环醚产物。对于聚醚多元醇而言，在热分解时，环醚产物一般是由端基处羟基的回咬并脱除小分子水而形成的。因此，383℃ 时环醚吸收峰的消失也表明端羟基已基本降解完全，进一步升温主要是剩余短链聚醚的降解。三个温度段的红外谱图中均没有在 3500cm^{-1} 左右出现活性氢原子的特征吸收峰，且羰基吸收峰的位置约为 1750cm^{-1}，表明所生成的含羰基化合物主要为醛。此外，从分解产物的红外吸收峰强度还可以看出，分解产物主要由小分子醚类、烷烃类化合物和少量的醛构成。

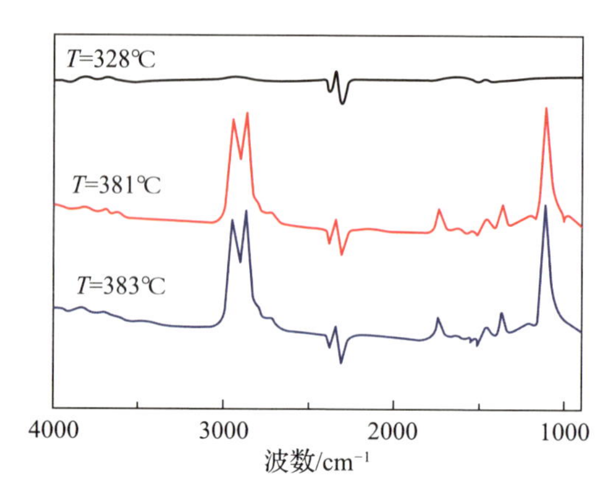

图 4-2-21 HTPE 热分解的气相产物红外谱图

HTPE 黏合剂是由聚四氢呋喃和聚乙二醇两种预聚物经嵌段共聚制备得到的，结合 HTPE 分子链的组成和结构特点以及分解产物的红外谱图特征，可以得出其热分解机理：HTPE 黏合剂从起始分解直至最大分解速率时，主要发生主链的断裂、端羟基回咬生成环醚，伴随着断裂的主链进一步分解生成醛、小分子醚和烷烃；当温度进一步升高时，主链断裂后生成的短链聚醚进一步分解，生成醛、小分子醚和烷烃，直至分解完全。

4.3 不同火炸药的热分解

实际应用的火炸药基本都是由炸药、黏合剂、氧化剂等多种组分混合而成的含能复合材料。火炸药在热分解过程中，不仅有各组分自身的热分解反应，还存在组分间热分解的相互影响，以及分解产物对各组分热分解的催化加速过程。因此，在组分热分解的研究基础上，还应对火炸药的热分解进行研究。

4.3.1 混合炸药的热分解

1. TNT 熔铸炸药

以 TNT 为载体的熔铸型混合炸药具有广泛的应用，将纳米 RDX、HMX 用于 TNT 基熔铸炸药，可利用纳米材料的降感特性、小尺寸效应及表面效应改善熔铸炸药的力学性能。

1）RDX-TNT 基熔铸炸药

RDX-TNT 基熔铸炸药的 TG-DTG 曲线如图 4-3-1 所示，其中，

YRDX 为微米级 RDX，NRDX 为纳米级 RDX。60YRDX/40TNT 从 149.3℃开始分解，随着温度升高，快速发生热分解，分解峰温位于 240.3℃，当温度达到 272.5℃后，熔铸炸药的热分解过程基本结束。随着纳米 RDX 的含量增加，RDX－TNT 基熔铸炸药的起始分解温度（T_i）越来越高，同时终止分解温度（T_f）也比微米 RDX－TNT 基熔铸炸药有所滞后。同时，DTG 曲线的分解峰温随着纳米 RDX 含量的增多而有所增大，且峰宽较宽。这主要是因为纳米 RDX 的颗粒更小，在形成熔铸炸药时分散在大颗粒之间，使得炸药更加密实，颗粒内部空隙减小，从而使得炸药的分解峰温滞后。

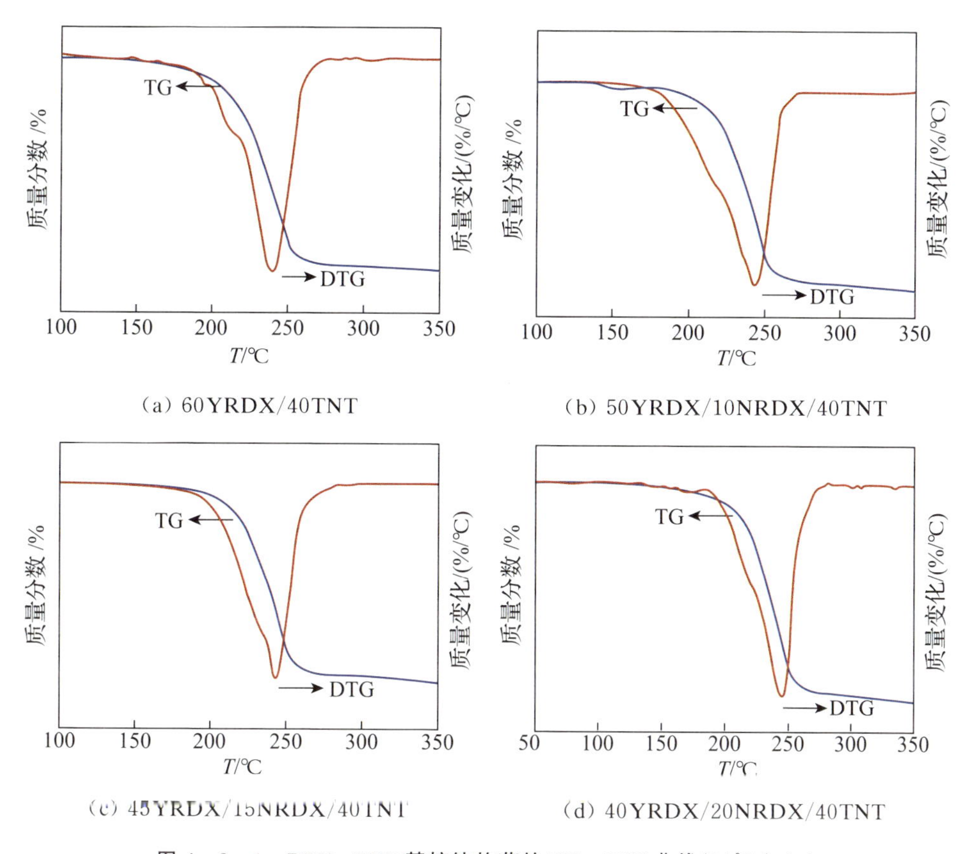

图 4－3－1　RDX－TNT 基熔铸炸药的 TG－DTG 曲线（20℃/min）

四种 RDX－TNT 基熔铸炸药的样品在不同升温速率下的 DSC 曲线如图 4－3－2所示。由图 4－3－2 可知，随着温度的升高，熔铸炸药先熔化，然后发生热分解反应。在相同的升温速率下，含不同比例的纳米 RDX－TNT 基熔铸炸药的熔融吸热峰及分解放热峰与微米级 RDX－TNT 基熔铸炸药所对应的峰形一致，随着升温速率从 5℃/min 增大到 20℃/min，分解放热峰逐渐增大。

在相同的升温速率下，含纳米 RDX 熔铸炸药的熔点 T_m 和分解放热峰温 T_p 比只含微米 RDX 熔铸炸药的更高；随着升温速率的增加，RDX－TNT 基熔铸炸药的 T_m 和 T_p 均呈逐渐增大的趋势。由于纳米 RDX 的比表面积大、粒径小，使纳米 RDX 与外界的有效接触面积大，在相同的受热情况下，含纳米 RDX 的熔铸炸药比只含微米 RDX 的熔铸炸药升高温度有所降低，需要吸收更多的能量达到熔融和热分解的温度，进而表现为含纳米 RDX 熔铸炸药的 T_m 和 T_p 分别比只含微米 RDX 熔铸炸药的更高，而且随着纳米 RDX 比例的增加，T_m 和 T_p 随之增大。

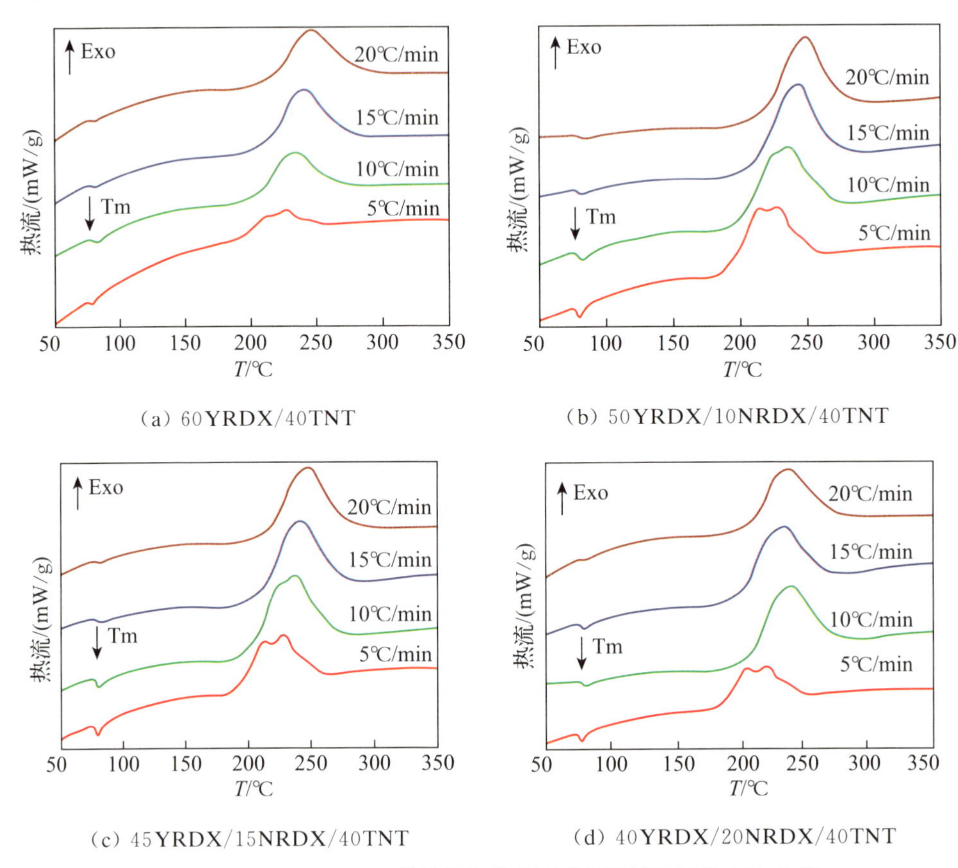

图 4－3－2 RDX－TNT 基熔铸炸药在不同升温速率下的 DSC 曲线

2）HMX－TNT 基熔铸炸药

HMX－TNT 基熔铸炸药在 20°C/min 升温速率下的 TG－DTG 曲线如图 4－3－3所示，其中，YHMX 为微米级 HMX，NHMX 为纳米级 HMX。由 TG－DTG 曲线可知，HMX－TNT 基熔铸炸药的热分解过程有两个阶段，分别为 TNT 的热分解和 HMX 的热分解，TNT 热分解过程在 200～250℃ 之间，而

HMX 热分解过程在 250～300℃ 之间。

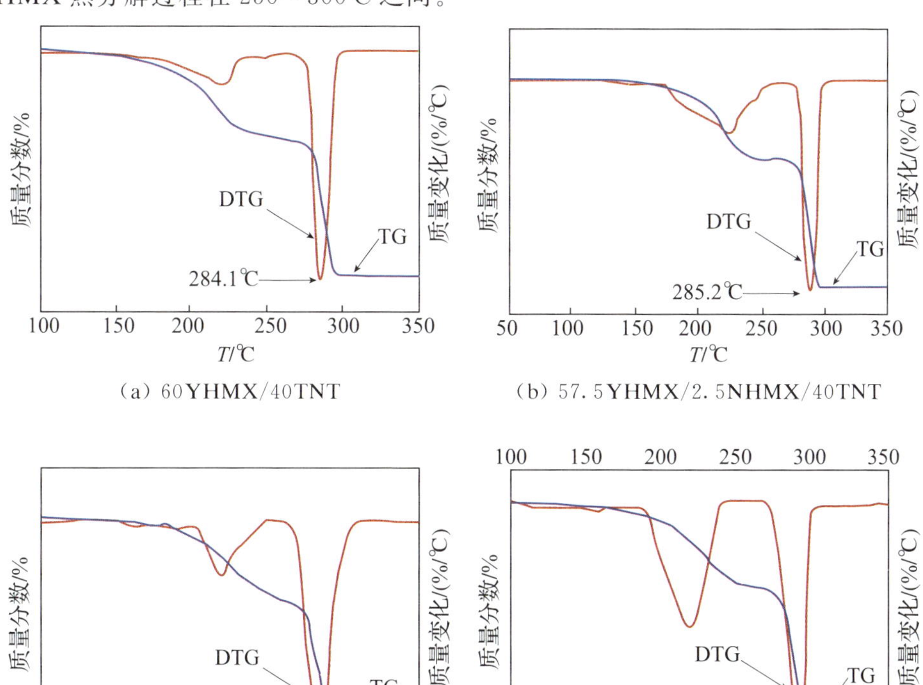

(a) 60YHMX/40TNT　(b) 57.5YHMX/2.5NHMX/40TNT

(c) 55YHMX/5NHMX/40TNT　(d) 52.5YHMX/7.5NHMX/40TNT

图 4-3-3　HMX-TNT 基熔铸炸药的 TG-DTG 曲线(20℃/min)

四种 HMX-TNT 基熔铸炸药的样品在不同升温速率下的 DSC 曲线如图 4-3-4所示。由 DSC 曲线可知，在相同的升温速率下，随着纳米 HMX 的含

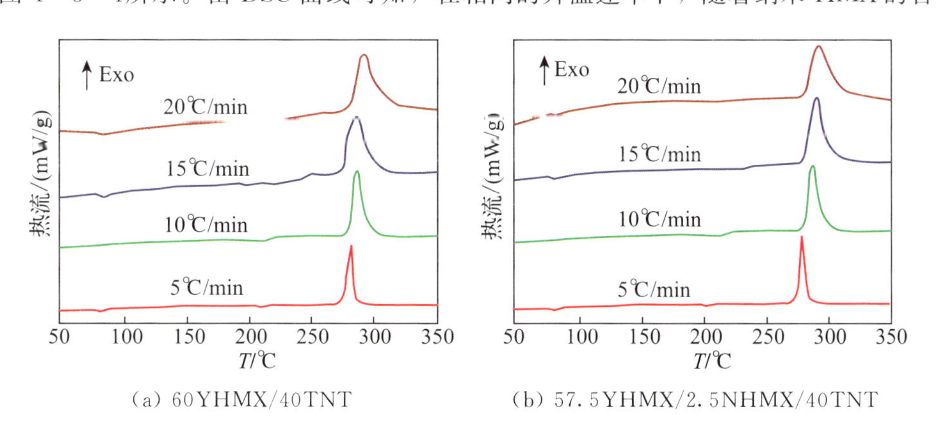

(a) 60YHMX/40TNT　(b) 57.5YHMX/2.5NHMX/40TNT

图 4-3-4　HMX-TNT 基熔铸炸药在不同升温速率下的 DSC 曲线

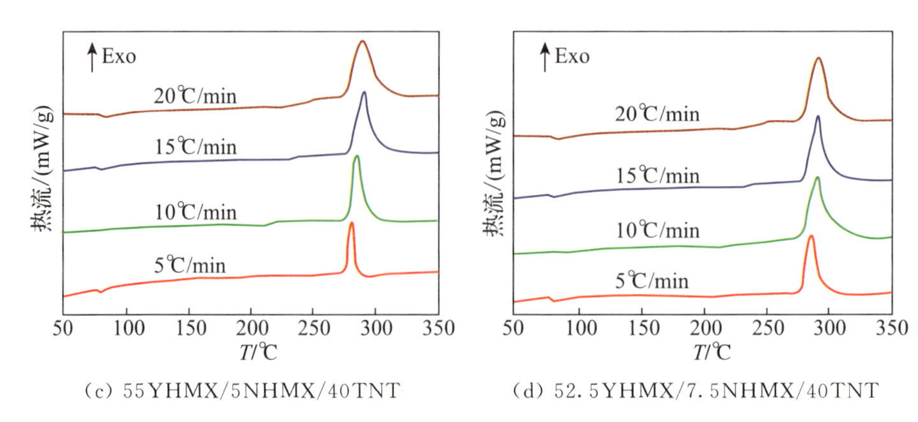

(c) 55YHMX/5NHMX/40TNT (d) 52.5YHMX/7.5NHMX/40TNT

图 4-3-4 HMX-TNT 基熔铸炸药在不同升温速率下的 DSC 曲线(续)

量从 0%增加到 7.5%，HMX-TNT 基熔铸炸药的分解放热峰温 T_p 变化不大。随着升温速率从 5℃/min 增大到 20℃/min，HMX-TNT 基熔铸炸药的分解放热峰逐渐增大，T_p也随之升高。

2. 硝胺基混合炸药

1)RDX-Al 基混合炸药

RDX 基含铝炸药是在主炸药 RDX 中加入不同比例的金属铝粉及其他添加剂制成的一类混合炸药。这类炸药具有爆轰时可产生高爆热、做功能力较高等优点。

RDX-Al 混合炸药的配方组成为(RDX+Al)/黏合剂=95/5，不同样品中 Al 和 RDX 的质量比见表 4-3-1。将不同比例的 RDX-Al 混合炸药在不同升温速率条件下进行 DSC 测试，其中 AR-1 混合炸药的 DSC 曲线如图 4-3-5 所示。不同比例 RDX-Al 混合炸药的热分解参数如表 4-3-1 所列。由 DSC 分析可知，RDX-Al 混合炸药的热分解峰温 T_p随升温速率 β 的增加而明显增大，而且熔融峰温也有所升高，分解热变化不大，熔融吸热过程更为明显。根据不同质量比的 RDX-Al 混合炸药在不同 β 值时的 T_p数据，用 Kissinger 方程计算热分解动力学参数，获得 12 种不同比例混合炸药的动力学参数，也列在表 4-3-1中。将表 4-3-1 中的活化能 E_a 与 Al-RDX 的质量比作图，所得关系曲线如图 4-3-6 所示。

从图 4-3-6 中 Al-RDX 质量比与 DSC 热分解活化能 E_a的曲线关系可看出，随着 Al-RDX 质量比的逐渐降低，混合炸药的 DSC 热分解活化能 E_a先缓慢降低，大约在 Al-RDX 质量比为 20/75 时达到最低点，随后又逐渐升高。

表4-3-1　不同质量比RDX-Al混合炸药的热分解动力学参数

样品编号	Al-RDX质量比	热分解峰温(T_p/℃)				E_a活化能/(kJ/mol)	指前因子对数/s^{-1}
		β=5℃/min	β=10℃/min	β=15℃/min	β=20℃/min		
AR-1	40/55	233，4	238.3	240.9	243.0	306.9	75.4
AR-2	35/60	233.2	239.3	240.7	244.7	262.1	64.6
AR-3	30/65	232.1	238.9	242.4	245.3	221.4	54.9
AR-4	25/70	230.0	237.4	242.2	244.0	198.7	49.5
AR-5	20/75	228.8	237.1	240.9	244.0	188.4	47.1
AR-6	15/80	231.7	238.4	243.2	245.3	207.8	51.6
AR-7	10/85	230.1	236.8	240.4	242.1	234.4	58.2
AR-8	8/87	232.0	238.8	240.9	243.4	255.8	63.2
AR-9	6/89	231.8	236.8	240.6	242.7	263.1	65.0
AR-10	4/91	232.3	238.1	240.5	242.8	280.5	69.1
AR-11	2/93	230.9	237.4	238.9	242.0	310.3	76.5
AR-12	0/95	232.4	236.4	238.9	240.8	349.2	85.7

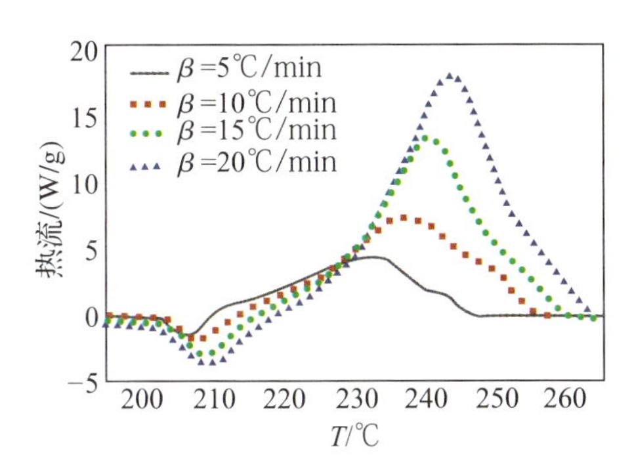

图4-3-5　RDX-Al混合炸药(AR-1)的DSC曲线

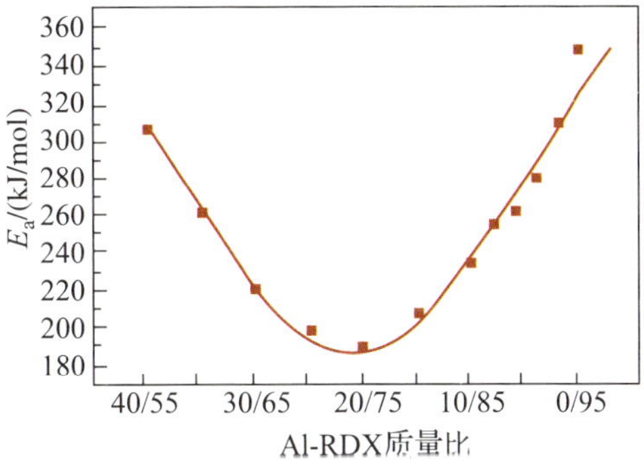

图4-3-6　DSC热分解活化能E_a

2)HMX/HNS共/混晶炸药

共晶技术是含能材料领域的一种新的改性技术，可有效降低炸药感度。采用机械球磨法制备的纳米奥克托今/六硝基芪(HMX/HNS)共/混晶炸药的机械感度远低于原料HMX和原料HNS，具有良好的安全性。

图 4-3-7 为原料 HMX、HNS 及 HMX/HNS 炸药的 DSC 曲线。DSC 曲线表明，HMX 的放热分解峰温为 281.2～293.3℃；HNS 在 320℃ 左右出现熔融吸热峰，熔化后的 HNS 立即发生热分解，放热分解峰温为 340.6～358.5℃；而 HMX/HNS 炸药在约 260℃ 发生热分解，先后出现两个明显的分解放热峰，分别对应 HMX 和 HNS 的分解。与原料相比，HMX/HNS 的放热分解峰温分别提前了约 15℃ 和 10℃，说明 HMX/HNS 具有较高的活性。

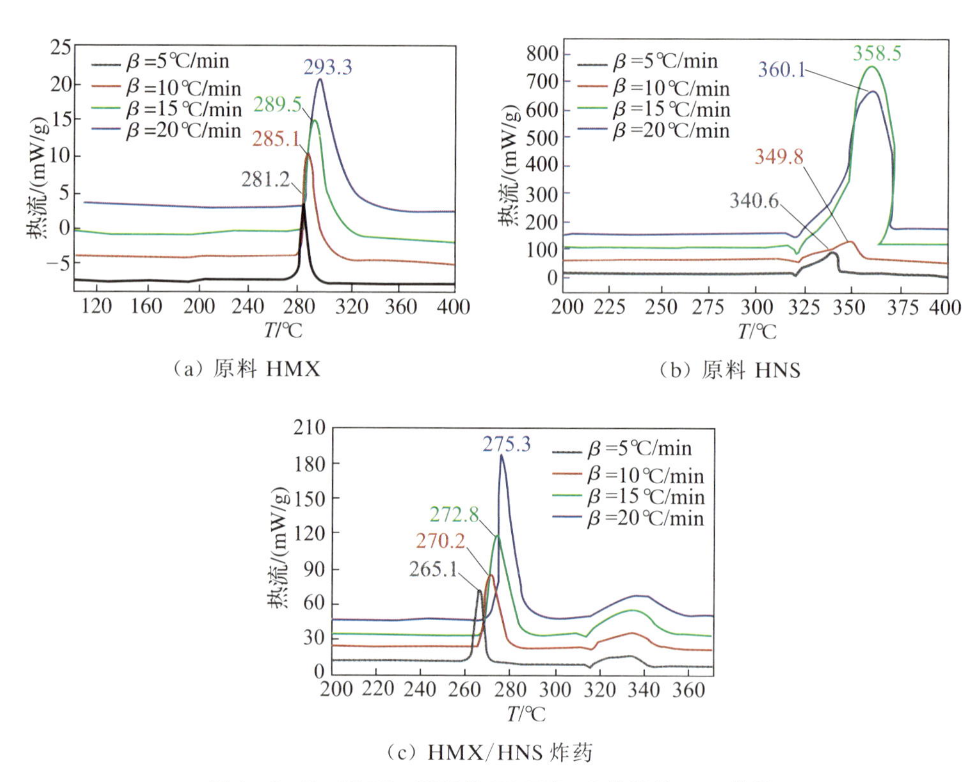

图 4-3-7 HMX、HNS 及 HMX/HNS 炸药的 DSC 曲线

纳米 HMX/HNS 共/混晶炸药的 DSC-IR 曲线如图 4-3-8 所示。由图 4-3-8(a)可看出，在 1335～1446s 之间出现了一个较尖锐的吸收峰，说明 HMX/HNS 发生了分解并放出了大量气体。在不同时间节点上分别取热分解气体的 IR 图谱，结果如图 4-3-8(b)所示。可以看出，HMX/HNS 热分解放出的气体产物较复杂，主产物为 CO_2 和 N_2O，另有少量 NO 和 H_2O，还有包括—NH—、CH_2O、HCN 等一些分子碎片。炸药的热分解与晶相无关，均从炸药分子的裂解开始。通常，硝基炸药与硝胺炸药的热分解始于分子中 C—NO_2 键或 N—NO_2 键的断裂，脱落的 · NO_2 自由基可与碳链碎片—CH—或胺基碎片—NH—发生反应，生成大量 CO_2 和 N_2O 气体以及一些氮氧化物 NO_2、NO。

大量 CO_2 和 N_2O 的出现表明 · NO_2 自由基与碎片之间的氧化还原反应进行得比较彻底，这说明 HMX/HNS 纳米共/混晶炸药在较低的温度下即能充分释放其化学能。

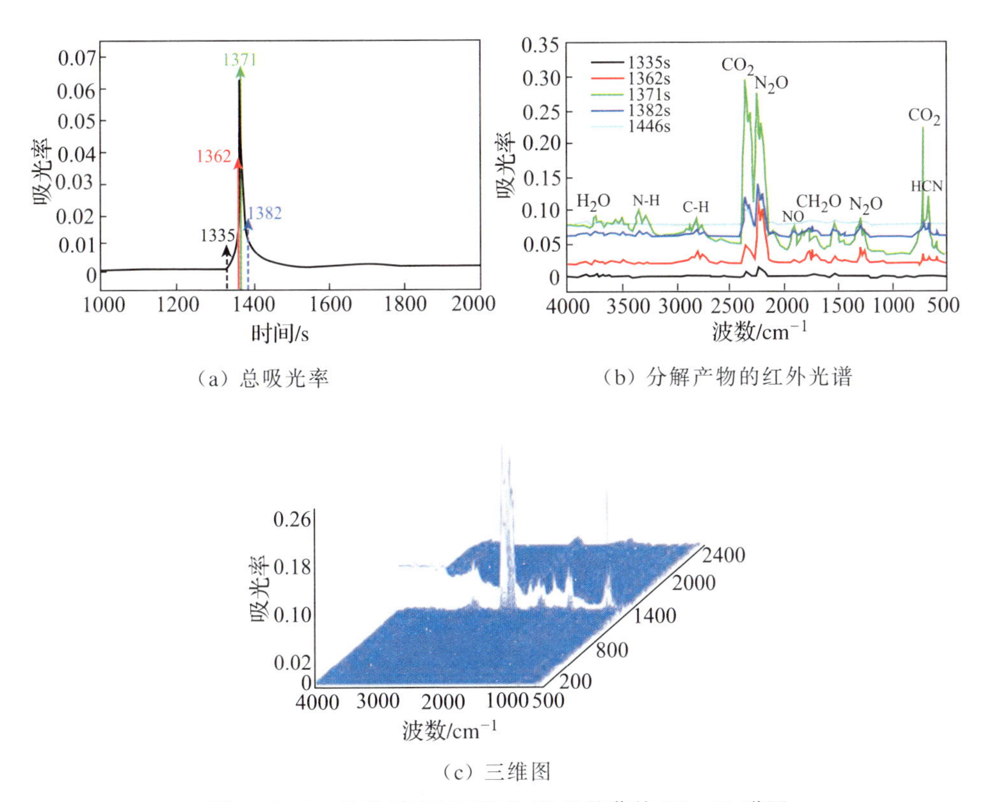

（a）总吸光率

（b）分解产物的红外光谱

（c）三维图

图 4-3-8　纳米 HMX/HNS 共/混晶炸药的 TG-IR 谱图

3）CL-20/FOX-7 基 PBX 炸药

六硝基六氮杂异伍兹烷（CL-20）在具有高能量的同时，还存在感度较高、安全性较差等问题，钝感包覆是有效降低CL-20 感度的方法。采用水悬浮法，以高聚物黏合剂为包覆剂，同时添加含能降感成分 1,1-二氨基-2,2-二硝基乙烯（FOX-7），制备出CL-20/FOX-7 基 PBX 造型粉。

CL-20/FOX-7 基 PBX、细化CL-20和 FOX-7 在不同升温速率下的 DSC 曲线如图 4-3-9 所示。由 DSC 曲线可以看出，随着升温速率的增加，CL-20/FOX-7 基 PBX 及其原材料的分解峰温提高，同时分解放热也有所增加。在升温速率为 20°C/min 时，CL-20 和 FOX-7的分解峰温分别为 259.5℃和 233.3℃，而三种 PBX 炸药的分解峰温均高于 233.3℃。这说明高聚物黏合剂延缓了 FOX-7 的分解过程，使得CL-20/FOX-7 基 PBX 分解峰温有所提高。

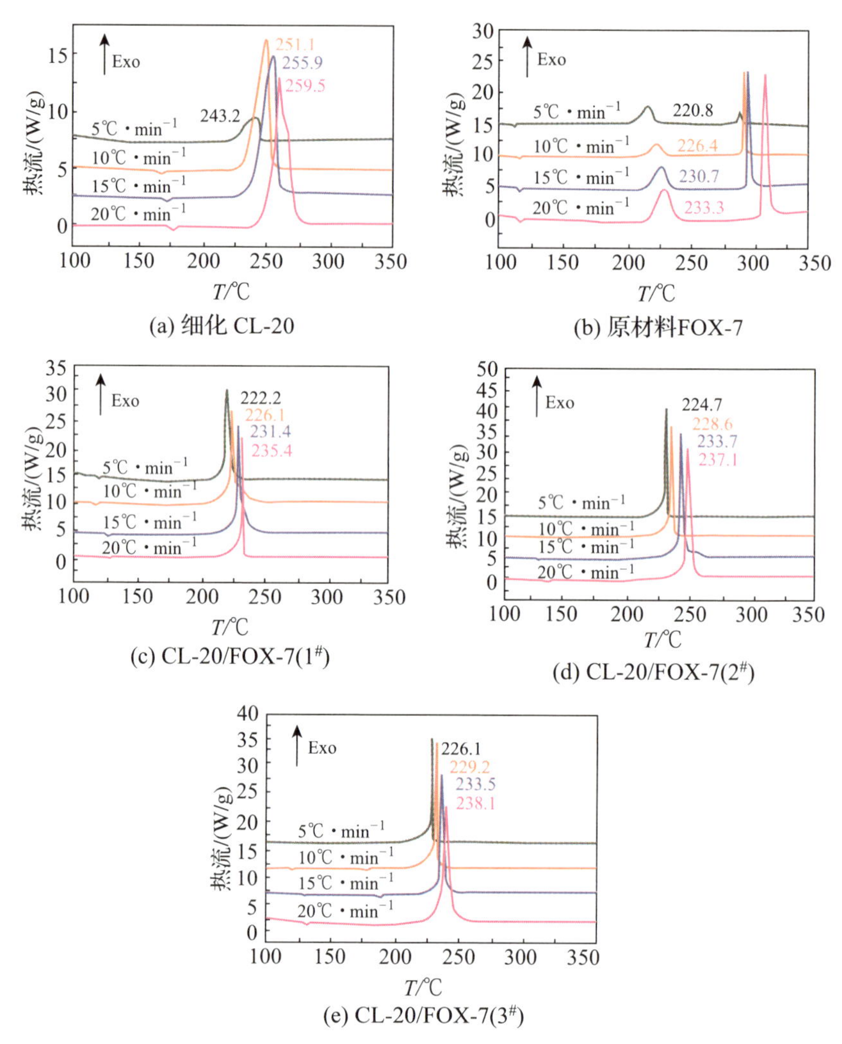

(a) 细化 CL-20

(b) 原材料FOX-7

(c) CL-20/FOX-7(1#)

(d) CL-20/FOX-7(2#)

(e) CL-20/FOX-7(3#)

图 4-3-9 CL-20、FOX-7及CL-20/FOX-7(1#：45% CL-20/50% FOX-7，2#：55% CL-20/40% FOX-7，3#：65% CL-20/30% FOX-7)基 PBX 的 DSC 曲线

利用不同样品在不同升温速率下的分解峰温，计算出细化 CL-20、FOX-7和 PBX 炸药的表观活化能。三种不同配比的CL-20/FOX-7 基 PBX 与细化 CL-20 相比表观活化能分别提高了 17.12kJ/mol、32.87kJ/mol 和 40.24kJ/mol，这表明CL-20/FOX-7 基 PBX 在分解时需要更高的能量，进一步提高了炸药的安全性。

4.3.2 发射药的热分解

1. NC 基发射药

发射药主要可分为单基、双基、三基以及硝胺发射药等。传统制式发射药以硝化棉 NC 为黏合剂，其 DSC 曲线如图 4-3-10 所示。从图中可以看出，单基药(DJ)、双基药(SF3)、硝基胍药(AS12)和混合硝酸酯药(TG)的 DSC 曲线都显示出单一的热分解放热峰。单基药主要为硝化棉组分，其放热峰位于 207℃。加入硝酸酯、硝基胍组分后的发射药的分解放热均有所提前，硝基胍药的分解放热峰位于 196℃。硝基胍属于硝胺类炸药，但其热分解性能与硝酸酯炸药相似，与 NC、NG 组成的硝基胍发射药，其 DSC 曲线也和制式硝酸酯发射药类似，呈现出单峰。

图 4-3-11 所示的含 30%～35%RDX 的硝胺发射药的 DSC 曲线呈现出双峰的特征，表明 RDX 与 NC/NG 组成的双基黏合剂热分解的不同时性。在 204.0℃ 的放热峰随 NC/NG 含量的增加而升高，而在 237.6℃ 的放热峰随 RDX 含量的增加而升高，这表明前一阶段主要是 NC/NG 双基黏合剂的分解，后一阶段才是 RDX 的分解。NC/NG/RDX 硝铵发射药的热分解动力学数据列于表 4-3-2，表中 RDN-1、RDN-2、RDN-3 发射药中 RDX 的含量分别为 60%、43%、20%。由表中数据可知，热分解活化能 E_1、E_2 均随着 RDX 含量的增加而减小。热分解活化能 E_1 的减小表明 RDX 对 NC/NG 双基黏合剂的热分解有催化作用，而热分解活化能 E_2 的变化表明，NC/NG 双基黏合剂含量的增加对 RDX 的热分解有抑制作用。

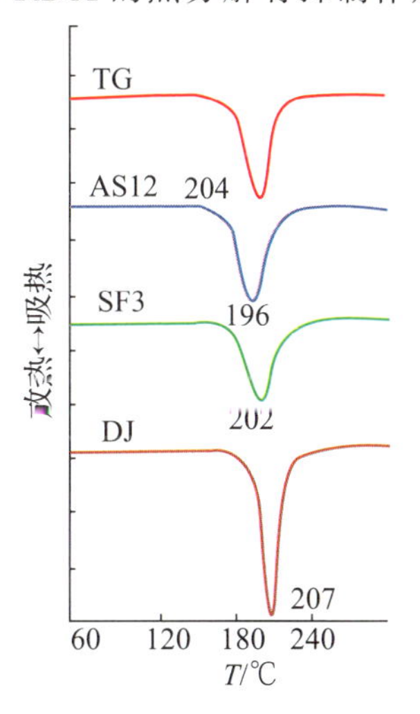

图 4-3-10 制式发射药的 DSC 曲线

DJ—单基药；SF3—双基药；AS12—硝基胍药；TG—混合硝酸酯药。

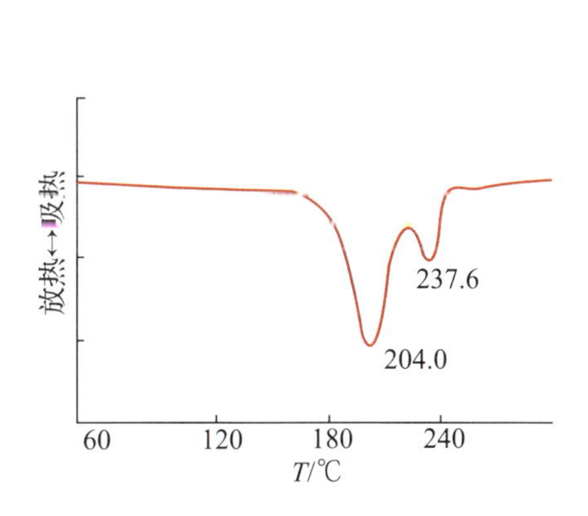

图 4-3-11 NC/NG/RDX 硝胺发射药的 DSC 曲线

表 4-3-2　NC/NG/RDX 硝铵发射药的热分解动力学数据

型号	E_1/(kJ/mol)	$\log A_1$	E_2/(kJ/mol)	$\log A_2$
RDN-1	113.5	9.73	159.1	16.59
RDN-2	194.7	19.11	301.0	29.34
RDN-3	238.6	24.40	333.7	32.79

注：RDN-1、RDN-2、RDN-3 发射药中 RDX 的含量分别为 60%、43%、20%

在 RDX 基硝胺发射药中加入硝基胍(NGU)制备发射药的 DSC 曲线如图 4-3-12 所示，RDU-4、RDU-5、RDU-6 发射药的 RDX 含量相当，但 RDX/NGU 的比值分别为 4.1、3.0、1.4。由 DSC 曲线可以看出，NC/NG/RDX/NGU 发射药的分解放热主要包括两个阶段，第一阶段为 NC/NG/ NGU 的分解，第二阶段为 RDX 的分解。随着 NGU 含量的增加，DSC 曲线后一放热峰强度减小，而前一放热峰强度增大，表明 NGU 对 RDX 的热分解有抑制放热的作用。

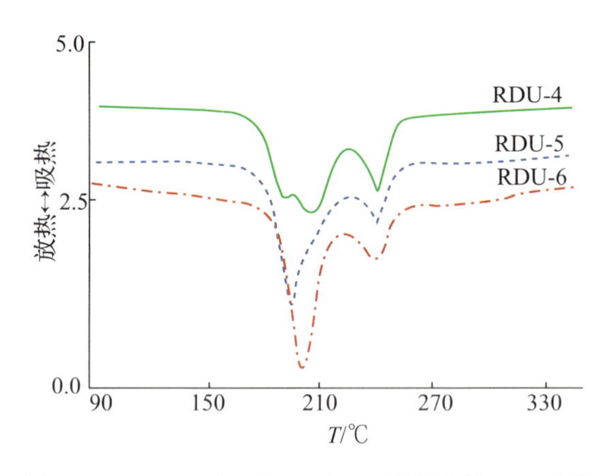

图 4-3-12　NC/NG/RDX/NGU 发射药的 DSC 曲线

表 4-3-3 列出了 NC/NG/RDX/NGU 发射药的热分解动力学参数，相对于未添加 NGU 的 NC/NG/RDX 硝铵发射药，其热分解活化能 E_1、E_2 随 RDX 含量的变化不大，表明在这类发射药中，不仅存在双基黏合剂与 RDX 之间的互相作用，还存在着 NGU 与其他组分之间的作用。NGU 的热分解峰温在 250℃左右，而 NGU 在发射药中的分解峰温在 200℃左右，明显比其作为单体时的分解提前，这是由于 NC、NG、RDX 分解产物中的 NO_2 对 NGU 的催化作用。但 NGU 分解中间体可以与 RDX 的一种分解催化剂羟甲基甲酰胺作用而降低其浓度，因而 NGU 可抑制 RDX 在发射药中热分解的自催化作用。

表 4-3-3 NC/NG/RDX/NGU 发射药的热分解动力学数据

火药型号	E_1/(kJ/mol)	$\log A_1$	E_2/(kJ/mol)	$\log A_2$
RDU-4	211.4	21.55	197.2	18.43
RDU-5	240.7	25.04	186.3	17.37
RDU-6	254.6	26.22	195.9	18.36

2. GAP 基发射药

硝胺发射药以 NC 为黏合剂，在固体硝铵组分含量较高时存在力学性能较差的问题，而 GAP 热塑性弹性体(GAP-ETPE)具有较好的力学性能、能量性能和热安定性。为改善高能硝胺发射药的力学性能，以 GAP-ETPE 和 NC 为黏合剂、RDX 为高能氧化剂，研制新型的高能硝铵发射药。

GAP-ETPE/NC 和 GAP-ETPE/RDX 的 DSC 曲线分别如图 4-3-13 和图 4-3-14 所示。由图中可知，GAP-ETPE 在 200～280℃ 显示单峰值的分解放热过程，放热分解峰温为 249.3℃，而热分解过程焓变为 1740J/g。GAP-ETPE/NC 混合体系的 DSC 曲线有两个分解放热峰，分别对应 NC 和 GAP-ETPE 的分解放热过程。与单独组分的分解峰温相比，混合体系中两组分的分解峰温几乎不变，这表明 NC 和 GAP-TPE 之间没有明显的相互作用，两者相容性较好。GAP-ETPE/RDX 混合体系的 DSC 曲线显示出一个吸热峰和两个分解放热峰，分别对应 RDX 的熔融吸热、分解放热和 GAP-ETPE 的分解放热过程。与单组分相比，混合体系中 RDX 的熔融峰温和分解放热峰温分别提前了 1.9℃ 和 13.4℃，而 GAP-ETPE 的热分解峰温只降低了 0.1℃。这表明 GAP-ETPE 与 RDX 的固相之间不存在明显的相互作用，但其分解产物会催化加速 RDX 熔融后的分解过程。

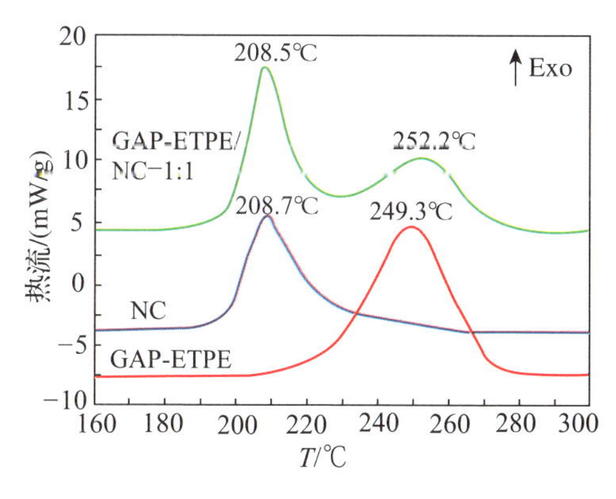

图 4-3-13 GAP-ETPE/NC(1∶1)的DSC 曲线(升温速率 10℃/min)

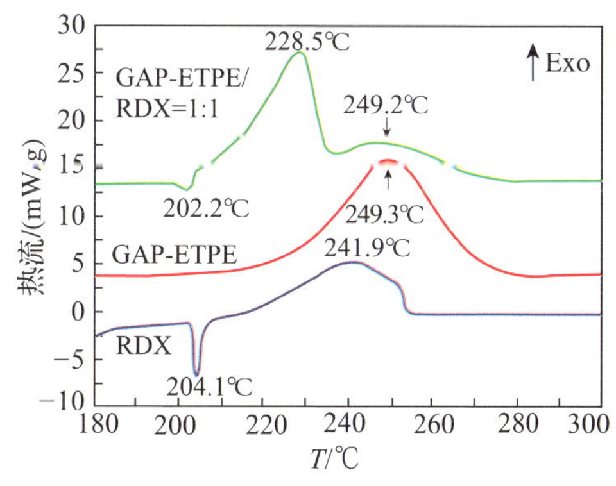

图 4-3-14 GAP-ETPE/RDX(1∶1)的DSC 曲线(升温速率 10℃/min)

当 RDX 含量和粒度相同，而 GAP - ETPE/NC 黏合剂体系比例不同的 GAP - ETPE/NC/RDX 发射药的 DSC 曲线如图 4 - 3 - 16～图 4 - 3 - 20 所示。由图 4 - 3 - 15 中 RDX 在不同升温速率下的 DSC 曲线对比可知，GAP - ETPE/NC/RDX 发射药的热分解过程具有显著的 RDX 热分解特性，可明显分为 NC 的热分解和 RDX 的熔融分解两个阶段，而 RDX 较高的分解峰与 GAP - ETPE 的分解放热峰有所重合而不明显。

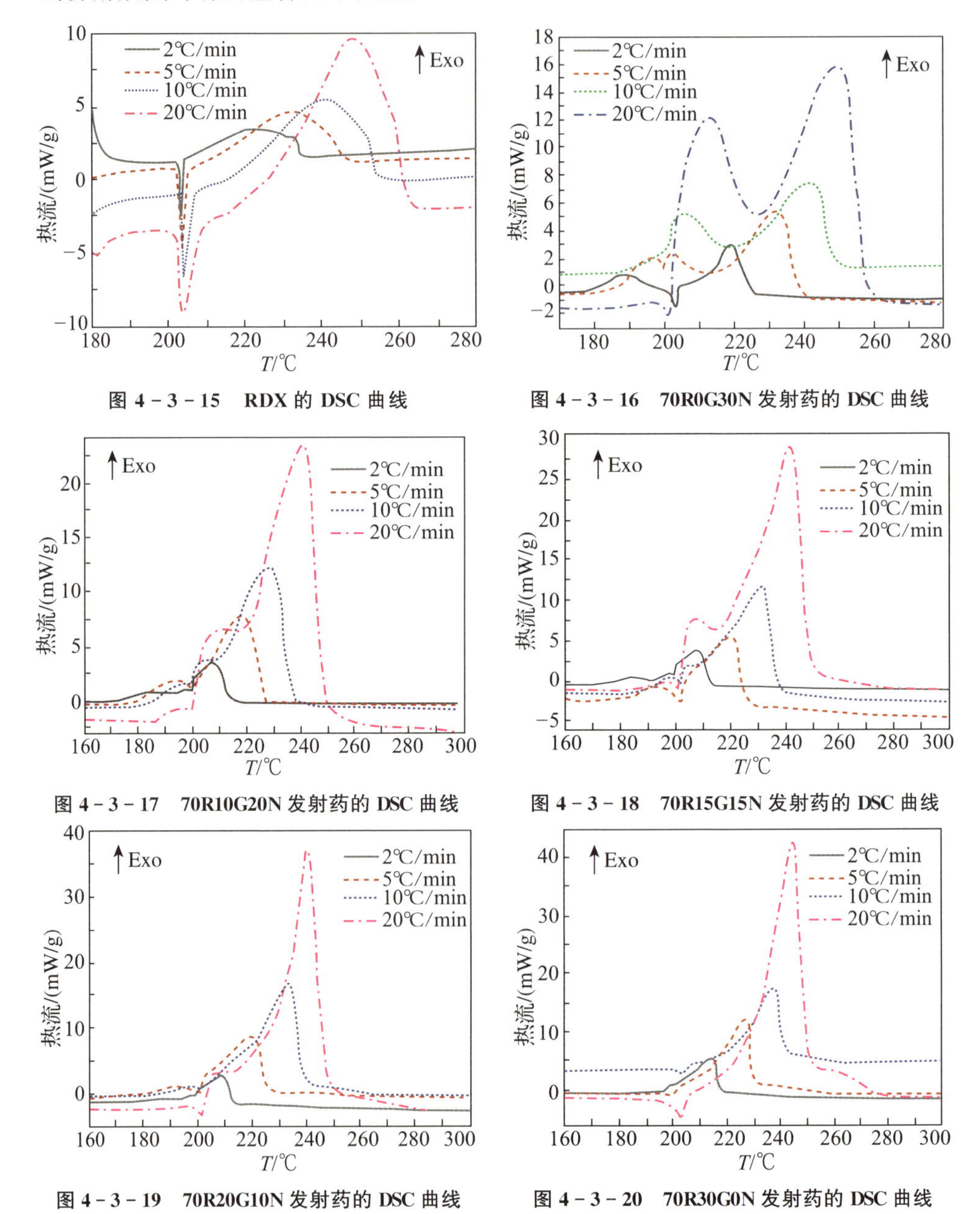

图 4 - 3 - 15　RDX 的 DSC 曲线

图 4 - 3 - 16　70R0G30N 发射药的 DSC 曲线

图 4 - 3 - 17　70R10G20N 发射药的 DSC 曲线

图 4 - 3 - 18　70R15G15N 发射药的 DSC 曲线

图 4 - 3 - 19　70R20G10N 发射药的 DSC 曲线

图 4 - 3 - 20　70R30G0N 发射药的 DSC 曲线

不同升温速率下，GAP－ETPE/NC/RDX发射药的热分解峰温见表4－3－4。由表中数据可知，随着升温速率的增加，发射药试样的热分解峰温均逐渐向高温方向移动，这是因为升温速率较高时，试样加热达到给定的温度所需时间更短，仪器热流测量所表现出的滞后性就越明显。随着黏合剂体系中GAP－ETPE/NC比例的增大，发射药热分解的峰温逐渐升高，但与RDX单组分的热分解峰温相比，降低了3～17℃。这是由于GAP－ETPE会加速RDX熔融后的分解过程，当黏合剂体系中NC含量越高时，其催化加速效果越明显。这种现象是由于GAP－ETPE加热后表现出明显的热塑性，其覆盖在黑索今固体颗粒的表面，阻碍了热分解过程中热量和气体的扩散，并且GAP－ETPE热分解过程起始于200℃，其释放的热量在一定程度上可加速RDX的分解。

表4－3－4　GAP－ETPE/NC/RDX发射药的热分解峰温

样品		升温速度/(℃/min)			
		2	5	10	20
RDX		223.97	233.25	240.67	248.33
70R0G30N	峰1	189.00	201.67	206.00	213.00
	峰2	218.93	233.00	241.67	249.00
70R10G20N		206.87	218.17	228.33	242.33
70R15G15N		207.63	219.33	231.17	240.67
70R20G10N		208.30	219.58	232.67	241.67
70R30G0N		214.43	226.42	237.33	244.67

4.3.3　固体推进剂的热分解

1. 双基和改性双基推进剂的热分解

双基推进剂是以硝化纤维素和硝化酯（通常为硝化甘油）为基本能量组分，添加一定量的功能助剂组成的一种均质推进剂，其基本组成与双基发射药类似，但为了改善火箭发动机弹道性能，需添加多种弹道改良剂。双基推进剂的热分解可分为两个阶段，第一阶段为推进剂组分的热分解，主要是NC和NG的吸热分解反应，反应式如下：

$$[C_6H_7O_2(ONO_2)_3]_n \longrightarrow C_6H_7O_2(ONO_2)_3 \cdots\cdots - q_1$$

$$C_6H_7O_2(ONO_2)_3 \longrightarrow RCHO + H_2O + NO_2 \cdots\cdots - q_2$$

$$C_3H_5(ONO_2)_3 \rightarrow R'CHO + NO_2 \cdots\cdots - q_3$$

第二阶段是分解产物之间及产物和推进剂组分之间的反应，主要是分解产物 NO_2 进一步和其他分解产物或推进剂组分之间的自动催化反应，反应式如下：

$$NO_2 + RCHO \rightarrow NO + CO_2 + H_2O + N_2 + \cdots\cdots + Q_1$$

$$NO_2 + NC(NG) \rightarrow NO + NO_2 + H_2O + RCHO + \cdots\cdots + Q_2$$

这一阶段为放热反应，放出的热量大于第一阶段吸收的热量，因此，双基推进剂分解过程的总热效应是放热的。

双基推进剂的主要组分 NC、NG 都属于硝酸酯，具有相近的分解动力学参数，因此，双基推进剂热分解过程与一般炸药的热分解过程类似，符合 Arrhenius 方程，反应速度随温度的升高而加速，分解动力学参数基本不随推进剂配方变化而改变，而且双基推进剂的热分解过程也可分为延滞期、加速期和降速期（或爆燃期）3 个阶段。

为了改善双基推进剂的能量、力学等性能，逐步发展了改性双基推进剂。改性双基推进剂是以双基体系为黏合剂，添加氧化剂、金属燃料、硝铵炸药、高分子预聚物及其他附加组分组成的一类推进剂。含 RDX 的改性双基推进剂的 DSC 曲线如图 4-3-21 所示，其中，GLX-1、GLX-2、GLX-3 及 GLX-4改性双基推进剂中 RDX 的质量分数分别为 0、15%、30%及 50%。不含 RDX 的 GLX-1 推进剂只存在一个单独的放热分解峰，分解峰温为 207.6℃，对应于双基组分的分解峰。添加 RDX 后，推进剂出现两个放热分解峰，分别对应于双基组分和 RDX 的分解，随着 RDX 含量的增加，双基组分的分解峰逐渐变小，而 RDX 的分解峰随其固含量增加而变强。当 RDX 的质量分数为 50%时，GLX-4 推进剂在约 200℃ 时出现了一个肩峰，这主要是由于随着固含量的增加，双基组分的比例减少，使其对应的分解放热随之减少，而推进剂中大量 RDX 的熔融吸热叠加在双基组分的放热峰上导致的。

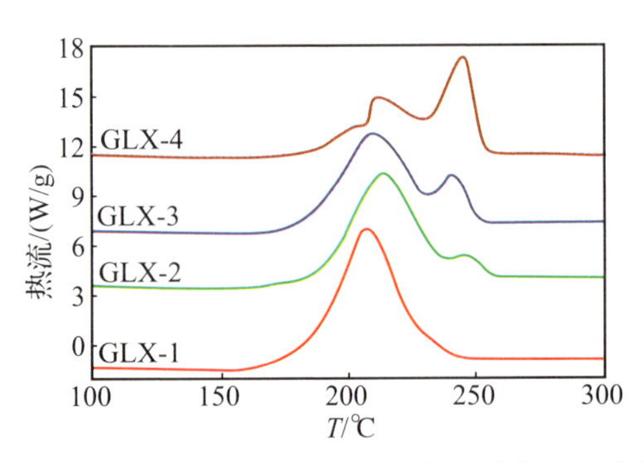

图 4-3-21　含 RDX 的改性双基推进剂的 DSC 曲线

传统改性双基推进剂使用的增塑剂为 NG，而 NG 具有高感度和易挥发的特性，以钝感的 BuNENA 为增塑剂、GAP 改性 NC 球形药为黏合剂，研制的新型交联改性双基推进剂 NC/GAP/BuNENA/RDX/CL-20/Al，具有高能、低特征信号的特性。该推进剂的热分解 TG - DTG 曲线和参数如图 4 - 3 - 22 和表 4 - 3 - 5 所示，其中，推进剂配方的固含量为 60%、Al 含量为 6%，改变 RDX 和CL-20 的相对含量制备了 3 种推进剂样品，分别标记为 CR0、CR1 和 CR2。

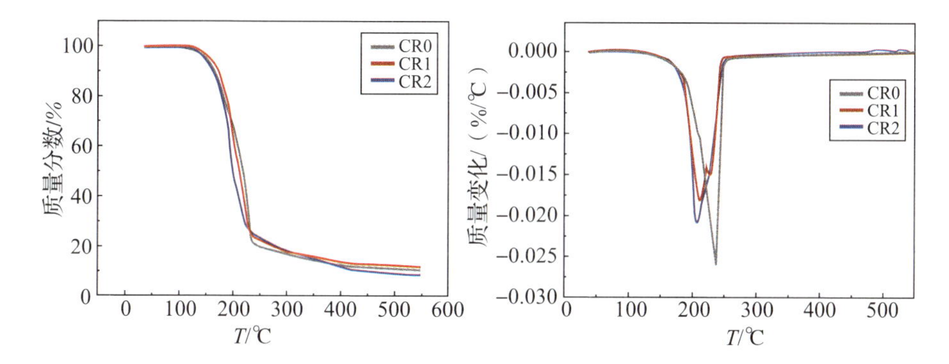

图 4 - 3 - 22　不同 RDX/CL-20 含量推进剂的 TG 和 DTG 曲线

表 4 - 3 - 5　不同 RDX/CL-20 含量推进剂的 TG 和 DTG 曲线参数

样品	CL-20 质量分数/%	RDX 质量分数/%	第 1 阶段分解峰温 T_{p1}/℃	第 2 阶段分解峰温 T_{p2}/℃
CR0	0	54	肩峰	236.5
CR1	30	24	210.67	226.16
CR2	42	12	206.33	肩峰

由图 4 - 3 - 22 可知，随着 CL-20相对比例的增加，DTG 曲线上的第一个分解放热峰逐渐增大，而对应的第二个分解放热峰则逐渐减小，前者对应于CL-20的分解，后者则是 RDX 的分解。CL-20的分解峰温比 RDX 的分解峰温高，却在与 RDX 共同作为填料时，分解温度降低，但是 RDX 的分解峰温并没有如此明显的变化。导致 CL-20分解温度显著下降的原因是 RDX 与CL-20形成了低共熔体系，使得CL-20低温液化，CL-20的相态改变是其分解温度提前的主要原因。

CL-20在常压下为固态分解，在约 198℃ 开始，首先从 N—NO_2 键的断裂开始，生成了 NO_2 和其他如 H_2O、H_2CO、CO_2、N_2O、HNCO、HCN、NH_3 等气体产物以及 NH、C=O、C=N 等产物，这些产物之间发生反应生成了一些环状连氮化合物(4－3－23)。环状连氮化合物是稳定的固体中间产物，随着反应的进行吸附在 CL－20晶体表面，使反应活性中心失活，反应速度减慢，分解反应只能在较高的温度下才能继续进行。当 CL－20 液化后，中间产物对活性中心的抑制作用失效，所以分解温度大大提前。RDX 常压下是在熔融完成后的熔态中均相分解，因而低共熔体系没有改变 RDX 的分解环境。由表 4－3－5 可知，DTG 曲线上表示 RDX 分解的第二个峰随着 CL－20 含量的增加，分解峰温有所提前，这是因为第一阶段分解放热及 NO_2、O_2 等氧化性产物促进了 RDX 的分解。

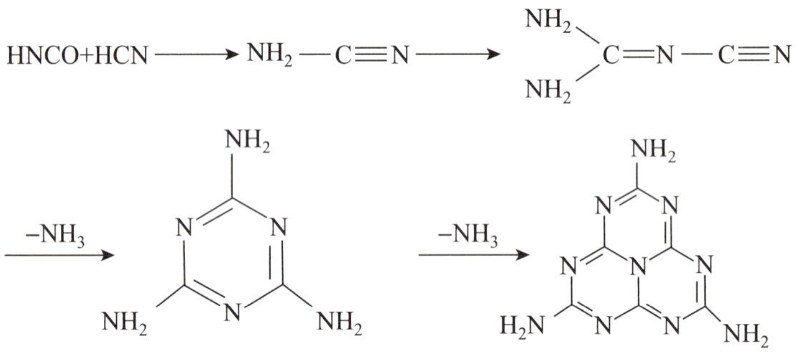

HNCO+HCN
NH2—C≡N
NH2
C=N—C≡N
NH2
–NH3
NH2
N
N
N
NH2
NH2
–NH3
NH2
N
N
N
N
N
N
N
H2N
NH2

图 4－3－23　环状连氮化合物生成示意图

采用 DSC 对 3 种推进剂样品的热分解性能进行了测试，结果如图 4－3－24 和表 4－3－6 所示。

14
12
10
8
6
4
2
0
−2
热流/(mW/mg)
0
50
100
150
200
250
300
350
400
450
T/℃
CR0
CR1
CR2

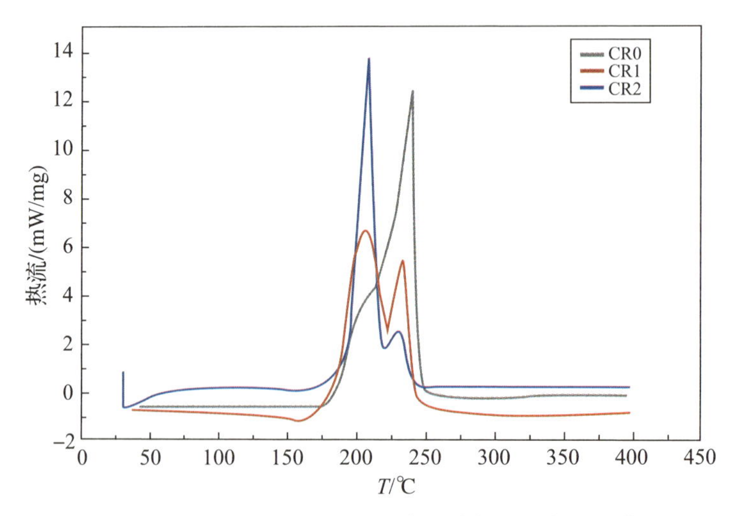

图 4－3－24　不同 RDX/CL－20 含量的推进剂的 DSC 曲线

表 4-3-6 不同 RDX/CL-20 含量的推进剂的 DSC 曲线参数

样品	第 1 阶段放热峰温 T_{p1}/℃	第 2 阶段放热峰温 T_{p2}/℃
CR0	肩峰	240.8
CR1	206.3	233.2
CR2	206.3	232.2

由图 4-3-24 可知，3 种推进剂样品的 DSC 曲线中，均存在两个明显的分解放热峰，随着CL-20含量的增加，第一个分解峰对应的放热量在增加，说明第一个分解峰包含了CL-20的分解放热。由于CL-20的相态改变，使得惰性中间产物对反应活性中心的抑制作用失效，导致分解温度明显降低。而CL-20分解放出的大量的热及氧化性产物，使得 RDX 的分解峰温由 240℃ 提前到 233℃（表 4-3-6），这与 TG 的测试结果一致。根据凝聚相分解速率与燃速的关系，凝聚相分解速度快，则燃速加快。在此推进剂中，CL-20含量的增加使推进剂的第一阶段放热量增加并使第二阶段分解放热提前，相当于增加了凝聚相分解速度，因此有利于增大推进剂的燃速。

2. HTPB 推进剂的热分解

HTPB 推进剂是以端羟基聚丁二烯（HTPB）为黏合剂，添加氧化剂 AP、金属燃料铝粉以及高能硝胺炸药如 RDX、HMX 等的一种复合推进剂。典型的三组元 HTPB/AP/Al 推进剂（固含量 88%）的 DSC-TG 曲线如图 4-3-25 所示。由 TG 曲线可知，HTPB 推进剂的热失重可明显分为两个阶段，第一个阶段失重 5.94%，没有出现对应的放热分解峰，可能与推进剂中低沸点组分的挥发有

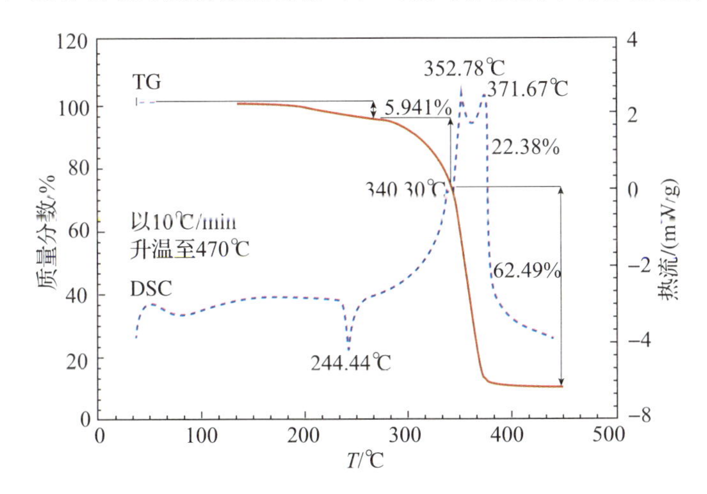

图 4-3-25 HTPB/AP/Al 推进剂的 DSC-TG 曲线

关。第二个阶段对应两个主要的分解放热峰，其中，HTPB 黏合剂的分解放热峰温为 371.57℃，而 AP 的高温分解放热峰温(约 380℃)由于加入了燃速催化剂提前为 352.78℃。AP 的转晶吸热峰温为 244.44℃，没有因为催化剂的加入而发生明显的变化。

在三组元推进剂的基础上，通过添加 RDX 等高能硝胺炸药部分取代 AP 发展了 HTPB 四组元推进剂，具有高能量、低特征信号以及力学性能和燃烧性能可调的特点。HTPB/RDX/AP/Al 推进剂的 TG－DTG 曲线如图 4－3－26 所示，其中，HTPB－R0 推进剂的配方为 HTPB∶RDX∶AP∶Al＝10∶20∶60∶5，HTPB－R1 推进剂加入了燃速催化剂 CtN，其配方为 HTPB∶RDX∶AP∶Al∶CtN＝10∶20∶60∶5∶5。由 TG－DTG 曲线可知，HTPB 四组元推进剂的热分解主要包括 3 个阶段，分别对应 RDX 的热分解以及 AP 的低温、高温段热分解。加入燃速催化剂后，主要分解阶段的质量损失基本不变，但分解峰温都有明显变化。HTPB－R0 推进剂中 RDX 的分解峰温由 241.5℃ 降低到 222.0℃，AP 的高温段分解峰温由 369.2℃ 降低到 346.7℃，其低温段分解峰温由 330.6℃ 降低到 321.2℃，这说明燃速催化剂加速了 RDX 和 AP 的热分解。

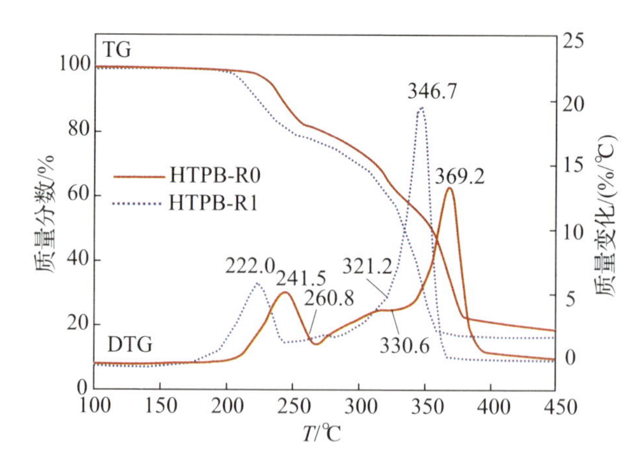

图 4－3－26 HTPB/RDX/AP/Al 推进剂的 TG－DTG 曲线

3. NEPE 推进剂的热分解

NEPE 推进剂是以硝酸酯增塑的聚醚为黏合剂基体，以高能炸药、氧化剂以及金属燃料等为固体填料的高能推进剂。典型的 NEPE 推进剂的配方组成包括：黏合剂为长链醇或端羟基醚的预聚物与多异氰酸酯反应物，如环乙烷-四氢呋喃共聚醚〔P(E－CO－T)〕，聚乙二醇(PEG)等。增塑剂为硝化甘油(NG)和 1,2,4－丁三醇三硝酸酯(BTTN)的混合物，NG/BTTN 的质量比为 1∶1，高能炸药为 HMX，氧化剂为 AP，燃料为铝粉。图 4－3－27 为 NEPE 推进剂的 DSC 和 TG－DTG 曲线，NEPE－H0 的配方为 PEG：NG：BTTN：HMX：AP：Al＝7：9：9：40：14：19，NEPE－H1 则是在 NEPE－H0 配方的基础上添加了 2%的燃速催化剂。

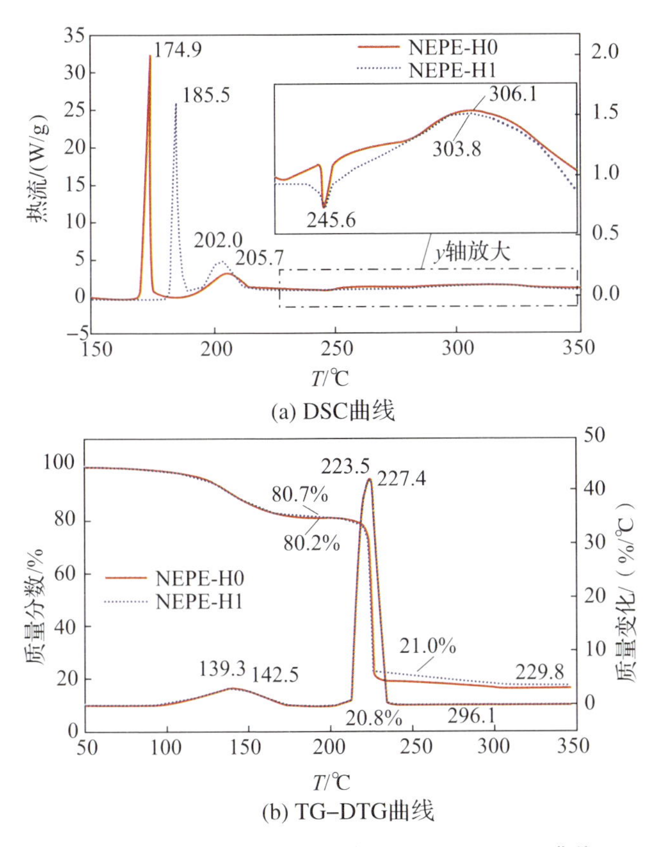

图 4－3－27　NEPE 推进剂的 DSC 和 TG－DTG 曲线

由 DSC 曲线可知，NEPE 推进剂的第一个分解峰温位于174.9℃(185.5℃)，是一个剧烈的放热峰，这是大量 HMX 参与的部分增塑剂 NG/BTTN 的分解。第二个分解峰温位于 205.7℃(202.0℃)，主要是 PEG 黏合剂的分解。从局部放大图可知，245.6℃ 的吸热峰是 AP 的转晶峰，随后的第三个放热峰位于 306.1℃(303.8℃)，则为 AP 的分解。燃速催化剂的作用使以 HMX 和 NG/BTTN 增塑剂为主的分解放热峰后移，而 PEG 和 AP 的分解放热峰提前。但是，TG－DTG 曲线表明：第一个失重峰应为 NG/BTTN 增塑剂的分解，而第二个失重峰为 HMX 的分解。这是由于 TG 和 DSC 试验条件的不同引起的。在 TG 的敞口样品池和流动气氛的测试条件下，NC/BTTN 增塑剂的质量损失过程是以挥发为主，因此 DTG 峰提前在约 140℃ 出现，质量损失为 19.3%～19.8%，与推进剂配方中 NG/BTTN 的含量 18%十分接近。而在硝酸酯 NG/BTTN 增塑剂存在的体系中，HMX 的分解也被显著提前。

为了进一步提高推进剂的能量，将 CL-20 引入 NEPE 推进剂中。含有 CL-20的 NEPE 推进剂的 DSC 曲线如图 4-3-28 所示，其中，NEPE-C0 推进剂的配方组成为 PEG：NG：CL-20：AP：Al = 7：21.5：42：10：18，NEPE-C1是在 NEPE-C0 的基础配方上外加 3%的 Ct2 催化剂。

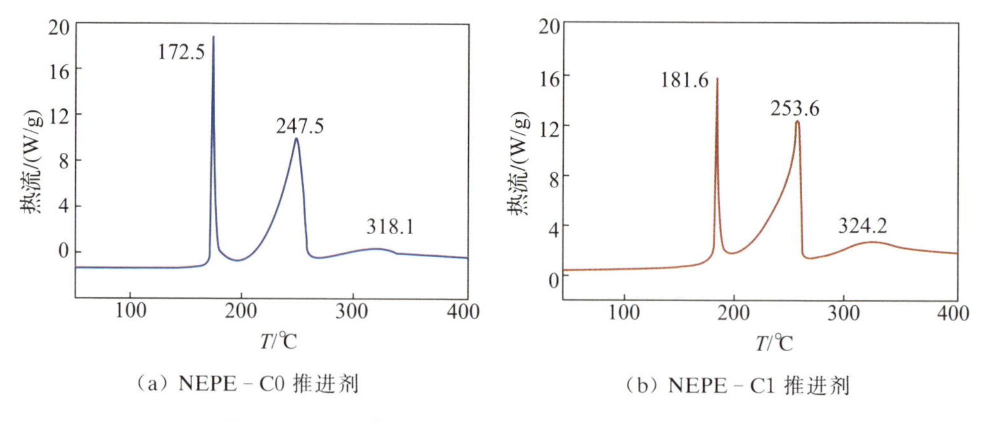

(a) NEPE-C0 推进剂　　(b) NEPE-C1 推进剂

图 4-3-28　含 CL-20 的 NEPE 推进剂的 DSC 曲线

由 DSC 曲线可知，含CL-20 的 NEPE 推进剂有 3 个分解放热峰，位于 172.5℃(181.6℃)的第一个分解放热峰是由于增塑剂 NG 的分解引起的，第二个放热峰是由于 PEG 及CL-20 的分解放热引起的，第三个分解放热峰则是由于 AP 的分解引起的。NEPE-C0 推进剂中的CL-20 的分解峰温相比未添加 AP 的 PEG/NG/CL-20体系中峰温有所下降，这是由于 AP 的低温分解能生成具有极强氧化性的 ClO_4—或 $HClO_4$—促进了CL-20的分解。NEPE-C0 推进剂中 AP 的分解峰也由 AP 单体的 2 个峰变为 1 个峰，且分解峰温为 318.1℃，低于 AP 单质的高温分解峰温(约 340℃)，这是由于 CL-20 的分解产物使得 AP 低温下生成的 NH_3 被氧化，减弱了 NH_3 抑制活化中心的作用，使 AP 的分解反应能持续进行，在 DSC 上只出现 1 个放热峰，这一结果也得到了 TG-DTG 测试的验证。加入燃速催化剂使 NG、CL-20 及 AP 的分解峰温都有提高，但放热起始与终止的温度范围变窄，说明放热速率有所提高。

4. GAP 推进剂的热分解

GAP 推进剂是由 GAP 黏合剂和固体填料组成的非均相体系，在高能推进剂、低特征信号推进剂、燃气发生剂及低易损弹药等方面的应用使其备受关注。GAP

黏合剂与推进剂各组分的相互作用对 GAP 推进剂的热分解性能有明显的影响。

GAP 高能推进剂的 TG 和 DTG 曲线如图 4-3-29 所示，其中，GAP-H0 推进剂的配方组成为 GAP：BuNENA：HMX：AP：Al = 8：10：38：27：17，GAP-H1 推进剂的配方组成为 GAP：BuNENA：HMX：AP：Al：C1（催化剂）= 8：10：36：27：17：2。由 DTG 曲线可以看出，GAP 高能推进剂的热分解过程基本可以分为 5 个阶段，各分解阶段对应的最大失重速率峰温和各阶段的失重率列于表 4-3-7 中。

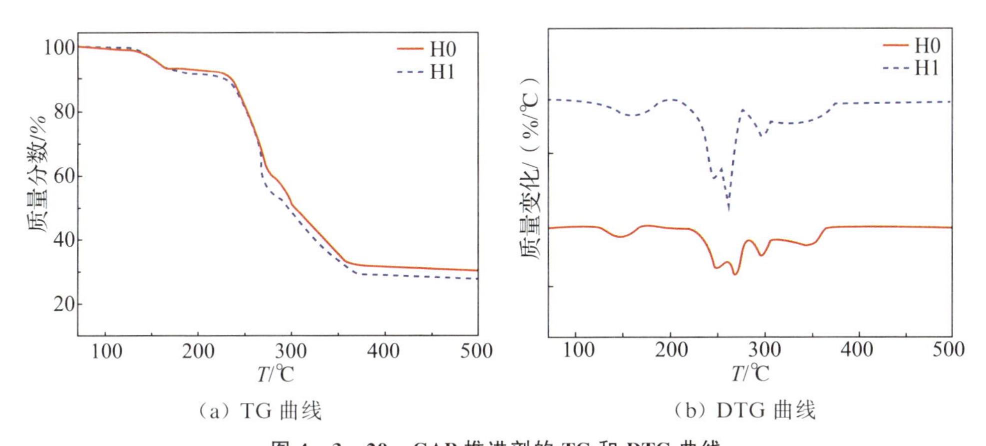

（a）TG 曲线　　（b）DTG 曲线

图 4-3-29　GAP 推进剂的 TG 和 DTG 曲线

表 4-3-7　GAP 推进剂的热分解参数

样品	第一阶段		第二阶段		第三阶段		第四阶段		第五阶段		残渣量/%
	T_{p1}/℃	失重率/%	T_{p2}/℃	失重率/%	T_{p3}/℃	失重率/%	T_{p4}/℃	失重率/%	T_{p5}/℃	失重率/%	
H0	150.1	7	248.5	32	268.3	4.9	294.6	4.5	344.1	19.5	30.1
H1	155.1	6.8	246.5	33.9	260.7	5.2	294.8	5.2	343.6	19.2	27.9

由图 4-3-29 和表 4-3-7 可以看出，GAP 推进剂热分解的第一阶段对应于增塑剂 BuNENA 的挥发，其分解峰温位于 150.1℃（155.1℃），此阶段的失重率为 7%左右，说明体系中的 BuNENA 没有完全挥发。燃速催化剂的添加使第一阶段即增塑剂挥发的温度有所上升，这可能是由于添加的纳米催化剂对增塑剂有一定的吸附作用，阻碍了增塑剂的挥发。

第二阶段的失重率为 33%左右，对应体系中叠氮基团、残留的 BuNENA 和部分 HMX 的热分解，第三阶段的失重率为 5%左右，对应体系中剩余 HMX 的热分解。从 TG 曲线上可以看出，由于分解温度相近，第二阶段和第三阶段的分界线并不明显。HMX 分解过程中生成的部分氧化性产物与体系中的 Al 粉发生反应，生成凝聚态的 Al_2O_3，因此第二阶段和第三阶段总失重率比在此阶段发生分解反应的组分在体系中的实际含量低。燃速催化剂的添加使第二阶段的最大失重峰温有小幅度的下降，同时使第三阶段的最大失重峰温降低了 7.6℃，表现出促进叠氮基团和 HMX 热分解的作用。这是因为催化剂的热分解产物可以与 HMX 热分解产物发生反应，有利于 HMX 的热分解进行。

第四阶段的失重率为 5%左右，对应于 AP 的低温热分解阶段。第五阶段的失重率为 19.5%左右，对应于 AP 的高温热分解和 GAP 主链的热分解，由于 AP 分解过程中生成的部分氧化性产物与体系中的 Al 粉发生反应，生成凝聚态的 Al_2O_3，因此这两个阶段的失重率比在此阶段发生分解反应的组分在体系中的实际含量低。燃速催化剂的加入对于这两个阶段的最大分解峰温基本没有影响，说明该催化剂对 AP 和 GAP 主链的热分解催化作用不大。

GAP 推进剂的 DSC 曲线如图 4-3-30 所示，相应的热性能参数见表 4-3-8。从图中可以看出，推进剂的 DSC 曲线上出现了四个峰，分别对应于叠氮基团的放热峰、HMX 的分解放热峰、AP 的低温分解峰和高温分解峰。由于叠氮基团和 HMX 的热分解温度相近，两者的分解放热峰有所重合，催化剂对 HMX 的热分解催化作用较强，在 GAP-H1 推进剂的 DSC 曲线上两者的放热峰重合面积较大。催化剂的加入对叠氮基团和 HMX 的热分解有一定的催化作用，但是对体系的总放热量影响不大。

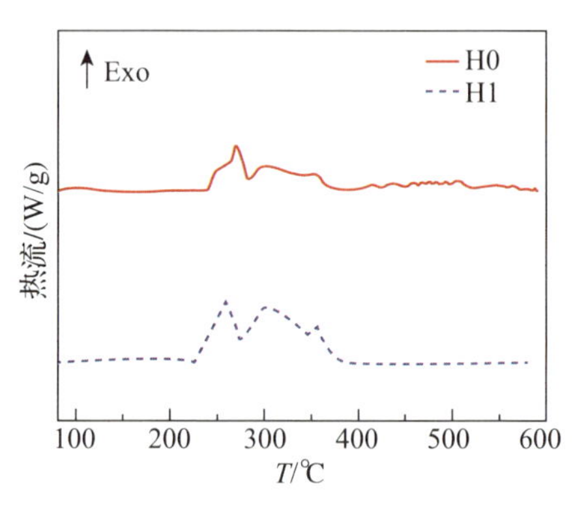

图 4-3-30 GAP 推进剂的 DSC 曲线

表 4-3-8 GAP 推进剂的热性能参数

样品	$-N_3$ 分解峰		HMX 分解峰		AP 低温分解峰		AP 高温分解峰		总放热量/(J/g)
	T_{p1}/℃	ΣH/(J/g)	T_{p2}/℃	ΣH/(J/g)	T_{p3}/℃	ΣH/(J/g)	T_{p4}/℃	ΣH/(J/g)	
H0	248.9	152.7	268.9	233.1	297.2	179.2	348.5	220.7	785.7
H1	246.7	167.9	260.5	244.4	296.6	185.4	349.3	207.3	804.9

分别添加高能硝胺炸药CL-20 和 HMX 的 GAP 推进剂的 TG-DTG 曲线如图 4-3-31 所示，其中，GC-1 推进剂的配方组成为 GAP：(NG+BTTN)：HMX：AP：Al=17：20：34：10：16，GC-2 推进剂的配方组成为 GAP：(NG

+BTTN)：CL-20：AP：Al=17：20：34：10：16。

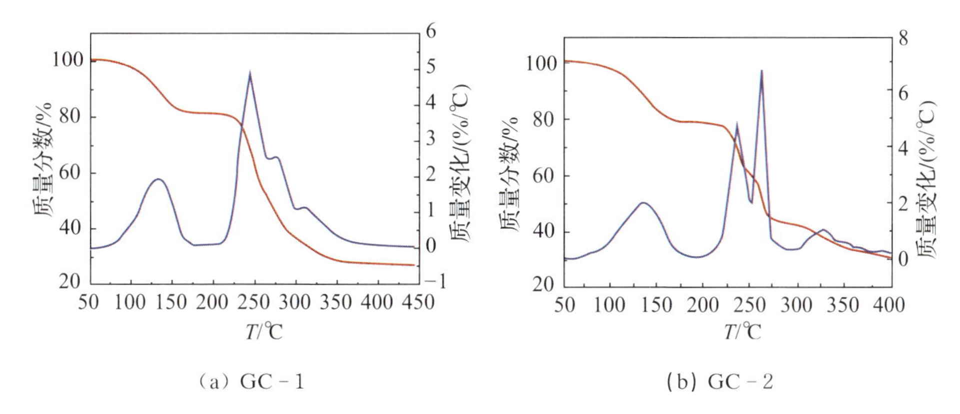

图4-3-31 添加不同高能氧化剂的GAP推进剂的TG-DTG曲线

从TG-DTG曲线可以看出，添加不同高能氧化剂的GAP推进剂的热分解主要分为4个阶段(Ⅰ-Ⅳ阶段)。第Ⅰ阶段开始于约50℃，结束于约170℃，伴随着约18%的质量损失，相当于硝酸酯挥发分解的质量。第Ⅱ阶段，GC-1推进剂的分解从223.8℃开始，到265.9℃结束，分解峰温为244.71℃，伴随着31.2%的质量损失，这主要是归因于HMX的分解，其质量损失与HMX的含量基本一致。第Ⅲ阶段开始于266.1℃，结束于301.2℃，分解峰温为277.92℃，伴随着15.3%的质量损失，对应部分GAP黏合剂的分解。第IV阶段的失重率为10%左右，对应于AP的热分解。与GC-1推进剂不同的是，含CL-20的GC-2推进剂第Ⅱ和第Ⅲ热分解阶段部分重叠，在255.2℃时的曲线上有一个明显的峰，这与CL-20的DSC曲线上的峰一致。含CL-20的GC-2推进剂的分解过程表明，分解过程中形成的气态产物对燃烧表面有较大的反馈，有利于提高燃烧速率。

参考文献

[1] 刘继华. 火药物理化学性能[M]. 北京:北京理工大学出版社,1997.
[2] 欧育湘. 炸药学[M]. 北京:北京理工大学出版社,2014.
[3] 谭惠民. 固体推进剂化学与技术[M]. 北京:北京理工大学出版社,2015.
[4] 刘子如. 含能材料热分析[M]. 北京:国防工业出版社,2008.
[5] 王伯羲,冯增国,杨荣杰. 火药燃烧理论[M]. 北京:北京理工大学出版社,1997.
[6] 金韶华. 炸药理论[M]. 西安:西北工业大学出版社,2010.
[7] 王晓川,王蔺,徐雪霞,等. 用TG-FTIR研究TNT的热分解[J]. 含能材料,1998(4):26-29.

[8] COSGROVE J D, OVEN A J. The thermal decomposition of 1,3,5 trinitro hexahydro 1,3,5 triazine(RDX)—part I:The products and physical parameters [J]. Combustion and Flame,1974, 22: 13 - 28.

[9] COSGROVE J D , OVEN A J. The thermal decomposition of 1, 3,5 trinitro hexahydro 1, 3, 5 triazine (RDX)—part II: The effects of the products [J]. Combustion and Flame,1974,22:19 - 22.

[10] HOFFSOMMER J C, GLOVER D J. Thermal Decomposition of 1,3,5 - triniyro - 1,3,5 - triazacyclohexane(RDX):Kinetics of Nitroso Intermediates Foemation [J]. Combustion and Flame, 1985, 59(3):303 - 310.

[11] 刘子如，刘艳，范夕萍，等. RDX 和 HMX 的热分解 I. 热分析特征量[J]. 火炸药学报，2004，27(2):63 - 66.

[12] OYUMI Y, BRILL T B. Thermal decomposition of energetic materials 3, A high rate in Situ, FTIR sudy of the thermolysis of RDX and HMX with pressure and heating rate as variables[J]. Combustion and Flame, 1985, 62:213 - 224.

[13] ISAYEV O, GORB L,QASIM M, et al. Ab initiomolecular dynamics study on the initial chemical events in nitramines:Thermal decomposition of CL-20 [J]. Journal of Physical Chemistry B, 2008, 112(35):11005 - 11013.

[14] NEDELKO V V, CHUKANOV N V, RAEVSKII A V,et al. Comparative investigation of thermal decomposition of various modifications of HNIW (CL-20) [J]. Propellents, Explosives, Pyrotechnics. 2005, 25:255 - 259.

[15] JACOBS P, WHITEHEAD H. Decomposition and combustion of ammonium perchlorate[J]. Chemical Reviews,1969, 69(4):551 - 590.

[16] ROSSER W A, INAMI S H, WISE H. Thermal decomposition of ammonium perchlorate[J]. Combustion and Flame, 1968, 12(5):427 - 435.

[17] JACOBS P, PEARSON G S. Mechanism of the decomposition of ammonium perchlorate[J]. Combustion and Flame, 1969,13(4): 419.

[18] 王永寿.二硝酰胺铵盐的热分解特性[J].飞航导弹,1997(12):18,26 - 29.

[19] DAVID E G, QUEENIE S M, VACHON M. Characterization of ADN and ADN - Based Propellants[J]. Propellants, Explosives, Pyrotechnics, 2005, 30 (2):140 - 147.

[20] VYAZOVKIN S, WIGHT C A. Amonium Dinitramide:Kinetics and mechanism of thermal decomposition [J]. Journal of Physical Chemistry A,1997, A101 (31):5653 - 5658.

[21] YANG R, THAKERE P, YANG V. Thermal decomposition and combustion of Ammonium Dinitramide(Review)[J]. Combustion, Explosion and Shock Waves,2005,23:657 - 679.

[22] VARNEY A M, STRAHLE W C. Thermal decomposition studies of some solid propellant binders[J]. Combustion and Flame, 1971,16(1):1-7.

[23] COHEN N S, FLEMING R W, DERR R L. Role of binders in solid propellant combustion [J]. AAA,1974,12(2): 212-218.

[24] 庞爱民,马新刚,唐承志. 固体火箭推进剂理论与工程[M]. 北京:中国宇航出版社,2014.

[25] 陈智群, 刘艳, 刘子如. GAP 热分解动力学和机理研究[J]. 固体火箭技术, 2003, 26(4):52-54.

[26] 罗运军,王晓青,葛震. 含能聚合物[M]. 北京:国防工业出版社,2010.

[27] 刘文品. 高密度 HTPE 推进剂的制备与性能研究[D]. 北京:北京理工大学,2012.

[28] 夏敏,罗运军,毛科铸. HTPE 黏合剂的热分解机理及其对 AP 热分解特性的影响研究. 2014(第六届)含能材料与钝感弹药技术学术研讨会论文集[C]. 中国工程物理研究院、北京理工大学、中国兵工学会爆炸与安全技术专业委员会:《含能材料》编辑部, 2014:325-328.

[29] 乔羽. 纳米 RDX 和 HMX 在 TNT 基熔铸炸药中的应用基础研究[D]. 南京:南京理工大学,2016.

[30] 郑亚峰,南海,席鹏,等. 不同比例 Al-RDX 混合炸药的热分解活化能研究[J]. 爆破器材, 2015, 44(5):13-17.

[31] 王毅,宋小兰,赵珊珊,等. 机械球磨法制备纳米 HMX/HNS 共/混晶炸药[J]. 火炸药学报, 2018, 41(3):261-266.

[32] 李小东,张锡铭,杨武,等. CL-20 /FOX-7 基 PBX 的制备及其性能表征[J]. 含能材料, 2019,27(7):587-593.

[33] 郭茂林. RDX 基高能发射药的制备及性能研究[D]. 太原:中北大学,2018.

[34] 张腊莹,朱欣华,王江宁. 高固含量改性双基推进剂的热分解[J]. 火炸药学报, 2011,34(5):74-77.

[35] 何利明. 非硝化甘油交联改性双基推进剂基本性能研究[D]. 北京:北京理工大学,2016.

[36] 丁黎,赵凤起,刘子如,等. 含CL-20 的 NEPE 推进剂热分解[J]. 固体火箭技术, 2008(3):251-254.

[37] 邓竞科. GAP 基高能固体推进剂研究[D]. 北京:北京理工大学,2016.

[38] PANG W Q, DELUCA L T, XU H X, et al. Effects of CL-20 on the properties of glycidyl azide polymer (GAP) solid rocket propellant [J]. International Journal of Energetic Materials & Chemical Propulsion, 2016, 15 (1):49-64.

05 第5章 火炸药的燃烧与爆轰性能

5.1 概述

火炸药通过燃烧或爆轰的化学反应将火炸药的化学能转化为热能和工质做功。由于火炸药本身含有氧化和可燃组分(元素)，可以通过一定能量的激发而不需要外界供氧的条件下，迅速发生燃烧或爆轰反应，释放出大量的热能，同时生成大量的气体作为工质去做功。火炸药的燃烧是在物质内部进行燃烧反应，周围介质的压力和温度对其反应的进行有明显的影响，而爆轰则是火炸药化学反应最激烈的一种，反应速率可达到每秒数千米，环境的温度和压力对其爆轰反应没有影响。

火炸药的热分解、燃烧和爆轰三种化学变化形式，在性质上虽然不同，但在一定条件下可以相互转化。火炸药的缓慢热分解可以转化为热引燃，进而发展为燃烧，如果控制不当可进一步转化为爆轰。对于炸药来说，在一定程度上，热分解、燃烧向爆轰的转变是炸药化学变化的中间过渡形式，在数千分之一秒的瞬间完成。而对于发射药和固体推进剂来说，在一定条件下，燃烧可以转化为爆轰。这三种化学变化形式之间存在相互区别又相互联系、转化的关系，对于火炸药的应用具有十分重要的意义。在火炸药的生产和贮存期间，为了保持火炸药性能不变以及安全，需要采取措施抑制火炸药的缓慢热分解，不使其发展为燃烧，更不能发展成为爆轰。在火炸药使用时，在一定激发能量下，发射药、固体推进剂则应保证可靠的点燃和有规律的稳定燃烧，而炸药要保证可靠的爆轰。

火炸药的燃烧和爆轰性能是决定其能否应用于武器系统，使武器获得稳定的弹道性能和实现有效毁伤的关键性能。研究火炸药的燃烧和爆轰性能就是研究火炸药的燃烧和爆轰的过程和变化规律，以获得能够稳定燃烧和可靠爆轰的火炸药。

5.1.1 燃烧

燃烧是物质间进行剧烈氧化的化学变化，并伴随放热和发光的现象。具有以下基本特征：在燃烧体系中，必须具有燃烧化学变化所需要的氧化元素和可燃元素。这两类元素可以同时存在于同一物系中，也可以多相体存在；燃烧时，反应区所放出的热量，一部分通过热传导、燃烧产物的热扩散和辐射的方式传给未燃烧部分以维持继续燃烧，大部分热量则加热燃烧产物使之达到发光温度以上而发光，并随燃烧产物的辐射散失于周围环境中；燃烧一般以几毫米每秒至几百毫米每秒的速度连续传播下去，但始终小于该介质条件下的声速；燃烧产物移动的方向与火焰面传播的方向相反；对于凝聚物的燃烧要经过熔化、蒸发、升华、热分解、混合或扩散等中间阶段，才能进行燃烧化学反应转变成燃烧的最终产物，故在燃烧过程中存在着传热、传质、传动量的物理过程和化学反应过程；由于燃烧是一种氧化还原的化学反应，因此，它和其他化学反应一样，反应速度受到反应物浓度和温度的影响，燃烧速度对外界条件如压力、初温、扩散速度等变化敏感。

火炸药的燃烧与燃料、有机物的燃烧不同，是集氧化剂和燃料于一身的特殊物质的燃烧，燃烧过程中还伴随着生成大量的气体和释放出大量的热，而且由于火炸药是多组分的混合物，其燃烧过程也更为复杂。火炸药的燃烧可分为平行层燃烧和对流燃烧，平行层燃烧的特点是：燃烧的固相反应区很薄，基本在固相表面反应，然后一层一层向未燃区传播；燃速较低，一般为每秒数百毫米以下，而且传播速度易于稳定；能量传递主要为热传导、辐射及气态产物的扩散；其波形为单纯的膨胀波。而对流燃烧的特点是：燃烧的气态产物部分进入固相内，有一个厚度可达厘米量级的固相层同时进行燃烧反应，然后向未燃区传播；燃速较快，一般为每秒数百毫米至数百米，而且传播速度相对于平行层燃烧较难稳定，且受外界压力影响较大；能量传递以对流及气态产物的扩散为主；其波形为膨胀-压缩波。

5.1.2 火焰

火焰是燃烧化学反应中燃烧产物发光的现象，这种发光区又称火焰区。产生火焰的必要条件是反应放出的热足以加热燃烧产物，使其温度达到发光温度以上而发光。由于燃烧反应前氧化剂和可燃剂所处的状态不同，因而火焰的结构也不同，可分为预混火焰和扩散火焰两种类型。

预混火焰是指在燃烧反应前氧化剂和可燃剂预先混合好的燃烧火焰。预混火焰反应区的反应速度受化学反应速度的控制。均质火药在隔绝空气条件下燃烧的火焰可视为预混火焰。当外界条件如压力、温度稳定时，火焰区结构不随时间变化的预混火焰称为稳态预混火焰，反之称为非稳态预混火焰。在流动的混合气体燃烧时，气体以层流($Re<2300$)速度向前运动所产生的火焰称为稳态预混层流火焰，而气体以湍流($Re>2300$)运动燃烧所形成的火焰称为稳态预混湍流火焰。

扩散火焰是当燃料和氧化剂相互扩散混合时，在其接触的界面上反应所形成的火焰。扩散混合所形成的火焰是一极薄的反应区，它相当于一个分界面将燃料与氧化剂隔开，一边是燃料，另一边是氧化剂。所以，扩散火焰又可广义地定义为燃料和氧化剂初始分离的火焰。燃料和氧化剂同属气相，称为均相扩散火焰；而燃料和氧化剂为不同相，则称为非均相扩散火焰。扩散火焰的传播速度在压力很低时取决于扩散速度，而在中等压力时取决于扩散速度和化学反应两个因素。在火药的燃烧中，复合推进剂的燃烧可视为扩散火焰，因为复合推进剂燃烧时，燃料和氧化剂先各自分解为气态产物，然后再相互扩散反应形成火焰。

5.1.3 火炸药的燃烧过程

火炸药的燃烧过程可分为点火、引燃、燃烧三个阶段。点火指火炸药在点火能源的作用下，局部表面温度升高至发火点以上出现火焰而被点燃的过程。引燃是指点火压力和火焰沿火炸药表面传播的过程。燃烧是指引燃后，火焰向火炸药深层传播的过程。在外界条件如压力、初温一定时，火炸药的燃烧速度不随时间而变化，这种燃烧称为稳态(稳定)燃烧，反之为非稳态(不稳定)燃烧。燃速稳定同时又是完全燃烧的稳态燃烧称为正常燃烧，反之称为不正常燃烧。燃烧的稳定性及燃速与反应区中的放热速度及向下层火炸药和周围介质的传热速度有关。当放热量小于散热量时，燃速降低，直至燃烧熄灭；反之，则燃速增加，甚至引起爆炸；若放热与散热平衡，则出现稳定燃烧。放热速度主要取决于反应动力学，而散热速度主要取决于物质的导热性。

火炸药的燃烧过程中存在着“三传一反”——传热、传质、传动量和化学反应，是一个复杂的物理化学过程。通过先进的试验技术和理论推导来揭示燃烧过程的规律性和特殊性，指导火炸药燃速的控制和调节，获得有规律的稳定燃烧，才能保证武器系统具有良好的内弹道性能。

5.1.4 火炸药的爆轰过程

爆炸是物质急剧的能量释放过程，能量在瞬间急剧释放或转化的现象都可以称为爆炸。爆炸和爆轰在某些意义上是可以通用的，爆炸涵盖的面更为广泛，不仅指爆轰反应，还指爆轰后，爆轰产物对外界的爆炸作用。广义的爆炸过程包括爆轰和爆燃。

根据物质成分的变化，爆炸可分为物理爆炸、化学爆炸和核爆炸。火炸药的爆炸属于化学爆炸，是快速、放热且生成高温高压气态产物的化学反应，其中绝大多数是氧化还原反应。由于爆炸时的放热化学反应进行得极快，从引发中心向外传播的线速度介于亚声速至超声速之间，可以近似地看成为定容绝热过程，因而爆炸气态产物的温度和压力都很高，温度达 2000～5000K，压力达 10～40GPa。当这种高温、高压气体骤然膨胀时，在爆炸点附近压力急剧上升，形成冲击波对外界产生相当大的机械破坏作用。

火炸药的爆轰是其发生爆炸反应的基本形式，是以爆轰波形式沿着火炸药高速自行传播的现象，速度一般在每秒数百米到数千米，且传播速度受外界条件的影响很小。爆轰过程根据传播速度可分为稳定爆轰和不稳定爆轰，传播速度恒定不变的爆轰称为稳定爆轰，传播速度变化的爆轰则称为不稳定爆轰。

火炸药的爆轰和燃烧是具有不同特性的化学反应过程，主要区别包括：具有不同的传播机理，燃烧是通过热的传导、扩散和辐射在火炸药中传播的，而爆轰则是通过冲击波传播的，爆轰波是伴有高速反应的冲击波；燃烧时的放热反应主要在气相中进行，而爆轰的放热反应主要在液相或固相中进行；燃烧过程中反应区内产物的质点运动方向与燃烧波阵面方向相反，波阵面压力低，而爆轰时反应区内产物质点运动方向与爆轰波的传播方向一致，波阵面压力较高；燃烧速度一般为亚声速，在每秒几毫米至几百米，而爆轰速度则要高得多；此外，燃烧过程受环境温度、压力等外界条件的影响较大，而爆轰过程几乎不受外界条件影响。

5.2 火炸药的燃烧

5.2.1 炸药的燃烧

炸药的燃烧是一种猛烈的物理化学变化，反应区沿炸药表面法线方向传播的速度称为燃速，一般在每秒几毫米至数百米之间，其燃速随外界压力的升高而显著增加。炸药被引燃后，火焰向深层传播，使炸药燃烧。燃烧以燃烧反应波的形式传播，反应区的能量通过热传导、辐射及燃烧气体产物的扩散传入下层炸药。炸药的燃烧过程比较缓慢，并且不伴有任何显著的声效应，但是在有限容积内，燃烧进行较强烈，此时压力会较快上升，并且其气态燃烧产物能做出抛射功。影响炸药燃烧的主要因素是炸药的化学组成、导热性、装药直径、密度、几何形状、孔隙性及环境条件等。

在一定条件下，炸药的引燃可导致稳定燃烧，即燃速不随过程而变化的燃烧。此时，燃速是稳定的，通常只与环境压力和温度有关。炸药发生稳定燃烧时，在其表面层有一稳定的反应区，并沿表面法线形成以某种规律表示的温度分布曲线，该曲线以恒定速度沿炸药推移。由于燃烧是层层传递、平行传播的，所以稳定燃烧也称为平行层燃烧。

当炸药的药柱具有密度低、多孔隙等特征时，炸药燃烧产生的高温气体可向药柱孔隙内渗入，当渗入气体造成的加热层厚度（深度）大于正常加热层，且高温气体存在的时间也超过孔隙壁达到引燃温度的时间时，就可点燃孔隙深处的炸药，炸药的稳定燃烧被破坏，燃速发生不规律性变化，不再保持稳定的燃速，即形成了不稳定燃烧。稳定燃烧是炸药的一种重要应用性质，用于抛掷、推进的炸药必须是具有稳定燃烧特征的炸药。当炸药不稳定燃烧时，燃烧表面明显扩大，燃速大大提高。不稳定燃烧有两种发展可能：一种是燃烧逐渐衰减、燃速降低，最后燃烧转为热分解，这种情况较少见；而在大多数情况下，尤其是当大量堆放或在一定的装置、制件中燃烧时，会出现速率越来越快的不稳定燃烧，最后可能发展为低速爆轰或正常爆轰。

凝聚炸药的燃烧反应包括凝聚相加热区、凝聚相反应区以及气相反应区即火焰区。几个反应区之间存在传质和传热，大量热以辐射方式由气相反应区传递给凝聚相反应区，凝聚相反应产物则持续、不断地进入气相反应区，支持火焰反应的进行。其中，主要化学反应在气相反应区中进行，并放出大量的热。稳定燃烧时，反应区间的传热及性质是动态平衡的，这种动态平衡一直持续到炸药全部燃尽。

炸药燃烧的特性参数有燃速、燃烧温度及其分布、临界燃烧条件及燃烧产物组成等。其中，燃速是最重要的特性参数，尤其是垂直于燃烧表面的法向线性燃速 u。由于 u 与药柱的密度 ρ 有关，通常以稳定燃烧的质量燃速 u_m 表征：

$$u_m = u_0\rho_0 = u_f\rho_f = C \tag{5-2-1}$$

式中：u_0 为炸药的线性燃速（cm/s）；ρ_0 为炸药的密度（g/cm^3）；u_f 为火焰燃速（cm/s）；ρ_f 为燃烧气相产物密度（g/cm^3）；C 为常数。

通常，u 仅和燃烧时的环境压力及温度有关，则存在下述关系，即

$$u = kp^n \tag{5-2-2}$$

式中：k 为燃烧的温度系数；p 为压力；n 为燃速压力指数。

5.2.2 火药的燃烧

1. 火药的稳态燃烧

火药的稳态燃烧主要指火药的火焰结构特性不随时间而变化的燃烧过程。火药的燃烧可看作是一个伴随化学反应的流动系统，在稳态一维条件下，遵守质量守恒、动量守恒和化学物质守恒的定律，这些守恒定律对整个燃烧波气相和固相都适用，是燃烧理论的基本方程。由于火药燃烧过程的复杂性，所建立的物理、数学模型，以及提出的燃烧理论不可避免地存在一定的局限性，但是这些模型和理论对于指导火药燃烧特性研究、配方设计以及发动机设计仍具有十分重要的意义。下面对几种典型的稳态模型进行简要的介绍。

1）双基火药的稳态燃烧

双基火药是以硝化纤维素和硝化甘油等硝酸酯为主要组分，经高温塑化工艺成型的一种均质火药，其火焰为预混火焰，受一维化学反应过程控制，化学动力学因素对控制燃速起着关键作用。试验研究发现，双基火药的一维燃烧波结构由固相预热区、固相反应区、一次火焰区、暗区和二次火焰区五部分组成。各区中表现出不同的物理化学特点，实际中这五个区并不是截然分开的，而是相互渗透的。根据这些特点，帕尔（R. G. Parr）和克劳伍富德（B. L. Crawford）提出了典型双基火药燃烧过程的物理化学模型（图 5－2－1）。

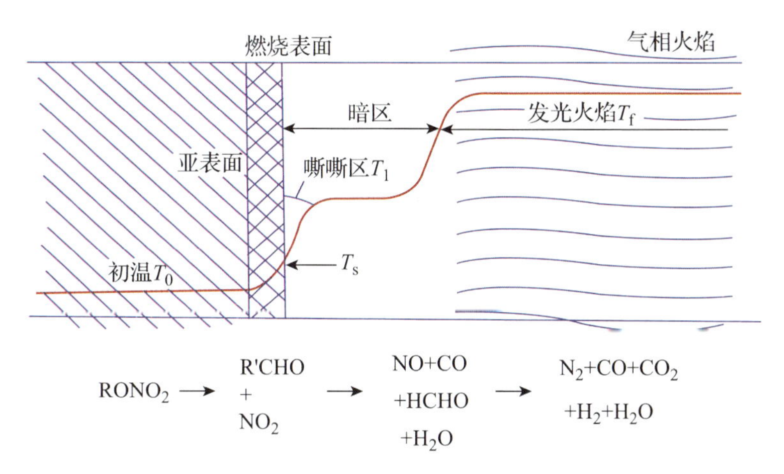

图 5－2－1　典型双基火药燃烧过程的物理化学模型

固相预热区是指从燃烧表面温度 T_s 到固相某处推进剂试验环境温度 T_0 处的预热区域，其厚度小于 0.2mm，并随压力而变薄。在预热区主要发生熔化、蒸发、变软等物理变化。

凝聚相反应区也称为亚表面反应区、表面反应区或泡沫区。当双基火药表面受热被点燃后，热量从推进剂表面向推进剂内部传递，由表及里形成一个温度梯度。这个区从双基火药中最不稳定的组分发生热分解(称为亚表面)开始，到温度达到 T_s即固相的消失面(称为燃烧表面)为止，主要进行的是硝酸酯的热分解反应，分解产物与硝酸酯的反应、初始产物之间的反应。硝酸酯热分解生成气态 NO_2和醛等低分子物质，在火药表面形成了黏稠的液化层。因为分解产物多是气体，所以形成泡沫，又称泡沫区，这已被熄火样品表面多孔的形貌所证实。凝聚相反应区温度由 T_0上升到 T_s(600K)，总反应是放热的，约占推进剂总放热量的10%。虽然放热量不多，但却占加热凝聚相热量的70%～80%，气相对燃烧表面热传导只占20%～30%，因此认为该区是控制燃速的主导区。这一反应区很薄，压力对反应区的厚度有影响，当压力由6～21MPa发生变化时，反应区的厚度从0.13mm下降到0.06mm。

一次火焰区也称为嘶嘶区或不完全燃烧区，由凝聚相分解的气体产物从表面逸出，带出固体、液体微粒，构成气、固、液并存的异相区。这一区域内的化学反应包括均相和异相反应，离燃烧表面越远气相反应越占优势，主要是 NO_2氧化醛和低分子烃的反应。由于 NO_2只还原成 NO，所以也称为不完全燃烧区，由于燃烧时发出嘶嘶声也称为嘶嘶区。这个区的化学反应是放热的，放热量约为总热量的40%。若燃烧时的外界压力低于完全燃烧的临界压力，火药的燃烧可能结束，形成无焰燃烧。这一区域的温度一般为970～1270K。当压力从1MPa升至10MPa时，区域的厚度由0.02mm降至0.002mm。

暗区为气相区，在嘶嘶区的化学反应进行完毕后，起氧化剂作用的 NO_2几乎全部还原成 NO。燃烧的中间产物之间的进一步快速反应需要加热到1773K以上，这时的气体产物也未达到发光的温度，所以形成了一个化学反应速度极低又不发光的暗区。含有以硝基或硝酸酯基为主要氧化剂的火药，如单基火药、双基火药和以双基为黏合剂的硝胺火药，燃烧过程中均出现暗区。暗区随压力增加厚度明显变薄，当压力从0.8MPa升至10MPa时，厚度从20mm急剧下降至0.2mm。

火焰区也称为发光火焰区。当暗区的燃烧中间产物被加热到1773K以上时，NO 与其他中间可燃气体发生剧烈的化学反应，放出大量的热，将燃烧气体加热到2073K以上而发出明亮的光，所以称为发光火焰区。火焰区是双基推进剂燃烧反应的最后阶段，该区燃烧反应的氧化性气体全部消耗了，NO 中的氮变成气体分子氮气(N_2)。如果温度小于2773K和压力较高时，气体产物不会发生解离。该区所放出的热量约占总热量的50%，典型双基火药的最高火焰温度(T_f)在 2773K 左右。火焰区火焰高度同样受压力的影响，压力升高，火焰区高度降低。火焰区反应放出的热量一部分传给暗区，使暗区产物升高到反应所需的温度，大部分则随燃烧的最终产物散失到环境中。在武器系统中，正是利用这种反应产物的气体和热量来做推进功和膨胀功，推进或发射弹丸。在高压下，暗区几乎消失，火焰区的热量可直接传给嘶嘶区。典型双基火药燃烧的最终产物为 N_2、CO_2、CO、H_2O 和 H_2。从提高能量的方面考虑应增加比容，所以 CO 和 H_2 的含量很高，这就是火炮发射中可能产生二次火焰，即炮口焰和炮尾焰的原因。

久保田浪之介和萨莫菲尔德(Summerfield M)提出了双基火药燃烧的气相嘶嘶区为主导反应的物理模型。他们根据对燃烧波结构各区厚度的分析得出：低压下暗区厚度很大，远远超过其他各区，因而温度梯度很小。火焰区远离燃烧表面，在小于 0.7MPa 时，甚至观察不到火焰区。据此认为火焰区向燃烧表面传递的热量可以忽略不计，并提出了双基火药燃速由亚表面和表面反应及嘶嘶区所控制的观点，从而把双基火药的燃烧区简化成凝聚相反应区和气相嘶嘶区两个区。并据此建立数学模型，进一步得到燃速和燃烧表面温度的表达式。

为简化燃速公式推导，做出以下假设：燃烧过程是一维传播的数学模型，在恒压下稳定燃烧，火焰区对燃烧表面辐射可忽略不计；凝聚相内无热效应，反应集中在燃烧表面为一级反应；发生的火焰区不影响嘶嘶区对燃烧表面的传热；凝聚相和嘶嘶区内均无组分扩散。通过对气相嘶嘶区和凝聚相分别建立能量和物质守恒方程，最终推导出燃速公式，即

$$u_m = p\sqrt{\frac{\lambda_g Q_g \varepsilon_g^{*2} \exp\dfrac{-E_g}{RT_g}}{\rho_p^2 c_p c_g\left(T_S - T_0 - \dfrac{Q_S}{c_p}\right)(RT_g)^2}} \tag{5-2-3}$$

气相温度可由下式计算，即

$$T_g = T_0 + \frac{Q_s}{c_p} + \frac{Q_g}{c_g} \tag{5-2-4}$$

燃速 u_m 也可从下式得到：

$$u_m = A_S \exp\left[\frac{-E_S}{RT_S}\right] \tag{5-2-5}$$

式中：u_m 为质量燃速；A 为指前因子；E 为活化能；T 为温度；p 为压力；R 为摩尔气体常数；ε^* 为质量分数；λ 为导热系数；c 为比热容；Q 为化学反应热；

ρ 为密度；下标 g 为气体；下标 p 为推进剂；下标 s 为燃烧表面；下标 0 为初温。

通过迭代法从以上公式中可求得给定压力和初温下的 u_m、T_s、T_g。试验结果表明，由上述模型所做的分析与计算，与测试数据相当符合。该模型是目前应用最广泛的双基推进剂燃烧模型。

2）复合推进剂的稳态燃烧

复合推进剂是通过高分子黏合剂基体将氧化剂、金属燃料及功能助剂黏结而成的非均相固体混合物，其燃烧过程比双基推进剂更为复杂。研究发现，常用的金属燃料铝粉在推进剂表面凝结成团，但不能在燃烧表面上或表面附近的气相中点火，而是在远离燃烧表面的气相火焰中燃烧。因而认为，铝粉的存在基本不影响推进剂的燃烧机理，而只影响推进剂的燃烧效率。所以，在进行复合推进剂的燃烧机理研究时，一般不考虑铝粉的影响。这样，复合推进剂的燃烧过程，仍然是凝聚相受热，氧化剂、黏合剂的热分解、升华、熔化和蒸发以及分解产物在气相扩散混合和燃烧。

通过研究复合固体推进剂燃烧过程中的燃速控制步骤及火焰结构，提出了许多燃烧理论模型，解释其燃烧机理并预测燃烧行为。这些燃烧模型分为两类：一类认为气相放热反应为燃速控制步骤的气相型稳态燃烧模型，如粒状扩散火焰模型(GDF)和方阵火焰模型等；另一类认为凝聚相放热反应为燃速控制步骤的凝聚相型稳态燃烧模型，如 BDP 多火焰模型和双火焰模型等。

(1) 粒状扩散火焰模型(GDF)。萨莫菲尔德对含 AP 的复合推进剂进行了大量研究，总结了 AP 的分解机理、黏合剂的热分解过程、推进剂的燃速特性以及火焰结构等试验研究结果，提出了粒状扩散火焰模型(GDF)。该模型为气相型稳态燃烧模型，模型示意图如图 5-2-2 所示。

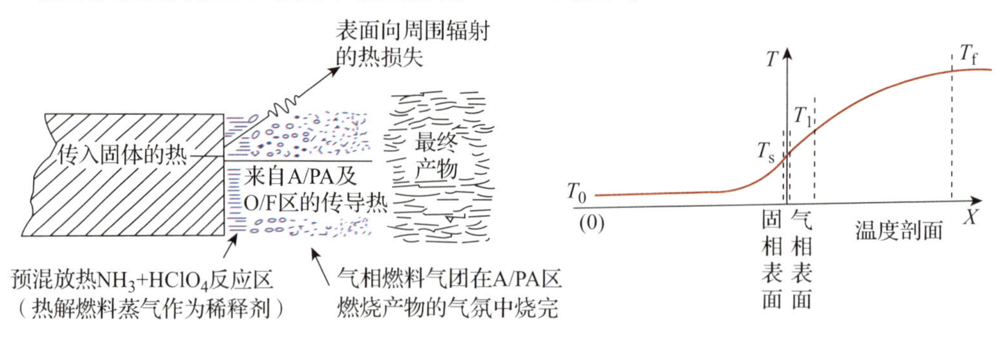

图 5-2-2 AP 复合推进剂粒状扩散火焰模型

粒状扩散火焰模型将 AP 复合推进剂的燃烧分为 3 个阶段：凝聚相的热分解、A/PA 的预混火焰和 O/F 的扩散火焰，具体描述如下：

第一阶段为热分解区。该区中 AP 分解为 A(NH_3)和 PA($HClO_4$)，而黏合剂裂解成 C—H 的气态产物。该区的热分解反应为吸热反应，热分解所需的热量由气相的 A/PA 反应所放出的热、气相的氧化性气体(A/PA 反应后的气体)与 C—H 气体(黏合剂的裂解产物)反应所放出的热供给。

第二阶段为 A/PA 预混合放热反应区。从推进剂燃烧表面升华分解的 NH_3 和 $HClO_4$ 在近表面处于该区立即进行放热化学反应。由于是分子内分解产物之间的反应，故构成预混火焰。黏合剂的裂解气体产物则成为预混合气体 NH_3 和 $HClO_4$ 反应的稀释剂，并以"气粒"的形式存在。预混火焰的放热反应速度主要受 NH_3 和 $HClO_4$ 的二级化学反应速度控制。

第三阶段为 O/F 气相扩散反应区。A/PA 反应后的氧化性气体(O)与燃料裂解产物(F)在进入该区之前是未混合的。燃料气体成"粒状"分布于氧化性气氛中，即被 A/PA 的反应产物包围，形成小的蒸气"气粒"。燃料"气粒"与氧化性气体相互扩散，在扩散界面形成扩散火焰，因而称为"粒状"扩散火焰。该区的化学反应与压力成正比，扩散混合速度则与压力成反比。在高压下，化学反应快，扩散混合速度则成为速度的控制因素；而在低压下，扩散混合速度较快，化学反应速度则成为速度的控制因素。

萨莫菲尔德进一步推导出复合推进剂燃速与压力的关系为

$$\frac{1}{u}=\frac{a}{p}+\frac{b}{p^{\frac{1}{3}}} \tag{5-2-6}$$

式中：a、b 为燃速常数，分别代表与化学反应时间和扩散时间有关的参数。

上式称为萨莫菲尔德公式，可以从理论上预示压力、氧化剂粒度和燃料氧化剂比对推进剂平均燃速的关系。在中等压力下该式预估的燃速与试验值非常接近，然而，这一理论推导只考虑气相，实际的燃烧过程则既有凝聚相又有气相。

(2) BDP 多层火焰燃烧模型。迪尔(Derr)通过试验研究发现，AP 复合推进剂的燃烧表面结构形状与压力有密切的关系。当压力大于 4.12MPa 时，AP 晶粒凹进黏合剂表面以下；当压力等于 4.12MPa 时，AP 的消失速度与黏合剂的消失速度近似相等，当压力小于 4.12MPa 时，AP 的晶粒就凸出在黏合剂表面以上。因此认为，在 AP 晶体上方的火焰结构是相当复杂的，初始扩散火焰的影响不容忽视。在全部试验压力范围内，都可观察到在燃烧表面的 AP 晶体上有一薄的熔化液层，这表明在复合推进剂的燃烧过程中存在凝聚相反应。

根据以上试验观察结果，贝克施泰德(Beckstead)、迪尔(Derr)以及普莱斯(Price)三人共同提出了 BDP 多层火焰燃烧模型。该模型主要包括以下几点：

①表面上进行的凝聚相反应过程由氧化剂和黏合剂的初始热分解及分解产物间的非均相放热组成，整个表面反应为净放热过程。

②气相存在3种火焰：初始火焰，简称PF焰，是AP分解产物与黏合剂热解产物间的化学反应火焰，此火焰与扩散混合化学反应都有关系，是一种微观扩散火焰；AP单元推进剂火焰，为一种预混火焰，是AP分解产物NH_3与$HClO_4$之间的反应火焰，该火焰与气相反应速度有关，而与扩散混合过程无关；最终扩散火焰，简称FF火焰，是黏合剂热解产物与AP火焰的富氧燃烧产物之间的反应火焰，为宏观扩散火焰，终焰的反应速度仅取决于扩散混合速度。BDP多层火焰燃烧模型的火焰示意图如图5-2-3所示。

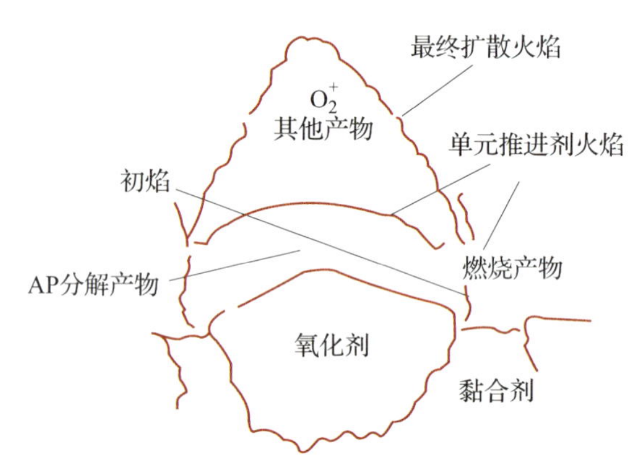

图5-2-3 BDP多火焰模型示意图

同时，为推导燃速理论表达式，还提出了假设：燃烧过程是一维的，氧化剂和黏合剂的表面分解反应服从Arrhenius公式，气相反应为简单的均相反应，产物为理想气体，其物性参数在反应过程中为常数且取平均值。根据这些假设，推导出稳态燃烧情况下，推进剂的质量燃速的关系式为

$$u_{m}=\frac{u_{mo}}{\alpha}\left(\frac{S_{o}}{S}\right)=\frac{u_{mf}}{1-\alpha}\left(\frac{S_{f}}{S}\right) \tag{5-2-7}$$

式中：u_m为推进剂质量燃速(g/(s/cm²))；u_{mo}为氧化剂质量燃速(g/(cm²/s))；u_{mf}为黏合剂质量燃速(g/(cm²/s))；α 为氧化剂质量分数；S 为总燃烧面积(m²)；S_o为氧化剂燃烧面积(m²)；S_f为黏合剂燃烧面积(m²)。

BDP多层火陷燃烧模型考虑了燃烧表面的微观结构和气相反应中的扩散和化学反应两个过程、气相三个微观火焰的反应热以及凝聚相反应热的作用，强调了凝聚相反应的重要性，这些已得到了试验证实。该模型计算所求得的表面温度、氧化剂粒度分布对燃速的影响，压力对表面温度的影响以及压力对燃速温度敏感系数和压力指数的影响等数据与试验结果符合较好，因而推广应用于AP、HMX、RDX等单元推进剂、双基推进剂和硝胺推进剂中。但BDP多层火陷燃烧模型也有局限性，如未考虑表面局部熔化对表面结构和燃速的影响、对气相反应和凝聚相反应未进行细致分析、推导燃速公式采用一维模型等。因此，BDP 多层火陷燃烧模型适用于球形、单分散的氧化剂且无催化剂的推进剂。

3)复合改性双基推进剂的稳态燃烧

复合改性双基(CMDB)推进剂是在双基(DB)推进剂的基础上，引入 AP、A1 以及 HMX 等高能炸药的一类推进剂。CMDB 推进剂不仅能量得到显著提高，而且具有良好的烟焰特性，因此受到国内外的广泛重视。

(1) AP－CMDB 推进剂稳态燃烧模型。久保田浪之介对 AP－CMDB 推进剂进行试验观测，发现以下现象：①不掺有 AP 晶粒的 DB 基体，其火焰结构与一般双基推进剂没有区别。气相反应区由嘶嘶区、暗区和发光火焰区构成。②加入细粒度(18μm)AP 后，观察到暗区有许多来自燃烧表面的发光火焰流束。随着 AP 含量的增加，火焰流束数目相应增加。当 AP 含量达 30%时，暗区完全消失，显示为发光火焰，因而认为火焰流束是由 AP 在燃烧表面分解后形成的。③采用大颗粒(3mm)AP 后，在 AP 晶粒上方有不太亮的、半透明的浅蓝色火焰出现，这是 AP 分解产物 NH_3 和 $HClO_4$ 形成的预混火焰。同时，在此火焰周围又出现淡黄色的发光火焰流束，是由 AP 分解产物与 DB 基体分解产物间形成的扩散火焰。④AP－CMDB 推进剂嘶嘶区温度梯度很大，同时暗区温度也高。含有较大颗粒(150μm)AP 的 CMDB 推进剂在嘶嘶区和暗区温度会产生较大的波动，这是因为单位体积里 AP 颗粒少、粒度大，AP 与 DB 分解产物形成扩散火焰所致。

基于以上试验结果，提出了 AP－CMDB 推进剂的火焰结构由 DB 预混火焰、AP 分解火焰和 AP/DB 扩散火焰 3 部分组成的物理模型，如图 5－2－4 所示。

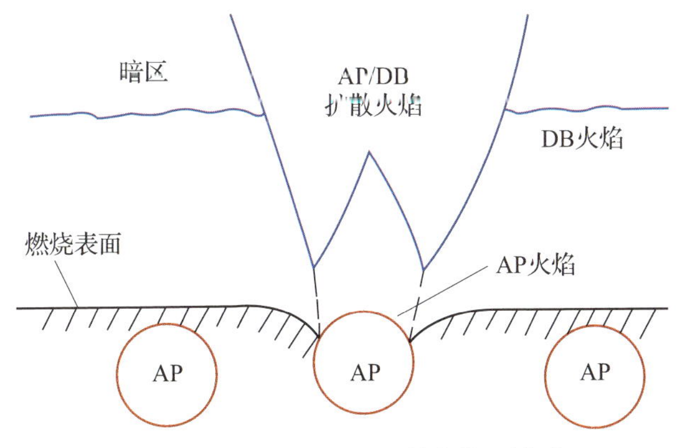

图 5－2－4　AP－CMDB 燃烧物理模型

为了推导出简便的燃速计算公式，进一步假设：远离 AP 晶粒的 DB 基体表面，由双基火焰的气相区向表面反馈热量，其消失速度与 DB 推进剂的燃速(u_{DB})相同；AP 晶粒附近的双基基体表面，反馈的热量来自 AP/DB 扩散火焰，其消失速度近似等于 AP 晶粒的消失速度(u_{AP})。根据这些假设，由各区所占的体积分数得出 AP－CMDB 推进剂的燃速公式，即

$$u=\frac{1}{\dfrac{\zeta}{u_{AP}}+\dfrac{(1-\zeta)}{u_{DB}}} \tag{5-2-8}$$

式中：ζ 为以 AP 晶粒的燃速燃烧的体积分数。

由试验研究结果，进一步得出嵌入 DB 基体内的 AP 晶粒的燃速，即

$$u_{AP}=\frac{kp^{0.45}}{d_0^{0.15}} \tag{5-2-9}$$

式中：k 为与基体燃速无关的常数；p 为压力；d_0 为初粒子直径。

利用上述公式可计算出 AP－CMDB 推进剂的燃烧特性，计算结果与试验数据符合较好。

(2) HMX－CMDB 推进剂稳态燃烧模型。由试验观测可知，HMX－CMDB 推进剂的稳态燃烧过程与 AP－CMDB 不同之处如下：①在 DB 基体内加入 HMX 后火焰结构未发生变化，未观察到扩散火焰流束，暗区厚度仍保持不变；②由于 HMX 火焰温度高达 3275K，而暗区温度约为 1500K，加入的 HMX 在燃烧表面升华或分解，再在 DB 基体的发光火焰区内燃烧，使得该区亮度显著增加；③HMX 的加入对 DB 推进剂的燃速影响不大，当 HMX 含量小于 50%时，燃速随 HMX 含量的增加而降低，当 HMX 含量超过 50%时，燃速随 HMX 增加而增加。

久保田浪之介根据以上试验观察结果，认为 HMX－CMDB 推进剂与双基基体相同，可以应用双基推进剂的燃速公式(5－2－3)来计算燃烧特性，只需要将燃烧表面的净放热量修改为

$$Q_{s,H}=\alpha_H Q_{s,HMX}+(1-\alpha_H)Q_{s,DB} \tag{5-2-10}$$

式中：$Q_{s,H}$为含 HMX 的 CMDB 推进剂的表面放热量；α_H 为 HMX 在 CMDB 中的质量分数；$Q_{s,HMX}$为 HMX 的放热量。

(3) RDX－CMDB 推进剂稳态燃烧模型。宋洪昌等根据平台推进剂燃烧表面催化剂之间的相互作用，开展了硝胺对燃烧催化的影响等试验研究，提出了平台燃烧表面附近醛反应的假设，建立了催化的双基和 RDX－CMDB 推进剂

的模型。该类推进剂燃速计算公式为

$$u(p,x)=1.709p\theta_0^2(p,x)h_H/\rho_p \tag{5-2-11}$$

式中：x 为催化剂含量；h_H 为

$$h_H=1+11.73(\rho_p/\rho_H)^{1/3}(\alpha_H)^{1/3}d_H \tag{5-2-12}$$

式中：ρ_H 为硝胺密度（g/cm^3）；d_H 为硝胺粒度（cm）；α_H 为推进剂中硝胺含量。

将式(5-2-11)进一步处理，取自然对数并以 p 为自变量求导，可得出平台推进剂压力指数公式。上述公式用多种平台双基和 RDX-CMDB 推进剂进行了验证，计算结果与实测值基本符合。这一模型能定量并较完整地再现该类推进剂超速、平台和麦撒燃烧的全过程，更具有实用价值。

4）NEPE 推进剂的稳态燃烧模型

NEPE 推进剂是在复合推进剂与双基推进剂基础上发展起来的高能推进剂。其配方组成既含有双基推进剂的基本组分混合硝酸酯增塑剂如 NG 和 BTTN，又含有复合推进剂常用的高分子黏合剂、氧化剂 AP、金属燃料 Al 粉和高能硝胺炸药 HMX。NEPE 推进剂配方中的 HMX 含量高，约为 AP 的 4 倍，因此配方中主氧化剂为 HMX，或由 HMX 和 AP 共同承担。

NEPE 推进剂典型配方组成为 PEG/NG/BTTN/HMX/AP/Al，其燃烧波结构比 HTPB 复合推进剂和双基推进剂更为复杂。NEPE 推进剂的燃烧区和复合推进剂相似，由凝聚相反应区、扩散区以及火焰区三部分构成。凝聚相的熔化层是由 HMX 熔化物和黏合剂体系热分解残余物所形成，燃烧表面处还残存一定数量的 Al 熔化后凝聚的液滴。随着燃烧面附近各单元氧化剂火焰的形成和燃烧产物的动力作用，Al 凝聚液滴被燃气带动逸出燃烧表面进入扩散焰中，最后在终焰中完全燃烧并释放出全部热量。由于 Al 的燃烧离燃面较远，对燃面的影响较小。

Cohen 等根据 BDP 模型讨论多组分的火焰结构时认为，当有两种不同氧化剂时，至少应考虑有两个氧化剂分解的火焰区单元推进剂火焰，这两个火焰可以处理为两个独立的预混火焰。同时，还可考虑为两种氧化剂预混焰在不同高度形成的两个初始扩散焰。由 NEPE 推进剂的组成可知，除分别存在 AP 和 HMX 的两个分解火焰和两个初始扩散火焰之外，含硝酸酯的黏合剂体系在推进剂中以连续相包覆 AP 和 HMX，也应当视为与 HMX 相似的一个氧化剂。因此，认为 NEPE 推进剂气相区存在 AP、HMX 和黏合剂体系的三个独立的分解火焰和三个独立的初始扩散火焰。

在燃烧表面上方，HMX、AP和黏合剂体系各自进行热分解，形成6个独立的分解焰和初焰并放出部分热量。其分解焰和初焰的产物为

$NH_4ClO_4 \rightarrow NH_3 + HClO_4 \rightarrow NO_2$、$N_2O$、$NHClO_4^+$、HCl、$Cl_2$、$H_2O$、$O_2$等

$HMX \rightarrow CH_2{=}N + 2CH_2{=}N{-}NO_2 \rightarrow HCHO$、HCN、$NO_2$、$N_2O$、NO、$HNO_2$等

黏合剂体系为混合硝酸酯NG/BTTN增塑的PEG，还可能溶解少量的AP（2%）。这种既含有大量硝酸酯增塑剂又含有少量AP的含能黏合剂体系的热分解火焰是一种预混火焰，它在燃烧时比HTPB惰性黏合剂体系单纯分解释放出更多的气相产物，其产物包括NO_2、HCHO、C/H碎片及NO_2等。

在离燃烧表面一定距离处，HMX、AP和黏合剂体系的3个初焰进一步扩散混合并与Al进行强烈的化学反应并放出大量热量形成发光火焰。NEPE推进剂的多层火焰燃烧物理模型见图5-2-5。

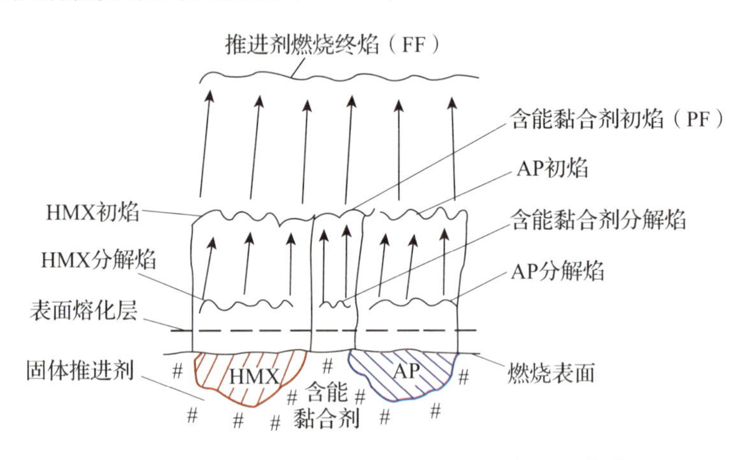

图5-2-5 NEPE推进剂多层火焰燃烧物理模型

NEPE推进剂燃烧的关键过程是各氧化性和还原性气体的扩散混合。HMX含量占NEPE推进剂配方40%以上，是主要氧化剂。因此，HMX的热分解速率应是NEPE推进剂燃速的控制步骤，有利于HMX分解的催化剂都将有利于提高该类推进剂的燃速。

2. 火药的不正常燃烧

火药在所设定的条件下，能按预定的燃烧规律进行完全而稳定的燃烧称为正常燃烧。在正常的情况下，火药在枪炮膛内或火箭发动机燃烧室内燃烧，将化学能全部转化为热能，通过燃烧气体产物的膨胀使热能转化为机械能/动能做功。但是在某些条件下，火药产生了偏离设计规律的燃烧，如燃烧不完全、突

然熄火、断续燃烧、压力急升至超过设计极限值、振荡燃烧和燃烧转为爆轰等，所有这些不完全的燃烧或燃速不稳定的现象统称为不正常燃烧。火药在枪、炮以及火箭发动机中出现上述不正常的燃烧现象是必须避免的，应该在研制过程中进行解决。

在枪炮中，火药的不完全燃烧表现为化学反应进行得不完全和药粒没有烧完，这将造成较大的能量损失而使武器的射程达不到要求。由于在膛内很高的压力条件下燃烧，枪炮发射药一般不会产生化学反应不完全的燃烧。但是，由于装药结构设计不合理或者点火的同时性不好，有可能使火药在膛内还没来得及燃烧完就随弹丸喷出炮口，这也会造成部分能量的损失。

在火箭发动机中，火药的不完全燃烧表现为断续燃烧、燃烧中途熄火以及化学反应进行得不完全的燃烧，这些现象会引起射程达不到目标。火箭推进剂的不完全燃烧现象如图 5-2-6 所示。

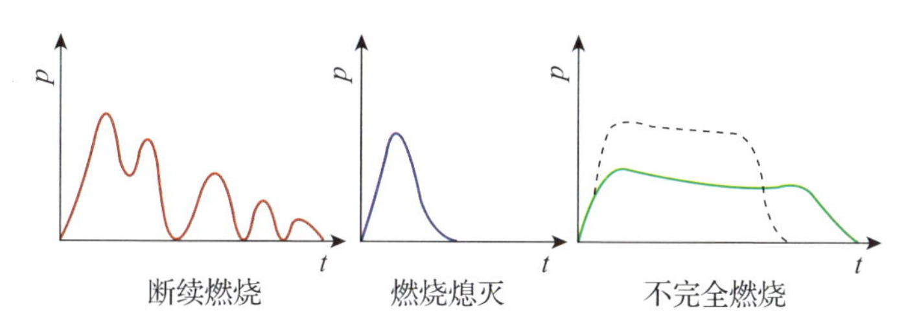

图 5-2-6　不完全燃烧的几种现象

为了保证火药能量的充分利用，在发动机设计时的工作压力和点火压力不应低于完全燃烧的临界压力。一般双基火药的临界压力在 3.0～6.0MPa 范围内，复合火药的临界压力在 2.0～4.0MPa 之间。这是因为双基火药燃烧的中间产物 NO 进一步氧化需要较高的压力才能进行，而复合火药中的 AP 反应后的氧化性气体进一步反应要比双基火药更容易。双基火药的爆热值不同，对完全燃烧的临界压力也有一定的影响，一般爆热值越高，完全燃烧的压力越低。催化剂和燃烧稳定剂对双基火药的完全燃烧压力也有一定的影响，催化剂不同，影响的程度也不同。为了保证火药完全燃烧，加入催化剂是降低完全燃烧临界压力的重要途径。

5.2.3　燃烧向爆轰的转变

火炸药在点火能源的激发下可以燃烧，而采用起爆能源激发时可以爆轰。燃烧和爆轰既有本质区别，又相互紧密联系，在一定条件下火炸药可能从燃烧转变为爆轰。

火炸药的燃烧过程是以燃烧反应波的形式传播的，反应区的能量通过热传导、辐射及燃烧气体的扩散作用传入未反应的下层火炸药。因此，燃烧过程的稳定性及传播速度的快慢与燃烧时反应区中的放热速度和向下层火炸药和周围介质的传热速度有关。反应区放热速度主要取决于火炸药性质和燃烧反应动力学，散热速度则主要取决于物质的导热性。当反应区放出的热量与邻近火炸药及周围介质传出的热量达到平衡时，则出现稳定燃烧。而当放热量大于散热量时，燃烧的稳定性受到破坏，燃速进一步增加，从而引起爆轰。

一般情况下，火炸药能保持稳定的燃烧，但由于药柱产生裂纹、气孔或压力急升到稳定燃烧的临界破坏压力以上，而药量又足以产生爆轰所需的最低药量时，就可能形成对流燃烧、低速爆轰，进而发展成稳定的爆轰。火炸药的稳定燃烧被破坏后，就产生对流燃烧。这时，气体燃烧产物渗入孔隙或裂缝内点燃装药时，明显扩大了燃烧表面，使燃速超过平行层稳定燃烧时的几十倍到上百倍，从而使燃烧远远超过了稳定的界限，这种现象称为对流燃烧。对流燃烧的表面不平整，并强烈地扭曲着，使实际的燃烧表面比原有药柱的表面大许多倍，而且燃速是不稳定的，时高时低。对流燃烧向孔隙内传播时，也是不均匀的，孔隙大小的分布以及孔隙之间是否连通都会影响对流燃烧的传播。

对流燃烧时还会产生药柱迸裂的现象，孔隙内燃烧时形成的剩余压力是造成药柱迸裂的原因。药柱迸裂后形成大量的小炸药块，使燃烧表面更为不规则。当药柱在短的外壳中燃烧时，迸裂使孔隙中的压力降低，而迸裂形成的可燃性雾状悬浮物又因外壳短而能快速地扩散、燃尽。这样的结果是使燃速不会急剧增加，对流燃烧不会进一步强化，因而这时的迸裂起着稳定的作用。但是，在较长的外壳或密闭空间发生迸裂现象时，迸裂生成的可燃性雾状悬浮物只能在表面附近继续燃烧，使压力升高、燃速加快，进而加强了灼热气体向孔隙中的渗入，这时对流燃烧会进一步强化、加剧不稳定化的结果。

随着对流燃烧速度不断上升，压力急升较快，就可能造成循环式的燃速增大、燃烧面增大和压力的急升。这时，燃烧表面附近产生的气体难以扩散，燃烧表面气流密度升高而形成压缩波，就可能形成低速爆轰。在火焰的传播中，压缩波的进一步迭加，就可能形成冲击波，而一旦冲击波形成，就产生了高速的稳定爆轰。低速爆轰是一个过渡阶段，在一定条件下可由对流燃烧阶段越过低速爆轰直接转变为稳定爆轰。当炸药装药的特性值改变，如装药密度降低，直径变大，都会使低速爆轰不稳定，而转变为高速爆轰。对于高密度的药柱来说，当药柱直径超过了爆轰临界直径的数值，并且在药柱中又形成了速度超过临界爆速的冲击波时，就会转变为高速爆轰。对于低密度的药柱来说，由燃烧向爆轰转变的过程中，没有明显的低速爆轰阶段，当发生对流燃烧后，就直接发展成为正常爆轰。这种转变的特点是在对流燃烧的阵面前发生爆轰，原因是对流燃烧在低密度的药柱中发展较快，在火焰阵面前形成冲击波，压实前面的药柱并引起药柱的局部区域发生热爆炸，然后发展为其余部分的爆轰。

因此，火炸药燃烧向爆轰转变的过程可分为稳定的平行层燃烧、对流燃烧、低速爆轰和稳定爆轰 4 个阶段。各阶段能量传递方式不同：稳定的平行层燃烧传热途径是热传导和热辐射；对流燃烧主要通过强制对流传热，燃气流经燃烧表面引起反应；低速爆轰由压缩波传递能量和激发反应；稳定爆轰由冲击波传递能量和激发反应。这 4 个阶段中，对流燃烧和低速爆轰过程属于爆轰的发生阶段。稳定的平行层燃烧被破坏就会首先产生对流燃烧，对流燃烧的结果使燃烧面增大，燃气量增加，波阵面内的压力升高产生低速爆轰，进而发展成稳定的爆轰。由于火炸药的物理化学性质、装药结构以及试验条件的不同，火炸药的燃烧并不都是完全按照 4 个阶段转变为爆轰的，在一定条件下，有的火炸药燃烧可直接转变为稳定爆轰，有的则稳定保持低速爆轰，而不转入稳定爆轰。

5.3 火药的燃烧性能参数

火药的燃烧性能是研究火药的燃速变化规律和燃烧过程的稳定性，通过燃烧性能的研究，发现火药的能量释放速度和规律，从而控制武器的弹道性能。因此，火药的燃烧性能是武器获得稳定和可控弹道性能的关键性能。

火药燃烧性能参数主要包括火药的燃烧速度、燃速压力指数和燃速温度系数等，其中，燃烧速度是控制能量释放速度的重要因素。而燃烧时外界压力和温度等影响因素的变化，都会导致燃烧速度的变化，将直接影响武器弹道性能的稳定性。因此，研究燃烧速度及其受影响因素的变化规律，控制和调节火药的燃烧性能对于满足武器装备的需求是十分重要的。

5.3.1 燃烧速度

火药的燃烧速度通常有两种表示方法，线性燃烧速度和质量燃烧速度。火药的线性燃烧速度是指单位时间内沿火药燃烧表面的法线方向上固相消失的距离，简称火药的燃速。燃速由燃烧的化学变化速率决定，受反应物和反应条件的影响。在火药组成确定后，燃速受火药燃烧各反应区的热量向未燃层表面传播速度的控制。火药的线性燃速为

$$u = \frac{\mathrm{d}e}{\mathrm{d}t} \tag{5-3-1}$$

式中：u 为火药的线性燃速(mm/s 或 cm/s)；e 为火药的燃烧层厚度(mm 或 cm)；t 为火药燃烧厚度为 e 时所需要的时间(s)。

火药的质量燃烧速度是指火药燃烧时单位时间、单位面积上固相消失的质量，简称火药的质量燃速。质量燃速在武器内弹道学设计和装药设计中具有重要意义。火药的质量燃速与线性燃速的关系为

$$u_{\mathrm{m}} = \rho u \tag{5-3-2}$$

式中：u_{m}为火药的质量燃速(g/(cm^2·s))；ρ 为火药的密度(g/cm^3)；u 为火药的线性燃速(cm/s)。

火药的燃速一般通过试验测定，常用的 3 种测定方法为恒压弹法、火箭发动机法和密闭爆发器法。恒压弹法能准确测定某一恒定压力和温度下的燃速，主要用于研制固体推进剂的配方和工艺质量技术指标的控制，按其记录时间的方法又可分为靶线法、转鼓照相法、声发射法及光电转换法。恒压弹法的主要优点是试样尺寸小、操作简单及试验成本低，但没有考虑气流速度对燃速的影响。火箭发动机法适用于研究固体推进剂配方的调节、定型和推进剂产品的交验，一般不单独用来测定燃速，而是结合测定固体推进剂的比冲、发动机的总冲和 $p-t$ 曲线来进行，从 $p-t$ 曲线和装药尺寸计算出燃速。火箭发动机法的优点是在固体推进剂实际使用条件下测得的燃速，符合实际，但这种方法只能测平均燃速，并且试验成本高。密闭爆发器法适用于发射药燃速的测定，通过密闭爆发器，并结合发射药的内弹道性能来测定燃速，为发射药定型、装药设计和产品验收提供试验数据。

5.3.2 燃速压力指数

火药燃速不仅受到火药的组分、含量以及物理性能的影响，还受初温、燃烧时的压力等外界条件的影响。试验发现，当火药的组分和初温一定时，火药燃速与压力的关系式(维也里 Vieille 经验公式)为

$$u = u_1 p^n \tag{5-3-3}$$

式中：u_1为燃速系数(mm/(s·MPa^n))；p 为燃烧室压力(MPa)；n 为燃速压力指数。

对式(5-3-3)取对数，则

$$\ln n = \ln u_1 + n\ln p \tag{5-3-4}$$

进一步微分得

$$n = \mathrm{d}\ln u / \mathrm{d}\ln p \tag{5-3-5}$$

由式(5-3-5)可知，燃速压力指数也可定义为燃速对压力的敏感程度。

燃速压力指数 n 是表征火药燃速和压力关系的重要参数。n 值的大小不仅与火药种类、组分有关，而且与压力大小有关。对于火箭发动机使用的中等压力范围、不含催化剂的双基火药，n 值在 0.5～1 之间，而含有催化剂的双基火药的 n 值在平台压力范围内在 0～0.2 之间。复合火药的 n 值一般大于 0.2，HTPB/AP/Al 复合火药的 n 值一般在 0.2～0.65 之间，而含硝胺的复合火药的 n 值要高于只含 AP 氧化剂的复合火药，可达到 1 左右，甚至大于 1。

为了保证火箭发动机的稳定工作，要求火药的燃速对压力的变化不敏感，燃速压力指数小于 1。通常，火药的燃速压力指数在 0～1 之间，n 值在0～0.2之间，称为平台火药，其燃速基本不随着压力变化而改变；n 值小于 0，称为负压力指数或麦撒(Mesa)火药，其燃速随压力升高而减小。降低燃速压力指数，对改善火药燃烧性能，确保发动机稳定工作的可靠性具有重要意义。

5.3.3 燃速温度系数

固体推进剂的燃速温度系数是表征推进剂初温的变化对燃速或燃烧室压力的影响；而发射药的燃速温度系数则往往用初温变化对炮膛的最大压力和弹丸的初速变化量来表示。

1. 固体推进剂的燃速温度系数

火药燃速随着初温升高而增大，而且初温对燃速的影响程度也和压力有关。在火箭发动机中，初温对推进剂燃速的影响，直接影响到火箭发动机的工作性能，表现在推力 - 时间($p-t$)曲线上发生变化。在一定的装药条件下，初温升高，燃速增大，燃烧室的压力升高，发动机产生的推力增大，燃烧时间缩短。

1)燃速温度系数

燃速温度系数是指在一定压力条件下，某一初温范围内火药温度变化 1K 时所引起的燃速的相对变化量，以 σ_p 表示，其数学表达式为

$$\sigma_p = \left(\frac{\partial \ln u}{\partial T}\right)_p \tag{5-3-6}$$

将火药燃速公式 $u = u_1 p^n$ 代入式(5-3-6)，则

$$\sigma_p = \left(\frac{\partial \ln u_1}{\partial T} + \frac{\partial \ln p^n}{\partial T}\right)_p \tag{5-3-7}$$

根据 σ_p 的定义，p 为一恒定值，则

$$\sigma_p = \left(\frac{\partial \ln u_1}{\partial T} + \frac{\partial \ln p^n}{\partial T}\right)_p \tag{5-3-8}$$

由上式可以看出，初温对燃速的影响，实质上是影响火药的燃速系数 u_1 值。如果将式(5-3-8)变换为

$$\frac{\mathrm{d}u_1}{u_1} = \sigma_p \mathrm{d}T \tag{5-3-9}$$

进一步对上式积分得

$$u_1 = u_{10} e^{\sigma_p (T - T_0)} \tag{5-3-10}$$

式中：u_1 为火药初温为 T 时的燃速系数；u_{10} 为火药初温为 T_0 时的燃速系数。

2)压力温度系数

压力温度系数是指一定的面喉比(K_N)条件下，在某一初温范围内推进剂初温变化 1K 时燃烧室压力的相对变化量，以 π_K 表示，单位为 K^{-1}。

$$\pi_K = \left[\frac{\partial \ln p}{\partial T}\right]_{K_N} \tag{5-3-11}$$

推导可知，σ_p 与 π_K 的关系近似为

$$\pi_K = \frac{\sigma_p}{1-n} \tag{5-3-12}$$

由上式可知，压力温度系数 π_K 是燃速温度系数 σ_p 的 $1/(1-n)$ 倍，说明初温对燃烧室压力的影响比对燃速的影响更大，而且燃速压力指数 n 越大，影响越大。只有平台火药即 $n=0$ 时，这种影响才降至最低值。随着初温变化，发动机的 $p-t$ 曲线和 $F-t$ 曲线发生变化，这种现象又称为固体发动机的温度敏感性。

3) K_N 一定时的燃速温度系数

在 K_N 一定时，某一温度范围内初温变化 1K 时所引起的装药的燃速相对变化量，以 σ_K 表示，单位为 K^{-1}。

$$\sigma_K = \left[\frac{\partial \ln u}{\partial T}\right]_{K_N} = \frac{\partial \ln u_1}{\partial T} + n\left[\frac{\partial \ln p}{\partial T}\right]_{K_N} \tag{5-3-13}$$

所以

$$\sigma_K = \sigma_p + n\pi_K \tag{5-3-14}$$

式(5-3-14)说明，在一定发动机装药条件下，初温变化引起的装药燃速

变化量是定压下火药燃速系数 σ_p 和 π_K 的 n 倍之和。在发动机设计中，最常用的温度系数是 σ_p 和 π_K。

2. 发射药的燃速温度系数

燃速温度系数 σ_p 是燃速对数对初温的导数值，对其理论预估是建立在燃速的理论预估的基础上。基于已建立的燃烧模型，可以采用下列公式对发射药的燃速温度系数进行估算。

根据萨莫菲尔德的粒状扩散火焰(GDF)模型推导出 σ_p 的表达式如下：

$$\sigma_p = \left[\frac{RT_s^2}{E_s} + 2(T_s - T_0 - Q_s/C_s)\right]^{-1} \tag{5-3-15}$$

式中：Q_s 为净表面热释放量；C_s 为凝聚相比热；T_s 为燃烧表面温度；T_0 为初温；E_s 为凝聚相分解活化能。

根据久保田的气相嘶嘶区火焰模型，建立的 σ_p 的表达式为

$$\sigma_p = \left[\frac{RT_s^2}{E_s} + 2(T_s - T_0 - Q_s/C_s)\right] + E_g/2RT_f^{\ 2} - 1/T_f \tag{5-3-16}$$

式中：E_g 为嘶嘶区气相化学反应活化能；T_f 为嘶嘶区气相反应温度。

这一公式不仅考虑了凝聚相的因素，还考虑了嘶嘶区的气相反应的影响。其中，对应于含能黏合剂 NC/NG 体系的有关参数为 $E_s = 1674 \cdot 7\text{kJ/mol}$，$T_s = 650\text{K}$，$T_0 = 298\text{K}$，$C_s = 1.67\text{J/g} \cdot \text{K}$，$Q_s = 418.7\text{J/g}$，$E_g = 67\text{kJ/mol}$，$T_f = 1600\text{K}$，$\sigma_p = 0.549\%/\text{K}$。

发射药燃速温度系数还可以用膛压温度系数和初速温度系数表示。膛压温度系数是指某一温度范围内，发射药温度变化 1K 时，最大膛压的相对变化量，以 $\alpha_{p_m}(T)$ 表示，单位为 K^{-1}。初速温度系数是指某一温度范围内，发射药温度变化 1K 时，初速的相对变化量，以 $\alpha_{v_0}(T)$ 表示，单位为 K^{-1}。

5.3.4 燃烧性能参数的影响因素

火药的燃烧过程是一个复杂的传质传热过程，其本质是一个复杂的瞬时、高温、高压的放热化学反应。因此，化学反应速度、传质传热速度决定了火药的燃烧速度。火药的燃烧速度取决于两方面的因素：一方面是火药自身的性质，如组分及含量、组分的物理化学性质等；另一方面是火药燃烧时所处的工作条件，如压力、初温及加速度等。

1. 发射药燃速的影响因素

发射药燃速的影响因素很多，除了发射药的组分结构、含量、性质以外，

发射药的结构以及初温、压力等环境因素对发射药的燃速都有一定的影响。

1）发射药组分对燃速的影响

(1)主要组分的影响。发射药的燃速主要决定于发射药凝聚相反应放出的热量与气相的热反馈，而这两部分热量又与发射药的主要组分有关。发射药主要组分的氧化基团，如硝酸酯中的—O—NO_2基团的摩尔分数越高，与可燃基团的比值越接近化学当量比，燃烧放热越多，起始分解温度就越低，燃速越高。

(2)氧化剂粒度、晶型的影响。氧化剂的粒度、晶形对发射药的燃速都有一定影响。针状硝基胍比粒状硝基胍制成的发射药的燃速要高，这是因为针尖应力集中造成微裂痕所致。硝胺发射药的燃速随黑索今的粒度减小而降低，主要是因为粒度小的黑索今与双基基体充分接触，接触面大，而黑索今是熔融后分解，熔融和分解吸收热量多，导致燃速下降。当黑索今的粒度大时，由于它的热分解滞后于双基组分，颗粒被抛出燃烧表面，在气相中完成燃烧，提高了气相区的温度，反馈给燃面的热量增多，从而使燃速提高。同时，在固相表面扩大了燃烧表面，也有利于燃速提高。

(3)多氮化合物的影响。在发射药中添加多氮化合物有利于提高燃速。例如，发射药中常用的多氮化合物如1,5-二叠氮-3-硝基-3-氮杂戊烷(DANP)和1,1′-二甲基-5,5-偶氮四唑(DMAT)，这两种化合物分别和硝化棉、硝化甘油组成三基发射药，其燃速大大高于双基发射药。多氮化合物使燃速增加的主要原因是由于N—N键的分解活化能较低，断裂所需要的能量比C—N键要小很多。

(4)附加成分对燃速的影响。发射药中为满足使用要求需要加入一些附加成分，如二氧化钛、冰晶石、硝酸钾等。这些材料对提高发射药的燃速也有一定影响，但通常由于用量较小，效果不明显。加入聚氨酯硬泡粉末或分子筛之类的材料，由于改变了发射药的内部结构，增加了空隙率，所以有利于燃速的提高。

2)发射药结构对燃速的影响

发射药具有均匀而致密的结构，是保证其稳定有规律燃烧的基本条件之一。由于工艺条件不同，所制备发射药的致密性也不同。通常，密度大的发射药，燃速小，而密度小的发射药，燃速就大。结构不够致密的发射药，由于内部空隙率大，不仅燃速高，而且燃速温度系数小，装药的弹道温度系数也小。但是，为保证弹道性能的稳定，通常情况下要求发射药具有致密的结构，这是由于发射药结构不致密，严重时会造成力学性能急剧下降，导致发生弹道反常甚至膛炸等现象。在某些情况下，如某些枪药为了满足燃气生成速率的要求，才制成多孔性结构的发射药。

3)压力对发射药燃速的影响

发射药在一定的压力下进行燃烧，压力指数反映了发射药燃速对压力变化的敏感程度，不同的发射药，其燃速压力指数 n 值也不相同。n 值越大，发射药对压力变化就越敏感，通常发射药的 n 值为0.5～1.0。例如，硝基胍发射药的燃速压力指数比双基发射药要小，这是由于硝基胍受热后先熔融再进行热分解，熔融层保护了燃气向药粒内部渗透，起到了缓冲的作用，使硝基胍的燃烧受压力的影响较小。而含黑索今的硝胺发射药，其压力指数 n 值可大于1，并且在不同的压力范围内 n 值不同。

4)初温对发射药燃速的影响

发射药的初温不同，对其燃速也会产生一定的影响。发射药的初温随不同的地区、季节、时间使用而变化，通常，初温越高发射药的燃速也越高，而发射药燃面的温度越低，初温对燃速的影响就越大；高能发射药的燃速温度系数大于低能发射药；发射药在高压下燃烧，因为表面温度很高，凝聚相发生相变吸热多，所以燃速温度系数小。此外，如果初温的变化直接影响到发射药组分的物理和化学变化，可能导致燃速的特殊变化。例如，吉纳(硝化二乙醇胺)发射药，由于吉纳的熔点为49～51℃，所以当初温达到50℃附近时，发射药的燃速温度系数会突然增大。因此，在发射药设计中应明确组分的物理化学性能，综合考虑其对燃速的影响。

2. 固体推进剂燃速的影响因素

火箭发动机对固体推进剂的燃速要求比发射药更为精确，而且固体推进剂的组分也比发射药多，因此，固体推进剂燃速的影响因素也更为复杂。固体推进剂燃速的影响因素包括推进剂的配方组成如黏合剂、氧化剂、金属燃料、燃速调节剂等的结构、种类、含量，以及推进剂的制造工艺和工作条件如药柱初温、工作压力、加速度等。

1)黏合剂体系对燃速的影响

固体推进剂的燃速随着黏合剂体系的爆热不同而变化。高爆热组分反应时热效应大，从燃烧产物的气相反馈回推进剂固相的热量多，在固相分解所需热量相同的情况下，会加快固相分解的速率，从而使燃速增大。而低爆热组分分解时放热量少或吸收大量的热，且在燃烧时放热量不多，导致燃速降低。

在含能黏合剂体系推进剂中，燃速随黏合剂体系中含能基团含量的增加而增大，这是由于爆热增加使燃速增大。例如，双基推进剂的爆热随—NO_2基含量的增加而增加，增加 NG 的含量使双基推进剂的燃速增大。图 5-3-1 显示了双基推进剂的爆热和燃速的关系，随着爆热增加，推进剂的燃速显著增大。

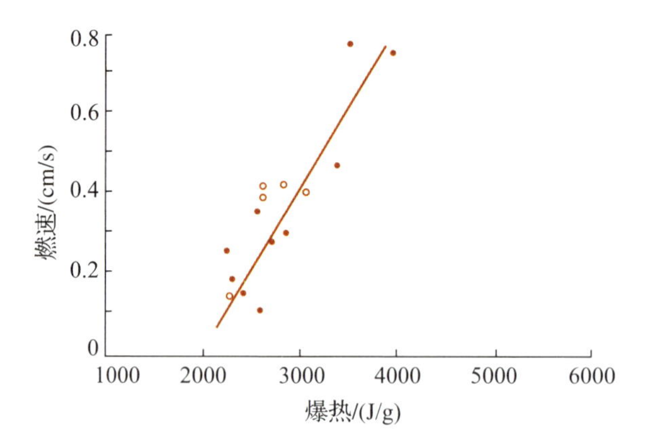

图 5-3-1　双基推进剂爆热和燃速的关系

在惰性黏合剂体系推进剂中，随黏合剂含量的增加推进剂的燃速降低。其中，PS 推进剂的燃速＞PU 推进剂的燃速＞聚丁二烯(PBAA、CTPB、HTPB)推进剂的燃速。图 5-3-2 为不同黏合剂的 NEPE 推进剂的 $u-p$ 曲线，在同等增塑条件下，含能黏合剂 GAP 推进剂的燃速最高，PEG 推进剂次之，而 PET 推进剂的燃速相对较低。一般来说，黏合剂体系所含能量越高、黏合剂的分解温度越低、黏合剂分解释放的热量越大，推进剂的燃速就越高。

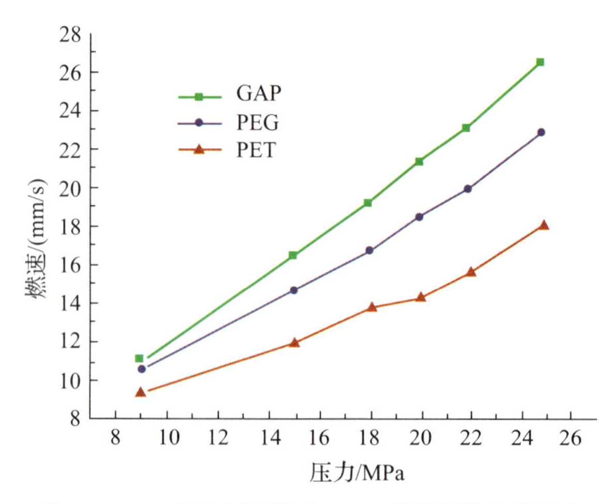

图 5-3-2　黏合剂种类对 NEPE 推进剂燃速的影响

2)氧化剂对燃速的影响

氧化剂是复合推进剂和改性双基推进剂的主要组分，是燃烧所需氧的主要来源。氧化剂的种类、含量、粒度和物理结构等对固体推进剂的燃速都有影响。氧化剂的类型不同，所组成的推进剂具有不同的燃速特性，这与氧化剂的热分解活化能、分解产物的氧化能力及化学反应活性等有关。例如，以 AP 为氧化剂的复合推进剂具有燃速较高、压力指数较低的特性，而含 KP 的推进剂具有高燃速、高压力指数，含 HMX 的推进剂则具有低燃速和高压力指数的特性。

氧化剂中的有效氧含量增加，爆热增加，燃速就增大。例如 $KClO_4$(有效氧 46.2%)推进剂的燃速大于 AP(有效氧 34%)推进剂的燃速，而硝酸胺(AN)提供有效氧(20%)较少，能量低，且在燃烧表面熔化吸热，导致燃速降低。以 AN 作为氧化剂是获得低燃速推进剂的主要途径之一。同种氧化剂，当氧化剂含量小于化学当量比时，燃速随氧化剂含量的增加而增大。

氧化剂的粒度不同，燃速不同。固体推进剂的燃速随着 AP 的粒度减小而增大。在实际的配方设计中，利用级配原理，通过选择不同粒径的 AP 来调节燃速。图 5-3-3 显示了以 AP 为氧化剂的级配与推进剂燃速、压力的关系。用硝胺部分取代或全部取代 AP，可使推进剂的燃速降低。这是因为硝胺的加入使推进剂的氧含量降低，同时推进剂的燃烧特性发生了变化。硝胺粒度对推进剂燃速的影响与 AP 的效果相反，其粒度减小，燃速也有所降低。

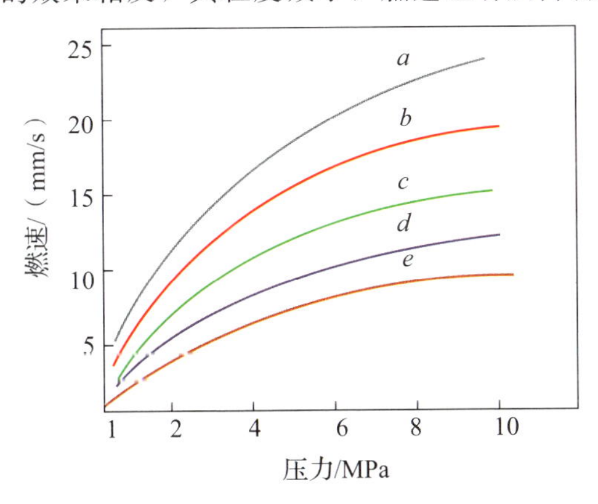

图 5-3-3　AP 氧化剂级配和燃速、压力的关系

a：<47μm(100%)；*b*：<80μm(100%)；*c*：(292～401)μm/80μm = 30/70；
d：(292～401)μm/81μm = 50/50；*e*：(292～401)μm/81μm = 75/25。

GAP/CL-20 高能固体推进剂中氧化剂 AP、CL-20 的含量和粒度对推进剂的燃烧性能有明显的影响。如表 5-3-1 所列，GAP/CL-20 推进剂的燃速压力指数为 0.74，7MPa 下燃速为 16.94mm/s，其燃速和燃速压力指数均高于 PEG/HMX 推进剂。随着 AP 粒径减小，GAP/CL-20 推进剂在 7MPa 条件下燃速由 13.21mm/s 升高到 27.32mm/s，燃速压力指数由 0.72 降至 0.68。而随着CL-20 粒径的减小，GAP/CL-20 推进剂在 7MPa 条件下燃速由 16.56mm/s 降至 13.56mm/s，而燃速压力指数由 0.76 降至 0.66。AP/CL-20 相对含量对推进剂燃烧性能的影响如表 5-3-2 所列。AP 和CL-20 含量和粒度变化是影响 GAP/CL-20 推进剂燃烧性能的主要因素。

表 5-3-1　GAP/CL-20 和 PEG/HMX 高能固体推进剂的燃速和燃速压力指数

配方	燃速/(mm/s)				n
	3MPa	5MPa	7MPa	9MPa	
PEG/HMX	5.197	7.473	9.374	11.19	0.68
GAP/CL-20	9.143	12.76	16.94	20.61	0.74

表 5-3-2　AP/CL-20 相对含量对固体推进剂燃烧性能的影响

配方编号	AP/%	CL-20 /%	燃速/(mm/s)				n
			3MPa	5MPa	7MPa	9MPa	
HM-5	0	54	4.779	7.021	9.285	11.400	0.79
HM-6	4	50	6.327	8.618	10.930	13.460	0.68
HM-7	8	46	6.461	8.778	10.810	12.840	0.62

3)金属燃料对燃速的影响

金属燃料具有高燃烧热值，加入推进剂中可显著提高推进剂的能量。常用的铝粉对燃速的影响特征随推进剂配方组成的不同而不同。铝粉在推进剂中的燃烧条件是必须达到铝的汽化温度(约 2320K)，从而导致表面氧化膜的破裂，所以其燃烧发生在远离燃烧表面的气相区，燃烧放热反应对燃速的影响小。铝粉影响燃速的行为主要取决于两个方面：增加推进剂的导热系数而使单位时间内推进剂内部接受的热量反馈增大；当表面反应区温度大于铝粉熔点时(900K)，铝粉粒子在燃烧表面反应区的团聚过程吸附燃面热量。当前者为主导因素时，表现出增加推进剂燃速的效果；当后者为主导因素时，则将降低推进剂的燃速。对于大多数复合推进剂，随着铝粉含量的增加，火焰温度增加，燃速会降低。而对于 CMDB 推进剂，其燃速则随铝粉含量的增加而增加。一般来说，不采用铝粉作为推进剂燃速调控的手段，但铝粉的燃烧对调节推进剂的燃速压力指数和燃烧效率具有较大的作用。

不同粒度和含量的铝粉对高燃速 AP/CMDB 推进剂燃烧性能的影响如表 5-3-3和表 5-3-4 所列。由于推进剂燃烧表层为低温反应区，而铝粉的燃烧需要在高温发光火焰区才能实现，在低温反应区球形 Al 颗粒处于固体熔胀的状态，活性 Al 不与 AP 和双基组分分解产物接触，对推进剂燃烧表层的 AP 分解反应无促进作用，所以铝粉质量分数为 0～8%时，AP/CMDB 推进剂燃速和燃速压力指数基本不变。铝粉粒径由 14μm 减小至 5μm 时，推进剂在 7～10MPa 条件下燃速提高 1～1.8mm/s，7～22MPa 条件下燃速压力指数由 0.56 降低至 0.5；当铝粉(质量分数 3%)粒径减小至 150nm 时，在 18～22MPa 条件下推进剂燃速提高 2～3mm/s。

表 5-3-3　铝粉含量对 AP/CMDB 推进剂燃烧性能的影响

w(Al)/%	r/(mm/s)					n
	7MPa	10MPa	15MPa	18MPa	22MPa	(7～22MPa)
0	47.32	57.04	70.68	76.94	85.72	0.52
3	47.73	58.14	71.77	77.32	86.22	0.51
5	48.13	57.14	74.63	78.53	86.46	0.52
8	47.32	57.92	72.29	78.13	87.72	0.53

表 5-3-4　铝粉粒度对 AP/CMDB 推进剂燃烧性能的影响

样品	D_{50}	r/(mm/s)					n
		7MPa	10MPa	15MPa	18MPa	22MPa	(7～22MPa)
1	14μm	50.11	61.23	76.79	83.35	93.24	0.55
2	5μm	51.39	63.09	74.26	82.66	93.78	0.50
3	14μm+150nm	50.51	60.62	76.73	85.72	95.85	0.56

含纳米铝粉的 AP/RDX/Al/HTPB 复合推进剂的燃烧性能如图 5-3-4 所示和表 5-3-5 所列。研究了纳米镍(n-Ni)以及纳米铝(n-Al)和普通铝(g-Al，10μm)的比例对推进剂燃速和压力指数的影响，结果表明：添加 n-Al 或 n-Ni 均可显著降低推进剂的燃速压力指数，同时燃速也有所降低。n-Al 和 n-Ni均比g-Al具有较低的点火阈值和较短的燃烧时间。n-Al 与 g-Al 相比具有更高的反应性，反应温度较低，而反应速率较高，此外，n-Al 倾向于以单颗粒形式燃烧。这些因素都会影响推进剂的燃烧特性。

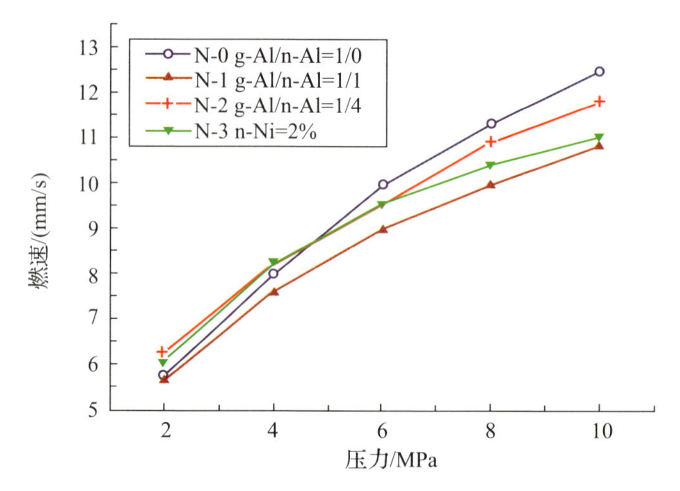

图 5-3-4 不同压力下推进剂的燃速

表 5-3-5 不同金属含量推进剂的燃烧性能

样品	燃速/(mm/s)					n
	2MPa	4MPa	6MPa	8MPa	10MPa	
N-0	5.73	7.96	9.96	11.30	12.48	0.485
N-1	5.63	7.57	8.96	9.97	10.81	0.401
N-2	6.24	8.21	9.51	10.90	11.78	0.398
N-3	6.04	8.21	9.51	10.38	10.98	0.360

4)燃速调节剂对燃速的影响

燃速调节剂可显著提高或降低推进剂的燃速，提高燃速的调节剂称为催化剂或正催化剂，降低燃速的调节剂称为燃速降速剂、燃速抑制剂或负催化剂。燃速调节剂的特点是在推进剂中加入少量(一般少于5%)的调节剂，不改变或少量改变推进剂的其他性能，而能有效改变推进剂的燃速及燃速压力指数等燃烧性能，其作用机理主要是改变推进剂燃烧时固相反应速度来达到调节燃烧性能的目的。燃速调节剂具有很强的选择性，一种调节剂在某种推进剂中起正催化作用，而在另一种推进剂中则作用相反。在不同能量范围或压力范围，调节剂的作用效果也有所不同。燃速调节剂也具有协同效应，复合调节剂通常具有更好的效果。目前常用的燃速调节剂主要包括金属氧化物、无机盐、有机金属化合物、二茂铁及其衍生物、硼氢化物及复合燃速调节剂等。

朗格尔等研究了含Pb-Cu-C复合调节剂的推进剂的燃烧性能。他们发现铅催化剂在碳层上富集，也阻止了铅的团聚，抑制了醛、NO、NO_2等，保证了铅在团聚阶段的完全反应。同时，碳是一种高效的氧化还原剂，用于制备NO、NO_2、PbO等材料，并能改变推进剂的光学性质。结果表明，复合Pb-Cu-C调节剂不仅使双基推进剂在燃烧过程中呈现出平台效应，而且显著降低了压力指数，提高了低压下的燃烧速度。炭黑、富勒烯、碳纤维和碳纳米管均可用于固体推进剂，在双基或复合改性双基推进剂中，炭黑和C_{60}能够防止催化剂团聚，碳纤维和碳纳米管可以改善热传导，促进含能材料的分解，提高推进剂的燃烧速度，还可以提高推进剂的强度。

安亭等研究了Cu_2O-PbO/GO和CuO-Bi_2O_3/GO纳米复合材料的制备及其燃烧催化作用。结果表明两种纳米复合调节剂均能显著提高双基(DB)推进剂和RDX-CMDB推进剂的燃速，并降低压力指数，如表5-3-6所列。Cu_2O-PbO/GO在2～14MPa的压力范围内显著增大了DB推进剂的燃速，2MPa下的最大催化效率为3.87。而且，它导致DB推进剂在12～20MPa(n = -0.05)的压力范围内的平台燃烧。Cu_2O-Bi_2O_3/GO催化剂具有相同的效果，在2MPa下DB推进剂的燃烧速度从2.15mm/s增加到8.57mm/s。对于RDX-CMDB推进剂，Cu_2O-PbO/GO和CuO-Bi_2O_3/GO两种复合调节剂也表现出明显的催化活性，其催化作用与金属氧化物颗粒的高分散性相关，并具有良好的导热性，实现平台燃烧对其实际应用具有重要意义。

赵凤起等发现经表面处理的纳米复合物(n-TPCC)是一种非常有效的纳米催化剂，通过与其他纳米金属氧化物对比，研究了其对双基推进剂和RDX-CMDB推进剂的燃烧性能的影响，如表5-3-7和表5-3-8所列。添加n-TPCC使得双基推进剂在6～10MPa呈现麦撒燃烧特征，8～10MPa下的燃速压力指数为-0.867。改进n-TPCC加入方法后，可显著提高n-TPCC在低压下的催化效率。在RDX-CMDB推进剂中将n-TPCC与碳黑复合后，其催化效率进一步提高，且使推进剂在12～22MPa出现了一个较宽压力范围的平台区，燃速压力指数小于0.3。

Jain研究了应用纳米级和微米级钛酸钡($BaTiO_3$)作为燃速催化剂在HTPB/AP/Al复合推进剂中的性能。通过将0.5%～2%的$BaTiO_3$加入配方中制备出不同的HTPB推进剂样品。$BaTiO_3$不仅降低了高氯酸铵的热分解温度，而且降低了推进剂的热分解温度。添加纳米$BaTiO_3$和微米$BaTiO_3$的HTPB推进剂的燃速分别提高了22%和12%(6.86MPa)。

表 5-3-6 NC/NG DB 和 RDX—CMDB GO 推进剂的燃烧性能

样品	燃速/(mm/s)										压力范围/MPa	n
	2MPa	4MPa	6MPa	8MPa	10MPa	12MPa	14MPa	16MPa	18MPa	20MPa		
DB	2.15	3.19	5.20	6.49	7.81	8.99	9.77	10.30	11.22	12.24	10～20	0.619
DB/GO	8.42	11.40	12.88	14.31	15.38	16.55	17.20	17.99	18.96	19.20	10～20	0.326
DB/nPCC	5.72	6.56	6.07	6.64	7.51	8.43	9.39	10.55	—	—	10～16	0.723
DB/(Cu-Pb/GO)	8.33	11.41	12.96	14.19	15.46	16.68	17.33	17.04	16.66	16.35	12～20	-0.055
DB/S(Cu-Bi/GO)	8.57	11.47	13.57	15.04	16.60	17.40	18.73	19.39	19.94	20.51	10～20	0.311
CMDB	3.09	5.34	7.42	9.85	11.88	14.04	15.75	17.54	19.54	20.92	10～20	0.812
CMDB/GO	10.10	14.38	17.11	19.03	20.01	20.97	21.89	22.68	23.44	24.31	10～20	0.278
CMDB/nPCC	5.89	5.73	7.60	9.52	11.44	13.60	15.58	17.76	19.88	22.68	10～20	0.970
CMDB/(Cu-Pb/GO)	10.99	15.01	17.34	19.35	20.29	21.19	22.25	23.01	23.7	24.84	8～18	0.256
CMDB/(Cu-Bi/GO)	10.29	14.46	17.27	19.77	21.14	22.66	24.21	24.52	25.37	25.97	8～20	0.299

注：nPCC 代表 Cu_2O-PbO 纳米复合材料

表 5-3-7　不同纳米催化剂对 RDX-CMDB 推进剂燃速的影响

配方编号	催化剂	燃速/(mm/s)							
		2MPa	4MPa	6MPa	8MPa	10MPa	12MPa	14MPa	16MPa
NR0300		3.09	5.34	7.42	9.85	11.88	14.04	15.75	17.54
NR0301	n-TPCC	3.00	10.39	9.81	9.89	12.82	13.46	14.73	17.06
NR0302	n-Bi_2O_3	3.19	5.67	8.49	10.33	13.16	14.64	16.23	17.92
NR0303	n-CeO_2	3.34	5.78	8.33	11.15	13.59	15.33	16.92	18.58
NR0304	n-$CuOGr_2O_3$	3.39	5.30	7.25	9.42	11.61	13.76	15.67	17.27
NR0305	n-NiO	3.04	4.92	6.91	9.06	11.66	13.11	14.97	17.12
NR0306	n-Co_2O_3	2.99	4.92	7.00	9.09	11.34	13.81	15.50	17.99
NR0307	n-Cu_2O	3.29	5.51	7.84	10.43	13.00	15.11	17.09	18.35

表 5-3-8　纳米复合物对 RDX-CMDB 推进剂燃速的影响

配方编号	催化剂	含量/%	燃速/(mm/s)										
			2MPa	4MPa	6MPa	8MPa	10MPa	12MPa	14MPa	16MPa	18MPa	20MPa	22MPa
N0300			3.09	5.34	7.42	9.85	11.88	14.04	15.75	17.54	19.23	20.92	
N0301	n-TPCC	3.0	8.00	10.39	9.81	9.89	12.82	13.46	14.73	17.06	18.66	21.23	23.09
N0308	n-PCC	3.0	5.89	5.73	7.60	9.52	11.44	13.60	15.58	17.76	19.88	22.68	24.69
N0309	n-TPCC	1.5	5.70	10.81	14.18	16.31	17.39	18.18	18.73	19.86	20.66	22.12	24.33
N0310	n-TPCC CB	1.5 0.5	7.60	12.94	15.92	19.42	20.83	22.32	23.15	23.75	24.45	25.15	25.68

Kurva 将二茂铁接枝的 HTPB 引入黏合剂体系，研究了其对 HTPB 推进剂燃烧性能的影响。该推进剂中，HTPB（包括二茂铁接枝 HTPB）含量为 15%，AP 含量为 77%，Al 含量为 2.5%，亚铬酸铜含量为 0.75%。如表 5-3-9 和图 5-3-5 所示，添加二茂铁接枝 HTPB 显著提高了推进剂的燃速并降低了燃速压力指数。随着二茂铁接枝 HTPB 在黏合剂中的比例从 10%增加到 50%，推进剂的燃速增加了约 53%（7MPa），而燃速压力指数值从 0.39 降低到 0.203（7～9MPa）。

表 5-3-9　不同比例推进剂配方的压力指数及燃速

样品	7MPa 下的燃速 u/(mm/s)	燃速压力指数 n (7～9MPa)	燃速压力指数 n (10～12MPa)
1	26	0.39	0.255
2	27.7	0.345	0.248
3	30.5	0.3145	0.218
4	33.6	0.292	0.189
5	37.1	0.244	0.141
6	39.8	0.203	0.121

注：HTPB∶二茂铁接枝 HTPB 的比例：样品 1 = 100∶0；样品 2 = 90∶10；样品 3 = 80∶20；样品 4 = 70∶30；样品 5 = 60∶40；样品 6 = 50∶50

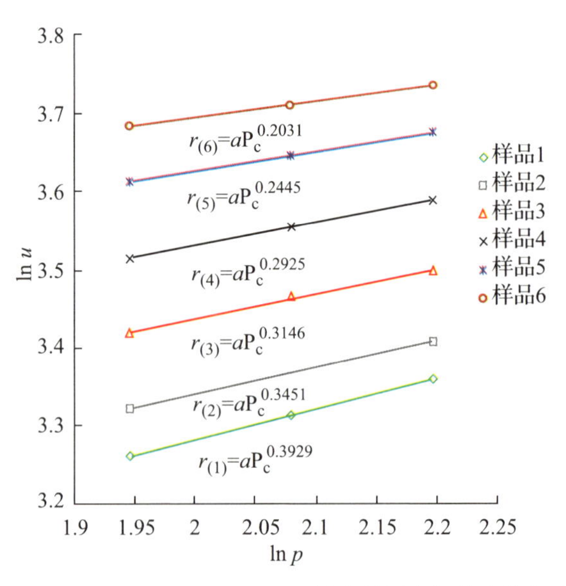

图 5-3-5　7～9MPa 下 HTPB 推进剂压力与燃速的关系

苗楠等研究了碳酸钙（$CaCO_3$）和一种自制钙盐（CaOr）作为燃速降速剂对HTPB/AP/Al推进剂燃烧性能的影响。在3～17MPa压强范围内，$CaCO_3$和CaOr均能有效降低HTPB/AP/Al推进剂的燃速和压力指数，CaOr比$CaCO_3$具有更好的燃速抑制效果，在高压段内的压力指数可降至0.17，平均降速幅度达0.8mm/s，高压下达到平台推进剂水平，如表5-3-10和表5-3-11所列。CaOr的加入使AP两个阶段的分解放热峰均向高温方向移动，而$CaCO_3$对AP的低温分解峰没有影响，使AP的高温分解峰推迟。CaOr对HTPB推进剂的降速效果优于$CaCO_3$的主要原因是其推迟了AP的低温分解，改变了AP的热分解历程，而且在凝聚相中具有更好的分散性。

表5-3-10　3～9MPa下2种钙盐对推进剂燃速和压强指数的影响

降速剂种类	燃速/(mm/s)				$r=ap^n$(3～9MPa)		
	3MPa	5MPa	7MPa	9MPa	压强指数	燃速系数	回归系数
空白	5.11	6.35	7.48	8.61	0.47	2.98	0.981
$CaCO_3$	4.79	6.02	6.92	7.09	0.43	2.99	0.991
CaOr	4.47	5.70	6.05	6.13	0.34	3.29	0.982

表5-3-11　11～17MPa下2种钙盐对推进剂燃速和压强指数的影响

降速剂种类	燃速/(mm/s)				$r=ap^n$(11～17MPa)		
	11MPa	13MPa	15MPa	17MPa	压强指数	燃速系数	回归系数
空白	9.86	11.2	12.97	14.93	0.94	1.01	0.994
$CaCO_3$	7.30	7.41	7.52	7.90	0.32	4.83	0.915
CaOr	6.34	6.65	7.01	7.44	0.17	4.19	0.998

Sergienko等研究了纳米金属粉添加剂对HMX/CL-20 /AP/聚乙烯四唑黏合剂/Al推进剂燃烧性能的影响。研究了纳米铝、硼、锌、镍、铜和钼在压力范围为4～10MPa下推进剂的燃烧性能。纳米金属粉的氧化性能与推进剂的燃烧性能之间没有明显的相关性。添加纳米金属粉n-Al、n-B、n-Ni和n-Mo使推进剂燃速增加了约30%，而与压力值无关。由于铜在固相中与硝酸酯和环硝胺相互作用时具有催化活性，因此添加n-Cu使燃速提高了4.9倍。由于锌在气相中的催化活性，n-Zn添加剂在4～10MPa下分别使推进剂的燃速提高了2.3倍和3.6倍。

张旭东等研究了偶氮二甲酰胺（ADA）对BAMO-THF/PSAN推进剂燃烧性能的影响规律。结果表明，添加一定质量分数的ADA，可提高BAMO-

THF/PSAN 推进剂低压燃速，降低高压燃速，并有效地降低燃速压力指数，如图 5-3-6 所示。压力为 1MPa 时，推进剂的燃速随着 ADA 质量分数增加而明显增大，随着压力增大，燃速增幅减小，在 5MPa 时，不同 ADA 质量分数的样品的燃速已相差不大，到 7MPa 和 9MPa 时，燃速反而随 ADA 质量分数增加而下降。推进剂的燃速压力指数随 ADA 质量分数增加而显著降低，从不含 ADA 的 0.72 逐渐降至 0.44（ω(ADA) = 12%）。

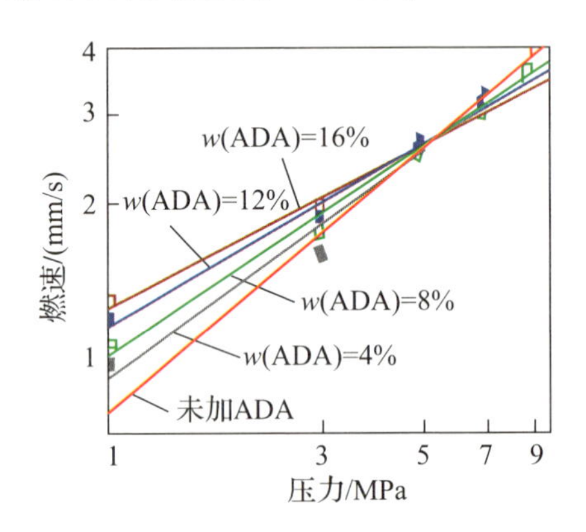

图 5-3-6　ADA 质量分数对 BAMO-THF/PSAN 推进剂燃速的影响

5）制造工艺对燃速的影响

固体推进剂的制造工艺也会对推进剂的燃烧性能产生影响。推进剂的塑化程度、氧化剂在混合过程中的破碎程度、催化剂分布的均匀性以及推进剂药浆浇铸过程中残存空气所导致的孔隙等都会影响燃速。例如，对于挤压成型的双基推进剂，药团压延时间的长短决定其塑化程度及水分含量，随着压延时间的延长，推进剂的燃速会增加，而燃速压力指数会进一步降低，这主要是由于推进剂水分含量的降低以及催化剂分布均匀性的提高。推进剂在成型过程中，药柱内部出现气孔或裂纹时，由于燃烧面的增大而使燃速增加，较大尺寸的气孔或裂纹，以及药柱内部的疏密不匀还会引起推进剂燃烧过程中的压力波动。

6）燃烧条件对燃速的影响

由燃速公式可知，当燃速压力指数大于 0 时，发动机的工作压力越高，燃速越大。因此，一些要求短工作时间、大推力的发动机，在燃速不能达到很高时，就设计为高压工作，如反坦克导弹的发动机。一些旋转发动机，当旋转加速度增大时，由于改变了外层火焰的结构，使固体颗粒沉积在表面，从而使推进剂的燃速增大。

5.3.5 燃烧性能参数的调节

火药的燃烧性能直接影响发动机的弹道性能，燃速高低决定发动机的工作时间和飞行速度，而燃速受外界压力和温度影响的大小，直接影响发动机工作性能的稳定性。因此，火药燃烧性能的控制和调节对于满足各种火炮、火箭武器的需求是十分重要的。

1. 发射药燃速的调节

发射药根据其燃速的影响因素，主要可通过改变组分的组成及含量、表层缓燃处理以及制成多气孔药粒等方法对燃速进行调节。

发射药的燃速与发射药的主要成分密切相关，改变发射药组分的组成及含量是调节发射药燃速的重要途径。在单基药中增大硝化棉的含量和含氮量；在双基发射药中增加硝化甘油的含量；在改性双基发射药中增加氧化剂的含量，都可以提高发射药的燃速。在单基发射药中，除NC含氮量的影响外，外挥含量变化对发射药的燃速也有显著的影响。这就要求在生产、贮存和使用过程中，严格控制外挥变化。在双基发射药中，水分含量变化对燃速的影响，在实际中也是一种不可忽视的因素。双基药对湿度(水分)的变化敏感，不仅表现在药粒表面的润湿上，而且还深入到药粒的内部。若在贮存中由于温度的变化而使水分从内部析出，或暴露于低湿度的大气中水分蒸发而减少，则火药的燃速发生变化，表现在弹道性能上其初速和膛压都偏离设计值而偏高。

表层缓燃处理即钝感处理，是将含能低或惰性的物质作为缓燃剂溶于溶剂中，再喷涂到药粒表面上，缓燃剂向药粒内部渗透，其浓度由表及里逐渐减小而使火药的燃速逐渐增大，即渐增性火药。缓燃剂的含量一般在1.0%左右，对能量性能影响不大，但能量的利用率提高了，因而使弹丸初速提高。缓燃处理技术用于火炮的装药技术中，以提高装药密度和弹丸初速。

多气孔火药常用的是单基药，其燃烧速度由气孔的大小和数量来控制，气孔越多，则燃烧速度越快。多气孔火药的燃速与气孔的数量有关，而与燃烧层厚度无关。一些身管武器(如手枪、冲锋枪、猎枪等)，由于身管短，要求在弹丸出枪口以前，火药必须燃尽，通常采用多气孔药粒，以保证火药的能量利用率高和射击精度。

2. 固体推进剂燃速的调节

在上一节已经介绍了影响推进剂燃速的各种因素，这些因素都可作为调节燃速的途径，在实际应用中有效的途径主要包括改变推进剂的爆热、氧化剂的粒度及其级配，选择合适的燃速调节剂以及加入金属纤维或金属丝等方法。

1）改变推进剂的爆热

推进剂的燃速随着爆热的增加而提高。在确定推进剂的基础配方时，考虑能量要求的前提下，对推进剂的主要成分如氧化剂和黏合剂的种类、含量改变来调节燃速，以满足内弹道性能要求。双基推进剂中，硝化甘油含量增加，硝化纤维素的含氮量增加，则燃速增加；复合推进剂中，氧化剂含量增加，爆热增加，则燃速增加；改性双基推进剂中可以增加硝酸酯及氧化剂的含量来提高燃速。所以，选择适当的爆热值，是进行推进剂基本配方设计时需要考虑的主要问题。虽然改变爆热可以改变燃速，但效果不一定是最佳的。决定燃速的关键是固相反应速度，因此，改变固相反应的放热量和向固相的传热量是决定推进剂固相反应速度的关键。

2）改变氧化剂的粒度及其级配

对于含有氧化剂的复合推进剂以及复合改性双基推进剂，氧化剂的粒度变化可以有效地改变推进剂的燃速，而且，氧化剂粒度对燃速的影响随压力的升高而更为显著。例如，在复合推进剂和复合改性双基推进剂中，均可采用改变AP粒度的方法来调节燃速，这已在实际中得到广泛的应用。随着AP粒度的减小，推进剂的燃速增加。AP粒度越小，比表面积越大，越有利于热分解和凝聚相放热反应，AP在燃烧表面附近放热越多，传给表面的热就越多，因而使燃速增加。超细高氯酸铵的粒度在1μm以下，可以使推进剂燃速大幅度提高。从燃速和工艺的两个方面考虑，实际使用的AP粒度在5～250μm之间，用不同粒度的AP进行不同比例的级配，可以获得推进剂燃速和工艺性能都满意的效果。

3）选择合适的燃速调节剂

通过添加少量的燃速调节剂来提高或降低燃速，是推进剂燃速调节的主要方法。

双基推进剂中经常使用的燃速催化剂有铅、铜氧化物及其有机或无机盐类。铅、铜化合物既可以单独使用，也可以配合使用。配合使用时，产生协同效应，如铜盐可以加强铅盐的催化效果。除了铅、铜化合物外，锡化物如SnO_2、有机锡及钴的氧化物对双基推进剂的燃速也有催化效果。此外，二硝基乙腈盐[$C(NO_2)_2CN^-\ Me^+$]也是双基推进剂良好的增速剂，既是能量组分又能提高燃速，尤其是它的钾盐和钠盐，增速效果十分明显。但其缺点是燃烧时产物中含有大量的K^+和Na^+，将减弱导弹的制导信号。

用燃速降速剂降低双基推进剂的燃速，由于取得的实际效果不显著，所以，研究进展和实际应用不如催化剂好。当双基推进剂爆热水平在4288.6kJ/kg时，加入2%的燃速降速剂，发现草酸盐(如CaC_2O_4、BaC_2O_4、$CeC_2OC_2O_4$、CoC_2O_4、$Fe_2C_2O_4$)、磷酸盐(Ca_3PO_4)、钼酸盐[$(NH_4)_2MoO_4$]、磷钼酸盐[$(NH_4)_3PO_4 \cdot 12MoO_3$]、磷钨酸、$V_2O_5$、NiO、$TeO_2$、$(CONH_2)_2$等对双基推进剂有一定的降速效果，其中磷钨酸的降速效果可达25%以上。同一种燃速降速剂不同含量时，随降速剂含量增加，降速效果增加。

复合推进剂中常用的燃速催化剂主要包括金属氧化物、盐类、金属有机化合物。金属氧化物和盐类如MnO_2、Ni_2O_3、Cr_2O_3、M_gO、Fe_2O_3、Co_2O_3、CO_3O_4、SiO_2、铬酸盐、亚铬酸铜等。金属有机化合物中最常用的是二茂铁及其衍生物。二茂铁有很好的催化效果，但由于它的迁移性大，在储存过程中含量发生变化而无法保证燃速的重现性。使用二茂铁的衍生物如正丁基或叔丁基二茂铁作为催化剂，燃速的重现性有很大改善。双核二茂铁类化合物卡托辛(Catocene)、BBFPr和BBFPe是二茂铁的另一类衍生物，是复合推进剂优良的弹道改良剂，除对燃速有较大的催化作用外，对压力指数也有降低作用。此外，碳硼烷的各种衍生物也是复合推进剂优良的燃速催化剂，如正己基碳硼烷、癸硼烷($B_{10}H_{14}$)，在常温下为液态，有利于在推进剂中均匀分布，保证燃速的重现性。但是，碳硼烷化合物工艺合成较复杂，毒性较大，而且在推进剂中有一定的迁移性。

复合推进剂常用的降速剂包括$CaCO_3$、LiF、NH_4Cl、羟胺盐及有机胺化合物等。有些在实际中已经得到应用，一般的降速效果为30%～50%。

4)加入金属丝或金属纤维

在推进剂中加入金属丝或金属纤维以提高燃速的方法已在实际中得到应用。嵌入金属丝的推进剂用于地-空导弹的起飞发动机装药，常用的金属丝为银丝。应用时按设计要求，预先固定金属丝分布的位置，其分布应是垂直于燃烧面的，然后将药浆浇入模中固化成型。在挤压双基推进剂中嵌入金属丝的工艺要比浇铸工艺复杂得多，要达到均匀分布尤为困难。加入金属纤维也可提高燃速，但要使金属纤维分布于垂直燃烧面，在技术上更为复杂。此外，在金属丝上涂覆高燃速的烟火剂，可以使燃速得到更大幅度的提高。

3. 固体推进剂燃速压力指数的调节

火箭发动机稳定工作的必要条件是燃速压力指数$n<1$，n值越大，燃速压力温度系数π_K值受初温的影响越大，为燃速温度系数σ_p的$1/(1-n)$倍。这要求n值不但要小于1，而且越小越好。燃速压力指数的调节实质上是燃速的调

节，如果低压范围燃速提高幅度大，而高压范围燃速的提高幅度小，则燃速压力指数变小。

固体推进剂在燃烧过程中，始终受到各种物理因素和化学因素的共同影响。其中，化学因素和压力是燃速的两大控制因素，燃速随压力增大而增加，但化学反应往往在不同的压力范围内，化学作用的机理不同。这两种因素协同影响的结果使燃速在不同的压力范围可能有快有慢，表现出压力影响的不同性，即出现压力指数变化的情况，可以利用这一点来调节燃速压力指数。推进剂的燃速不符合要求时，可以通过药型设计来弥补，但压力指数不符合要求时，这种推进剂就无法选用。从这一角度来说，降低燃速压力指数对改善武器的性能比提高燃速具有更大的影响。

降低固体推进剂的燃速压力指数，主要包括以下方法：

1)改变氧化剂的种类、含量、粒度及其级配

氧化剂的种类不同，其物理化学特性的差异会对推进剂燃速压力指数产生一定的影响。复合推进剂中，以 AP 为氧化剂，其燃速压力指数通常要比用 KP、硝胺(HMX 或 RDX)作为氧化剂的配方要低得多。采用改变氧化剂含量的方法调节推进剂的压力指数，必须考虑其对推进剂能量特性和力学性能的影响，只能在一定范围内变动。氧化剂粒度及级配的变化对推进剂能量特性的影响不大，而对燃速调节范围则相对较大，但是还需要考虑氧化剂粒度变化对推进剂工艺性能的影响。

2)改变黏合剂和固化剂种类

在复合推进剂中，黏合剂和固化剂种类的变化能够引起燃速压力指数的显著变化。对于异氰酸酯固化剂，DDI 比 IPDI 能够使推进剂获得更低的燃速和燃速压力指数。黏合剂的热分解、熔融流动特性等对推进剂的燃速压力指数也具有明显的影响。相同配方条件下，环氧乙烷–四氢呋喃共聚醚比聚丁二烯类推进剂具有更低的燃速压力指数。聚醚聚氨酯类黏合剂在燃烧过程中的流动性较好，而聚丁二烯黏合剂在 417℃ 左右成为高黏性液体，在 497℃ 时完全热解，相比之下，前者更容易流动到推进剂燃烧表面的 AP 晶体上，造成局部熄火，从而使推进剂具有较低的燃速压力指数。

3)改变金属燃料的种类和粒度

为了提高复合推进剂的能量，通常需加入一定量的金属燃料，如铝粉等，其含量及粒度会对推进剂燃速压力指数造成一定影响。在聚丁二烯复合推进剂中，适当增加铝粉含量和改变粒度可在一定程度上降低燃速压力指数。而添加

一定量的硼粉，可降低推进剂的燃速压力指数，并保持推进剂在 6.86MPa 下的燃速基本不变。

4)选择合适的燃速调节剂

燃速调节剂的种类不仅对燃速的影响幅度大小不同，而且对燃速压力指数的影响也不相同。在聚醚和聚酯型的聚氨酯推进剂中，添加适量的硫酸铵可以得到负的压力指数；在 AP/HTPB 复合推进剂中，添加少量的卡托辛或平均粒度为 4.3μm 的硫化铜，可以在显著提高推进剂燃速的同时降低压力指数；季铵盐、碳酸盐等催化剂单独或组合使用，可同时降低推进剂燃速和燃速压力指数。

5.4 炸药的爆轰

5.4.1 概述

炸药的爆轰是其化学反应最激烈的形式。爆轰时，反应区域内的温度可达几千摄氏度，爆速可达每秒几千米，爆压可达几个吉帕。而且，炸药释放能量的速率也很快，可产生很大功率。高温、高压、大功率决定了炸药做功的强度。因此，炸药一旦发生爆轰变化，会出现猛烈的机械破坏作用，而炸药在各个领域的广泛应用，正是利用了爆轰的这种特性。

炸药爆轰的传播具有波动性质，是以爆轰波的形式沿炸药高速自行传播的。爆轰波的传播与炸药装药的直径有关，装药爆速达到极大值时的最小直径称为极限直径，爆速的极大值称为极限爆速。同时，当装药直径小于某一临界值时，就不可能稳定爆轰。能够传播稳定爆轰的最小装药直径称为临界直径，对应于临界直径的爆速称为临界爆速。直径小于临界直径的装药，无论起爆冲量多强，都不能达到稳定爆轰。

炸药的爆轰可分为理想爆轰和非理想爆轰。理想爆轰是指装药直径足够大，即大于极限直径时产生的稳定爆轰，其爆速决定于爆轰的放热量和装药密度。试验证明，理想爆速大约与爆轰反应热效应的平方根成正比，而随密度增加成比例地增长。非理想爆轰是在装药直径较小(小于极限直径但大于临界直径)时产生的稳定爆轰，非理想爆轰的速度是装药直径的函数。

5.4.2 爆轰理论

随着现代测量技术的发展和计算机应用于爆轰过程的模拟和计算，人们对爆轰反应机理、爆轰波传播和结构状态的认识更加深化，促进了爆轰理论的发展。通过对炸药爆轰理论的研究，可以了解炸药爆炸反应过程中各物理参数的变化规律，为研究和改进炸药的性能及炸药的合理使用提供了理论依据。

1. 爆轰波的基本理论

爆轰波的基本理论是爆轰的流体动力学理论。最早人们系统研究气体爆轰现象，提出爆炸波理论，并通过对爆炸波传播规律的研究，用温度来表示爆轰传播速度。后来，随着对凝聚炸药爆轰现象的研究，19 世纪末 20 世纪初提出了气体爆轰流体力学理论，其基本点是将爆轰波简化为含化学反应的一维定常传播的强间断面，通常称为 Chapman - Jouguet 理论，简称 C - J 理论。C - J 理论为定量研究爆轰过程提供了必要的依据，这也是近代爆轰经典理论的基础。随着认识的进一步深入，发现 C - J 理论与一些实际情况存在差异，在 C - J 理论基础上又提出新的理论模型 ZND 模型，该模型已成功地应用于凝聚炸药的爆轰过程。

1)理论的基本假定

C - J 理论考查平面一维理想爆轰波的稳定传播过程，其假设包括：爆轰波阵面是一维平面波；爆轰波传播过程中无能量耗散；化学反应是瞬时完成的，且化学反应区中释放的能量全部用来支持爆轰波的自行传播。

根据上述假设，平面一维理想爆轰波结构示意图如图 5 - 4 - 1 所示，图中 D 为爆速，p 为压力，ρ 为密度，u 为质点速度，e 为比内能，T 为温度。下标 1 表示爆轰产物，下标 0 表示原始爆炸物。

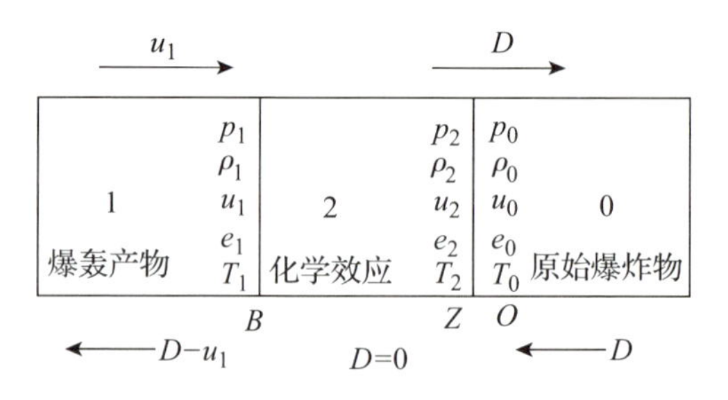

图 5 - 4 - 1　平面一维理想爆轰波结构示意图

2)爆轰波基本方程

根据图 5 - 4 - 1 将坐标取在爆轰波面上，则爆轰波以爆速(D)沿爆炸物向前运动，而反应区相对于该坐标系的速度等于 0。此外，原始爆炸物以 D 的速度流入反应区，而爆轰产物则以($D - u_1$)的速度流出反应区。因此，由质量、动量及能量守恒可分别得到式(5 - 4 - 1)～式(5 - 4 - 3)。

$$\rho_0 D = \rho_1 (D - u_1) \tag{5-4-1}$$

$$p_1 - p_0 = \rho_0 D u_1 \tag{5-4-2}$$

$$e_1 - e_0 = \frac{1}{2}(p_1 + p_0)(V_0 - V_1) + Q_V \tag{5-4-3}$$

式(5-4-3)中：Q_V为爆轰反应热；V为比容。

将式(5-4-1)及式(5-4-2)进行处理，可得

$$D = V_0 \sqrt{\frac{p_1 - p_0}{V_0 - V_1}} \tag{5-4-4}$$

$$u_1 = (V_0 - V_1)\sqrt{\frac{p_1 - p_0}{V_0 - V_1}} \tag{5-4-5}$$

式(5-4-3)～式(5-4-5)是爆轰波的3个基本方程，其中式(5-4-3)称为爆轰波的Hugoniot方程，它在$p-V$平面形成的曲线称为爆轰波的Hugoniot曲线，此曲线是爆轰产物的终态轨迹。爆轰产物的状态方程见下式：

$$p_1 = p(\rho_1 T_1) \tag{5-4-6}$$

为了求解爆轰波的5个参数(p_1、ρ_1、u_1、T_1、D)，还需一个定解方程，由爆轰波定型传播的条件，即C-J条件，可得到第5个状态方程。

3)C-J条件

如上所述，爆轰波的Hugoniot曲线应为爆轰产物的终态轨迹，即对称稳定传播的爆轰，其爆轰产物的状态一定相应于该曲线上的某一点，这一点可由图5-4-2所示的C-J条件示意图得到。在该图中，曲线1为冲击波的Hugoniot曲线，曲线2为爆轰波的Hugoniot曲线，曲线3为过初态点O的等熵线。

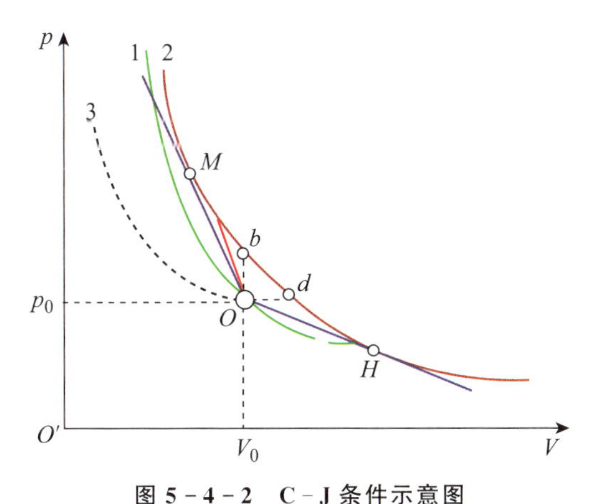

图5-4-2 C-J条件示意图

从曲线 1 的初态点 $O(p_0, V_0)$ 作等压线与曲线 2 交于 d 点，作等容线与曲线 2 交于 b 点，再过初态点 O 向两个方向作曲线 2 的切线，这两个切线分别与曲线 2 切于 M 点和 H 点。C-J 理论研究指出，只有产物状态相应于 M 点的爆轰波才能稳定传播。

C-J 状态即切点 M 的状态，其重要性是稀疏波在此点状态下的传播速度等于爆轰波向前推进的速度，即

$$D = u_1 + C(\text{声速}) \tag{5-4-7}$$

式(5-4-7)即 C-J 条件。此外，C-J 点还具有 3 个重要性质：C-J 点是爆轰波的 Hugoniot 曲线、直线和过该点等熵线的公切点，是爆轰波的 Hugoniot 曲线上熵值最小点，也是相应直线上熵值最大点。

由式(5-4-3)～式(5-4-7)这 5 个方程，可以计算出爆轰波的 5 个参数。但是，爆轰产物状态方程的形式以及所描述的理想爆轰波的传播，没有涉及爆轰波的结构及其中的化学反应，因而只能计算 C-J 平面两侧的参数。

4)爆轰波的定常结构 ZND 模型

C-J 理论描述的是理想爆轰波，爆轰波存在一定宽度的化学反应区，而 C-J理论中将化学反应区的宽度视为 0，即把爆轰波阵面当作一个间断面处理，也是不合理的。随着试验测试水平的提高，发现 C-J 理论与试验结果也有较大的偏离。例如，气体爆轰自持爆轰的终点虽然落在计算给出的 Hugoniot 曲线上，但其压力和密度都比 C-J 点的值低 10%～5%。对凝聚炸药，直接测得的 C-J 点爆压和按 C-J 理论计算的 C-J 点爆压也有明显的差别。

为了考虑爆轰波化学反应的能量释放过程，必须研究爆轰波的精细结构。在 20 世纪 40 年代，苏联及美国的学者分别独立提出描述爆轰波定常结构的 ZND 模型。该模型的示意图如图 5-4-3 所示。

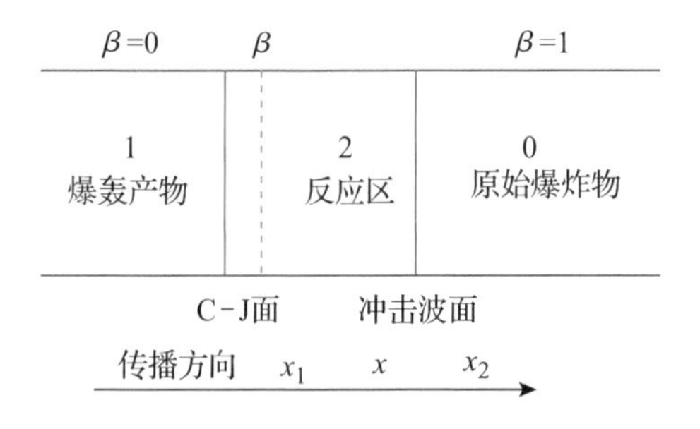

图 5-4-3　ZND 模型示意图

ZND 模型提出了以下假设：爆轰过程能量无损失；爆轰波反应区化学反应达到平衡；爆轰波反应区内反应类型单一，且爆轰波前沿到 C-J 面的反应程度

是逐渐增加的，在 C－J 面处反应已全部完成；爆轰波反应区的厚度远比分子自由程的大。对 ZND 模型，可在反应区内取任一控制面，原则上可用流体力学的 3 个守恒方程、状态方程和 C－J 条件解出在爆轰反应区内各参数与已反应分子分数的关系，且与 C－J 点的关系见式(5－4－8)～式(5－4－10)。

$$V_1 = V_{C\text{-}J} = \frac{\gamma}{\gamma+1} V_0 \tag{5-4-8}$$

$$p_1 = p_{C\text{-}J} = \frac{\rho_0 D_{\min}^2}{\gamma+1} \tag{5-4-9}$$

$$D_{\min} = \sqrt{2Q_V(\gamma^2-1)} \tag{5-4-10}$$

式(5－4－8)～式(5－4－10)中的 γ 为绝热指数，其余各符号的物理含义如上所述。利用上述公式，采用 ZND 模型也可求得爆轰反应区中各参数空间的分布。

ZND 模型是一个经典的爆轰波模型，并不能完全反映爆轰波面内所发生过程的实际情况。实际爆轰波反应区内所发生的化学反应过程，并不完全井然有序、层层展开，而往往以螺旋爆轰的方式进行。而且，实际的爆轰传播过程中有能量损失，爆轰波反应区末端并不一定满足 C－J 条件。爆轰波反应区内所发生的化学反应历程极为复杂，其中同时存在着多级反应过程。这些都有待于今后不断完善。

2. 凝聚炸药的爆轰理论

凝聚炸药是指液态和固态炸药，与气态爆炸物相比，凝聚炸药具有密度大、爆速高、爆轰压力大以及能量密度高等特点，因而具有更大的爆炸威力和更强的猛度。凝聚炸药还便于贮存、运输、成型、加工和使用，在军事和民用上都有广泛的应用。

1)爆轰反应机理

凝聚炸药的爆轰反应机理与炸药的化学组成、物理状态及爆轰条件等有关，曾经提出的爆轰反应机理如下：

(1)整体反应机理。在强冲击波的作用下，波阵面上的炸药受到强烈的绝热压缩，炸药层各处均匀地升温，因而化学反应在整个反应区内进行，故称整体反应机理。整体反应时，一般要在 1000℃ 以上才能快速进行，液体炸药的压缩升温比较容易。而固体炸药的压缩性较差，绝热压缩时升温不明显，所以必须有较强的冲击波才能引起整体反应。

(2)表面反应机理。在冲击波的作用下，波阵面上的炸药受到强烈压缩，而炸药层中的升温不均匀，化学反应首先从起爆中心开始，发展到整个炸药层。由于起爆中心容易在颗粒表面及炸药中所含气泡周围形成，因此称为表面反应机理。当炸药受到冲击压缩时，颗粒之间的摩擦和变形、炸药中所含气泡的绝热压缩以及流向颗粒之间的气态反应产物等，均可使颗粒表面及气泡与炸药接触表面的温度急剧升高，引起这些局部高温点首先发生高速的化学反应，然后再以一定的速度向颗粒内部扩展。因此，表面反应的过程可以按照逐层燃烧的规律来分析。为了使炸药颗粒或其内部的气泡表面温升至开始反应，也需要一定强度冲击波的作用。与整体反应机理相比，表面反应机理所需的冲击波强度低得多。

(3)混合反应机理。这一机理是非理想的混合炸药，尤其是固体混合炸药所特有的，其反应不在整体炸药内部进行，而是在一些分界面上分阶段进行的。由于这类炸药的非理想性，其爆轰传播过程受颗粒粒径及其混合均匀程度和装药密度显著影响。颗粒过大，混合不均匀以及密度过大，均不利于这类炸药化学反应的扩展。

2)爆轰产物的状态方程

由于凝聚炸药的爆轰产物处于高温、高压、高密度状态，而且在爆轰瞬间，各产物分子间还进行着复杂的化学动力学过程，已不适于采用理想气体状态方程描述。需要建立能正确描述凝聚炸药爆轰产物热力学行为的状态方程来计算爆轰参数。对建立凝聚态炸药的状态方程，具有代表性的模型有以下 3 种类型：

(1)固体模型，认为凝聚炸药爆轰产物的行为类似于固体。提出了下列状态方程式：

$$P = P_K(\rho) + f(V)T \cdots \qquad (5-4-11)$$

式中：$P_K(\rho)$为凝聚炸药爆轰产物的冷压强；$f(V)$为凝聚炸药爆轰产物的热压强，$P_K(\rho) = A\rho^{\gamma}$；$f(V)T = \frac{B}{V}T$。

则得

$$P = AV^{-\gamma} + \frac{B}{V}T \qquad (5-4-12)$$

式中：A、B、γ 为与凝聚炸药性质有关的常数。

对于常用炸药，装药密度一般都大于 $1g/cm^3$，其热压强和冷压强相比可以忽略。因此产物的状态方程可采用下式表达：

$$P = AV^{-\gamma} \ldots \qquad (5-4-13)$$

(2)气体模型，认为凝聚炸药的爆轰产物为真实气体，状态方程可表示为理想气体状态方程的各种修正形式，其中典型的是由Becker，Kistiakowskii和Wilson根据气体模型的概念提出的B-K-W状态方程。

$$pV = nRT(1 + xe^{\beta x}) \qquad (5-4-14)$$

$$x = \frac{K\sum x_i\alpha_i}{V(\theta + T)^a}$$

式中：V为气态爆轰产物的摩尔体积；x_i为气态爆轰产物中第i种组分的摩尔分数；α_i为气态爆轰产物中第i种组分的余容因子；a、β、K、θ为由经验确定的常数。

Mader应用B-K-W状态方程对30多种凝聚炸药的爆轰参量进行了计算。在计算中，采用了两套经验数(α、β、K、θ)：一套用来计算RDX和与其类似炸药的爆轰参量，RDX类炸药的特点是在其爆轰产物中不生成或很少生成固体碳，这套经验常数称为“适用于RDX的经验常数”；另一套用来计算TNT及和其类似炸药的爆轰参量，TNT类炸药的特点是在其爆轰产物中生成大量的固体碳，这套经验常数称为“适用于TNT的经验常数”。测试结果表明，对于高密度的TNT、DATB和TATB类炸药，用“适用于TNT的经验常数”，计算的结果与实测值十分接近。其他大多数凝聚炸药都可用“适用于RDX的经验常数”来计算爆轰参量，而且计算的爆速值与实测值之间的误差不超过3%。

(3)液体模型，认为凝聚炸药爆轰产物的行为类似于液体，是介于气体和固体之间的一种模型。Lennard、Jones和Devonshire提出的“笼子”模型就属于液体模型，又称为L-J-D模型。利用统计力学理论建立了该模型的爆轰产物状态方程式为

$$\left(p + \frac{N^2a}{V^2}\right)\left(V - 0.7816\,(Nb)^{\frac{1}{3}}V^{\frac{2}{3}}\right) = RT \qquad (5-4-15)$$

式中：N为阿佛加德罗常数；b为产物分子的余容，为其分子体积的4倍；V为爆轰产物的摩尔体积；a为爆轰产物中，一对相邻分子的平均中心间距。

5.4.3 炸药爆轰参数的影响因素及调节

1. 爆热的影响因素及调节

1)爆热的影响因素

爆热是炸药产生做功能力的能源，爆热与炸药的爆温、爆压等参数值密切相关，是炸药的重要性能参数。影响炸药爆热的因素较多，除了炸药的化学结

构和组分之外，装药密度、装药外壳以及附加物等对炸药的爆热也有显著影响。

(1)装药密度的影响。炸药的爆热值随装药密度的不同而有所变化。装药密度对负氧平衡炸药如梯恩梯、特屈儿等的爆热有显著影响，而对于接近零氧和正氧平衡的炸药如黑索今、硝化甘油等，装药密度对爆热的影响较小。这是因为接近零氧和正氧平衡炸药的爆炸产物解离速度较小，而且爆炸瞬间的二次反应也减少或几乎不存在，因而对爆热影响很小。但是负氧平衡的炸药随着密度增加，爆轰压力增大，这样两个二次反应平衡向着气态产物减少的方向移动，CO_2、H_2O 的量相对增加，使爆热增加。

$$2CO \longrightarrow CO_2 + C + 172.47kJ$$

$$2CO + H_2 \longrightarrow H_2O + C + 24.63kJ$$

表 5-4-1 列出了黑索今和梯恩梯的装药密度对爆热实测值的影响。

表 5-4-1 装药密度对爆热实测值的影响

参数	黑索今						梯恩梯			
装药密度/(g/cm^3)	0.5	0.95	1.0	1.1	1.5	1.8	0.85	1.0	1.5	1.62
爆热/(MJ/kg)	5.356	5.314	5.774	5.356	5.397	6.318	3.389	3.598	4.226	4.853

(2)装药外壳的影响。对于负氧平衡的炸药，外壳对爆热的影响较大。外壳在一定厚度范围内，炸药的爆热值随外壳厚度增大而增大，但当厚度超过某一值时，爆热就不再增加了。外壳厚度对爆热产生影响的原因，也可归因为爆炸瞬间产生的压力对产物中上述两个平衡反应进行方向的影响。在较大密度和坚固外壳中爆轰时，爆热增大，而外壳较薄和无外壳时，爆轰产物膨胀不受限制，因而压力下降较快，前述反应的平衡有向左进行的趋势，从而吸热导致爆热减少。对于负氧不多以及正氧、零氧平衡的炸药，外壳对爆热没有明显的影响。

(3)附加物的影响。在炸药中加入惰性液体可以起到与增大炸药密度同样的作用，使爆热增加。表 5-4-2 为炸药中含水量对爆热的影响，其中的干炸药指不含水的纯炸药，混合物指炸药和水按表中比例配成的混合炸药。由数据可知，在炸药中加入一定量水后，混合炸药的爆热降低，但以纯炸药含量计算，爆热则有不同程度的增大。含水量对负氧多的炸药影响更大，这说明水起到某种“内壳”的作用，充填了药粒的空隙，增大了密度，类似于趋向单晶密度时的爆轰。加入其他惰性液体也有类似的作用。

表 5-4-2　炸药中含水量对爆热的影响

炸药	含水量/%	氧平衡/%	装药密度/(g/cm^3)	爆热/(kJ/kg)		爆热增加值/%
				干炸药	混合物	
梯恩梯	0	-74	0.8	3 138	—	—
梯恩梯	35.6	-74	1.24	4 226	2 720	34.67
黑索今	0	-22	1.1	5 356	—	—
黑索今	24.7	-22	1.46	5 816	4 393	8.59
太安	0	-10	1.0	5 774	—	—
太安	29.1	-10	1.41	5 816	4 142	0.72

在炸药中加入惰性附加物时，爆热一般随着惰性附加物的加入量增大而降低。然而，硝酸铵、高氯酸盐的水溶液等氧化剂的加入，可以使爆热成倍增加。

2)提高爆热的途径

提高炸药的爆热对于提高炸药的做功能力具有很重要的意义，提高炸药爆热的途径主要有以下几个方面。

(1)改善炸药的氧平衡。改善炸药的氧平衡就是使炸药中的氧化剂恰好将可燃剂完全氧化，使炸药的分子组成或混合炸药组分的配比设计达到或接近零氧平衡。对于 $C_aH_bO_cN_d$ 类炸药，氧化剂能完全氧化碳和氢为 CO_2 和 H_2O，此时放出的能量最高。零氧平衡的炸药所释放的能量还与含氢量有关，一般含氢量高的炸药能量较大，这是由于氢完全氧化为水所放出的热量较高。

在炸药分子中或混合炸药各组分的分子中，若某些氧原子已经与可燃元素的原子相连接，如 C—O、C═O、O—H 键等，其中的氧原子已完全或部分失去氧化能力，这时虽可组成零氧平衡炸药，但由于氧的“无效”性，这类化合物的生成热较大，部分能量已丧失在分子的形成过程中，因而也就影响了爆炸时的能量释放，爆热不可能太高。

(2)引入高能元素或高能可燃剂。在单质炸药中引入高能元素，在混合炸药中加入铝粉、镁粉等高能量可燃剂是提高爆热常用的方法。

例如，在黑索今中加入适量的铝粉，爆热可提高 50%，这是因为铝粉除了与氧元素进行氧化反应，生成 Al_2O_3 并放出大量热外，还可以和炸药爆炸产物 CO_2、H_2O 发生二次反应：

$$2Al + 3CO_2 \longrightarrow Al_2O_3 + 3CO + 826.3kJ$$

$$2Al + 3H_2O \longrightarrow Al_2O_3 + 3H_2 + 949.8kJ$$

反应放出大量热，从而使爆热大大增加。金属元素还可以与爆炸产物中的氮气

反应生成相应的金属氮化物，如

$$Mg + N_2 \longrightarrow MgN_2 + 463.2kJ$$

$$Al + 0.5N_2 \longrightarrow AlN + 241.0kJ$$

这些反应都是剧烈的放热反应，从而可以增加爆热。

表 5-4-3 列出了一些氧化产物的热化学数值，可以看出，在炸药中引入含铍、铝等高能可燃剂元素的物质，或引入含氟等高能氧化剂元素的物质，有利于提高炸药释放的能量。此外，由表中数据还可知，按单位质量的放热量，H_2O 比 CO_2 高很多。因此，炸药组分中 H/C 比高的炸药，其爆热较大。

表 5-4-3 一些氧化产物的热化学数值

氧化产物	$-\Delta H_f/(kJ/mol)$	M_r	$Q_p/(kJ/kg)$
BeO(固)	598.7	25.0	23939.2
Al_2O_3(固)	1675.3	102.0	16424.3
HF	272.1	20.0	13556.2
H_2O	241.8	18	13434.8
CO_2	393.5	44	8943.5
CF_4	908.8	88	10326.9
CO	112.47	28	4016.6

2. 爆温的影响因素及调节

根据实际需要，往往要调节炸药的爆温。爆温计算公式为

$$t = \frac{Q_V}{\overline{c_V}} = \frac{Q_{1,3} - Q_{1,2}}{\overline{c_V}} \quad (5-4-16)$$

式中：$Q_{1,3}$ 为爆炸产物的生成热之和；$Q_{1,2}$ 为炸药的生成热；$\overline{c_V}$ 为爆炸产物的热容。

由上式可知，增加爆炸产物的生成热、减少炸药本身的生成热以及减少爆炸产物的热容都有利于提高爆温。

提高炸药爆热的途径，如调整氧平衡使炸药氧化完全，产生大量生成热较大的产物如 CO、H_2O 等，引入某些高能元素，添加高能金属粉等物质，都可以提高爆温。在选用具体方法时要考虑爆炸产物热容的影响，如果爆热的增加伴随爆炸产物热容的增大，那么前者可使爆温提高，而后者却会导致爆温下降，综合效果要看具体情况。进一步分析表 5-4-3 中的数据可知：提高炸药组分中 H/C 的含量比，有利于提高爆热，却不利于提高爆温。要提高爆温，就应提

高炸药组分中C/H的含量比；在炸药中加入高能金属粉，如铝、镁、铍等，既有利于提高爆热，又有利于提高爆温。

表5-4-4列出了几种反应产物的热化学性质。从表中的数据可知，当消耗同等氧量时，铝、镁氧化时释放的能量与其氧化产物热容的比值，比碳、氢氧化产物的对应比值大得多，因此铝、镁的加入对提高混合炸药的爆温是十分有利的。

表5-4-4 几种反应产物的热化学性质

反应	Q_f/kJ	c_p/(J/K)	Q_f/ c_p
$2Al+1.5O_2 \rightarrow Al_2O_3$	1675.3	146.4	11.5×10^3
$2Mg+1.5O_2 \rightarrow 3MgO$	1803.7	182.0	9.9×10^3
$2H_2+1.5O_2 \rightarrow 3H_2O$	725.5	168.0	4.3×10^3
$1.5C+1.5O_2 \rightarrow 1.5CO_2$	590.3	93.4	6.3×10^3

降低炸药的爆温也是实际应用中需要解决的问题，对于火药来说，降低燃速温度，可大大减少对炮膛的烧蚀。降低爆温的途径为减小爆炸产物的生成热，增大炸药的生成热和爆炸产物的热容。为了达到降低爆温的目的，一般采用在炸药中加入附加物的办法。这些附加物可以改变氧与可燃元素间的比例，使之产生不完全氧化的产物，从而减少爆炸产物的生成热，有的附加物不参与爆炸反应，只是增加爆炸产物的总热容。

3. 爆速的影响因素及调节

1)爆热的影响

由于爆速与爆热的二次方根成正比，因此，能提高爆热的途径都有利于单质炸药爆速的提高，但是对于一些混合炸药，这一规律却不一定成立。从表5-4-5中的数据可知，锑黑铝炸药的爆热比RDX高得多，但其爆速却比RDX低。

表5-4-5 几种炸药的爆热和爆速

炸药	Q_v/(kJ/kg)	ρ_0/(g/cm^3)	v_D/(m/s)
80RDX/20Al	6443	1.77	8089
DBX深水弹炸药 ($21NH_4NO_3$/21RDX/40TNT/8Al)	7113	1.65	6600
RDX	5439	1.77	8640
TNT	4521.7	1.56	6825

这是因为有些混合炸药的爆热是通过二次反应释放的。例如，RDX 与 Al 粉组成的混合炸药，RDX 先发生爆炸分解反应，然后其分解产物与 Al 粉发生如下反应：

$$2Al + 3CO_2 \longrightarrow Al_2O_3 + 3CO + 878.64kJ$$

$$2Al + 3H_2O \longrightarrow Al_2O_3 + 3H_2 + 753.12kJ$$

虽然上述反应放出的热量很大，导致爆炸反应放出的热量显著增加，但是这些反应进行的速度较慢，反应放出的能量来不及补充到冲击波阵面，而支持冲击波并决定其传播速度的主要是第一阶段的反应，即黑索今本身的爆炸分解反应。因此，铝粉的加入增加了混合炸药的爆热，却降低了爆速。

炸药的爆热与氧平衡和生成热直接相关，因此，炸药的爆速也受到氧平衡和生成热的影响。通常，生成热大的炸药，其爆速较小。炸药的爆速与氧平衡的关系可通过试验来建立。考虑到某些基团中氧的“无效性”，建立氧平衡与爆速的关系时，有必要对半无效氧或无效氧进行修正。通过大量的试验得到苦味酸、乙烯二硝胺、二硝基-二草酰胺、硝基胍、泰安、黑索今、特屈儿、梯恩梯以及上述炸药与梯恩梯配制的混合炸药，其爆速与修正氧平衡的关系如图 5-4-4和图 5-4-5 所示。

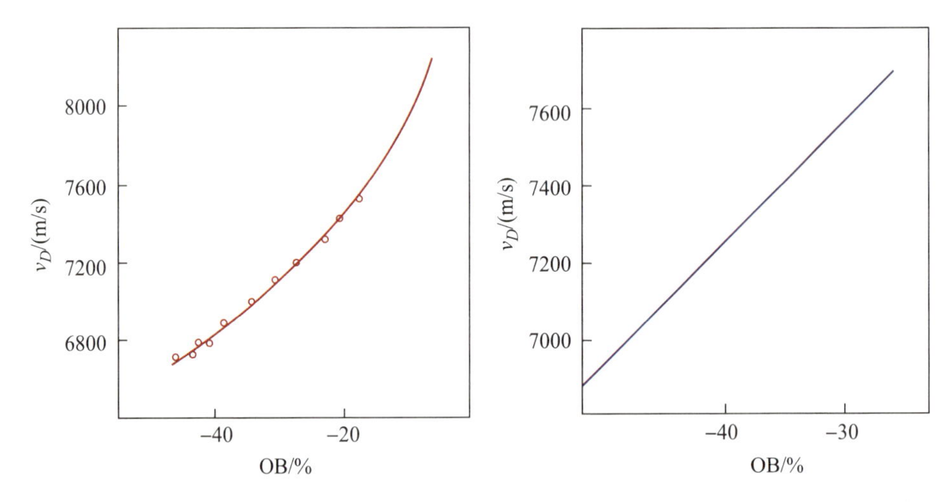

图 5-4-4 几种有机猛炸药的爆速和修正氧平衡的关系

图 5-4-5 RDX、PETN 与 TNT 的混合炸药的爆速和修正氧平衡的关系

2）装药的影响

炸药的装药直径、装药密度以及炸药颗粒尺寸对炸药的爆速都有一定的影响。

炸药的爆速与装药直径关系的实测曲线如图 5-4-6 所示。从图中可以看出，在一定的直径范围内，炸药的爆速随装药直径的增大而增加，当直径达到一定值时，爆速达到某一最大值，直径再继续增大，爆速则不再变化。

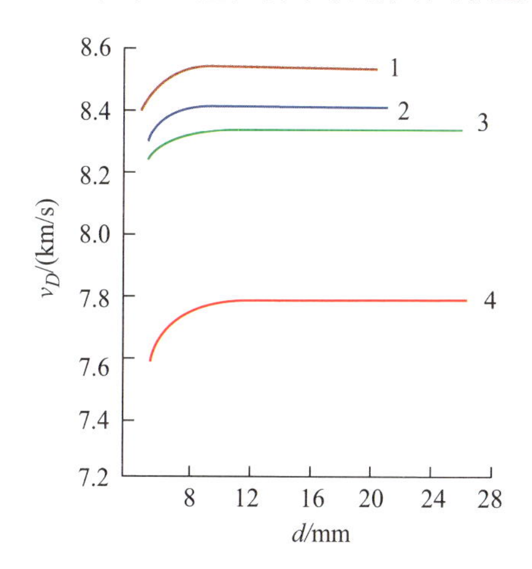

图 5-4-6　HMX 和 HKPV 炸药的 v_D-d 关系曲线

1—HMX，ρ_0=1.760g/cm³；2—HMX，ρ_0=1.722g/cm³；

3—HKPV，ρ_0=1.700g/cm³；4—HKPV，ρ_0=1.54g/cm³。

在炸药性质一定的情况下，当装药的临界直径 d_{cr} 大于极限直径 d_{lim} 时，可以通过提高炸药密度的方法来提高炸药的爆速(极限爆速)。通常，炸药的爆速随着装药密度的增加而增加。图 5-4-7 显示了几种单质炸药和混合炸药的爆速与密度的关系。

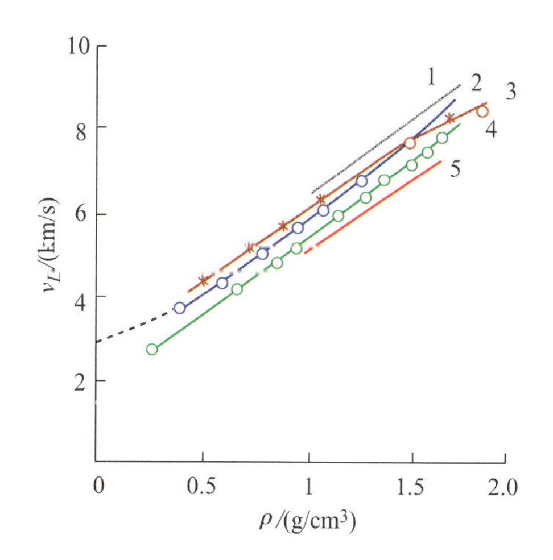

图 5-4-7　炸药的爆速与密度的关系

1—RDX；2—太安；3—40TNT/60RDX；4—苦味酸；5—TNT。

炸药的爆速还受到炸药的颗粒尺寸的影响。当装药直径小于极限直径时，爆速通常随炸药颗粒尺寸的增大而减小，但当装药直径大于极限直径时，则对爆速无影响。通过试验发现，块状炸药会出现反常的高爆速现象。例如，将磨得很细的太安在 29.4MPa 的压力下压制成 4～5mm 的药粒，装进直径为 15mm 的铜管中，当装药的平均密度为 0.735g/cm^3时，爆速高达 7924m/s；而对于同样装药条件下的粉末状太安，爆速却只有 4740m/s。这是由于当药粒尺寸超过临界直径时，爆轰不是以连续的形式沿炸药传播，而是以这些颗粒的密度相对应的爆速，从一个药粒传到另一个药粒。如果药粒尺寸小于临界直径，则每个颗粒不能像单个装药那样爆轰，而是以连续的形式沿炸药传播，这时的爆速则与装药的平均密度相对应。

参考文献

[1] 王泽山,欧育湘,任务正. 火炸药科学技术[M]. 北京:北京理工大学出版社,2002.

[2] 王伯羲,冯增国,杨荣杰. 火药燃烧理论[M]. 北京:北京理工大学出版社,1997.

[3] 欧文·格拉斯曼. 燃烧学[M].北京:科学出版社,1983.

[4] 曲作家,张振铎,孙思诚. 燃烧理论基础[M]. 北京:国防工业出版社,1989.

[5] 欧育湘. 炸药学[M]. 北京:北京理工大学出版社,2014.

[6] 刘继华. 火药物理化学性能[M]. 北京:北京理工大学出版社,1997.

[7] 谭惠民. 固体推进剂化学与技术[M]. 北京:北京理工大学出版社,2015.

[8] 庞爱民,马新刚,唐承志. 固体火箭推进剂理论与工程[M]. 北京:中国宇航出版社,2014.

[9] 金韶华. 炸药理论[M]. 西安:西北工业大学出版社,2010.

[10] 黄寅生. 炸药理论[M]. 北京:北京理工大学出版社,2016.

[11] 王玉玲,余文力. 炸药与火工品[M]. 西安:西北工业大学出版社,2011.

[12] 彭培根. 固体推进剂性能及原理[M]. 长沙:国防科学技术大学出版社,1987.

[13] 陆安舫,李顺生,薛幸福. 国外火药性能手册[M]. 北京:兵器工业出版社,1991.

[14] 李昼堂. 火药与内弹道[M].北京:国防工业出版社,1988.

[15] 王克秀,李葆萱,吴心平. 固体火箭推进剂及燃烧[M]. 北京:国防工业出版社,1983.

[16] 周晓杨,唐根,庞爱民.固体组分含量对 GAP/CL-20推进剂燃烧性能的影响[J]. 固体火箭技术,2017,40(6):720 - 724.

[17] 邓重清，蔚红建，张正中. Al 粉在高燃速 AP/CMDB 推进剂中的应用[J]. 火炸

药学报，2015，38(3):77-80.

[18] ZHI J, SHU F L, FENG Q Z. Research on the Combustion Properties of Propellants with Low Content of Nano Metal Powders[J]. Propellants, Explosives, Pyrotechnics ,2006, 31(2):139-147.

[19] PANG W Q, FAN X Z, ZHAO F Q. Effects of Different Nano-Metric Particles on the Properties of Composite Solid Propellants[J]. Propellants, Explosives, Pyrotechnics, 2014, 39(3):329-336.

[20] HAN W , FENG Q Z , SHANG W L. Function of Carbon Materials Used in Solid Propellants and Their Action Mechanism[J]. Chinese Journal of Explosives & Propellants, 2006, 29(4):32-35.

[21] AN T, ZHAO F Q, YAN Q L. Preparation and Evaluation of Effective Combustion Catalysts Based on Cu(I)/Pb(II) or Cu(II)/Bi(II) Nanocomposites Carried by Graphene Oxide(GO)[J]. Propellants, Explosives, Pyrotechnics, 2018, 43(11):1087-1095.

[22] 赵凤起，洪伟良，陈沛. 纳米催化剂对双基系推进剂燃烧性能的影响[J]. 火炸药学报，2004，27(3):13-16.

[23] JAIN S, KHIRE V H, KANDASUBRAMANIAN B. A Novel Perovskite Oxide Burning Rate Modifier for HTPB/AP/Al Based Composite Propellant Formulations[J]. Propellants, Explosives, Pyrotechnics, 2019,44(4):505-512.

[24] KURVA R, GUPTA G, DHABBE K I. Evaluation of 4-(Dimethylsilyl) Butyl Ferrocene Grafted HTPB as a Burning Rate Modifier in Composite Propellant Formulation using Bicurative System[J]. Propellants, Explosives, Pyrotechnics, 2017, 42(4):401-409.

[25] 苗楠，唐承志，吴世曦. 适应高压燃烧的HTPB/AP/Al推进剂用钙盐降速剂研究[J]. 固体火箭技术，2017，40(4):461-465.

[26] SERGIENKO A V, POPENKO E M, SLYUSARSKY K V. Burning Characteristics of the HMX/CL-20/AP/Polyvinyltetrazole Binder/Al Solid Propellants Loaded with Nanometals[J]. Propellants, Explosives, Pyrotechnics, 2018, 44(2):217-223.

[27] 张旭东，李建民，杨荣杰. 偶氮二甲酰胺对BAMO-THF/PSAN推进剂性能的影响[J]. 北京理工大学学报，2010，30(5):603-607.

06 第6章 火炸药的贮存性能

6.1 概述

在贮存和使用过程中复杂的物理、化学等因素的综合作用下，火炸药的性能如力学性能、燃烧性能、能量性能等逐渐发生劣化，这种现象即为老化。从火炸药制造完毕开始，到由老化引起的性能达不到使用指标要求，失去使用价值的时间称为贮存期，也称使用期或使用寿命。因此，火炸药的贮存性能(又称火炸药的安定性或老化性能)，是指火炸药在贮存条件下保持其物理性质和化学性质变化不超过允许范围的能力，其对火炸药的制造、贮存和使用具有重要的实际意义，是评价火炸药能否工程实践应用的重要性能之一。

火炸药的贮存性能分为物理贮存性能和化学贮存性能两个方面。物理贮存性能是指火炸药在贮存期内保持其物理性质不变的能力，主要指火炸药物理老化，如吸湿、氧化剂与黏合剂界面间的脱湿、溶剂的挥发、增塑剂的迁移和汗析、结晶组分的晶变和晶析、推进剂与衬里之间的脱黏和物质迁移以及其他物理性质的改变等。化学贮存性能是指在贮存期内，延缓火炸药发生分解、防止其自动发生化学变化的能力，如单双基火炸药的热分解、水解、降解、复合火炸药的后固化、氧化剂的分解、黏合剂的氧化交联、降解等。这两种变化往往同时发生且互相影响，因此火炸药的老化是一个复杂的物理、化学变化过程、所有这些变化都将引起火炸药内部细观结构和外观变化，致使火炸药的力学性能降低和燃烧性能变化。

研究火炸药的贮存性能，延长火炸药的贮存期，具有十分重要的战略意义和经济意义。

(1)一种火炸药能否使用，首先应具有一定的贮存期，并绝对保证在有效的贮存期内正常条件下不发生意外的燃烧或爆炸事故。1906年和1910年IENA号和自由号两艘战舰弹药库发生大爆炸，均系贮存中无烟药化学不安定而引起的。

(2)和平时期就要考虑到战争，要有充足的弹药储备，才能应急于突然爆发的战争。很难想象一个国家在爆发战争后才生产弹药能够应付战争局势。因而，和平时期就要储备一定数量的弹药。

(3)长期贮存的经济价值是很明显的。在火炸药还不能充分应用于民用经济部时，一过安全贮存期就要销毁。虽然近年来已开发了多种废药利用途经，但仍要有较大的投资才能办到，利用率也很低。对于大型的复合火炸药药柱的报废销毁，要付出高昂的代价。火炸药贮存期的延长，就能节省大量的资金。对于枪炮发射药，要求安全贮存期在15～20年以上，大型复合火炸药柱则在8～10年以上。

同时，随着作战形式的变化，出现了大量的大型武器装备。大型战略武器的生产、维护和更换费用巨大，故要求对其使用寿命进行可靠的预测；再者，大型战略导弹不能像小型导弹那样，采用大量抽样检查来判断武器使用性能的有效性，也不能简单地用试验室或随机样品试验数据来评估火炸药的实际情况，因此，需要深入研究火炸药贮存性能的影响因素、老化机理、老化试验方法和使用寿命预测方法等，这对推进剂贮存(老化)性能的理论分析和试验技术也提出了新的、更高的要求，只有这样才能更好地掌握火炸药老化的规律性，从而有效改善火炸药的贮存老化性能，科学地定寿甚至延寿。故研究火炸药贮存老化性能的目的在于：

①准确预测火炸药的使用期，为预测武器装备使用寿命提供依据；

②找出提高火炸药贮存性能的技术途径，从而延长其使用寿命；

③比较与评价各种火炸药的贮存老化性能。

6.2 火炸药老化的影响因素

火炸药的贮存寿命主要取决于它的化学老化和疲劳过程。化学老化是指火炸药在贮存和使用过程中，发生化学反应所引起的性能变化。这种变化一般是不可逆的，其变化速度视贮存条件和火炸药自身的老化机理而定。疲劳过程是指火炸药承载能力的降低过程，这一过程通常是缓慢的，但它既对火炸药的化学老化产生影响，又是化学物理变化的宏观体现。

引起火炸药老化的因素往往是很多的，但总的来说不外乎有两个方面：一个是火炸药的内因，一个是它的外因。内因主要是指火炸药中高分子基体(黏合剂)的结构状态、高能物质的分解状态、配方中各种填料的比例、填料与基体的界面性质变化等。外因是指外界的环境因素，有物理因素、化学因素和生物因素等，主要是氧、臭氧、热、水分、机械应力、高能辐射、工业气体(如二氧化硫、氨、氯化氢等)、盐雾、霉菌作用等。

6.2.1 影响火炸药安定性的内在因素

1. 氧化剂对火炸药安定性的影响

氧化剂(或称高能物质)在火炸药中的质量含量通常为40%～85%，甚至更高，常用的氧化剂有AP、KP、NH_4NO_3等，高能物质有HMX、RDX、CL-20等，氧化剂的性能对火炸药的老化性能有显著影响。

1)氧化剂结构特性的影响

(1) 含能基团的特性。含—NO_2、—N—NO_2、—O—NO_2及—N_3的某些化合物，被加热到一定温度时可发生爆炸，这说明上述诸类化合物被加热时，分子内部产生应力，而当后者增至一定程度时，分子会突然裂解。对某些炸药，分子安定性不高，以致在常温下即可发生分解。在3类主要的含能化合物(硝基化合物、硝胺和硝酸酯)中，一般是硝基化合物比硝胺稳定，而硝胺又比硝酸酯稳定，其主要原因是硝基化合物中的最薄弱键C—NO_2的解离能既大于硝胺分子N—NO_2键，也大于硝酸酯分子中的O—NO_2键。

(2)含能基团的数目及其排列方式。一般来说，单质炸药中含能基团越多，安定性越低，但有时也由于取代基效应而表现出相反的情况。基团在分子中的排列方式也对炸药安定性有很大的影响，并列或集中排列都可使安定性明显降低，例如，苯、苯胺及丙烷的硝基衍生物，其热安定性均随取代硝基数的增加而明显降低。

(3)分子内的活泼氢原子。硝基化合物炸药分子中含有活泼氢原子，则炸药的热分解可通过该活泼氢原子的转移，形成五中心过渡态的消除反应来进行。而这类反应所需活化能低于键断裂所需的解离能，因而导致单质炸药安定性下降。显然，活泼氢原子的质子化程度越大，该氢原子就越易发生转移，硝基化合物的安定性就越低。

炸药分子内的活泼氢原子对热安定性的影响有时是很明显的，甚至能超过爆炸基团本身的影响。例如，根据键解离能，硝基化合物的热安定性应高于硝酸酯，但有些脂肪族硝酸酯化合物，其中的硝酰氧基被硝基取代后，热安定性不是提高，而是急剧下降，其原因是硝基烷中存在的活泼氢原子改变了它们的分解历程。

(4)分子的取代基对炸药反应性的影响可用线性自由能原理所导出的多种关系式，如哈密特(Hammett)方程及塔夫特(Taft)方程来关联。例如，对含硝仿基或偕二硝基的炸药，往其分子中引入吸电子取代基时，炸药热安定性提高；引入推电子取代基时，热安定性降低。这是因为，这类炸药中的吸电子基团可通过诱导作用，使硝仿基或偕二硝基中 C—NO_2 键上的电子云向硝基方向偏移的程度相对减弱，因而加强和稳定了分子中最易断裂的 C—NO_2 键。但在硝胺类炸药中，推电子基团的作用则正好相反，可改善其热安定性。

(5)化合物分子结构的对称性可使其有较好的安定性。在同类含能化合物中，对称结构者，其热安定性一般较佳。

(6)分子内氢键可使分子体积缩小，分子势能降低，因而可提高炸药的热安定性。分子间氢键可增大分子的晶格能，从而使炸药的熔点和分解点升高。三氨基三硝基苯分子中形成的分子内氢键及分子间氢键无疑是使其具有极高热稳定性的重要原因之一。另外一种著名的高稳定性炸药硝基胍，也与三氨基三硝基苯一样，既能形成分子内氢键又能形成分子间氢键，其由氢键而形成的网状结构是使该炸药稳定的最主要原因。因为在晶体中，这样的网状氢键结构具有对能量吸收的作用。

(7)不同晶型含能化合物中各个基团的排列方式各异，所属晶系也可能不同，晶胞中的分子数及堆积方式也常有差别，所以具有不同的热力学稳定性及热安定性。晶体外形、晶体表面的光滑程度、晶体缺陷、晶粒大小及粒度分布等，也都会影响炸药的热安定性。一般来说，表面光洁、边缘圆滑的完整的球形结晶，具有较佳的热安定性。

许多单质炸药是多晶型的，如 HMX 有 α、β、γ 和 ε 四种晶体，其中 β-HMX 最安定。CL-20在常温常压下有 α、β、γ 和 ε 四种晶型，以 ε 晶型的热力学稳定性最佳。六硝基芪(HNS)也有 2 种晶型，一种是微黄细小结晶，溶点为 315～316℃，称为 HNS-Ⅰ型；另一种是黄色针状结晶，溶点为 318℃，称为 HNS-Ⅱ型，HNS-Ⅱ型比 HNS-Ⅰ型有较好的热安定性。

含能化合物晶体完整性不同，热分解速度可相差很大。同时，热分解的程度也往往取决于晶体的完好程度。例如，用不同方法重结晶的或未经重结晶的重(三硝基乙基-N-硝基)乙二胺晶体具有明显不同的晶癖及晶体外形，它们的热分解速度也很不相同：热分解慢的晶体都具有表面光滑、边缘整齐的外形，而热分解快的晶体则存在明显的晶体缺陷，如絮状、层状或线状缺陷。这种晶体完整性对炸药热安定性的影响一般具有普遍性的规律。例如，采用热失重法测试球形化处理前后 HMX 晶体的热安定性如图 6-2-1 所示。从图可知，原料 HMX 晶体在 284～285℃ 时开始分解，而球形化处理后的 HMX 晶体在 289～290℃ 时才开始分解，所以重结晶后的 HMX 晶体起始分解温度提高，具有更好的热安定性。原因是重结晶后的 HMX 晶体缺陷减少，根据热点理论，相应的反应热点也会减小，对外界的快速热刺激变得迟缓，热分解温度也随之提高。而且通过对球形化处理前后的 HMX 晶体熔点的测定得知，处理前原料 HMX 晶体的熔点为 279～281℃，处理后熔点升高到 284～285℃，说明处理后的晶体熔点提高约 5℃。因此，球形化处理可以提高 HMX 晶体的热安定性。

(a)原料 HMX　　(b)球形化 HMX

图 6-2-1　球形化对 HMX 热安定性的影响

2)氧化剂物理和化学特性的影响

除了氧化剂的结构特性外，氧化剂的物理或化学特性对火炸药的贮存老化性能的影响也非常大。

首先，氧化剂是通过物理作用影响火炸药的老化。这些物理作用分别为：①氧化剂在一定程度上溶于黏合剂中；②氧化剂吸收水分并被少量溶解形成离子，从而破坏氧化剂颗粒与黏合剂基体之间的界面黏结；③氧化剂在火炸药贮存过程中的晶型转变会引起晶粒的体积变化，例如，NH_4NO_3 由 -13℃ 到 135℃ 发生四次晶型转变，其中 32.5℃ 时的转变，其体积可增加 3%，含 NH_4NO_3 推进剂经反复多次拉伸时，这种晶型转变就会产生空隙，造成推进剂力学性能下降。

其次，氧化剂是产生活性氧的根源。火炸药老化的主要原因之一就是氧化剂分解放出的活性氧化性产物会攻击黏合剂薄弱环节。例如，AP/Al(铝粉)/HTPB 三组元推进剂在贮存老化过程中，AP 缓慢分解放出的活性氧攻击聚合物链上的碳碳双键，造成聚合物的氧化交联，使得推进剂凝胶含量和相对交联密度增大，其宏观现象表现为推进剂变硬、延伸率降低。张炜等通过固相原位反应池/FTIR 测试得到 AP/HTPB(质量比 58.5/12)样品升温过程中凝聚相的红外光谱图，分析得到 AP/HTPB 样品升温过程中特征吸收峰 1,2-乙烯基结构的═CH 的强度-温度曲线，并与纯 HTPB 的相应峰强度-温度曲线进行比较，如图 6-2-2 所示，从而获得 AP 与黏合剂的相互作用。从图 6-2-2 可知：小于 100℃ 时，═CH 的特征吸收峰强度缓慢减弱，表明此阶段 HTPB 基本不发生分解；100～150℃ 时，═CH 的特征吸收峰强度开始快速减小，而纯 HTPB 中═CH 的特征吸收峰强度基本不变，说明此阶段 AP 促进了 HTPB 的氧化分解，HTPB 发生了交联、环化和分解等反应，从而使═CH 的特征吸收峰强度降低；150～240℃ 时，═CH 的特征吸收峰强度减小至近似为 0，推测此阶段 HTPB 发生氧化及分解反应，使得═CH 的特征吸收峰强度减小至近似为 0，而此阶段，纯 HTPB 的═CH 的特征吸收峰强度才开始减小；大于 240℃时，═CH 的特征吸收峰强度近似为 0，此阶段 AP/HTPB 样品中已没有═CH，故 AP/HTPB 样品升温过程中特征吸收峰═CH 强度降低的温度要小于纯 HTPB，从而表明 AP 的确对 HTPB 有氧化和促进分解作用。

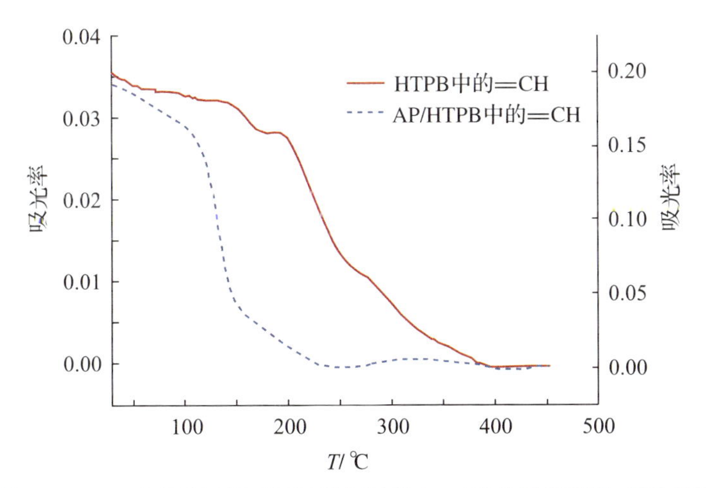

图 6-2-2 AP/HTPB 和 HTPB 升温过程中═CH 的吸光强度-温度曲线

不同氧化剂的稳定性不同，对火炸药的老化性能的影响也不相同。例如HMX比较稳定，添加到AP推进剂中，对老化性能无不良影响；而通过测定燃烧速率和热分解速率的变化研究发现，燃烧速率和热分解速率随贮存老化时间变化大小依次是：KP/PS推进剂＜AP/PS推进剂＜NH_4NO_3/PS推进剂。

氧化剂含量对火炸药老化也有影响。一般地，氧化剂含量较低的火炸药比氧化剂含量较高的火炸药老化速率要慢一些。此外，氧化剂的粒度、纯度、水分以及掺杂剂等对火炸药的热稳定性也有明显的影响。

2. 黏合剂对火炸药安定性的影响

1)化学结构

高聚物是由结构相同的链节以化学键连接组成的，这些链节结构称为高聚物的化学结构，它决定高聚物的稳定性，也是具有黏合剂的火炸药具有不同老化性能的根本原因之一。黏合剂化学结构影响火炸药老化性能的直接原因是黏合剂化学结构上的薄弱点受到某些环境因素(如氧、热等)的作用后，发生了化学变化。例如，聚硫橡胶中的C—S、S—S键，聚醚聚氨酯预聚物中的—C—O—C—键，端羧基和端羟基聚丁二烯中的C═C键等，都是化学结构上的薄弱环节。一旦它们发生化学变化，就会导致火炸药发生老化。而像饱和碳氢黏合剂这类聚合物，因其结构中没有不饱和键这种薄弱环节，所以由这种黏合剂体系构成的推进剂老化性能优异。

2)链结构

高聚物的链结构，是指不规则结构(如支链、双键、端基等)、分子量及分子量分布、支化度等，都会影响着黏合剂的老化性能。支链黏合剂比直链黏合剂容易老化，因为支链会降低黏合剂的键能，削弱抗热氧老化的能力。所以，一般而言，分子量大的稳定性好，支化度越大者稳定性越差，分子量分布过宽者稳定性差。

3)物理结构

高聚物的物理结构主要针对聚集态而言，包括结晶度、硬段/软段比、晶体结构和晶粒大小等。某些黏合剂在低温和应力作用下很容易结晶，在低温下贮存时，聚硫推进剂易结晶，致使推进剂的σ_m上升、ε_m下降。丁二烯和丙烯腈的共聚物(PBAN)及某些氢化聚丁二烯，在低温时也会产生部分结晶，或使高聚物的硬段含量增加，结晶区含量增大，也使其推进剂的σ_m上升、ε_m下降。

3. 其他组分的影响

1)铝粉对老化的影响

铝粉是火炸药中常用的燃烧剂，由于铝粉比较稳定，一般不会参与火炸药的老化反应。但是有研究表明，加入铝粉会使得火炸药的热安定性变差。钱海等研究发现含铝乳化炸药的起始分解温度要低于乳化炸药的起始分解温度；在同一粒径下，随着铝粉含量的增加，炸药的起始分解温度和外推分解温度都开始降低，说明含铝乳化炸药在达到一定的温度时发生热分解，更容易发生热爆炸事故；不论是加入片状铝粉还是粒状铝粉，在同一含量下，大粒径铝粉乳化炸药的起始分解温度和外推分解温度要高于含有小粒径铝粉乳化炸药，说明小粒径铝粉对炸药热安定性影响更显著；在外加同一粒径和含量铝粉的情况下，含片状铝粉乳化炸药的起始分解温度和外推分解温度要低于含粒状铝粉乳化炸药，说明片状铝粉对炸药热安定性影响更显著。究其原因，就是铝粉对含铝乳化炸药的热分解有促进作用。

另外，铝粉在空气中易氧化生成氧化铝，也是导致推进剂易老化的一个原因。例如当发动机在贮存、勤务期间外界潮湿空气进入燃烧室，HTPB推进剂燃速逐渐下降，老化失效，主要是推进剂中被氧化的铝粉越来越多造成的。

2)固化剂对老化的影响

在热固性火炸药中，固化剂的种类会影响其结构和性能，同样也会影响其老化性能，当固化剂不同时，火炸药的老化特性也不同。

例如，在聚氨酯推进剂中，二异氰酸酯固化剂的种类不同，则推进剂的稳定性也不相同，其稳定性由好到差的顺序是：氟化脂肪族二异氰酸酯(OBDI)＞脂肪族二异氰酸酯(OEDI和HDI)＞芳香族二异氰酸酯(TDI和TPDI)。

有些复合推进剂在固化工艺完成后还可能产生后固化或断裂降解，如CTPB推进剂用MAPO固化时，由于MAPO中含有P—N键容易断裂，这时老化的结果是减少了交联密度和使推进剂变软；用均苯三酸 1,3,5 三(2-乙基氮丙啶-2)加成物(BITA)固化，在贮存中有后固化现象，使推进剂变硬；用环氧和MAPO混合固化剂固化时，贮存中交联点比较稳定，很少产生后固化。在HTPB推进剂中选用不同的异氰酸酯固化，其老化性能也是不一样的，其中以异佛尔酮二异氰酸酯(IPDI)抗老化性能最好。因此，一般认为当固化剂的反应速度慢时，火炸药在贮存老化过程中后固化现象严重，贮存时易变硬、变脆，可以通过加入一些催化剂，例如在环氧类固化剂中加入少量的辛酸铬能催化环氧-羧基反应，从而降低CTPB推进剂在老化过程因为后固化产生的不良效果。

固化剂与黏合剂之间的配比对火炸药的老化性能影响显著。例如 CTPB 推进剂在 70℃ 下贮存，当固化参数(固化剂中参与固化反应的官能团的物质的量与羧基物质的量之比)为 1.6 时，老化后的交联密度为初始值的 3 倍；固化参数为 1.1～1.2 时，老化后的交联密度为初始值的 2 倍；固化参数为 1.0 时，老化后的交联密度为初始值的 1.3 倍。

3)防老剂对老化的影响

防老剂是指能延缓高分子化合物老化的物质。在火炸药中用防老剂，一般是用来改变黏合剂体系的老化分解机理或速率的。例如，复合固体推进剂的老化一般遵循游离基引发的链式反应，所用的防老剂是一种链终止剂，它能与活性自由基结合成稳定的化合物或低活性的自由基，从而阻止了链的传递和增长，延长推进剂的贮存寿命。

4)增塑剂对老化的影响

增塑剂的加入是为了改善推进剂的低温力学性能和工艺性能。增塑剂常为小分子酯类物质，如 DOS、DOA、DBP 和 NE(硝酸酯)等。在推进剂贮存过程中，它们会因浓度梯度的存在缓慢地迁移到衬层或绝热层及推进剂药柱的表面，使衬层或绝热层变软、溶胀，并使推进剂药柱本体变硬、收缩，从而在界面处形成局部的高应力与应变，致使药柱与衬层或绝热层界面黏结强度减弱，严重时会导致界面脱黏。

为了提高能量，火炸药配方中引入了大量含能增塑剂，如硝化甘油(NG)、丁三醇三硝酸酯(BTTN)、三羟甲基乙烷三硝酸酯(TMETN)、二缩三乙二醇二硝酸酯(TEGDN)等。这些含能物质一般比较活泼，会分解生成 NO_2 并和火炸药体系中存在的其他组分进一步反应，导致降解，形成自催化反应，从而对火炸药的贮存性能影响更大。例如，在 NEPE 推进剂老化过程，增塑剂 NG 和 BTTN 通过均裂反应分解生成 NO_2，如下：

$$CH_2ONO_2CHONO_2CH_2ONO_2(NG) \rightarrow CH_2OCHONO_2CH_2ONO_2 + NO_2 \quad (6-2-1)$$

$$CH_2ONO_2CHONO_2CH_2CH_2ONO_2(BTTN) \rightarrow CH_2ONO_2CHONO_2CH_2CH_2O + NO_2 \quad (6-2-2)$$

5)安定剂和中定剂

提高含硝酸酯火炸药贮存性能最有效的办法是加入化学安定剂。早在 1889 年诺贝尔就提出在单基药中加入二苯胺，并在德国得到实际应用，后由于贮存中的爆炸事故不断发生，此方法逐步在各国被采用，并且沿用至今。经过 100 多年的实践证明，二苯胺是单基药中最有效的化学安定剂，至今未有更好的其他物质取代它。由于二苯胺对硝化甘油有一定的水解皂化作用，所以，在双基药中一般不用二苯胺而用中定剂。中定剂应用于双基火炸药中最初不是作为安定剂而是作为一种良好胶化剂来使用的。后来发现，在火炸药分解时，中定剂能被硝基化而生成各种硝基衍生物，因而中定剂在双基药中又可作为安定剂使用。中定剂最早在 1906 年制成，并第一次使用于制造双基药。最初合成的是 N,N′-二乙基二苯基脲，称为中定剂Ⅰ（1 号中定剂），接着合成 N,N′-二甲基二苯基脲，即中定剂Ⅱ（2 号中定剂）。还有 N-甲基 N′-乙基二苯基脲，称为中定剂Ⅲ，一般不常用。各国普遍采用的是中定剂Ⅰ和中定剂Ⅱ。除中定剂外，许多脲的衍生物均对火炸药有安定作用，2-硝基二苯胺、一硝基苯酚、间苯二酚可在改性双基火炸药中作为安定剂使用。早期曾采用 Na_2CO_3 作为安定剂，但由于碱性太强而停止使用。无机安定剂中有 $CaCO_3$ 和 MgO，$CaCO_3$ 只有含量高才起作用，能量损失太大，因而限制了它的应用。MgO 的加入可显著改善双基药的安定性，还能促使药团易于压伸。MgO 是最有效的无机安定剂，含量一般在 0.5%～2.0%，在双基推进剂中得到实际应用。

含硝酸酯火炸药中硝酸酯的分解过程存在着热分解、水解并伴随着氧化反应。同时，由于硝酸酯分解生成的 NO_2、H^+ 的自动催化作用，加速了火炸药的分解。安定剂能吸收火炸药分解时产生的氮的氧化物，生成各种不同的稳定衍生物。但是安定剂只能在一段时间内减缓火炸药的自动催化作用，而不能完全阻止火炸药本身的热分解。火炸药在长期贮存过程中会缓慢分解，安定剂也不断消耗，直到消耗完为止。当安定剂失效后，火炸药的自动催化和水解作用将加速火炸药的分解。

对于安定剂的作用机理，许多学者专门做了深入的研究，重点研究了二苯胺与氮的氧化物的作用机理。为了弄清二苯胺是与 NO 还是与 NO_2 发生反应，在二苯胺中通入干燥的 NO，发现 NO 与二苯胺不发生反应；在二苯胺中同时通入 NO 和 O_2，或者单独通入 NO_2，均与二苯胺发生反应，在湿空气条件下，可加速二苯胺与 NO_2 的反应。为了弄清二苯胺和 NO_2 反应的产物，用高压液相色谱、质谱和薄层色谱等手段，通过不同贮存时间的火炸药或高温下不同老化时间的火炸药的安定剂含量及其衍生物的变化来研究火炸药的老化过程。通过分析，火炸药中二苯胺或中定剂与 NO_2 反应生成的衍生物在 25 种以上。通过对主要衍生物的分析，人们提出可能的反应机理如下。

二苯胺安定剂的作用机理如图 6-2-3 所示。

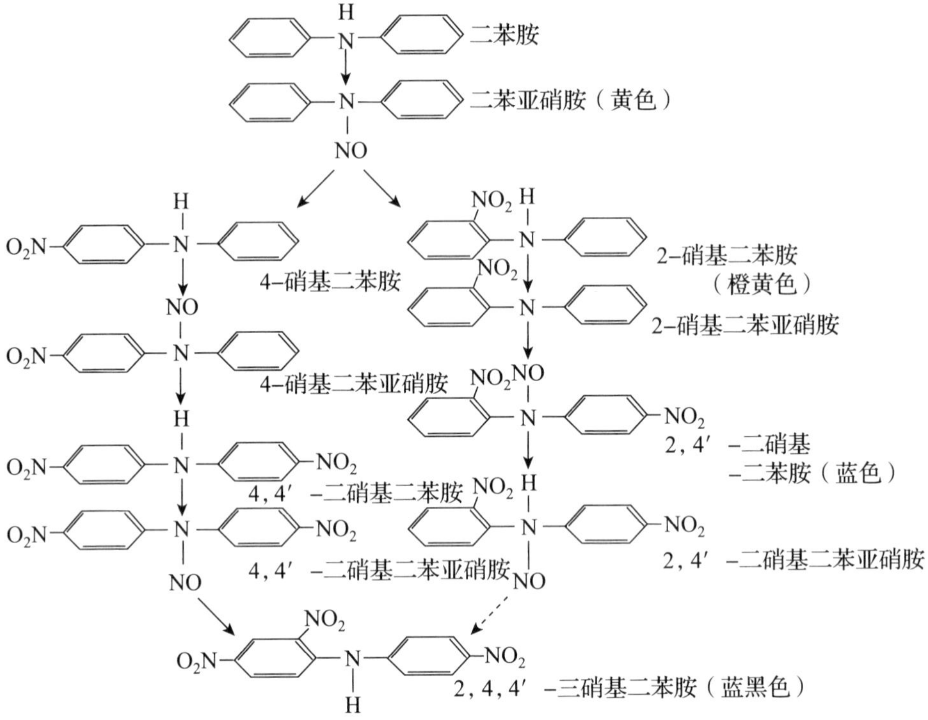

二苯胺
二苯亚硝胺（黄色）
4–硝基二苯胺
2–硝基二苯胺
（橙黄色）
2–硝基二苯亚硝胺
4–硝基二苯亚硝胺
2，4′ –二硝基
–二苯胺（蓝色）
4，4′ –二硝基二苯胺
4，4′ –二硝基二苯亚硝胺
2，4′ –二硝基二苯亚硝胺
2，4，4′ –三硝基二苯胺（蓝黑色）

图 6–2–3　二苯胺安定剂的作用机理

乙基中定剂的作用机理如图 6–2–4 所示。

乙基中定剂
4–硝基中定剂
4，4–二硝基中定剂
N–亚硝基–N–乙基苯胺
N–亚硝基–4–硝基–N–乙基苯胺
2，4–二硝基–N–乙基苯胺

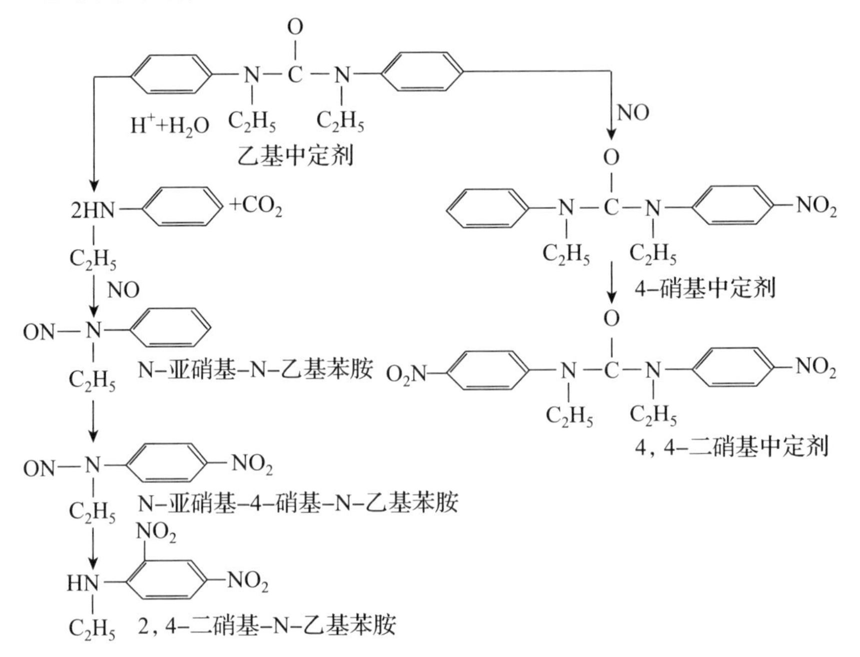

图 6–2–4　乙基中定剂的作用机理

应当指出，对于自然贮存老化的单基药中未发现三硝基二苯胺的衍生物，只有高温加速老化的单基药，才出现二苯胺的三硝基衍生物。这说明火炸药的常温老化和高温老化的化学反应是不完全一样的。

此外还有安定剂和中定剂同时应用于一个装药系统的情况存在，比如在单樟-11A－8/1 发射药中同时含有二苯胺和 2 号中定剂，这使得其化学安定性显著优于其他普通单、双基药。通过对不同老化时间的样品进行气相色谱测试发现贮存前期主要是依靠二苯胺来消耗酸性物质，其次是中定剂，原因是二苯胺属于仲胺，其反应活性高于 2 号中定剂中的叔胺基团。宽温域推进剂由于贮存条件更加苛刻，高温热分解加剧，硝酸酯分解产生的氮氧化物加快，安定剂的消耗速率提高。为了尽可能提高装药的贮存寿命，也会将安定剂和中定剂混合使用。

6.2.2 影响火炸药安定性的外部因素

1. 温度

在贮存过程中，火炸药都要经受环境温度变化，在影响火炸药老化的各种环境因素中，温度是最主要的因素。

图 6－2－5 为某复合固体推进剂在干燥环境不同温度下贮存 56 天的力学性能变化。该推进剂的初始断裂强度 $\sigma_{b0}=0.93\mathrm{N/mm^2}$，初始断裂延伸率 $\varepsilon_{b0}=46\%$，随贮存温度的升高和时间的增加，σ_b 增加，ε_b 则下降，温度越高，变化的幅度越大。许多学者研究了 CTPB、HTPB、PBAN 等推进剂在不同温度下的加速老化贮存试验中力学性能变化情况，大量的研究结果表明，这些推进剂力学性能变化与老化时间的对数呈线性关系，与温度密切相关。因而，根据上述

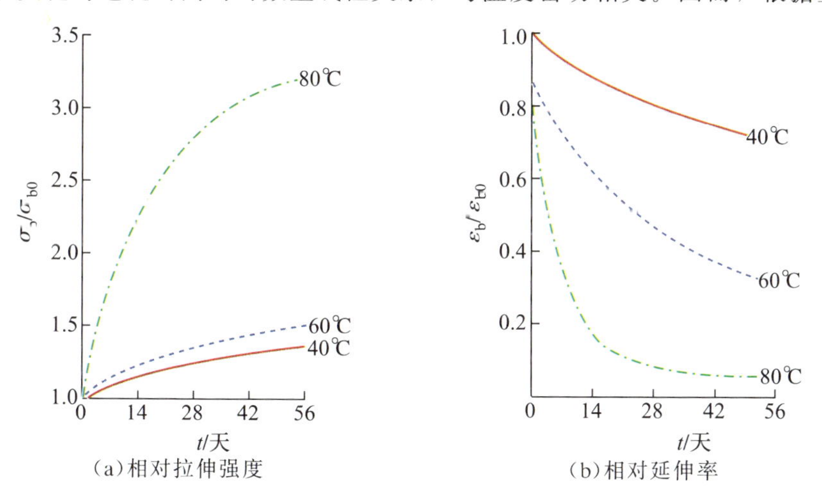

(a)相对拉伸强度　　(b)相对延伸率

图 6－2－5　某复合固体推进剂力学性能随贮存温度和时间的变化关系

原理，可通过高温加速老化的测定结果外推到贮存温度来预估火炸药的使用寿命。但是高温加速老化试验是基于以下假设：①在试验与外推温度范围内，只有一个或者是几个具有相同活化能的反应；②反应活化能是常数，与温度无关；③反应速率只受温度影响而不受其他因素影响。然而真实情况要比上述假设复杂得多，国内外专家学者都注意到了这种情况，并提出了多种减小这种差异的方法。这也是在进行高温加速老化试验时应该注意的。

2. 湿度

湿度是影响火炸药性能的又一重要因素。火炸药中水分的来源主要有3个方面：①由原材料干燥不彻底而带入；②组分间的化学反应而产生；③由大气中经扩散而进入火炸药内部。

水分对火炸药性能的破坏作用主要表现在：①引起黏合剂的水解断链，造成火炸药变软；②水分在氧化剂表面形成一层低模量的“包覆层”，降低氧化剂与黏合剂的结合力，在低应力作用下就能产生“脱湿”现象而导致力学性能降低；③使氧化剂部分溶解，而后又产生晶析，影响点火性能；④水分通过扩散至推进剂/衬层/绝热层界面，降低了界面的结合力。

水分对火炸药老化性能的影响虽然是多方面的，但主要是对力学性能的影响，且这种影响随着火炸药的品种不同而不同。一般来说，HTPB基火炸药对水分的敏感性要比CTPB的大；含AN的火炸药对水分非常敏感，而加入HMX和RDX则降低了对水分的敏感性。

短时间暴露在高湿环境下引起的火炸药力学性能损害，通过干燥处理，基本可以恢复。例如HTPB推进剂在NaCl、KCl、K_2SO_4三种具有较高湿度气氛中充分吸湿后，再经相对湿度为6.6%的干燥环境干燥恢复处理3天后，伸长率与断裂伸长率能得到完全恢复；在相对湿度低于84%的环境中充分吸湿后，只需干燥处理1天，伸长率与断裂伸长率能得到完全恢复，见表6-2-1。

表6-2-1　HTPB推进剂恢复试验中的力学性能测试结果

电解质	条件	RH/%	t/d	σ_m/MPa	σ_m恢复百分比/%	ε_m/%	ε_m恢复百分比/%	ε_b/%	ε_b恢复百分比/%
NaCl	吸湿	75.5	7	0.66	—	24.2	—	42.2	—
LiBr	恢复	6.6	0	0.66	64.08	24.2	54.88	42.2	89.6
			1	0.83	80.58	44.9	101.81	49.1	104.25
			3	0.87	84.47	44.9	101.81	48.8	103.61
			5	0.94	91.26	43.3	98.19	46.7	99.15
			7	0.94	91.26	43.6	98.87	48.2	102.34

（续）

电解质	条件	RH/%	t/d	σ_m/MPa	σ_m 恢复百分比/%	ε_m/%	ε_m 恢复百分比/%	ε_b/%	ε_b 恢复百分比/%
KCl	吸湿	84.7	7	0.56	—	18.3	—	30.9	—
LiBr	恢复	6.6	0	0.56	54.37	18.3	41.50	30.9	65.61
			1	0.81	78.64	44.6	101.13	49.6	105.31
			3	0.90	87.38	43.9	99.55	47.0	99.79
			5	0.91	88.35	46.1	104.54	50.7	107.64
			7	0.96	93.20	45.8	103.85	50.2	106.58
K_2SO_4	吸湿	97.5	7	0.31	—	13.8	—	23.3	—
LiBr	恢复	6.6	0	0.31	30.10	13.8	31.29	23.5	49.47
			1	0.53	51.46	16.70	37.87	39.50	83.86
			3	0.81	78.64	44.80	101.59	49.60	105.31
			5	0.86	83.50	45.50	103.17	50.90	108.07
			7	0.91	88.35	44.50	100.91	48.10	102.12

3. 应变与应变循环的影响

壳体黏接式发动机装药固化成型后，在贮存和使用过程中要受到温度载荷和机械载荷的影响，长期处于应变状态。研究结果表明，这种应变可使黏合剂降解加速和黏合剂与填料之间的化学作用加速。应力(应变)作用对黏合剂主链的破坏，可用修正的一级茹科夫(Zhurkov)关系式表示：

$$-\frac{dN_t}{dt} = AN_t e^{-E/RTe^{\alpha\sigma}} \tag{6-2-3}$$

式中：$\frac{dN_t}{dt}$为链的断裂速率；N_t 为时间 t 时可断裂链的数目；σ 为火炸药受的应力。

由式(6-2-3)看出，应力的存在相当于断链表观活化能降低或贮存温度的升高。在老化初期，σ_m 下降，这时以断链为主，降解速率与拉伸强度达到最小值所对应时间的倒数成正比。PBAN 推进剂在各种应变条件下计算的降解活化能列于表 6-2-2 中。由表 6-2-2 看出，随着应变值的增加，PBAN 推进剂的降解活化能下降，这与式(6-2-3)所描述的是一致的。应变循环也能促使推进剂性能下降。如 PBAN 推进剂经 20 次循环后，应变能力下降了 37%，发动机经受的高低温循环试验就是应变的循环过程。

表 6-2-2 不同预应变下 PBAN 推进剂的降解活化能

预应变×100	对应于最小抗拉强度的时间/天		降解活化能 E/(kJ/mol)
	80℃	100℃	
0	45	4.5	125.60
8	26	4	104.67
10	19	4	83.74
12	16	4	75.36
14	12	4	62.80

4. 表面效应与界面效应

火炸药在贮存过程中，由于药柱表面部分与环境中的氧和水分相接触，使得火炸药表面老化与内部老化有明显的差异。

火炸药的老化进程从药柱表层到中心部位是逐渐衰减的，在火炸药药柱承受载荷的过程中，药柱表面老化特性起决定性的作用。如当其受到外部加载(如固化后低温贮存、点火增压)而在表面出现裂纹时，尽管药柱内部的力学性能优于外层，表面出现的裂纹仍会向药柱内部扩展。因此，必须特别关注火炸药的表面老化效应及其对药柱使用寿命的影响。表面效应是药柱的初始燃烧面的氧化作用，使药柱表面老化加速而与内部力学性能有明显差异。表面老化可使延伸率下降，模量上升，其影响深度可达 1.3cm。当壳体黏接式发动机装药表面受到一个载荷作用时，表面老化效应加速更快。

界面效应是指推进剂与衬层间的接触面上所产生的性能变化。当含有增塑剂或液体燃速调节剂组分时，因界面间的浓度差而发生迁移，结果使界面附近的推进剂力学性能改变，燃烧性能改变，黏接性能变差。若含能增塑剂扩散迁移到衬层内，则衬层的限燃和隔热效果显著下降。

5. 气氛

火炸药贮存时所处的气氛不同，也会影响火炸药的老化速率。图 6-2-6 为 NEPE 和 HTPB 推进剂在不同气氛条件下，其特征气氛浓度与老化时间的关系图。

在相同的老化时间内，3 种气氛下 NEPE 推进剂 HCl 气体的浓度要高于 HTPB 推进剂 HCl 气体的浓度。在推进剂老化初期，各数据变化较小，老化过程偏慢，如 HTPB 推进剂在氮气和空气气氛下，老化 14 天后进行检测时，HCl 气体浓度仍为 0，而在老化后期各数据变化幅度较大。这是由于 NEPE 推进剂是高能推进剂，相比于 HTPB 推进剂很不稳定。NEPE 推进剂的老化模式主要是硝酸酯的挥发、迁移，黏合剂的后固化和聚合物的断链过程，其老化过程呈

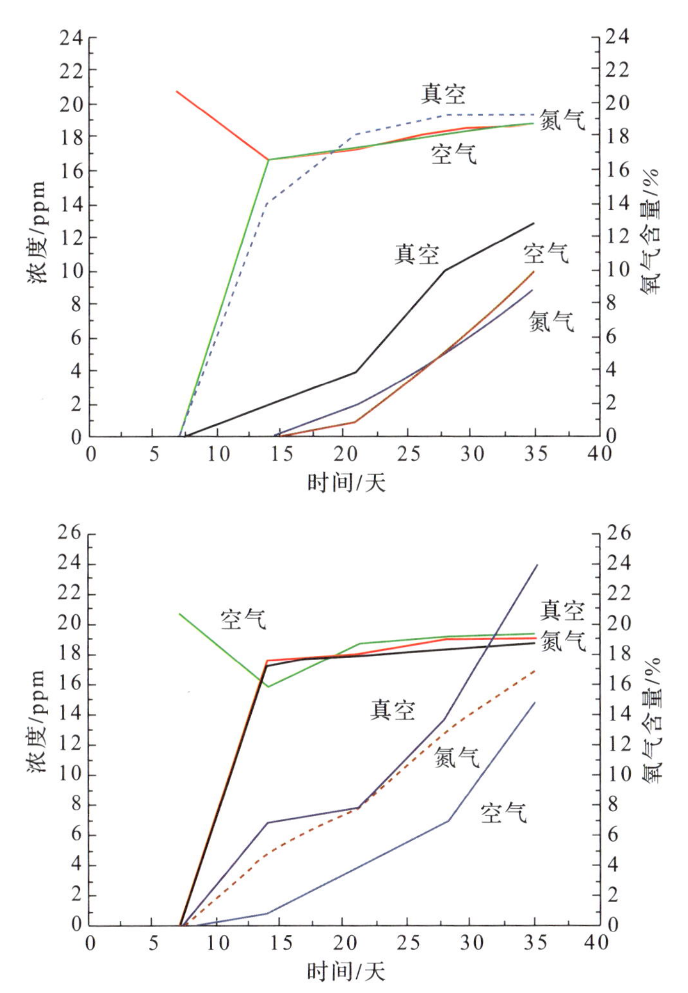

图 6-2-6　NEPE 推进剂和 HTPB 推进剂在不同气氛下的特征气体曲线图

（其中每张图上面 3 条曲线为氧气含量，下面 3 条曲线为 HCl 的浓度）

现两段式，首先由于其内部存在着稳定剂，会抑制反应速率，而后期稳定剂消耗完全后，气体的释放量明显上升。在稳定剂消耗完全后，NEPE 推进剂产生的 NO_2 气体会发生自催化反应，促使硝酸酯类增塑剂加速分解，产生更多的气体产物。而 HTPB 推进剂的老化过程则是由后固化、氧化交联以及降解断链组成的。试验中采用的 HTPB 推进剂已经在自然条件下贮存了很长时间，推测在人工老化试验中，其不会出现后固化过程。在 HTPB 推进剂的老化过程中，HTPB 推进剂会被空气中的氧气氧化，而 AP 也会促进 HTPB 推进剂的氧化过程，因此，不同气氛也会对推进剂的氧化过程产生影响。并且在不同条件下的氧气浓度都会趋近于平稳，且无论是空气气氛还是真空气氛，都不会达到空气中的氧气含量(21%)，可知此时氧化反应消耗的氧气同氧化剂分解产生的氧气趋于平衡。从HTPB推进剂的HCl气体浓度曲线可以看到真空气氛时HCl气体的浓度最高，而氮气气氛时HCl气体的浓度最低，说明在氮气气氛可以抑制HTPB推进剂的老化；从NEPE推进剂的HCl气体浓度曲线可以看到真空气氛时HCl气体的浓度最高，而空气气氛时HCl气体浓度最低，说明氮气气氛和真空气氛不会抑制NEPE推进剂的老化过程。

6. 光照

有些含氮基团的炸药(如起爆药LA、MF等)，当暴露于日光下，受到紫外线照射时很易分解，因而影响它们的安定性。

7. 静电

在一定环境条件，静电放电足以引发一系列炸药爆轰。因此，在处理火炸药时，大多数时候是不够安全的，工作台及操作者均需接地。

6.3 火炸药的老化特性及研究方法

火炸药的老化分为物理老化和化学老化两个方面。物理老化是指在贮存期内火炸药物理性质变化的规律，如吸湿、氧化剂与黏合剂界面间的脱湿、溶剂的挥发、增塑剂的迁移和汗析、结晶组分的晶变和晶析、推进剂与衬层之间的脱黏、组分迁移以及其他物理性质的改变等。化学老化是指在贮存期间推进剂组分发生分解、自动发生化学变化的规律，如热分解、水解、后固化、氧化剂的分解、黏合剂的氧化交联和降解等。在长期贮存过程中，由于火炸药化学组分的不稳定性及温度、湿度等多种因素的综合作用，其力学、燃速等性能会发生改变，即发生老化。而正是由于在贮存期间发生老化的因素较多，才会使得火炸药表现出多种老化特征，这些表观特征成为识别火炸药老化进程的主要依据，对其进行的研究成为火炸药老化寿命预估的基础性工作。

6.3.1 火炸药的物理老化特征

1. 物质迁移

火炸药中的物质迁移是指火炸药在装药及贮存期间，包括水、增塑剂以及可溶解于液体的固体组分发生界面间的迁移，它是火炸药老化的一个重要特性，特别是火炸药中含有低分子量的物质(如增塑剂和安定剂)时，这些成分在热贮存条件下扩散较快。例如具有包覆层/隔热层的双基推进剂装药老化的最重要的因素是

NG 的迁移，NG 被包覆层或隔热层吸收会影响推进剂的弹道性能，包覆层燃速的增加可以严重到足以引起“烧穿”，并破坏燃烧特性；吸收增塑剂的包覆层/隔热层可能出现膨胀或因不均匀分布引起应力集中，使包覆层/隔热层产生开裂、脱黏或剥离而失效；吸收增塑剂的包覆层还可能变弱和发软；因 NG 的迁移或扩散导致推进剂的端面成分含量发生变化，使火箭发动机的低温点火延迟。研究还表明，不饱和聚酯包覆的改性双基推进剂由于 NG 在包覆层中迁移和浓度的不均匀分布，其寿命只有 6～9 年。自然贮存时，固体火箭双基推进剂装药除 NG 的迁移外，其他性能均未发生明显的变化。NG 的损失随着推进剂贮存年限的增加而增加，结果使推进剂的总能量减小，比冲损失增加而失效。

杨秋秋等研究了 GAP 推进剂/HTPB 衬层/三元乙丙(EPDM)绝热层黏接体中 NG、BTTN、胺类安定剂 1(AD1)、胺类安定剂 2(AD2)等在 70℃ 老化 1.2×10^7s 的迁移情况，如图 6-3-1 所示。

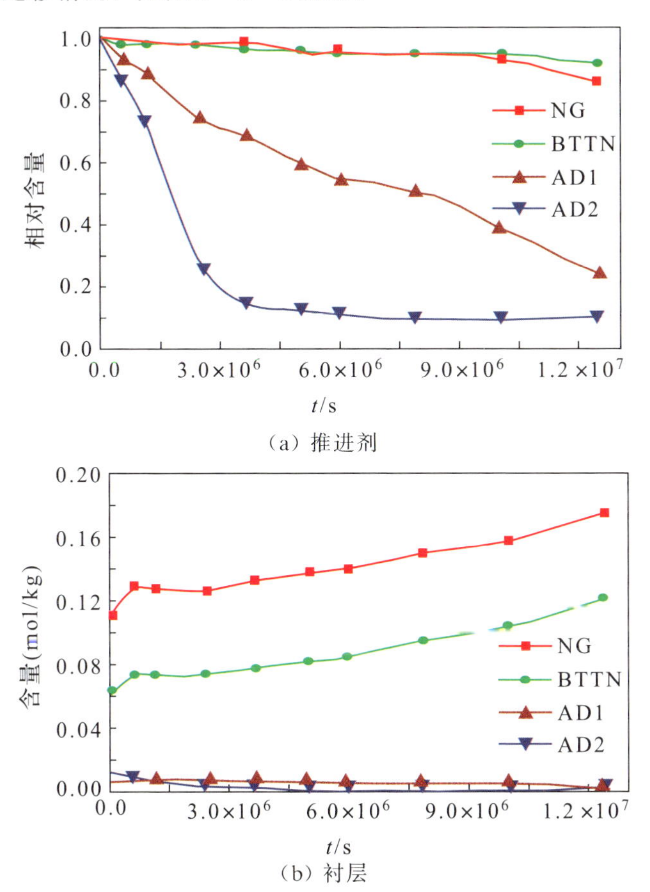

(a) 推进剂

(b) 衬层

图 6-3-1　70℃ 老化 1.2×10^7s 内各层中组分含量以及黏接试件的力学性能随老化时间的变化曲线

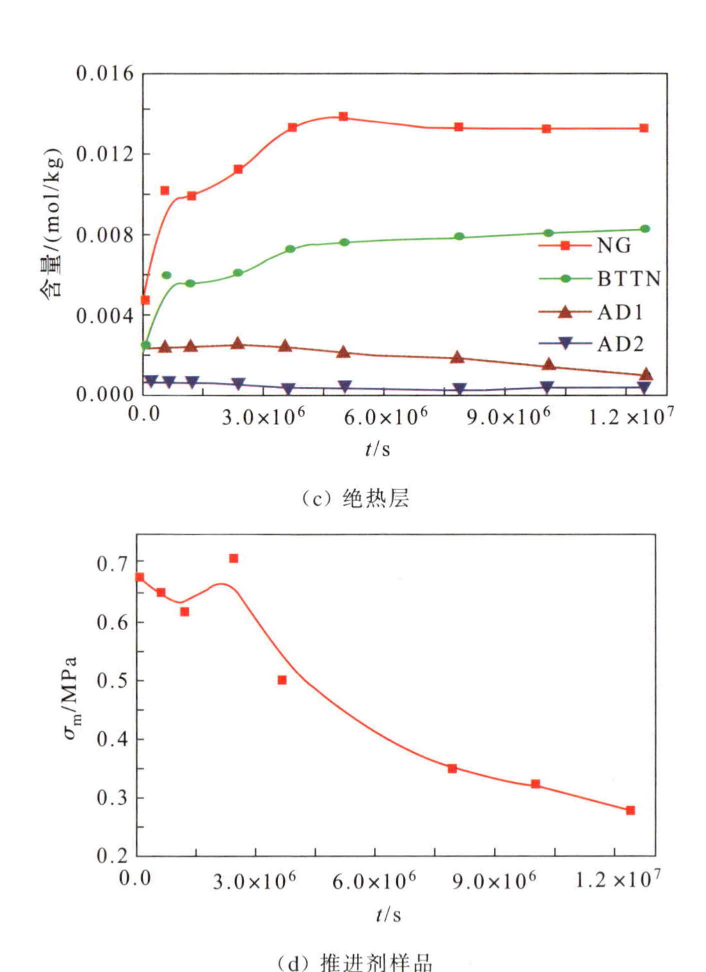

(c) 绝热层

(d) 推进剂样品

图 6-3-1 70℃老化 1.2×10^7 s 内各层中组分含量以及黏接试件的力学性能随老化时间的变化曲线(续)

由图 6-3-1(a)可知，老化时间 1.2×10^7 s 内，推进剂中各组分含量表现出不同的变化趋势。NG、BTTN 含量的变化趋势基本一致，1.2×10^7 s 前基本不变，而后略呈下降趋势。AD1 呈现两阶段变化，在老化 2.4×10^6 s 内迅速消耗，之后浓度达平衡，AD2 含量逐渐均匀减少。老化期间，推进剂中的硝酸酯和安定剂同时发生着反应和迁移这两个过程，含量变化为两个过程综合作用的结果。

由图 6-3-1(b)可知，衬层中 NG、BTTN 主要以迁移为主，老化过程中含量逐渐增加，且老化开始前就有 NG、BTTN，说明固化过程推进剂中 NG、BTTN 就已经向衬层发生迁移，固化期间 NG、BTTN 的迁移量分别占老化时间1.2×10^7s时迁移量的62.67%和57.85%，可见固化过程中的迁移量相当大，固化过程中的迁移比老化期间更快，且NG的迁移量显著高于BTTN。AD1、AD2在衬层中主要以消耗为主，含量逐渐降低，AD1下降快于AD2，与在推进剂中时一致。

由图6-3-1(c)可知，推进剂固化过程中，NG、BTTN由衬层向绝热层发生迁移，且固化过程中NG、BTTN的迁移量为老化时间1.2×10^7s时浓度的39.31%和31.87%，这一值比衬层中的小。老化过程中，NG、BTTN含量变化趋势一致，NG的迁移量比BTTN大，与衬层中不同的是，NG、BTTN在绝热层中老化一段时间后浓度达到最大值，继续老化时浓度有所下降。绝热层中，AD1迅速消耗达到平衡，AD2在整个老化过程中逐渐消耗。

由图6-3-1(d)可知，70℃老化时间1.2×10^7s内，试件的力学性能在3.6×10^6s前变化不大，3.6×10^6s后急剧下降，此时推进剂外部鼓起，内部有大量裂纹，推进剂处于失效模式。综合分析可知，NG、BTTN在推进剂中的迁移以及AD1消耗导致硝酸酯分解释放的气体产物迅速增多，使得推进剂内部压力升高，超过推进剂允许的强度而发生开裂，均是导致GAP推进剂失效的原因。

对比NG与BTTN在推进剂、衬层和绝热层中迁移的表观活化能(表6-3-1)，可知，二者在衬层中扩散能力最小，在绝热层中扩散能力最大，在推进剂中扩散能力居中，因此在衬层中较难扩散，衬层对NG和BTTN具有阻挡扩散的作用。NG在各层中的活化能均小于BTTN在各层中的活化能，这是由于NG的分子量小于BTTN，NG比BTTN更易发生迁移。

表6-3-1　NG和BTTN在推进剂、衬层和绝热层中迁移的表观活化能

部　位	E_a(NG)/(kJ/mol)	E_a(BTTN)/(kJ/mol)
推进剂	65.8	70.1
衬层	87.7	121.0
绝热层	43.1	43.8

故增塑剂在火炸药中的迁移可分为两个阶段：固化过程中的迁移和贮存老化过程中的迁移。在固化过程中，三维网状结构形成之前，可能存在增塑剂的迁移速率较大。在贮存老化过程中，增速剂迁移达到平衡前，对药柱的力学性能有明显影响，同时还会引起发动机黏接界面性能的变化，从而破坏发动机药柱的结构完整性。

根据迁移组分的性质，火炸药中组分迁移可分为渗析和晶析两大类。

火炸药中某些液体组分由火炸药内部迁移到表面的现象称为渗析，又称汗析。双基火炸药属聚合物浓溶液体系，由于温度的变化，溶质和溶剂(如NC-NG)之间的结合力松弛而使溶剂向表面渗析，凝结于火炸药表面上。对于惰性溶剂渗析到表面，可因组成的变化而使弹道性能发生变化；对于爆炸性溶剂(如NG)渗析到火炸药表面，使火炸药的摩擦感度和冲击感度增大，弹道性能变坏，突出表现在表面爆炸性溶剂含量增多而燃速突增引起一次压力峰的出现。防止渗析可选用合适的溶剂/溶质之比，如NG的含量一般不能大于40%，加入附加组分增加硝化纤维素与溶剂间的结合力，如加入DNT。贮存时温度不能太低或经常变化，这些措施均可减少渗析。

火炸药中某些固体组分由火炸药内部迁移到表面并呈结晶状态(或固态)析出的现象叫晶析，也叫结霜。在火炸药中常加的低分子固体物质如中定剂、吉纳、HMX、RDX和燃速调节剂等，当这些低分子固体物质含量超过一定范围时，在一定条件下就会从火炸药内部迁移到表面，下面以吉纳为例来说明火炸药的晶析过程。

在火炸药的加工过程中，吉纳和硝化纤维素通过高温和机械的高压作用，形成一种高分子溶液。含氮量不同的NC与吉纳的互溶量是不同的，吉纳的熔点为49.5～51.5℃，随着加工温度的升高，吉纳在NC中的饱和溶解量增加，如图6-3-2所示。

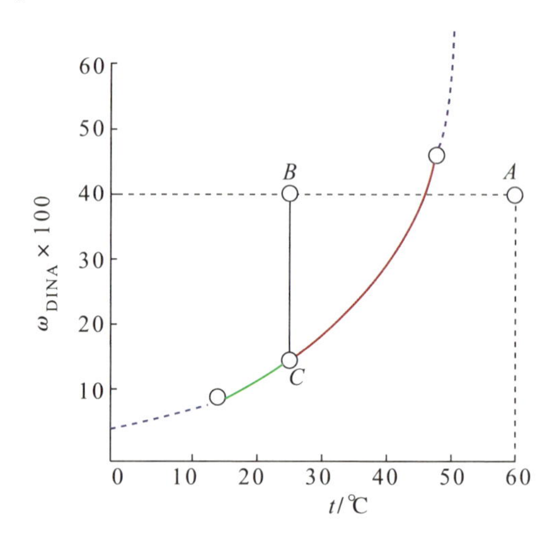

图6-3-2 吉纳和NC(w_N=11.2%)的互溶关系

图6-3-2中饱和溶解线的左边为过饱和区，右边为不饱和区。如吉纳含量为40%，当吉纳和NC处于较高的加工温度时(一般成型温度为80℃以上)，吉纳含量处于不饱和区(点)，成型后冷却到室温(25℃)，吉纳含量处于过饱和区(B点)，但这时的吉纳暂时不会析出。随着贮存时间的延长，体系要逐渐趋

于平衡，NC与吉纳的结合力松弛。这时，吉纳要沿着结晶饱和线慢慢析出来，在25℃(贮存温度)时，吉纳的平衡含量为C点。所以，当火炸药中吉纳含量大于饱和量且时间足够长时，就一定会产生晶析，这是一个自动进行的过程。表6-3-2列出不同温度下吉纳和含氮量为12.6%的硝化纤维素的互溶关系。从表6-3-2看出，温度对吉纳在NC中溶解度的影响是很大的。除吉纳外，其他一些结晶物的加入也可能产生晶析，如加入RDX和HMX也产生与吉纳火炸药类似的情况。少量晶析对安全使用不会产生严重后果，严重的晶析就要破坏火炸药的物理结构和内弹道性能。燃速调节剂产生晶析，就会对燃速和燃速均匀性产生很显著的影响。克服晶析的办法是控制结晶物含量和加入助剂提高低分子固体与NC的结合力，如在吉纳火炸药中加入适量的丁腈橡胶，可使吉纳含量适当增加而不产生晶析。

熔铸混合炸药在贮存中发生渗析和晶析现象也是其安全寿命失效和使用寿命失效的主要形式，例如TNT的升华-重结晶过程是晶析的原因，而晶析导致装药密度下降，是装药产生不可逆破坏的主要原因。

表6-3-2 不同温度下吉纳和NC(ω_N=12.6%)的互溶关系

温度/℃	0	10	20	30	40	50	>51
吉纳溶解度×100	15.0	18.5	22.5	27.5	35.0	>55.0	∞
m_{DINA}/m_{NC}	0.176	0.227	0.290	0.379	0.550	>1.2	∞

2. 吸湿

火炸药在一定的大气条件下，吸收空气中的水分和保持一定量水分的能力叫火炸药的吸湿性。不论是单基药还是双基药，在加工成成品后均含有一定量的水分。在一定的大气条件下，火炸药中所含水分要与大气条件的湿度平衡。若贮存的大气条件中水分含量与火炸药中水分含量失去平衡就要发生水分的交换而使火炸药中水分的含量偏离原来的水分含量，这就引起火炸药内弹道性能发生变化。如火炸药中水分变化1%，使弹丸初速变化4%，而最大膛压变化12%。可见水分含量变化对内弹道性能的影响是很显著的。

3. 脱湿

黏合剂基体和氧化剂等固体填料的“界面”老化即“脱湿”，是火炸药应力应变发生变化的重要原因。“脱湿”现象是一个过程，随着“脱湿”现象的发生，分散相和连续相之间的物理吸附或化学吸附力降低，或附加交联破坏，使整个体系内的应力传递遭到削弱，填料的补强效果很快下降。

CL-20/HMX 的 GAP 高能推进剂加速老化过程中，出现了模量明显上升而伸长率显著下降的现象，分析发现老化后黏合剂基体未出现明显化学反应，而填料及填料/基体界面被破坏，生成大量菱形片状晶体。主要原因是 ε-CL-20和 β-HMX 为密度最大晶型，键合剂吸附在炸药晶体上，与黏合剂形成一层坚韧的抗撕裂层从而提高推进剂的力学性能。加速老化过程中，由于 CL-20和 HMX 皆微溶于硝酸酯，又由于CL-20与 HMX 的表面结合能较大，游离的CL-20与 HMX 分子易于重结晶生成CL-20/HMX 共晶体。故这种溶解-重结晶/共晶过程使原有晶体被剥蚀，在推进剂内部形成孔洞、“脱湿”，造成密度减小、燃速增大；且生成的CL-20/HMX 共晶为菱形片状晶体，晶体尺寸减小、比表面积增大，造成推进剂填料体积膨胀、模量升高，填料/黏合剂基体界面被破坏，使推进剂伸长率急剧降低、力学性能劣化，其老化机理如图 6-3-3 所示。

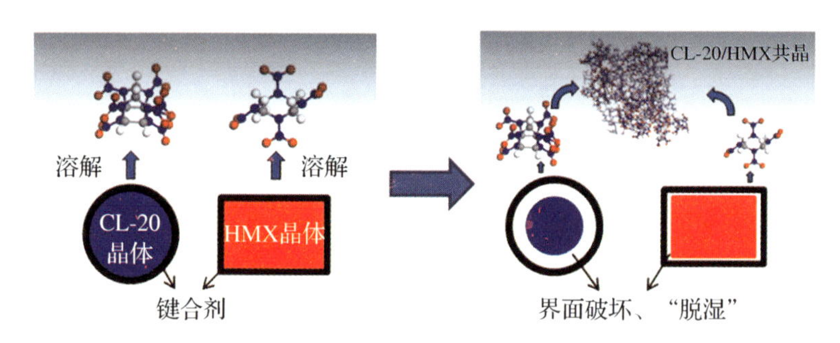

图 6-3-3 CL-20/HMX 的 GAP 推进剂老化机理示意图

6.3.2 火炸药的物理老化现象及研究方法

1. 力学性能

实践表明，火炸药尤其是固体推进剂的力学性能(结构完整性)稳定性一般比化学稳定性低得多，在贮存和使用过程中，力学性能是影响内弹道性能变化最敏感的因素。因此近年来的研究工作大都把火炸药力学性能变化作为火炸药老化性能的主要表征参数。火炸药力学性能变差可能是由于火炸药内部存在应力或高分子黏合剂的老化降解，还可能由于分解气体的放出和聚集，以及由于火炸药吸湿、物质迁移等导致火炸药内部物质的界面作用变化所致。因此既存在着物理机理，也存在化学机理或两种机理的相互作用。力学性能试验是最常用的一种火炸药传统老化特征分析方法，依据试验目的，对拉伸速率、拉伸温度等试验条件进行设定，最终得到火炸药的最大抗拉强度、最大延伸率等一系列力学特征随着老化时间或老化条件的变化规律，从而为确定火炸药的老化机理和对火炸药的使用寿命预估提供数据基础。

2. 动态力学性能

高聚物的动态力学性能参量可以用来解释结构完整性被破坏的分子的相对运动机理。高聚物的力学性能本质上是分子运动状态的反映，高聚物的玻璃化转变、结晶、取向、交联和相分离等结构变化均与分子运动状态的变化密切相关，这种变化又能灵敏地反映在动态力学性能上。因此，测定高聚物的动态力学性能参数与应力频率、温度等因素的关系，就能获得有关结构、分子运动及其相转变等重要信息，给老化机理分析提供依据。

刘新国等用 DMA 测定了老化后 NEPE 推进剂的动态力学性能(图 6－3－4)，表征了其在 75℃ 下的热老化特性。结果显示，NEPE 推进剂的损耗因子温度谱曲线在低温段只存在一个单峰(玻璃化转变峰)，峰值随着老化时间的增加而增大，而且峰温上升，损耗因子 $\tan\delta$ 的增大表示材料不可逆的黏性蠕变加剧，这使得几何尺寸稳定性变差，材料容易变形。有研究表明，力学损耗增大的原因是由于老化使黏合剂在填充物(HMX、AP、Al)固体颗粒界面上的黏附因老化受到破坏(亦称“脱湿”)，与固体填充物形成的聚合物网络结构塌陷，老化使黏合剂高分子的构象或形态发生变化，因而力学损耗增大。

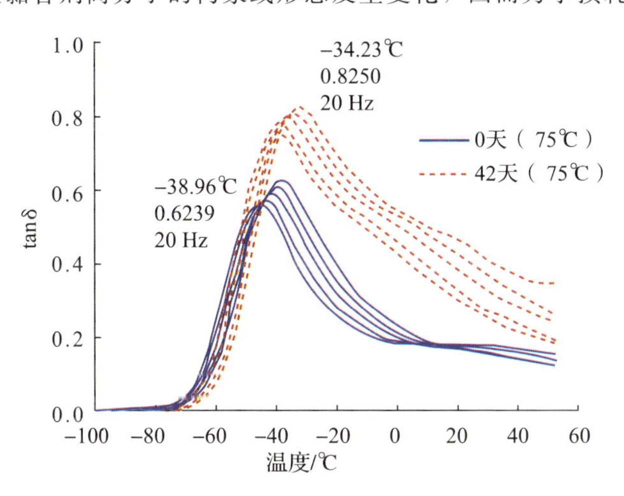

图 6－3－4　NEPE 推进剂老化前后的 $\tan\delta$ 曲线

3. 火炸药的形貌影响

在火炸药的老化过程中，火炸药装药会出现裂纹、黏稠状、乳状析出物及装药空腔等老化现象，因此通过直接观察或借助相应设备得到的外观形貌特征，也是表征火炸药老化特性的一种方式。直接观察法、电镜扫描法、CT 是当前使用较多的图像特征获取方法。

对 N-15B 推进剂进行高温加速老化试验，发现 50℃、60℃、70℃ 条件下，相同贮存老化时间内推进剂颜色变化是老化快慢的重要标志。

图 6-3-5 是以硅橡胶为高聚物黏合剂、HMX 为高能物质形成的 PBX 炸药分别贮存 4 年、12 年和 16 年的炸药的 SEM 图。贮存 4 年弹药装药颗粒断面较光滑，解理面清晰，颗粒基本保持完整，表面没有微裂纹，颗粒与黏合剂之间基本结合紧密，个别炸药颗粒与黏合剂发生脱离，产生空隙；贮存 12 年弹药装药断面出现凹坑，炸药颗粒周围的边缘地带分界面模糊，个别被黏合剂包覆的炸药颗粒浮现在断面上，部分颗粒与黏合剂发生脱离产生空隙；贮存 16 年弹药装药整个断面凸凹不平，已不能形成完整界面。

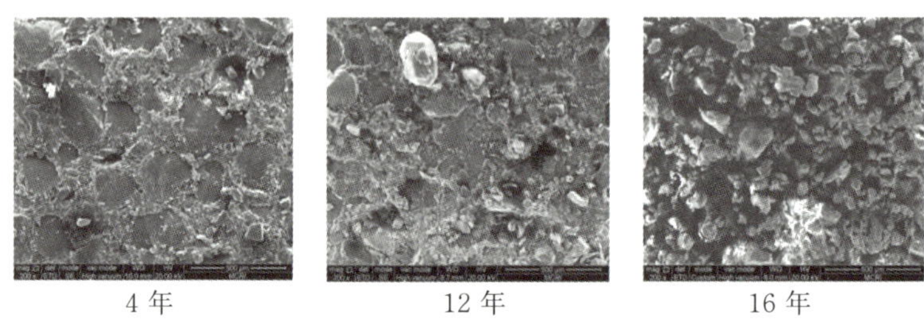

4 年　12 年　16 年

图 6-3-5　各贮存年限弹药装药扫描电镜图

CT 是在不损伤物体的情况下，逐层隔离观察物体内每一断面剖层的信息。CT 扫描可以识别材料每一层面或指定层面的横截面信息，精确地反映了材料密度变化与材料细观损伤的统计值。所以用它检测固体材料内部的均匀性并预估变形对材料性能的影响是一种较好的方法。图 6-3-6 为不同贮存年限弹药典型装药界面的 CT 扫描照片。结果表明：长贮后装药出现裂纹、气泡、空腔等缺陷，其中贮存 4 年及 8 年弹药装药均出现裂纹，贮存 8 年弹药装药除裂纹外，还有气泡和小孔洞；贮存 12 年弹药装药裂纹消失，出现小孔洞和空腔；贮存 16 年弹药装药小孔洞消失，出现较大装药空腔。

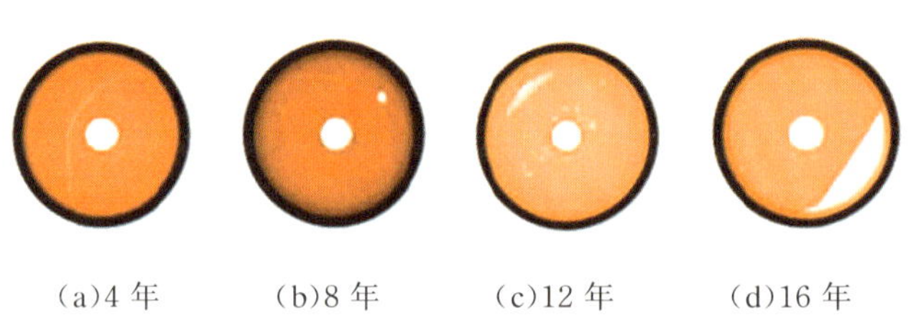

(a)4 年　(b)8 年　(c)12 年　(d)16 年

图 6-3-6　不同贮存年限典型装药界面的 CT 照片

4. 组分含量老化特征

火炸药内部的增塑剂、氧化剂、黏合剂、防老剂等众多成分由于发生物理化学老化反应，其性能也会随之发生改变，这也成为当前众多研究者分析判断推进剂老化程度的重要特征依据。可以采用高效液相色谱仪、近红外光谱(NIR)、热重分析法监测火炸药中某些组分的含量变化情况，并由此推测该物质在火炸药老化过程中的作用，从而为确定火炸药的老化机理提供试验参考。

6.3.3 火炸药老化中的化学反应

大多数火炸药一般是由氧化剂、燃料、黏合剂和各种功能组分添加剂(中定剂、防老剂、增塑剂等)组成的。其在贮存过程中，受环境温度、湿度、辐射、光、热、氧及其他因素的影响，其中的任一组分浓度或结构可能会发生变化，并且在变化过程中形成新的物质，是引起火炸药老化的主要原因。因此，可以通过研究化学组成的变化识别带来的化学老化特征或老化机理。

1. 氧化剂的分解

火炸药中含量较多的是氧化剂，其主要作用为提高燃烧(或爆轰)所需的氧或能量；作为黏合剂基体的填充物以提高弹性模量和机械强度；调节燃速(或爆速)大小；增大密度。研究表明，化学反应中氧化剂的分解反应和火炸药老化是最密切相关的。例如，AP 分解产生非常活泼的氧化性产物 ClO_2，能攻击黏合剂中的 C$=$C，使其断裂，从而导致推进剂性能的下降，即发生老化。同时也是推进剂老化原因中目前最为认可的一个关键的化学机制。这主要是由于氧化剂 AP 缓慢分解产物的作用，使黏合剂基体中的“弱点”处(如碳碳双键)发生氧化交联反应，导致类似于 HTPB 黏合剂体系弹性体网络结构特性的变化，即氧化交联降低了高分子链的柔顺性，从而引起火炸药力学性能的变化。

2. 硝酸酯的热分解

硝酸酯的热分解服从阿累尼乌斯关系式，因而，从理论上讲在任何温度下都能发生热分解。单基、双基和三基火炸药均含有硝酸酯基的组分，因而在贮存温度下也要发生热分解。在贮存的初期，由于分解速度非常慢，难以用一般的仪器测定出来。但当贮存时间足够长时，就可以测定硝酸酯的特征变化与贮存前进行比较从而判断出来。

硝酸酯的热分解可以分为两个阶段进行。

第一阶段，硝酸酯的热分解：

$$RCH_2ONO_2 \longrightarrow NO_2 + RCH_2O$$

这个热分解反应为单分子吸热分解反应，设分解吸热量为 Q_1。

第二阶段，硝酸酯热分解产物的相互反应和热分解产物 NO_2 与硝酸酯的反应：

$$NO_2 + RCH_2O \longrightarrow NO + H_2O + CO_2 + R'$$

这个反应为放热反应，设放出的热量为 Q_2。

NO_2 与硝酸酯的反应：

$$NO_2 + RONO_2 \longrightarrow NO + H_2O + CO_2 + R$$

这个反应也为放热反应，设放出的热量为 Q_3。

这个阶段的分解产物 NO 在常温下即能与空气中的 O_2 发生反应生成 NO_2，即

$$2NO + O_2 \longrightarrow 2NO_2$$

NO_2 又可与分解产物醛和硝酸酯反应。NO_2 的这种循环反应称为自催化反应，它加速了火炸药的热分解。

在这两个热分解阶段中，总的热效应是分解放热大于分解吸热，即 $|(Q_2 + Q_3)| > |Q_1|$ 。因而火炸药在贮存中就可能产生热积累而使火炸药的温度不断升高。

若火炸药热分解所放出的热不能及时散失，如火炸药的贮存厚度过大而散不出去，则火炸药内部就要产生热积累而使火炸药的温度升高。一般化合物的分解活化能在 30kJ/mol 以下，而硝酸酯类化合物的分解活化能为 40～200kJ/mol。因而，硝酸酯的热分解对温度的变化非常敏感。根据试验测定，火炸药的温度每升高 10℃，火炸药的分解反应速度就要增加 3 倍左右。火炸药是一种热的不良导体，在贮存中因贮存条件不良而使火炸药的温度升高。

3. 黏合剂在老化过程中的化学反应

黏合剂的交联或断链和组分之间的反应不可避免地影响推进剂、发射药和 PBX 炸药等的力学性能。而一般黏合剂在老化过程的化学反应包括以下 3 种。

1)后固化

后固化是指在正常固化周期中尚未完成的，而在贮存过程中继续缓慢进行的固化反应。后固化现象除固化时尚未达到正固化点在贮存时继续固化外，往往还有一些由副反应引起。例如用 BITA 固化 CTPB 推进剂所产生的后固化是因为在贮存的过程中，BITA 发生了重排，产生了噁唑啉。噁唑啉与羧酸继续

反应，但反应速度比 BITA 与羧基的反应要慢得多。所以，在高温下贮存，这种后固化反应会继续进行。反应如下：

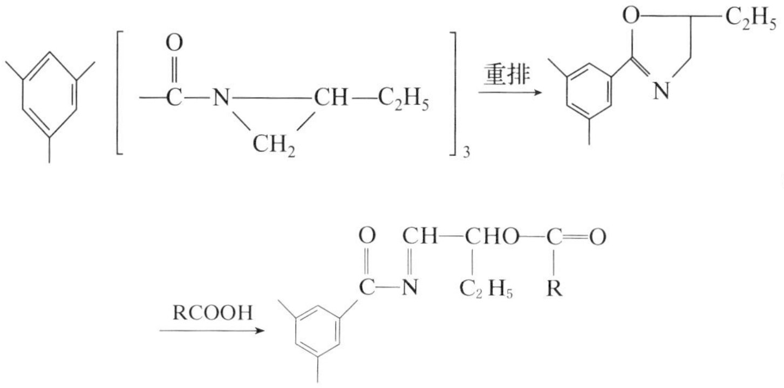

$$\left[-C(=O)-N<(CH_2)>CH-C_2H_5\right]_3 \xrightarrow{\text{重排}}$$

（噁唑啉）

$$\xrightarrow{RCOOH} -C(=O)-N=CH-CH(C_2H_5)-O-C(=O)-R$$

CTPB 推进剂以环氧化合物为固化剂时，也存在后固化现象，这是因为环氧化合物本身发生均聚反应。

CTPB 推进剂中采用的固化剂，不论是多官能度氮吡啶还是环氧化合物，在 AP 存在的情况下，都会发生均聚和重排。为了获得较好的初始力学性能，固化剂与黏合剂反应基团的当量比（R）往往大于 1。在贮存过程中，多余的固化剂会与黏合剂继续反应。如 R 为 1.6 时，CTPB 推进剂后固化形成的交联密度约为初始值的 3 倍。

聚醚聚氨酯推进剂在用 TDI 作为固化剂时，在贮存中多余的 TDI 继续与聚醚三醇等反应生成聚氨基甲酸酯

$$R-OH + R'-N=C=O \longrightarrow R'-N(H)-C(=O)-OR$$

固化生成物仍有活泼氢，在催化剂作用下可以进一步与 TDI 反应生成脲基甲酸酯。

HTPB 用 TDI 作固化剂时，一般不发生后固化反应。但在采用 MAPO 作为偶联剂时 MAPO 可以催化 TDI 生成三聚体和碳化二亚胺：

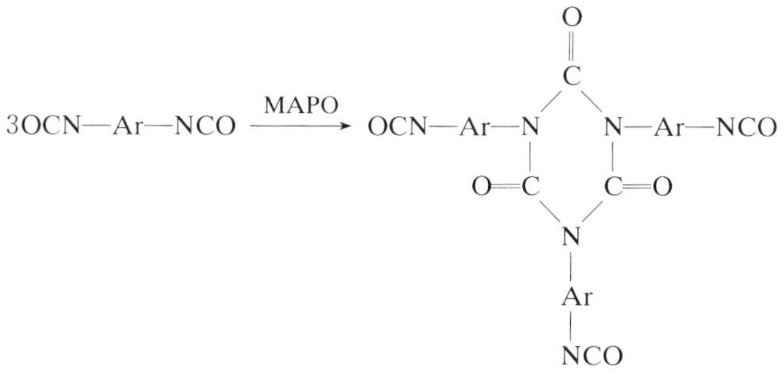

$$3OCN-Ar-NCO \xrightarrow{MAPO}$$

OCN—Ar—N, N—Ar—NCO, C=O, O=C, N—Ar—NCO

$$2OCN—Ar—NCO \xrightarrow{MAPO} OCN—Ar—N=C=N—Ar—NCO + CO_2\uparrow$$

反应式中 Ar 代表苯基。上述这 2 种化合物中均含有—NCO 基，但活性比 TDI 的低，固化反应后仍残留在推进剂中，贮存中继续发生缓慢的后固化：

$$ROH + OCN—Ar—N=C=N—Ar—NCO \longrightarrow OCN—Ar—N(H)—C(OR)=N—Ar—NCO$$

2)氧化交联

氧化交联是黏合剂体系重要的化学老化反应，特别是针对带双键的黏合剂，例如就聚丁二烯类推进剂而言，公认的老化机理是该类聚合物主链上双键部位的氧化交联。氧化反应的氧，除来自空气中的氧外，主要来自 AP 的分解产物和水解产物，生成的 $HClO_4$ 或初生态氧，具有很强的氧化能力。发生氧化交联后的推进剂中双键减少，凝胶含量和交联密度增加，σ_m 上升，ε_m 下降，并发现有过氧化物生成。氧化交联反应很大可能是发生在双键相邻的 α 碳上，特别是侧乙烯基双键，然后继续氧化反应，从 HTPB 黏合剂贮存前后红外光谱图(图 6－3－7)中也可以看出这种变化。

$$—CH_2—CH=CH—CH_2— \xrightarrow{O_2} —\dot{C}H—CH=CH—CH_2— + HOO\cdot$$

$$—\dot{C}H—CH=CH—CH_2— \xrightarrow{O_2} —CH(O\dot{O})—CH=CH—CH_2— \xrightarrow{+RH} —CH(OOH)—\dot{C}H—CH=CH—CH_2— + R\cdot$$

从图 6－3－7 中可以看出，老化贮存试验后，HTPB 在 $1698cm^{-1}$ 和 $1731cm^{-1}$ 处各产生一个新峰，是醛、酯或羧酸中的羰基吸收峰；$1079cm^{-1}$ 处 C—O 伸缩振动峰变大，表明 HTPB 被部分氧化，产生 C—O 键；老化后 $1180cm^{-1}$ 处出现新吸收峰，表明 HTPB 由于氧化形成酯或醚；另外，$3500cm^{-1}$ 处吸收加强、变宽表明有大量的羟基产生；老化后 $837cm^{-1}$ 处出现吸收峰，表明有—O—O—键形成；老化后 $880cm^{-1}$ 和 $1240cm^{-1}$ 处出现吸收峰，表明有环氧化合物形成。由以上分析可以看出，HTPB 黏合剂在贮存过程中被空气中的氧气部分氧化，发生了氧化交联反应，有多种氧化产物产生。

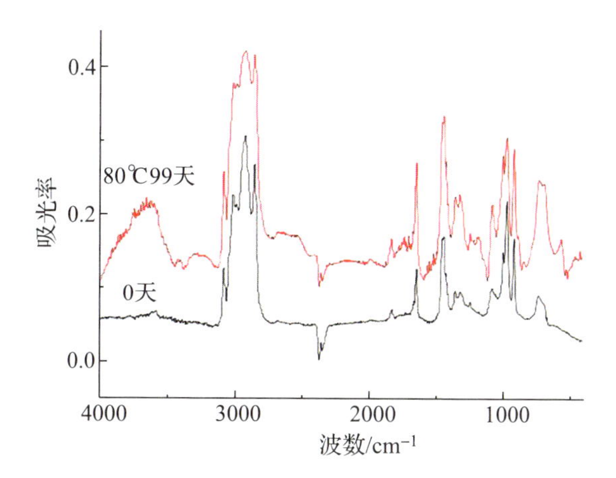

图 6-3-7　HTPB 贮存前后的红外光谱图

氧化交联反应是游离基引发的反应，其反应速度依赖于游离基 ROO·和 R·的浓度。Stacer 和 Kelley 在研究高聚物“结构-性能”关系的“弹性体相互作用矩阵”时得出，交联密度增大是大多数弹性体失效的主要因素之一，因此这也是含这类型黏合剂火炸药失效的一个主要原因。Myers 研究了 CTPB 推进剂的化学老化现象，红外分析表明，长期老化过程中推进剂的羧基含量没有下降，而推进剂的凝胶含量和弹性模量都显著增加。

3）断链

高聚物的断链与其固化系统的稳定性很有关系，在环境因素（温度和湿度）的作用下，常发生断链。

以 MAPO 为固化剂的 CTPB 推进剂进行老化产物分离，提出产生断链可能的 3 种情况如下。

第一种情况是水解 P—N 键断裂生成 H_2NR：

$$O{=}P(NHR)_3 \xrightarrow{H_2O} O{=}P(OH)(NHR)(NHR) + H_2NR$$

第二种情况是磷酰胺酯发生 P—N 键断裂并重排后也生成了 H_2NR：

$$2[CH_3COOCH_2{-}CH(CH_3){-}NH]_3PO \longrightarrow$$

$$[(CH_2COOCH_2{-}CH(CH_3){-}NH)_2PO]_2 NCH(CH_3) + CH_3{-}O{-}C({=}O){-}CH_3 + H_2NR$$

第三种情况是磷酰胺酯首先环化，继而发生 P—N 键断链，最终生成磷酸的衍生物和二甲基噁唑啉：

$$(CH_3COOCH_2\underset{\displaystyle |}{\overset{CH_3}{C}}HNH)_3PO \longrightarrow (CH_3COOCH_2—\overset{CH_3}{\underset{}{CH}}—NH)_2POOH + \text{(4-甲基-2-甲基噁唑啉, } N{=}C{—}CH_3 \text{ 环, 含 O, } CH_3\text{)}$$

聚酯和聚氨基甲酸酯在酸性或碱性条件下也可发生水解断链，如

$$R—\overset{O}{\overset{\|}{C}}—OR' + H_2O \xrightarrow{H^+ 或 OH^-} RCOOH + R'OH$$

$$RNH\overset{O}{\overset{\|}{C}}—O—R' + H_2O \xrightarrow{H^+ 或 OH^-} RNH_2 + R'OH + CO_2\uparrow$$

$$RNH—\overset{O}{\overset{\|}{C}}—NHR' + H_2O \xrightarrow{H^+ 或 OH^-} RNH_2 + R'NH_2 + CO_2\uparrow$$

上述描述的断链反应机理是列举几种最典型的，实际中要复杂得多。断链使推进剂软化，凝胶分数和交联点密度下降，σ_m 和模量降低。

HTPB 胶片贮存过程中的凝胶百分数和交联点密度与老化时间的关系如图 6-3-8所示。

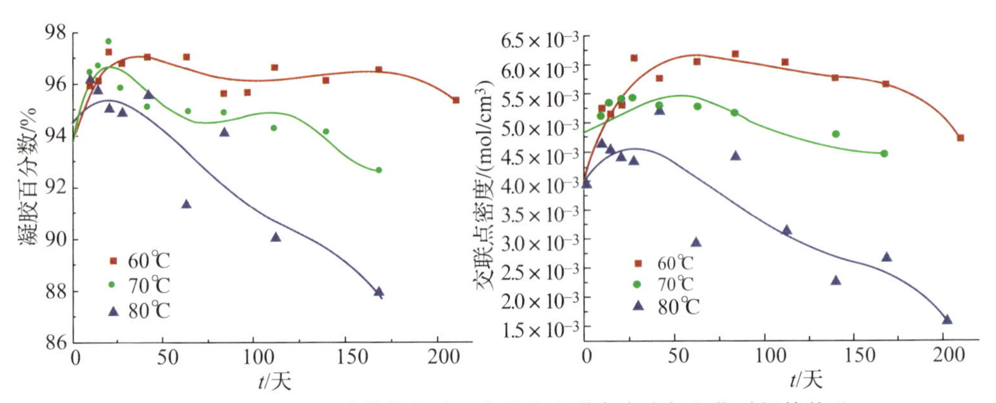

图 6-3-8　HTPB 胶片的凝胶百分数和交联点密度与老化时间的关系

从图 6-3-8 可知，随着贮存时间的延长，HTPB 胶片凝胶百分数和交联密度呈先增加后降低的趋势。贮存前期 HTPB 胶片凝胶百分数和胶片交联密度上升，这说明存在后固化现象和氧化交联固化；在贮存后期存在着黏合剂体系的降解断链。经研究发现，HTPB 固化胶片在热加速老化过程中主要发生氨基甲酸酯键断裂。断裂的形式有两种：一种是 C—N 键断裂，形成氨基自由基和烷基自由基，并放出 CO_2，C—N 键断裂后也有可能发生重排，形成 1,2,4,6-苯环四取代，形成的氨基自由基结合，形成有颜色的苯胺类结构(图 6-3-9)；

另一种形式是C—O键断裂形成氨基甲酰基自由基和烷氧基自由基，氨基甲酰基自由基又分解为氨基自由基和CO_2（图6-3-10）。以上两种断裂方式产生的氨基自由基和烷基自由基不稳定，会继续发生反应，如形成苯胺类结构或醌式结构，这些结构是发色团，故贮存老化后HTPB胶片颜色变黄。

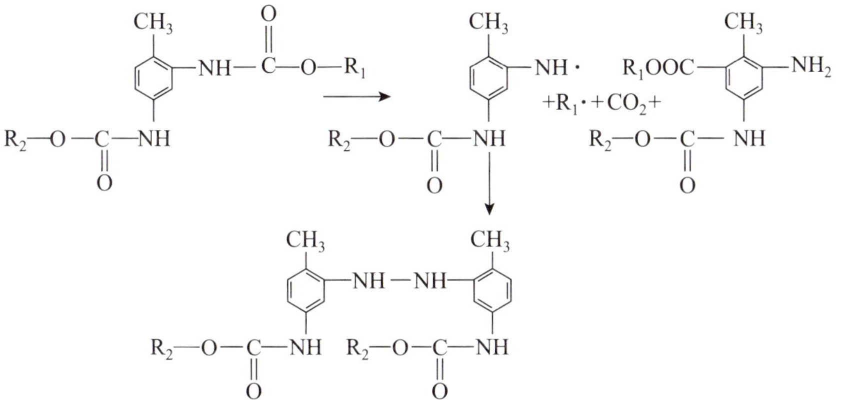

图6-3-9　C—N键断方式

$$R_1—NH—\overset{O}{\overset{\|}{C}}—O—CH_2R \longrightarrow R_1—NH—\overset{O}{\overset{\|}{C}}\cdot + \cdot OCH_2R$$

$$\longrightarrow R_1\dot{N}H + CO_2 + \cdot CH_2R$$

图6-3-10　C—O键断裂方式

发射药中硝化棉降解后的相对分子质量下降可能引起膛压的升高。Bronniman等在两种双基枪发射药的老化中用凝胶渗透色谱（GPC）分析硝化棉的重均相对分子质量M，同时测定发射药的膛压，发现M的下降使膛压升高，可见硝化棉的降解是造成发射药老化的主要因素之一。

PBX炸药中黏合剂的降解使抗压强度或抗拉强度下降，造成PBX炸药力学性能变差。如老化PBX9404抗压强度的下降与作为黏合剂的硝化棉相对分子质量有线性关系，硝化棉降解是由于炸药组分分解生成的NO_2氧化了硝化棉。又如，在进行PBX9501老化预估贮存寿命时，也发现黏合剂Estane5703的峰值相对分子质量与炸药的抗压强度有线性关系。同样，炸药组分分解生成的NO_2的氧化作用是使Estane解聚的原因。

6.3.4　由化学反应引起老化化学现象

1. 分解产物的自催化作用

分解产物的催化加速是大部分火炸药安全贮存寿命失效的主要原因。在贮存温度下，含能化合物及其混合制品的分解过程极为缓慢，但其分解产物，尤其是强氧化性的气相产物如氮氧化物，对火炸药或在产物之间具有很高的催化加速分解作用或相互作用，加之这种氧化还原反应的强放热过程也会使反应加速。安定剂就是通过与这些氮氧化物（主要是 NO_2）的作用，降低它们的浓度，延迟加速分解的出现，达到使火炸药安定化和延长安全贮存寿命的目的。因此，安定剂的消耗就成为火炸药（尤其是硝酸酯火药）安全贮存寿命预估的主要参数。

2. 自加热引起自燃或爆炸

对于大型装药来说，虽然贮存温度低于正常的点火温度，并且仍在“安全化学寿命”范围内，但这种大尺寸装药仍有可能因为缓慢分解引起热量释放发生自燃，实际上这是热爆炸问题。由于化学反应产生的热量与火炸药的质量成正比，但热散失仅仅发生在表面，散热面积与质量的 2/3 次方成正比，因此火炸药质量越大，压装密度越大，则中心与外层的温差越大，提高了中心的分解放热速度，当“质量/环境温度”比达到足以引起火炸药的热不稳定时，就发生了自燃。根据无限长圆柱体的 Frank-Kamenetskii 热爆炸方程，可以给出自加热点燃的临界半径（r_{cr}）和自加热着火时间（t_{cr}/min）。

着火临界半径（r_{cr}）可由下式估算：

$$r_{cr}=\sqrt{\frac{2\lambda RT_a^2}{\rho ZE_a}\exp\left(\frac{E_a}{RT_a}\right)} \tag{6-3-1}$$

由式（6-3-1）看出，着火临界半径随 λ 增大而增大，随 ρ、Z 的增大而减小，随 E_a 的增大而增大，随 T_a 的增大而减小。对于一定组分的双基火炸药，r_{cr} 是火炸药贮存温度 T_a 的函数。它不是一个简单的线性关系，而是一个指数关系，T_a 增加，引起着火的临界半径 r_{cr} 迅速减小。

着火时间（t_{cr}）为

$$t_{cr}=\frac{C_\rho}{Z}\frac{RT_a^2}{E}\exp\left(\frac{E_a}{RT_a}\right) \tag{6-3-2}$$

由式（6-3-2）看出，随 T_a 的增加，火炸药的自燃着火时间迅速缩短，当然，火炸药的尺寸必须满足能产生自燃的最低尺寸。

对于硝酸酯发射药（单基药、双基药和三基药）的堆积贮存，也存在堆积的贮存量（直径）与自动着火问题。当在某一贮存温度下，若堆积的火炸药分解反应产生的热量超过了火炸药向环境散失的热量，则火炸药的温度就要升高。当火炸药量足够大时，火炸药可以升高到发火温度以上而自燃。根据 Frank-Kamenetskii 理论，对于一根无限长的圆柱形火炸药装药自行着火的临界直

径为

$$D_{cr}=\sqrt{\frac{4\delta_c\lambda RT_a^2}{\rho_b E_a Q_{T_a}}} \tag{6-3-3}$$

在实际中，为了安全，考虑贮存温度 T_a 为 344K(即 71℃)。这是将一个火炸药箱置于阳光直接照射下(如将弹药箱空投于旷野的情况)所能达到的最高温度。装药直径必须小于在 71℃ 下的临界直径才能安全。式(6-3-3)和式(6-3-1)实际上是一样的。

火炸药分解放热是温度的函数，即

$$Q_T=F(Q)\exp\left(-\frac{E}{RT}\right) \tag{6-3-4}$$

为了计算 T_a 下的安全贮存直径，将式(6-3-3)和式(6-3-4)合并得

$$D_{T_a}=\sqrt{\frac{4\delta_c\lambda RT_a^2}{\rho_b EQ_{T_m}}\exp\left[\frac{E}{R}\left(\frac{1}{T_a}-\frac{1}{T_m}\right)\right]} \tag{6-3-5}$$

为了得到 D_{T_a}，采用在大于 T_a 温度下进行试验，T_a 的极限温度为 344K，一般取 T_m 为 358K(85℃)，求出它的安全直径 D_{sa}。

$$D_{sa}=k\sqrt{\frac{\delta_c\lambda}{\rho_b(Q_{T_m})_{max}}} \tag{6-3-6}$$

$$k=\sqrt{\frac{4RT_a^2}{E_a}\exp\left[\frac{E_a}{R}\left(\frac{1}{T_a}-\frac{1}{T_m}\right)\right]} \tag{6-3-7}$$

k 值的大小随活化能而变，对于硝酸酯火炸药 E_a 值在(40～200)kJ/mol 变化，当 T_a 取 344K，T_m 取 358K 时，k 的最小值为 12.1，这时在 344K 下的 D_{sa} 值为

$$D_{sa}=12.1\sqrt{\frac{\delta_c\lambda}{\rho_b(Q_{385})_{max}}} \tag{6-3-8}$$

式中：(Q_{385})max 为 $T_m=385$K 下放出的热量，它不是常数，取决于分解的程度。式(6-3-8)是贮存极限温度 344K 的贮存安全直径。对于单基发射药，D_{sa} 值最低在 0.5m 以上，双基发射药在 0.3m 上，三基发射药在 0.6m 以上，现用常规火炮的口径均在上述值以下，故单发炮弹贮存在正常条件下不会发生自燃。若用火炸药箱贮存，则应考虑上述的极限安全直径和极端的贮存条件来确定贮存的尺寸和堆放厚度。

3. 分解气体聚集引起的破裂

由于火炸药组分的分解或组分之间的相互作用可以产生气体释放，这种过

程有可能加速温度的上升，引起内部气体的集中。除非气体扩散离开装药的速度比产生气体的速度快，否则随分解气体的积累，产生的压力有可能超过装药本身的强度，引起内部破裂。对于有包覆层的推进剂有可能引起包覆层的开裂，这些都会产生严重的失效。分解气体的聚集沿圆柱轴线的最大压强 P_{max} 和气体放出的速率 θ 分别为

$$P_{max} = \frac{\theta_0 d_0 a^2}{4F} + 760 \tag{6-3-9}$$

$$\theta = A e^{-B/RT} \tag{6-3-10}$$

式中：F 为气体渗透率；d_0 为密度；a 为装药直径；θ_0 为每克火炸药放出气体的速度；B 为生成气体反应的活化能；760 的单位为 mmHg。

由式(6-3-9)和式(6-3-10)可以导出不同形状装药(包括无限长药条、球形、柱状和管状)的临界尺寸和临界温度的公式，以此来估计限定装药的最大尺寸和使用或贮存温度。

在双基推进剂中这种破裂可能是结构完整性被破坏的决定性因素。对于自由装填的装药来说，包覆层和黏合剂都必须对推进剂分解气体有渗透性。高度交联的黏合剂和热固性浇铸的黏合剂有时不能让气体充分扩散，最后形成的气体压力会使包覆层起泡或引起包覆层大面积的脱黏或破裂。

对于贴壁浇铸的装药来说，包覆层的渗透性关系不大，但即使是轻微的不相容，在包覆层和推进剂的接触表面上可以产生局部气体集中，亦足以使包覆层过早地破裂或脱黏。这种破坏过程的临界压力也可由 Lawsons 方程获得：

$$P_{临界} = \frac{2E\sigma}{1+2\sigma} \tag{6-3-11}$$

式中：E 为弹性模量；σ 为单轴破坏强度。

在双基推进剂的贮存寿命中，分解气体的聚集导致的装药破裂可能是决定性因素。某双基推进剂在 30℃ 下安全化学寿命长达 40 年，自加热着火的寿命有 27 年，力学性能劣化的寿命也有 11.5 年，而破裂型的失效仅需 3.5 年。

6.3.5 化学老化的研究方法

1. 官能团的变化

1) 碳碳双键(C=C)

火炸药各组分中含有众多的官能团，通过研究各个官能团的变化可以从分子水平上研究火炸药的老化。一般认为，丁羟推进剂在贮存中，氧化剂 AP 发生缓慢分解，产生活泼的氧化性分解产物(ClO_2)攻击丁羟推进剂组分中易受侵蚀的薄

弱环节 C═C，引起黏合剂体系的物理和化学变化(如氧化交联或降解等)，造成丁羟推进剂的老化。通过监测推进剂贮存过程中 C═C 浓度的变化就有可能识别推进剂的老化进程，可以通过红外光谱，也可以采用碘量法测定 C═C 的含量，利用 C═C 双键官能团数量的变化，在一定程度上反映火炸药老化的进程。

2)羟基

既然从 C═C 的变化上可以识别部分火炸药的老化，则火炸药在老化过程中可能会产生新的官能团，它们也可能作为指示其老化的判据。如在 HTPB 老化过程中，分子内新生成的羟基可以提高官能团总数，导致 AP/HTPB 推进剂强度和延伸率变化而发生物理老化，因此测定丁羟推进剂的羟值变化，对于预估其力学性能有着重要意义。Chevalier 等则利用 FTIR 研究了在空气中、60℃下、贮存 500h 后未稳定的 HTPB 的变化，发现羟基官能团($3445cm^{-1}$)吸收增加，由此推测得知分子内新生成了羟基，导致官能团总数提高，又因新产生的官能团之间发生交联作用导致 HTPB 发生老化，表现出抗拉强度增加，延伸率下降现象。

3)环氧基

火炸药在贮存过程中，C═C 会被氧化断链的同时，还可能生成环氧基。Iwama 认为，在常温下长期贮存 HTPB 中的 C═C 双键受到氧的攻击而断裂并导致其数量减少，与此同时，也使单键数量增加并可能形成环氧基。环氧基含量虽低，却是影响黏合剂质量的重要指标，因此对其含量进行检测也可以从另一侧面为火炸药的老化识别提供依据。

2. 相对分子质量

同其他高分子材料一样，在贮存期间，火炸药中黏合剂的老化行为是连续进行的。引起黏合剂老化的化学反应，在促使其中官能团变化的同时，也必将引起推进剂体系中组成物质的相对分子质量变化。因此，利用火炸药体系的相对分子质量分布的变化也可以判断其老化。

3. 热性能

火炸药中各组分发生化学老化时一般会引发热效应。因此，检测其热效应的变化可从侧面分析火炸药组分的变化，进而进行老化分析。同时火炸药的热安定性可以用热分析特征量表征，其特点是不同火炸药的热安定性是在限定条件下进行相互比较的，因为用来表征火炸药安定性的特征量一般是在较高温度下的明显分解，甚至深度分解或完全分解的条件下获得的。热安定性通常是指正常贮存温度下的耐热性能和发射药体系中物质的相互作用，是以较少量分解或者部分分解为标志。具体方法有热失重(TG)曲线比较法、等温TG曲线比较法、差示扫描量热(DSC)或DTA法以及真空安定性(VST)法等。

(1)TG曲线比较法是在相同试验条件下获得的质量损失曲线，比较到达同一质量损失量的温度，或者同一温度下的质量损失量，以评价化学安定性的优劣，并且根据这些参数还可以分析老化过程、各个组分的分解情况。但是，此方法仅适用于不严重挥发(液体)或不严重升华(固体)物质的热安定性评价。

(2)等温TG曲线比较法是在同一TG条件下，试样被快速升温至某一恒定温度，用得到的等温TG曲线比较达到同一质量损失量所需要的时间，或比较恒温一定时间后的质量损失量，以此评价热安定性的优劣。与非等温TG法相比，该测试方法是在较低温度下的部分热分解，和常用的热安定性评价方法更加接近。但是，该方法的缺点是试验周期较长，并且对不同的材料要选择适当的恒定温度，否则就难以获得热安定性数据。此外，该方法也仅适用于不严重挥发或不严重升华物质的热安定性评价。

(3)DSC或DTA曲线比较法，用相同试验条件下获得的DSC或DTA曲线特征量评估热安定性，特征量通常是放热分解峰温T_{P0}，这是目前较常用的方法。等温DSC或DTA曲线比较法的方法之一是从等温条件下获得的DSC或DTA曲线上比较开始放热分解的时间t_0，但影响t_0的因素较多。方法之二是比较到达分解峰的时间t_p，此法较为常用。由上述热分析方法可知，用热分析评价热安定性时，除了应有相同的热分析试验条件外，获得特征量时试验材料的物态也应相同，而物质的粒度、晶形和熔点等也会影响结果。

(4)VST法是定量试样在恒温、定容及一定真空条件下受热分解，一定时间后取出，冷却至室温，用压力传感器测量试样放出气体的压力，再换算成标准状态下的气体体积，以评价试样的安定性。该方法具有操作简单、便于分析等优点，但是该试验结果仅显示试样最终反应放气量的结果，不能显示持续加热反应的变化过程。因此，VST试验具有其局限性，考虑VST试验无法测得反应过程可能发生剧烈反应的有效数据，研究建立了可以实时、在线、连续和直接地跟踪测试试样反应过程的动态真空安定性试验法。

4. 交联密度

火炸药所用的高分子黏合剂一般为由预聚物与固化剂形成的热固性高分子，此类黏合剂通过固化反应联结成一个三维空间的网络型大分子，将所有固体填充物黏结在一起，并赋予推进剂和炸药良好的力学性能。在长期贮存过程中，受环境因素的影响，黏合剂结构即三维网络结构会发生化学和物理的变化，会导致力学性能发生变化。高分子三维交联网络结构变化的主要表现为交联密度的变化，交联密度作为表征交联结构特性的重要参数，能直接反映交联网络结构的变化，因此在火炸药长贮老化研究中，材料体系的交联密度及其变化规律是一个重要的研究内容。

低场核磁共振(LF－NMR)技术监测交联密度的变化是研究火炸药老化过程中黏合剂网络结构变化的一种有效手段。LF－NMR 法测定交联密度的主要依据是：高分子中氢原子所处交联状态不同时，其横向弛豫时间不同。该横向弛豫机制对于分子内部运动具有高敏感性，可用 T_2 表征高分子链的运动，在聚合物交联过程中，其 T_2 的衰减可表示为

$$M(t) = A_0 + A_{M,C}\exp\left[-\frac{t}{T_2} - \frac{qM_2 t^2}{2}\right] + A_{T_2}\exp\left(\frac{-t}{T_2}\right) \quad (6-3-12)$$

式中：$A_{M,C}$和 A_{T_2}分别表示悬尾链和交联链的含量(%)；A_0为拟合参数，无实际物理意义；qM_2 为交联体系的残余偶极矩($m \cdot s^{-2}$)；T_2是横向弛豫时间(ms)。

利用式(6－3－12)对低场核磁共振测得的 T_2衰减曲线进行非线性拟合，得到 qM_2、$A_{M,C}$和 A_{T_2}的值，然后根据式(6－3－13)求出交联体系的交联密度 v_e。获得的交联密度为总交联密度，包括物理交联密度和化学交联密度。

$$v_e = 5\rho N\sqrt{qM_2}/3CM \quad (6-3-13)$$

式中：v_e为交联密度(mol/cm^3)；C 为统计链段内重复单元主链的键数；M 为聚合物单体单元的摩尔质量(kg/mol)；N 为聚合物单体单元的主链键数；以上3个参数与黏合剂的预聚体及单体相关；ρ 为样品密度(g/cm^3)。

例如，利用低场核磁共振交联密度仪、万能材料试验机，对 HTPB 复合固体推进剂及浇铸 PBX 炸药的交联老化进行了研究，获得了老化过程中交联密度的变化规律，并与其力学性能变化规律进行了比较。结果表明，在一定温度下经过不同老化时间，HTPB 复合固体推进剂交联密度不断增大，而延伸率逐渐下降(图 6－3－11)；浇铸 PBX 炸药在一定温度下经过不同老化时间，交联密度不断增大，抗压强度逐渐增大。以上研究结果证实了交联密度与力学性能参量(延伸率、抗压强度)之间存在一定程度的相关性。由于低场核磁共振技术能够快速、准确、简便地获得交联密度值，改变了以往交联密度测试方法烦琐、测试结果重复性较差的问题，为火炸药老化过程中微观变化机理与宏观参量之间的关系研究开辟了一条新的道路。通过研究交联密度与力学性能之间的关系，建立交联密度与力学性能参量之间的相关性方程，以交联密度表征力学

性能，可以大幅减少老化过程中力学性能测试的样品量，降低试验成本及安全风险。

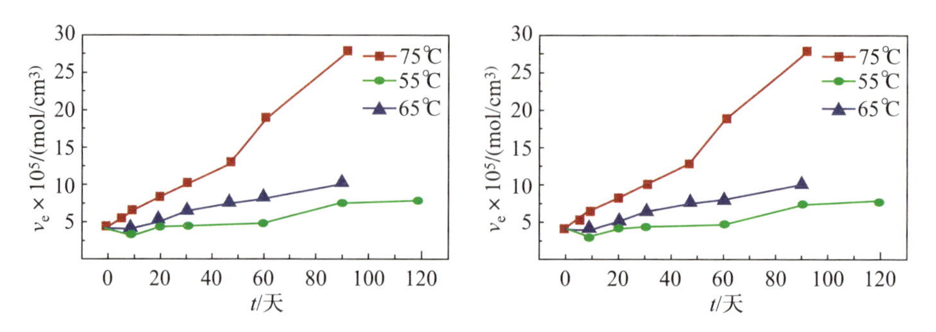

图 6-3-11　HTPB 复合固体推进剂热老化过程交联密度及延伸率变化曲线

5. 凝胶分数

成型的火炸药中有一类重要成分就是凝胶，其作用是将火炸药中的功能组分凝胶化，从而使大量的固体填料(包括氧化剂、燃料等)均匀地悬浮于体系中，形成具有一定结构和特定性能并能长期保持稳定的凝胶体系。常温状态下，火炸药凝胶含量的变化很缓慢，其微小变化很容易在物理识别时被测试误差所掩盖，且进行检测所需试验周期很长。因此，实现对凝胶含量微小变化的化学识别对研究火炸药的老化具有重要意义。

Layton 研究发现，凝胶含量能够作为表征 HTPB 推进剂力学性能老化的特征参数：在 HTPB 老化期间，不溶性凝胶含量不断增加，推进剂的强度也不断增加。Smith 与 Schwarz 利用 FTIR 研究推进剂凝胶红外吸收峰后得出凝胶含量与推进剂力学性能的相关方程，利用此法得出的贮存老化数据与 10 年监测试验所得的数据非常接近。Cunliffe 等进而推导出了溶胶分数测量值与交联密度和推进剂力学性能的关系式，并根据溶胶分数估计交联密度，研究了溶胶分数在 HTPB 推进剂老化和寿命预估中的应用，研究发现力学性能与溶胶分数间存在较好的线性相关关系。这种方法在其他火炸药中也得到了验证，证明利用凝胶含量的变化可以很好地表征火炸药的老化状况。而作为反映黏合剂体系固化后产生的凝胶与总黏合剂体系质量比的凝胶分数，也是反映火炸药的功能组分变化从而影响其网络结构特征的典型参数。陈西战等对某种推进剂在 50℃、60℃和 70℃ 下进行加速老化试验，选择凝胶百分数作为老化性能评定参数，根据凝胶百分数与老化时间的关系，建立了推进剂寿命预估模型，预估得到推进剂常温下的贮存寿命为 5.93 年，与采用蒙特卡罗法所得到的结果一致。这些都证明了利用凝胶的变化进行老化的预测是可行的。

凝胶含量法具有以下优点：它把力学性能变化与固体推进剂黏合剂分子间的微观变化联系在一起，使用样品量少，可直接从现场贮存或现场操作的发动机中获取，所以它可作为药柱的一种无损检测手段，用于预估阵地使用复合固体推进剂的贮存寿命。

6. 化学老化的分子模拟分析

采用分子模拟方法对可能的化学反应进行模拟分析是当前研究化学反应模式的重要手段，与传统的试验研究方法相比，该方法节省了大量人力、物力和财力，且可靠性高，目前人们主要基于 Guassian 和 Material Studio（MS）两款软件包进行分析。

孙小巧等通过分子力学（MM）和分子动力学（MD）方法分别对 HMX 和 PNMMO 混合物、3 种推进剂氧化剂（HMX、RDX、CL-20）和 6 种黏合剂（PEG、PET、HTPB、GAP、AMMO、BAMO）之间的相互作用进行分子模拟。杨月诚等采用 Synthia、Blend 等方法研究计算了推进剂中几种重要成分的相容性。付一政等对 HTPB/DOS（癸二酸二辛酯）、HTPB/NG（硝化甘油）体系的多种特征参量（密度等）进行分子动力学分析，通过与实际测量结果进行对比，证明了分子模拟方法的可行性。李红霞等对 DOS、IPDI、HTPB 混合体系中的分子运动轨迹进行了分子动力学模拟，并得到了相应的扩散系数。Ewald 采用密度泛函理论（DFT）方法对丁三醇三硝酸酯（BTTN）的分解反应参数进行了计算。肖鹤鸣等采用自恰反应场（SCRF）方法研究了 NG 分子的相关性质，发现 O—NO_2 键键离解能最小，为 NG 分解反应可能的引发点。曾秀琳等基于从头算（abinitio）和 DFT 方法研究了 NPN、IPN、EHN、Tri-EGDN、Tetra-EGDN 5 种硝酸酯分解机理。王罗新等计算分析了 PEG 随 NG 热分解的影响，得到前者对后者分解具有抑制作用的结论。李红霞等运用 MD 方法，模拟了由 DOS、PDI 和 HTPB 组成的丁羟推进剂黏接体系的运动过程，计算得出增塑剂 DOS 在黏合剂体系（HTPB + IPDI）中的扩散系数，发现扩散系数随环境温度的升高而增大，随增塑剂含量的增大而减小，模拟结果与试验在趋势上符合得很好。颜庆丽运用密度泛函理论，探讨了 NEPE 推进剂中的增塑剂体系及高分子黏合剂体系的老化反应，研究了 NG、BTTN、PEG、聚乙二醇型聚氨酯的单聚体（PT）、聚丁二烯型聚氨酯的单聚体（HN）的单体降解反应机理，确定了相应的可能反应路径，即硝酸酯的热分解主要存在 2 种途径：一种是 HNO_2 分子内消去反应，并且连续的 HNO_2 分子内消去反应是优先反应；另一种是 O—NO_2 均裂反应，在 O—NO_2 键断裂后生成的自由基最可能发生的裂解方式是与氧原子相连的碳原子发生 C—C 键的均裂。苑媛等运用电子化学密度泛函理论（DFT），

研究了 NO_2 氧化乙醚的反应机理，发现乙醚先与 NO_2 生成亚硝酸和乙醚自由基，乙醚自由基再与 NO_2 生成 $CH_3CH(ONO)OCH_2CH_3$，验证了亚甲基上的氢会首先和 NO_2 发生反应，其次 $CH_3CH(ONO)OCH_2CH_3$ 会再次发生断裂生成乙醛、亚硝酸等。因此，根据结构的相似性，推测 PEG 在 NO_x 的作用下生成醛类化合物、亚硝酸等。

火炸药老化过程中的理论研究主要还是集中在火炸药组分标志性单体的机理分析上。目前，火炸药的分子模拟试验已取得一定进展，但模拟数据和试验数据还存在一定差距，后续数值模拟将围绕更多原子、更大规模、多种反应组合影响等进行研究。而构建更多的组分混合结构，直至对较为完整的混合网络结构进行模拟试验，也是今后火炸药理论研究的方向之一。

7. 化学老化激发的表面元素变化

X 射线光电子能谱分析(XPS)，通常也被称为化学分析电子能谱，是一种对固体表面进行定性分析、定量计算和结构鉴定的表面分析方法。它的基本原理是利用光电效应，用 X 射线去辐照试样，使试样表面的电子受激而发射出来，经过电子收集透镜到达能量分析器，测量出光电子的能量，根据 $E_b - h_v - E_k$ 得到激发电子的结合能，由此可推断出样品的化学成分、含量及化合状态等相关信息。聂德福提出炸药颗粒与黏合剂间的表(界)面状况对炸药的安全性能和力学性能具有重要意义。XPS 技术凭借超微量无损检测、高灵敏度等优势，被作为有效表征炸药和橡胶高聚物表界面作用的技术手段。

魏小琴等利用 X 射线光电子能谱分析(XPS)研究了 HTPB 推进剂的老化机理。首先将推进剂样品在 80℃ 热空气烘箱内分别老化 0、12、24 周，然后对这些样品的元素组成、化学价态、成分含量变化进行了分析。认为该推进剂在常温(25℃)下贮存时，老化初期主要涉及固化体系的氧化交联，后期则是固化体系的降解断链。并且认为 AP 缓慢分解出的氧原子会攻击 HTPB 中的 C═C 键，使其键断裂，这也是 HTPB 老化失效的主要原因。表 6-3-3 为混合炸药老化前和老化 41 天的 XPS 数据。

表 6-3-3 混合炸药老化前和老化 41 天的 XPS 数据

老化时间/天	C		N		O		Al	
	E_b/eV	含量/%	E_b/eV	含量/%	E_b/eV	含量/%	E_b/eV	含量/%
0	283.38	92.9	399.80	2.4	530.36	4.1	73.25	0.6
	285.10		405.56					

（续）

老化时间/天	C		N		O		Al	
	E_b/eV	含量/%	E_b/eV	含量/%	E_b/eV	含量/%	E_b/eV	含量/%
15	283.25 287.21	93.5	399.51 404.77	2.1	530.98	3.9	73.25	0.5
28	283.28 287.62	94.1	399.97 405.69	1.5	530.40	4.0	73.88	0.4
41	283.13 286.25	94.8	400.02 404.87	1.0	530.99	3.9	73.43	0.3

从表6-3-3中老化前后炸药试样表面C、N、O、Al等元素的结合能位置看出，其元素的化学环境没有发生变化；对照标准图谱和元素在炸药中的结合能数据分析，N元素的C—N—C(399 eV)和N—NO_2(405 eV)与RDX的结构相符；C元素在老化15天与28天时出现较弱的287 eV(C—OH)，41天后出现较弱的286eV(C—O—C)。这是因为老化过程中RDX具有较好的热稳定性，炸药性能老化主要由于BR橡胶在贮存时发生氧化交联反应，与FTIR的测试结果相一致。并且，试样表面Al和N元素含量随着老化时间的延长而呈减少趋势，这是由于高温老化过程中黏合剂体系交联形成的大分子网状结构铺展、迁移，在RDX和Al颗粒表面包覆上一层保护膜，减少RDX和Al的裸露。药柱中固体颗粒间的接触会引起应力集中，容易产生热点，因此BR黏合剂对RDX和Al的充分包覆，减弱了RDX颗粒上的应力集中，增强了钝感效果，改善了炸药的安全性能。

6.4 典型火炸药的老化机理

6.4.1 NEPE推进剂的两段式老化机理

NEPE推进剂具有由混合硝酸酯增塑的黏合剂体系，使NEPE推进剂同时具有双基推进剂和复合推进剂的双重特点。因此，在NEPE推进剂贮存性能研究中，必须同时考虑由硝酸酯分解引起的化学安定性老化问题和由高分子黏合剂固化体系降解所引起的力学性能老化问题。一般，含硝酸酯推进剂的化学老化开始于脂肪族硝酸酯O—NO_2的弱键断裂，形成二氧化氮和相应的烷氧基自由基，有反应活性的自由基和邻近的硝酸酯发生连续反应。第二个主要的分解路径是硝酸酯的酸性水解。传统复合推进剂在贮存过程中只会发生由黏合剂体系降解或交联而引起的力学性能老化。

利用高效液相色谱（HPLC）考查 NEPE 老化过程中与化学安定性相关的各种物质色谱峰的变化情况，如图 6－4－1 所示。

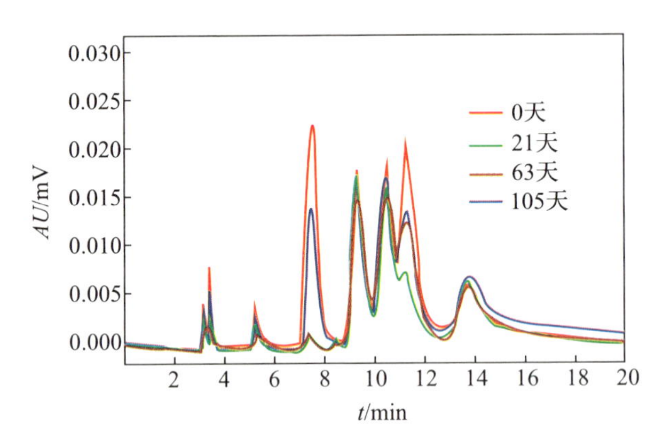

图 6－4－1　NEPE 推进剂 70℃ 老化不同时间样品的 HPLC 图

从图 6－4－1 可知，9.242min 和 10.377min 分别为硝酸酯 N1 和 N2 对应的峰，它们随老化时间的增加变化不显著，7.412min 和 13.673min 分别为安定剂 S1 和 S2 对应的峰，它们随老化时间的增加逐步下降，直至消耗完，同时，推进剂老化 21 天后在 N2 的右侧 11.214min 新出现了一个右肩峰——Z 峰，随着老化时间的延长，该峰的峰面积逐渐增大，峰高逐渐增高，最后形成与 N2 在基线部位互相重叠的并列的峰。根据化学反应机理可知，硝基苯胺类安定剂上甲基和苯环的推电子性使氮氧化物易取代亚胺基上的氢形成亚硝基，并且与苯环形成 P－π 共扼作用使电子云均匀分散，产物共振稳定。因此可以判断 Z 为安定剂与硝酸酯分解出的 NO_x 反应而新生成的亚硝基产物，很可能为 N－亚硝基-N－甲基-对硝基苯胺（NOMNA）（反应式（6－4－1）），表明在 NEPE 推进剂老化的过程中，安定剂吸收 NO_x，减少自催化，从而抑制了硝酸酯分解产物对硝酸酯自身以及交联网络破坏的反应模式。

$$O_2N{-}C_6H_4{-}NHCH_3 + NO_x \longrightarrow O_2N{-}C_6H_4{-}N(NO)CH_3 + H_2O \qquad (6-4-1)$$

图 6－4－2 是凝胶（*gel*）、交联密度（υ_c）和安定剂含量随老化时间变化规律，

表明不同老化温度下，*gel* 和 υ_e 都是在安定剂消耗完之后，才开始发生显著地下降，而在此之前它们只发生缓慢地下降或波动。

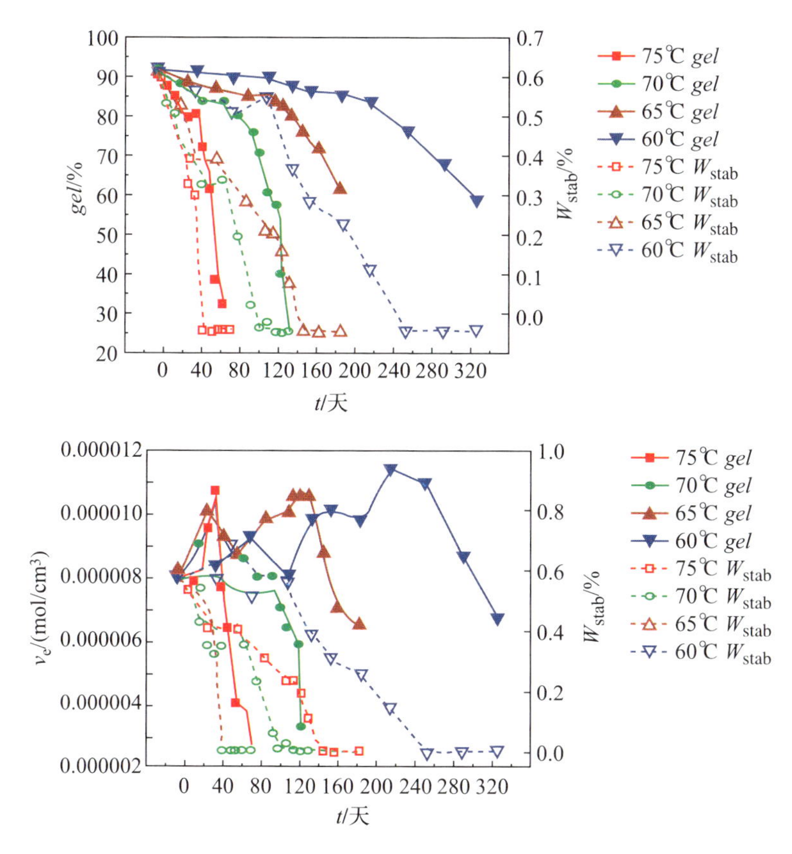

图 6-4-2　*gel* 和安定剂以及 v_e 和安定剂含量随老化时间变化规律

综上分析可知，NEPE 推进剂的力学性能与化学安定性关联老化行为呈“两段式”的机理，可以描述为：第一阶段是硝酸酯分解产物消耗安定剂阶段，该阶段安定剂不断与硝酸酯分解出的氮氧化物反应生成亚硝基产物，抑制硝酸酯的分解，因此硝酸酯无法进行进一步的自催化反应加速其自身的分解，同时也无法形成分解产物使聚醚体系氧化降解生成自由基，推进剂的力学性能不发生明显变化；第二阶段是硝酸酯分解产物作用于黏合剂体系阶段，该阶段安定剂已消耗完，由于缺乏安定剂的安定作用，硝酸酯的分解产物作用于硝酸酯进行自催化反应，生成更多的分解产物作用于聚醚体系形成自由基来引发进一步的降解，从而出现了聚醚体系的凝胶含量和交联密度迅速下降的现象，这一现象的直接结果就是力学性能的迅速下降。

6.4.2 GAP 高能推进剂的老化机理

叠氮高能推进剂能提供高比冲、高燃速、低感度和低特征信号，是继 NEPE 推进剂之后固体推进剂的重点发展方向之一，叠氮高能推进剂的老化机理对于叠氮高能推进剂的安全使用尤为重要，而 GAP 高能推进剂的组成与 NEPE 推进剂类似，所以两者的老化机理很相似，尤其是在硝酸酯中的分解、催化过程，但是由于 GAP 推进剂黏合剂的特殊性导致其机理也较 NEPE 推进剂不同。

GAP 高能推进剂在 40℃、50℃、60℃ 下密闭贮存过程中，均未发生明显胀袋现象，样品也未发生明显变软变色现象，初步表明叠氮高能推进剂具有较好的贮存稳定性。但 GAP 高能推进剂在 40℃、50℃、60℃ 下密闭贮存过程中，安定剂、硝酸酯和叠氮基团的含量会减少(图 6-4-3)。主要原因是安定剂用于抑制硝酸酯类物质的分解被消耗；硝酸酯由于本身的挥发和分解而被消耗，叠氮基团对热比较敏感，在热的作用下叠氮基团可以生成高反应活性的氮宾基团，氮宾基团几乎可以与邻近分子的任意 C—H 或 C═C 键反应，甚至可以插入 O—H 或 N—H 键，部分叠氮聚醚黏合剂中的叠氮基会抑制硝酸酯含能增塑剂分解产物氮氧化合物与黏合剂中醚键的反应，这些反应均表现为叠氮基团消耗。

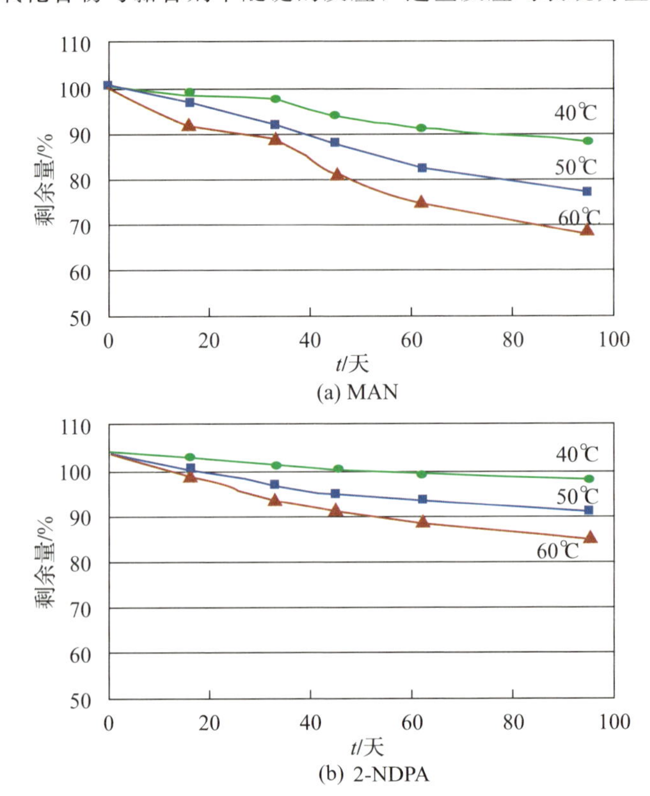

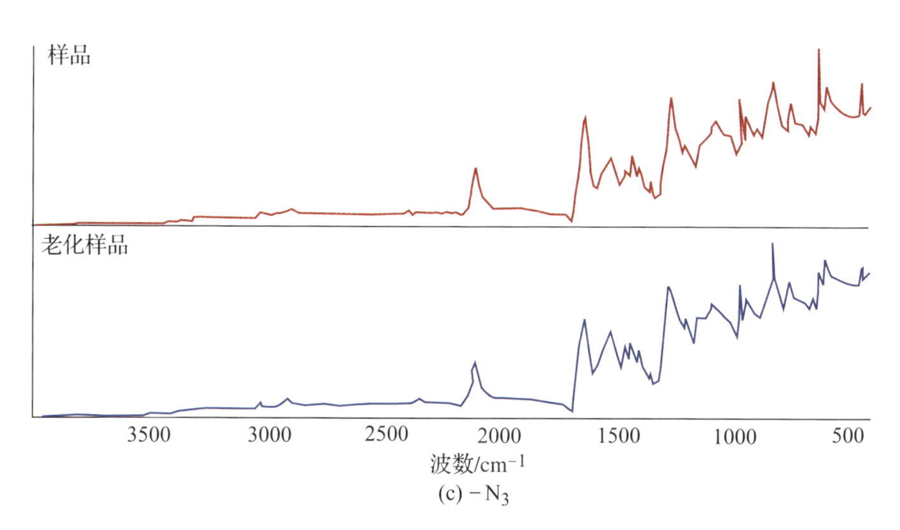

图 6-4-3　GAP 高能推进剂老化过程中 MAN、2-NDPA、$-N_3$ 的变化情况

6.4.3　HTPB 推进剂的老化机理

复合固体推进剂是以高聚物为基体、以氧化剂和金属粉等为填料的含能复合材料，而 HTPB 推进剂是一种以聚合物丁羟黏合剂为基体的高填充颗粒复合材料，故 HTPB 推进剂是最为经典的一种复合固体推进剂。

HTPB 推进剂老化过程中伴随着后固化、氧化交联和降解断链的相互作用，另外还存在脱湿、裂纹、空穴的增加和生长等过程。图 6-4-4 为 HTPB 推进剂最大延伸率随贮存时间的变化曲线。由图 6-4-4 可知，3 个老化温度下，其最大延伸率随贮存时间的变化趋势相同，说明 3 个温度下推进剂遵循相同的老化机理。另外，随着温度升高，推进剂延伸率的反应速率明显增加，这是因为高温条件下加速了推进剂的老化反应进程。总体而言，HTPB 推进剂最大延伸率随贮存时间的增加呈下降趋势，但是在反应速率上，先快速下降，然后速率变缓，最后反应速率趋于零，因此宏观上将 HTPB 推进剂的老化分成了 3 个不同的反应阶段.

(1)老化初期(0～4 月)：最大延伸率呈快速下降趋势。这一阶段存在后固化和氧化交联作用，同时推进剂的脱湿现象明显，导致推进剂最大延伸率的快速降低。

(2)老化中期(4～6 月)：最大延伸率的变化呈现出一个平衡区。这个时期推进剂的后固化作用已经完全，而氧化交联和降解断链的反应在这一阶段几乎处于平衡的状态，推进剂内部的空穴不断增加、生长、融合，总体上表现为老化反应速率的缓慢降低。

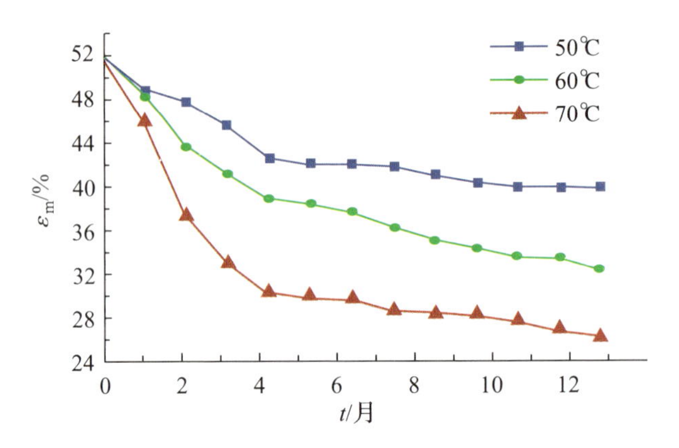

图 6-4-4 HTPB 推进剂最大延伸率在不同温度下随贮存时间的变化曲线

(3)老化末期(6 月之后)：最大延伸率继续降低，但是反应速率逐渐趋于零。这一阶段推进剂氧化交联的作用略大于降解断链，同时推进剂的内部裂纹逐渐增长，直到推进剂发生断裂，最大延伸率的变化速率在整体上呈现出先缓慢下降后趋于零的趋势。

6.4.4 HTPE 推进剂的老化机理

HTPE 推进剂主要配方组成为 HTPE/AP/Al，其本质上仍属于 NEPE 推进剂。HTPE 推进剂是当前已经成功应用的低易损推进剂，可以实现战术发动机高性能、非敏感性的要求，如美国改进型海麻雀导弹装药的 HTPE 推进剂。

HTPE 是 HTPE 推进剂(HTPE 黏合剂/硝酸酯/RDX/AP/Al)的黏合剂，构成了该推进剂的连续相，是其黏弹性基础，是推进剂力学性能的决定因素。因此在确定 HTPE 推进剂的老化机理时，先研究了 3 种 TPE 胶片(JPA：HTPE/固化剂；JPK：HTPE/固化剂/硝酸酯；JPT：HTPE/固化剂/硝酸酯/AP)在 70℃ 的老化过程情况，图 6-4-5 为胶片 JPK 在 70℃ 老化过程的外形变化图。

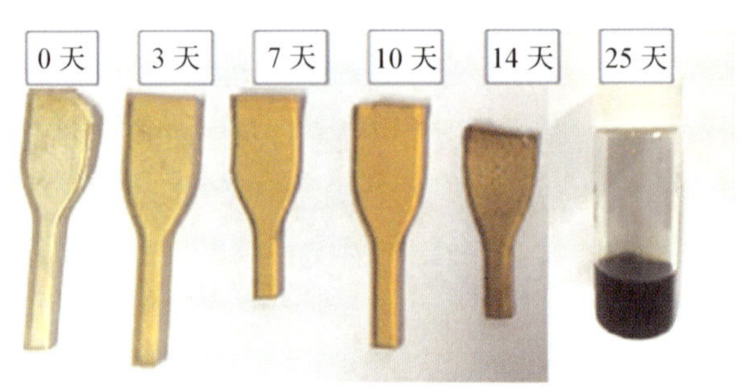

图 6-4-5 胶片 JPK 在 70℃ 老化过程的外形变化图

从图 6-4-5 可看出，胶片 JPK 的颜色随老化时间延长而逐渐加深至棕色，且胶片变软发黏，当老化 25 天时，胶片 JPK 已完全降解为棕色胶液，说明老化过程中胶片 JPK 黏合剂网络发生了降解断链。

将不含硝酸酯的 JPC 胶片与将浓硝酸与铜反应产生的 NO_x 反应，发现通入 NO_x 气体的 JPC 胶片颜色迅速变棕色且软化，3 天后已完全降解为棕色胶液（图 6-4-6），与胶片 JPK 在 70℃ 老化 25 天后降解为棕色胶液的现象一致，表明硝酸酯分解产生硝基自由基是引发硝酸酯增塑的聚醚聚氨酯黏合剂降解的重要原因，硝酸酯分解产物不仅促使硝酸酯自身分解，同时促使推进剂黏合剂发生降解断链。

图 6-4-6　胶片 JPC 与 NO_x 反应的变化过程

进一步由图 6-4-7（三种胶片的凝胶随老化时间的变化曲线图）可知，JPK 凝胶分数老化前期变化不大，老化 14 天迅速降低，当老化 25 天已完全降解为胶液；胶片 JPA 老化过程中凝胶分数变化不大，70℃ 老化 56 天凝胶分数仅下降 17%；胶片 JPT 在老化前期基本不变，老化后期逐渐降低。由胶片 JPK 和胶片 JPA 可知，HTPE 降解断链是由硝酸酯分解产物 NO_x 攻击所致，稳定剂可有效减缓黏合剂降解断链的速率。由胶片 JPK 和胶片 JPT 可知，填料 AP 在老化过程中具有抑制硝酸酯分解的作用，但并不能阻止硝酸酯的分解，硝酸酯分解产物 NO_x 攻击黏合剂高分子网络，发生降解断链。

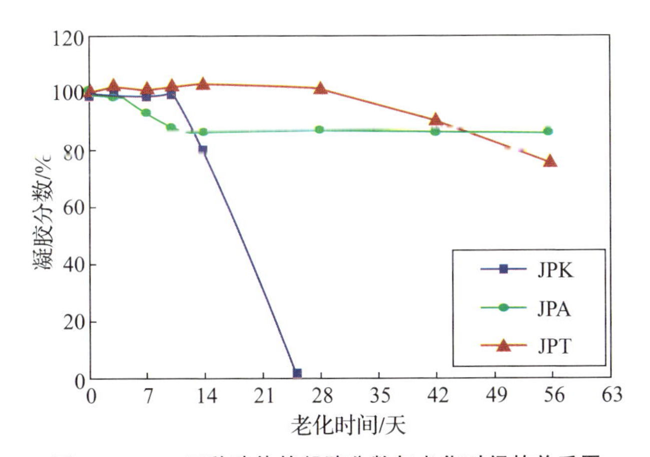

图 6-4-7　三种胶片的凝胶分数与老化时间的关系图

通过分析在50℃、60℃和70℃三个老化温度下，HTPE推进剂的交联网络结构参数凝胶分数 *gel* 和稳定剂含量 ω 随老化时间增加的变化规律(图6-4-8)，可知 *gel* 和 ω 都随老化时间增加而缓慢地波动下降，表明HTPE推进剂的老化机理与NEPE推进剂“两段式”老化机理不同，属于逐步老化机理。

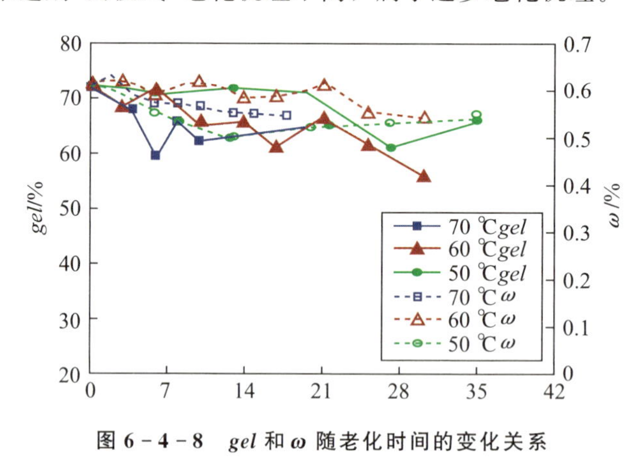

图6-4-8 *gel* 和 ω 随老化时间的变化关系

6.5 火炸药的贮存寿命预估

从第二次世界大战结束至今已有70多年，虽然出现了一些局部战争，但目前仍是一个和平和发展为主流的时代。出于战备的需要，世界各国仍在不断研制和装备新式武器，使得各个军种装备库存量不断增加。早期装备的弹药和武器面临使用寿命到期的问题亟待解决处理。这是因为火炸药在贮存过程中，由于物理和化学因素的作用会导致老化，随贮存时间不断延长，安定剂含量降低，火炸药会加速分解，甚至存在自燃或自爆的可能，给弹药或武器系统的安全贮存带来重大隐患。同时，火炸药在贮存过程中老化，使其在武器装备中的应用性能也发生相应的变化，当应用性能变化超过武器使用的允许范围后，火炸药就不能再使用，即存在一个使用寿命的问题。贮存寿命是常规弹药和武器一个非常关键与重要的技术指标，对其进行评价是一项非常重要的工作。如果未达到弹药的寿命提前退役会造成经济浪费，而超期服役则会造成严重的安全隐患。因此，准确预估火炸药的贮存寿命非常重要。

火炸药的寿命是安全贮存和正常使用的重要指标，可以分为安全贮存寿命和安全使用寿命。由于火炸药及其制品对配方、生产工艺、贮存运输使用的环境温湿度条件等因素相对敏感，因此其性能参数具有明显的波动性，同时测试人员、测试方法及取样的不同都会带来性能参数测试数据的散布和不确定性，因此以性能参数退化为依据来预估的寿命具有随机性，即预估的寿命存在可靠度的问题。可靠贮存寿命(或可靠寿命)是规定可靠度下的贮存寿命。可靠度是能够完成使用(贮存)寿命期内技术要求的概率。故火炸药剂贮存期，可以通过试验测定某些参数的变化加以确定，也可以从理论上进行估算，其中贮存老化试验是性能参数变化的来源，是建立贮存期预估方法的基础。

用老化试验进行贮存寿命预估，由于测试方式以及火炸药的种类不同，其贮存寿命终点判据也有较大的差别。例如：发射药贮存主要包括未装弹贮存和装弹贮存，不同的贮存方式贮存寿命的预测方法也不相同。通常将安定剂含量作为未装弹贮存发射药的寿命终点的判据，装弹贮存发射药的寿命终点的判据还应考虑装药元件的损坏等因素。目前，我国发射药的安全贮存临界点一般以安定剂含量低于 0.3%或其含量下降 50%为判定指标，美国则在安定剂含量降至 0.2%时认为继续贮存不安全。根据军方的统计数据，34 批单基药贮存 13 年后，其安定剂含量平均仅下降了 0.062%；双基药贮存 20 年后，其安定剂含量的变化同样很小。显然，常温下未装弹发射药的贮存寿命是很长的。发射药的装弹贮存寿命要远小于未装弹贮存寿命，其原因除了安定剂的含量变化外，物理因素对装弹发射药贮存寿命也会产生显著的影响，如装药元件的损坏、外观颜色的改变以及弧厚的变化等。丁羟推进剂大多以延伸率作为性能表征参数，失效判据沿用研发阶段推进剂延伸率要求作为推进剂失效判据，未能明确延伸率指标要求是否是发动机功能的临界指标。NEPE 推进剂多以安定剂含量和力学性能作为表征参数，力学性能失效判据同样沿用研发阶段指标要求，安定剂含量用降低 50%的标准作为失效判据也存在较大的教条性。美国军用标准 ML - STD—1751 规定，无论任何原因引起的炸药失重 1%均认为该炸药失效，这是因为，一般炸药质量分解 1%～2%就进入加速分解期。PBX 炸药在老化过程其扯断强度随时间的延长上下波动，波动幅度为 ±0.5MPa，而扯断永久变形和扯断伸长率则随时间的延长不断下降，当扯断永久变形为 0 时，则标志该炸药已经完全脆化，故一般将扯断永久变形降至 20%作为临界点并作为其寿命终点的判据。因此，实际上火炸药寿命终点的判据大多数是根据其具体技术要求而定，并没有严格的定义。

6.5.1 火炸药贮存寿命预估的研究方法

贮存寿命是火炸药的一项重要技术指标，对预估评价火炸药的使用安全性更是至关重要。对于长期处于贮存状态下的火炸药，虽然与工作状态相比，贮存状态下所承受的环境应力、失效率均相当小，但由于其贮存期超长，火炸药在贮存过程中的性能变化不容忽视。因而，尽快精准地评估炸药的实际安全贮存寿命可有效避免过早地销毁或更换，减小由此给国家带来的经济损失以及产生的重大意外事故。如何采取最短周期、最低成本保证武器弹药的战备完好性，确保火炸药的可用性以及降低后勤支出尤为必要。

影响火炸药安全贮存寿命的因素有物理、化学以及环境等，火炸药在经历装卸、运输、存放等过程中，凡是影响火炸药物理老化和化学老化的诸多因素均影响其安全贮存寿命。火炸药贮存和使用时，必然受到环境温度、湿度、辐射和机械负载的作用，这些因素都会引起炸药装药的老化，从而影响到炸药的安全贮存。因此，选择合适的研究方法，预估火炸药的贮存寿命尤为重要，一般而言，国内外用的研究方法主要分为两大类。

1. 自然环境贮存试验监测法

自然环境贮存试验监测法，即将火炸药置于自然环境下长贮，定期检测火炸药的各项性能变化，按照相关的合格标准，科学判定炸药的安全贮存寿命。该试验法试验时间较长，但得到的数据较为真实。

早在 1959 年，美国为了判定“民兵”战略导弹固体发动机的贮存寿命，对其实施了“老化监测计划”，试验方法为：将推进剂方坯、小型缩比发动机以及全尺寸发动机一同贮存在正常贮存环境下，并定期检测推进剂的力学性能等典型性能，与此同时也定期检测发动机的结构完整性，进行静止试验测试。长贮周期结束后，解剖全尺寸发动机，对比药柱与推进剂方坯在力学和弹道性能方面的差异。

自美国将贮存监测法当作评价发动机安全贮存寿命方法之后，许多国家也开始将此方法用来评价固体发动机的安全贮存寿命。但该方法有个严重的弊端是试验后该批发动机仅剩较短时间的寿命，于是 20 世纪 70 年代美国又提出长期寿命评价计划，该计划包括失效模型分析、超载试验、失效概率分布以及加速老化试验。该计划将原定为 3 年安全贮存寿命的某型发动机寿命修改为 11 年，可靠性高达 99%(置信度为 0.90)。该方法的成功使用得到了许多国家的一致认可。自然环境贮存试验监测法使用较早，为科学研究发挥起到较大作用并获得不错的成果，随着科研的进步，该方法得到了进一步的发展以及完善。将高新技术检测方法与自然环境贮存法相结合使用，试验数据更接近真实，为加速老化试验法及其标准的制定提供了可靠依据。

例如，为了科学评估库存发射药的安全贮存寿命，国内一些学者对库存发射药进行了长期贮存试验研究，测得了处于贮存状态的部分发射药的 DPA 含量的原始试验数据，建立了相应的数学模型和安全贮存寿命预测方法，并根据试验结果和该数据处理方法，准确预测了该发射药的贮存寿命。还有通过对不同地区库存单基发射药贮存寿命与温、湿度关系的曲线进行拟合，发现拟合曲线符合二次模型，并利用环境特征相对典型地区的温、湿度数据，得到了贮存寿命与温、湿度的回归方程；回归方程的剩余标准差和残差极小，表明拟合效果非常好，能够较准确地预测不同温、湿度条件下单基发射药的安全贮存寿命。

虽然自然环境贮存试验得到的数据真实可靠，但是火炸药自身的物理化学性质非常稳定，自然老化所需要的时间往往达到几十年，期间的人为因素会引起较大的试验误差；另外，不断提高的火炸药研发技术加快了火炸药更新换代的速度，这种耗时长、花费大的寿命预测技术已不能满足现代火炸药贮存寿命预测的要求。因此，加速老化试验方法已成为近年来人们对火炸药贮存寿命预测方法研究的重点方向之一。

2. 加速老化试验法

1967 年开始就有了关于加速老化寿命的研究，美罗姆航展中心为加速老化试验作出了简单的定义：加速老化试验法简称为 ALT，其试验贮存环境与自然贮存环境下温度应力有较大差异，以对工程进行合理假设为基础，利用统计得到的样品物理性质变化规律与统计得到的相关信息，得出在正常应力作用下样品特性估计的一种试验方法。加速老化试验法可根据加载应力方式的不同，主要划分为恒定应力加速老化试验、步进应力加速老化试验以及序进应力加速老化试验。恒定应力加速试验中应力的施加最为方便，其统计分析方法也比较成熟；步进应力加速试验相对于恒定应力加速试验具有对试验数据要求低的优点，并且具有很好的加速效率；序进应力加速试验是 3 种试验方法中加速效率最高的，但其数学统计方法也是最复杂的。

加速老化试验采用加大应力水平的寿命试验，缩短试验时间，提高了试验效率，降低了试验成本，其研究使高可靠性长寿命的火炸药贮存寿命预测成为可能，也是当前国内外广泛采用的一种老化试验方法，该方法试验周期短、所需工作量少、成本低，在近 20 年得到快速发展，并得到较好的科研成果。例如，意大利将“阿斯派德”导弹固体发动机置于 71℃ 恒温环境下长贮 13 周，达到正常环境下贮存 78 年的效果；按美军标 MIL－R—23139B，将固体火箭发动机置于规定的极高温或低温环境条件下各长贮 6 个月，若老化后其静止试验的性能参数仍符合规定，则认定其安全贮存寿命至少为 5 年；俄罗斯“火炬”设计局对 C－300 型导弹进行了 6 个月模拟自然长贮 10 年的加速老化试验。

加速老化对火炸药性能和结构的影响根据火炸药的种类不同而有一些差异，总体表现在以下几个方面：①放出气体。这些气体来源于原材料合成生产过程、火炸药制造过程中添加的工艺助剂、火炸药中的组分以及释出物之间相互反应气体，并随着贮存温度的升高，气体浓度也有增大的趋势。②体积不可逆增大，药柱变脆和疏松，颜色大都由浅变深。③物质迁移。加速老化促进了氨基、硝基等活性官能团向表层迁移，使表面极性发生变化，宏观上表现为晶析现象和一些黏合剂、低熔点物质或是杂质的迁移。④固体填料晶体颗粒增长，甚至在晶间出现断裂。长大的晶体甚至破坏了网状结构的黏合剂，出现了脱黏现象，但是其分子结构并没有变化。⑤物质的分解和降解，尤其针对一些高分子基的火炸药。以上综合作用的结果表现在药柱的重量减小、体积增大、力学性能变化、组分改变等，最终导致装药质量的下降。同时，由此可知在火炸药寿命预估中可以分别以力学性能，中定剂的含量、安全性能、凝胶分数、活化能等变化作为判据进行贮存寿命的预估。因此，现有的加速老化试验方法主要有：高温加速老化预估法、活化能法、凝聚含量法、傅里叶红外光谱分析法、动态黏弹分析法，这5种快速寿命试验方法都是在推进剂的研究工作上提出的，其中高温加速老化预估法是目前普遍使用的一种贮存寿命预测方法，已经广泛应用于橡胶、发射药、推进剂、可燃药筒、炸药等材料及部件的贮存寿命预测工作。主要是因为温度是影响火炸药药柱分解老化的重要因素之一，一般情况下，温度每升高10℃，老化速度增加2～4倍。具体方法是采用超出火炸药正常贮存环境温度值作用于发射药，在高温下测定火炸药的安定性、力学性能、反应基团、组分等物理或化学性能变化情况，在假设条件下(通常为火炸药在高低温下分解机理相同)建立数学模型，结合性能变化模型外推至正常贮存条件下的贮存寿命。

1)高温加速老化法

高温加速老化法是国内目前唯一一种固体推进剂贮存寿命预估方法中上升为国家标准的。此法通过利用高温加速老化法计算得到的宏观力学性能或热安定性数据来推算常温下推进剂的贮存寿命。将推进剂的力学性能或热安定性变化设为贮藏时间函数，在试验过程中找到一个与固体推进剂性能变化相适应的数学模型，再假设试验过程中的外推温度范围内只有几个或一个化学反应是具有同样活化能的化学反应，活化能是一个常数，与温度无关；温度与性能变化的速度常数的关系符合Arrhenius方程。这一方法同样也适用于其他类型的火炸药的贮存寿命预估。

此法在推算过程中还存在着一些明显的缺陷：①在多数情况下，$\ln K$与$1/T$的关系没有呈线性发展，也就是高温加速老化法的数据与简单的Arrhenius方程不符合，所以不能完全依赖于短期的高温加速老化数据来推算长期相同温度环境下推进剂的贮存寿命。②由于预估贮存寿命前推进剂性能临界值的(通过假设)确定，所以预估出的推进剂贮存寿命会随着不同发动机的不同需求而发生变化。③在预估试验过程中，固体推进剂的试验周期长，作用量较大。

2)凝胶含量法

在使用 Layton 进行关于 TP - H1010 推进剂的贮存性能老化试验过程中发现，固体推进剂的凝胶(不溶性黏合剂)在贮存老化期间的含量是持续增加的。并且提出机械性能与凝胶含量在其老化过程中存在着直接关系，测得力学性能的变化关系式与凝胶含量的变化关系式后，将两式合并，可以通过凝胶含量的变化计算得出推进剂在贮存老化后的力学性能数值。

这一方法也适合其他类型的聚合物基火炸药，即通过将火炸药在贮存老化过程中黏合剂分子的变化与机械性能的变化联系起来，不仅可以直接从现场获取火炸药，其样品的用量也相对较少，所以凝胶含量法也可以作为一种无损的药柱检测手段。

3)活化能法

活化能法是预估火炸药的贮存寿命方法中较为快捷且应用广泛的方法。其测试原理为：利用热分析测试方法(如 DSC 方法)测试出极少量样品在某一老化时间的反应表观活化能(E)。根据某一高温度点(如 71℃)条件下的加速老化试验结果，计算出相应的常数(K_1)。将该高温下的活化能与相应的常数(K_1)数据代入 Arrhenius 推导公式中，推算出常温环境下的常数(K_2)，进一步求出样品的安全贮存寿命。由于活化能法只需一个高温点下的试验数据，故该方法又称为点斜法，预估的寿命准确度较低。但由于该方法测试贮存寿命时间短、样品量少，对于样品配方筛选以及贮存性能的研究，仍是较好的试验方法。

4)动态黏弹分析法

采用动态黏弹分析法对炸药老化分析，由于分析过程发生较小变化，试验所需时间很短，因此分析过程极易忽视与分子链滑移有关性能的某些差异。另外该方法对样品无破坏性，且样品测试量相对较少，但是试验结果准确性高，通过模量变化能够更好地探索老化本质。因此，动态黏弹法能更准确地反映出推进剂贮存热氧老化的变化实质。

Husband 用动态黏弹法研究了方胚药样品与火箭发动机中的样品贮存温度(T)与动态贮存模量(G)和时间(t)的关系，进而推算出温度与固体推进剂老化速率的关系。在为期 6 个月的老化测试试验期间发现，这两种样品的老化状况是较为类似的，温度 $1/T$ 与老化反应速率常数 $\ln K$ 的关系却与 Arrhenius 方程没有完全符合，在固体推进剂的贮存老化过程中，活化能与温度有关，因此，推进剂老化反应并不是单一的化学反应，只能根据在某个温度范围内动态力学性能随老化时间变化来推算推进剂的活化能和老化速率，进而推算出固体推进剂的贮存寿命。

Duncan 等用动态黏弹法和单轴拉伸法研究分析了 AP/HTPB 固体推进剂的动态贮存模量（G）和单轴抗张模量（H）的相关性，试验结果表明，当动态应变剪切为 2.0%时，在应变速率和某个温度范围内，G 和 H 有一定的相关性。通过选取 3 种不同配方的 HTPB 体推进剂进行动态黏弹试验时，根据不同贮存时间、温度下的单向拉伸力学性能和弹性模量，发现单向拉伸力学性能与弹性模量的变化规律基本一致。使用动态黏弹法一方面可以通过测定不同贮存时间和不同温度下固体推进剂的动态剪切模量（G）来推算固体推进剂的活化能和老化速率，进而推算常温下固体推进剂的贮存寿命；另一方面，还可以对现场操作的发动机中和现场贮存的固体推进剂进行老化跟踪，根据单轴抗张模量（H）和动态剪切贮存模量（G）相关性计算得出发动机中现场操作的推进剂的力学性能，从而为更换或销毁导弹部署提供有力依据。

6.5.2 预估火炸药贮存寿命的计算方程

加速老化试验预估寿命涉及 3 重要步骤：①试验条件的选择；②跟踪测试参量（失效模式）及失效判据的确定；③外推到常温或使用温度的依据——失效参量退化的时间关系和退化率的温度关系。因此，要准确预估贮存寿命，计算方程的选择尤为重要。

1. Arrhenius 方程

Arrhenius 方程是常用于预估火炸药及其制品贮存寿命的方程。其对数形式为

$$\ln k = \ln A - \frac{E_a}{RT} \tag{6-5-1}$$

如果加速老化试验可以直接获得老化临界寿命值 τ，则可不通过反应速率（或性能退化率）常数进行常温下的寿命预估。用下列形式的 Arrhenius 方程就可以预估寿命：

$$\ln \tau = \ln Z + \frac{E_a}{RT} \tag{6-5-2}$$

或

$$\lg\tau = \lg Z + \frac{E_a}{2.303RT} \tag{6-5-3}$$

式(6-5-2)和式(6-5-3)中 Z 为式(6-5-1)中指前因子 A 的倒数，即 $Z = 1/A$。

该方程虽然是化学动力学方程，由化学反应引起的性能变化用该方程外推寿命是毫无疑问的，但理论推导和试验都证明，该方程也同样适用于预估力学性能、迁移和扩散等物理过程所引起的寿命变化。但应用该方程时应该注意以下问题：①老化是通过测定反应速度获得的，对扩散和各种类型的应力作用，该方程有时被限制使用；②试验温度与外推温度间隔较小，可以认为活化能与温度无关；③该方程有时很难考虑到如湿度、氧和腐蚀性气体导致的叠加效应，若老化中同时存在几种影响性能的变化过程，则它们的活化能必须相同或近似相等。

2. Berthelot 方程

Berthelot 方程描述老化寿命与温度的关系，不需要获得反应速率常数或性能变化速率。与 Arrhenius 方程相比，Berthelot 方程可以简化试验和数据处理过程，且外推获得的寿命小于 Arrhenius 方程，更接近实际寿命，从基于保守角度出发，采用 Berthelot 方程更合适。因此，Berthelot 方程被普遍应用于火药安全贮存寿命预估，其基本形式为

$$T = A_b + B \cdot \lg\tau \tag{6-5-4}$$

3. 温度系数方程

温度系数方程是从 Arrhenius 方程推导出来的近似公式，用来计算每升高或降低 10℃ 时性能变化速率（退化率）的比率。其表达式为

$$\tau_1 = \tau_2 \gamma^{\frac{T_2 - T_1}{10}} \tag{6-5-5}$$

式中：T_1 和 T_2 分别为外推贮存温度和加速老化温度，τ_1 和 τ_2 分别为温度 T_1 和 T_2 下的贮存寿命；γ 为温度系数。

实际上，该方程也是简化的 Berthelot 方程，因为温度系数可以按公式 $\gamma = 10^{-10/B}$ 计算，而其中 B 值就是 Berthelot 方程（式(6-5-5)）中的 B 值。

由于许多变化过程的活化能（E）范围为 120～140kJ/mol，其温度系数均为 3 左右。因此，进行寿命预估时只要通过单温度的试验获得该老化温度的寿命 τ_2，用经验获得温度系数 γ，就可以由式(6-5-5)计算获得外推温度下的寿命 τ_1。

4. 简化试验和计算的点斜法及单温度定时法

点斜法是单一温度老化获得的性能失效时间或寿命临界点，用已知或另外途径获得的活化能(E)作为斜率，根据 Arrhenius 方程外推获得贮存寿命，因此称为点斜法。其实际上是 Arrhenius 方程的简化应用，其中 E 就是斜率，只是 E 可以通过其他途径获得，只要其是描述同一失效模式和机理的温度系数即可。显然该方法要比 Arrhenius 方程外推获得贮存寿命简单得多，老化试验量也少得多，获得寿命临界点时也可以不考虑过程。

单温度定时法实际上是从温度系数方程简化而来的。当温度系数已知时，就可以用该方法确定预期寿命在单温度下的老化时间。方程的基本形式为

$$\tau_2 = A\mathrm{e}^{-kT_2} \tag{6-5-6}$$

式中：$A = \tau_1\gamma^{0.1T_1}$；$k = 0.1\ln\gamma$。

当温度系数 γ 和外推温度 T_1 确定时，则可以分别计算外推贮存温度 T_1 下贮存寿命为 τ_1 的 A 和 k 值，当加速老化温度为 T_2，外推寿命为 τ_2 时，由式(6-5-6)计算加速老化到达寿命临界点时所需的老化时间 τ_2。因此，仅进行某一温度 T_2 下的加速老化试验，当试样经历老化仍未失效的时间等于或大于 τ_2 时，则认为该试样的外推寿命等于或大于 τ_1。

单温度定时法适用于已知温度系数的材料进行快速检测和剩余寿命的快速预估。

5. 三方程老化预估寿命相等的条件

通常用 Arrhenius 方程外推获得的预估寿命会大于温度系数法和 Berthelot 方程法。但在一定条件下，前者与后者外推获得的预估寿命就会相等或接近。

根据推导，Arrhenius 方程与温度系数法和 Berthelot 方程预估寿命相等的条件分别是

$$\ln\gamma = \frac{10E}{RT_1T_2} \tag{6-5-7}$$

$$B = \frac{2.303RT_1T_2}{E} \tag{6-5-8}$$

或

$$B-(T-A_b)/\left(\lg Z + \frac{E}{2.303RT}\right) \tag{6-5-9}$$

6. 修正的 Arrhenius 方程

传统的 Arrhenius 方程在处理数据时，将指前因子和表观活化能假设为常数，没有考虑其在温度下的变化，但通过理论推导和试验证明，这 2 个参数都和温度有关，不能作为常数处理。在对固体推进剂的寿命预估上，传统的 Arrhenius 方程也存在较大误差。因此，必须对该方程进行修正。

1)Arrhenius 方程的三参数公式

研究表明，指前因子大致与温度(T)的 m 次方有关，因此 Arrhenius 方程被修正为三参数方程，即

$$k = AT^m \exp\left(-\frac{E}{RT}\right) \tag{6-5-10}$$

和传统 Arrhenius 方程以及常温试验外推贮存寿命进行了比较，修正的 Arrhenius 方程预估精度更高。

2)Arrhenius 方程的多项式公式

三参数公式对传统 Arrhenius 方程中的活化能进行了修正，有效减小了寿命预估的误差，但都没有考虑到火炸药在固化过程中伴随着老化，固化起点不等同于老化起点；另外，对于活化能的修正上，还可进一步缩小误差，使预估结果更符合实际贮存情况。杜永强等以 HTPB 推进剂的老化模型为指数函数形式，对 HTPB 推进剂高温加速寿命试验的老化起点进行了修正。同时，结合传统 Arrhenius 方程中指前因子及活化能与温度的函数关系，修正该函数为多项式形式，通过试验数据拟合影响程度因子，该方程有效地减小传统 Arrhenius 方程带来的误差，同时对不同型号的 HTPB 推进剂有良好的适应性。

HTPB 推进剂的反应机理函数为国内外在对推进剂进行寿命预估时，通常采用的指数模型：

$$P = P_0 e^{-Kt} \tag{6-5-11}$$

式中，P 为推进剂老化后的力学性能参数；P_0 为初始性能值；K 为性能变化速率常数；t 为老化时间。

在固化过程中，老化反应也在同时进行。因此，固化终点并非老化起点。假设 HTPB 推进剂在温度 T_0 下进行固化，加上固化前后的升降温时间，总共的固化时间为 t_0，其他温度下的对应时间用 Arrhenius 方程导出进行修正：

$$\ln \frac{K(T+\Delta T)}{K(T)} = \frac{E}{RT^2}\Delta T \tag{6-5-12}$$

通过实测得到的推进剂活化能数据，代入式(6－5－11)可求得不同温度下的 K 值与固化温度 T_0 下的 K 值之比。假设固化结束后式(6－5－11)中的(P/P_0)为一定值，则可导出：

$$\frac{K(T_0)}{K(T)}=\frac{t}{t_0} \tag{6-5-13}$$

即可求不同老化温度下的老化起点。

通过加速老化试验表明，指前因子和温度的函数关系不同时，老化反应速率常数也存在区别。考虑到公式能更准确地预估试验老化模型，同时分析不同温度函数形式对反应速率常数的影响，选取指前因子和温度的函数关系为多项式形式：

$$A=\sum_{m=0}^{4}C_mT^m \tag{6-5-14}$$

所以，Arrhenius 方程的形式修正为

$$K=\sum_{m=0}^{4}\theta_mK_m \tag{6-5-15}$$

$$K_m=C_mT^m\mathrm{e}^{\left(-\frac{E}{RT}\right)},\ m=0,1,2,3,4 \tag{6-5-16}$$

式中：C_m($m=0$，1，2，3，4)、E 均为待定系数。

从式(6－5－16)可看出，每个单独的反应速率常数在形式上为三参数 Arrhenius 方程。因此，该修正公式可看作是不同形式温度函数的结合，但各自对反应速率的影响程度 θ_m($m=0$，1，2，3，4)，需要依据实际试验数据进行拟合。

对式(6－5－16)等式两边同时取对数，并对温度求导，整理得

$$\frac{\mathrm{d}\ln K_m}{\mathrm{d}T}=\frac{m}{T}+\frac{E}{RT^2},\ m=0,1,2,3,4 \tag{6-5-17}$$

修正公式考虑到了温度对活化能的影响，结合不同温度下的影响程度，可有效地减小传统公式下假设活化能为常数带来的误差。

7. 加速因子方程

加速因子方程是关联加速老化寿命与贮存温度寿命之间关系的方程。经不同贮存时间后火炸药及其制品在加速老化时有不同的失效时间或寿命临界点，寿命加速因子(K_T)被定义为常温已贮存的年限差 Δy 与加速老化试验的失效临界点时间差(Δm)(月)的比值，即

$$K_T=\frac{\Delta y}{\Delta m}=\frac{y_2-y_1}{m_1-m_2} \tag{6-5-18}$$

式中：加速因子 K_T 为试样在高温下贮存一个月相当于在常温下贮存的时间(年)。计算剩余使用寿命 y_s 和总使用寿命 y_g 的方程分别为 $y_s = K_T \cdot m$ 和 $y_g = K_T \cdot m + y$，其中，m 为高温加速试验的失效临界点时间(月)；y 为常温下已贮存的时间(年)。

8. Eyring 方程

在预估多应力因素作用下火炸药的老化寿命或 Arrhenius 方程不适用时，则可用 Eyring 方程，该方程如下：

$$L(V) = \frac{1}{V}\mathrm{e}^{-(A-B/V)} \tag{6-5-19}$$

式中：$L(V)$为与应力因素有关的寿命；V 为应力因素，比如热应力–温度，也可以是非热应力，比如湿度；A 和 B 为方程的待定常数。

上式还可表示为

$$L = A'T^{-1}\mathrm{e}^{B/T} \tag{6-5-20}$$

式中：$A' = \mathrm{e}^{-A}$；$T = V$，为绝对温度。

若以寿命 τ 形式表示修正的 Arrhenius 方程，则 Arrhenius 方程可修改为

$$\tau = ZT^{-m}\mathrm{e}^{\frac{E}{RT}} \quad (\text{其中 } Z = A^{-1}) \tag{6-5-21}$$

式(6–5–21)与式(6–5–20)非常相似，可以认为 Eyring 方程是修正的 Arrhenius 方程的一种特殊形式。与 Eyring 方程类似的有温度–非温度($T-NT$)模型，这是考虑除了温度的应力外，还有一个非温度应力 U 的寿命方程：

$$L(T, U) = A'T^{-1}U^{-n}\mathrm{e}^{B/T} \tag{6-5-22}$$

式中：U 为非温度应力，如相对湿度；A'、B 和 n 为待定常数。

一般认为 Arrhenius 方程和式(6–5–19)所表示的 Eyring 方程适用于单一温度应力下的加速老化模型，而式(6–5–22)更适用于双应力因素(如湿热)加速老化的预估模型。

9. 交变老化温度的累计损伤模型

环境应力不可恢复性的不可逆作用，每次都会给产品带来损伤，这些损伤累积起来超过某一临界值时，材料就会发生故障或失效，描述这种变化过程的模型就是累积损伤理论。

假定在特定的交变应力 l_i 的作用下，平均可承受的循环次数为 N_i，而循环次数为 n_i，则 Miner 法则认为，当 $\sum \frac{n_i}{N_i} = 1$ 时，可以认为材料到达平均使用寿

命(MTTF)。应用累积损伤模型的前提是，即使应力大小变化，失效机理也不变。

如果环境温度变化是时间的连续函数 $T=f(t)$，而老化寿命的温度函数 $L=F(T)$认为在微小时间段 Δt_i 内温度保持为 T_i，把 Miner 法则方程中的循环次数用实际的时间代替，即 $n_i=\Delta t_i$，而 $N_i=L(T_i)$，则有 $\sum \frac{\Delta t}{L(T_i)}=1$，或写成积分形式：

$$\int_0^{\mathrm{MTTF}} \frac{\mathrm{d}t}{L(T_i)}=1 \qquad (6-5-23)$$

若老化寿命的温度函数 $L(T)$是 Arrhenius 方程或 Eyring 方程，则式(6-5-23)可写成

$$\int_0^{\mathrm{MTTF}} \mathrm{e}^{\frac{-B}{f(t)}}\mathrm{d}t=Z \qquad (6-5-24)$$

或

$$\int_0^{\mathrm{MTTF}} f(t)\mathrm{e}^{\frac{-B}{f(t)}}\mathrm{d}t=A' \qquad (6-5-25)$$

根据已知参数，如 Arrhenius 方程的参数 Z 和 E 或 Eyring 方程的参数 B 和 A'，以及温度的时间函数 $T=f(t)$，求解式(6-5-24)或式(6-5-25)的积分方程即可获得变化环境下的平均寿命 MTTF。

10. 神经网络法

人工神经网络(artificial neural network，ANN)是 20 世纪 80 年代发展起来的综合性学科，ANN 通过网络学习实现非线性函数映射，广泛应用于性能预测、模式识别、模糊控制、图像识别等过程。其中 BP 网络是一种应用十分广泛的人工神经网络，BP 的重要功能之一是非线性函数映射。根据 Kolmogorov 定理，总是存在一个三层神经网络，能精确实现任意的连续映射。BP 神经网络一般由输入层、隐含层和输出层构成。输入层神经元的输入信息必须是对输出具有典型影响的因素，网络相邻层间的神经元是互连的，同层神经元之间不相连，邻层互连神经元间存在可调权值。使用前需采用数据对其进行训练。

火炸药及其制品的寿命问题往往是多因素、非线性问题，通常的单因素分析方法或多元回归分析方法无法准确研究这类问题，而 BP 神经网络模型是处理这类问题的有效方法。国内刘沃野等利用 BP 神经网络法对某库存枪弹的贮存寿命进行了预估。有研究者提出利用遗传算法(GA)和神经网络相结合的遗传神经网络模型，预测推进剂使用贮存寿命或可靠贮存寿命，可以克服 BP 算法的不足。GA 是模拟生物进化过程的全局性概率搜索算法，具有自适应性、全

局优化性和隐含并行性。GA 可以优化 BP 神经网络结构、权值和阈值。两者结合可以建立较好的预估寿命遗传神经模型。

6.6 提高火炸药安全贮存寿命的途径

提高单质炸药安全贮存寿命的途径比较简单，就是严格控制贮存条件，保持贮存仓库阴凉干燥、通风。

以下主要介绍提高含硝酸酯火炸药和聚合物基火炸药安全贮存寿命的途径。

6.6.1 提高含硝酸酯火炸药安全贮存寿命的途径

含硝酸酯火炸药的安全贮存寿命与火炸药的组成及含量、工艺水平和贮存条件有密切的关系。提高安全贮存寿命的途径如下：

(1)严格控制含硝酸酯火炸药原材料的安定性质量；

(2)严格控制火炸药成品的质量指标，特别要严格控制水分的含量；

(3)严格控制贮存条件，贮存仓库温度要保持恒定或温度波动小，包装箱要密封防漏、防潮，堆放层厚度要适中，既要提高仓库的利用率，又要有利于通风散热，露天暂时存放要加盖防晒防雨篷布等；

(4)选择与火炸药品种相匹配的安定剂且含量要适度。

6.6.2 提高聚合物基火炸药安全贮存寿命的途径

前面讨论了聚合物基火炸药产生老化的原因，这里讨论延缓老化的途径。就是要针对产生老化的原因来采取相应的措施，以延长聚合物基的火炸药的贮存寿命。

1. 降低氧化剂的热分解

在复合推进剂中用得最多的氧化剂是高氯酸铵(AP)，这里主要讨论降低 AP 的热分解性能。

(1)提高 AP 的纯度：杂质对 AP 的低温热分解影响很大。如氯酸根离子、砷酸根离子对 AP 的热分解有催化作用。所以，必须尽量通过重结晶的办法除去这些杂质。

(2)添加热分解抑制剂：一些铵的化合物对 AP 的低温热分解有抑制作用，如$(NH_4)_2HPO_4$、NH_4F、NH_4Cl、NH_4Br 等。添加少量的这些物质可有效改善 AP 的低温热分解。

(3)降低 AP 水分的含量：AP 中含有水分时，对推进剂力学性能有极大的破坏作用，对 AP 的热分解有促进作用，所以，在加入推进剂前必须彻底烘干。

(4)成膜包覆：对 AP 粒子选用适当的键合剂进行包覆，有利于降低热分解、降低吸湿作用，提高推进剂的力学性能。

(5)离子镶嵌：用与 AP 相同构型的氧化剂(如 $KClO_4$)制成固溶液，即所谓的离子镶嵌，也可改善 AP 的低温热分解性能。

2. 提高黏合剂系统的抗老化特性

高分子基火炸药老化的关键是黏合剂系统的老化。所以，提高黏合剂系统的抗老化性能，即提高黏合剂系统抵抗外界条件(如热、氧和水分等)作用的能力是提高抗老化性能的关键。

(1)选择抗老化性能好的预聚体，含有某些活性基团或键的预聚物如—ONO_2、NF_2等对热敏感，而含双键的预聚物对氧敏感，饱和烃则有很好的热稳定性和抗氧化能力。官能团的选择也很重要，如 CTPB 就比 HTPB 的抗老化性能差。这些问题都应加以考虑。

(2)选用抗老化性能好的固化剂和键合剂。前面讲过，CTPB 推进剂选用单一的 MAPO 或环氯树脂作固化剂时，在贮存中会出现变软或变硬的现象，只有选用双元固化剂时才能克服上述缺点。异氰酸酯是 HTPB 推进剂的固化剂，但诸多异氰酸酯中以异佛尔酮二异氰酸酯固化的推进剂贮存性能最好。PU 推进剂以选用 TDI(脂肪链或酯环链二异氰酸酯)固化的推进剂热稳定性最好。

键合剂(偶联剂)除可改善推进剂的初始性能外，也能提高推进剂的抗老化性能。如对于 HTPB 推进剂选用 MT-4(2molMAPO、0.7mol 己二酸和 0.3mol 酒石酸的加成物)、HX-752(间苯二甲酸丙烯亚胺)和 BLDE(丁基亚胺二乙醇胺)三组元的键合剂比单独使用 MT-4 或 HX-752 单元键合剂抗高温老化性能要好。

(3)添加防老剂。添加防老剂以提高制品的耐候性已在橡胶和塑料工业中被广泛应用。同样，加入防老剂可以提高聚合物基火炸药对外界环境作用的抵抗能力，因此，在聚合物基火炸药中添加防老剂提高推进剂的抗老化性能也广泛被采用。防老剂的选用随黏合剂而异，常用的防老剂有胺类[如防老剂 H(N,N′一二苯基二胺)、DNP(N,N′一二(β-萘基)对苯二胺)等]和酚类[如 2,2′-甲基-双(4-甲基-6-叔丁基)苯酚、4,4′-硫代双(6-叔丁基间甲酚)等]，加入量为聚合物基火炸药总量的 0.1%～3%。

防老剂的作用在于中止黏合剂系统在氧化和断裂过程中产生的游离基，阻止聚合物基火炸药降解的动力学链锁反应，从而延缓火炸药的老化。老化反应机理为

$$RH(\text{高聚物}) \rightarrow R\cdot + H\cdot(\text{加热})$$

$$R\cdot + O_2 \rightarrow ROO\cdot$$

$$ROO\cdot + RH \rightarrow ROOH + R\cdot$$

加入防老剂的反应：

$$R\cdot + Ar_2NH(\text{胺类}) \rightarrow RH + Ar_2N\cdot$$

$$R\cdot + ArOH(\text{酚类}) \rightarrow RH + Ar_2O\cdot$$

$$ROO\cdot + Ar_2NH \rightarrow ROOH + Ar_2N\cdot$$

$$ROO\cdot + ArOH \rightarrow ROOH + ArO\cdot$$

生成的 $Ar_2N\cdot$ 和 $ArO\cdot$ 是稳定的游离基，不再引起链锁反应。但稳定的游离基还能与活性游离基产生链中止反应：

$$Ar_2N\cdot + ROO\cdot \rightarrow Ar_2NO_2R$$

$$ArO\cdot + ROO\cdot \rightarrow RO_2ArO$$

防老剂只能在一段时间延缓推进剂的自动氧化作用，而不能从根本上消除自动氧化作用，一旦防老剂被消耗完，就不再起防老化作用，火炸药将加速老化。

在火炸药中加入辅助防老剂，对主防老剂有协同效应，从而提高主防老剂的抗老化效果。

硝酸铵或高氯酸铵为基的复合推进剂老化，一般都认为是硝酸离子或 AP 缓慢分解放出的活性氧攻击黏合剂聚合物链上的 C═C，造成聚合物的氧化交联，使得火炸药的交联密度和凝胶含量增大、变硬及伸长率降低。但也有人认为，这种氧化交联与 AP 分解产物无关，而是周围环境中的氧造成的，即使有抗氧化剂的存在也不能抑制这种氧化过程。AP 低温分解是解离过程，这时对 HTPB 的氧化作用主要是周围空气的氧，而 AP 高温分解是强烈的氧化还原过程，这时它的气相产物具有很强的氧化性，对 HTPB 有很强的氧化作用。这两种过程已被固体裂解红外原位池的试验所证明：在温度低于 100℃ 时，HTPB 黏合剂未被 AP 氧化，而高于 100℃ 时，由于 AP 分解放出高氧化性的产物，HTPB 发生了氧化交联、环化和断键降解等反应，而防老剂的作用是抑制 HTPB 的氧化。

3. 改善贮存条件

(1)密闭贮存。将药柱贮存于密闭容器中或在发动机中密闭贮存，同时保持恒温。为消除空气中氧对药柱表面的作用，将容器或发动机空腔中的空气抽掉再充以干燥的氮气。

(2)控制贮存环境湿度。控制环境湿度在推进剂吸湿的临界相对湿度下，使环境湿度不对药柱产生影响。火炸药与环境不产生水分交换，既不吸湿也不失水，这种在某一温度下使其吸湿处于平衡状态的相对湿度称为推进剂在该温度下的平衡相对湿度。火炸药种类不同，平衡相对湿度是不同的，如在 21.1℃下，PE(聚酯)推进剂的平衡相对湿度为 20%、CTPB 推进剂为 50%、HTPB 推进剂为 45%、PU 推进剂为 28%；LTPB(端内酯基聚丁二烯)推进剂为 55%。

(3)在火炸药表面涂布防老剂。将防老剂溶液涂布于推进剂暴露的初始燃烧面上，能有效地提高推进剂表面的抗氧化能力，从而提高推进剂的抗老化性能。

4. 限制液体组分迁移扩散

在聚合物基火炸药中常加入液体组分，如增塑剂和液体燃速调节剂。液体组分的加入使聚合物基火炸药/衬层间产生组分的浓度梯度而发生迁移。液体组分的迁移破坏了界面间的黏接力、推进剂的力学性能和燃烧性能以及衬层的绝热性能。故必须采取措施把液体组分迁移降至最低限度。

(1)在聚合物基火炸药和绝热层之间加阻挡层。这是阻挡液体组分的迁移扩散措施之一。常用的阻挡层材料有环氧树脂、尿烷橡胶(chemglaze)、聚酯薄膜(malar)、铝箔等，这些材料能有效地阻挡增塑剂己二酸二辛酯(DOA)、硝酸酯，燃速催化剂卡托辛和固化剂 IPDI 等的扩散迁移。张凤文等发现，向聚醚推进剂的衬层中加入 0.1%的硬脂酸甲酯能够大幅度降低 A3 的迁移量。

(2)预增塑技术，即采用与聚合物基火炸药中增塑剂相平衡的绝热衬层材料。在衬层中加入与火炸药中相同品种、相同含量的增塑剂，以克服它们之间因浓度差而发生的迁移。

(3)选用抗迁移的衬层材料，一般可以认为与增塑剂溶度参数相差较大的材料抗迁移性较好，但是可能会导致聚合物基火炸药与衬层的黏接性能变差从而引发更严重的问题。提高衬层的交联密度和提高衬层中固体填料的含量可提高衬层的抗迁移性能。但是，交联密度过大和填料含量过高，会使衬层和火炸药之间力学性能差异太大而降低界面间的黏接性能。

(4)依据静电排斥理论，在衬层或包覆层材料中引入带负电基团的物质，如四溴双酚 A，通过该基团与含能增塑剂上的极性基团间的静电排斥作用降低增塑剂的迁移。

(5)对迁移组分进行改性，分子量大的增塑剂迁移性较弱，支化结构的增塑剂迁移性弱于线型增塑剂。目前有许多关于合成新型超支化增塑剂的研究，甚至有将增塑剂或燃速调节剂通过化学键直接固定在黏合剂主链上的尝试，这类做法确实可以有效降低增塑剂的迁移性，但是增塑剂的增塑效果则会大打折扣，对材料的工艺性能和低温力学性能有负面影响。

(6)增大增塑剂与组分的相互作用，从而减少其向外的迁出。酯基与含能基团之间具有一定的相互吸引力，增大酯基的浓度对含能增塑剂的迁出有一定改善。

(7)尝试采用一些新的固化衬层，例如光固化-热固化体系的衬层。光固化相比传统热固化的显著优势在于固化速度快，可以有效避免在热固化体系中出现由于半固化衬层结构不完整导致硝酸酯增塑剂大量迁移的问题。同时固化后的衬层表面还有适量的羟基等活泼氢基团，确保与后续浇铸的火炸药药浆形成足够数量的化学键，从而实现良好的界面黏结。

参考文献

[1] 刘飞. 奥克托今的球形化研究[D]. 太原：中北大学，2012.
[2] 钱海. 铝粉对乳化炸药爆炸性能和热安定性的影响[D]. 合肥：安徽理工大学，2017.
[3] 王文博，鲁国林，杨玲，等. CTPB 复合固体推进剂贮存老化性能研究概述[J]. 化学推进剂与高分子材料，2011，9(3)：5-9，24.
[4] 许兵朝，杨天成，杨一. 考虑泊松比的 HTPB 推进剂贮存老化反应速率研究[J]. 兵器装备工程学报，2017，38(2)：168-171.
[5] 乔应克，王文博，鲁国林，等. 对苯二胺类防老剂对 CTPB 固体推进剂性能的影响[J]. 2016，39(5)：664-667.
[6] 董可海，裴立冠，孔令泽，等. 定应变下 NEPE 推进剂的贮存老化性能[J]. 固体火箭技术，2019，42(3)：403-408.
[7] 苟江，贺孝军，赵良友，等. DEGDN 混合硝酸酯发射药的化学安定性[J]. 四川兵工学报，2011，33(3)：33-34.
[8] 何铁山，李磊，杜芳，等. HTPB 推进剂力学性能吸湿和恢复特性[J]. 固体火箭技术，2016，39(2)：226-230.
[9] 于畅，董可海，裴立冠，等. 不同气氛下固体推进剂老化监测研究[J]. 舰船电子工程，2017，37(12)：87-91.
[10] 刘子如. 火炸药老化失效模式及机理[J]. 火炸药学报，2018，41(5)：425-433.
[11] 杨秋秋，聂海英，黄志萍. GAP 推进剂黏接体系组分迁移动力学研究[J]. 含能材料，2017，25(8)：639-645.
[12] 曹蓉，王永茂，彭松，等. 含CL-20/HMX 的 GAP 高能推进剂老化特性[J]. 固体火箭推进剂，2018，41(2)：203-207.
[13] 张昊越，付小龙，刘春，等. 动态热机械分析应用于固体推进剂领域的研究进展，2013 年力学计量测试技术学术交流会论文专集，2013：5-7.
[14] 尹俊婷，罗颖格，陈智群，等. 一种弹药 PBX 装药的贮存老化机理及安全性[J]. 含能材料，2015，23(11)：1051-1054.
[15] ASHRAFI M，FAKHRAIAN H，DEHNAVI M A. Synthesis，characterization

and properties of nitropolybutadiene as energetic plasticizer for NHTPB binder [J]. Propellants, Explosives, Pyrotechnics, 2017, 42(3):269 - 275.

[16] 杜姣姣,贾林,王芳芳,等. 低场核磁共振技术在火炸药老化性能评估中的应用[J]. 含能材料,2019:1 - 9.

[17] 杜姣姣,张林军,王琼,等.热老化条件下 HTPB 推进剂交联密度变化规律研究[C]//中国现场统计研究会可靠性工程分会 2013 年学术年会.北京:中国现场统计研究会,2013:226 - 229.

[18] 丁超,吴婉娥,马瑞. NEPE 推进剂主要组分分解机理的分子模拟研究进展[J]. 化学推进剂与高分子材料,2017,15(3):1 - 6.

[19] 张昊,彭松,庞爱民,等. NEPE 推进剂力学性能与化学安定性关联老化行为及机理[J]. 推进技术,2007,29(3):327 - 332.

[20] 张翠珍,王吉强,边利峰,等. GAP 高能推进剂的老化机理研究[C]. 中国化学会第八届全国化学推进剂学术会议论文集,2017.

[21] 杜永强,郑坚,彭威,等. 基于分段老化模型的 HTPB 推进剂贮存寿命[J]. 含能材料,2016,24(10):936 - 940.

[22] 肖旭,彭松,李军,等. HTPE 推进剂的老化性能研究[J].固体火箭技术,2019,42(3):414 - 418.

[23] 刘杰,罗天元,黄文明,等. 发射药贮存寿命预测技术研究进展[J]. 装备环境工程,2011,12(8):38 - 42.

[24] 李文海.某型炸药安全寿命的试验研究[D].南京:南京理工大学,2017.

[25] 曾桂荣.复合固体推进剂贮存寿命预估方法[J].化工管理,2018,9:11 - 13.

[26] 杜永强,郑坚,彭威,等. 基于修正 Arrhenius 活化能方法的 HTPB 推进剂贮存寿命预估[J]. 固体火箭技术,2017,40(1):81 - 89.

[27] 刘子如,邵颖惠,任晓宁,等. 预估火炸药寿命的数学模型及其计算[J]. 火炸药学报,2016,39(2):1 - 7.

07 第7章 火炸药的安全性能

火炸药的安全性能又称危险性能，它们是对立统一的两个方面，从不同角度来说明同一个问题。火炸药自身具备化学变化所需要的氧化和还原元素，因而，当这种体系受到化学变化所必需的激发能量时，就可能自动发生激烈的化学变化——燃烧和爆轰。所以，火炸药的危险性能是指当火炸药受到外界能源（如热、撞击、摩擦、静电火花和冲击波等）激发时，发生燃烧或爆炸的难易程度。这种对激发能源的敏感程度又称为感度。火炸药在生产、贮存、运输和使用过程中，不可避免地要受到热、摩擦、撞击、静电火花和冲击波等的作用，这种能量作用的大小和火炸药及其含能组分对外界激发能量的敏感程度对其生产、贮存、运输和使用的安全性有重大意义。因此，研究火炸药在外界能量激发下发生燃烧或爆炸的敏感程度和作用机理，是制定生产工艺、贮存、运输和勤务处理安全规范的依据。

评价火炸药的安全性能常以火药对外界激发能源的敏感程度来表示，在生产、贮存、运输和使用过程中，可能的激发能源有热、火焰、机械作用（撞击和摩擦）、静电火花、冲击波与子弹贯穿等。所以，火炸药的感度常以火炸药对各种外界激发能源的不同来分类。目前，使用最普遍的感度有热感度、撞击感度、摩擦感度、静电火花感度和爆轰感度。用这些感度来衡量火药的安全性程度，制定安全措施，以防患发生燃烧和爆炸的危险出现。

火炸药各种感度之间并无一定的关联，且常常具有选择性。一种火炸药可能对某种激发能源特别敏感，而对另外一些激发能源则不敏感，例如，双基推进剂比复合推进剂对撞击敏感，对摩擦则相反；又如，四氮烯比斯蒂芬酸铅对撞击、摩擦敏感，对火焰则相反。所以，在制定安全规范时，应针对不同种类的火炸药来制订。

至今，各国对火炸药安全性能的鉴定标准并不完全统一，甚至一种感度的标准也不完全统一。安全性能的鉴定目的不在于因火炸药对于某种感度大而加以否定，而是用于指导火炸药生产、运输、贮存和使用过程中有关安全方面的注意事项。

通常，火炸药具有一定的稳定性，除少数分子处于激发态可缓慢分解外，绝大多数分子都处于稳定态。少数激发分解的分子少到难以用仪器测到的程度，所以，只要有良好的散热条件，激发态分子不增多，就不会发生燃烧或爆炸。火炸药由稳定态激发到热分解、燃烧和爆炸所需要的能量称为活化能，这种活化能一般很高，为126～209kJ/mol。所以，火炸药在常态下是稳定的。

7.1 火炸药的组分相容性

单一化合物难以满足武器装备对火炸药的要求，现在多采用一种或多种含能材料的混合物。因此，火炸药配方中组分很多，例如，发射药多以NC为基，如SB(NC)、DB(NC/NG)、SB(NQ/NC/NG)等，另外还可能含有安定剂、增塑剂、冷却剂等；而推进剂的组分更多，主要包括氧化剂(AP、AN、ADN等)、金属燃料(Al、Mg等)、含能添加剂(RDX、HMX、CL-20等)、黏合剂、增塑剂、防老剂、燃速催化剂、中定剂等十余项组分。高聚物黏结炸药(PBX)则主要以爆炸性质良好的硝胺类炸药(RDX、HMX)作为主体炸药，再配以其他组分，如高聚物(黏合剂)、添加剂(改进产品的其他性质)等，组成多元的混合体系。

但是，在实际使用中，当含能组分和添加剂共混后，经常出现混合物的热分解速率比单一含能组分速率快的现象，即混合物比单一含能组分具有较大的危险性。例如，BTNE和不同高聚物共混时，160℃时热分解半分解期明显变化。如表7-1-1所列，单一的BTNE在160℃时要59min才分解一半，而和有机玻璃混合后，半分解期下降为36min，和聚乙烯醇缩丁醛的混合物受热后立即爆燃。表7-1-1中最后两种混合物在160℃是不安全的。高氯酸铵在160°C时热分解速率很小，NG在同一温度下也可以平稳分解，但当二者以1∶1比例混合后，在160℃时就立即爆燃。这两个例子说明某些混合物的热分解速率比单一炸药快得多，因而，研究炸药与各种添加剂(聚合物、金属粉、其他)构成的混合物热分解，即热安全性是个重要的实际课题。这就是炸药的相容性应研究的问题。

表 7-1-1　BTNE 和某些高聚物混合物的热分解半分解期(160℃)

混合物	$\tau_{1/2}$/min
BTNE	59
BTNE/PIB(95/5)	56
BTNE/PVAC(95/5)	40.8
BTNE/PMMA(95/5)	36
BTNE/(PB-S-DMP)(95/5)	爆燃
BTNE/PVB(95/5)	爆燃

注：PIB—聚异丁烯；PVAC—聚醋酸纤维；PMMA—有机玻璃；PB-S-DMP—丁苯、苯乙烯、苯二甲酸二辛酯混合物；PVB—聚乙烯醇缩丁醛

火炸药的组分相容性指的是含能组分(氧化剂、单质炸药等)和黏合剂、增塑剂等组分共混、接触形成的混合物的热分解速率特性。由于混合物的热分解速率一般都与单一含能组分的不同，所以，以热分解速率变化的程度来判别混合物的相容性。如果和原来的单一含能组分对比，混合物的热分解速率加快明显，就认为这个混合物的组分不相容；速率增加程度低或者相对不变的可认为是相容的。这种判别标准也是不精确、模糊的，随测定方法而变化，带有很大的经验成分，可用下列通式表示：

$$R^0 = C - (A + B) \qquad (7-1-1)$$

式中：R^0 为炸药、添加剂共混后热分解量变化；C 为混合物的热分解量；A、B 分别为两种组分各自的热分解量和。

就火炸药和其他物质相处的情况，可分为组成相容性和接触相容性。

火炸药配方中的各个组分混合后表现出混合物的相容性叫作组成相容性，又叫内相容性。而火炸药在和其他材料相处构成弹药或部件时，火炸药与这些物质接触而引起的反应则叫作接触相容性，又叫作外相容性。前者的重点在于研究各个组分间的互相影响，而后者则研究炸药和材料接触界面间的反应性质。本书只介绍内相容性，这是从事火炸药配方研究的重要课题。

组成相容性又分为物理相容性和化学相容性两类。火炸药的各个组分间发生的物理变化(如相变、力学性质变化等)是物理相容性的表现，而各个组分间发生的化学变化(如热分解速率改变、出现新的化学反应等)则是化学相容性的表现。实际上，上述两种现象不易截然分开，某些组分间的物理变化(如形成低共熔体)会使火炸药在较高温度下(高过低共熔点后)热分解速率加快，而某些化学变化也会导致物理性质(如力学性质)改变。因此，在研究中，两种相容性常

常会彼此干扰、混淆。

火炸药相容性是火炸药安全性能的重要组成部分，它对火炸药生产、运输、贮存及服役时的安全性与可靠性具有指导意义。

而我国早在 20 世纪 60 年代初，就开始研究火炸药的相容性，自那时以来，火炸药相容性的研究成了专门课题，研究人员用多种方法，包括真空安定性、差热分析、气相色谱、热引燃等多种技术研究了火炸药的相容性，下面分别进行介绍。

7.1.1 真空安定法

真空安定法是一种简易而常见的方法。在 20 世纪 50 年代末，美国曾用真空安定法研究了火炸药的相容性，获得了大量数据，编制了相应的手册，制定了标准。表 7－1－2 中列出了测定标准，测定时温度通常为 100℃。铵梯炸药和甲基丙烯酸树脂 MF881 的混合物放气量是 4.25ml，属于反应明显的一级，而阿玛托和 MF875 的混合物放气量只有 0.3ml，属于反应可忽略的一级，但当阿玛托和香豆酮树脂共混时，放气量达 10.02ml，该反应过于强烈，该混合物不能应用此方法。

表 7－1－2 用真空安定法评价相容性的标准

V/ml	反应等级
0	无反应
0.0～1.0	反应小，可忽略
1.0～2.0	很轻微
2.0～3.0	轻微
3.0～5.0	较明显
>5.0	反应强烈

在测定相容性性质时，通常取火炸药的两组分比例为 1∶1，而英国的一些研究单位则取 4.75g 炸药、0.25g 添加剂，在 120℃ 下加热 40h，同时还将单独的炸药、添加剂加热作为对照。如果混合物和空白对照的放气量差值小于 1ml，则认为相容性良好，可以使用；如果放气量差值小于 5ml，可允许这两种物质接触。由于真空安定性方法使用的仪器简单，操作容易，因此使用较广泛。但由于所得的数据只是一个温度下的结果，有一定的局限性。有时高放气量可能是其他因素（如材料中的溶剂、高挥发性的增塑剂）造成的，影响对结果的正确认识，所以自 20 世纪 60 年代中期后，出现了其他评价相容性的方法。

7.1.2 差热分析法

差热分析技术作为快速筛选相容性的方法，已被广泛应用。火炸药的两组分共混后，如果二者发生化学反应，混合物的差热分析曲线会出现一系列的变化，根据这些变化可判别混合物各组分的相容性。峰顶温度（T_m）是差热曲线的特征之一，根据混合物和炸药 T_m 的变化可评价混合物的相容性，其标准见表 7-1-3。

表 7-1-3 用差热分析数据评价相容性的标准

参　量	相容性评价
$\Delta T_m \leqslant 2.0$℃　　$\Delta E/E_a \leqslant 20\%$	相容性好，1 级
$\Delta T_m \leqslant 2.0$℃　　$\Delta E/E_a > 20\%$	相容性较好，2 级
$\Delta T_m > 2.0$℃　　$\Delta E/E_a \leqslant 20\%$	相容性较差，3 级
$\Delta T_m > 2.0$℃　　$\Delta E/E_a > 20\%$ 或 $\Delta T_m > 5$℃	相容性差，4 级

注：1. ΔT_m 表示混合物、炸药热分解曲线峰顶温度差；
2. E_a 为单一炸药的表观活化能，J/mol；
3. E_b 为混合体系的表观活化能，J/mol；
4. $\Delta E/E_a = |(E_a - E_b)/E_a| \times 100\%$，为单一炸药相对于混合体系表观活化能的改变率

在表 7-1-4 中列出了国外用本法测定 BTF 的相容性数据，判定方法虽略有不同，但可供参考。

表 7-1-4 BTF 和高分子的相容性

炸　药	mp/℃	T_n/℃	T_f/℃	T_m/℃	ΔM	E/(kJ/mol)	lg k_0
BTF	201	225	325	260	40	170	14.2
BTF +	201	225	325	260	40	173	14.5
FTP		225	325	260	32	178	14.7
PIB-85		235	420	335	90		
BTF + PIB-85	201	225/270	270/410	260	50/20	186	16.2
PBMS	201	335/420	420/450	380	28/25		
BTF + PBMS	201	225	345	260	56	179	15.0
FRU-SKF-260		375/410	410/480	375	25/45		
BTF + SKF260	201	225/315	315/430	260	62/10	178	15.1
PVAE-10		300/400	400/460	335	62/30		

（续）

炸 药	mp/℃	T_n/℃	T_f/℃	T_m/℃	ΔM	E/(kJ/mol)	lg k_0
BTF + PVAE - 10	201	225	300	230	70	176	
AGD - 2	133	255	300	263	10		
BTF + AGD - 2		145/240	240/450	170	44/24		
DST - 30		348	460	412	95		
BTF + DST - 30		160	245	175	64		
SKN - 26		375	465	422	92		
BTF + SKN - 26		125/210	210/325	165	16/32		
PDE - 10		245	460	428	88		
BTF + PDE - 10		163	205	170	50		
PDE - 3A		212/360	360/480	440	20/60		
BTF + PDE - 3A		150/205	205/315	160	16/45		

注：mp—熔点；T_n—反应开始温度；T_f—反应结束温度；T_m—强烈反应时的温度；FTP—氟塑料；PIB—聚异丁烯；PDMS—聚二甲基硅氧烷；FRU—氟橡胶；PVAE -聚醋酸乙烯酯；AGD—抗氧剂；DST - 30—二乙烯基聚苯乙烯热塑料；SKN - 26—丙烯氰橡胶；PDE - 10，PDE - 3A—橡胶

由表 7 - 1 - 4 的数据看出，BTF 与氟塑料、聚二甲基硅氧烷、氟橡胶、聚醋酸乙烯酯等相容，与抗氧剂、PDE 橡胶不相容。所以，可以说 BTF 和饱和烃的高分子相容。

7.1.3 气相色谱法

气相色谱数据具体说明混合物分解产物和各个组分分别热分解时产物的差别，不但给出混合物与各自组分总的产物量差别，而且给出了气体产物的成分，以及不同阶段的分解特性变化。因此，气相色谱法的数据比真空安定法更具体。

用气相色谱法研究火炸药的相容性时，先将试样在定温（如 100℃、120℃）下加热一定时间（48h），然后将气体分解产物引入色谱仪进行分析。

为了简化，有些研究工作只用气相分解产物总量表示混合物的相容性。在测定时，在定温（例如 120℃ ± 1℃）加热混合物一段时间（例如 22h ± 0.5h），然后求出混合物加热分解的总放气量与空白对照试验的放气量的比值，以比值 R^0 来表示混合物的相容性，即

$$R^0 = \frac{V_{\mathrm{mixt}}}{V_E + V_I} \tag{7-1-2}$$

式中：V_{mixt}为混合物的总放气量(ml)；V_E为炸药受热后放气量(空白试验)(ml)；V_I为添加剂受热后放气量(空白试验)(ml)。

$R^0<1.5$时，认为体系相容；$1.5<R^0<3$表示体系处于临界状态；$R^0>3$，认为体系不相容。

7.1.4 热引燃法

火炸药有时要在较高温度下加工，所以有人提出用类似于爆发点的试验方法研究相容性。试验装置和测定炸药爆发点的装置类似，将火炸药试样加工(压制、浇铸、切削等)成小片，盖以专用盖片(压力为42MPa)，安放在雷管壳内，置于恒温浴内，求出混合物爆发延滞期与加热温度的关系。火炸药在固定尺寸条件下存在临界温度T_{cr}，当温度低于该值时，炸药不会发生爆炸。对于研究的混合物来讲，测定混合物的T_{cr}值，分析该值与单一炸药T_{cr}值的差异；另一种分析则是在温度高于T_{cr}时，比较混合物和含能组分(空白试样)的爆发延滞期。在图7-1-1中列出了RDX混合物热引燃的试验结果。可以看出，RDX的热引燃性较低，较难引燃；RDX-树脂(1∶1)混合物就较易被引燃；而RDX-尿素混合物最容易被引燃，表示相容性最不好。上述试验时间长短不一，有的试验长达7000s(2h左右)、10000s(>3h)。这种试验数据可作为其他方法的补充、参考，为评价高温下混合炸药的安全性提供依据。

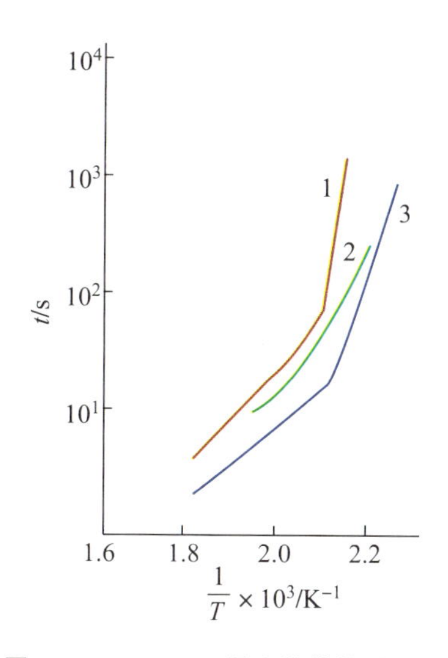

图7-1-1 RDX混合物的热引燃性

1—RDX；2—RDX-树脂；3—RDX-尿素。

用于各种武器的弹药要求火炸药具有良好的组成、接触相容性，才能满足长期贮存、爆炸性质不变的需要。某些相容性似乎不错的火炸药，在长期贮存过程中发生明显的化学反应，反应产物会腐蚀弹药的有关部件，致使大量弹药失效，造成经济上和作战效能上的损失。所以，必须在仔细研究混合物相容性优劣且应和长贮性能对比之后才能大量使用，相容性不好的混合物决不能作为装药用于弹药。

火炸药的相容性研究是确定其使用安全和作用可靠的重要内容，应在不同条件下，使用多种试验方法测定火炸药的相容性，做出综合评价。这些多角度的研究工作应包括贮存、加工、应用多种条件试验，只有这样，才能认为相容性研究是深入的、可靠的。研究时，可采用快速筛选和综合分析相结合的研究方法。快速筛选作用在于宏观、较快地确定火炸药组成，综合分析作用则在于确认所研究火炸药在各种应用、贮存条件下的反应特性。这种处理可使相容性研究结果可靠。

7.2 火炸药的感度

7.2.1 感度的概念

火炸药是危险物质，在一定条件下可被引发进行快速的化学反应，导致燃烧和爆炸。能引起炸药爆炸反应的能量有热、机械(撞击、摩擦或二者的综合作用)、冲击波、爆轰波、激光、静电等。这些可引起炸药爆炸反应的能量叫作初始冲能或者起爆能。用作火炸药的化合物必须相对安全，不容易为外界作用引爆，否则就不能作为火炸药使用，只能称为有爆炸性的化合物。因此，在此类含能材料的应用中，通常要求其具备两方面的性质：一方面是要具有可观的能量，以保证其具有足够大的做功能力；另一方面也需要一定的安全性，以保证其在生产、加工、贮存、运输或使用过程中不会发生危险事故。而应用火炸药的历史可以说是一部研究安全使用火炸药的历史。

1. 感度的选择性和相对性

在外界能源(如热、撞击、摩擦、静电火花和冲击波等)激发时，火炸药发生燃烧或爆炸的难易程度叫作火炸药的感度。这里的爆炸是广义的，包括热爆炸、燃烧、爆轰和燃烧向爆轰的转变(DDT)。前面已介绍，能引起火炸药爆炸的能量形式有许多种，在引发火炸药爆炸过程中，这些能量是否有等效作用，表 7-2-1 的数据说明了这个问题。

表 7-2-1 火炸药感度的对比

火炸药	t_E①/℃	h_{min}②/cm
$Pb(N_3)_2$	345	11
NG	222	15
RDX	260	18
TNT	475	100

注：①5s 爆发点；

②撞击作用下最小落高，锤重 2kg，药重 0.02g，10 次试验中对应于只出现一次爆炸的落高。

表 7-2-1 列举的数据说明，叠氮化铅相当耐热，爆发点高达 345℃。但是对机械撞击却非常敏感，在相同条件下，能使它引爆的高度只有 11cm。硝化甘油的感度也表现出了类似的不协调。TNT 对于热和机械作用的感度都较低，但和叠氮化铅对比，也有其不一致之处，5s 爆发点相差 130℃，而最小落高却相差近 10 倍。这种现象表明，以热和机械撞击作用为例，上述几种火炸药对热、机械作用的反应存在着选择性，即对某种作用反应敏感，对另一种作用不敏感，有选择地接受某一种作用。造成感度有选择性的原因在于引起火炸药爆炸变化的机理复杂，而不同初始冲能引起火炸药爆炸变化的机理不同。

火炸药感度的另一特性是其相对性。相对性含义指：①火炸药感度只表示火炸药危险性的相对程度；②不同的场合对于火炸药感度有不同要求。

有人曾试图用某个最小能量值，例如最小撞击能（落高）表示火炸药的机械感度，但是，实践表明，随着火炸药所处条件变化，最小撞击能不是常数。对于热作用来说，在同样温度下，尺寸小于临界值的火炸药包或药柱是安全的，而尺寸超过了临界值的火炸药包或药柱则可能热爆炸。这样，只能用一定条件下，火炸药发生爆炸的危险程度表示其感度大小，依据火炸药感度的排列顺序评估其危险性。试图用某个值表示火炸药的绝对安全程度是不可能的，也没有意义。

感度相对性的另一表现是根据使用条件对某种火炸药提出不同的感度要求。工业炸药成分包括硝酸铵、柴油、木粉、胶等，这些成分不是炸药，硝酸铵只是氧化剂。这类炸药，例如铵油炸药（ANFO）十分难于被引爆，必须使用雷管、中间扩爆药包才能可靠地引爆它。中间扩爆药包是 TNT-RDX 混合炸药，数量可达 100g。提高工业炸药感度，用一支雷管就可有效引爆，这是研制工业炸药的重要内容。但是，有些军用炸药则希望具有低感度，以保证战场上弹药的安全有效。

2. 火炸药感度的评价

火炸药感度的选择性、相对性使得评价感度变得复杂。早在 20 世纪 60 年代初，АндреeВ 就提出过以火炸药的燃烧临界直径、摩擦感度衡量其感度，即以热、机械作用两方面评价。随着军事技术的发展，现在采用多种方法综合评价火炸药的感度，例如以撞击感度、大型滑落试验、苏珊（西桑）试验、烤燃试验、热爆炸特性参数等多方面参数综合评价某种火炸药的感度。个别情况下，还得进行某些仿真性的感度试验，如大型跌落、模拟性的点燃等近似实际情况评价火炸药感度。

7.2.2 热点理论

1. 热点

人们很早就发现了下列矛盾，即不大的机械作用能引发某些火炸药爆炸，但是换算为热能的值却微不足道，不可能引起火炸药的化学变化。机械化学也证明，机械作用引起化合物的化学变化是通过机械能转化为热能而引发的。但是，对于不少敏感的火炸药来说，能引起该火炸药发生爆炸的机械能值并不高，而经过机械功—热能转换计算发现，转换过来的热能通常相当低，甚至不可能将试验时用的火炸药加热到其相应的爆发点。因此，早在20世纪50年代初，Bowden就提出在外力作用时，由机械能转化形成的热并非均匀分布，而只是集中在火炸药的某些局部地区，称为热点源，简称为热点。试验表明，这种分析是正确的，而且对于非火炸药来说（例如，柠檬酸铁），在同样情况下，也会出现热点。这种热点温度可达到400～600℃。在这种高温下，火炸药会发生强烈反应、燃烧或者燃烧转为爆轰。

2. 热点的特性

总的来说，引发火炸药爆炸的机理是热机理，外界作用能（包括机械作用）最终都转化为热作用，而在火炸药的局部区域表现出来，这就是热点。热点的尺寸、温度和延续时间彼此是互相影响的，其尺寸一般为0.1～10μm，延续时间为10^{-5}～10^{-3}s，而温度应高于700K。具备上述性质的热点才能引发火炸药爆炸，否则热点只能引起火炸药的热分解，最后直至消失，而不会引发爆炸。在表7-2-2中列出了某些火炸药热点尺寸的性质。

表7-2-2 热点尺寸与临界温度关系（热点为球形）

炸药	mp/℃	E/(kJ/mol)	T_{cr}/℃			
			$d=10^{-9}$m	10^{-7}m	10^{-6}m	10^{-5}m
PETN	141	133.88	580	400	300	210
RDX	204	142.26		490	340	240
TE	129	140.44		530	360	260
TNT	81	200.83		860	720	270

表7-2-2数据说明，只有热点尺寸相当小时（例如小于10^{-6}m，即1μm以下）才能出现相当高的温度；而尺寸较大时，热点的温度较低；当尺寸再大

(＞10^{-5}m)时，甚至出现“热点”的等温被压缩，不出现能导致强烈化学反应的热点。

以下外界作用可能是导致热点出现的原因：

(1)炸药内含气体的绝热压缩；

(2)炸药和周围介质间黏性、塑性加热或者是在强冲击作用下的动力学冲击聚焦；

(3)位于撞击表面处颗粒黏性加热；

(4)撞击表面和炸药晶体或硬质点间的摩擦；

(5)在机械作用下炸药层或晶体间的局部绝热剪切；

(6)在晶体缺陷湮没处的局部加热；

(7)火花放电；

(8)机械摩擦造成的化学发光放电。

利用高速摄影拍摄具有透明击砧的落锤装置可以直观地研究热点的形成过程，如图7－2－1所示。

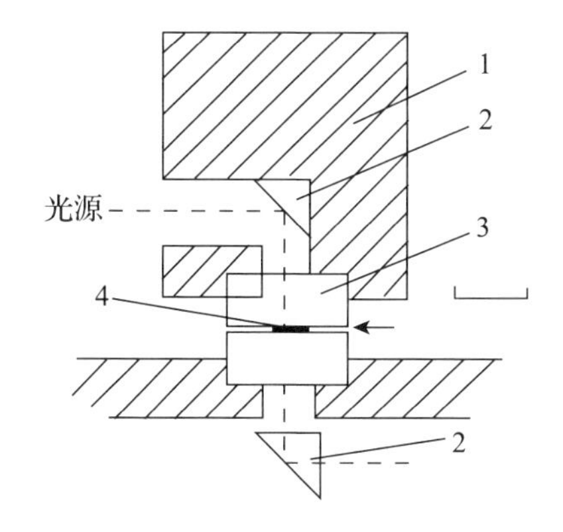

图7－2－1　研究热点生成机理用的透明落锤装置

1—落锤；2—反射镜；3—透明击砧；4—样品。

这种装置可清楚地显示在撞击作用下热点的生成、扩大，样品流动速度与时间的关系。但是，必须配合其他数据，如应力-时间数据才能更全面地了解过程的发展。

测量撞击过程中的应力-时间性质是另一种研究方法。低速撞击持续时间一般在400μs左右，因此会在撞击装置内产生许多应力反射波，而其过程可视为类静态过程。另外一种改进的撞击装置具有测量击柱间电导率变化的附件，这样它可以测定在撞击作用下样品的电导变化。当出现爆炸时，电导率下降。同时还可用光电管测定其光的强弱，这样就可以准确判断反应性质。

利用热敏聚合物也可以评估热点达到的温度、传播的范围。将热敏聚合物薄片铺在样品下面承受撞击，其变色程度(例如由黄变为棕黄直到黑色)和作用时间、温度有关。可以事先予以标定，而后根据其变色情况、范围大小求出热点性质(温度)。在机械作用下，柠檬酸铁可以由蓝色变为红色。

由不同途径生成热点的作用机理不同。对于液体炸药来讲，液体内含气泡的受绝热压缩可以说是一种经典理论。但是，液体样品内含气体的受压碎裂也是一种引爆的重要途径。对于固体火炸药来讲，晶体间含有的气泡、空腔、空隙也对其撞击引发有重大影响。研究表明，在速度不高的撞击下，夹在硬表面之间的晶体样品飞散速度相当惊人(如上百米每秒)，这时尺寸为50μm的空腔碎裂完全可以引发火炸药。

样品的局部绝热剪切也是形成热点的一个途径。将PETN铺成薄层，再用落锤撞击，则可发现垫在PETN样品下面的热敏聚合物薄膜会变色。在图7-2-2中表示了这种热敏膜的变色情况。

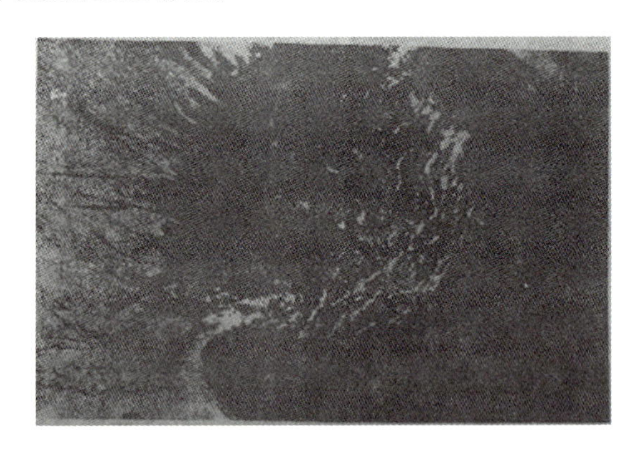

图7-2-2 PETN受撞击后被加热使热敏膜变色的情况

图7-2-2表明，在PETN受到较大程度加热时，化学反应使热敏层移动强烈，未移动部分呈黄褐色。图中的右边有一弧状区域，热敏层则变为黑色，说明温度甚高。在图7-2-3中给出了用高速摄影仪拍摄的四幅照片。25mg的PETN夹在两块透明增强玻璃中间，接受落锤的撞击(落高为1.3m)。由图看出，在第一瞬间时，PETN在撞击下出现熔化，变得透明，而强加热区表现为垂直的划痕，在其余几个瞬间，该强加热区间扩大，而且越来越亮。图7-2-2和图7-2-3的照片说明在撞击下，固体样品由于剪切而可能受到强烈的加热。

高速摄影研究在撞击作用下单晶变形的过程表明，在外力作用下单晶先被压碎，而后碎片再被压实。这种碎片的压实、塑性变形会导致形成强烈剪切、加热。

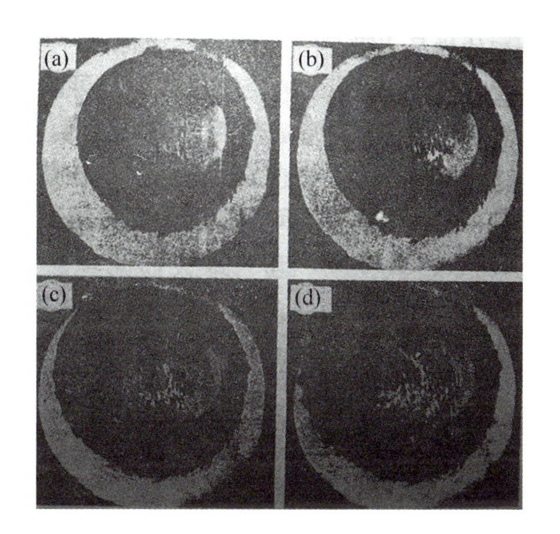

图 7-2-3 在撞击下薄层 PETN 的高速摄影变化照片

(a) 0μs；(b) 7μs；(c) 14μs；(d) 21μs。

摩擦是形成热点的另一种作用。摩擦的强度、热点所达到的温度由低熔点的一方决定。因为固体熔化后，使摩擦激烈程度下降，缓和了热点。研究还发现，在针刺装置中，作为机械作用的针黏附了一定量的炸药样品，当针在炸药层中运动时，黏附的样品和周围样品摩擦形成强烈运动、剪切，导致出现热点。值得注意的是，某些聚合物和炸药混在一起时也能使其感度提高，因为这些聚合物的比热容、相变潜热、导热率低，脆性大。

至于其他形成热点的途径较为少见，不再赘述。

对于某些工业炸药来说，其感度不能太低，否则难以起爆和应用。但由于工业炸药是浆状或乳化了的塑性态物质，具有良好的可塑性，因此，其感度相对较低。为了提高这些炸药的爆轰波感度，经常加入一定量的空心玻璃或塑料微球(球内径在 10～50μm 之间)。当爆轰波作用于这些微球时，它们的内含气体被快速、猛烈地绝热压缩，形成热点，引发工业炸药的反应。利用这种措施明显地提高了工业炸药的爆轰波感度，这是利用热点理论提高工业炸药感度的措施。

7.2.3 机械感度

机械作用是在火炸药的研制、生产、运输、使用过程中可能遇到的主要的外界激源之一，因此，机械感度是表征火炸药安全性能的重要指标，也是决定火炸药使用范围的关键因素。火炸药的机械感度是指其在机械作用下，发生燃烧或爆炸的难易程度。而机械作用的形式多种多样，撞击、摩擦或者二者的综合作用都可以引起火炸药分解、燃烧或爆炸，因此相应的就有撞击感度、摩擦感度。

1. 机械作用下火炸药发生爆炸的过程

在机械作用下，火炸药发生反应的机理是热机理，火炸药组分中含能材料颗粒间的运动导致了火炸药的局部加热，形成热点，而后导致火炸药的爆炸。该爆炸以燃烧(在高压力下的快速燃烧)或者 DDT 方式实现。在传播过程中，热点以高温火球方式或者以平板方式热爆炸机理进行传播。

1)机械作用的种类

机械作用可分为两类：①在密闭空间内的机械作用；②在开放空间内的机械作用。

第一种作用的实例如压药、螺旋装药、装填各种火炸药的过程。在这些条件下，足够的局部热源就可以使爆炸变化波及全部炸药，这时“引爆”过程起决定作用，而评价危险性应由下列过程出发，即作用→变形→火炸药加热→热爆炸。而首先应考虑的是在密闭空间内火炸药的全方位受机械作用(压缩)而引起的变形，火炸药的这种变形既和其性质(临界应力、力学性质)有关，又和变形条件有关。

第二种作用是在开放空间内实现。这时，总会存在一个外界作用的局部强化区，在该区内，火炸药受到强烈的作用而变形。因此，与在密闭空间内全面受作用情况不同，这时，火炸药的引发和爆炸变化的传播同样重要。在测定撞击感度的条件下，火炸药发生的化学变化可能在外力作用消失或者火炸药由压缩区进入常压空间时(即火炸药未受压部分)逐步变弱，甚至消失。由此可以认为，撞击引起 DDT 过程只能在这个不大的区域内进行。所以，研究炸药的 DDT 过程在薄层内(在撞击感度测试的仪器中，出现受强烈挤压的炸药薄层是作用的直接后果)的传播至关重要。在开放空间条件下，这时出现爆炸变化过程的顺序则是：外力作用→火炸药加热→在火炸药受压区域内的 DDT 过程→爆轰在非压缩区内传播(如不能形成爆轰时，则过程结束)。对于很容易出现 DDT 过程且易形成稳定爆轰的起爆药来说，上述过程则会简化，而且每次撞击都会立刻引起爆轰。

受撞击后火炸药出现下列变化：缓慢变形、宏观破裂和引发化学反应。缓慢变形是指受撞击后样品变形的初始阶段，变形速度在 2～10m/s 间，而且和撞击能无关，但依样品厚度(质量)加大而增加，在图 7-2-4 中示出了 5 种样品的初始变形速度和样品层厚度的关系。由图看出，随着样品层厚度增加，变形速度 v_{df} 加大。对于熔点低于 130℃ 的物质，该变形时间在 0.04～0.2μs 间，而随着样品层厚度的略微增大，撞击能变强。在缓慢变形阶段终止时，相对变形大小（$\varepsilon = \Delta d/d$）和层厚度有关。某些高熔点炸药（如 PETN、RDX、HMX）变形作用时间可长达 0.4～0.5ms。

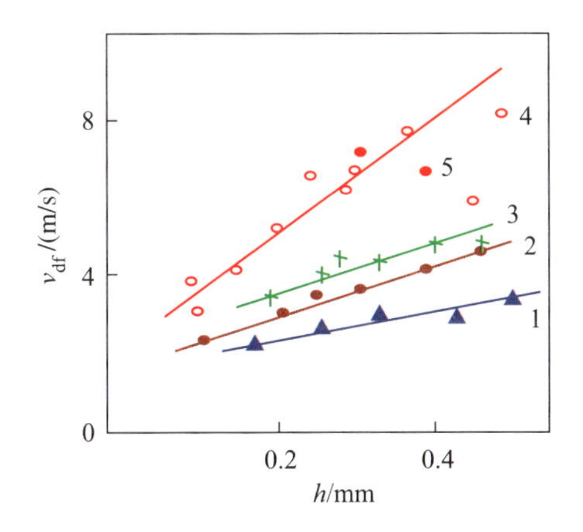

图 7-2-4 在撞击作用下样品缓慢变形速度和样品层厚度关系

1—EDNA；2—TE；3—RDX；4—PETN；5—BA。

在样品受撞击的最初瞬间，圆盘状的样品受压缩，而后才向侧面膨胀，这是一种特殊的塑性变形，样品的密度和应力会相应地加大。当压力达到 p_1 时，则达到了样品维持原有形状的极限，样品开始碎裂。

$$p_1 = \sigma_1 \times \left(1 + \frac{d}{3\sqrt{3h}}\right) \tag{7-2-1}$$

式中：p_1 为压力（Pa）；σ_1 为系数（kg/cm^2），和样品熔点有关；d 为样品的直径（cm）；h 为样品厚度（cm）。

σ_1 的值可用下式表示：

$$\sigma_1 = 4.8 \times (T_m - T_0) \tag{7-2-2}$$

在缓慢变形期间，样品可能被加热到某个温度 T，相应的加热层厚度的值由下式计算：

$$\delta = (k\tau)^{\frac{1}{2}} \tag{7-2-3}$$

式中：k 为系数（cm^2/s）；τ 为加热时间（s）。

而温升 ΔT 则是

$$\Delta T = \varepsilon\left(\frac{2v_{df}\Delta d}{\lambda c\rho}\right)^{\frac{1}{2}} \quad (7-2-4)$$

式中：v_{df}、Δd 分别为样品变形速度(cm/s)；相对形变(cm)；λ 为样品的导热系数(W/(cm·℃))；c 为比热容(J/(g·℃))；ρ 为密度(g/cm^3)；ε 为变形。

而

$$\varepsilon = \sigma/\sqrt{3} = \sigma_1/2\sqrt{3} \quad (7-2-5)$$

式中：σ_1 为系数，参见式(7-2-1)、式(7-2-5)。

如果取 v_{df} = 500cm/s，Δd = 0.05cm，d = 1cm，$(\lambda c\rho)^{1/2}$ = 1.3J/(cm^2·s$^{1/2}$℃)(即钢的特性值)，则温升可达 0.8($T_m - T_0$)。总的看来，这时温升的值并不高，不但低于引发强烈反应所需温度，甚至远低于其熔点。

样品的碎裂阶段：在这个阶段内，受压缩的样品将宏观碎裂，初始碎裂速度 v_1 和样品厚度关系可用图 7-2-5 表示。

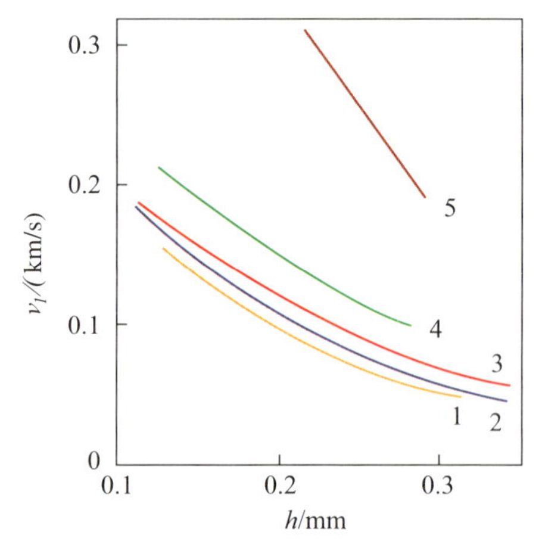

图 7-2-5 样品初始碎裂速度与样品层厚的关系

1—EDNA；2—BA；3—TE；4—PETN；5—RDX。

由图 7-2-5 看出，当样品层厚度加大，则 v_1 不同程度地变小。但对于 PETN、RDX 来说，则有时出现爆炸，爆炸气体产物会加快其变形速度 v_1 值。样品的熔点降低，v_1 值也下降。可认为 v_1 值和在第一阶段中样品吸收的能量有关，且存在下列关系：

$$\frac{\rho v_1^2}{2} = \frac{(p_1 - \sigma)^2}{2E} \quad (7-2-6)$$

因此

$$v_1=\frac{p_1-\sigma_1}{(\rho E)^{1/2}} \tag{7-2-7}$$

这里$(p_1-\sigma_1)$值表示在 $p>\sigma$ 时，出现宏观破裂，而此时 $\sigma_1\sim\sigma$。σ_1值的自压力测量，TE(特屈儿)的 σ_1 值为50MPa，PETN 的 σ_1 值为60MPa。也可使用通式 $v_1\approx35p_1$。对于不能爆炸的有机物(如草酸、琥珀酸)也有上述关系。

引发反应的阶段：当样品飞散速度足够大时，则将出现强烈反应。研究表明，存在某个临界速度 v_{cr} 值。对于 RDX 来说，当 v_1 值由 0.05km/s 变化到 1.2km/s(v_2值)时，则样品由没有变化转为出现爆轰，v_{cr} 则几乎是定值——0.35km/s。PETN、乙烯二硝胺，HMX 也有类似的 v_{cr} 值，只是某些能量较低的炸药(如 TNT)例外。

出现爆炸时，样品的飞溅速度和爆炸激烈程度有关，PETN、HMX 可达到 1.5～2.0km/s。当样品以这种速度飞散时，由于摩擦而生成的热很可观。当 v 为 3×10^4 cm/s，N_u(准数)为 6，η、λ 分别为 0.1g/(cm・s)、1.5×10^{-3} J/(cm・s・℃)时，温升值则可达到 500K。对于熔点相对低的炸药(EDNA、TE、PETN)来说，引发强烈反应的机理可能是在加热了的熔体层内出现强烈化学反应。高熔点炸药的爆炸出现在样品宏观碎裂的初始瞬间，此时高速运动引发了反应，而引发反应的温度低于相应于该压力下的熔点。

2)机械作用引致的火炸药化学变化

当外界作用引起火炸药出现飞散时，则在火炸药中会出现相应的热点，其热点半径 r、热点温度 T_{cr}、环境温度 T_0间存在下列关系：

$$\frac{r^2QEA}{\lambda RT_{cr}^2}e^{-\frac{E}{RT_{cr}}}\approx12.1\left[\ln\frac{E}{RT_{cr}^2}(T_{cr}-T_0)\right]^{0.6} \tag{7-2-8}$$

式中：Q 为单位容积炸药的反应热效应(kJ/mol)；E 为反应活化能(kJ/mol)；A 为反应的指前因子；λ 为样品的热导率(W/(m・℃))；R 为摩尔气体常数。

当 $T>T_{cr}$时，则经过某一延滞期后，样品会出现强烈反应。而当 $T<T_{cr}$时，则热点内的温度将迅速卜降。由此，引发强烈反应的基本条件是热点发生强烈反应的延滞期 τ_{ad}应接近于绝热热爆炸延滞期 τ_{ad}。而 τ_{ad}由下列式子决定，即

$$\tau_{ad}=\frac{c\rho RT_{cr}^2}{QEA}e^{E/RT_{cr}} \tag{7-2-9}$$

式中：c 为火炸药样品的比热容(J/(g・℃))；ρ 为火炸药样品密度(g/cm^3)。

在撞击时，一般该 τ_{ad}值小于撞击时间 τ_{ip}，而 τ_{ip}一般为 10^{-3}s，所以，出现火炸药强烈化学变化的条件就可写为

$$\tau_{ad} \leqslant \tau_{ip} \tag{7-2-10}$$

也即

$$\frac{c\rho RT_{cr}^2}{QEA} e^{E/RT_{cr}} \leqslant \tau_{ip} \approx 10^{-3}\,\mathrm{s} \tag{7-2-11}$$

由于在机械作用下，热点温度可达 400～800℃，将该值代入式(7-2-8)，则常见炸药存在以下关系：

$$\frac{r^2 QEA}{\lambda RT_{cr}^2} e^{-E/RT_{cr}} \approx 25 \tag{7-2-12}$$

对比式(7-2-8)与式(7-2-12)，看出炸药的热点临界尺寸 r 的数量级不会超过 10^{-4}cm。

2. 撞击感度

火炸药的撞击感度是指受到机械撞击作用时发生燃烧或爆炸的难易程度。火炸药及其原材料在加工、运输和使用时，很容易受到撞击作用，预测火炸药和加工中的半成品的撞击感度，对于安全事故的防患很有实际意义和指导作用。除对火炸药成品要进行撞击感度试验外，还要对含能原材料如 NC、NG、AP、HMX、RDX 等以及复合固体推进剂和浇铸 PBX 炸药在固化前的药浆进行撞击感度试验。撞击感度是各国在危险品中必须提供的感度数据之一，但各国的试验方法并不完全统一，因此，往往不能进行统一比较。所以，在提供撞击感度数据的同时，还必须提供相应的试验条件。在火药撞击试验中中国普遍采用的 WL-1 型立式落锤仪，表示方法主要有爆炸百分数表示法、特性落高、50%爆炸临界落高表示法，下面分别加以介绍。

1)以爆炸百分数表示撞击感度

用爆炸百分数表示火炸药的撞击感度，是广泛采用的方法之一，试验采用 2kg 落锤，特性落高 25cm，平行试验 25 次，计算其爆炸百分数。按下式计算：

$$p_d = \frac{x}{25} \times 100\% \tag{7-2-13}$$

若 100%不发生爆炸，或特性落高超过 60cm，则采用 10kg 落锤试验。

爆炸百分数表示法的最大缺点是 100%爆炸和 0%爆炸的火炸药需更换落锤，不能在同一标准进行比较。

2)以特性落高表示撞击感度

特性落高是指在一定质量的落锤撞击作用下，火炸药爆炸概率为 50%时落锤下落的高度，又称临界落高，以 H_{50} 表示，单位为 cm。一般火炸药的特性落高试验，采用 2kg 的落锤，用阶梯法(又称升降法)进行 30 次试验，求出临界落高。进行两组平行试验，以算术平均值的误差小于 20%为合格，取两组平均值为试验结果。

3)以撞击能表示撞击感度

以 50%爆炸的特性落高乘以落锤作用在试样上的力即为撞击能。特性落高单位取 m，落锤作用力单位取 N，撞击能单位则为 J，落锤的质量可根据火炸药不同的感度在 2kg、5kg 和 10kg 中选取。撞击能多用于表示复合推进剂的撞击感度。一般火炸药的能量越高，撞击能越小，感度就越大。用撞击能表示可不受落锤质量的影响，但特性落高不得大于 60cm，否则将引起较大误差。

3. 摩擦感度

火炸药的摩擦感度是指在机械摩擦作用下，火炸药发生燃烧或爆炸的难易程度。火炸药在生产、运输和使用中，组分颗粒之间常要受摩擦作用，如单基发射药的挤压成型、滚筒干燥、气流输送、筛选、混同；双基发射药的压延、压伸；复合固体推进剂的混合、脱模、拔模芯、整形；火炸药运输中的振动摩擦；火炸药使用中的装卸等。在这些过程中，因摩擦作用而发生燃烧或爆炸是火炸药事故的重要原因之一。

火炸药摩擦感度用摆式摩擦仪进行测定。国内目前普遍采用的是 WM－1 型摆式摩擦仪，试验原理是将规定粒度和量的火炸药，在具有一定正压力和相对速度的摩擦作用下，测定发火概率。平行试验 25 发，以爆炸百分数表示，按下式计算：

$$P_D = \frac{X_D}{25} \times 100\% \tag{7-2-14}$$

火炸药及其含能原材料的摩擦感度值对于指导生产和使用安全规范的制定很有实际意义。火炸药生产中工艺条件控制不当，因摩擦而引起的着火或爆炸的事故时有发生，必须引起足够的重视。

7.2.4 热感度

热感度是火炸药在热作用下发生燃烧或爆炸的难易程度。不论是加工、贮存和使用过程中，火炸药都可能受到热的作用。在实际中，火炸药因热作用发生燃烧或爆炸的事故是很多的。因此，对于火药的热感度应予以足够的重视和了解。根据不同的测试方法，火炸药的热感度又可分为爆发点、热爆炸临界温度、局部热感度、区域热感度等。

爆发点在火炸药安全性研究中应用最为广泛，其测试原理也完全相同，均用爆发点测试仪进行测试，采用伍德合金、铅等作为加热介质，一般有5s爆发点、300s爆发点等。所谓爆发点，是指在一定的条件下，将火炸药加热到爆燃时加热介质的最低温度。很显然，爆发点越低，火炸药对热越敏感。

热爆炸临界温度，即一定尺寸和规格的火炸药试样在一定时间内发生点火燃烧或爆炸的临界温度。热爆炸临界温度的测试原理与爆发点测试基本相同，不同之处在于热爆炸临界温度的测试样品量较大，测试周期长，但与爆发点相比，热爆炸临界温度对火炸药贮存及使用环境温度控制更具有指导意义。

局部热感度，即火炸药在局部点热源的作用下发生点火燃烧或爆炸的敏感程度。

区域热感度用于评价火炸药在热作用下发生分解的难易程度，一般采用热分解温度来表征。

火炸药在加热作用下的自动着火机理：当火炸药受到加热作用时，发生热分解的活化分子数目增多，这时反应的速度加快，反应放出的热量也增加，火炸药的温度会自动升高，这反过来又促进反应速度加快。例如，对于含硝酸酯的发射药、推进剂或PBX炸药，当配方中的安定剂消耗完后，还存在NO_2的自动催化作用的加速分解而导致自燃。

因此，当火炸药发生热分解时，热平衡发生两个过程：一是火炸药的化学反应的放热使火炸药的温度升高；二是火炸药要向周围环境散失热量使火炸药的温度降低。只有当放热反应速度大于散失速度时，火炸药的温度不断升高，最终导致自燃。下面用谢苗诺夫的图解法，对火炸药的自动着火机理进行说明。

火炸药在发生热分解时，服从Arrhenius关系，温度T时，在单位时间内由于化学反应放出的热量为Q_1，它取决于化学反应速率m及单位火炸药化学反应所放出的热量q，则

$$Q_1 = m \cdot q \tag{7-2-15}$$

火炸药初始分解反应为单分子反应，则反应速度为

$$m = A\exp\left(-\frac{Ea}{RT}\right)m_p \tag{7-2-16}$$

将式(7-2-16)代入式(7-2-15)得

$$Q_1 = A\exp\left(-\frac{E_a}{RT}\right)m_p q \tag{7-2-17}$$

由式(7-2-17)看出，若将Q_1与T作图，所得的得热线是一条向上弯曲的

指数曲线。

与火炸药发生化学反应的同时，火炸药要向周围环境散失热量。单位时间内因热传导而散失到周围环境的热量为

$$Q_2 = \lambda S(T - T_0) \tag{7-2-18}$$

式中：Q_2为单位时间散热量(W)；λ 为导热系数(W/(m·℃))；S 为传热面积(m^2)；T_0为环境温度(℃)。

现在为了研究火炸药在加热反应中的热平衡过程，将 Q_1和 Q_2随 T 的变化作图。设加热介质的材料不变，仅改变加热介质的 T_0，就可以绘出如图 7-2-6所示的情况。由图 7-2-6 看出，当改变加热介质温度 T_0时，就可以画出 Q_1与 Q_2两曲线相交、相切和不相交的 3 种情况，下面分别加以讨论。

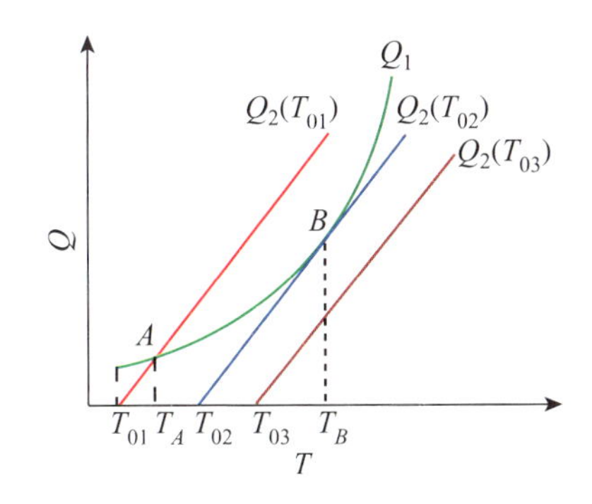

图 7-2-6　火炸药加热分解得热和失热的三种情况

(1)当加热介质的温度为 $T_0 = T_{01}$时，曲线 Q_1和 Q_2相交于 A 点，在火炸药的温度达到 T_A以前，火炸药的得热曲线 Q_1在失热线 Q_2之上，$Q_1 > Q_2$，说明火炸药的温度随化学反应温度升高。当火炸药温度升高到 T_A时，这时的 $Q_1 = Q_2$，说明火炸药的化学反应放出的热与火炸药散失的热达到平衡。在 A 点以后，$Q_2 > Q_1$，说明火炸药的失热大于得热，火炸药的温度不可能再升高，直到火炸药分解完为止，火炸药不发生爆发反应。

(2)当加热介质的温度 $T_0 = T_{03}$时，从图 7-2-6 看出，火炸药的得热曲线始终在失热曲线的上方，说明 $Q_1 > Q_2$，火炸药由于化学反应放热使火炸药的温度不断升高，火炸药经过一定的延滞期，温度升高到发火温度而产生爆燃。T_{03}越高，延滞期就越短。

(3)当加热介质的温度 $T_0 = T_{02}$时，从图 7-2-6 看出，火炸药的得热曲线与失热曲线相切于 B 点。在 B 点以前得热曲线在失热曲线的上方，$Q_1 > Q_2$；火炸药的温度随化学反应不断升高，当达到 B 点时，$Q_1 = Q_2$，这时火炸药热量得失达到平衡，化学反应以定速进行。这时，若火炸药由于某些偶然因素而

引起火药温度的稍微升高，则这种平衡被打破，$Q_1>Q_2$，火炸药的温度不断升高而发生爆燃。由此说明，介质温度 T_{02} 是火炸药产生爆燃的界限温度，当加热介质温度低于 T_{02} 时，火炸药将不会导致爆燃，火炸药只以缓慢的热分解进行到底；当 $T_0>T_{02}$ 时的任何介质温度都能使 $Q_1>Q_2$，即火炸药温度不断升高而导致爆燃。所以，T_{02} 是火炸药在该介质条件下导致火药自燃的最低介质温度。这是火炸药在该介质条件下的真正爆发点，其延滞期为无穷大。实际上很难测到真正的爆发点，所以，规定了 5s 或 5min 延滞期测得的介质温度作为火炸药的爆发点。

火炸药的爆发点不是火炸药的物理化学常数，这是因为它不仅与火炸药的本身性质有关，而且与加热介质的传热条件有关。同一种火炸药在同一个加热温度下，若导热率不同，则测得的火炸药的爆发点也不同，图 7-2-7 示出同种火药同一加热介质温度不同导热率时的得热、失热曲线关系。由图看出，由于 λ 值不同，失热曲线可以与得热曲线相交、相切和不相交。图中，λ 越大，火炸药的热量越易被散失而使爆发点升高。所以，测定火炸药的爆发点时，对火炸药的粒度、雷管壳的大小和成分、加热介质(伍德合金)的组成和延滞期均有严格的规定，否则所得爆发点就没有可比性。

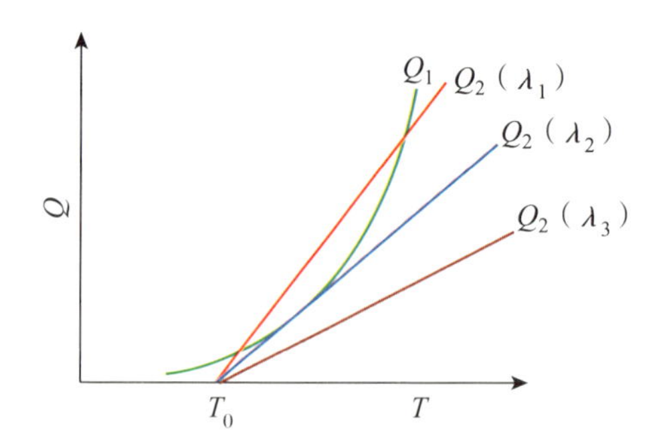

图 7-2-7 λ 不同时的得热和失热曲线

7.2.5 静电感度

静电感度就是指火炸药在静电火花作用下发生燃烧或爆炸的难易程度，通常采用 50%爆炸的激发电压和点火能来表征。而静电现象在生产中和生活中是一种常见的现象。例如，在干燥的冬天人们脱去化纤服装时，就会遭到电击；天空因不同云层的强对流摩擦而闪电雷鸣，这些都是静电放电现象。在火炸药的生产、运输中，也因运动摩擦而产生不同的电荷，从而使火炸药带电。

1. 火炸药产生静电的原因

两种物体在运动的过程中，当两者接触面的距离达到 25×10^{-8} cm 或更小时，两种物体间就会产生电子交换，一种物体得到电子而带负电，另一种物体失去电子而带正电。火炸药大多数是电的不良导体，电阻率约为$10^{13}\Omega\cdot cm$。在火炸药生产、包装、运输和使用过程中，与生产设备、容器等发生接触摩擦而产生电荷积聚，可达数千伏甚至上万伏。例如在推进剂混合过程中，各含能组分(氧化剂、含能添加剂)之间、药浆与混合锅之间会发生接触摩擦，而导致电荷积累，一旦有放电条件存在，就会产生放电火花。当放电能量达到足以点燃火炸药时，就会引起着火事故。

在低湿度情况下，一个不接地的人体在运动的工作中可积聚静电能达0.015J，任何静电火花感度低于此值的火炸药或含能原材料，会由于操作者的接触而导致火炸药点火。

因此，火炸药的静电感度对于指导安全生产是很有意义的。

2. 消除静电的方法

静电在火炸药生产和运输中的危害是很大的，因而，必须采用各种措施来消除静电。具体措施如下：

(1)所有生产设备必须接地，这是工业生产中最常用的方法，在火炸药生产中必不可少；

(2)在有些工序铺设导电橡胶或喷涂导电涂料，如单基发射药混合工序的运输带；

(3)操作工房空气环境增湿，当空气中相对湿度大于60%时，静电危害性大大减少；

(4)加抗静电剂，如单基发射药的小粒药采用石墨光泽后，既提高了药粒的表观密度，又能消除运动中摩擦产生的静电。

7.2.6 火焰感度

火炸药的火焰感度是指火炸药在火焰作用下发生点火燃烧或爆炸的难易程度。其原理主要是火炸药样品在火焰作用下发生分解反应，并点火燃烧或爆炸。由于火炸药在刚接触火焰时，只是局部的表面受到火焰作用，因此局部的表面在接受了火焰传给的能量后，温度将升高，同时局部的表面所吸收的能量还要向未受火焰作用的相邻表面和火炸药内部传递，从而使火炸药表面层的温度升高。这样，在火焰的作用下火炸药表面层的温度能否上升到发火温度并发生燃烧，主要取决于它所吸收的火焰传给能量的能力以及它的导热系数的大小。显然，火炸药的吸收火焰传给能量的能力以及导热系数越大，则火焰感度也越大；反之，则火焰感度越小。

7.2.7 激光感度

火炸药的激光感度是指火炸药在激光的作用下发生燃烧或爆炸的难易程度。其原理是激光照射在火炸药表面，产生热或冲击波，从而引发火炸药发生燃烧或爆炸。由于火炸药表面吸收激光的程度不同，其感度也不同，所以火炸药的表面性质对于引爆效果有明显的影响。直接用激光引爆炸药的装置原理如图 7－2－8所示，接受激光的部件如图 7－2－9 所示。

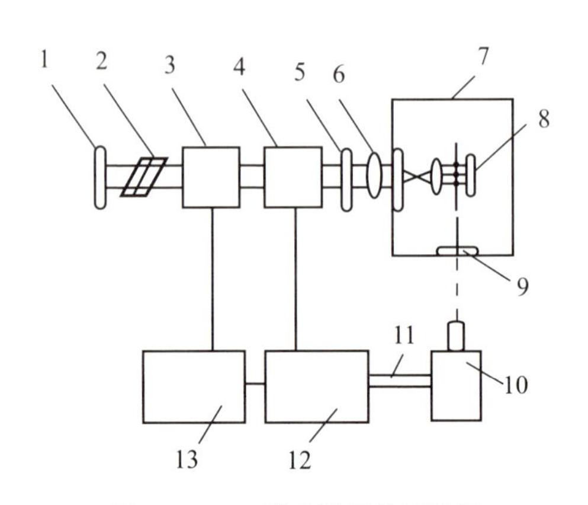

图 7－2－8　激光引爆的原理图

1—反射镜；2—偏振光镜；3—电池组；4—红宝石；5—正面反射镜；6—透镜；7—钢制安全室；8—试样室；9—树脂窗；10—高速摄像机；11—同步触发脉冲；12—灯源；13—时间延期脉冲发生器。

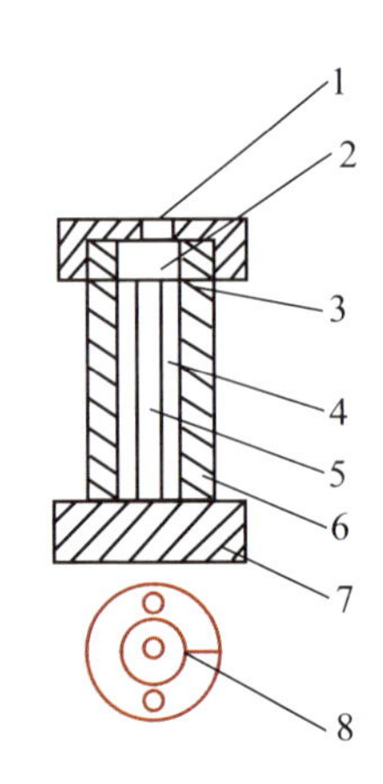

图 7－2－9　接受激光的部件(试样室)

1—激光进口孔；2—玻璃窗；3—薄铝箔；4—玻璃毛细管；5—炸药柱；6—黄铜体；7—钢块；8—狭缝。

近年来，由于激光技术的发展，激光引爆、激光点火引起人们的广泛关注。激光引爆不受电磁场、静电、电场等影响，具有独特的优点。除了用激光直接引爆火炸药外，目前，主要使用飞片式雷管，利用激光技术推动金属飞片引爆炸药。

7.2.8 爆轰感度

火炸药的爆轰感度是指火炸药在爆轰波作用下发生燃烧或爆炸的难易程度，又称爆轰波感度。其原理是火炸药周围的爆炸物发生爆轰时，产生的爆轰波、冲击波作用于火炸药，引起火炸药内部压缩，产生热点，从而发生爆炸或燃烧。而火炸药在实际生产、贮存、运输和战场使用时，常常受到周围的爆炸物爆炸而产生的爆轰冲击波作用，因此，了解火炸药的爆轰感度对于生产、运输等的安全防护措施的制定很有意义。

爆轰感度的试验方法最普遍的是卡片试验，是从炸药冲击波感度试验衍生过来的。除试验条件略有差异外，基本原理和方法是相同的(爆轰波即带有化学反应的冲击波)。爆轰感度的表示方法是火炸药 50% 殉爆的卡片数(或总厚度)，称为临界卡片数。卡片数越多，表示火炸药的感度越大。

在美国，对火炸药不但要求测定爆轰感度，而且还要求测定爆速，测定方法和火炸药测爆速是一样的。考虑到与国际标准接轨，国内也正在研究增加对火炸药进行爆速测定的试验。表 7－2－3 所示为部分固体推进剂的爆轰感度。

表 7－2－3　部分固体推进剂的爆轰感度

火炸药类型	50%爆炸的卡片数/张
NC/NG	35
AP/DB/Al	75
AP/NC－TEGDN/Al	63～64
AP/CTPB/Al	0
AP/PSR	0
AP/PU/Al	0
AP/PVC	0

7.2.9　冲击波感度

在冲击波作用下，火炸药发生燃烧或爆炸的难易程度叫作火炸药的冲击波感度。其原理与爆轰波起爆原理基本相同。冲击波感度是衡量炸药安全性和某些引燃性能的重要指标。测定冲击波感度的方法主要有隔板试验、楔形试验和殉爆试验几种，其原理是将标定的主动装药产生的已知压力的冲击波作用于被动装药，测定被动装药的引爆效果。

火炸药的冲击波感度对火炸药的安全生产和应用方面具有非常重要的指导意义。火炸药爆炸后引起其周围一定距离处炸药也发生爆轰的现象叫殉爆。主动火炸药爆轰形成的冲击波在空气中传播，当其强度仍能引发被动炸药爆轰时，则被动炸药可以被引爆。当两种火炸药柱相距足够远，冲击波已不能引发被动药柱爆轰时，则该距离的最小值叫作安全距离。反之，距离小于安全距离时，则会出现殉爆。研究殉爆的目的在于：①确定生产工房间的安全距离，为厂房设计提供基本数据；②改进工业炸药的性质，提高在工程爆破时爆破工作的可靠性。

在表 7－2－4 中列出了 TNT、RDX 的殉爆距离。

表 7－2－4　殉爆距离（主动药柱：RDX）

被动药柱	$\rho/(g/cm^3)$	d①/mm
细粒 TNT	1.3	130
	1.4	110
	1.5	100
RDX/蜡 95/5	1.4	95
	1.5	90
	1.6	75

①殉爆距离

药柱间的介质也影响殉爆距离。在表 7－2－5 中列出了药柱间介质对于殉爆距离的影响。

表 7－2－5　介质对殉爆距离的影响

主动装药	被动装药	介质	d/mm
PA 密度 1.25g/cm³ 外壳、纸	PA 密度 1.0g/cm³ 外壳、纸	空气	20
		水	40
		黏土	25
		砂	12
		钢	16

在设计厂房、仓库距离和爆破工作时殉爆距离值至关重要，上述建筑彼此距离应大于安全距离。安全距离和在建筑中加工或存放的火炸药量有关，进行爆破工作的安全距离则以爆破点距工作人员距离为准，计算的原理基于取哪种破坏作用的参量为分析基准。如果取决定破坏作用的参量为冲击波阵面的超压，则安全距离 R_{sf} 的确定与某个超压值 Δp 有关，Δp 值取不能使建筑破坏的值，这时，可依下式进行计算，即

$$R_{sf} = K_{sf} m^{\frac{1}{3}} \tag{7-2-19}$$

式中：K_{sf} 为安全系数（m）；m 为建筑物中的炸药量（kg）。

如果取决定破坏作用的参量为冲量时，则

$$R_{sf} = K_{sf} m^{\frac{2}{3}} \tag{7-2-20}$$

在计算爆破工作的安全距离时，则按照下式计算 R_{sf}：

$$R_{sf} = Km^{\frac{1}{2}} \tag{7-2-21}$$

式(7－2－21)中 m 的指数介于式(7－2－19)和式(7－2－20)的中间值，这是因为：①爆炸时具体条件变化十分复杂；②在实际工作中很难区分破坏作用是由超压决定还是冲量决定。

对于居民点、炸药工厂间的 R_{sf} 则应由下式决定：

$$R_{sf} \geqslant 10\sqrt{m} \tag{7-2-22}$$

根据建筑中从事的危险性程度可将有火炸药的建筑分为 A、B、C、D 四级，A 级又分为 A_1、A_2 两级。在表 7－2－6 和表 7－2－7 中列出了 K 的值。

表 7－2－6　A 级建筑的 K 值

建筑等级	围墙防护情况		
	都没有	单方有	都有
A_1	4.50	1.70	0.85
A_2	2.80	1.20	0.60

表 7－2－7　危险库房的安全系数 K

主动炸药建筑级别	被动炸药建筑级别		
	A	B、C、D	
		有土围	无土围
A_1	0.4	0.4	0.8
A_2	0.3	0.3	0.6

为了减少建筑间距离，节省土地，有时采用错落的梅花式建筑物排列，且外用土围防护。

7.2.10　火炸药感度的影响因素

能引起火炸药爆炸变化的外界作用种类很多，火炸药接受这些作用的机理也不同，因此，影响火炸药感度的因素错综复杂，必须具体分析。火炸药在机械撞击、摩擦、冲击波压力等诸多外界初始冲能作用下，发生燃烧或爆炸，但在初始冲能的作用下，引发火炸药反应的机理仍然是热点机理，而热点的形成受到诸多因素的影响，尤其对于发射药、推进剂、混合炸药等这样组分众多的火炸药，影响因素更是难以把握。但是，大体上可以将这些因素分为化学、物理两大类。

1. 影响感度的化学因素

火炸药配方中的含能组分分子中多含有爆炸性基团，如发射药中的 NC 含有硝基，NG 含有硝酸酯基；推进剂中的 AP 含有高氯酸根，含能黏合剂 GAP 含有叠氮基；PBX 炸药中 RDX 或 HMX 含有硝胺基等；这些基团在分子内的数量多少明显地影响化合物的爆炸性质。而某些取代基如甲基、卤素也对这些爆炸基团的感度有显著影响。几种类型取代基对火炸药撞击感度的影响列于表 7-2-8 中。

表 7-2-8　取代基对于炸药撞击感度的影响

炸　药	取代基数目	W_{imp}/(kg·m·cm^{-2})	炸　药	取代基数目	W_{imp}/(kg·m·cm^{-2})
甲基影响			硝基影响		
DNB	2	19.5	DNB	2	19.5
DNT	3	18.9	TNB	3	12.1
DNDT	4	14.6	DNT	3	18.9
DN(S)TT	5	13.8	TNT	4	11.4
TNB	3	12.1	DNDT	4	14.6
TNT	4	11.4	TNDT	5	5.7
TNDT	5	5.7	DN(S)TT	5	13.8
TNTT	6	5.9	TN(S)TT	6	5.9
			DNP	3	12.7
			TNP	4	8.2
			DNMR	4	10.3
			TNR	5	4
			DNCB	3	12
			TNCB	4	11.3

由表 7-2-8 中的数据看出，当取代基数目增加时，火炸药的撞击感度增加，撞击功下降。但是这种比较也有例外，例如：TATB 的取代基为 6 个，而它的机械感度却远比三硝基苯、TNT 小。

Depluech 和 Chervile 发现：硝基化合物的冲击波感度和热感度可能与分子的电子结构和 C—NO_2、N—NO_2 及 O—NO_2 键的属性，如静电势、键长、强度等有关。Fried 等研究发现，火炸药感度与组分中含能材料分子最弱键的离解能与裂解能量的比值存在显著的相关性。Rice 等的研究结果表明，硝基芳香族含能材料感度的对数与分子中最弱的 C—NO_2 键离解能线性相关，可以用该类火炸药中最弱的 C—NO_2 键离解能来表征火炸药的感度。

火炸药的爆热对感度有一定的影响。如单基发射药的爆热小于三基发射药，其感度也小于三基发射药；NEPE 推进剂的生成焓明显高于 HTPB 三组元推进剂，因此，其机械感度也显著高于 HTPB 三组元推进剂。这是因为这种火炸药一旦反应，释放出的热量可以使更多的含能材料活化，从而加速火炸药分解反应，发生燃烧或爆炸。

但爆热越高，感度就越高，并不是对所有火炸药都适用。比如，高能固体推进剂的爆热与常规猛炸药相当，甚至更高。但多数高能固体推进剂的爆轰感度都显著低于猛炸药。这主要是因为高能固体推进剂组成复杂，黏合剂、氧化剂、分解及气态产物的混合需要一定时间，因此限制了反应的能量积聚，且各组分的分解要远比猛炸药分解缓慢得多，所以，这使得高能固体推进剂的爆轰很难持续。

另外，Kamlet 分析了火炸药组分中含能化合物分子结构和撞击感度的联系，提出撞击感度和炸药的热分解速率有关系，对于热分解机理类似的炸药来说，在特性落高和氧平衡值之间近似呈线性关系。氧平衡按下式计算：

$$\mathrm{OB}_{100}=\frac{100(2n_{\mathrm{O}}-n_{\mathrm{H}}-2n_{\mathrm{C}}-2n_{\mathrm{COO}})}{M} \tag{7-2-23}$$

式中：OB 为含能材料的氧平衡；n_{O}为含能材料中的氧原子数；n_{H}为含能材料中的氢原子数；n_{C}为含能材料中的碳原子数；n_{COO}为含能材料中的羧基基团数。

在图 7-2-10 中示出了氧平衡和撞击感度之间的关系。

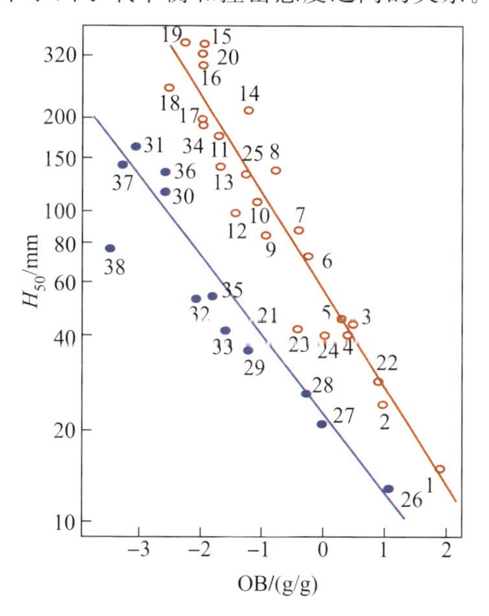

图 7-2-10　火炸药氧平衡和特性落高的关系

•—分子中含有 α-H；◦—分子中不含 α-H。

由图 7-2-10 看出，总的数据宏观呈线性关系，但也有一些例外，当 OB_{100} 值为 1 左右时，H_{50} 值在 13～24cm 间变化；OB 值为 0 时，H_{50} 在 21～73cm 间变化；而 OB 值为 -2 时，H_{50} 值则在 52～320cm 间变化。Kamlet 用化合物是否含有 α-氢来解释这些区别(参看图 7-2-10 中的黑数据点)。凡属于这类炸药的化合物用图 7-2-10 中下面的直线表示。该直线可用下式表示：

$$\lg H_{50} = 1.33 - 0.26 OB_{100} \tag{7-2-24}$$

而不含 α-氢的化合物的 OB_{100} 和 H_{50} 的关系则用下式表示：

$$\lg H_{50} = 1.73 - 0.32 OB_{100} \tag{7-2-25}$$

Kamtet 的工作建立了火炸药的 OB_{100} 和 H_{50} 之间的宏观关系，即火炸药组分中含能化合物分子结构和撞击感度的关系。

2. 影响感度的物理因素

由于机械作用于火炸药时，首先要发生火炸药物理状态的变化，包括晶体间相对运动、塑性变形、能量转化。因此，火炸药的物理状态、装药条件对于火炸药的感度影响很大，在一定程度上，这种影响甚至超过火炸药组分化学结构的影响。

(1) 火炸药初温对其感度有明显影响。初温增大，相应的感度增加，在表 7-2-9 和表 7-2-10 中分别列出了初温对于撞击感度、爆轰感度的影响。

表 7-2-9 不同温度时 TNT 的撞击感度

温度/℃	爆炸率/%			温度/℃	爆炸率/%		
	25cm	30cm	54cm		25cm	30cm	54cm
18		24	54	90		48	75
20	11			100	25	63	89
80	13			110	43		
81		31	59	120	62		

表 7-2-10 温度对于极限起爆药量 m_{min} 的影响

火炸药	m_{min}/g	
	-110℃	20℃
NG/NC 爆胶	1.0	0.25
低氮 NC	2.0(拒爆)	0.25
PA	2.0(拒爆)	0.25

由以上两表的数据看出，温度上升，火炸药的感度增加，这和火炸药物态转化、反应速率加快有关。

(2)火炸药装药密度对感度也有明显影响。对于爆轰波、冲击波作用来说，火炸药的密度增大，相应的感度会降低。因为在初始冲击能作用下，引发火炸药反应的机理仍是热点机理，当火炸药密度大时，火炸药间空隙率降低，可作为热点的微气泡数量也减少，导致引爆困难。例如采用真空浇铸成型的固体推进剂的气孔率非常低，其密度可达99.5%，而普通混合炸药的装填密度仅为理论密度的95%甚至更低，因此固体推进剂的爆轰感度、冲击波感度远远小于普通混合炸药。

(3)火炸药中某些组分(如黏合剂、钝感剂、惰性增塑剂等)对火炸药感度有重大的影响。例如PBX炸药的感度要比对应的单质炸药的机械感度低很多；固体推进剂中惰性黏合剂质量分数越大，对应的机械感度也越低。

(4)火炸药晶型对感度也有影响。对于许多单质炸药，不同晶型具有不同的稳定性。例如，HMX有α、β、γ、δ四种晶型，其中β型最为稳定，其撞击感度也最低；RDX有α、β两种晶型，β型过分活泼，几乎可以立即转化为α型。同样，晶型对于炸药感度也有影响，所以，人们追求球形化和低感度型的RS-RDX、HMX，就在于得到低感度的单质炸药，用于发射药、推进剂及混合炸药等火炸药配方中，从而降低火炸药整体感度。

7.3 火炸药的不敏感性能

随着科学技术的进步，作战双方总是将最先进的技术用来摧毁对方的军事力量，因而弹药所处的环境将越来越恶化。火炸药具有易燃、易爆的特性，同时对外界刺激又有一定的感度，武器装备及弹药的安全性和生存能力受到火炸药及其装药不敏感性的直接影响，意外点火或火灾引起弹药自身爆炸的事故屡有发生。美国曾发生一系列与弹药储存和运输、舰船操作、武器使用等有关的火炸药爆炸事故。如20世纪60年代末70年代初，在加利福尼亚州的罗斯维尔、亚利桑那州的本森等地发生过因货车着火而引起装有弹药的列车爆炸事故。美国的福莱斯特航空母舰和企业号航空母舰也发生过弹药意外点火，使军械库在热刺激作用下，发生剧烈爆炸，造成大量人员死亡和严重损失。

作战中武器、弹药的损失，在很多情况下不是敌方密集炮火直接摧毁的，而是由于意外点火或火灾引起弹药的自身爆炸导致的。火炸药处理、贮存、运输和使用过程中的意外重大爆炸事故促使人们考虑需要发展具有抗烤燃、抗破片，在火灾中只燃烧不爆炸的不敏感火炸药。随着高新技术在战争中的大量应用和武器使用环境的日趋苛刻，对武器在战场上生存能力的要求越来越高。为此，武器的不敏感性问题引起人们越来越多的关注，世界各国高度重视不敏感性弹药的研究与发展。

因此很多国家相继开展武器在战场上的生存能力和弹药不敏感性问题的研究。不敏感性弹药是指对发生意外反应的敏感度低，一旦发生反应所产生爆炸作用的剧烈程度也低的弹药。

火炸药的不敏感性重点强调运输、实战过程中遭遇到弹丸(片)冲击、冲击波等刺激时不易引发意外爆炸，在高温或火焰作用下不发生比燃烧更剧烈的响应。由于国内弹药不敏感性研究起步较晚，针对弹药不敏感性试验和评价技术研究刚刚开始，主要参照美国、北大西洋公约组织(简称北约)及法国等国家的相关标准，进行了系统的弹药不敏感性试验方法和评价技术研究，并在逐渐建立相应的国家军用标准。在标准化研究的基础上，设计研发了慢速烤燃试验系统、快速烤燃试验系统、子弹冲击试验系统、破片冲击试验系统、殉爆试验系统和聚能射流冲击试验系统。

当前国际上有 3 个主要的弹药不敏感性试验方法标准，分别为美国 MIL－STD—2105《非核弹药危险评估试验标准》、北约 STANAG 4439《钝感弹药评估和试验标准》以及法国《DGA/IPE 弹药需求测试试验标准》，后两者的不敏感性试验方法等同采用或者参照美军标 MIL－STD－2105 系列标准编写制定，但略有差异(具体差异如表 7－3－1 所列)。美国 MIL－STD－2105 系列标准起源于海军的 WR－50《海军武器弹药要求》文件，在 1982 年正式发布了 MIL－STD－2105 标准，经过 3 版修订后，最新版本为 2011 年发布的 MIL－STD－2105D 标准。美国 MIL－STD－2105 系列标准规定，在弹药危险评估过程中，需进行基本的安全试验、不敏感性试验和附加试验。基本安全试验包括 28 天温度湿度试验、振动试验、4 天温度湿度试验和 12m 跌落试验等。在不敏感性试验中，MIL－STD－2105C 及以前的版本中，不敏感性试验项目为 7 项，分别是快速烤燃试验、慢速烤燃试验、子弹冲击试验、破片冲击试验、殉爆试验、聚能射流冲击试验和聚能射流热碎片冲击试验。这些标准要求弹药在生产、贮存、运输及战争等过程中受到热刺激(快速烤燃试验和慢速烤燃试验)、机械刺激(子弹冲击、破片冲击、聚能射流热破片冲击和聚能射流冲击试验)及综合威胁(殉爆试验)时，仅发生燃烧，而不发生爆轰。但在 2011 版的 MIL－STD－2105D 中，将聚能射流热碎片冲击试验取消。认为聚能射流冲击试验和破片冲击试验的刺激程度可以代替聚能射流热碎片冲击试验(2105 系列试验项目对比如

表7-3-2所列)。为了与国际接轨，实现数据共享和对比，建议将聚能射流热碎片冲击试验取消。

表7-3-1　国外钝感弹药测试标准差异表

威胁种类	标准		北约	英国	德国	意大利			法国			美国
			STANAG 4439 AOP 39	STANAG 4439 JSP 520	STANAG 4439 BM-VG	DG-AT IM 规定 2000			DGA/IPE N°260			MIL-STD-2105D
	STANAG	试验				1	2	3	1	2	3	
弹药库、飞机、车辆等直接发生火灾	4240	FH	Ⅴ	Ⅴ	Ⅴ	Ⅴ	Ⅴ	Ⅴ	Ⅳ	Ⅴ	Ⅴ	Ⅴ
临近弹药库或车辆的地方发生火灾	4382	SH	Ⅴ	Ⅴ	Ⅴ	Ⅴ	Ⅴ	Ⅴ	Ⅲ	Ⅴ	Ⅴ	Ⅴ
受到轻武器攻击	4241	BI	Ⅴ	Ⅴ	Ⅴ	Ⅴ	Ⅴ	Ⅴ	Ⅲ	Ⅲ	Ⅴ	Ⅴ
受到爆轰波影响	4396	SR	Ⅲ	Ⅲ	Ⅲ	Ⅲ	Ⅲ	Ⅲ	Ⅲ	Ⅲ	Ⅳ	Ⅲ
受到弹片攻击	4496	FI	Ⅴ	Ⅴ	Ⅴ		Ⅰ	Ⅴ	Ⅰ	Ⅲ	Ⅴ	Ⅴ
		FI重碎片					Ⅰ	Ⅴ	Ⅰ	Ⅲ	Ⅳ	
受到聚能装药武器攻击	4626	SCJI	Ⅲ	Ⅲ	Ⅲ		Ⅰ	Ⅲ	Ⅰ	Ⅰ	Ⅲ	Ⅲ

注：Ⅰ爆轰；Ⅱ部分爆轰；Ⅲ爆炸；Ⅳ爆燃；Ⅴ燃烧

表7-3-2　MIL-STD-2105系列标准的试验项目

标　准	测试项目
MIL-STD-2105	核心试验：28天温湿度循环试验、振动试验、4天温湿度循环试验、12m跌落试验、快速烤燃试验、慢速烤燃试验、子弹冲击试验。 附加试验：37项

（续）

标　准	测试项目
MIL－STD－2105A	基础试验：28 天温湿度循环试验、振动试验、4 天温湿度循环试验、12m 跌落试验、快速烤燃试验、慢速烤燃试验、子弹冲击试验、破片冲击试验、殉爆试验、聚能射流冲击试验、聚能射流热碎片冲击试验。 附加试验：37 项
MIL－STD－2105B	基础安全试验：28 天温湿度循环试验、振动试验、4 天温湿度循环试验、12m 跌落试验。 钝感弹药试验：快速烤燃试验、慢速烤燃试验、子弹冲击试验、破片冲击试验、殉爆试验、聚能射流冲击试验、聚能射流热碎片冲击试验。 附加试验：41 项
MIL－STD－2105C	同 2105B
MIL－STD－2105D	取消聚能射流热碎片冲击试验，其他同 2105C

对于固体发动机的不敏感性，美国军用标准 MIL－STD－2105C 及以前版本将固体发动机的响应等级分为 5 类，分别为爆轰、部分爆轰、爆炸、爆燃、燃烧。航天工业固体推进剂安全技术研究中心在大量固体发动机不敏感性试验研究的基础上，认为 5 类结果不能全部涵盖固体发动机的响应类型，在 2008 年编制固体推进剂不敏感性试验方法和评价标准时，增加了“燃烧以下”响应类型，将固体发动机不敏感性试验的响应程度由 5 类增加为 6 类。随后，在 2011 年美国发布的军用标准 MIL－STD－2105D 中，同样增加了“燃烧以下”响应类型(具体如表 7－3－3 所列)。

表 7－3－3　反应类型的详细定义

反应类别	反应类型	反应特征
Ⅰ类	爆轰	产生超声速分解，在周围环境中产生冲击波，金属壳体迅速发生塑性变形，随即产生飞射的碎片。所有材料全部消耗，在弹药下部及周围临近地面产生大的弹坑
Ⅱ类	部分爆轰	部分材料发生爆轰反应形成冲击波，部分金属壳体破碎，能够产生弹坑，与完全爆轰相比，部分爆轰的破坏效应取决于材料爆轰程度
Ⅲ类	爆炸	密闭的含能材料点火形成快速燃烧，局部压力导致密闭结构产生严重的压力破坏，冲击波压力比爆轰要低，金属壳体形成较大的碎片并飞行较长距离，燃烧过程存在含能材料的抛射，爆炸会形成小的弹坑

（续）

反应类别	反应类型	反应特征
Ⅳ类	爆燃	密闭含能材料的点火和燃烧，产生不剧烈的压力释放，燃烧过程存在抛射现象。壳体可能开裂但不会破碎，紧密的密封盖有可能被冲开。爆燃不会产生对环境危害的爆炸或大碎片，只产生热和烟雾
Ⅴ类	燃烧	含能材料点火燃烧，不会形成推力。壳体可能会被冲开、熔化或脆化而开裂。破片主要停留在火焰区，15m 外没有破坏力
Ⅵ类	燃烧以下	含能材料无响应或仅仅是物理开裂

火炸药响应程度的判定依据分为主要判据和次要判据，次要判据的缺失不影响响应程度的判定。在判定响应程度时，壳体的变形、破碎情况是最为直接、重要的证据，其次为火炸药本身的反应情况，冲击波超压数据主要用于区分爆轰和部分爆轰，碎片或含能材料的抛射距离用于区分爆燃和燃烧，同时，结合地面炸坑、视频和声响等辅助进行固体发动机响应等级的分类和判别。法国于1993年发布了自己的钝感弹药(MURAT)试验方法指导文件，即 DGA/IPE 规程 260 号文件(见表 7-3-4)，对试验结果进行了详细的判别。其他国家，如英国、德国、澳大利亚等均进行了不敏感性弹药研究，制定了 IM 标准和各种研究测试方法，并建立了各国通用的数据库，开发出弹药安全性分析软件(SAS)，而且在不敏感性推进剂的研究方面已做了大量研究工作，以尽快完成导弹武器向不敏感性过渡的目标。

表 7-3-4 法国 DGA/IPE 规程 260 号文件试验方法

试验项目	试验方法	满足钝感要求的最剧烈响应类型		
		MURAT*	MURAT**	MURAT***
电	静电、电磁辐射、雷击	无反应	无反应	无反应
跌落	0～12m 高，钢制平面	无反应	无反应	无反应
快速烤燃	液体碳氢燃料，无时间限制	爆燃	燃烧	燃烧
慢速烤燃	3～60℃/h 均匀升温	爆炸	燃烧	燃烧
子弹冲击	1～3 发 12.7mm 穿甲弹，速度 0～850m/s	爆炸	爆炸	燃烧
殉爆	同类型弹药，最易损结构	爆炸	爆炸	爆燃

（续）

试验项目	试验方法	满足钝感要求的最剧烈响应类型		
		MURAT*	MURAT**	MURAT***
破片冲击（轻型）	3个20g立方体钢制破片同时发射，速度0～2000m/s	爆轰	爆炸	燃烧
破片冲击（重型）	250g平行六面体钢制破片，速度0～1850m/s	爆轰	爆炸	燃烧
聚能射流冲击	射流可穿透300mm厚钢板	爆轰	爆轰	爆炸

下面分别介绍一下火炸药的快速烤燃、慢速烤燃、子弹撞击、射流冲击、殉爆、碎片撞击和跌落试验的具体情况。

7.3.1 快速烤燃性能

热是弹药的一项主要威胁，对含能材料构成实际危险，在某些情况下，化学能迅速释放导致弹药爆燃、热爆炸或爆轰。热烤试验（cook-off test）是研究和评估弹药及含能材料在生产、使用、运输及贮存等复杂环境下热安全性的一种常用方法，根据试验结果可以对武器弹药的设计、使用和贮存条件提供建议。

实际环境中，弹药可能会受到火烧快速加热作用。快速加热是指弹药完全被吞噬在燃料燃烧火焰中，如船舰上发生坠机或道路运输事故所导致的情形，为了研究弹药在火烧条件下的热响应特性，评价其热安全性，于是设计了火炸药快速烤燃试验。

快速烤燃是指利用汽油、酒精、木料等有机燃料作为加热物质，直接对烤燃弹快速加热，直至烤燃弹发生反应。其原理是烤燃弹内的火炸药在受到外界火烧时，引起火炸药热分解，产生的气体冲破烤燃弹壳体，而烤燃弹壳体破裂时，火炸药可能会发生燃烧、爆炸、爆轰等反应。

目前，快速烤燃的试验主要参照北约STANAG 4240弹药试验程序—液体燃料/外部烤燃试验进行，要求快速烤燃的平均加热温度保持在550～850℃之间，直至所有弹药反应完毕，起燃后30s内升至550℃，弹药的反应程度不高于Ⅴ类（燃烧），即通过快速烤燃试验。

标准试验程序是将试样安装在一个装有液体燃料的大尺寸开放型燃烧池的中心进行燃烧试验（要求试验时火焰的平均温度达到800℃），直至反应结束。试样水平放置在燃烧池中心，试样两端与池壁有 1m 的间隔。试验开始前，试样表面和燃油表面之间的距离应不小于 0.3m，为了控制燃油面与试样面之间的距离，可以通过压力软管向燃烧池加水。但应保证试验过程中水面上的燃油厚度至少在 15mm 以上，而且试样能够完全浸没在火焰中。燃烧池中所使用的燃料通常为牌号 JP－4、JP－5、JetA－1、AVCAT(NATOF－34 或 F－44)的煤油或商业煤油(ClassC2/NATOF－58)，储备的燃油量应为预计反应时间的 1.5 倍。为保证试样能够完全被火焰吞没，试样周围的风速不能超过 10km/h，而且试验应尽量避开降雨和降雪等恶劣天气。试验中温度测试设备采用 4 个能够承受 1200℃ 高温的 K 型铠装热电偶，其中两个热电偶用来测量燃油燃烧 30s 后温度达到 550℃ 的过程和 550℃ 以上直到反应结束。

待试样反应结束 30min 后，经确定无异常，相关人员进入现场查看试样状态，并对其拍照，记录反应后残骸或碎片的抛射位置及尺寸。

快速烤燃的影响因素众多，国内学者也对其影响因素做了深入的研究，并加以总结概括，主要有火炸药本身特性、装药结构、烤燃约束条件及加热条件等。

7.3.2 慢速烤燃性能

慢速烤燃试验主要评估的是弹药在受到外部缓慢加热时的反应类型。它是模拟当弹药在受到如室外高温、库房的缓慢升温和发射时火焰加热等外界刺激时，通过测试弹药烤燃弹的温度变化、反应等级、响应时间等数据，研究其不敏感性。

慢速烤燃是指对烤燃弹以 3.3℃/h 的升温速率进行加热，直至发生反应为止。其原理可归纳为烤燃弹在慢速升温过程中，由于内部火炸药自热反应、导热性差等原因，造成热量积聚，形成热点；同时，火炸药在慢速升温过程中，会发生一定程度的不可逆热损伤，如微裂纹、微孔洞、脱湿等，具体表现为火炸药密度降低，孔隙率、渗透率增加等现象，严重影响其燃烧性能；而热损伤程度不同的火炸药内部形成热点后，一旦点火燃烧，冲破烤燃弹壳体束缚，就会表现出不同的响应程度。

目前，慢速烤燃试验均参照北约 STANAG 4382 弹药试验程序—慢速加热试验进行，即以 3.3℃/h 或指定的(1～30℃)恒定加热速率加热烤燃弹药，直至弹药发生反应，弹药的反应程度不高于Ⅴ类(燃烧)，即通过慢速烤燃试验。若反应程度高于Ⅴ类(燃烧)，则弹药未通过慢速烤燃试验。

标准试验程序是先以 5℃/h 的升温速率将慢烤试验箱加热至 50℃，并维持 8h，然后以 3.3℃/h 的升温速率加热试样直至发生反应。而裁剪试验程序由威胁危险评估(threat hazard assessment)程序决定。标准试验程序是将试样放置在一个简易的慢烤试验箱内，用循环加热的空气进行加热。试验箱能够以恒定的速度将空气加热到预定的温度范围，并在试样周围形成循环，流入和流出的空气温差不超过5℃。为使试样加热均匀，试样与试验箱内壁每侧应留有至少200mm的间隙。试验中至少使用2组(4个)热电偶对试样表面进行监控，热电偶安装在试样相对称的两个外表面上，如图7-3-1所示。

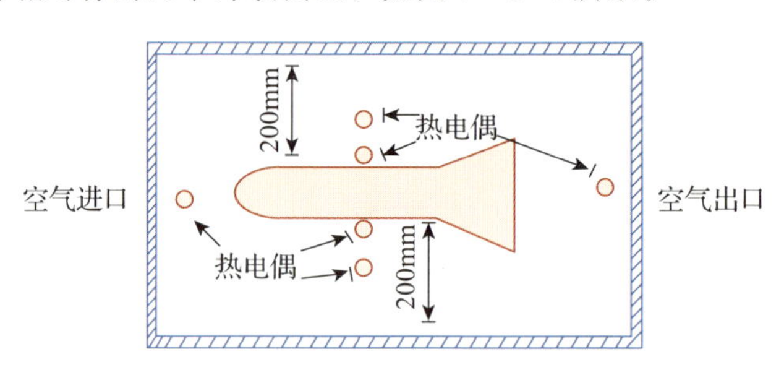

图7-3-1 试验箱中热电偶安装位置

目前，国际主流的非核弹药不敏感性试验及评价标准(如美国MIL-STD-2105《非核弹药危险评估试验标准》、法国《DGA/IPE弹药需求测试试验标准》，以及北约STANAG 4439《钝感弹药评估和试验标准》等)均未给出准确的烤燃试验(快速烤燃、慢速烤燃)所用的烤燃弹试样尺寸。在不敏感推进剂评价试验中建议采用实战尺寸固体推进剂或者全尺寸发动机进行试验，如美国的响尾蛇导弹(采用纤维缠绕的石墨复合材料和HTPE推进剂)在NAWCWPNS进行了全尺寸发动机不敏感性试验。爱国者-3、标准-3等也采用全尺寸发动机进行试验，由于全尺寸发动机试验的成本高、危险性大、对试验场地要求苛刻等缺点，严重制约了全尺寸发动机试验的数量，各国探索采用模拟发动机、缩比发动机等进行试验，并研究了缩比发动机的尺寸、约束条件等因素对固体推进剂不敏感性试验结果的影响。

弹药在慢速烤燃过程中是一个综合了传热学和化学反应热力学的复杂过程，在弹药的慢烤试验过程中，热量的传递及影响慢速烤燃响应特性的物理因素也是要着重考虑的。

1. 传热理论

热量总是从高温物体向低温物体传递，或者从物体的高温部分传向低温部分。热传递主要有3种形式：热传导、热辐射和热对流。火炸药在烤燃过程中，热量主要热传导的方式是由环境空气传递至药柱内部，因此，我们可以利用导热的计算公式来推导在烤燃过程的某一时刻，单位时间内传递至火炸药药柱内部的热量，并以此分析热量传递对烤燃试验的影响。

对于一维热传导问题，根据傅里叶定律，可知在单位时间内通过平面的热传导热量与垂直于平面方向的温度变化率及平面面积 A 成正比，即

$$\Phi = -\lambda A \frac{\mathrm{d}t}{\mathrm{d}x} \tag{7-3-1}$$

式中：λ 为热导率，又被称为导热系数(W/(m·K))；式中的负号“-”代表热量的传递方向与温度从高到低的方向相反；x 为垂直于平面的方向。

单位时间通过一定面积平面的热量称为热流量，记为 Φ，单位为 W。单位时间内通过单位面积的热流量称为热流密度，记为 q，单位为 $\mathrm{W/m^2}$。根据傅里叶定律，当物体仅在 x 轴方向变化时，热流密度的表达式为

$$q = \frac{\Phi}{A} = -\lambda \frac{\mathrm{d}t}{\mathrm{d}x} \tag{7-3-2}$$

式(7-3-1)和式(7-3-2)为一维稳态导热时傅里叶定律的数学表达式。对于简单的一维导热问题，将傅里叶定律的表达式进行积分便可得到用温度差表示的计算表达式，但是对于多维度传导问题必须在获得温度场的数学表达式后才能用傅里叶定律计算出空间内各个位置的热流量矢量。为了探索烤燃弹在慢烤炉中的传热问题，可将它转化为圆柱坐标系的三维非稳态导热微分方程，即

$$\rho c \frac{\partial t}{\partial \tau} = \frac{1}{r}\frac{\partial}{\partial r}\left(\lambda r \frac{\partial t}{\partial r}\right) + \frac{1}{r^2}\frac{\partial}{\partial \varphi}\left(\lambda \frac{\partial t}{\partial \varphi}\right) + \frac{\partial}{\partial z}\left(\lambda \frac{\partial t}{\partial z}\right) + \overline{\Phi} \tag{7-3-3}$$

如果圆筒壁的内外半径分别为 r_1、r_2，假设内外表面温度分别维持均匀恒定的温度 t_1、t_2，如图 7-3-2 所示，采用圆柱坐标系，这样就能将此模型简化为沿半径方向的一维导热问题。

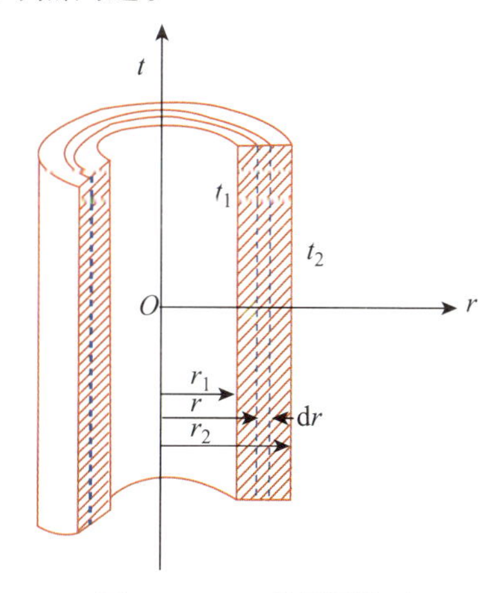

图 7-3-2 单层圆筒壁

将式(7－3－3)简化得到

$$\frac{\mathrm{d}}{\mathrm{d}r}\left(r\frac{\mathrm{d}t}{\mathrm{d}r}\right)=0 \tag{7-3-4}$$

边界条件的表达式为

$$r=r_1\text{时}，\quad t=t_1 \tag{a}$$

$$r=r_2\text{时}，\quad t=t_2 \tag{b}$$

对式(7－3－4)进行两次积分，得到其通解，即

$$t=c_1\ln r+c_2 \tag{7-3-5}$$

将边界条件式(a)、(b)分别代入式(7－3－4)中，联立解得积分常数 c_1、c_2：

$$c_1=\frac{t_2-t_1}{\ln(r_2/r_1)}$$

$$c_2=t_1-\ln r_1\frac{t_2-t_1}{\ln(r_2/r_1)}$$

将其代入式(7－3－5)得温度分布为

$$t=t_1+\frac{t_2-t_1}{\ln(r_2/r_1)}\ln(r/r_1) \tag{7-3-6}$$

对式(7－3－6)求导可得

$$\frac{\mathrm{d}t}{\mathrm{d}r}=\frac{1}{r}\frac{t_2-t_1}{\ln(r_2/r_1)}$$

代入傅里叶定律中，得

$$q=-\lambda\frac{\partial t}{\partial r}=\frac{\lambda}{r}\frac{t_2-t_1}{\ln(r_2/r_1)} \tag{7-3-7}$$

在圆筒壁导热模型中，热流量密度与半径成反比，但是通过整个圆筒壁的热流量 Φ 为常量，不随半径而变化。对式(7－3－7)各乘以 $2\pi rl$ 得

$$\Phi=2\pi rlq=\frac{2\pi\lambda l(t_2-t_1)}{\ln(r_2/r_1)} \tag{7-3-8}$$

根据热阻的定义，通过整个圆筒壁的导热热阻为

$$R=\frac{\Delta t}{\Phi}=\frac{\ln(d_2/d_1)}{2\pi rl} \tag{7-3-9}$$

当武器弹药药柱装入圆筒柱形容器时，药柱表面一般会和钢管内壁留有一定的空隙，在热量传导过程中，热量先通过钢管外壁传递至钢管内壁，然后再

由内壁传递至空隙，后经过空隙层传递至药柱表面。根据烤燃弹装药结构，可把它简化成多层圆筒壁传热模型。假设层层之间接触良好，没有引入附加热阻，因此通过层间分界面就不会发生温度下降。已知各层的导热系数为 λ_1 和 λ_2，并且已知多层圆筒壁两表面之间的温度 t_1 和 t_3，根据 Frank-Kamenetskii 边界条件，边界上的反应物表面的温度等于环境温度 T_a，并且假定环境湿度一样，即 $T = T_a$，$r = r_a$，那么可以得出各层的热阻表达式如下：

$$\begin{cases} \dfrac{t_1 - t_2}{\Phi} = \dfrac{\ln(d_2/d_1)}{2\pi\lambda_1 l} \\ \dfrac{t_2 - t_3}{\Phi} = \dfrac{\ln(d_3/d_2)}{2\pi\lambda_2 l} \end{cases}$$

整个过程的总热阻等于分热阻之和，即把两层热阻叠加就可得到层数为两层的多层圆筒壁的总热阻：

$$\frac{t_1 - t_3}{\Phi} = \frac{1}{2\pi l}\left[\frac{\ln(d_2/d_1)}{\lambda_1} + \frac{\ln(d_3/d_2)}{\lambda_2}\right] \tag{7-3-10}$$

从而得到图 7-3-3 所示的两层圆筒壁的导热热流量为

$$\Phi = \frac{2\pi l(t_1 - t_3)}{\dfrac{\ln(d_2/d_1)}{\lambda_1} + \dfrac{\ln(d_3/d_2)}{\lambda_2}} \tag{7-3-11}$$

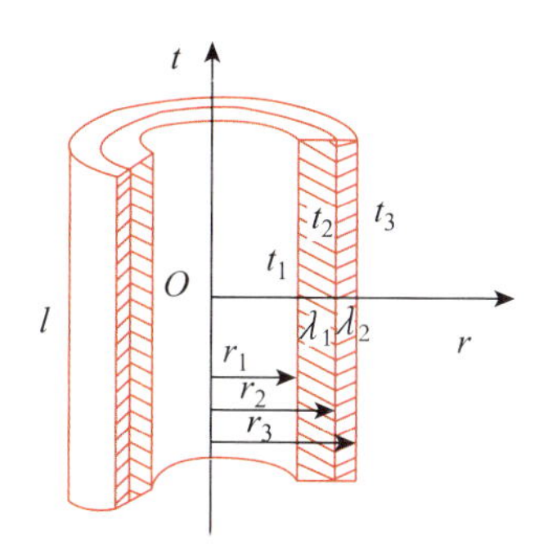

图 7-3-3 多层圆筒壁

如果存在多层，即 n 层圆筒壁的导热热流量计算公式为

$$\Phi = \frac{2\pi l(t_1 - t_{n+1})}{\sum\limits_{i=1}^{i=n} \dfrac{\ln(d_{i+1}/d_i)}{\lambda_i}} \tag{7-3-12}$$

式中：Φ 为热流量(W)；λ_i 为第 i 层材料的导热系数(W/(m·K))；$t - t_{n+1}$ 为多层圆筒壁最内层表面与最外层表面的温度差(℃)；l 为圆筒壁的长度(m)；d_i

为 i 层圆筒的直径(m)。

2. 影响慢速烤燃响应特性的物理因素

慢烤试验是一个复杂的综合因素相互作用而造成最终响应特征的过程，必然受到多种物理因素的影响，这些因素包括药量和尺寸大小、装药密度、约束条件、升温速率、自由空间等。

1)火炸药装药量及烤燃弹尺寸的影响

随着火炸药装药尺寸的增大，火炸药慢速烤燃的最终响应等级和最终响应时的温度都会随之增加。这是因为在慢烤过程中火炸药的慢速烤燃反应最先发生在药柱的内部，而且整个过程中相变一般不会发生。

2)炸药装药密度的影响

因为影响热点火阶段的主要因素是炸药颗粒之间的孔径和孔隙率。炸药装药密度减小，颗粒之间的孔径和孔隙率增加，药柱内部分解产生的高温高压气体顺利地渗透到炸药颗粒的周围，促进药柱其他部位温度升高和热点数量增加。相反，随着装药密度的增加，颗粒之间的孔径和孔隙率减少，分解产生的热量和高温气体不能顺利地扩散到其他部位，造成热点数量减少。研究表明，当炸药密度很高(大于最大理论密度的94%)或很低时，在受到缓慢热刺激后的响应水平较低，当装药密度在一定范围内时，发生响应的剧烈水平较高。

3)约束条件的影响

研究结果表明随着烤燃弹壳体厚度的增加，慢速烤燃反应的炸药延滞期和响应时间都有所增加。这可能是因为单位时间内传递至药柱表面的热量与壳体厚度成反比，故随着壳体厚度的增加，药柱从加热到发生急剧反应的时间增加。

4)升温速率的影响

升温速率的大小对烤燃弹内火炸药点火时间和点火位置影响很大。升温速率增大，火炸药点火时间缩短，点火位置从炸药内部向火炸药表面转移。不同的温升速率对热点火温度的影响不大，但升温速率越低，炸药响应的剧烈程度越高。

5)自由空间的影响

当壳体、火炸药及装药密度不变时，在一定范围内，随着自由空间的增加，响应的剧烈程度增大，超过这个范围，随自由空间的增加，响应的剧烈程度减小。

7.3.3 子弹撞击性能

子弹撞击性能是指子弹对火炸药进行撞击，火炸药会表现出不同的响应结果。其原理是子弹穿过或射入火炸药时，由于受损的火炸药直接撞击起爆或点火，导致弹药会对子弹撞击刺激发生反应。子弹撞击不敏感性试验主要是模拟发射药在战场环境中可能会受到意外子弹撞击，引起装药不敏感性响应程度的评价方法。在美国MIL-STD-2105《非核弹药危险评估试验标准》和北约STANAG 4439《钝感弹药评估和试验标准》中，弹药的子弹撞击不敏感性试验均参照北约STANAG 4241弹药试验程序—子弹撞击试验进行，反应严重性不高于第Ⅴ类(燃烧)，即通过子弹撞击试验。

STANAG 4241弹药试验程序—子弹撞击试验中，采用3发12.7mm口径的M2穿甲燃烧弹以(850±20)m/s速度连续撞击弹药，评估弹药的不敏感性。为了保证枪弹的飞行稳定性，试验时枪弹与试样的距离应在0～30m的范围内。枪弹的射击速度为(850±20)m/s，转速在(600±50)r/min，枪弹的发射间隔为(80±40)ms。裁剪试验程序由威胁危险评估(THA)程序决定。试验前根据弹药在生命周期最可能受到枪弹射击的位置，确定枪弹射击方向和试样放置方式。一般情况下试样处于卧式放置，枪弹射击方向与试样的最长轴线垂直。为确保试验装置能正常工作并且在要求的射击速度范围内，试验前可以试射3发枪弹。试验过程中至少进行两发试验，其中一发是对装药量最大的部位射击，另一发是对冲击最敏感的部位射击。为了提高射击精度，可在试样上标记一个直径为5cm的圆。为防止试样因枪弹撞击而偏离，需要在试样上设计限位装置，以免发生危险，限位装置不能影响试样破裂。

7.3.4 射流冲击性能

聚能装药射流通过含能材料时引起直接冲击引爆、冲击波冲击转爆轰或受损含能材料起爆，所以弹药对聚能装药射流冲击刺激会做出反应。在危险的战场环境下，弹药可能会受到聚能装药射流冲击，为了评价弹药的不敏感性，对其进行聚能装药射流冲击试验，以模拟弹药在储运和战备状态下受到聚能射流冲击反应程度。

在美国MIL-STD-2105《非核弹药危险评估试验标准》和北约STANAG 4439《钝感弹药评估和试验标准》中，弹药的聚能装药射流冲击不敏感性试验均参照北约STANAG 4526弹药试验程序—空心战斗部射流冲击试验进行，反应严重性不高于第Ⅲ类(爆炸)，即通过聚能射流冲击不敏感性试验。

标准试验程序中试样受 50mm 射流弹或具有相同 V^2d 值战斗部的射流冲击。裁剪试验中由威胁危险评估(THA)决定聚能射流战斗部类型。试验发现，射流速度的平方和射流直径的乘积(V^2d)与射流冲击强度呈正比关系。为了便于北约各成员国之间的信息交换，STANAG 4526 给出了 4 种标准的威胁类，如表 7-3-5 所列。

表 7-3-5 铜喷嘴射流的标准化 V^2d 值

威　胁	特征值 V^2d/(mm^3/μs)
顶部攻击弹药箱	200
具有 50mm 壳壁的射流弹	360
火箭弹	430
反坦克弹	800

聚能射流试验并不适合所有类型的弹药，受试弹药应根据 STANAG 4439 和危险分类进行安全性评估，确定是否进行试验。对于装有含能材料的弹药，该试验仅适合含能材料的爆轰失效直径大于射流直径的弹药，因为装有失效直径小的含能材料的弹药(包括大部分战斗部)一般不能通过射流冲击试验。如果危险评估能确定弹药反应程度低于Ⅰ类(爆轰)或Ⅱ类(部分爆轰)，就没有必要为证实射流冲击的破坏程度而进行试验。聚能射流冲击的方向应穿过含能材料的最长路径，而不像枪弹射击和碎片撞击那样需向装药感度最高的部位撞击。

7.3.5 殉爆性能

殉爆试验是用于模拟弹药在储运和战备状态下，当主发装药发生最坏反应(爆轰)时，一个或多个被发装药的响应程度。通过殉爆试验可以明确弹药对殉爆反应的敏感度以及为弹药包装和隔离设备提供有效指导。殉爆试验中根据主发装药的类型而采用不同的引爆方式，通常包括聚能射流弹引爆和传爆序列引爆。

聚能射流弹引爆是通过将聚能射流弹安装在试样含能材料的相应位置，并将引爆控制系统与射流弹点火器连接，启动引爆控制系统，点火电流将传至点火器，起爆射流弹，进而引爆主发装药。对于火箭发动机和枪炮推进剂，常采用聚能射流弹引爆的方式可靠起爆主发装药。而对于其他弹药，则采用起爆传爆序列的方式引爆主发装药。试验时主发装药应被被发装药包围，并且在周围堆放钝感试验件。如果主发装药与一个被发装药的体积超过 0.15m^3，则需要2~3个被发装药。使用 3 个被发装药时，其中 2 个应处于对角攻击的位置，如图 7-3-4 所示。在包装的情况下，一般不用钝感试验件代替被发装药。

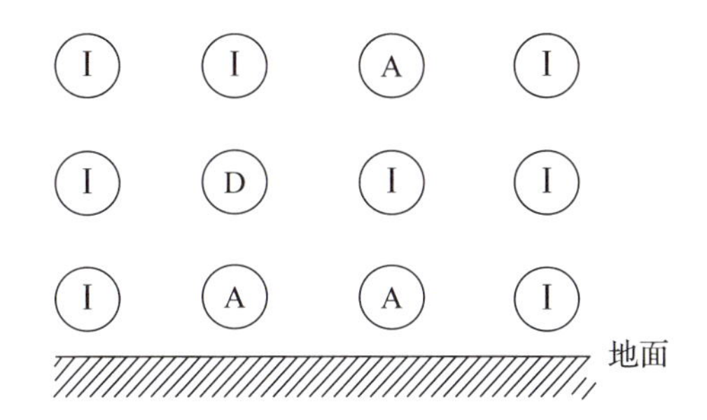

图 7-3-4 殉爆试验中弹药的存储堆放形式

D—主发装药；I—钝感试验件；A—被发装药。

试验前弹药应经过高温或低温预处理，温度值由生命周期评估、STANAG 2895 和 AECTP-200 决定。殉爆距离一般与供体弹药的激发能力、受体弹药接受激发的能力和它们之间的传播介质有关，试验时主发装药与被发装药间的距离应与服役状态时相同。

为了模拟弹药实际贮存状态时的约束作用，试验时可以通过改变试样与钝感试验件的比值来实现。弹药反应严重性不高于第Ⅲ类(爆炸)，即通过殉爆不敏感性试验。

7.3.6 破片撞击性能

破片撞击试验用于模拟弹药在储运和战备状态下受到碎片撞击(轻质碎片和重质碎片)时可能的响应及破坏形式。标准的试验程序采用一块质量为 18.6g 带有锥角的圆柱形钢制破片以 2530m/s 的速度撞击试件，破片尺寸如图 7-3-5 所示。如果威胁危险评估表明弹药在其生命周期受到高速破片冲击的概率极低(<0.0001)，可使用裁剪试验，将撞击速度变为 1830m/s。

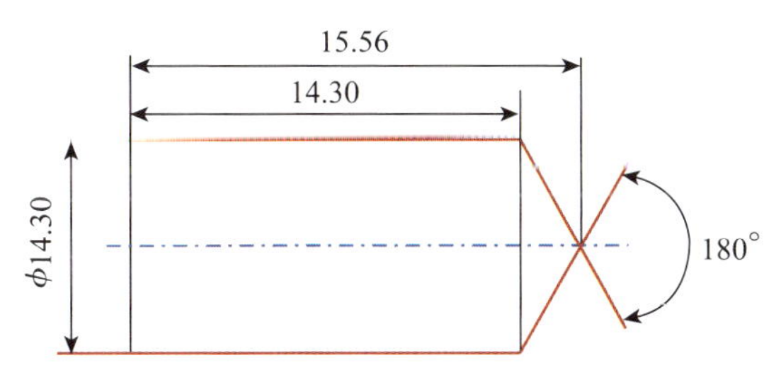

图 7-3-5 破片二维尺寸图

为防止弹药在撞击时位置发生变化，应将弹药固定，但固定装置不能影响试样的反应程度。试验前应进行一次试射，以验证破片的速度是否满足要求。破片的撞击方向应沿试样表面法向。最多进行两次试验，撞击点位置分别位于装药量最大的部位和装药感度最高的部位，如果威胁危险评估表明撞击到最敏感位置的可能性很小，则只需撞击装药量最大的部位。弹药反应严重性不高于第Ⅴ类(燃烧)，即通过碎片撞击不敏感性试验。

7.3.7 跌落性能

美国、法国以及北约组织在弹药安全性评价与试验技术方面开展了系统性研究，形成了系列化的弹药安全性试验标准，这些标准的可操作性很强，并在标准中提出了大量的弹药安全设计的方法和要求，其标准涵盖了武器系统研究策划、技术实施、安全性检验评估、验收及后继使用信息反馈等全寿命过程。

对于弹药的跌落安全性试验方面，北约制定了 STANAG 4375《安全跌落，弹药试验程序》，美国制定了 MIL-STD-2105D《非核弹药的危险性评估试验》标准，规定 12m(40inch)跌落试验参照 STANAG 4375 标准进行。

STANAG 4375、MIL-STD-2105D 标准，明确要求和贯彻了一个原则，即试验设定条件应能够涵盖在“服役期内”“最恶劣”条件下发生意外的所有可能情况，具体要求如表 7-3-6 所列。

表 7-3-6 国外标准主要要求

<table>
<tr><th>标准代号</th><th>使用状态</th><th>产品技术状态</th><th>跌落高度</th><th>跌落台面</th><th>跌落方位</th><th>样品数</th></tr>
<tr><td>MIL-STD-2105D</td><td>全过程</td><td>全备弹</td><td>12m</td><td rowspan="3">厚度至少为75mm的钢板，采用至少600mm的钢筋混凝土或者460mm的碎石来黏结和支撑整个钢板</td><td rowspan="2">头向下、底向下、水平共3种方位</td><td rowspan="2">每个方位至少进行3次独立跌落试验</td></tr>
<tr><td rowspan="2">STANAG 4375</td><td>勤务处理</td><td>封装的带引信或不带引信以及不带安执结构状态</td><td>12m</td></tr>
<tr><td>部署处理</td><td>未封装的或带战术分包装的，以及不带安执结构状态</td><td>12m，≤3m</td><td>头向下、底向上、水平、头向下45°、底向下45°共5种方位</td><td>试验件只能跌落1次</td></tr>
</table>

我国在弹药安全技术方面开展了大量研究，取得了一定研究成果，但仍缺乏工程系统应用成果。在战斗部跌落安全性评价方面，开展了大量的前期探索研究工作，制定了多个有关战斗部跌落安全性试验要求和试验方法的国家军用标准和相关行业标准，主要有 GJB 357—1987《空-空导弹最低安全要求》、

GJBZ 20296—1995《海军导弹及其设备安全性要求》、GJB 3852—1999《弹道式导弹常规弹头通用规范》、GJB 355—1999《反坦克导弹破甲战斗部通用规范》、GJB 4038—2000《地地导弹子母弹战斗部试验规程》、GJB 5144—2002《战术导弹战斗部通用规范》、GJB 8018—2013《地地常规导弹整体爆破弹头试验规程》、QJ 2280—1992《空中发射的飞航导弹最低安全要求》、Q/SB 405—2010《飞航导弹战斗部设计定型试验通用规范》、WJ 20343.6—2016《战术导弹战斗部安全性评估方法第六部分：跌落》等相关标准，其主要要求如表7-3-7所列。

表7-3-7 国内标准要求

标准代号	产品技术状态	跌落高度	跌落台面	跌落方位	样品数
GJB 357	战斗部	3m/12m	钢板	弹轴水平	—
GJBZ 20296	战斗部	详细规范	详细规范	详细规范	详细规范
GJB 3852	弹头	≥3m	—	—	—
GJB 3557	战斗部	包装状态，3m	混凝土	垂直、水平和45°方向	3
GJB 4038	子弹	1.5m/12m	—	头向下、底向上、水平、头向下45°、底向下45°共5种方位	5
GJB 5144	战斗部	一定高度	钢板	一定方向	—
GJB 8018	全装药战斗部，可不装药	≥2m	混凝土	弹轴水平	≥2
QJ 2280	战斗部	3m时不带包装箱 12m时带包装箱	—	—	—
Q/SB 405	战斗部	3m时不带包装箱 12m时带包装箱	钢板	—	—
WJ 20343.6	全装药战斗部，不含引信	3m时不带包装箱 12m时带包装箱	钢板	选择对战斗部跌落损害最大的方向进行跌落	—

所制定的战斗部跌落安全性试验方法标准囊括了我国不同的武器型号在使用任务剖面中的使用环境和要求，展现了在技术状态、试验数量、试验条件等

方面体系研究和应用的成果，体现了标准所要求的实用性，广泛应用于战斗部产品的鉴定检验中。但同时也反应出战斗部跌落安全性试验方法标准太多，没有全面涵盖武器系统的使用状态和使用特性，在产品的技术状态、试验数量、试验条件等各个方面差别较大，导致战斗部跌落安全性评定方法缺乏唯一性和存在争议性。

7.3.8 选测性能

除了基本安全试验(28 天温度湿度试验、振动试验、4 天温度湿度试验和 12m 跌落试验)、不敏感性试验(快速烤燃试验、慢速烤燃试验、子弹冲击试验、破片冲击试验、殉爆试验、聚能射流冲击试验)，美国最新的非核弹药危险性评估标准(MIL - STD - 2105D)中还包括了 40 项选测性能，以检测弹药在不同条件下的安全性能，如表 7 - 3 - 8 所列。

表 7 - 3 - 8 选测性能

编号	试验项目	编号	试验项目	编号	试验项目
1	加速度试验	15	故障单元试验	29	临近撞击火星试验
2	意外发射试验	16	渗水试验	30	加压试验
3	声波试验	17	真菌试验	31	加压发射试验
4	气动加热试验	18	电磁辐射试验	32	X 射线试验
5	高原试验	19	热枪管烤燃试验	33	淋雨试验
6	弹射和拦截着陆	20	湿度试验	34	盐雾试验
7	双馈弹药试验	21	投掷试验	35	振动试验
8	跌落试验	22	振荡试验	36	太阳照射试验
9	灰尘试验	23	混杂试验	37	空间模拟-无人试验
10	电磁干扰试验	24	卤素、氦泄漏试验	38	静态起爆保险试验
11	电磁脉冲干扰试验	25	泄漏液浸泡试验	39	空爆时间试验
12	电磁放电试验	26	光照直射试验	40	毒性试验
13	爆炸性环境试验	27	材料相容性试验		
14	外部射频电磁辐射试验	28	受炮口冲击安全距离试验		

7.4 火炸药的危险等级

7.4.1 危险等级的定义

对于各种火炸药和含能组分，均列为危险品加以管理。因为火炸药在制造、运输、贮存和使用过程中常常因受到热、机械、冲击波等外界刺激而引发燃烧、爆炸事故，造成人员伤亡、设备和建筑设施破坏的严重后果。为了防止意外事故的发生，减少意外事故造成的损失，一般要对火炸药的危险性进行分级，以便针对不同的危险等级采取相应的安全对策。火炸药的危险等级是指根据火炸药在制造、运输、贮存和使用过程中受到各种外界刺激时，可能引起的火炸药反应的危险程度。因此，火炸药危险等级是确定新型火炸药的配方、工艺条件、防护措施、建筑物结构方式和安全距离的依据。

但火炸药的组成不同，危险等级不同，这对管理、贮存，尤其是运输非常重要。各国都有自己的标准，还没有一个全世界统一的标准。下面介绍国外的分类标准和中国的分类标准。

7.4.2 国外的危险品分类标准

联合国《关于危险货物运输的建议书——试验和标准手册》《关于危险货物运输的建议书——规章范本》将危险品分为 9 类，弹药和火炸药归入第 1 类爆炸品。按不同的危险程度，进一步将该类危险品又分为 6 级，分别是：1.1 级，整体爆轰危险；1.2 级，非整体爆轰，但有碎片危险；1.3 级，整体燃烧危险，有较小的冲击波或碎片危险；1.4 级，中度火焰，无冲击波或碎片危险；1.5 级，很钝感爆炸性物质，但存在整体爆轰危险；1.6 级，极钝感爆炸性制品。

美国运输部(DOT)将可运输的危险品分为 3 类：

(1)A 类：具有爆轰能力的最危险的一类火炸药；

(2)B 类：具有可燃烧或点燃性；

(3)C 类：危险性最小的。

分成 3 类有助于在运输中按规定正确隔离和包装危险物品，即使发生偶然事故，损失的量会最少。如果经过 75℃ 下 48h 的热安定性试验中样品发生爆炸、燃烧或明显的热分解，运输列为“禁运”；如果撞击试验中落高小于 10.16cm(落锤质量为 3.63kg)，则被列为“限运”，在要求和收到运输部运输说明书以前，不能航运。

美国国防部(DOD)对火炸药的危险性分为7级，可分为4类：

(1)1级：具有着火危险，是指存在很大的着火危险而没有爆轰危险的材料，除着火危险外，没有破坏或中毒的危险。如未带炸药弹头的轻武器弹药、导火索点火器和电点火管等。

(2)2级：具有着火危险，是指剧烈燃烧，在贮存环境下几乎扑不灭或不可能扑灭的材料。爆炸通常局限于把容器压破，在弹药库范围外，不会产生传播的冲击波或破坏性爆炸压力。如军用烟火药、散装火药和在容器中的火药。

(3)3、4、5和6级：具有综合危险，是指主要危险性是单独出现或结合出现碎片、毒性或爆轰现象。如带爆炸性弹头的轻武器和手榴弹。

(4)7级：具有整体爆轰危险，是指全部中大部分实际上瞬时爆炸，当有一部分着火或遭到剧烈振动、撞击、起爆药受冲击、释放出大量的能量而又无处排放时瞬间会引起全部爆炸。如炸弹、雷管、爆破炸药、导弹弹头、火箭和具有爆轰特性的部件。

DOD标准中的7级相当于DOT标准中的A类，DOD中的2级相当于DOT中的B类。大多数火药属于B/2类，高能推进剂属A/7或B/7类。

美国陆军部、海军部、空军部和国防部后勤局于1972年制定了《国防部弹药和爆炸物危险性分类规程》(TB700—2)，到目前为止已进行了4次修订，其最新版本为2005年版。《国防部弹药和爆炸物危险性分类规程》将危险品分为6类(与联合国相同)，其中1.1级，整体爆轰危险；1.2级，非整体爆轰，但有碎片危险；1.3级，整体燃烧危险，有较小的冲击波或碎片危险；1.4级，中度火焰，无冲击波或碎片危险；1.5级，很钝感爆炸性物质，但存在整体爆轰危险；1.6级，极钝感爆炸性制品。

美国新品种弹药和火炸药(包括发射药、推进剂、混合炸药)在研究成功后，必须按照规定的程序和方法进行危险性分级试验，确定危险等级后，再按照相关法规纳入制造、试验、运输、贮存等正规管理，从而保证各个环节的安全性，已构成了一个完整的管理体系。

7.4.3 中国的危险品分类标准

1. 危险品分类标准

为了与国际上的标准接轨，中国制定标准的原则是国际化、通用化。我国从1984年就开始研究爆炸品危险性分级程序，并于1993年首次发布了爆炸品安全运输的标准GB 14371—1993《危险货物运输　爆炸品危险性分级程序》和GB 14372—1993《危险货物运输　爆炸品分级试验和判据》。2013年，我国对这两项标准进行了修订，形成新的GB 14371—2013《危险货物运输　爆炸品的认可和分项程序及配装要求》和 GB/T 14372—2013《危险货物运输　爆炸品的认可和分项试验方法》。

但近年来，王晓峰等根据我国国情，将爆炸品类别又增加了 1.0 级“很敏感的有整体爆炸危险的物质”的级别。对于感度高的物质，联合国的办法是排除在第 1 类物质之外，即认为不属于可运输的爆炸品，但对于为火炸药生产、运输、贮存和使用全过程制定的燃烧、爆炸品的分级，则不能采取这种办法，因为不管感度多大，即使像硝化甘油那样敏感的物质也要生产、使用(制成产品)、运输(厂内运输)和贮存(转手库)。处理这类物质的办法是建议增加一个 1.0 级，将感度特别高的物质归于这一类，在将来制定安全规程时，对这一级的物质专门规定相应的严格的安全措施，如对工房的存药量、生产时使用的工具及设备的材料、接地情况、湿度等作严格的规定，禁止厂外运输和在天气恶劣条件下的内部运输，运输时应有专门通道，码放高度不得超过多少，库存药量及安全防火距离等。因此，我国爆炸品按其危险特征分为 7 项，如表 7-4-1 所列。

表 7-4-1　爆炸品分类

项　别	危险性特征
1.0	很敏感的有整体爆炸危险的物质
1.1	具有整体爆炸危险的物质和制品
1.2	具有抛射危险，但无整体爆炸危险的物质和制品
1.3	具有燃烧危险和较小爆炸危险或较小抛射危险，或者两者兼有，但无整体爆炸危险的物质和制品
1.4	无重大危险的爆炸物质和制品
1.5	有整体爆炸危险但很不敏感的物质，该物质在正常运输条件下，引爆或燃烧转爆轰的可能性很小
1.6	仅含有极不敏感的爆轰性物质，没有整体爆炸危险或意外引发和传播的概率可忽略不计的制品

按爆炸品的理化性能、内外包装方式、特殊危险性等不同特点来划分配装组。所谓配装组，是指两种或两种以上物质或制品放在一起贮存或运输，不会增加发生偶然事故的概率，对于相同的运输量也不会增加这种偶然事故危害的程度，则可把这些货物定为同一配装组。按国标规定，中国爆炸品配装划分成 A、B、C、D、E、F、G、H、J、K、L、N 和 S 共 13 个配装组，如表 7-4-2 所列。

表 7-4-2 爆炸品的配装分类

配装组	待分级物质及制品的特征说明
A	起爆药
B	含有起爆药并至多含有一个有效防护件的制品，如雷管等
C	火药或其他爆炸性物质或含有这类爆炸性物质的制品，如推进剂、发射药和固体发动机等
D	含爆炸性爆炸物质(黑火药)；不带引发装置和发射药的含爆轰性物质的制品或有两种或两种以上有效防护件的含起爆药的制品，如梯恩梯、钝黑梯-1炸药、黑火药、未装引信的弹丸、带保险机构的引信等
E	含爆轰性爆炸物质的制品，而制品中不带有引爆装置，但带有发射药或推进剂装药，如不带引信的炮弹、火箭弹、导弹等
F	含爆轰性爆炸物质且带有引爆装置的制品，可带有发射药或推进剂装药，如全备弹等
G	烟火剂或含烟火剂的制品，或兼有爆炸性物质、照明剂、燃烧剂、催泪剂和发烟剂
H	既含爆炸性物质又含黄磷的制品
J	既含爆炸性物质又含易燃液体或易燃胶体的制品
K	既含爆炸性物质又含化学毒剂的制品
L	具有特殊危险，每种类型都需要相互隔离的爆炸物质或含爆炸物质的制品，如遇水作用，或含有自燃液体、磷化物或自燃烟火剂的物质及制品
N	含有极不敏感的爆轰性物质和制品
S	包装或设计达到下述要求的物质和制品：其包装或结构能保证在贮存和运输过程中，由偶然因素引起的任何危险效应都能被限制在包装内，即使包装在被火烧坏的情况下，爆炸波或碎片效应也应限制在不致严重妨碍和阻止在包装件附近救火或采取其他应急措施的范围内

2. 分级程序

随着弹药和爆炸品技术的迅速发展，爆炸品在运输和贮存过程中的危险性分级程序和试验方法的研究引起了各国的高度重视，我国在“十一五”期间提出了开展爆炸品危险性分级程序和试验方法的研究任务。西安近代化学研究所的王晓峰等对现有的爆炸品危险性分级程序进行了分析，探讨了现有爆炸品危险性分级程序对高能推进剂的适用性。我国在制定分级程序时，首先参考联合国分级程序的各种试验方法和判据，该程序中全部试验方法分为7组28个项目，列于表7-4-3中。

表7-4-3 危险运输品判定分级试验组和项目

组　别	试验项目
第1组	(1)隔板试验；(2)烤燃弹试验
第2组	(1)隔板试验；(2)烤燃弹试验
第3组	(1)撞击感度试验；(2)摩擦感度试验；(3)75℃热安定试验；(4)小型燃烧试验
第4组	(1)制品75℃热安定试验；(2)钢管跌落试验(用于液态物质)；(3)12m跌落试验(用于制品和固态物质)
第5组	(1)雷管感度试验；(2)燃烧转爆轰试验；(3)外部火烧试验；(4)火焰感度试验
第6组	(1)单件试验；(2)跺堆试验；(3)外部火烧试验
第7组	(1)雷管感度试验；(2)隔板试验；(3)苏珊撞击试验；(4)枪弹射击试验；(5)外部火烧试验；(6)慢速烤燃试验；(7)1.6项制品外部火烧试验；(8)1.6项制品慢速烤燃试验；(9)1.6项制品枪弹射击试验；(10)1.6项制品爆轰传递试验

但我国补充新建了药柱的撞击感度、摩擦感度、静电感度3项试验装置，通过试验研究制定了合理的试验方法(标准草案)，提出了燃烧、爆炸危险品分级试验程序，如图7-4-1所示，同时用这些试验装置进行了大量验证性试验，试验样品包括军用炸药、工业炸药、发射药、推进剂、爆炸性液体混合物等。在此基础上提出了燃烧、爆炸危险品分级方法和分级程序草案。和联合国的分级程序比较，本程序有如下特点：

(1)对于评定是否是很敏感的燃烧爆炸品的第3组试验(即联合国试验系列3)，增加了试验项目，并提出选择试验项目的规定，联合国的试验系列3提出了粉末状物质热安定性、撞击感度、摩擦感度、对火烧的反应4类试验项目。我们又增加了药柱的撞击感度、摩擦感度、静电感度等共7类试验，并规定并不是对所有待定级物质都要进行这7类试验，而是可以根据待定级物质的物理特性、使用条件等因素由承担分级试验单位的专家或主管部门进行取舍，如浇铸型热固性炸药和浇铸型复合推进剂在制造前都是单组分的氧化剂、敏化剂、可燃物、黏合剂等，在制造后就成为一个均匀混合的整体，因此这类物质只需进行成型后的药柱试验，而没有必要进行原材料的药粉试验；而某些敏感物质如起爆药，在制造时都是小药量分批制造，使用时也是小药量(数十毫克)压药，根本不允许压制成大药量的药柱，因此不能进行大药量的药柱试验。

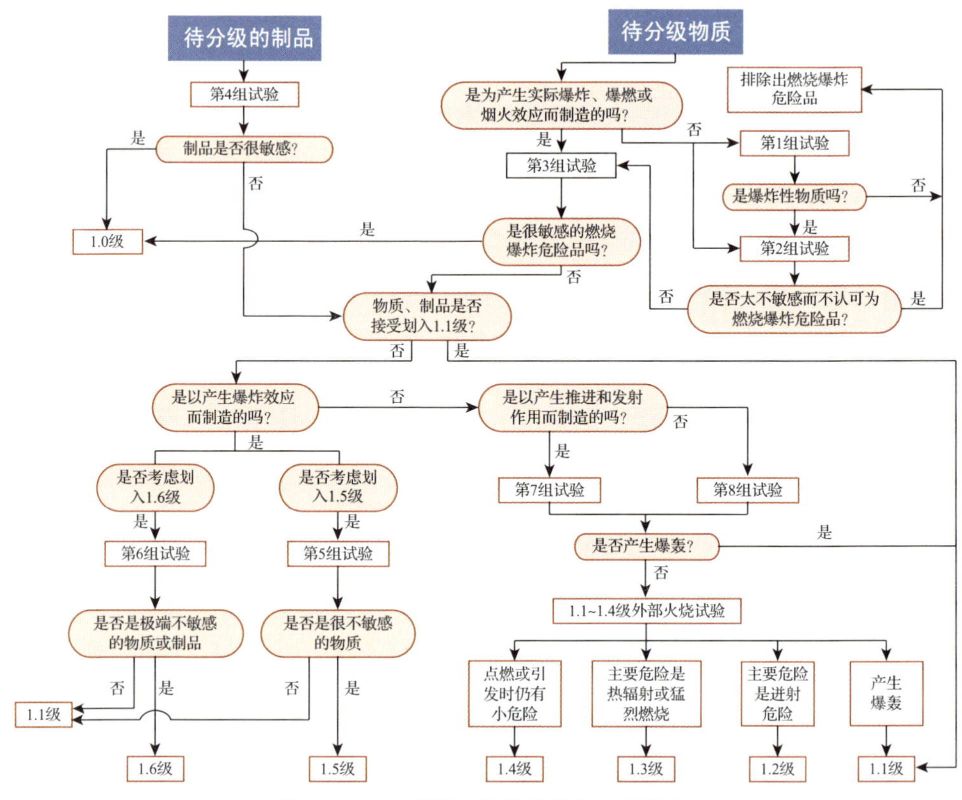

图 7-4-1　燃烧、爆炸危险品分级程序

(2)对于火药(推进剂和发射药)的分级提出了新的试验方法。按照联合国的规定，对于以通过爆燃起作用的物质，先用点火器点火观察是否产生爆炸，如不产生爆炸则用外部火烧试验，根据试验产生的效应，将其分为 1.1~1.4 级，按照这样的方法，试样大部分都是爆燃而很少发生爆轰的，因此大部分都是定为 1.2 级和 1.3 级，而传统的火药的确是只爆燃而不爆轰，用雷管不能引爆，甚至利用大药量炸药的爆轰也不能将其引爆。但是从 20 世纪后期，开始将 RDX 和 HMX 等高能炸药加入火药中以提高火药的能量。其中，高能炸药的比例有的高达 60%，含高能炸药的火药在武器型号中的应用极大地提高了武器装备的性能，但同时也引起了人们对其爆轰危险性的关注，人们认为火药只燃烧而不会爆轰的认识已经过时了。事实上，国外对火药的危险性进行分级时并不是采用联合国的方法，美国长期以来一直使用美国军械试验室的大尺寸隔板试验(NOLLSGT)(国内称为标准隔板试验)，以 70 片厚度为 0.254mm(0.01in)的隔板作为区分 1.1 级推进剂和 1.3 级推进剂的一项重要试验。美军标 TB700-2 也曾采用这一方法，但是后来进一步的研究表明，对于目前发展的大型火箭发

动机，有的临界直径已超过了 NOLLSGT 的试样尺寸，对于这样的推进剂，即使不加隔板也不会爆轰。因此将 NOLLSGT 试验作为推进剂分级的唯一根据就不合适了，在美军标 TB700 - 2—2007 修订版中作了修改，规定先用具有足够起爆能力的雷管引爆，如不爆则再用点火器点火；还规定了特别适用于固体推进剂火箭发动机的三个备选方案。三个方案之一就是进行输出压力为 7GPa 的隔板试验，试验样品的直径应不小于临界直径。如爆轰则定为 1.1 级，如不爆轰则定为 1.3 级。因此，我们规定对于火药要进行雷管感度试验和输出压力 7GPa 的隔板试验。我们规定了两种隔板试验，即标准隔板试验（NOLLSGT 试验）和大直径（95mm）的 IEDS 隔板试验，为了确定采用哪一种隔板试验，还要测定试样的临界直径。

王晓峰等利用我国制定的“燃烧、爆炸危险品危险性分级程序和试验方法”对典型 R - 2H、FG20 推进剂和不敏感 AFX - 757 炸药进行了危险性分级，结果与国外文献报道的危险性级别一致。

从而验证了我国建立的燃烧、爆炸危险品危险性分级程序和试验方法是科学的、系统的，也是适合我国国情的，并与国际接轨的。

7.5 火炸药的降感

7.5.1 降感机理和方法

目前，火炸药的降感机理主要有两种：一是根据热起爆机理使高能炸药钝感；二是根据自由基反应机理使高能炸药钝感。

1. 根据热起爆机理降感

在机械力和冲击波作用下，火炸药内部发生破坏、摩擦，可能会导致火炸药局部温度过高，这就形成了所谓的热点，而后热点在火炸药相中不断扩大、传播，从而使火炸药进一步分解，最后引起反应爆炸。这种爆炸方式是以快速燃烧再由燃烧转爆轰的方式实现的。引起火炸药爆炸需要有形成热点和热点传播两个过程，若能阻止这个过程任一环节的进行，燃烧或爆炸就不会发生，火炸药也就变得钝感。热点是由含能材料粒子间的孔隙，在结晶过程中粒子内部的气泡及裂痕引起的。当火炸药受到外界的压力刺激超过本身的压缩屈服极限时，火炸药开始被压缩变形，孔穴发生部分崩塌，而同时在崩塌过程中，火炸药本身黏塑功使材料的不连续区域产生局部高温，形成热点，这是燃烧或爆炸形成的主要原因。

2. 根据自由基反应机理降感

该机理认为自由基相关反应的过程是火炸药燃烧或爆炸的实质。自由基反应机理下火炸药的燃烧或爆炸过程是：外界刺激作用于火炸药表面，导致内部颗粒间或是颗粒内部的压缩和切变，进而诱发火炸药中含能组分分子的自由基化或离子化，最后分子开始分解放热导致爆炸。为了制备钝感高能的火炸药，必须抑制自由基出现或是在出现时进行必要的、及时的消除。为了实现这一目的，在进行火炸药配方设计过程中，往火炸药中加入自由基吸收剂，以此抑制自由基出现和扼杀已经出现的自由基，及时中止链反应，实现火炸药钝感的目的。

根据这两种降感机理，发展了多种降低火炸药感度的技术，主要有高能化合物的分子与晶体结构降感、降感剂降感、包覆降感等。但上述降感技术是针对火炸药配方中单个含能材料而言的，这是因为火炸药的组成复杂，如固体推进剂组分可达十几种，因此火炸药配方中各含能组分间在各层面相互作用，对体系性能影响很大，导致研究其感度机理需要进行大量的试验，且难以保证数据重复性和操作安全性。因此，可通过将火炸药配方中的含能组分进行单独降感处理，以达到对火炸药整体降感的目的。

7.5.2 高能化合物的分子与晶体结构降感

1. 形成炸药-非炸药分子络合物

液体炸药是一类重要的炸药，常用作火炸药的组分或者增塑剂，所以降低这类炸药的撞击感度也是非常重要的。某些液体炸药如 NG 是极性分子，表现出接受电子的倾向，当它和给电子化合物相遇时，可以形成分子络合物，具有比原来 NG 低的感度。

苏联研究发现，当 NG 和丁内酯、咪唑酮形成分子络合物时，其感度明显降低。在表 7-5-1、表 7-5-2 中列出了他们的研究数据。

表 7-5-1 NG/丁内酯分子络合物的感度

NG/丁内酯配比	爆炸百分数/%
100/0	96
98.5/1.5	78
95/5	72
90/10	58

表 7－5－2　NG/咪唑酮分子络合物感度

NG/咪唑酮配比	爆炸百分数/%
100/0	96
98/2	88
95/5	64
93/7	50

对比表 7－5－1、表 7－5－2 可以看出，咪唑酮和 NG 形成分子络合物后，其降感效果更好。

苏联进一步研究了 NG 与其他化合物所形成的分子络合物的撞击感度性质。他们发现 NG 可以和更多的化合物(如 TNT、硝基甲烷(NM)、乙烯二醇二硝酸酯(EDNA))形成分子络合物，其具有比 NG 更低的撞击感度。

在图 7－5－1 和图 7－5－2 中给出了 NG 分别和 TNT、NM 形成分子络合物的二元相图和相对撞击感度曲线。由图 7－5－1 看出，NG－TNT 的分子络合物组分为 80/20 时，相对感度 S(撞击感度比值，络合物感度/NG 感度)值明显下降，当其组分为 76/24 时，S 值已下降为 0.6 左右。

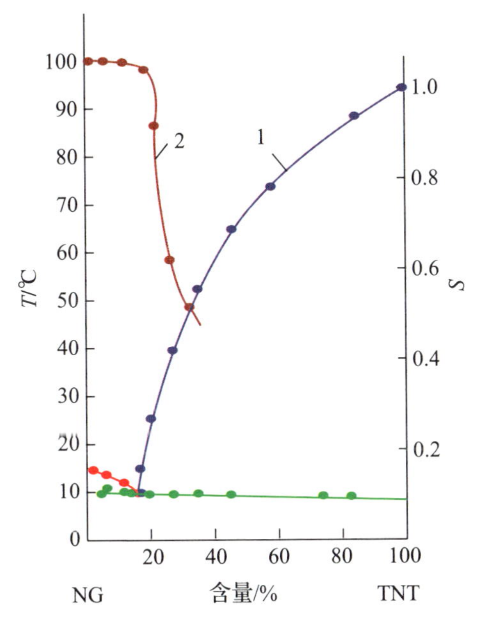

图 7－5－1　NG－TNT 二元相图和相对感度 S 值

1—相图；2—感度。

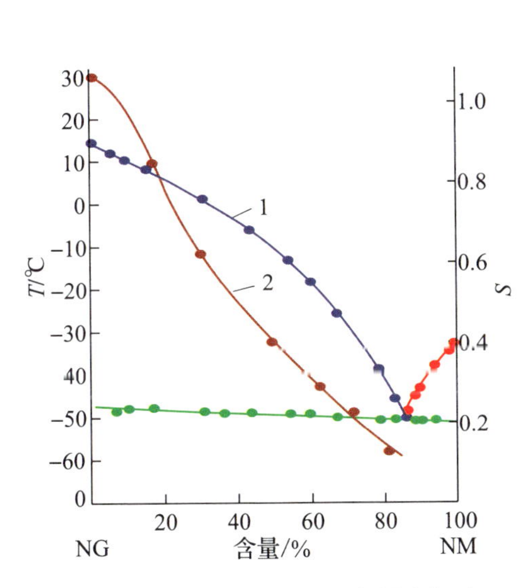

图 7－5－2　NG－NM 二元相图和相对感度 S 值

1—相图；2—感度。

NG-NM 分子络合物表现出类似的变化，但比 NG-TNT 络合物的 S 值变化弱。

NG 和双(氟二硝基乙基)缩甲醛(FKF)形成的二元混合物和分子络合物具有明显的感度表现，表 7-5-3 中列出了其对比的 S 值。

表 7-5-3 NG/FKF 二元体系的撞击感度

NG/FKF 配比	S	NG/FKF*① 配比	S
100/0	1	100/0	1
97/3	1	97/3	1
84/16	1	84/16	1
60/40	0.98	60/40	0.6
50/50	0.48	50/50	0.35
22/78	0.26	22/78	0.20

①NG/FKF* 已形成分子络合物

表 7-5-3 说明，形成了分子络合物的 NG-FKF 感度比未形成络合物的感度明显降低。

NG 和乙烯二硝酸酯(EDN)形成的分子络合物相对感度表现则较为复杂。由于 EDN 有顺式、反式两种异构体：C-EDN、T-EDN，构成的分子络合物机械感度也不同。将 EDN 加热到 60℃，保温 48h 后，即形成分子络合物，在图 7-5-3 和图 7-5-4 中表示了该体系二元相图和相对感度 S 值。

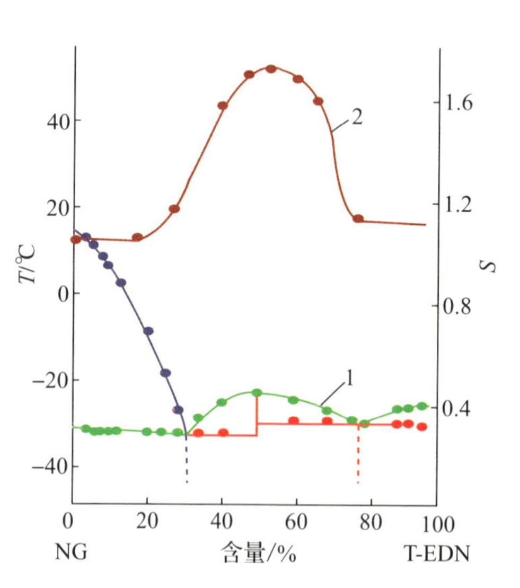

图 7-5-3 反式 EDN 和 NG 的二元相图、相对感度 S 值

1—相图；2—感度。

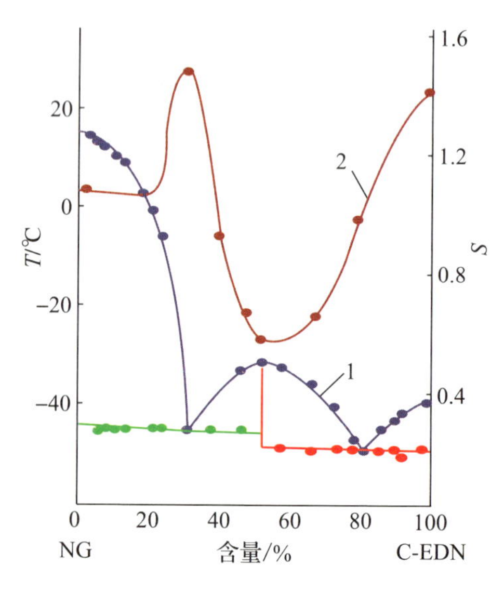

图 7-5-4 顺式 EDN 和 NG 的二元相图、相对感度 S 值

1—相图；2—感度。

由图 7－5－3 看出，反式 EDN 和 NG 构成分子络合物后，二元相图变化较复杂，且 S 值比单一 NG 高得多。而图 7－5－4 所示的顺式 EDN 和 NG 组成的分子络合物则在一定范围内(NG/C－EDN，60/40－35/65)具有低的感度。

这种现象很引人关注，鉴于液体炸药的应用相当广，NG 是多种固体推进剂的活性增塑剂，可改善推进剂的比冲，因此液体络合物分子降感作用具有重要意义。

2. 制备高度完整性的晶体

在热点起爆机理中看出，晶体缺陷、层裂和孔穴内的喷射等都能够在外界刺激下产生局部热点，从而使炸药分解，最后引起炸药的全面爆炸。表 7－5－4 为不同结晶工艺对于CL-20晶体性质的影响。

表 7－5－4　不同结晶工艺对于 CL-20 样品的撞击感度

样　品	H_{50}/cm
CL-20-1[①]	11
CL-20-2	30
CL-20-3	28
CL-20-4	22

①4 种样品制备工艺不同

表 7－5－4 的数据说明，采用不同结晶工艺，可以得到 H_{50} 值明显不同的CL-20样品，进一步改进结晶工艺，有可能得到 H_{50} 值更高、撞击感度更低的样品。应该指出的是由于减少了晶体内部的晶体缺陷，使得晶体密度增大，其结果不仅改进了其撞击感度，而且还改进了其爆轰性质(提高了 v_D)。调节、控制晶体的晶癖，可以得到人们所期望的具有某些预期性质的晶体。控制晶体的晶癖是一项较成熟的技术，晶体生长时某个晶面的生长速率取决于晶面的生长机理和生长动力学规律，采用相应的结晶工艺(如晶癖调节剂的应用)，可以调控晶面的生长速率，进而达到调整晶癖的目的。陈华雄等利用分子动力学软件，模拟计算了不同添加剂对于CL-20晶面的作用，预测 A3 作为添加剂可得到多面近球体CL-20晶体。同时采取不同工艺条件，添加不同添加剂，制备了外形明显不同的CL-20晶体。图 7－6－5 为 A3 作为添加剂时预测的和试验的CL-20晶体外形示意图。表 7－5－5 为制备得到的CL-20样品的数据。

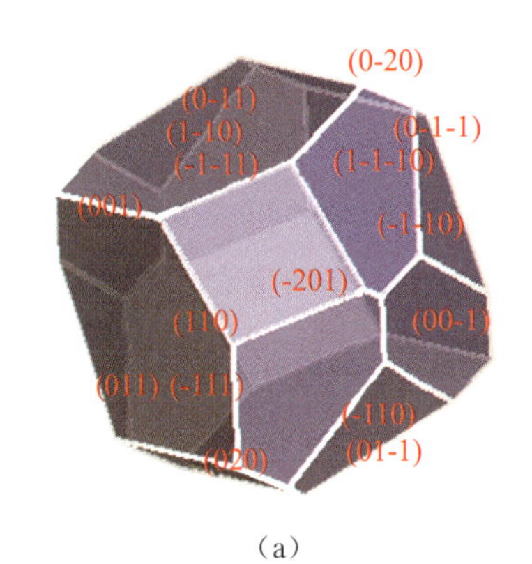

(a)

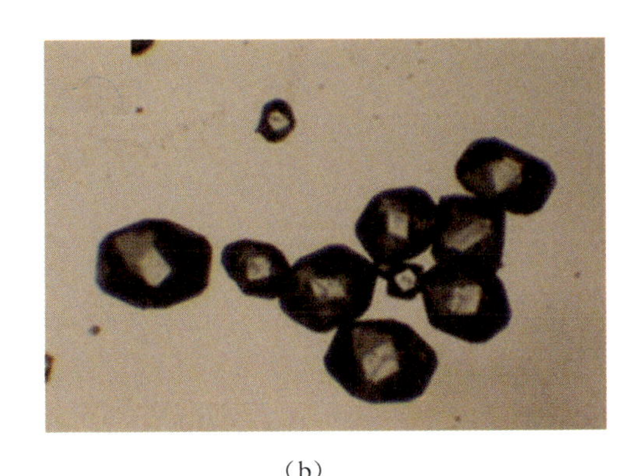

(b)

图 7-5-5　A3 作为添加剂时得到的 CL-20 晶体外形

(a)理论预测的 CL-20 晶体外形；(b)试验得到的CL-20晶体外形。

表 7-5-5　不同添加剂所得到的 CL-20 晶形及相应的感度

样　品	添加剂种类	晶型形态	撞击感度 H_{50}/cm
CL-20-1	无	尖锥状	27.5
CL-20-2	A1	长方体形	35.6
CL-20-3	A2	正方体形	41.8
CL-20-4	A3	近球形	52.6
RDX			29.1

由表 7-5-5 看出，不同的添加剂可使CL-20晶体具有外观明显区别的晶癖，相应的 H_{50} 也有明显的区别，其中近乎球形的CL-20的 H_{50} 值最大。

3. 制备共晶化合物

共晶是 2 种或 2 种以上中性分子通过主客体相互作用力组装而成的超分子复合物。主客体相互作用力主要有氢键、范德华力、π-π 堆积和卤键。共晶的很多性能都与单一组分的性能不一样，例如：密度、溶解度、稳定性等。共晶可在不破坏原有炸药分子化学结构的情况下通过分子间作用力增大炸药晶体的密度，提高炸药的爆速。对机械感度高的炸药，可以通过彼此间形成共晶来降低机械感度。例如 Bolton 等发现高感度的CL-20与 HMX 形成共晶(CL-20：HMX=2：1)，其感度并未因为CL-20的存在而升高，而是与 HMX 基本一致，Bolton 认为这是由于CL-20与 HMX 通过 CH…O 氢键的作用，增强了整个晶体结构的稳定。

7.5.3 高能化合物的结构降感

1. 炸药粒度纳米化

20 世纪 90 年代初，超细炸药的概念逐渐被引入，并且初步证明超细炸药具有感度低、爆速高、爆轰稳定、能量释放更加迅速和完全等优异性能。

超细炸药感度较低的原因可能有以下 4 点：①超细炸药具有较大的比表面积，有效减少单位表面所承受的作用力；②容易形成团聚，团聚体的破散可以消耗一部分能量，减弱了撞击力的强度；③颗粒间气孔体积减小且趋于均匀，在相同条件下进行绝热压缩造成温度升高的幅度更低，从而降低了热点生成概率；④超细颗粒粒径大部分处于亚微米级，一般强度的撞击力，已经不足以将超细颗粒继续破碎，所以颗粒破碎产生热点的可能性也大大下降。

2. 炸药表面形貌球形化

控制炸药晶体的表面生长过程，得到形貌规则、近似球形的晶体，可以有效减弱晶面的摩擦，从而降低炸药的感度。

早在 20 世纪 60 年代，人们已开始研究炸药的球形化，由于北大西洋公约组织(NATO)高度重视钝感弹药的研制，欧洲的一些火炸药公司纷纷开始从事钝感炸药(I－E 或者 RS－E)的研制。Dyno Nobel 公司宣布了他们 RS－RDX 的最新样品，图 7－5－6 中展示了该公司 RS－RDX 的图片。由图可以看出，这种 RDX 晶体相当圆滑，而且直径大小也有不同。

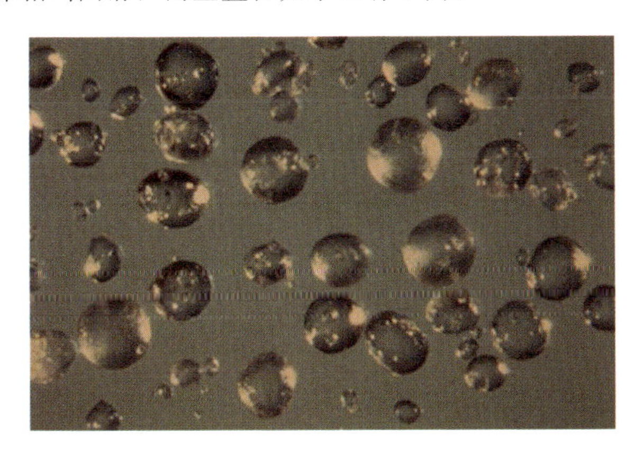

图 7－5－6 Dyno Nobel 公司的 RS－RDX 晶体照片

Lochert. Ian 等研究了几个公司 RS－RDX 的化学物理性质，在表 7－5－6中列出了这些产品的重要感度数据。

表 7-5-6 某些 RS-RDX 的感度性质

公司产品		Dyno Type2 Class1	SNPE I-RDX	ADI Grade A (Albion)	ADI Grade A (Mulwala)	ADI Grade B	RO Type Class5
感度	H_{50}/mm	70(10.1)	70(10.5)	90(12.1)	90(11)	80(8.5)	60(6)
	BAM(摩擦感度)/N	120	120	120	144	120	96

注：①Rotter Impact 仪器是欧洲国家使用的标准撞击感度仪，其测量值用 H_{50} 表示，括号内数字表示释放的气体产物体积，以 ml 表示；

②BAM 则是欧洲国家通用的摩擦感度仪，以 N 表示

由表 7-5-6 列出的数据看出，不同 RS-RDX 的撞击感度和摩擦感度有明显区别。结合这些样品的晶体形貌，可以认为：撞击感度最低的 ADI Grade A 的 RDX 晶体外形最为均匀，而感度最高的 RO Type-1 的外形最不规则，呈现葫芦状，Dyno Nobel 的最新产品 RDX 的外形近似球形，应具有比 ADI Grade 更低的感度。

7.5.4 降感剂降感

根据降感机理，通过在火炸药中加入增加缓冲和吸收能量的物质可以有效减少机械能向热能的转化效率，阻止热点的产生，从而起到降低火炸药感度的作用，这种物质被称为降感剂。使用钝感剂是降低敏感火炸药机械感度的另一种有效方法，包括惰性钝感剂、化学钝感剂及含能钝感剂。

1. 惰性钝感剂

惰性钝感剂应选用塑性良好、比热容大、熔化潜热大、熔点低、热导率低或硬度小的物质。如选用表面活性剂、聚碳酸酯、聚砜、聚丙烯或有机玻璃(PMMA)等物质来包覆敏感炸药晶体表面，以降低热点形成概率和传播概率，降低炸药动态应力，从而制成相应的钝感火炸药。如硬脂酸容易在 HMX 表面形成薄膜，有较优的降感效果，硬脂酸盐也有相似的作用。安崇伟等使用化学沉淀法将硬脂酸铅包覆于 HMX 表面上，所制得样品的撞击感度和摩擦感度都有明显的下降。而石蜡和石墨由于具有特殊的物理化学性质，也可以有效地减少火炸药受撞击时热点的产生和传播。

2. 化学钝感剂

燃烧时炸药分解产物首先是氮氧化物，通过加入适宜的还原剂(如尿素、氨

基甲酸甲酯、联苯、三苯甲醇、三苯甲烷、苯甲酸等）和高分子黏合剂共同包覆炸药，使其与氮氧化物反应，降低氮氧化物浓度和炸药分子继续反应速率，从而降低燃速，抑制爆炸反应的发生，增强钝感效果。另外还可探索采用自由基捕获剂（配位化合物）来钝感炸药。

3. 含能钝感剂

含能钝感剂可以在降低炸药感度的同时补偿其能量损失。陆明等为降低 RDX 的机械感度，研究了用少量 TNT 包覆 RDX 的钝感方法。以质量分数 3%～10% 的 TNT 为含能钝感剂，再加入质量分数 2%～3%的含能增塑剂和微量水溶性表面活性剂，将 TNT 和含能增塑剂包覆在 RDX 颗粒的表面，所得 RDX - TNT 双层混合炸药的撞击感度可降至 20%以下，摩擦感度降至 28%以下，压制成药柱的密度为 1.73g/cm^{3}时，爆速可达 8400m/s。徐容等研究了 TATB 对CL-20的降感作用，发现CL-20的粒径越大，TATB 粒径越小，降感作用越明显。其他研究表明，TATB 颗粒度的大小对高聚物黏结炸药钝感作用影响较大，当 TATB 颗粒度较大时，钝感作用并不明显；当 TATB 颗粒度小于 1μm 时，其钝感作用较为显著，使用 20%、0.7μm 的 TATB 包覆 136μm 的CL-20时，撞击感度由 10%降低到 24%，摩擦感度由 10%降低到 12%。但 TATB 用量过大，也会降低配方的爆炸能量。因此，根据炸药使用的具体条件选出有效的钝感剂是十分必要的。

7.5.5 包覆降感

用塑性材料包覆炸药晶体是半个多世纪以来钝感炸药的重要手段，PBX 型混合炸药是其代表。塑性材料包括蜡类（石蜡、结晶蜡、地蜡及其混合物）、高分子、柔性材料（石墨、TATB）等，其作用是：①缓冲了在撞击、摩擦时炸药晶体间产生的应力趋势，将外界能量分散，吸收于包覆层，延长了炸药塑性应变的响应时间；②惰性的包覆层阻碍炸药快速反应（燃烧）的传播。所以，惰性包覆层起到了降低 P_1、P_2 两个概率的作用，故可以有效地钝感炸药。

高分子的选用十分重要，通常首先应考虑高分子自身的塑性（流变性质）和高分子与炸药所组成的 PBX 和接触材料的相容性。

高分子的塑性直接影响着其降低 P_1 的效果，目前常用的有聚氨酯、氟橡胶、丁腈橡胶、硅橡胶等。高分子与炸药、PBX 与接触材料的相容性更为重要，如果相容性不好，则其他的研究都等于白费。

包覆材料和主体炸药之间的亲合性是十分重要的问题，这取决于炸药和包覆层之间的界面性质。用高分子包覆炸药晶体的工艺对于这种界面性质（包覆层的均匀性、黏结强度，包覆层的强度）有很大的影响，进而影响其撞击感度。

由于表面活性剂可以改善高分子溶液和炸药之间的界面亲合性，所以，有效的表面活性剂（SFT）对包覆炸药的感度有较大的影响。利用不同的包覆工艺（包括使用表面活性剂）改进了炸药晶体的表面性质，削弱了在撞击作用下晶体间产生的动态应力，降低了 P_1，从而使炸药钝感，如表 7-5-7 所列。

表 7-5-7 水相含有 SFT 时，用水悬浮法得到样品的 H_{50} 值

序　号	样　品	高分子	SFT	H_{50}/cm	lg σ
1	ε-HNIW	—	—	15.1	0.1
2	SPW-P8-0	P845	—	34.1	0.2
3	SPW-P8-OT	P845	OT1	36.2	0.3
4	SPW-P8-PVA	P845	AVP	26.2	0.1
5	SPW-P8-L	P845	LCT	41.8	0.3
6	SPW-P8-T20	P845	TW2	22.7	0.1
7	SPW-01-0	F2601	—	23.7	0.1
8	SPW-01-OT	F2601	OT1	40.1	0.3
9	SPW-01-PVA	F2601	AVP	56.4	0.4
10	SPW-01-L	F2601	LCT	48.3	0.4
11	SPW-01-T20	F2601	TW2	19.4	0.1
12	SPW-11-0	F2311	—	42.5	0.3
13	SPW-11-OT	F2311	OT1	47.9	0.3
14	SPW-11-PVA	F2311	AVP	59.7	0.5
15	SPW-11-L	F2311	LCT	40.6	0.4
16	SPW-11-T20	F2311	TW2	27.7	0.2

高分子包覆层还起着抑制热点引发的反应传播的作用。加强这种抑制（实质上即阻燃）作用，也会使炸药的撞击感度进一步下降。对于 RDX 来讲，将相应的阻燃剂加在其高分子包覆层中，的确可使 RDX 的 H_{50} 发生变化，进一步降低以 RDX 为基的 PBX 的撞击感度。但是，选择合适的阻燃剂是个细致工作，必须审慎地进行。

7.5.6 其他降感技术

除上面介绍的以外，还有一些其他降感技术。例如，在火炸药中添加碳纳

米管、石墨或导电聚合物等物质，以降低火炸药的静电火花感度。李志敏等首次将石墨烯纳米片作为抗静电改性剂应用到起爆药中，制备的石墨烯纳米片改性斯蒂芬酸铅(LS)和叠氮化铅(LA)复合材料的静电感度和静电积累量显著降低，改性 LS 的 $E50$ 由纯 LS 的 0.14mJ 提高至 0.46mJ；改性 LA 的 $E50$ 由纯 LA 的 0.11J 提高至 0.73J 和 0.84J。

总之，需根据对火炸药的性能要求来选择合适的降感途径，选择合适的降感材料。

参考文献

[1] GORHAM D A, POPE P H, FIELD J E. An Improved Method for Compressive Stress-strain

ⅰ. Measurements at Very High Strain Rates [J]. Proceedings of the Royal Society of London. 1992, 438:153 - 70.

ⅱ. MOHAN V K, FIELD J E, SWALLOW G M. High Speed Photographic Study[J]. Combustion Science and Technology, 1984, 40:269 - 278.

[2] MOHAN V, KRISHNA, FIELD J E, et al. High Speed Photographic Studys of Lmpact on Thin Layers of Emulsion Explosive[J]. Propellants, Explosives, Pyrotechnics. 1984, 9 (3):77 - 81.

[3] SWALLOWE G M, FIELD J E, WALLEY S M. Heat Generation During Impact on Polymers[C]. Proceedings of the Third Conference on the Mechanical Properties of Materials at High Rates of Strain. 1984, 443 - 444.

[4] КОНдРNКОВ Б Н. СраВНNТельНый АНалN3 МеТодоВ определеНNя чуВсТВNТельНосТN ВВ К Мех а НNчесКNМ ВоздейсТВNяМ [R]. ВзРыВчаtые Матер Nалы N пNроТехНNКа, ВыпусНNК (7 - 8), сборНNК, МосКВа: NНNNНТИКПК, 1994, 12 - 25.

[5] SWALLOW G M, FIELD J E, HOARN L A. Measurements of Transient High Temperatures During the Deformation of Polymers [J]. Journal of Materials Science. 1986, 21(11):4089 - 4096.

[6] 王金英，柴涛，张景林，等. PBX 传爆药撞击感度影响因素的研究[J]. 中北大学学报(自然科学版), 2004, 25(4):289 - 292.

[7] KONDRIKOV B, TCHUBAROV V D. Deformation, Destruction and Ignition of the Layer of Solid under Impact[J]. Combustion and flame, 1975, 24 (2): 143 - 149.

[8] FIELD J E, BOURNE N K, Palmer S J P, et al. Impact Ignition of Liquid

propellants[R]. Cambridge Univ. Cavendish Lab. Annual rept. 1992,4:31.
[9] 赵兴海,高杨,程永生. 激光点火技术综述[J].激光技术,2007,31(3):306-310.
[10] DELPUECH A, CHERVILLE J. Relation between shock sensitiveness of secondary explosives and theirmolecular electronic structure, Part Ⅲ:Influence of Crystal Environment[J]. Propellants and Explosives,1979(4):61.
[11] FRIED L E,MANAA M R,PAGORIA P F. Design and synthesis of energetic materials[J].Annu. Rev.Mater. Res.,2001(31):291.
[12] RICE B M,SAHU S,OWENS F J. Density functional calculations of bond dissociation energies for NO2 scission in some nitroaromaticmolecules[J]. J. mol. Struct. Theochem.,2002(583):69.
[13] KAMLET M J, SICKMAN D V. The Relationship of Sensitivity with Structure of Organic High Explosives. 2. Polynitroaromatic Compounds[J]. Propellants Explosives Pyrotechnics, 2010, 4(2):30-34.
[14] 田龙，吴晓青，郑主宜,等. 粒度对炸药感度影响的研究进展[J]. 四川化工，2013，16(1):28-30.
[15] KOCH E. Insensitive Munitions[J]. Propellants Explosives Pyrotechnics, 2016, 41(3):407-407.
[16] 杨筱. 热刺激对固体推进剂装药响应特性的影响[D]. 太原:中北大学，2017.
[17] 李焕，樊学忠，庞维强. 低易损性固体推进剂钝感特性及评估试验方法研究进展[J]. 化学推进剂与高分子材料，2017，15(2):56-59.
[18] 王建灵，刘海让，杨建,等. 固体推进剂易损性试验研究[J]. 兵工自动化，2017，36(7):60-62.
[19] 方学谦，王建灵，杨建,等. 固体推进剂安全性评价试验研究[J]. 火工品，2017(3):49-52.
[20] HO S Y. Thermomechanical Properties of Rocket Propellants and Correlation with cookoff behaviour[J]. Propellants Explosives Pyrotechnics, 1995, 20(4):206-214.
[21] 蔡高文. HTPE 推进剂安全特性研究[D]. 南京:南京理工大学,2016.
[22] GILLARD P, LONGUET B. Investigation of heat transfer and heterogeneous reactions during theslow cook off of a composite propellant[J]. Journal of Loss Prevention in the Process Industries, 2013, 26(6):1506-1514.
[23] ZHAO X B, JUN L I, CHENG L G, et al. Influence Factors of Slow Cook-off Characteristic for Solid Propellant[J]. Chinese Journal of Energetic Materials, 2011, 19(6):669-672.

[24] 冯晓军，王晓峰，韩助龙. 炸药装药尺寸对慢速烤燃响应的研究[J]. 爆炸与冲击，2005，25(3):285－288.

[25] 智小琦，胡双启. 炸药装药密度对慢速烤燃响应特性的影响[J]. 爆炸与冲击，2013，33(2):221－224.

[26] 胡双启，解朝变，智小琦. 装药密度与壳体约束对钝化 RDX 慢速烤燃特性的影响[J]. 火炸药学报，2011，34(2):26－28.

[27] 张晋元. 壳体厚度对传爆药慢速烤燃响应的研究[J]. 中国安全生产科学技术，2011，7(3):61－64.

[28] 赵孝彬，李军，程立国，等. 固体推进剂慢速烤燃特性的影响因素研究[J]. 含能材料，2011，19(6):669－672.

[29] 杨筱，智小琦，杨宝良，等. 装药尺寸及结构对 HTPE 推进剂烤燃特性的影响[J]. 火炸药学报，2016，39(6):84－89.

[30] 于永利，智小琦，范兴华，等. 自由空间对炸药慢烤响应特性影响的研究[J]. 科学技术与工程，2015，15(5):280－283.

[31] 张邹邹，杨丽侠，刘来东，等. 子弹撞击对发射药易损性响应影响研究[J]. 含能材料，2011，19(6):715－719.

[32] BAKER E L, DANIELS A, DEFISHER S, et al. Development of a Small Shaped Charge Insensitive Munitions Threat Test [J]. Procedia Engineering, 2015, 103:27－34.

[33] BAKER E L, PHAM J, MADSEN T, et al. Shaped Charge Jet Characterization and Initiation Test Configuration for IM Threat Testing [J]. Procedia Engineering, 2013, 58:58－67.

[34] 张杰凡. PBT 基钝感固体推进剂的安全特性及影响因素研究[D]. 南京:南京理工大学,2017.

[35] 联合国. ST/SG/AC. 10/11/Rev. 5,关于危险货物运输的建议书:试验和标准手册. 5 版. 纽约和日内瓦,2009.

[36] 联合国. ST/SG/AC. 10/1/Rev. 16,关于危险货物运输的建议书:规章范本. 16 版. 纽约和日内瓦,2009.

[37] 美国国防部. TB700－2/NAVSEAINST 8020. 8A/TO 11A-1-47/DLAR8220. 1, 国防部弹药和爆炸物危险性分类规程,2005.

[38] 俞统昌，王晓峰，王建灵，等. 火炸药危险等级分级程序分析[J]. 火炸药学报，2006，29(1):10－13.

[39] 王晓峰. 开展高能固体推进剂危险性分级研究的建议[J]. 火炸药学报，2003，26(1):59－61.

[40] DONG H SH. The importance of insensitive munitions[J]. Chinese Journal of Energetic Materials, 2006, 14(5): 321 - 322.
[41] MICHAEL L, MC K. Abinitio and MNDO study of nitromethane and the nitromethyl radical[J]. Journal of the American Chemical Society, 1985, 107: 1900 - 1904.
[42] 陈京，王晗，刘萌，等. 复合改性双基推进剂降感技术及感度机理研究进展[J]. 火炸药学报，2017,40(6):7 - 16.
[43] ДУБОВИК А В. Нетрадиционые методы флегматизация ВМ[R]. Доклад в Пекинском политехническом институте, Пекин, 2003, 10.
[44] ЕНИКОЛОПЯН Н С, ЛАРИАНОВ Л В, БАБЕНКО П П, et al. влиянии межмолекулярного взаймодействия на чувствительность жидких ВВ[J]. ДАН СССР, 1991, 320: 148 - 150.
[45] 周群，陈智群，郑朝民，等. FOX - 7 晶体形貌对感度的影响[J]. 火炸药学报，2014，37(5):67 - 69.
[46] 雷向东. HNIW 结晶特性控制技术研究[D]. 北京:北京理工大学,2006.
[47] 陈华雄,陈树森,金韶华,等. 六硝基六氮杂异伍兹烷转晶中的分子动力学模拟[J]. 火炸药学报,2007,30(5):1 - 4.
[48] 安崇伟. 硝胺炸药的表面包覆及其对推进剂性能的影响研究[D]. 南京:南京理工大学,2008.
[49] MANNING T G, STRAUSS B. Reduction of energetic filler sensitivity in propellants through coating: US,6524706B1[P],2003 - 3 - 25.
[50] 陆明,周新利. RDX 的 TNT 包覆钝感研究[J]. 火炸药学报，2006，29(6):16 - 18.
[51] 徐容，田野，刘春. TATB 对CL-20降感研究[J]. 含能材料，2003，11(4):219 - 221.
[52] 陈鲁英，赵省向，杨培进，等. CL-20炸药的包覆钝感研究[J]. 含能材料，2006，14(3):171 - 173.
[53] 卢媛，吴晓青. 炸药颗粒表面包覆研究进展[J]. 广州化工，2011，39(4):41 - 42.
[54] 安崇伟，宋小兰，王毅，等. 硝胺类炸药颗粒表面包覆的研究进展[J]. 含能材料，2007，15(2):188 - 192.
[55] 王小军，尚凤琴，王霞，等. 1 -甲基- 4,5 -二硝基咪唑包覆钝感CL-20研究[J]. 兵器装备工程学报，2013，34(5):120 - 122.
[56] 南海，王晓峰. FOX - 7 的表面能研究[J]. 含能材料，2006，14(5):388 - 390.
[57] LI Z M, ZHOU M R, ZHANG T L, et al. The facile synthesis of graphene nanoplatelet-lead styphnate composites and their depressed electrostatic hazards[J]. Journal of Materials Chemistry A, 2013, 1(41):12710 - 12714.
[58] 刘继华. 火药物理化学性能[M]. 北京:北京理工大学出版社,1997.

08 第8章 火炸药的其他性能

8.1 火炸药的环境适应性

8.1.1 概述

环境适应性是指装备(产品)在其寿命期内可能遇到的各种环境的作用下，能实现其所有预定功能与性能不被破坏的能力。火炸药在加工、贮存、运输和使用过程中会受到温度循环、机械加工、振动、点火冲击、发射加载等载荷的考验。特别是目前我国部分武器系统部署于靠近沿海地区，沿海环境的高湿、高热、盐雾、霉菌等气候特征会造成武器系统性能和功能的劣化。火炸药是武器系统的重要组成部分，其环境适应能力直接影响着整个武器系统的适应能力。根据武器装备对不同环境的要求，火炸药应对以下环境具有适应性：温度环境(包括高低温贮存、高低温工作、高低温冲击)、霉菌环境、盐雾环境、湿热环境、工作振动环境等。有关环境类型的环境适应性要求指标如表8-1-1所列。

高温会使材料加速老化，使药柱力学性能和内弹道性能劣化、脱黏；高湿同样会使装药加速老化，影响药柱力学的同时还会对其点火性能造成影响；辐射会导致火炸药发生光氧化和光降解，影响其性能；霉菌和盐雾主要影响密封性，从而进一步损害火炸药性能。

表8-1-1 环境适应性要求指标和环境适应性试验验证要求

环境类型		环境适应性要求指标		环境适应性要求指标的试验验证要求	
		定性要求	定量(环境应力强度)要求	试验环境应力	采用的试验方法
温度环境	高温贮存环境(仅适用于直接暴露在太阳	产品在寿命期高温贮存环境作用下不会引	恒温贮存：70°C(1%风险)；循环贮	恒温工作：试件温度达到稳定后继续保持	以程序Ⅰ—贮存和程序Ⅱ—工作两个试验程序进行

（续）

环境类型		环境适应性要求指标		环境适应性要求指标的试验验证要求	
		定性要求	定量(环境应力强度)要求	试验环境应力	采用的试验方法
温度环境	辐射作用下贮存的装备)	起由合格判据确定的不可逆损坏	存：33～71°C的范围(1%风险的日循环)	试验箱内条件至少2h。循环工作：试件暴露至少3个循环①	暴露条件可以是恒温暴露也可以是循环暴露①
	低温贮存环境(仅适用于直接暴露在户外环境中贮存的装备)	产品在寿命期低温贮存环境作用下不会引起由合格判据确定的不可逆损坏	−55°C(20%风险)	非危险性或与安全无关的装备贮存时间可取4h；含爆炸物、弹药、有机塑料的装备至少贮存72h；含限位玻璃的装备取24h②	以程序Ⅰ—贮存、程序Ⅱ—工作和程序Ⅲ—拆装操作3个试验程序进行②
	高、低温工作温度(循环工作和恒温工作)	产品在寿命期使用阶段遇到的高低温环境中应能正常工作，即其功能正常且性能满足允差要求	高温或低温工作	温度按照实测的高温或低温工作，温度稳定后再保持2h	以程序Ⅰ—贮存、程序Ⅱ—工作和程序Ⅲ—拆装操作3个试验程序进行②
	温度冲击环境	产品在寿命期内遇到温度突变环境后不产生结构损坏，而能正常工作	温度变化率>10℃/min	每种条件下进行3次或3次以上冲击。试件暴露于温度极值的持续时间等于实际工作时间或达到温度稳定所需的时间③	以程序Ⅰ—恒定极值温度冲击和程序Ⅱ—基于高温循环的冲击两个试验程序进行③

（续）

环境类型	环境适应性要求指标		环境适应性要求指标的试验验证要求	
	定性要求	定量(环境应力强度)要求	试验环境应力	采用的试验方法
霉菌环境	产品在寿命期内表面不应长霉或长霉程度在允许范围(具体由合格判据规定)，且能正常工作	无法规定定量要求	最短持续时间为28天。若要求清洁试件，应该在清洁完成后72h才开始试验[④]	试验只有一个程序，试验后观察霉菌生长情况以及霉菌对试件性能或使用的影响[④]
盐雾环境	产品在寿命期盐雾环境中受到的腐蚀程度在允许范围之内(具体由合格判据规定)，且能正常工作	无法规定定量要求	盐溶液的浓度为 5% ± 1%。交替进行 24h 喷盐雾和 24h 干燥共 96h[⑤]	试验只有一个程序[⑤]
湿热环境	产品在寿命期内湿热环境中暴露时和暴露后其表面形貌、材料性质和绝缘性能不受规定程度的影响且能正常工作	无法规定定量要求	以 24h 为一个试验周期，至少进行 10 个周期[⑥]	试验只有一个程序。采用蒸汽或喷水的方法加湿试件周围的空气[⑥]
工作振动环境	产品在经受使用中遇到振动环境作用时和作用后能正常工作，且结构不发生累积疲劳损伤	根据不同的振动环境类别确定[⑦]	根据不同的振动环境类别确定[⑦]	共 4 个程序：程序Ⅰ—一般振动、程序Ⅱ—散装货物运输、程序Ⅲ—大型组件运输、程序Ⅳ—组合式飞机外挂的挂飞和自由飞[⑦]

①数据来自于 GJB 150.3A；②数据来自于 GJB 150.4A；③数据来自于 GJB 150.5A；④数据来自于 GJB 150.10A；⑤数据来自于 GJB 150.11A；⑥数据来自于 GJB 150.9A；⑦数据来自于 GJB 150.16A

8.1.2 温度对火炸药性能的影响

短时间的高温作用会加剧界面分子的运动，使剪切强度降低，但是，如果长期暴露于较高的温度下，则会导致一些反应的发生，引起界面物理和化学方面的变化，产生热老化。在较低温度下，火炸药黏合剂会失去弹性，表现为硬而脆的材料，这严重影响了固体推进剂的断裂伸长率，在发生较小形变下就有可能使药柱产生裂纹，导致固体推进剂报废。因此，火炸药在贮存的过程中，将会发生界面“损伤”，导致材料的微观界面结构发生变化，产生微小缺陷。随着外界载荷的变化，缺陷会演化发展，并进一步汇集、扩展，最终可能导致材料的宏观破坏。特别是由于炸药是粉末压制脆性材料，温度突变引起的热应力可能会使炸药产生热激损伤、微裂纹、开裂或塌陷，这将直接影响到武器的安全性能和使用性能。此外，有研究表明，在其他条件完全相同的情况下，温度越高，火炸药自燃的风险越高。

韦兴文等通过研究发现 HMX 基 PBX 炸药的热疲劳损伤机理为塑性形变导致尺寸“不可逆长大”和密度下降。热损伤会导致 HMX 基 PBX 压缩力学性能下降，但是对炸药的拉伸性能影响不明显。另有研究表明，经过高低温循环老化试验的 A-Ⅸ-Ⅱ 压装装药老化过程中裂纹的产生概率与药柱的装药密度和药柱尺寸有关，高密度和大尺寸的药柱由于内应力大，热胀冷缩形变明显，药柱易产生裂纹。在 71℃ 下老化 39 天后，RDX 和铝粉涂上乙烯-乙酸乙烯酯共聚物(EVA)制备的压装炸药孔隙率明显增大，密度略有降低。刘瑞鹏等讨论了低温、高温及温度冲击对含 Al 炸药装药裂纹的影响，结果表明，低温环境更容易导致含铝炸药装药产生裂纹；温度冲击会引起含铝炸药装药产生严重损伤；含铝炸药抗压强度与温度变化呈现负线性相关关系。黄亚峰等通过对 HMX/RDX 基含铝炸药的 71℃ 老化试验研究得出，药柱在 71℃ 老化时，体积逐渐膨胀后开始逐渐缩小；质量随着老化时间的推移逐渐减小；71℃ 下老化 55 天后炸药爆热、爆速未发生明显改变。

而对于固体推进剂来说，药柱在高温环境下会加速分解，活泼的分解产物会攻击推进剂中易受侵蚀的黏合剂系统，引起黏合剂系统的物理和化学变化，推进剂组分扩散并析出。例如高温会加快 NG/NC 的硝酸酯键断裂，生成具有自催化效应的 NO_2。高温使固体推进剂的降解和交联速度增大，组分迁移速度增加，改变了固体推进剂的性能，降低了其使用寿命和安全性。由于固体推进剂黏合剂为聚合物材料，高温会使其发生老化，高聚物还可能发生蠕变，导致弹体发生形变，对弹体性能产生较大影响。此外，固体填料和黏合剂之间的界面也会因为高温而加速老化，导致界面黏结减弱甚至破坏，直接影响推进剂的力学性能。李高春等应用线性累积损伤模型，计算了不同环境温度载荷作用下药柱的累积损伤。结果表明，在不同应力水平下，推进剂的累积损伤基本符合线性累积损伤规律；推进剂在长期热应力作用下的累积损伤不仅由应力决定，时温转换因子也是十分重要的因素。

8.1.3 湿度对火炸药性能的影响

与其他因素相比，高湿度对火炸药的影响比较明显。例如，高湿环境会导致点火药的变质，使点火装置性能下降甚至点火失灵。湿度也是引起聚合物基火炸药性能恶化的一个重要因素。湿度过大会促使聚合物基火炸药中黏合剂水解断链，降低其力学强度，造成聚合物基火炸药软化。湿度不仅会为聚合物内部的化学反应提供溶剂环境，而且 H_2O 与 NO_2 反应生成 HNO_3，产生的 H^+ 会加速 NG/NC 的硝酸酯键断裂和黏合剂的降解断链。其次，湿度过大会破坏氧化剂和黏合剂的界面性能，引起脱湿现象，严重影响聚合物基火炸药的力学强度。此外，在高湿环境下还会发生氧化剂溶解、迁移和沉淀的现象。特别是在湿热的环境下，由于高温的存在，湿气对聚合物基火炸药的浸透作用将更强，温度和湿度存在协同老化效应，会严重影响火炸药的贮存性能。此外，高湿条件还会引起弹药外表面锈蚀，密封部件失效、漏气，电强度降低，包装箱膨胀、破裂；绝缘器件的导电率增大，有机覆盖层损坏；生物活性加速干燥剂变质。

已经有学者研究了湿热环境对炸药、推进剂等的影响。常新龙等通过湿热加速老化试验获得了 NEPE 推进剂在不同湿热老化条件下抗拉强度和弹性模量随老化时间的变化规律，建立了与 Eyring 模型形式相同的推进剂湿热老化失效物理模型：

$$L(T,H)=\left(\frac{7.5655\times10^{-11}}{HT}\right)e^{\left(\frac{11.92441}{H}\right)+\left(\frac{5422.5}{T}\right)} \qquad (8-1-1)$$

式中，L 为寿命尺度，H 为相对湿度，T 为绝对温度。

研究者以弹性模量作为失效判据，预估了 NEPE 推进剂的贮存寿命，预估所得自然贮存环境中的贮存寿命与以抗拉强度为失效判据预估的推进剂药柱贮存寿命相差 9.35%，表明将弹性模量作为失效判据预估 NEPE 推进剂药柱贮存寿命的方法可行。最终得到的结果为：发动机内腔温度为 20℃、相对湿度为 65%时，得到 NEPE 推进剂贮存使用寿命约为 11 年。张旭东等以模拟发动机的复合固体推进剂药柱为研究对象，进行了模拟热带海域高温高湿环境条件下其贮存老化的试验研究，结果表明，高温高湿条件下氮气密封体系中复合固体推进剂药柱随老化时间的延长，其抗拉强度逐渐下降，而最大伸长率没有明显的变化规律；推进剂的老化主要是黏合剂氧化交联、键合剂水解断链以及 AP 表面脱湿等综合作用的结果；温度为 50℃±1℃、相对湿度为 85%～95%贮存条件下试验用复合固体推进剂药柱寿命约为 189 天。赵峰等结合量子力学理论关于电子产品老化反应速率与环境温度、湿度的关系，以推进剂力学性能参数为研究对象，建立了固体推进剂贮存使用寿命的湿热老化模型。朱一举等研究了湿热环境对 RDX/AP-NEPE 推进剂热安全性和力学性能的影响，结果表明，湿热环境下水分会降低 RDX/AP-NEPE 推进剂各阶段的分解活化能，但在老化初期(75℃，6 天)不太明显；水分对 AP 分解有较明显的作用，使其分解活化能降低 93%；湿热环境对 RDX/AP-NEPE 推进剂老化初期热感度的影响不明显；在老化初期，湿热环境下水分的存在使 RDX/AP-NEPE 推进剂的延伸率和抗拉强度急剧下降，延伸率从 106.0%降至 36.7%，抗拉强度从 0.631MPa 降至 0.541MPa，而干热条件下对老化初期的力学性能基本没有影响。贾林等研究 A-Ⅸ-Ⅱ炸药柱的湿热老化行为时发现，湿热老化使 A-Ⅸ-Ⅱ炸药柱发生了体积不可逆膨胀、抗压强度变小、铝粉部分失活、分解热降低，这些变化在老化初始阶段变化速率较大，老化 7 天后变化趋缓；在湿热的条件下炸药的热安定性没有退化；湿热老化会使黏合剂破碎、脱黏，导致药柱的抗压强度变小。

8.1.4 辐射对火炸药性能的影响

太阳辐射会产生光化学效应，在长时间太阳光照射下，紫外线会对火炸药的包覆层产生损害，导致其降解。通常高分子材料受到波长在 400nm 以下紫外线照射后会发生氧化反应，强烈的太阳光辐射除了对火炸药包覆层产生损害以外还会导致黏合剂的降解。紫外线照射产生的活性自由基会一步步加速高分子链的降解，最后导致聚合物基火炸药报废。已有研究表明，紫外光不仅能使高分子黏合剂等降解，还会导致 RDX 等单质炸药的降解。此外，与高温产生的热效应不同，太阳辐射的热效应具有方向性，并产生热梯度，导致火炸药局部温度升高，对火炸药的安全性构成威胁。

王晓峰等研究了辐射对 PETN 基柔性炸药的影响，结果表明，使用 Co-60 放射源辐照累积剂量达到 100×10^4 rad 后，其抗拉强度由 1.27MPa 下降到 0.36MPa，断裂伸长率由 42%下降到 37%。

8.1.5 电磁环境对火炸药性能的影响

电磁环境的因素主要分为自然环境因素和人为环境因素两大类：自然环境

因素包括雷电电磁辐射源、静电电磁辐射源、太阳系和星际电磁辐射源、地球和大气层电磁场等；人为环境因素包括各种电磁发射系统和工频电磁辐射系统等产生的不同频率、不同强度的电磁辐射以及各种用于军事目的的强电磁脉冲源(如电磁脉冲武器、高功率微波弹和各种电子对抗辐射源等)。

高功率电磁脉冲产生的热效应一般是在纳秒或微秒量级完成的，是一种绝热过程。当脉冲功率密度达到 1～100kW/cm^2 时，这一放热过程可作为点火源和引爆源，瞬时引起火炸药的爆炸。

在危化品物流管理等领域广泛应用的无线射频识别技术(RFID)具有非接触式自动识别的特点，能够对检测物达到实时监控。使用此项技术对火炸药的检测过程中会在周围形成电磁场。已有研究表明这种高频和超高频无线电波均对 RDX 晶体的分子结构、晶型及性能没有影响，RFID 辐射场对乳化炸药的基本性能不会发生改变，不会影响其安全性。此外，使用低功率的 γ 射线照射后的 RDX、HMX 稳定性等也没有发生较大改变。

8.1.6 盐雾与霉菌对火炸药性能的影响

盐雾会加剧弹药壳体和密封件的电化学腐蚀，导致火炸药密封性变差。同时，盐在水中电离会形成酸性或碱性溶液，对火炸药产生腐蚀。霉菌新陈代谢会产生大量的酵素和有机酸，使材料发生分解、老化。盐雾和霉菌均会破坏点火药的密封性，使其受潮而降低其点火性能。

霉菌对火炸药的破坏包括直接侵蚀和间接侵蚀。直接侵蚀主要是霉菌对非抗霉材料的侵蚀。这些非抗霉材料包括植物纤维、动植物基胶黏剂、油脂、皮革等天然材料以及聚氟乙烯、聚氨酯类等合成材料。对抗霉材料的破坏来自间接侵蚀，主要包括：抗霉材料表面沉积的灰尘、油脂等污染物上生长的霉菌对底层材料造成的损害；霉菌分泌的代谢产物(有机酸等)对抗霉材料的腐蚀。

PETN 基柔性炸药经盐雾试验后，哑铃型试片变黄、变硬，拉伸强度由 1.58MPa 降至 0.70MPa，断裂伸长率由 105%降至 43%；经霉菌试验后，挠性炸药的哑铃型试片上霉菌生长旺盛，长霉等级为 4 级，拉伸强度由 1.58MPa 降至 0.75MPa，断裂伸长率由 105%降至 30%。

某些霉菌的存在还会引起火炸药的降解。硫酸还原菌(desulfovibrio spp)、雷氏普罗威登斯菌(providencia rettgeri)、曲霉菌(aspergillus niger)等均可降解 HMX。而球形红细菌降解 HMX 的研究表明，在厌氧光照的条件下，初始浓度为 100mg/L、pH 值为 7.0、接种量为 15%、温度为 30℃ 条件下，HMX 的降解率可达 88.9%。此外，球形红细菌还可以降解 RDX、DNT 等含硝基的炸药。

8.2 发射药的烟和焰

发射药燃气从炮膛流出，燃气中的 CO、H_2 等与空气中的 O_2 作用，会生成炮口焰和炮尾焰，炮口焰容易暴露武器位置、干扰武器的工作，炮尾焰会烧伤炮手并妨碍观测、制导和瞄准，还有可能引燃准备射击的弹药。身管武器对发射药的要求之一就是射击时燃烧的装药应避免形成炮口焰和炮尾焰，由膛口流出的气体应少烟和低毒。

8.2.1 烟和焰形成的原因

射击时的烟是由分散介质的发射药气体与空气、分散相的固体燃烧产物和凝聚相的水所组成。形成烟雾的直接起因是发射药燃烧所形成的凝聚相物质，其中有发射药配方中的无机盐或未燃尽的装药元件碎片。点火药、发射药中非含能组分、热稳定性好的组分在燃烧时都有可能产生凝聚相颗粒。当发射药燃烧不完全时可能产生 NO，NO 与空气中氧作用生成 NO_2 的棕色烟雾。环境温度低、风速小也会加重烟雾。

炮口焰是出现在炮口前的闪光。炮口焰分为初焰、中间焰和二次焰 3 个辐射气流区。

炮口焰一般是指二次焰，有时可在距离炮口 20cm 处出现。二次焰呈椭圆形，长度可达 0.5～5m，宽 0.2～20m，持续时间可从千分之几秒到百分之几秒，夜间在 10～50km 外都能观察到。

炮口焰是因燃烧产物中存在可燃性气体，它在膛口外与空气混合，当有足够高的温度时燃烧，形成二次焰的燃烧反应是链式反应。

此外，钝感发射药中由于钝感剂等功能材料的加入，影响了钝感发射药的点传火性能，易引起严重的发射烟焰。

8.2.2 烟与焰的控制技术

烟雾的多少、颜色和稳定性，不仅与装药燃烧条件、武器诸元以及射击时的环境有关，也与发射药的性质和组分有关。为了限制烟雾的形成，在发射药配方中尽量增大 O/C 的比值，氧平衡应接近于零氧平衡以避免生成残碳颗粒。在组分选择上，尽量少选择如苯、联苯及其衍生物等非含能组分，少选用含氟、氯、溴等元素的化合物，少用无机盐。

实践证明，发射药爆热越高，燃烧产物中可燃性气体成分越多，产生炮口焰的可能性也就越大；弹药中发射药装药数量越大，膛压和初速越高，出膛口的气流速度、压力和温度也越大，越容易形成炮口焰。为了较少产生炮口焰，要控制发射药的燃气温度、压力及燃气的组成，配方应使 CO 和 H_2 的燃烧产物尽可能少，多采用氮含量高的组分，加硫酸钾、冰晶石等抑制链式反应的消焰剂组分。因为形成炮口焰和炮尾焰的原因是相同的，所以可采用类似的方法消除炮尾焰。

采用消焰剂可以消除炮口焰和炮尾焰。常用的消焰剂大都是钾盐，如 KCl、K_2SO_4、$K_2C_2O_4$ 等。这是因为钾离子可以防止 H_2、CO 与 O_2 的氧化反应，是该反应的负催化剂。其消除火焰的机理在于形成高浓度的 KOH 以终止链式反应。

美国 Bracuti 等在轻型无后座力火炮上研究了不同品种消焰剂对炮口火焰的影响，发现用碳酸氢钾和碳酸氢铵在降低火焰闪光方面比用硝酸钾和硫酸钾要好。王育维等开展了消焰剂对模块发射药装药内弹道性能的影响研究，结果显示模块装药中增加占主装药质量的 2.41%消焰剂后，膛压增加 11.1MPa，而初速只增加了 6m/s，比相同膛压下不添加消焰剂的初速低 2.7m/s；以此为依据，建立了考虑消焰剂影响的经典内弹道数学模型，可以定量分析消焰剂对内弹道性能的影响。

烟和焰之间存在相互影响。使用消焰剂会增加发射时的烟，减少发射装药中的难燃组分可以减少火炮射击过程中产生的烟。正氧平衡的配方形成烟的可能性较低，但增加了生成焰的可能性；使用炮口助退器能减弱炮口焰，但会助长炮尾焰。

研究表明，使用有机钾盐代替无机钾盐作为消焰剂对发射药发射时烟的增加较少。这些新型有机钾盐普遍具有常温下不吸湿、消焰效果好、燃烧产生的烟雾少等优点，主要包括二羟基乙二肟钾(DK)、二元酸钾(HK)、一元酸钾(LK)、偶氮四唑钾(PK)、二元酸钾钠(JK)等。

表 8-2-1 为含不同钾盐的发射药样品的静态燃烧烟雾可见光透过率。由此可知，添加有机钾盐的样品可见光透过率明显高于添加无机钾盐的样品。这是因为无机钾盐的钾离子含量较高(如表 8-2-2 中，无机钾盐钾离子质量分数均达到 35%以上)，燃烧分解生成的金属氧化物(KOH)残渣量较大，这会使得其在有效消除火焰的同时增大了烟的产量；其次，无机钾盐燃烧分解温度较高，导致发射药在燃烧过程中分解不充分，进一步增大了燃烧残渣量。相对无机钾盐而言，有机钾盐金属离子的含量相对较低(大部分质量分数介于 20%～30%，如表 8-2-2 所列)，并且其热分解温度较低，燃烧更充分，烟雾生成量较小，

可见光透过率较高。对比 4 种有机钾盐，使用 LK、DK 和 HK 的发射药样品可见光透过率均大于 50%，而使用 PK 的样品可见光透过率相对较低。这是因为前 3 种有机钾盐氧含量较高(质量分数大于 40%)，有助于发射药充分燃烧，减少微小固体碳颗粒生成量，使得烟雾生成量较小，可见光透过率较高。因此较低的热分解温度、相对较高的 K 含量和 O 含量是较优异的有机钾盐消焰剂，含能有机(高分子)钾盐作为消焰剂将是新型消焰剂的发展方向。

表 8-2-1　不同钾盐的发射药样品的静态燃烧烟雾可见光透过率

钾盐	LK	DK	HK	PK	KNO_3	K_2SO_4
η/%	61.9	54.9	50.8	45.4	28.9	9.5

表 8-2-2　钾盐中钾和氧的质量分数

序　号	钾　盐	w(钾)/%	w(氧)/%
1	KNO_3	38.6	47.5
2	K_2SO_4	44.8	36.8
3	PK	32.2	0
4	DK	25.2	40.5
5	HK	22.7	46.5
6	LK	20.7	51.1

此外，研究发现发射药的装药结构对炮口烟和焰也有显著影响。研究表明，消焰剂(K_2SO_4)的粒径从 160μm 降至 3μm，有助于提高消焰效果，但会引起炮口烟雾的可见光透过率下降(从 65.7%降至 42.3%)；消焰剂用量相同时，含顶部和底部消焰剂药包的组合结构抑制火焰效果优于仅含顶部消焰剂药包的结构；发射药弧厚从 1.8mm 增至 2.0mm 时，炮口火焰面积增大；炮口火焰面积随着可燃支撑筒长度增加而增大。发射药装药结构对炮口烟和焰影响的研究较少，对其系统的研究以及影响规律的总结将是未来研究的方向。

8.2.3　烟和焰的检测技术

目前，尚无标准方法用于检测发射药的烟、焰性能。在研究烟、焰性能时，经常采用纹影仪、差分干涉仪或马赫-策恩德(Mach-Zehnder)干涉仪来记录膛口的流场和火焰的状态，利用辐射记录局部的单色辐射强度和温度。

常用参数未燃碳量来比较发射药形成烟、焰的可能性。在发射药配方确定后，该参数可以计算出来。

澳大利亚国防部的Jean-Pierre Ardouin等在20世纪90年代中期应用快速扫描遥感红外光谱技术对枪口烟的组分及枪口焰的辐射能量进行测量。我国王宏等对烟的检测借助了美国标准局的NBS烟室方法，应用一定体积的烟箱对枪口产生的烟雾进行收集，实现动态到静态的转化，然后在静态基础上进行烟雾对可见光的透过率测试，并对其结果进行外推，可以确定实际发射时的烟雾情况。对焰的检测则应用线阵CCD(电荷耦合器件)及面阵CCD技术相结合的方法，快速准确地测试枪口焰的几何尺寸及辐射亮温，这种方法实时性能好，且试验费用大大降低。

枪口-烟雾箱测试装置如图8-2-1所示。烟雾收集箱一端与枪口相连接以收集枪口处产生的烟，烟雾收集箱两侧分别是光源和光接收传感器以检测其内部光的透过率，而光的透过率与烟雾密度成线性关系。鉴于枪口烟主要影响人的视觉，对枪口烟雾的检测使用了可见光波段(0.4～0.7μm)的光透过率来表征。烟雾收集器另一端与行弹箱相连以接收射出的弹头。此装置将光路系统与烟雾收集箱体本身分离并使用减振材料填充行弹箱的箱体以减少弹头的直接碰撞，这避免了测试过程中由于振动、噪声对测试结果的影响；使用自动调压阀来控制烟雾收集箱内外的压力，这就避免了由于发射药燃烧产生的负压的影响，进而避免了烟雾收集箱变形。

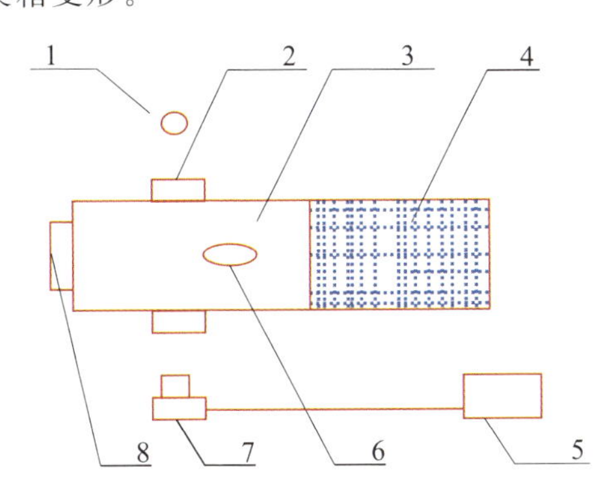

图 8-2-1　枪口-烟雾箱测试装置

1—光源；2—光学玻璃；3—烟雾收集箱；4—行弹箱；
5—数采处理系统；6—调压阀；7—接收传感器；8—枪口。

当一束光通过密闭环境内形成的烟雾区后，测量其光透过量得到透过率(用百分数表示)，根据朗伯-比尔(Lambert-Beer)定律，透过率可以表示为与测试样品质量的指数成正比的形式，即

$$f = e^{-Tm}$$

式中：f为烟雾相对光谱透过率；T为衰减系数；m为形成烟雾的样品的质量。

通过此公式即可求出烟雾含量，进而表征枪口烟的量。

因为火焰本身的持续时间较短(1～3ms)，枪口火焰测试的技术关键在于高速动态测试系统。应用线阵 CCD 及柱面镜使用每秒 5000 次的高采样速率对枪口火焰的辐射亮度、火焰尺寸、火焰持续时间进行测试，综合以上参数得到辐射量温度(T)来表征枪口火焰，如下所示：

$$T = f(T\Delta\lambda, S, t)$$

式中：$T\Delta\lambda$ 为可见光区域的辐射温度，应用普朗克公式通过分部积分得到；S 为火焰的几何分部面积，应用面阵 CCD 得到；t 为火焰持续时间。

8.3 固体推进剂的特征信号

8.3.1 概述

“低特征信号”是 21 世纪战术导弹固体火箭发动机的重要发展目标之一，其定义将在 8.3.3 节阐述。固体火箭发动机低特征信号的技术关键是采用“低特征信号推进剂”，这是在微(少)烟推进剂基础上发展的“既无烟，又无焰”的新型推进剂品种，是当今固体推进研究和发展的一个重要方向。

为隐蔽发射阵地，改善射手观察目标的工作条件，火箭和反坦克导弹等武器要求固体推进剂燃烧时无烟。由发动机喷管排出的燃烧产物在导弹尾部会形成“羽流”，红外、激光、微波和无线电制导技术在武器上已经取得广泛应用，这就要求燃气羽流具有不干扰和不衰减制导信号的能力，以保持控制点与飞行导弹间控制系统的正常运行。

发动机排气羽流特征信号(烟、焰及辐射能)是导弹被对方探测的特征信号源，其发射时的烟迹、羽焰、紫外和红外辐射会影响发射平台及导弹的隐身能力。因此，减弱或消除排气羽流烟焰的技术也成为降低武器特征信号研究的重要内容。这就要求羽流具有“低特征信号”的性能，即要求火箭发动机排气羽流的烟(一次烟、二次烟)和羽流的二次燃烧火焰的辐射(可见、红外和紫外辐射)特征信号低，以避免衰减导弹的制导信号和增强武器不被对方探测、识别和截击的生存能力。

8.3.2 排气羽流

固体火箭发动机工作时，喷管出口处的气流是超声速的，这种气流是含有固态和液态粒子的混合物，其平均温度在 1000K 以上。在喷管出口之后，固体推进剂燃烧产物构成羽毛状的发光(热)火焰流场，称为排气羽流(exhaust plume)。羽流中的物质主要是固体推进剂、点火具、包覆层、衬层、绝热层、喷管、长尾管材料的热分解、燃烧和机械侵蚀等的产物。

固体推进剂燃烧产物是大量气体与少量凝聚物的混合物(表 8-3-1)。气体主要为 CO、CO_2、H_2、H_2O、N_2 和 HCl。在羽流区有许多现象产生，如湍流、电子激发、电离作用和最为重要的后燃(afterburning)现象，从而有烟雾、噪声、辐射能的产生，干扰制导或通信信号和污染环境。

表 8-3-1　典型推进剂主要燃烧产物

推进剂类型	N/%						P/%	C/mol	燃烧室温度/K
	HCl	H_2O	N_2	CO_2	CO	H_2			
EDB	0	23	12	13	38	10	48	1.5	2630
RDX/CMDB	0	23	19	12	34	10	44	—	2775
HTPB/AP	17	36	9	8	18	12	30	0.2	2798
HTPB/AP/Al	16	11	8	13	22	31	53	0	3620

注：*N*—燃烧室内燃气摩尔分数；
P—燃烧室还原性气体 H_2 和 CO 的摩尔分数之和；
C—平衡膨胀后喷管出口处凝聚粒子的总摩尔数

8.3.3　排气羽流的特征信号

火箭发动机排气羽流的特征信号(exhaust plume signiture)是一种包含有系统或火箭发动机排气全部性能或特性的术语，此性能或特性可被用作探测、识别或拦截执行任务的发射平台或导弹。火箭发动机排气羽流的特征信号主要包括烟雾、辐射能的散发和雷达波衰减等。

1. 一次(初始)烟

一次烟是由发动机喷管排出的燃气与固体或液体凝聚态粒子所组成的混合物。由于一次烟对紫外线、可见光或红外辐射同时有吸收、发射和散射 3 种作用，所以很容易被侦查到。一次烟的来源是金属粉(Al、Mg 等)的燃烧产物(Al_2O_3、MgO)，限制推进剂中金属粉的含量将大大减少一次烟的生成；燃速催化剂、燃烧抑制剂燃烧产物(如 PbO、CuO、Fe_2O_3、Al_2O_3、TiO_2、ZrO_2、KOH 等)；固体推进剂组分不完全燃烧产生的碳粒子；包覆层、隔热材料、衬层、长尾管材料及同燃气直接接触的其他任何有机材料热分解生成的碳粒子或它们的金属无机物或有机物填料(ZrO_2、SiO_2等)。

2. 二次烟

羽流中的二次烟主要是由燃气中的水在一定的环境温度和湿度下凝聚而形成的。火箭发动机中生成的非均质晶核(烟垢、氧化铝、铅盐、钾盐或锡盐等)引发了羽流中水的凝聚。而 HCl 等可溶于水中的气体的存在，能明显增加羽流中水冷凝的数量和速率。此外，低温和相对高湿度的环境，使二次烟也呈现增大趋势。

由于羽流二次烟主要来源于水和卤素气体，而现有固体推进剂主要由 C、H、O、N、Cl 等元素组成，即二次烟也是难以消除的。现有的“无烟”推进剂，实际只是“微烟”或者“少烟”而已。

3. 固体推进剂烟特性的分类

由于一次、二次烟的产生和增加，伴随着发动机排气羽流特征信号的增加，多年来均使用少烟、微烟和无烟对推进剂烟进行分类，显然这种分类是定性的和比较粗糙的。1993 年北约提出了一个推进剂烟的新分类法，该方法是把一次烟按大小定量分类为 C、B、A 三等，二次烟也按大小定量分为 C、B、A 三等，具体标示如图 8-3-1 所示。这样，一种固体推进剂按烟大小可分为 9 类，每类用两个字母代表(如 AA、AB 等)。前一个字母表示一次烟等级，后一个字母表示二次烟等级。一般认为 AA 级推进剂相当于微烟推进剂，CC 级推进剂相当于有烟推进剂，AC 级推进剂相当于一次烟很小但二次烟很大的推进剂等。此方法已被北约组织各国接受，并作为一种固体推进剂烟雾的表征标准。这样，一旦知道推进剂的配方，就很容易计算出该推进剂在烟雾上属于何种等级。此分类方法只是对推进剂而言。

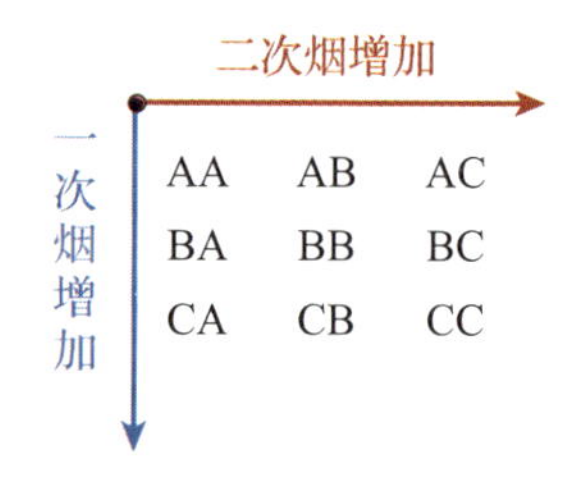

图 8-3-1 推进剂烟的分类

4. 羽流的后燃或二次燃烧

推进剂燃烧产物未完全氧化，存在一定数量的 CO 和 H_2。CO 和 H_2 在喷管排气面下游与大气中的氧混合发生二次燃烧，产生明亮的可见光辐射、强烈的红外及紫外辐射，这种现象称为羽流的后燃或羽流的二次燃烧，即推进剂燃气中的 CO 和 H_2 等还原性气体的存在是出现后燃的根源。

后燃会引起羽流温度的升高，从而使羽流的可见光强度增大，红外、紫外辐射增加，增大了导弹的可探测性。后燃还会使羽流的湍流程度提高，增大叠加在雷达制导信号上的噪声。此外，后燃还会改变一次烟和二次烟的数量和种类，使羽流中三原子分子摩尔量增大，而这些三原子分子是红外辐射的来源，这会导致羽流可探性增加。

此外，导弹飞行速度、燃烧室压力和喷管膨胀比、燃烧室及排气面的温度、导弹底部结构及喷管的数量等，均影响出现后燃的概率和着火点在喷管排气面下游的位置。各参数在复杂的羽流中相互影响，使得后燃成为一种复杂的现象，解决难度增大。

固体火箭推进剂排气羽烟的检测则使用了如图 8-3-2 所示的检测系统。它采用的是透过率法，其基本原理是 Lambert-Beer 定律。应用一束光透过样品区后，测量能量的透过率(衰减量)。测试过程是采用带测压孔的 ϕ50mm 的标准发动机，并选取合适喷管使压力控制在 7MPa；所测试推进剂装药为自由装填的单孔管状药，长度 120mm，外径 ϕ45mm，内径 ϕ8mm，单端包覆，装药量为 300g 左右时，一般用黑火药(5～9g)进行电流点火头，玻璃纸外包，环境条件为温度(20±2)℃，湿度(60±10)%。采用烟雾测量通道，使通过烟雾通道的烟雾混合均匀，达到测量密度均一化，从而提高了测量的重复性。烟雾透射计是测量烟雾透过率的基本仪器，主要由光源、接受传感器、调制器、放大输出、计算机采集及处理等部分组成。光源一般选用卤素钨灯、高压汞灯、黑体、能斯特灯、Globar 灯等。接受传感器根据相应波段，一般采用硅光二极管、硫化铅、硒化铅、锑镉汞、锑化铟以及热释电器件。调制的目的在于消除外界杂散光的影响，目前的调制频率选择 1kHz 左右。放大输出电路采用前放、选频、线性放大和整流输出，由多通道数采系统完成采集，采集时设置内触发模式。

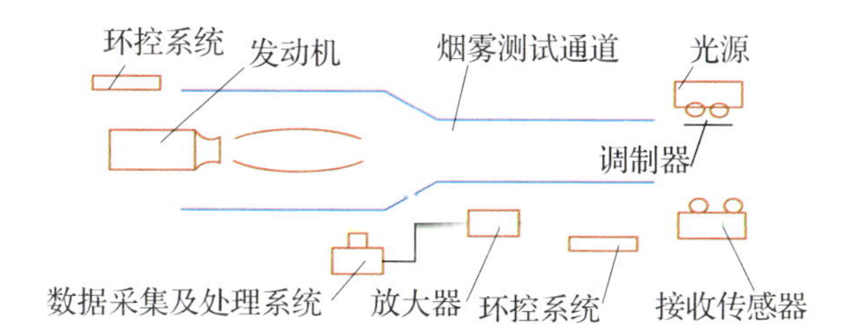

图 8-3-2　固体推进剂特征信号烟雾检测系统

8.3.4　排气羽流特征信号的危害性

1. 影响制导

制导用的可见光、红外光或激光，穿过羽流烟雾尾迹的指令信号一般会衰减，从而削弱制导电磁波的传输。此外，二次燃烧火焰会使跟踪目标的光学仪器处于满负荷状态，会使导弹失去控制。以红外制导为例，排气羽流中的某些气体分子（H_2O、CO_2等）对红外制导信号有吸收作用；一次烟中的Al_2O_3颗粒、炭黑颗粒及其他凝聚相颗粒等物质对红外制导信号有散射的作用；二次烟中的水蒸气遇到HCl气体形成的雾滴对红外制导信号也有吸收和衰减作用。

2. 影响导弹或发射平台的隐身能力

后燃的火焰能发射出强烈的可见光、红外光和紫外光辐射，也会增加发动机的噪声，这些信号易被对方探测和识别，并暴露发射位置和导弹的运动轨迹，降低了武器系统的生存能力。美国AGM－129隐身巡航导弹将其二维开缝式排气口装在翘起的尾翼下面，喷口放在凹陷处，靠后弹身遮蔽，以减少发动机喷气流的红外信号特征，达到隐身的目的。

3. 其他影响

飞机喷气发动机吸入导弹发动机燃气后会熄火；燃气固体残渣、腐蚀性气体（HCl）和后燃的高温火焰对发射装置表面有破坏性效应，有时会干扰发动机推力矢量控制部件的正常工作；后燃的明亮火焰会使飞机驾驶员出现短暂的"盲视"现象。

8.3.5 羽流特征信号的抑制技术

减少羽流特征信号的技术关键是使用低特征信号的推进剂。在发动机设计时，对点火具、包覆层、隔热层、衬层等的无烟性也应予以考虑。从推进剂配方设计角度考虑，实现低特征信号推进剂主要技术途径如下：

（1）选择合适的的氧平衡系数。氧平衡系数太低，燃烧不完全，可能生成浓度过高的游离碳，影响推进剂的能量。方法是不用或少用铝粉（降低一次烟的产生），不用或少用（20%以下）AP（降低二次烟的产生）。氧平衡系数太高则会使推进剂的能量利用率下降。

（2）采用硝胺化合物作为含能添加剂。硝胺化合物包括常用的RDX、HMX和高能量密度化合物（如六硝基六氮杂异伍兹烷，即CL－20）等。这些化合物能量高，且分解产物多数是低特征信号的N_2。

（3）减少配方中金属盐燃烧催化剂、燃烧稳定剂的用量，有助于降低一次烟的产生。

（4）使用相对稳定的硝酸铵部分或全部代替AP作为氧化剂，但硝酸铵能量较低；使用含叠氮基的增塑剂，部分代替硝酸酯增塑剂，既能够提高能量又能促进低特征信号N_2的生成；使用含叠氮基的有机黏合剂（GAP、BAMO、

BAMO/AMMO 等)代替惰性 HTPB 黏合剂，以提高能量并提高燃气中氮气的含量；使用新型无氯高能氧化剂代替 AP 可降低二次烟的生成。

(5)加入适量的碱金属盐(例如钾盐)作为推进剂后燃的抑制剂，可使羽流后燃减少 90%，但此措施对含 AP 的推进剂是无效的，因为 AP 会破坏钾盐抑制后燃的作用。因钾盐会生成一次烟并会破坏平台燃烧，因此对钾盐的含量和品种应严格控制。

(6)加入适量电子捕获剂($PbCrO_4$、MoO_3 等)将羽流中的自由电子捕获，从而有效地减少羽流对微波的衰减。

在当前的技术条件下使推进剂达到低特征信号，往往要以损失部分能量为代价。因此，提高低特征信号推进剂的能量也是研究工作的一个目标。目前普遍认为向其中添加一些本身不含卤素的高能量密度化合物可在提高固体推进剂能量的同时保证其具有良好的低特征信号性能。六硝基六氮杂异伍兹烷(CL-20)和 3，4-二硝基呋咱基氧化呋咱(DNTF)作为新一代高能量密度化合物的代表，将对提高低特征信号推进剂的能量性能有很大的促进作用。

8.4 火炸药的毒性

火炸药是由黏合剂、氧化剂、燃烧剂、炸药以及其他功能性添加剂组成的成分复杂的混合物。火炸药的毒性则主要是由这些组成火炸药的组分本身的毒性所体现的。美国根据哺乳动物的口服半致死量(LD_{50})和吸入半致死浓度(LC_{50})将毒性物质分为 6 级，如表 8-4-1 所列。

表 8-4-1 美国对有毒物质的毒性分类

毒性分级	毒性程度	LD_{50}/(mg/kg)	LC_{50}/(mg/L)
1	剧毒	$\leqslant 1$	<10
2	高毒	1～50	10～100
3	中毒	50～500	100～1000
4	轻毒	$(0.5\sim5)\times10^3$	$(1\sim10)\times10^3$
5	实际无毒	$(5\sim15)\times10^3$	$(10\sim100)\times10^3$
6	相对无毒	$>15\times10^3$	$>100\times10^3$

常用黏合剂主要有硝化纤维素(NC)、叠氮类含能聚合物、硝酸酯类含能聚合物、硝基类含能聚合物、硝胺类含能聚合物、二氟氨类含能聚合物等含能黏合剂以及聚硫橡胶、聚氯乙烯、聚氨酯、聚丁二烯等非含能黏合剂。氧化剂主

要包括高氯酸铵(AP)、高氯酸钾(KP)、硝酸铵等。燃烧剂则是一些轻金属以及轻金属的氢化物。炸药组分是其主要含能组分，包括三硝基甲苯(TNT)、黑索今(RDX)、奥克托今(HMX)、硝基胍等。其他功能性添加剂包括增塑剂(硝化甘油(NG)等)、安定剂、防老剂、燃烧催化剂、消焰剂、固化剂等。

8.4.1 火炸药主要组分的毒性

1. 黏合剂的毒性

硝化纤维素(NC)是由自然界中纤维素(棉纤维、木纤维或竹纤维等)与浓硝酸和浓硫酸酯化反应而得，其分子结构如图8-4-1所示。我国以棉纤维作为原料，因此硝化纤维素也称为硝化棉。硝化棉本身无毒，对人体健康基本无害，其本身对人体的影响主要在于大量使用时形成的粉尘，毒性分级为低毒。人体皮肤、眼睛接触后，用流动清水冲洗即可。硝化棉易燃易爆，其分解产物包含一氧化碳、氮氧化物等有毒有害气体。一氧化碳极易与血红蛋白结合，形成碳氧血红蛋白，使血红蛋白丧失携氧的能力和作用，造成组织窒息，严重时会造成死亡。氮氧化物都有大小不同的毒性，其中二氧化氮会损害深部呼吸道，一氧化氮可与血红蛋白结合引起高铁血红蛋白血症。此外氮氧化物对环境破坏较大，一氧化氮和二氧化氮为主的氮氧化物是形成光化学烟雾和酸雨的一个重要原因。

聚叠氮缩水甘油醚(GAP)是一种近年来新发展的叠氮类含能黏合剂。它的分子结构如图8-4-2所示。与NC一样，其本身没有毒性，但是其分解产物含有氮氧化合物，会对人以及环境产生危害，此外，其制备的原料有较强毒性。其他含能聚合物类的黏合剂都具有相似的毒性性质。

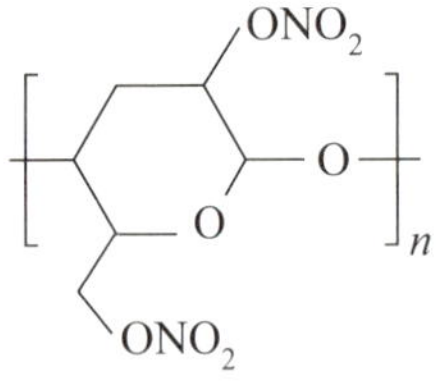

ONO_2 O O ONO_2 n

图8-4-1 硝化纤维素的分子结构

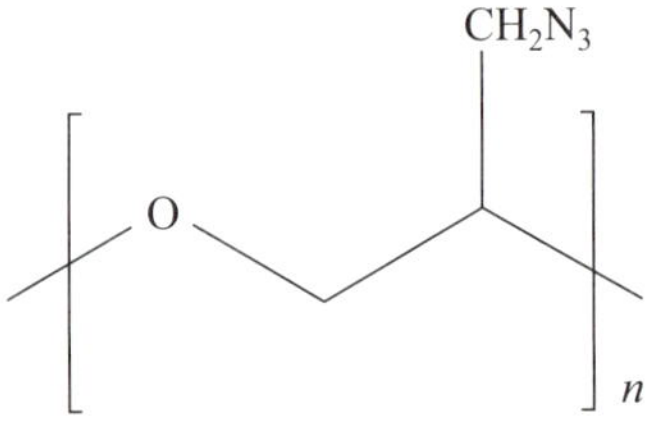

CH_2N_3 O n

图8-4-2 GAP的分子结构

非含能黏合剂如聚硫橡胶、聚氯乙烯、聚氨酯等本身是无毒高分子聚合物，但是由于其含有硫、氯、氮等元素，分解后会产生有毒有害气体。聚丁二烯由于其本身无毒且仅含有C、H、O三种元素，分解后不会产生大量有毒气体，应用较为广泛，特别是端羟基聚丁二烯(HTPB)由于其良好性能而获得广泛应用。

2. 氧化剂的毒性

高氯酸铵(AP)是火炸药最常用的一种氧化剂，其分子式为 NH_4ClO_4。它本身对人体的眼睛、皮肤、黏膜和上呼吸道具有刺激性。由于其极易溶于水，因此很容易在人体接触后侵入人体。但是其毒性本身不大，接触人体后使用清水冲洗即可。AP 本身对环境危害不大，早期曾用作农田肥料。但由于其强氧化性，泄漏到环境中后应使用大量水溶解稀释后才能排放。AP 燃烧产物包含氨气、氯化物等，有更大的毒性。

除此之外，高氯酸钾(KP，$KClO_4$)也可作为氧化剂使用，它的加入可以提高火药的燃速。它的主要性质类似于 AP，对人体的危害主要在于有强烈刺激性。高浓度的 KP 接触后会严重损害黏膜、上呼吸道、眼睛及皮肤。中毒表现有烧灼感、咳嗽、喘息、气短、喉炎、头痛、恶心和呕吐等。由于 KP 微溶于水，少量泄漏时应用砂土、干燥石灰或苏打灰混合，收集于干燥、洁净、有盖的容器中；大量泄漏时应用塑料布、帆布覆盖，减少飞散，然后收集回收或运至废物处理场所处置。

高氯酸盐具有导致新生儿畸形的可能性。高氯酸盐对胎儿、新生儿和婴儿的负面影响是妇女不经意中摄入高氯酸盐，再通过乳汁传递给婴儿的。另外，由于高氯酸根的电荷和离子半径与碘离子非常接近，它与碘离子竞争进入人体的甲状腺，从而阻碍碘的吸收，破坏甲状腺的正常生理功能。由于高氯酸盐的这些弊端，使用新型氧化剂的无高氯酸盐火炸药的研究受到广泛关注。

二硝酰胺铵(ADN)作为一种新型氧化剂，替代 AP 可提高火炸药的能量水平。通常认为 ADN 是一种环境友好的绿色氧化剂，其急性毒性分级属低毒级，毒作用的靶向器官主要为肝脏。硝仿肼(HNF)通常和 ADN 一起看作是一种绿色的氧化剂。

3. 燃烧剂的毒性

轻金属燃烧剂以粉状形态存在，其共性就是极易通过人的呼吸道进入人体，并会对环境造成粉尘污染。使用时应佩戴防尘口罩或空气呼吸器。

铝粉是一种银白色粉末，随着其粒径的减小，颜色逐渐变深。其对人体健康的危害主要表现在：长期吸入可致铝尘肺，表现为消瘦、极易疲劳、呼吸困难、咳嗽、咳痰等；落入眼内，可发生局灶性坏死，角膜色素沉着，晶体膜改变及玻璃体混浊；对鼻、口、性器官黏膜有刺激性，甚至发生溃疡；可引起痤疮、湿疹、皮炎。

铍粉虽可用作火炸药燃烧剂，但是由于其毒性较强，应用可能性不大。其对人体健康的危害表现为短期大量接触可引起急性铍病，急性化学性支气管炎或肺炎；肝脏往往肿大，有压痛，甚至出现黄疸。长期接触小量铍可发生慢性铍病，除无力、消瘦、食欲不振外，常有胸闷、胸痛、气短和咳嗽，晚期可发生右心衰竭；皮肤病变有皮炎、溃疡及皮肤肉芽肿。直接接触铍尘或铍蒸气可发生皮炎和鸡眼状溃疡，长期接触可引起贫血、颗粒性白血球减少等症状。铍燃烧产物同样具有剧毒，可使人体产生全身中毒，多经呼吸道侵入人体，主要积蓄于肺、肝、胃、骨骼及淋巴结等处，易在身体内积蓄，排除缓慢，引起咳嗽、气喘、呼吸困难、胸痛及体重减轻等症状。

硼粉为黄色或棕色无定形粉末，在常温的空气和水中较为稳定，对人体眼睛和黏膜有轻度刺激性。

轻金属的氢化物包括氢化铝、氢化镁等，其毒性大，热稳定性差，尚未实际应用。

4. 常用单质炸药的毒性

2,4,6-三硝基甲苯(TNT，分子结构见图8-4-3)是各项性能均较好的炸药，曾被称为“炸药之王”。人类对TNT毒性的研究开始较早，对其毒性认识发展的历史进程如图8-4-4所示。TNT具有中等毒性，并且可以通过呼吸、皮肤等侵入人体，属高度危害有毒物质。TNT对人体血液系统有损害，可形成高铁血红蛋白、赫氏小体；可引起中毒性肝损伤；对眼睛可引起中毒性白内障。TNT经皮肤、消化道或呼吸道黏膜进入人体后，主要分布于血液、肝、肾组织中，其中以血液中含量最高。接触TNT可导致血液中的多项指标发生显著变化，如血清白蛋白和黏蛋白含量下降、血清超氧化物歧化酶活性升高等。当空气中的TNT浓度为0.85mg/cm^{3}时，即可导致血液中平均红细胞容积增高，平均红细胞血红蛋白含量和平均红细胞血红蛋白浓度显著降低。重症时可导致全身血细胞减少，并引起致命的再生障碍性贫血。在血液中，TNT主要是与血红蛋白、血浆蛋白等以共价结合加合物的形式存在；而对于加合物的形成机理则有不同的观点：一是单电子还原酶作用于TNT，生成硝基自由基，然后启动氧化应激机制；二是双电子还原酶催化代谢TNT或羟氨产物氧化，生成亚硝基产物，然后与蛋白中的巯基反应生成加合物。白内障是TNT特有的毒性效应，未见于其他炸药报道；其晶状体受损的特征一般为周边点状浑浊聚集成楔形、进而成环状甚至盘状浑浊。Kumagai等发现牛晶状体中的ζ-晶状体蛋白可以单电子还原TNT，导致氧化应激增强，是诱导白内障发病的潜在原因。到目前为止，针对TNT提出了两种胞内毒性机制：氧化应激反应机制；TNT代谢产物与DNA、蛋白质的共价结合。

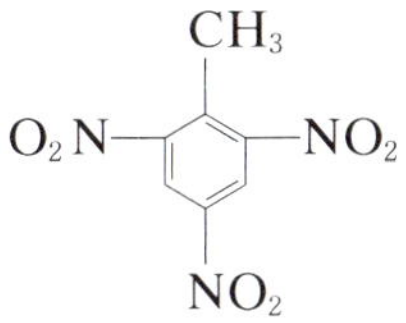

$$CH_3$$
$$O_2N—\bigcirc—NO_2$$
$$NO_2$$

图 8-4-3　2,4,6-三硝基甲苯的分子结构

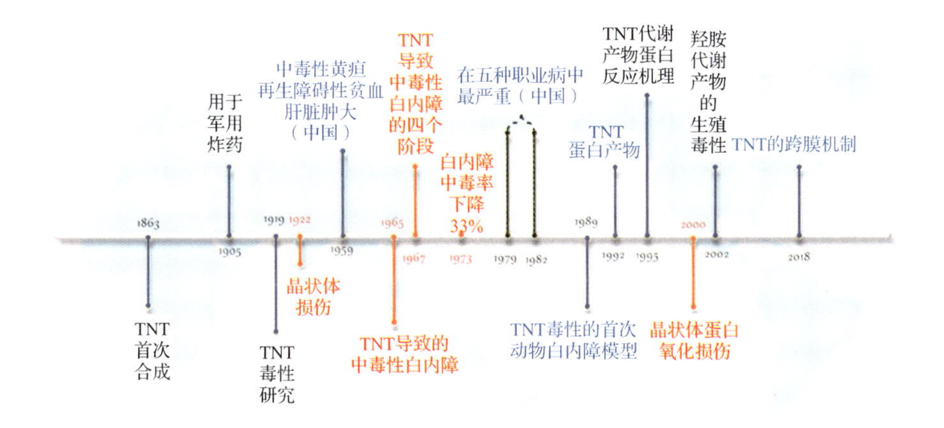

图 8-4-4　TNT 中毒研究的历史进程

TNT 中毒的具体表现如下：接触三硝基甲苯后局部皮肤染成桔黄色，一周左右在接触部位发生皮炎，表现为红色丘疹，而后丘疹融合并脱屑。急性 TNT 中毒的表现为：轻度者头晕、头痛、恶心、呕吐、腹痛、发绀等；重症者神志不清、呼吸表浅、大小便失禁、瞳孔散大、角膜反射消失，可因呼吸麻痹而死亡。慢性中毒的表现为：可发生中毒性白内障、中毒性肝炎、贫血、皮炎、湿疹。长期接触可出现“TNT 面容”，表现为面部苍白，口唇、耳廓紫绀。TNT 的分解产物含一氧化碳和氮氧化物，同样对人体有害。亚硫酸钾遇三硝基甲苯成红色，因此可用含 10% 亚硫酸钾肥皂清洗受污染的皮肤，如能将红色洗净，表示皮肤污染已清除；也可用浸于 9∶1 的酒精氢氧化钠溶液的棉球擦拭皮肤，擦至不出现黄色则表示已经擦净。作业时应穿紧袖工作服，工作服也可用上述原理测试清洗程度。

黑索今(RDX)即 1,3,5-三硝基-1,3,5-三氮杂环己烷，是一种重要的高能单质炸药，其分子结构如图 8-4-5 所示。它是一种无臭无味的白色粉状晶体，属于有毒物质。长期吸入微量黑索今粉尘可使人发生慢性中毒，症状表现为头痛、消化障碍、小便频繁。如果短期内吸入或经消化道摄入大量黑索今，会导致急性中毒，症状表现为头痛、眩晕、恶心，口中有甜味并感到干燥口渴，四肢软弱无力，严重的会导致四肢及头颈部抽搐。因RDX呈粉末状，且主要经呼吸和消化系统侵入人体，因此作业时应佩戴防毒面具或防尘口罩或空气呼吸器。RDX溶解度较小，蒸气压低，不易从溶液中挥发，其从水体挥发到大气中的作用可忽略不计。RDX的K_{ow}小，仅为0.86，一旦发生溶解，将很难重新吸附在土壤或沉积物上，更容易迁移至地下水中造成污染，威胁人体健康和生态安全。

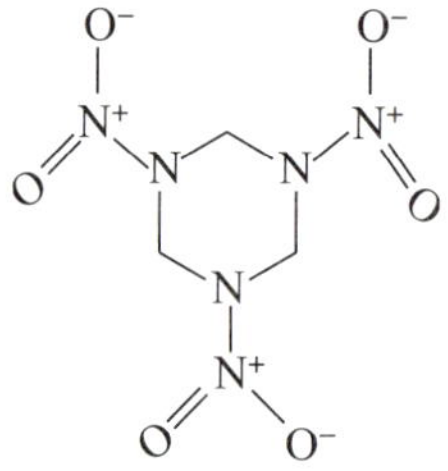

图8-4-5 黑索今的分子结构

奥克托今(HMX)即1,3,5,7-四硝基-1,3,5,7-四氮杂环辛烷，是一种无臭白色晶体，综合性能好，与RDX为同系物，其分子结构如图8-4-6所示。HMX具有中等毒性，对眼睛有刺激作用，对环境破坏较大，容易产生水污染。

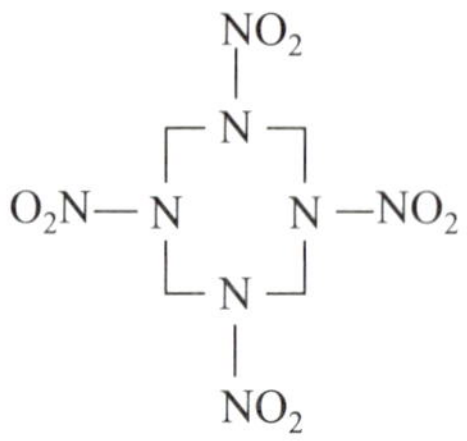

图8-4-6 奥克托今的分子结构

硝基胍(NQ)是一种白色多晶物质，分子结构如图8-4-7所示。分解会放出氨气和水蒸气，爆炸后则会分解产生一氧化碳。它侵入人体的方式主要是吸入和食入，对人的眼睛、皮肤、黏膜和上呼吸道有剧烈刺激作用。

六硝基六氮杂异伍兹烷(HNIW、CL-20)是一种新型的高能量密度化合物，分子结构如图8-4-8所示。由于其优异的能量性能以及对其合成路线、降感改性方面研究的日益深入，其实际应用将逐步成为现实。已有研究表明，CL-20有中等蓄积毒性，亚慢性毒性试验对肝、肺有一定的损害，并对染色体有损伤作用，但其对眼睛和皮肤无刺激作用，其毒性比RDX更强。

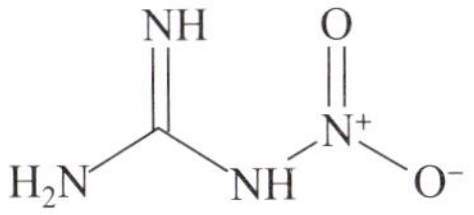

图 8－4－7　硝基胍的分子结构

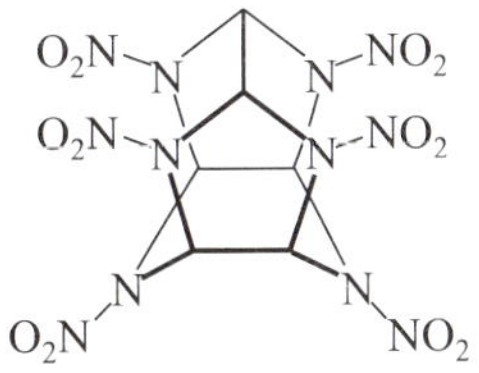

图 8－4－8　CL－20的分子结构

3,4－二(硝基呋咱基)氧化呋咱(DNTF)是一种高能量密度的新型材料，其分子结构如图 8－4－9 所示。DNTF 的急性毒性等级水平是低毒性化合物；亚慢性毒性试验表明，其毒作用的靶器官为肝脏、肾脏和肺脏。

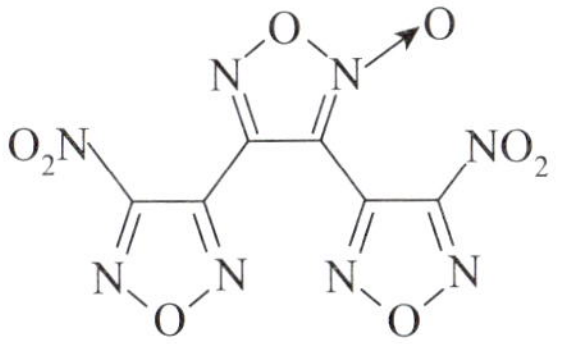

图 8－4－9　DNTF 的分子结构

此外，一些新型炸药如 1,3,3－三硝基氮杂环丁烷(TNAZ)急性毒性属于低等毒性物质，但毒性比 RDX 强；1,1－二氨基－2,2－二硝基乙烯(FOX－7)属低毒性物质，对皮肤、眼睛有轻微刺激作用；1,3,3－三硝基氮杂环丁烷(TNAZ)按急性毒性剂量分级属低等毒性物质，对皮肤和眼睛分别有轻度和中度刺激性。

5. 火炸药其他组分的毒性

硝化甘油(NG)，即丙三醇三硝酸酯，通常用作火炸药的含能增塑剂，是一种有毒物质。常温下 NG 为无色透明油状液体，工业品为淡黄色或褐色。NG 在常温下挥发性较小，但是加热后挥发速度显著加快。NG 既是一种有毒物质，又是一种药物。其硝酸酯基(—ONO_2)和部分被还原的亚硝酸酯基(—ONO)对血管平滑肌有松弛作用，能使血管扩张，血压下降。硝化甘油可轻易通过呼吸黏膜和皮肤进入人体，经过肝肾解毒后，最后由肾脏排出体外。NG 侵入人体后，人体会产生短暂头痛、过渡性头痛甚至剧烈头痛、虚弱、呕吐、皮肤变青、心悸及因直立性低血压所致的其他症状，还可能导致昏厥、视觉错乱、四肢浮肿甚至瘫痪。NG 对人的作用因人的体质而不同，通常超过一个星期后人体能适应而不再出现头痛。从长期生产实践来看，硝化甘油虽有毒性，尚未发现有严重的职业病。为防止 NG 中毒，操作地点应通风良好，作业人员应佩戴空气呼吸机，并注意防止皮肤裸露。

硝化二乙二醇也是一种含能增塑剂，为无色或淡黄色油状液体。其毒性以及对人体的生理效应与硝化甘油类似，但因其挥发性更强，毒性作用较硝化甘油快而弱。此外，化学性质类似的还有硝化三乙二醇。

间苯二酚常作为安定剂使用，属于有毒化学品，对人体皮肤有刺激性，会引起皮炎、水肿。二苯胺也是一种安定剂，有毒，会刺激皮肤和黏膜。防老剂H(N,N-二苯基对苯二胺)为灰色粉末，属于低毒化学品；而防老剂DNP(N,N-二-β-萘基对苯二胺)有轻微毒性。作为燃烧催化剂的金属氧化物、有机金属化合物通常不具有毒性(含Cr、Pb化合物除外)。作为固化剂使用的异氰酸酯类化合物主要对呼吸道有刺激作用，但是因其易与水反应，因此对人体长久的危害不大。

8.4.2 火炸药原料及溶剂的毒性

火炸药除了其本身对人体有危害性之外，其制备过程中所需的原料、溶剂等也有一部分具有毒性。

1. 原料

硫酸是炸药生产过程中最密切相关的原料，属中等毒性，对皮肤、黏膜等组织有强烈的刺激和腐蚀作用。对眼睛可引起结膜炎、水肿、角膜混浊，以致失明；引起呼吸道刺激症状，重者发生呼吸困难和肺水肿；高浓度硫酸会引起喉痉挛或声门水肿而死亡。慢性影响有牙齿酸蚀症、慢性支气管炎、肺气肿和肺硬化。

硝酸是炸药制备过程中主要的硝化剂和氧化剂，属于高毒类。硝酸蒸气有刺激作用，会引起黏膜和上呼吸道的刺激症状，如流泪、咽喉刺激感、呛咳，并伴有头痛、头晕、胸闷等。长期接触可引起牙齿酸蚀症，皮肤接触引起灼伤。

尿素是制备硝基胍的原料，最早是在人尿液中提取得到的，是一种利尿脱水的药物，对呼吸道黏膜有一定刺激性。

硝酸铵是制备硝基胍、黑索今和奥克托今的原料，具有中等毒性。可引起恶心和呕吐，会刺激眼睛和黏膜，并对擦伤的皮肤产生化学烧伤。大量吸入硝酸铵会引起酸中毒。此外，硝酸铵极易污染水源。

叠氮化钠是制备叠氮基聚合物黏合剂的原料。叠氮化合物可抑制细胞色素氧化酶及多种其他酶的活性，并可导致磷酸化及细胞呼吸异常。叠氮酸及其钠盐主要的急性毒作用是会引起血管张力极度降低。叠氮化合物还可刺激呼吸，增强心博力；大剂量能升高血压，引起全身痉挛，继之抑制、休克。叠氮化物还是一种神经毒物。

此外，火炸药制备的常用原料如芳烃类均具有较强毒性，脂肪族原料如甲醛、酸酐等也具有较大毒性。

2. 常用溶剂

火炸药制备、生产过程中常用的溶剂有丙酮、乙醇、环己酮、乙酸乙酯、二甲基亚砜、二氧六环、四氢呋喃、四氯化碳等。

丙酮属低毒类，但是其极易挥发，对眼、鼻、喉有刺激性。大量吸入引起的急性中毒主要表现为对中枢神经系统的麻醉作用，出现乏力、恶心、头痛、头晕、易激动，重者发生呕吐、气急、痉挛，甚至昏迷。长期接触丙酮可能会出现眩晕、灼烧感、咽炎、支气管炎、乏力、易激动等。皮肤长期接触可致皮炎。

四氢呋喃属微毒类，但其易挥发，极易吸入。四氢呋喃具有刺激和麻醉作用，吸入后会引起上呼吸道刺激、恶心、头晕、头痛和中枢神经系统抑制，能引起肝脏、肾脏损害。液体或高浓度蒸气对眼睛有刺激性。

四氯化碳为无色透明的脂溶性油状液体，易挥发，是公认的肝脏毒物，吸入其高浓度蒸气会导致急性四氯化碳中毒，以中枢性麻醉症状及肝脏、肾脏损害为主要特征。

乙醇、乙酸乙酯、二甲基亚砜毒性较小，对眼有刺激作用。环己酮属于中毒类。二氧六环属微毒类，对皮肤、眼部和呼吸系统有刺激性，并且可能对肝脏、肾脏和神经系统造成损害，急性中毒时可能导致死亡。

随着火炸药技术的发展，一些新的原料和试剂会被应用，应用前应充分了解所用原料和试剂的毒性，确保科研生产人员的安全。

参考文献

[1] 装备环境工程通用要求.GJB 4239[S].2001-05.

[2] 装备环境工程术语:GJB 6117[S].2007-11.

[3] 祝耀昌,张建军.武器装备环境适应性要求、环境适应性验证要求和环境条件及其相互关系的讨论(一)[J].航天器环境工程,2012,29(1):1-6.

[4] 姚惠生，黄风雷，张宝钎. 炸药冲击损伤及损伤炸药冲击起爆试验研究[J]. 北京理工大学学报，2007，27(6):487-490.

[5] 战志波，江劲勇，陈明华，等. 温度和湿度对发射药自燃的影响[J]. 火炸药学报，2007，30(5):74-76.

[6] 韦兴文，周筱雨，涂小珍，等. HMX 基 PBX 的温度环境适应性[J]. 火炸药学报，2012，35(1)：15-18.
[7] 张冬梅，常海，郑朝民，等. A-IX-II 压装炸药失效模式分析[J]. 火工品，2014(1)：29-32.
[8] JIA L，ZHANG L J，ZHANG D M，et al. Thermal aging behaviour of an aluminised explosive charge[J]. Materials Research Innovations，2016，19(10)：S10-265-S10-268.
[9] 刘瑞鹏，王世英，王淑萍. 环境温度对含铝炸药装药裂纹的影响研究[J]. 火工品，2012(3)：30-33.
[10] 黄亚峰，赵省向，李文祥，等. 老化对 HMX/RDX 基含铝炸药爆热及爆速性能的影响研究[J]. 火工品，2013(2)：47-49.
[11] 李高春，董可海，张勇，等. 环境温度作用下固体火箭发动机药柱的累积损伤规律[J]. 火炸药学报，2010，33(4)：19-22.
[12] 周家胜，王慧，周涛，等. 炮弹在海洋环境下适应性分析及对策[J]. 兵工自动化，2017(3)：85-87，100.
[13] 常新龙，余堰峰，张有宏，等. 基于湿热老化试验的 NEPE 推进剂贮存寿命预估[J]. 上海航天，2010，27(6)：57-60.
[14] 张旭东，曲凯，王丕毅，等. 高温高湿条件下复合固体推进剂药柱老化研究[J]. 海军航空工程学院学报，2008，23(3)：285-287.
[15] 赵峰，常新龙. 某固体推进剂湿热老化模型[J]. 火箭推进，2008，34(1)：59-62.
[16] 朱一举，常海，丁黎. 湿热环境对 RDX/AP-NEPE 推进剂热安全性及力学性能的影响[J]. 火炸药学报，2014(6)：65-69.
[17] 贾林，张林军，常海，等. A-Ⅸ-Ⅱ 炸药柱的湿热老化行为[J]. 火炸药学报，2017(4)：78-83.
[18] 侯筠. 紫外光降解 RDX 的研究[J]. 环境科技，1991(1)：1-4.
[19] 军用装备试验室环境试验方法：GJB 150A[S]. 2009-7.
[20] 王晓峰，李巍，南海，等. PETN 基挠性炸药的力学性能[J]. 火工品，2013(1)：28-31.
[21] 陈诚，董庆丰，黎厚斌，等. 无线射频作用对黑索今性能的影响[J]. 火炸药学报，2015(6)：78-81.
[22] 杜斌，姚洪志，张方，等. RFID 射频辐射对乳化炸药危害问题研究[J]. 安徽理工大学学报(自然科学版)，2017，37(4)：19-23.
[23] AVRAMI L，JACKSON H J，付志文. 在低剂量 γ 射线长时间的辐照下，对黑索今、奥克托今混合炸药热感度所产生的影响[J]. 火炸药，1980(Z1)：66-77.

[24] 军用装备试验室环境试验方法:GJB 150A[S]. 2009-10.

[25] BOOPATHY R, GURGAS M, ULLIAN J, et al. Metabolism of Explosive Compounds by Sulfate-Reducing Bacteria[J]. Current Microbiology, 1998, 37(2):127-131.

[26] KITTS C L, CUNNINGHAM D P, UNKEFER P J. Isolation of three hexahydro-1, 3, 5-trinitro-1, 3, 5-triazine-degrading species of the family Enterobacteriaceae from nitramine explosive-contaminated soil. [J]. Appl Environ Microbiol, 1994, 60(12):4608-4611.

[27] BHUSHAN B, HALASZ A, SPAIN J, et al. Biotransformation of Hexahydro-1,3,5-trinitro-1,3,5-triazine Catalyzed by a NAD(P)H:Nitrate Oxidoreductase from Aspergillus niger[J]. Environmental Science & Technology, 2002, 36(14):3104-3108.

[28] 赵婷婷, 白红娟, 康鹏洲, 等. 光合细菌球形红细菌降解 HMX[J]. 含能材料, 2018, 26(4):352-358.

[29] 白红娟, 王珊, 柴春镜, 等. 球形红细菌降解 RDX 的动力学及其机理研究[J]. 火炸药学报, 2015(6):51-55.

[30] 白红娟, 王寿艳, 梁芳楠, 等. 球形红细菌降解2,4-二硝基甲苯的途径及酶学性质[J]. 火炸药学报, 2017,40(5):82-87.

[31] 王泽山. 火炸药科学技术[M]. 北京:北京理工大学出版社,2002.

[32] 王琼林,刘少武,吴建军.钝感剂对发射药枪口烟雾特性影响的研究[J].火炸药学报,1998,21(3):17-19.

[33] 王琼林,刘少武,谭惠民,等.具有洁净燃烧特征的高分子钝感枪药[J].火炸药学报,2003,26(4):5-7.

[34] FRIEDMAN R, LEVY J B. Inhibition of opposed jet methane-air diffusion flames. The effects of alkali metal vapours and organic halides[J]. Combustion and Flame, 1963, 7,195-201.

[35] MCHALE E T. Flame inhibition by potassium compounds[J]. Combustion & Flame, 1975, 24:277-279.

[36] BRACUTI A J, Battei L A, Davis R, et al. 多用途发射药添加剂——火焰烧蚀抑制剂的评价[J]. 火炸药, 1985(2):53-59.

[37] 王育维, 魏建国, 郭映华, 等. 消焰剂对模块装药内弹道性能影响分析[J]. 火炮发射与控制学报, 2009(4):12-15.

[38] 赵凤起, 陈沛, 杨栋, 等. 含钾盐消焰剂的硝化棉基钝感推进剂燃烧性能研究[J]. 火炸药学报, 2000, 23(1):10-13.

[39] 何昌辉，王琼林，魏伦，等. 钾盐对发射药静态燃烧烟焰性能的影响[J]. 火炸药学报，2017，40(3)：102－106.

[40] 吉丽坤，张丽华. 高分子消焰剂聚(N－丙烯酰基－甘氨酸钾)的合成及表征[J]. 化学推进剂与高分子材料，2010，8(3)：46－48.

[41] HISKEY M，GOLDMAN N，STINE J. High-nitrogen energetic materialsderived from azotetrazolate[J]. Energetic Materials，1998(16)：119－127.

[42] THOMAS M. K，CARLES M S. New energetic compounds based on the nitrogen-rich 5,5′-azotetrazolate anion ([CN])[J]. New Journal of Chemistry，2009，33(7)：1605－1617.

[43] HAMMERL A，HOLL G，KLAPOTKE T M，et al. Salts of 5,5'-azotetrazole [J]. Eur J Inorg Chem，2002：834－845.

[44] 刘波，郑双，刘少武，等. 消焰剂降低枪口火焰的研究[J]. 含能材料，2012，20(1)：80－82.

[45] 吉丽坤，张丽华. 高分子消焰剂聚(N－丙烯酰基－甘氨酸钾)的合成及表征[J]. 化学推进剂与高分子材料，2010，8(3)：46－48.

[46] 韩冰，魏伦，王琼林，等. 发射药装药结构对炮口烟焰的影响[J]. 火炸药学报，2016，39(1)：95－98.

[47] 孙美，王宏，王中，等. 固体火箭推进剂排气羽烟检测技术[J]. 火炸药学报，2004，27(4)：69－71.

[48] 王宏，孙美，冯伟，等. 发射药枪口烟焰检测技术研究[J]. 火炸药学报，2002，25(2)：57－58.

[49] 王泽山. 含能材料概论[M]. 哈尔滨：哈尔滨工业大学出版社，2006.

[50] 李上文，赵凤起，徐司雨. 低特征信号固体推进剂技术[M]. 北京：国防工业出版社，2013.

[51] 庞爱民，郑剑. 高能固体推进剂技术未来发展展望[J]. 固体火箭技术，2004，27(4)：289－293.

[52] 张端庆. 火药用原材料性能与制备[M]. 北京：北京理工大学出版社，1995.

[53] BRINCK T. 绿色含能材料[M]. 罗运军，李国平，李霄羽，译. 北京：国防工业出版社，2017.

[54] 杜文霞，王玉玲，常志强，等. 二硝酰胺铵的急性毒性和亚慢性毒性研究[J]. 中华劳动卫生职业病杂志，2011，29(11)：841－843.

[55] SILVA G，RURFINO S C，IHA K. Green propellants：oxidizers[J]. Journal of Aerospace Technology and Management，2013，5(2)：139－144.

[56] 魏桐，周阳，杨治林，等. 典型炸药的毒性效应及其作用机制研究进展[J]. 含能

材料,2019,27(7):558-568,3.

[57] 王仁仪,马锦富,姜玉红,等.接触低浓度TNT对外周血象的影响[J].职业医学,1990(3):141-142,192.

[58] KUMAGAI Y, WAKAYAMA T, Li S, et al. ζ-Crystallin catalyzes the reductive activation of 2, 4, 6-trinitrotoluene to generate reactive oxygen species:a proposed mechanism for the induction of cataracts[J]. FEBS letters, 2000, 478(3):295-298.

[59] 中国安全生产科学研究院.爆炸品安全手册[M].北京:中国劳动社会保障出版社,2008.

[60] PICHTEL J. Distribution and Fate of Military Explosives and Propellants in Soil:A Review[J]. Applied & Environmental Soil Science, 2012, 2012(1687—7667):1-33.

[61] 张慧君,朱勇兵,赵三平,等.炸药的多相界面环境行为与归趋研究进展[J].含能材料,2019,27(7):569-586.

[62] 杜文霞,刘亚杰,王玉玲,等.六硝基六氮杂异伍兹烷的致突变性和致畸性研究[J].中华劳动卫生职业病杂志,2007,25(1):41-42.

[63] YING Z, SHU S C, SHAO H J, et al. Experimental Studies of Toxicity on HNIW and Its Intermediates[J]. Defence Technology, 2006, 2(3):202-205.

[64] 孙苑菡,杜文霞,王玉玲,等.3,4-二硝基呋咱基氧化呋咱急性和亚慢性毒性研究[J].中华劳动卫生职业病杂志,2013(3):217-220.

[65] 张盼红,高俊宏,刘志永,等.1,3,3-三硝基氮杂环丁烷对大鼠亚急性毒性的研究[J].中国工业医学杂志,2015(4):274-276.

[66] 高俊宏,王鸿,刘志永,等.1,1-二氨基-2,2-二硝基乙烯的急性毒性研究[J].中国工业医学杂志,2015,28(2):120-121.

[67] 高俊宏,刘志永,王鸿,等.1,3,3-三硝基氮杂环丁烷的急性毒性研究[J].环境与健康杂志,2016,33(3):261-262.

[68] 万红,者希宾,柴渭莉,等.火炸药作业人员的职业危害调查分析[J].职业与健康,2011,27(16):1829-1831.

[69] 叶毓鹏,奚美珏,张利洪,等.炸药用原材料化学与工艺学[M].北京:兵器工业出版社,1997.